计算机网络创新教程

韩立刚　编著

中国水利水电出版社
www.waterpub.com.cn
·北京·

内 容 提 要

本书是受到众多好评的《计算机网络原理创新教程》（中国水利水电出版社出版，2017年版）的最新改版。本书保留了《计算机网络原理创新教程》中以图说理、生动形象、易教易学、配套丰富的特点，又加入了计算机网络领域的最新知识、更正了《计算机网络原理创新教程》中的个别错误、优化了部分内容的讲述方式，同时，把《计算机网络原理创新教程》第3章的用于搭建网络实验环境的GNS3模拟软件，更新为了更符合当前人才培养目标的华为eNSP。

本书以计算机网络通信的层次划分为主线，结合众多图形及数据在各层次的收发及变换过程，形象而生动地讲述了各层协议的功能、原理及其实际应用。本书使得计算机网络通信中的理论学习不再是“虚空对想象”，不再是“似是而非”，而是能够“看得见、讲得清、学得会、用得上”。

本书适合高校网络及计算机相关专业作为本科或研究生教材使用，也适合相关从业人员参考或自学。

本书提供配套PPT，并超值附赠两章电子版内容（“网络安全”和“IPv6”），读者可以从中国水利水电出版社网站（www.waterpub.com.cn）或万水书苑网站（www.wsbookshow.com）免费下载。

图书在版编目（CIP）数据

计算机网络创新教程 / 韩立刚编著. -- 北京 : 中国水利水电出版社, 2021.4（2023.1 重印）
ISBN 978-7-5170-9316-9

Ⅰ. ①计… Ⅱ. ①韩… Ⅲ. ①计算机网络－教材
Ⅳ. ①TP393

中国版本图书馆CIP数据核字(2021)第044817号

责任编辑：周春元　　加工编辑：杨元泓　　封面设计：李　佳

书　名	计算机网络创新教程 JISUANJI WANGLUO CHUANGXIN JIAOCHENG
作　者	韩立刚　编著
出版发行	中国水利水电出版社 （北京市海淀区玉渊潭南路1号D座　100038） 网址：www.waterpub.com.cn E-mail：mchannel@263.net（答疑） sales@mwr.gov.cn 电话：（010）68545888（营销中心）、82562819（组稿）
经　售	北京科水图书销售有限公司 电话：（010）68545874、63202643 全国各地新华书店和相关出版物销售网点
排　版	北京万水电子信息有限公司
印　刷	三河市鑫金马印装有限公司
规　格	184mm×260mm　16开本　24印张　626千字
版　次	2021年4月第1版　2023年1月第3次印刷
印　数	6001—11000册
定　价	68.00元

前　言

我不知道社会上有多少人想学精计算机网络，也不知道我讲的计算机网络课程有什么过人之处。当我把在软件学院随堂录制的计算机网络视频放到51CTO学院网站后，看到了几十万访问量和众多的好评，才知道原来有那么多人在互联网上苦苦搜寻优秀的计算机网络教程，才知道学生喜欢我这种讲故事一样的讲课方式。

高校计算机专业的学生大多需要学习“计算机网络”这门课程，很多学校还是必修课。很多非计算机专业的学生，想转行进入IT领域发展，想打好扎实的基础，也都应该掌握计算机网络。

当前，有关计算机网络图书大致可分为两大类：一类是网络设备厂商考证相关的教程，比如思科网络工程师教程CCNA、CCNP，华为认证网络工程师HCIA、HCIE、HCIP等；另一类就是高校的计算机网络相关教材，代表作就是谢希仁老师编著的《计算机网络》。

然而，这些厂商认证的教程，其目的只是培养能够熟练操作和配置其网络设备的工程师，对计算机网络通信原理和过程并没有进行深入细致的讲解，其重点是如何配置网络设备。而高校计算机网络原理相关的教材，则深入讲解了计算机通信过程和各层协议，并没给学生讲解如何使用具体的网络设备对所学的理论进行验证，更没有进一步扩展这些理论可以应用在哪些场景。死记硬背式的学习，除了应付考试，很难解决实际问题。很多老师在讲授这门课程时，不但学生感觉没意思，自己也觉得没意思。

我从事IT企业培训和企业IT技术支持20年，积累了大量的实战经验，同时，在河北师范大学软件学院以谢希仁老师编著的《计算机网络》为教程讲授计算机网络原理12年，在授课过程中增加了大量的案例，设计了合适的实验来验证所讲的理论。通过理论结合实践，不仅给学生讲清楚了计算机各层通信协议，还通过捕获数据包，让学生看到数据包的结构、每一层的封装。通过网络层的教学，不仅教会学生理解网络畅通的必要条件，还能在华为路由器上配置静态路由和动态路由；在传输层，不仅能让大家理解传输层协议和应用层协议之间的关系，还能让大家通过设置Windows服务器实现网络安全；在应用层，不仅讲解了常见的应用层协议，还能使用抓包工具捕获客户端和服务器之间交互的数据包，会分析各种应用层协议数据包格式……

2016年，时机成熟，我决心编写计算机网络原理教程，以谢希仁老师编著的《计算机网络》（第六版）为蓝本，绘制大量插图展示所讲理论，每一段理论结束后，紧跟着就是如何使用这些理论来解决实际问题，对知识进一步扩展。力求对书中内容的安排恰到好处，设计了经典的实验，做到了让理论不再抽象，让课程充满趣味，让学习充满乐趣。

《计算机网络原理创新教程》经过几年的教学检验，受到了广大授课老师及同学的热烈好评。通过这本书，老师们对理论的讲解更加轻松自如，同学们的学习积极性、接受的程度、学以致用的能力都得到了大幅度提高。

在新的人才培养目标指引下，立足于“自主可控”，《计算机网络创新教程》从实验设备到虚拟化实验软件，都进行了国产化改版，网络设备的讲解都以华为系列设备为案例进行教学，虚拟化实验环境搭建软件也由 GNS3 改为了华为的 eNSP。此外，本书还加入了计算机网络领域的最新知识、本人最新的讲课方法，同时更正了《计算机网络原理创新教程》中的不足或错误之处、优化了部分内容的讲述方式。

本书适合的读者对象

计算机专业的大学生。

想从事 IT 方面的工作、系统学习 IT 技术的有梦想的人。

打算考取思科或华为网络工程师认证的人。

学生评价

51CTO 学院韩立刚老师计算机网络原理视频教程：

https://edu.51cto.com/course/25988.html

下面是 51CTO 学院学生听完韩老师计算机网络原理后的评价：

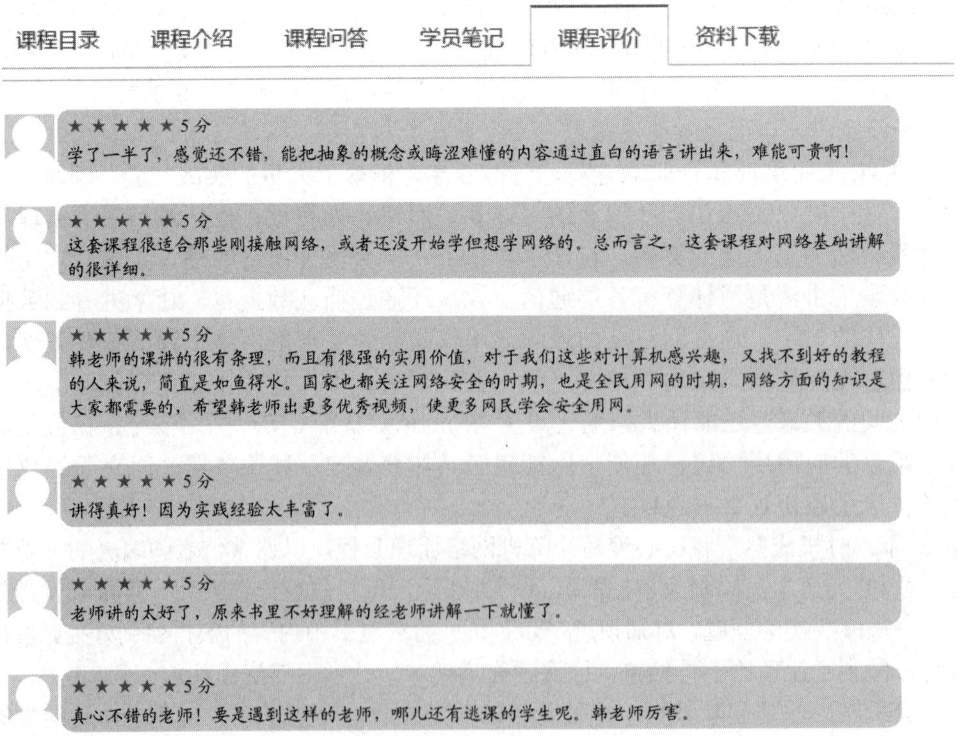

课程目录　课程介绍　课程问答　学员笔记　课程评价　资料下载

★★★★★ 5分
学了一半了，感觉还不错，能把抽象的概念或晦涩难懂的内容通过直白的语言讲出来，难能可贵啊！

★★★★★ 5分
这套课程很适合那些刚接触网络，或者还没开始学但想学网络的。总而言之，这套课程对网络基础讲解的很详细。

★★★★★ 5分
韩老师的课讲的很有条理，而且有很强的实用价值，对于我们这些对计算机感兴趣，又找不到好的教程的人来说，简直是如鱼得水。国家也都关注网络安全的时期，也是全民用网的时期，网络方面的知识是大家都需要的，希望韩老师出更多优秀视频，使更多网民学会安全用网。

★★★★★ 5分
讲得真好！因为实践经验太丰富了。

★★★★★ 5分
老师讲的太好了，原来书里不好理解的经老师讲解一下就懂了。

★★★★★ 5分
真心不错的老师！要是遇到这样的老师，哪儿还有逃课的学生呢。韩老师厉害。

★★★★★5分
韩老师的课程侧重于实际应用，没有那么多的专业术语，讲解的也浅显易懂，但要是为了考取证书还需要学习一下别的视频，韩老师很给力，顶!!!

★★★★★5分
很给力！要是中国的高校软件类的专业都讲的这么好，哪儿还有培训基地的生存空间？

技术支持

技术交流和资料索取请联系：

韩老师 QQ：458717185。

技术支持 QQ 群韩立刚 IT 技术交流群：301678170。

韩老师视频教学网站：http://www.91xueit.com。

韩老师微信公众号：han_91xueit。

致谢

河北师范大学软件学院一直采用“校企合作”的办学模式，在课程体系设置上与市场接轨；在教师的选用上，大量聘用来自企业一线的工程师；在教材及实验手册的建设上，结合国内优秀教材的知识体系，大胆创新，开发了一系列理论与实践相结合的教材（本书即是其中一本）。在学院新颖办学模式的培养下，百余名学生进入知名企业实习或已签订就业合同，得到了用人企业的广泛认可。这些改革成果的取得，首先要感谢河北师范大学校长蒋春澜教授的大力支持和鼓励，同时还要感谢河北师范大学校党委对这一办学模式的肯定与关心。

在本书整理完成的过程中，河北师范大学数信学院院长邓明立教授、软件学院副院长赵书良教授以及李文斌副教授为本书的写作提供了一个良好的环境，是他们为本书内容的教学实践保驾护航，他们与作者关于教学的沟通与交流为本书提供了丰富的案例和建议，在此对他们表示真诚的感谢。感谢河北师范大学软件学院教学团队的每一位成员，感谢河北师范大学软件学院的每一位学生，是他们的友好、热情、帮助和关心促使了本书的出版。

最后，感谢我的家人在本书创作过程中给予的支持与理解。

希望本书能带给广大老师及学生更多的教学和学习乐趣，同时也诚恳地欢迎广大师生批评指正，多提宝贵意见。

编者

2021 年 2 月

目　　录

第 1 章 计算机网络和协议

- TCP/IP 协议及其通信过程
- 理解 OSI 参考模型
- 计算机网络的性能指标
- 网络分类
- 企业局域网设计

本章是整本书的概览，以讲述与计算机网络原理相关的基础知识为主。

为了避免过于抽象的概念影响大家对于网络技术的学习，本章首先以一个企业网络为示例来讲解局域网和广域网；在讲解开放系统互连（Open System Interconnection，OSI）参考模型时，也是通过形象化的案例来加强大家对 OSI 参考模型的理解和应用。

TCP/IP 协议是 Internet 中最重要的通信协议之一，本章通过图示的方式，形象地展示计算机使用 TCP/IP 协议的基本原理和通信过程，以及数据封装和解封的过程，同时讲解集线器、交换机和路由器这些网络设备分别工作在 OSI 参考模型的哪一层次。

本章还讲解计算机网络的主要性能指标，如速率、带宽、吞吐量、时延、时延带宽积、往返时间和网络利用率等；最后讲解计算机网络的分类和企业局域网设计的相关知识。

1.1 计算机网络在当今社会的作用

由于信息技术的快速发展，其应用已经广泛地渗透到社会、经济和生活的各个方面。现今的因特网发展迅速，给信息产业乃至整个社会带来了革命性的影响。从电子邮件到电视会议，从因特网传真到因特网电话、从网上浏览至网上购物等丰富多彩的服务，不仅方便了消费者，还为企业参与全球竞争提供了有利的机会，并带动了同因特网有关的一批新兴服务业的发展。

什么是“互联网+”？

“互联网+”是互联网思维的进一步实践成果，它代表一种先进的生产力。通俗地说，“互联网+”就是“互联网+各个传统行业”，但这并不是简单的两者相加，而是利用信息通信技术以及互联网平台，让互联网与传统行业进行深度融合，创造新的发展生态。

“互联网+”带给我们的机遇：

（1）通过发展“互联网+”，推动移动互联网、云计算、大数据、物联网等与现代制造业结合。

（2）通过发展“互联网+”，促进电子商务、工业互联网和互联网金融健康发展。

（3）我国的移动互联网的发展已走在世界前列，有能力引导互联网企业拓展国际市场。

1.2 认识网络

本节通过企业互联网、家庭互联网以及全球最大的互联网——因特网，来介绍什么是网络和互联网。

1.2.1 网络和互联网

多台计算机使用集线器或交换机连接起来，通过一定的配置，可以在相互之间进行数据通信，就组成了一个简单的计算机网络。我所在的软件学院的每间教室都有交换机，学生的电脑在上课时接上网线，就形成一个网络，如图 1-1 所示。

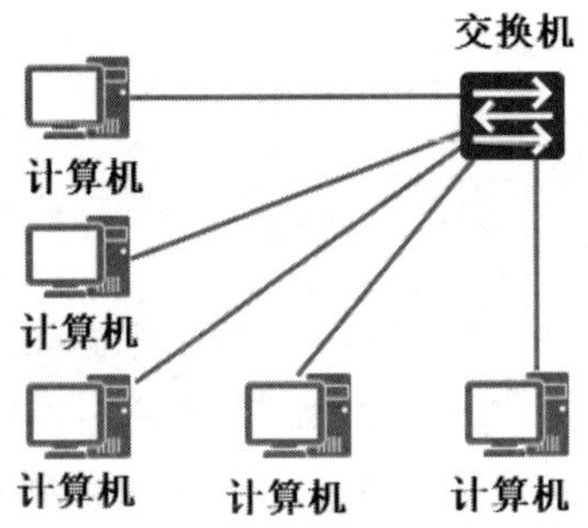

图 1-1　网络示意图

如果学校有多个教室都使用交换机组建了网络，要想让全校的计算机都能实现通信，就需要使用路由器将各个教室的网络连接起来，这就形成了互联网，如图 1-2 所示。路由器是网络设备，负责在不同网络间对数据包进行转发。

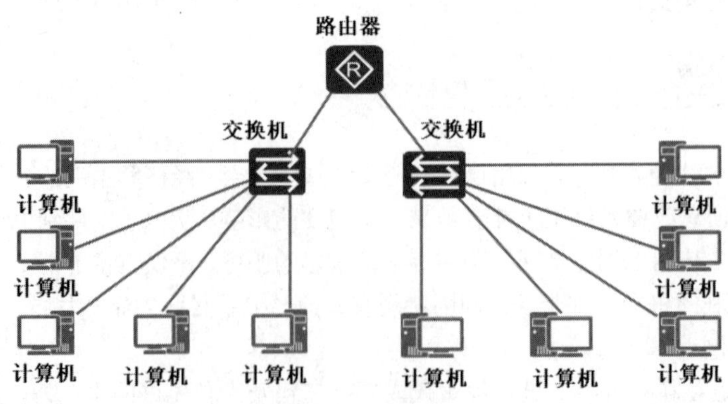

图 1-2　互联网

本书中，计算机、交换机、路由器以及网络分别使用图例符号来表示，如图 1-3 所示。

互联网就是指使用路由器连接起来的整个网络，其结构示意如图 1-4 所示。

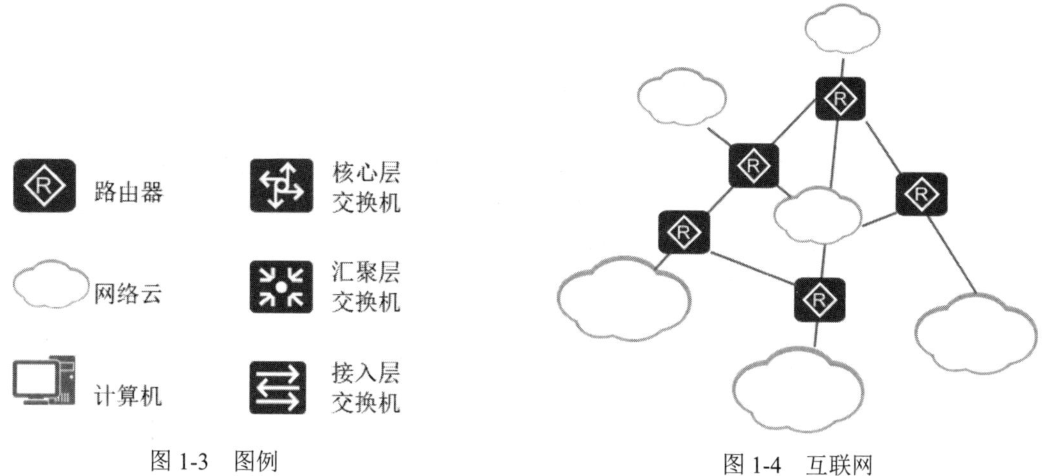

图 1-3　图例

图 1-4　互联网

1.2.2　最大的互联网——因特网

因特网（Internet），是全球最大的互联网。在我国，主要有五家互联网服务提供商（ISP）向广大用户提供互联网接入业务、信息业务和增值业务。

中国五大基础运营商分别为中国电信、中国移动、中国联通，中国广电以及中信网络。

下面以中国电信和中国联通两个 ISP 为例来展现 Internet 的一个局部，示意图如图 1-5 所示。

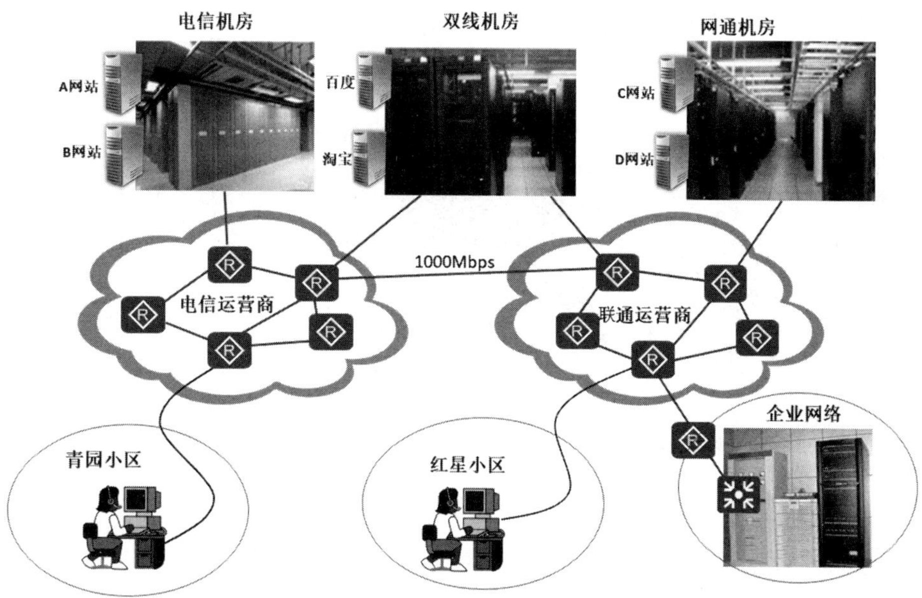

图 1-5　Internet=各个组织的网络+网民接入互联网服务提供商（ISP）的网络

首先来介绍 Internet 接入。无论在农村还是城市，电话已经广泛普及，电信和联通利用现有的电话网络可以方便地为用户提供 Internet 接入服务器，当然需要使用 ADSL 调制解调器连接计算机和电话线。图 1-5 中，青园小区用户使用 ADSL 连接到中心局，再通过中心局连接到电信运营商，而红星小区使用 ADSL 连接到联通运营商。一般来说，广大网民上网主要是浏览网页、下载视频，即主要是从 Internet 获取而非上传信息，而 ADSL 就是针对这类应用场景而设计的，所以下载速度快、上传速度慢。

如果企业的网络需要接入 Internet，可以使用光纤直接接入。如果为企业服务器分配公网地址，那么企业的网络就成为 Internet 的一部分了。

如果公司的网站需要为网民提供服务，自己又没有建设机房，就需要将服务器托管在联通或电信的机房，提供 7×24 小时的高可用服务。机房不能轻易停电，需要保持无尘环境，并且对温度、湿度、防火装置都有特殊要求，总之和家庭电脑待遇不一样。

图 1-5 中，电信运营商和联通运营商之间使用 1000Mb/s 的线路连接，虽然带宽很高，但其承载了所有联通访问电信的流量以及电信访问联通的流量，因此还是显得拥堵。青园小区的用户访问电信机房 A 网站和 B 网站速度很快，但是访问联通机房的 C 网站和 D 网站的速度就会显得很慢。网络上曾流传这样一句话："世界上最远的距离不是南极和北极，而是联通和电信的距离"。

为了解决跨运营商访问网速慢的问题，可以把公司的服务器托管在双线机房，即同时连接联通和电信运营商网络的机房，如图 1-5 中百度和淘宝的服务器。这样联通和电信的网民访问此类网站时速度就没有差别了。

有些 Web 站点为用户提供软件下载，可以将软件部署到多个运营商的服务器中，用户下载时，让用户自己选择从哪一个运营商下载。比如从软件盒子网站（http://www.itopdog.cn）下载软件，用户可以根据是联通上网还是电信上网选择联通下载还是电信下载，如图 1-6 所示。

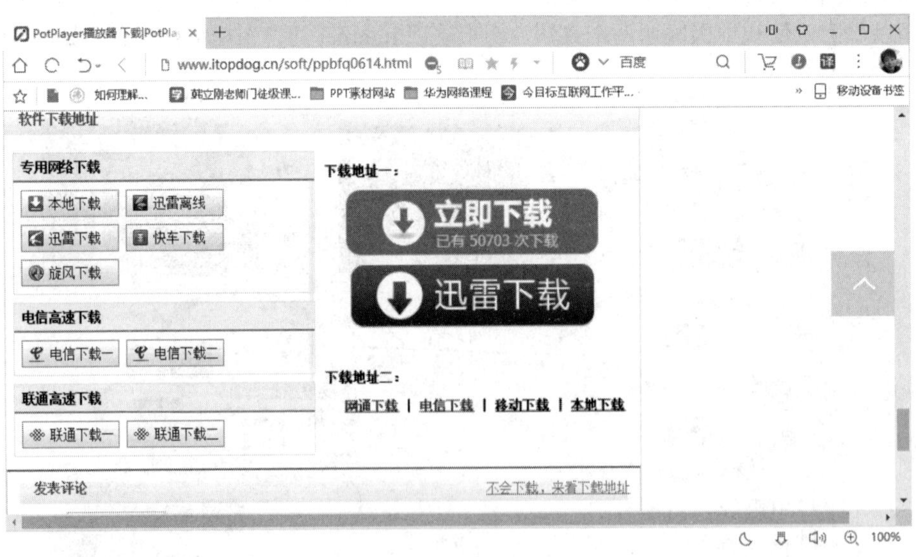

图 1-6　选择运营商

1.2.3　企业组建的互联网

除了最大的互联网——因特网，大多数企业也组建了自己的互联网，下面介绍企业互联网的拓扑结构，以加深大家对网络的认识。如图 1-7 所示，车辆厂在石家庄和唐山都有厂区，南车石家庄车辆厂和北车唐山车辆厂都组建了自己的网络，可以看到企业按部门规划网络，基本上是一个部门一个网段（网络），使用三层交换（相当于路由器）连接各个部门的网段，企业的服务器连接到三层交换机，这就是企业的局域网。

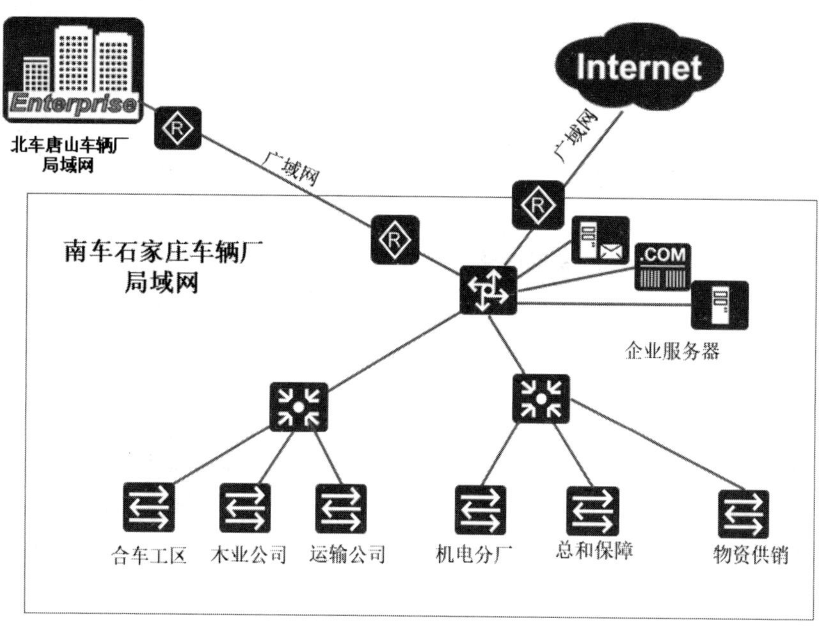

图 1-7 企业互联网

北车唐山车辆厂需要访问南车石家庄车辆厂的服务器，这就需要将两个厂区的网络连接起来。车辆厂不可能自己架设网线或光纤将这两个厂区的局域网连接起来，架设和维护的成本太高了。他们租用了联通的线路来将两个局域网连接起来，只需每年缴费即可，这就是广域网。南车石家庄车辆厂连接 Internet 使用联通的光纤，这也是广域网。

现在总结一下，局域网通常是组织或单位自己花钱购买网络设备组建，带宽通常为 10M、100M 或 1000M，自己维护，覆盖范围小；广域网通常要花钱租用电信运营商的线路，花钱买带宽，用于长距离通信。

1.2.4 家庭组建的互联网

大家可能都用过 ADSL 拨号上网，当前家庭用户访问 Internet 大多使用电话线连接宽带猫（Modem），宽带猫再连接能够拨号上网的无线路由器，实现自动拨号上网。这样你的家里就组建了一个网络，有了交换机和路由器并且还有无线接入点（AP），无线接入点可以让我们的智能设备（智能手机、平板电脑等）连接到网络，如图 1-8 所示。

对于拨号上网所用的无线路由器，其实是路由器、交换机以及无线接入点（AP）三种功能合一的设备，如图 1-9 所示。

图 1-9 中看不到路由器和交换机的连接接口 LAN1，也看不到无线 AP 和交换机的连接接口。所以要想理解该设备，必须搞清楚其逻辑结构。无线拨号路由器的逻辑结构如图 1-10 所示。无线 AP 的作用相当于一个交换机，和交换机 LAN 接口连接。WAN 接口用于连接宽带猫，拨号之后运营商会自动分配一个公网地址。路由器连接交换机的接口 LAN1 的默认地址是 192.168.0.1，当然用户也可以设置成其他地址。

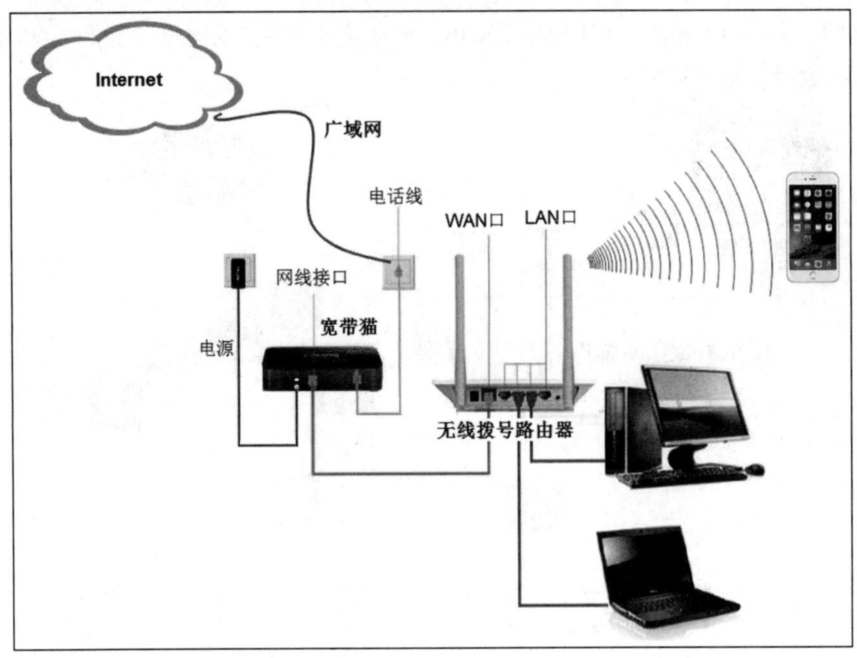

图 1-8　家庭组建的互联网

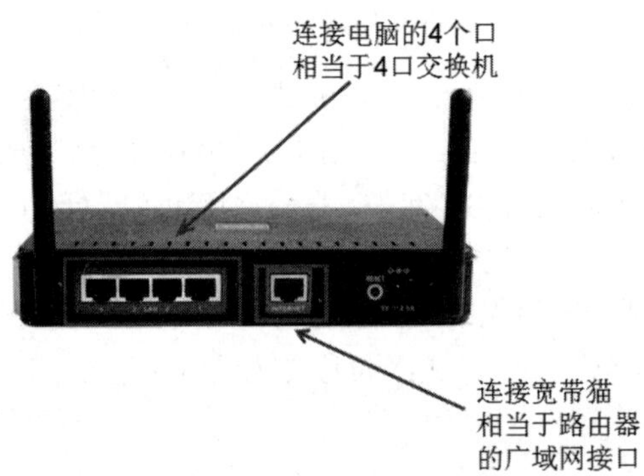

图 1-9　宽带拨号无线路由器

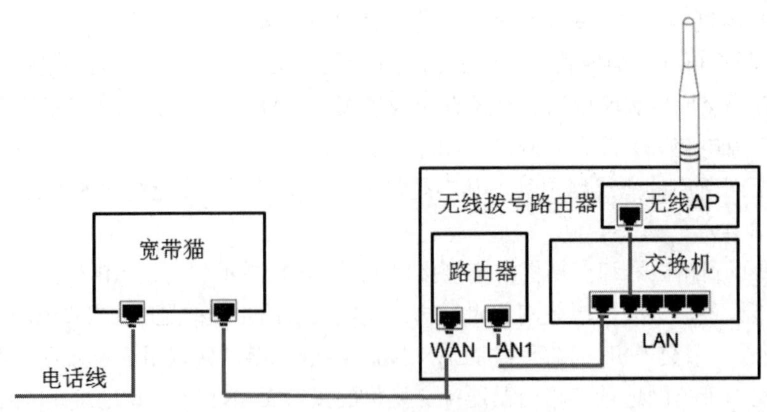

图 1-10　家庭拨号网络逻辑图

1.3　理解 TCP/IP 协议

学习计算机网络，最重要的就是掌握和理解计算机通信所使用的协议。通信协议，看不到摸不着，对很多初学计算机网络的读者来说，总是感觉协议是非常抽象的，掌握起来比较困难。

1.3.1　理解协议

事实上，对于协议的概念，我们并不陌生，大学生走出校门参加工作要和用人单位签署就业协议；工作后还有可能要租房，就要和房东签署租房协议。下面，就让我们通过一个租房协议，来理解协议的目的、要素，进而理解计算机通信所使用的协议。

现在，试想我们要签一份租房协议。假设双方不签协议，而是口头和房东约定房租多少、每个月几号交房租、押金多少、家具家电设施损坏谁负责等问题，万一双方就这些问题产生纠纷时如何处理？这就是协议的目的，即将双方关心的事情协商一致写到协议中，双方确认后签字，协议一式两份，双方都要遵守。临时起草协议非常麻烦，又可能担心会漏掉一些重要的事项，所以一般会从网上找一个标准化的租房协议模板。图 1-11 就是一份租房协议模板，约定事项已定义好，出租方和承租方只需按模板填写指定内容。

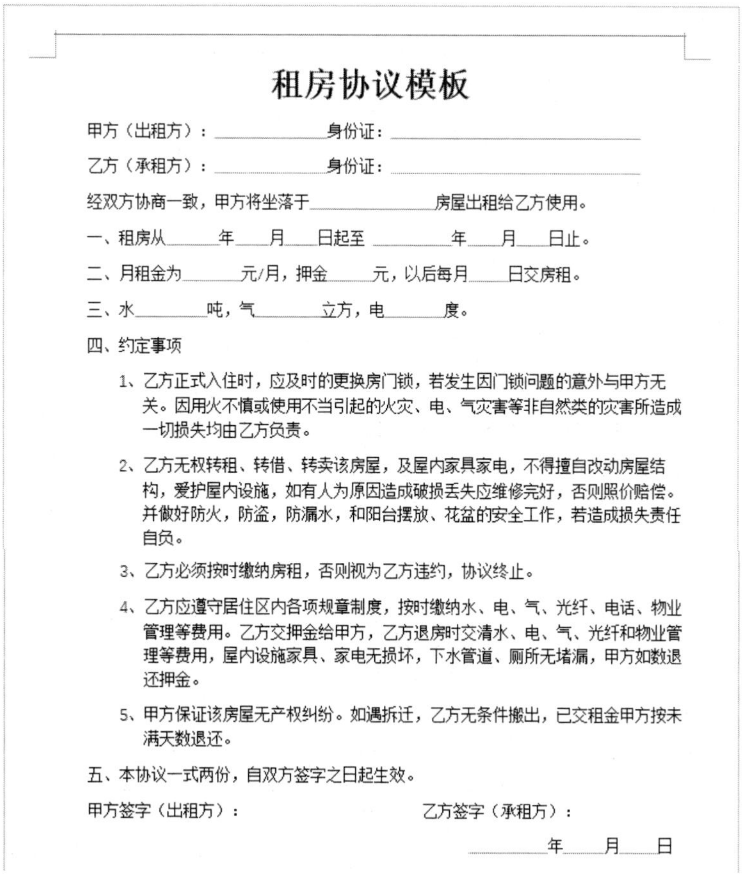

租房协议模板

甲方（出租方）：＿＿＿＿＿＿身份证：＿＿＿＿＿＿＿＿

乙方（承租方）：＿＿＿＿＿＿身份证：＿＿＿＿＿＿＿＿

经双方协商一致，甲方将坐落于＿＿＿＿＿＿房屋出租给乙方使用。

一、租房从＿＿＿年＿＿月＿＿日起至＿＿＿＿年＿＿月＿＿日止。

二、月租金为＿＿＿元/月，押金＿＿＿元，以后每月＿＿＿日交房租。

三、水＿＿＿＿吨，气＿＿＿＿立方，电＿＿＿＿度。

四、约定事项

1、乙方正式入住时，应及时的更换房门锁，若发生因门锁问题的意外与甲方无关。因用火不慎或使用不当引起的火灾、电、气灾害等非自然类的灾害所造成一切损失均由乙方负责。

2、乙方无权转租、转借、转卖该房屋，及屋内家具家电，不得擅自改动房屋结构，爱护屋内设施，如有人为原因造成破损丢失应维修完好，否则照价赔偿。并做好防火，防盗，防漏水，和阳台摆放、花盆的安全工作，若造成损失责任自负。

3、乙方必须按时缴纳房租，否则视为乙方违约，协议终止。

4、乙方应遵守居住区内各项规章制度，按时缴纳水、电、气、光纤、电话、物业管理等费用。乙方交押金给甲方，乙方退房时交清水、电、气、光纤和物业管理等费用，屋内设施家具、家电无损坏，下水管道、厕所无堵漏，甲方如数退还押金。

5、甲方保证该房屋无产权纠纷。如遇拆迁，乙方无条件搬出，已交租金甲方按未满天数退还。

五、本协议一式两份，自双方签字之日起生效。

甲方签字（出租方）：　　　　乙方签字（承租方）：

＿＿＿＿＿年＿＿＿月＿＿＿日

图 1-11　租房协议模板

为了简化协议填写，租房协议模板还可能定义了一个表格，如图 1-12 所示。出租方和承租方在签订租房协议时，只需将信息填写在表格规定的位置，协议的详细条款就不用再填写了。表格中出租方姓名、身份证、承租方姓名、身份证、房屋位置等称为字段，这些字段的长度可以是固定的，也可以是变化的。如果是变长，要定义字段间的分界符。

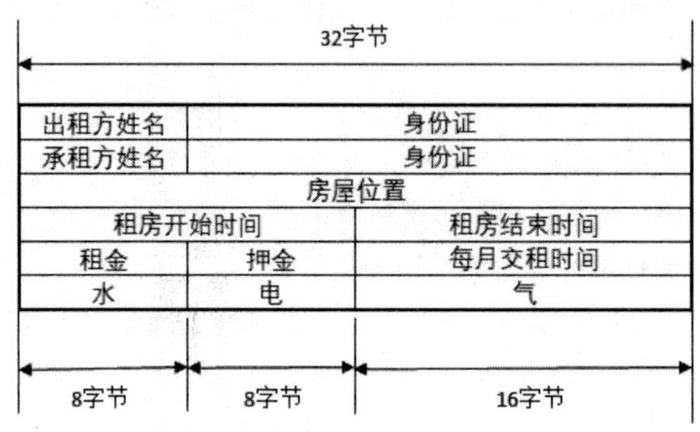

图 1-12　租房协议模板中定义的需要填写的字段表格

图 1-13 是根据租房协议模板表格填写的一个具体的租房协议，根据该表格就知道出租方和承租方、房屋位置、租金、押金等信息，甲乙双方遵循的协议约定事项不需填写，但双方都知道租房协议模板的约定事项。

韩××	132302197706055638	
张××	132302198712053432	
××省××市××小区12-1-22		
2019-11-01		2020-11-01
1400	1000	15日
122	1444	32

图 1-13　具体的租房协议

与租房协议类似，计算机通信协议也都进行了标准化，也就是形成了模板，其中除了定义了各方需遵循的约定，还定义了交互信息时的数据格式（报文格式），如请求报文的格式、响应报文的格式等。在以后的学习中，使用抓包工具分析数据包时，看到的就是协议报文的各个字段，类似于图 1-13 所示的各个字段，我们可以看到的是每个字段的值，但协议的具体条款我们看不到。

图 1-14 是 IP 协议定义的需要通信双方填写的表格，称其为 IP 首部。网络中的计算机进行通信时，只需按照其中的格式填写内容，通信双方的计算机和网络设备就能够按照 IP 协议的约定进行通信。

0	4	8	16	19	24　　31
版本	首部长度	区分服务	总长度		
标识			标志	片偏移	
生存时间		协议	首部检验和		
源 IP 地址					
目标 IP 地址					
可选字段（长度可变）				填充	

图 1-14　IP 首部

应用程序通信使用的协议称为应用层协议，应用层协议定义的数据格式，称为报文格式。有的协议需要定义多种报文格式，比如 ICMP，就有三种报文格式：ICMP 请求报文、ICMP 响应报文、ICMP 差错报告报文。再比如 HTTP，定义了两种报文格式：HTTP 请求报文、HTTP 响应报文。

在计算机网络协议中，涉及的“甲方”和“乙方”又被称为“对等实体”。

1.3.2 计算机通信协议

TCP/IPv4 协议栈是目前计算机通信中使用最广泛的通信协议，如图 1-15 所示。TCP/IPv4 协议栈由一系列协议组成，其中的每一个协议都是独立的，有各自的甲方、乙方和条款。这一系列协议按功能划分，可分为应用层协议、传输层协议、网络层协议、数据链路层（网络接口层）协议。这一系列协议共同协作，才可以实现网络中计算机之间的通信。

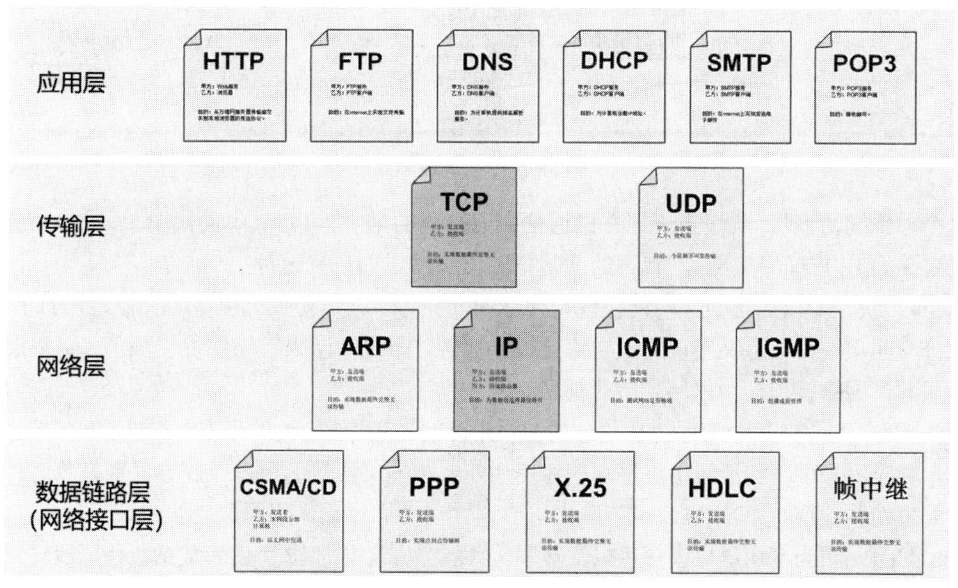

图 1-15 TCP/IPv4 协议栈

TCP/IPv4 通信协议的魅力在于可实现不同硬件结构、不同操作系统的计算机间的相互通信。TCP/IPv4 协议既可用于广域网，也可用于局域网，它是 Internet/Intranet 的基石。其主要协议有传输控制协议（Transmission Control Protocol，TCP）和网际协议（Internet Protocol，IP）。

计算机通信为什么需要协议？如何理解协议的分层？

就像网上购物，商家提供商品，顾客浏览商品，选定商品指定款式，网上付款后，商家发货，顾客收到货后确认收货，货款才能到商家账上，如果不满意，还可以退货，购买了商品的顾客可以评价该商品。这是网络购物的一般流程，可见，其中规定了网购的甲方（商家）和乙方（顾客），明确了网购的内容（商品），另外还规定了所需的各种操作及其顺序，如商家不能在付款前发货，顾客不能在未购物的情况下做出评价等。这事实上，就包含了一个“网购协议”，没有这个“网购协议”，网络购物就不可能实现。计算机通信中的协议，其目的与含义与上述的“网购协议”类似。

但是只有“网购协议”就能实现网上购物了吗？上述的“网购协议”只是从应用软件的层次完成了商品的购买，即，这个“网购协议”仅是应用层的一个协议，它就相当于计算机通信中的应用层协议。

现实中，顾客所购买的商品还需要快递到顾客家中，也就是说网上购物还需要快递公司提供的物流功能。快递公司投递快件，也需要有“快递协议”。“快递协议”规定投送快递需要填写的快递单格式及其内容，客户按照快递单的格式，在指定的地方填写收件人和发件人等信息，如图 1-16 所示。

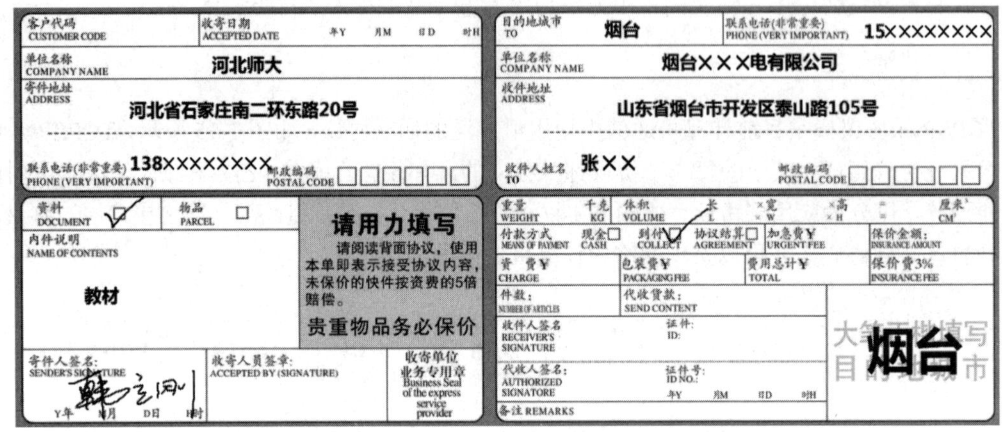

客户代码 CUSTOMER CODE
收寄日期 ACCEPTED DATE 年Y 月M 日D 时H
单位名称 COMPANY NAME 河北师大
寄件地址 ADDRESS 河北省石家庄南二环东路20号
联系电话(非常重要) PHONE (VERY IMPORTANT) 138XXXXXXXX
邮政编码 POSTAL CODE
资料 DOCUMENT ☑
物品 PARCEL ☐
内件说明 NAME OF CONTENTS 教材
请用力填写
请阅读背面协议，使用本单即表示接受协议内容，未保价的快件按资费的5倍赔偿。
贵重物品务必保价
寄件人签名: SENDER'S SIGNATURE Y年 M月 D日 H时
收寄人员签章: ACCEPTED BY (SIGNATURE)
收寄单位业务专用章 Business Seal of the express service provider

目的地城市 TO 烟台
联系电话(非常重要) PHONE (VERY IMPORTANT) 15XXXXXXXX
单位名称 COMPANY NAME 烟台XXX电有限公司
收件地址 ADDRESS 山东省烟台市开发区泰山路105号
收件人姓名 TO 张XX
邮政编码 POSTAL CODE
重量 WEIGHT 千克 KG
体积 VOLUME 长 L ×宽 ×W ×高 ×H = 厘米³ CM³
付款方式 MEANS OF PAYMENT 现金 CASH ☐ 到付 COLLECT ☑ 协议结算 AGREEMENT ☐
加急费¥ URGENT FEE
保价金额: INSURANCE AMOUNT
资费¥ CHARGE
包装费¥ PACKAGING FEE
费用总计¥ TOTAL
保价费3% INSURANCE FEE
件数: NUMBER OF ARTICLES
代收货款: SEND CONTENT
收件人签名 RECEIVER'S SIGNATURE
证件: ID:
代收人签名: AUTHORIZED SIGNATURE
证件号: ID NO.:
年Y 月M 日D 时H
备注 REMARKS
大笔正楷填写目的地城市 烟台

图 1-16　快递单

这个“快递协议”，就相当于计算机通信中网络层的 IP 协议，其中的快递单，就相当于 IP 协议中所定义的 IP 首部（头部），其目的就是把数据包发送到目标地址。

可见，“快递协议”位于“网购协议”的下面，并为“网购协议”服务。类似地，TCP/IPv4 协议栈也分为四层，底层协议为它的上层协议提供服务，即传输层为应用层提供服务，网络层为传输层提供服务，网络接口层为网络层提供服务。

图 1-17 表示了 TCP/IPv4 协议栈的分层和作用范围。应用层协议的甲方、乙方是服务器端应用程序和客户端应用程序，实现应用程序间的通信功能。传输层协议的甲方、乙方分别是要进行通信的两个计算机的传输层，TCP 协议可为应用层协议实现可靠传输，用户数据报协议（User Datagram Protocol，UDP）可为应用层协议提供报文转发。网络层协议中的 IP 协议为数据包跨网段转发选择路径，IP 协议是多方协议，包括相互通信的两台计算机和沿途所经过的路由器，可见路由器工作在网络层，我们通常所说的网络层设备，就是指路由器或三层交换机。数据链路层负责将网络层的数据包从链路的一端发送到另一端，数据链路层协议的作用范围是一段链路，不同的链路有不同的数据链路层协议，交换机负责将帧从一端发送到另一端，普通交换机属于数据链路层设备。

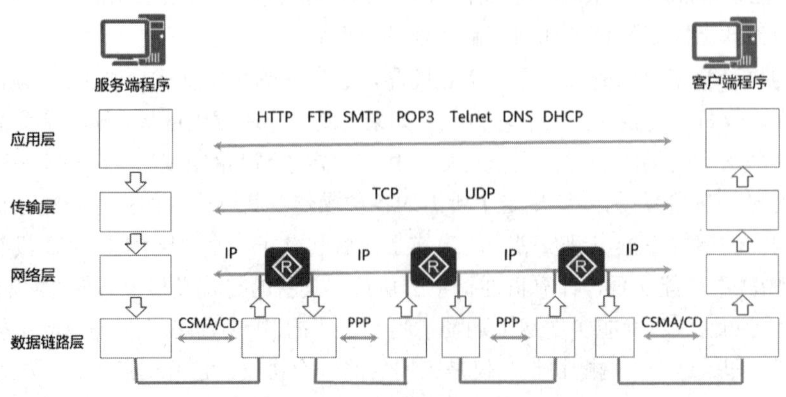

图 1-17　协议的分层及作用范围

1.3.3 TCP/IP 协议各层的功能

从图 1-18 可以看到通常所说的 TCP/IP 协议不是一个单独的协议，也不是 TCP 和 IP 两个协议，而是一系列独立的协议。TCP/IP 协议栈中的协议，按功能划分为四层，最高层是应用层，依次是传输层、网络层、网络接口层。本书将网络接口层拆分成数据链路层和物理层这两层来讲。

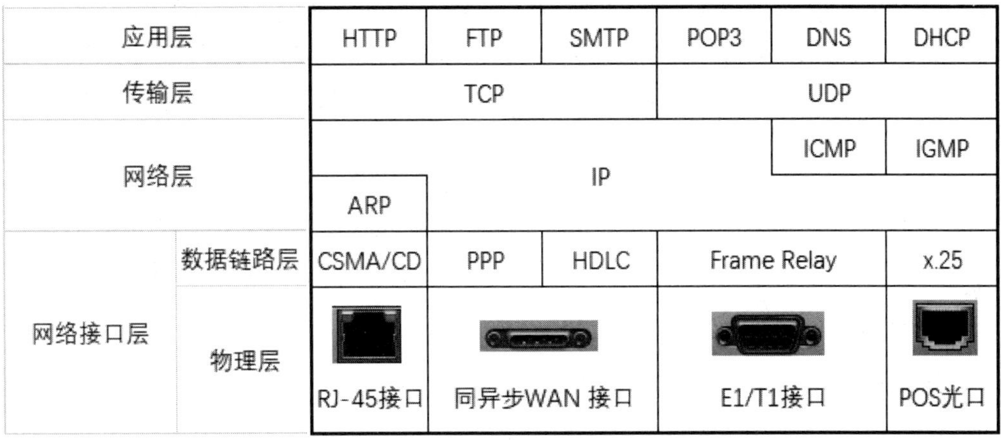

应用层		HTTP	FTP	SMTP	POP3	DNS	DHCP
传输层		TCP			UDP		
网络层		IP				ICMP	IGMP
		ARP					
网络接口层	数据链路层	CSMA/CD	PPP	HDLC	Frame Relay		x.25
	物理层	RJ-45接口	同异步WAN 接口		E1/T1接口		POS光口

图 1-18　TCP/IP 协议分层

下面介绍 TCP/IP 各层所实现的功能。

1. *应用层*

应用层协议定义了互联网上常见的通信规范。互联网中的应用有很多，这就意味着应用层协议也很多，图中只列出了几个常见的应用层协议。每个应用层协议都定义了客户端能够向服务端发送哪些请求（也可以认为是哪些命令）、这些请求的发送顺序，服务端能够向客户端返回哪些响应，这些请求报文和响应报文都要包含哪些字段，每个字段实现什么功能，每个字段的各种取值所代表的含义等。

2. *传输层*

传输层包括两个协议：TCP 和 UDP，如果要传输的数据需要分成多个数据包发送，发送端和接收端的 TCP 协议确保接收端最终完整无误地收到所传数据。如果在传输过程中网络出现丢包，发送端会重传丢失的数据包，如果发送的数据包没有按发送顺序到达接收端，接收端会把数据包在缓存中排序，等待迟到的数据包，最终收到连续、完整的数据。

UDP 协议用于只需一个数据包就可完成数据发送的场景，这种情况下就不需要检查是否丢包以及数据包是否按顺序到达，数据发送是否成功由应用程序来进行判断。可见，UDP 协议要比 TCP 协议简单得多。

3. *网络层*

网络层协议负责在不同网段转发数据包，为数据包选择最佳的转发路径，网络中路由器负责在不同网段转发数据包，为数据包选择转发路径，因此称路由器工作在网络层，是网络层设备。

4. 数据链路层

数据链路层协议负责把数据包从链路的一端发送到另一端。网络设备由网线或线缆连接，连接网络设备的这一段网线或线缆称为一条链路。在不同的链路传输数据有不同的机制和方法，即有不同的数据链路层协议，比如以太网使用 CSMA/CD 协议，点到点链路使用 PPP 协议。

5. 物理层

物理层定义了与网络设备接口相关的一些特性，比如接口的形状、尺寸、引脚数目和排列、固定和锁定装置、接口电缆各条线上的电压范围等，这些定义可以认为是物理层协议。

协议按功能分层的好处是，某一层的改变不会影响其他层。某层协议可以改进或改变，但其功能是不变的。比如计算机通信可以使用 IPv4 也可以使用 IPv6。网络层协议改变了，但其功能依然是为数据包选择转发路径，不会引起传输层协议的改变，也不会引起数据链路层的改变。

这些协议，每一层为其对应的上一层提供服务，所以，当你遇到网络出现故障的情况时，比如网页不能访问，应该遵循从底层到高层的次序来进行故障排除。先看看网线是否连接，这是物理层排错；再 ping Internet 上的一个公网地址看看是否畅通，这是网络层排错；最后再检查浏览器设置是否正确，这是应用层排错。

1.3.4 封装和解封

如图 1-19 所示，商家给顾客发货，需要将“商品”打包，贴上快递单，这个过程可以称为“封装”，封装后的快递包裹，称为“快件”。顾客收到快件后，快递单就没用了，撕掉快递单子打开包裹，看到购买的“商品”，这个过程可以称为“解封”。快递员看不到包裹中的商品，也不关心是什么商品，所以我们说快递员工作在物流层。当然商家和顾客也不关心包裹是通过什么路线送达的。类似地，计算机通信过程也需要对要所要传输的数据进行封装和解封。

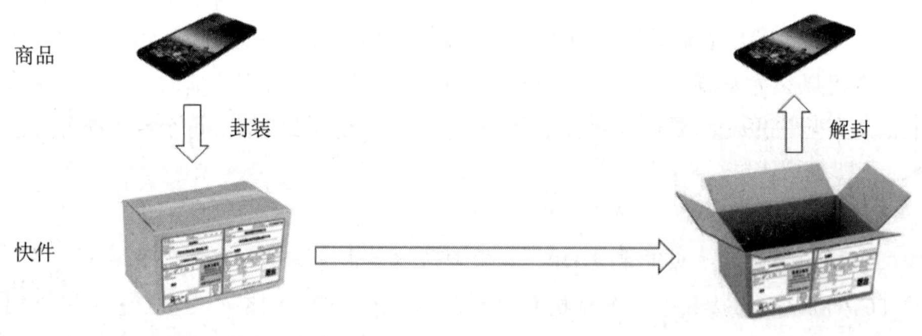

图 1-19 封装和解封

应用程序进行通信时所要发送的数据称为“报文”，报文的格式由应用层协议定义。为了实现可靠传输，在传输层添加 TCP 首部，这就是“封装”，封装后称为“段”。TCP 首部的字段及其格式由 TCP 协议定义。为了将数据段发送到目标计算机，需要将传输层的“段”在网络层添加 IP 首部，添加了 IP 首部的段称为“数据包”，IP 首部的字段及其格式由 IP 协议定义。为了把数据包从链路的一端传输到另一端，还需要给“数据包”添加数据链路层的首部，将数据包封装成“帧”。接收端收到的是数据帧，各层去掉各层的封装后提交给上层协议，这就是“解封”过程。封装的过程如图 1-20 所示，解封与封装是一个相反的过程。

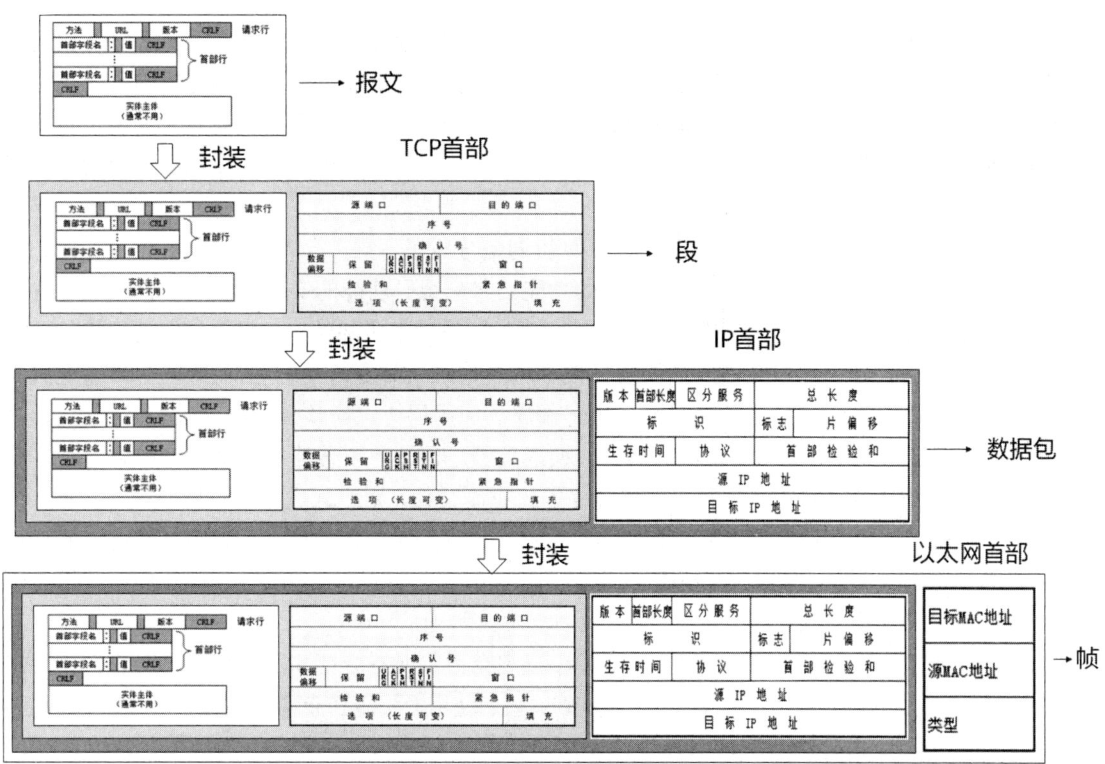

图 1-20　封装过程

1.4　理解 OSI 参考模型

前面介绍的 TCP/IPv4 协议是互联网通信的工业标准。当网络刚开始出现时，典型情况下只能在同一制造商制造的计算机产品之间进行通信。20 世纪 70 年代后期，国际标准化组织（International Organization for Standardization，ISO）创建了开放系统互连（Open Systems Interconnection，OSI）参考模型，从而打破了这一壁垒。

OSI 参考模型将计算机通信过程按功能划分为七层，并规定了每一层所需实现的功能。这样互联网设备的厂家以及软件公司就能参照 OSI 参考模型来设计自己的硬件和软件，不同供应商的网络设备之间就能够互相协同工作。下面讲解 OSI 参考模型和 TCP/IP 协议栈之间的关系，以及计算机通信分层的优点。

1.4.1　OSI 参考模型和 TCP/IP 协议的关系

OSI 参考模型不是具体的协议，TCP/IPv4 协议栈是具体的协议，怎么来理解它们之间的关系呢？

比如，国际标准组织定义了汽车的参考模型，规定汽车要有动力系统、转向系统、制动系统、变速系统。参照这个汽车参考模型汽车厂商可以研发的自己的汽车。比如奥迪轿车，它的动力系统有的使用汽油，有的使用天然气，但实现的功能都是汽车参考模型中动力系统的功能；它的变速系统有的是手动挡，有的是自动挡，但实现的功能都是汽车参考模型中变速系统的功能。

这个汽车参考模型中的每一个子系统，都相当于计算机通信中的一个层。奥迪汽车虽然实现了参考模型规定的所有功能，但参考模型并不关心奥迪汽车是如何实现这些功能的。对于计算机通信的 OSI 参考模型，这就相当于它也只是规定每一层所要实现的功能，而不关心每一层具体是如何实现的。奥迪轿车相当于汽车的一个具体实现，但这个实现是有一系列严格的标准的，这一系列的标准就类似于计算机通信中 OSI 参考模型下的一组具体的协议，如 TCP/IP 协议等。不同的协议可以用不同的方法来实现计算机通信。

国际标准化组织制定的 OSI 参考模型把计算机通信分成了七层。

（1）应用层。应用层协议实现应用程序的功能。将应用层功能的实现方法进行标准化，就形成了应用层协议。互联网中的应用很多，比如访问网站、收发电子邮件、访问文件服务器等，因此应用层协议也很多。定义客户端能够向服务器发送哪些请求（命令）、服务器能够向客户端返回哪些响应、用到的报文格式，命令的交互顺序等，都属于应用层协议应该包含的内容。

（2）表示层。将应用程序要传输的信息转换成数据。比如，要传输字符文件，则要使用字符集把其转换成数据；要传输的是图片或应用程序等二进制文件，要对其进行编码以转换成数据。数据在传输前是否要进行压缩、是否要进行加密处理等，也都是表示层要解决的问题。发送端的表示层和接收端的表示层是协议的双方，加密和解密、压缩和解压缩、将字符文件编码和解码，都要遵循表示层协议的规范。

（3）会话层。为通信的客户端和服务端程序建立会话、保持会话和断开会话。①建立会话：A、B 两台计算机之间需要通信，要建立一条会话供它们使用，在建立会话的过程中会有身份验证、权限鉴定等环节。②保持会话：通信会话建立后，通信双方开始传递数据，当数据传递完成后，OSI 会话层不一定立即将这会话断开，它会根据应用程序和应用层的设置对会话进行维持，在会话维持期间，两者可以随时使用会话传输数据。③断开会话：当应用程序或应用层规定的超时时间到期后，或 A、B 重启、关机，或手动断开会话时，OSI 会断开 A、B 之间的会话。

（4）传输层。负责为两个主机中进程之间的通信提供通用的数据传输服务。传输层主要有两种协议。传输控制协议 TCP——提供面向连接的、可靠的数据传输服务，其数据传输单位是报文段；用户数据包协议 UDP——提供无连接的、尽最大努力的数据传输服务，其数据传输单位是用户数据报。

（5）网络层。为数据包跨网段通信选择转发路径。

（6）数据链路层。两台主机之间的数据通信，总是在一段一段的链路上传送的，这就需要专门的链路层协议。数据链路层就是将数据包封装成能够在不同链路传输的帧。数据包在传递过程中要经过不同的网络。比如集线器或交换机组建的以太网，会使用以太网的载波侦听多路访问协议（CSMA/CD）；路由器和路由器之间的连接是点到点链路，则可以使用 PPP 协议或帧中继（Frame Relay）协议。数据包要想在不同类型的链路传输，需要封装成不同的帧格式。比如以太网的帧，要加上目标 MAC 地址和源 MAC 地址，而点到点链路上的帧就不用添加 MAC 地址。

（7）物理层。规定了网络设备机械、电气、功能、规程等特性，如接口标准、电压标准。如果不定义这些标准，各个厂家生产的网络设备就不能连接到一起，更不可能相互兼容了。物理层还规定了设备所需支持的通信技术，那些专门研究通信的人，就可想方设法让物理线路（铜线或光纤）通过频分复用技术或时分复用技术或编码技术等更快地传输数据。

TCP/IPv4 协议栈对 OSI 参考模型进行了合并简化，其应用层实现了 OSI 参考模型的应用层、表示层和会话层的功能，并将数据链路层和物理层合并成网络接口层，如图 1-21 所示。

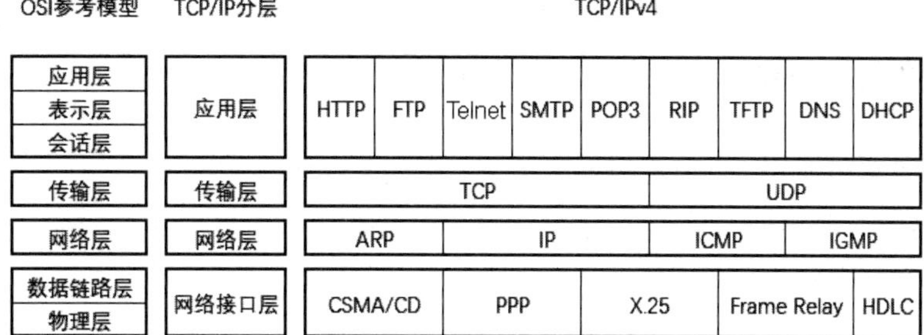

OSI参考模型	TCP/IP分层	TCP/IPv4
应用层 表示层 会话层	应用层	HTTP, FTP, Telnet, SMTP, POP3, RIP, TFTP, DNS, DHCP
传输层	传输层	TCP, UDP
网络层	网络层	ARP, IP, ICMP, IGMP
数据链路层 物理层	网络接口层	CSMA/CD, PPP, X.25, Frame Relay, HDLC

图 1-21　OSI 参考模型分层与 TCP/IP 分层的对应关系

1.4.2　计算机通信分层的优点

OSI 参考模型将计算机通信分为七层，每一层为上一层提供服务，每层实现特定的功能。这样，当任何一层发生变化时，都不会对其他层产生影响。

如图 1-22 所示是通信分层给不同角色的人所带来的好处。

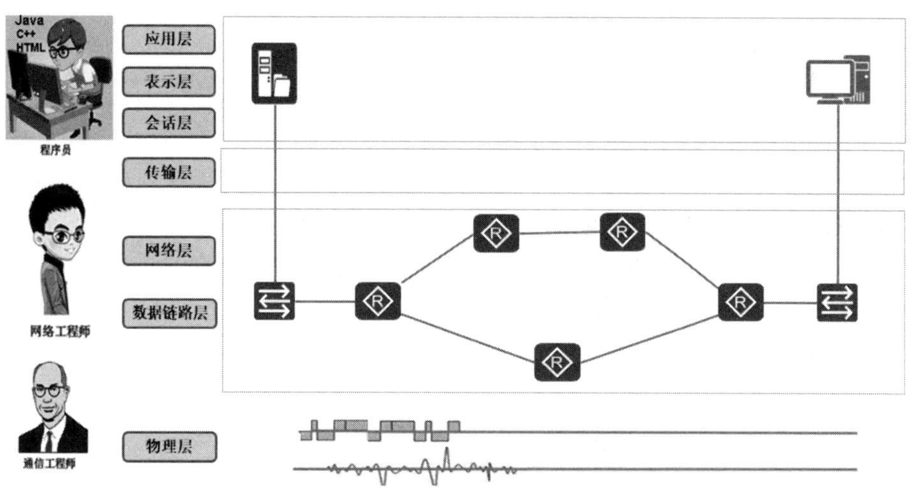

图 1-22　分层的好处

程序员开发网络应用程序，他们负责解决应用层、表示层和会话层的问题，他们只需关心应用程序之间如何通信、通信是否需要加密和压缩，以及如何避免出现乱码。他们不需要关心网络问题，比如客户端到底是通过局域网还是广域网、是通过有线还是无线通信、是用铜线还是光纤作为传输介质来访问服务器，只要网络是畅通的，应用程序就能正常工作。所以说程序员工作在 OSI 参考模型的最高层（应用层+表示层+会话层），也就是 TCP/IP 的应用层。

网络工程师负责配置网络中的路由器，路由器为数据包选择转发路径，所以说网络工程师的工作位于 OSI 参考模型的网络层。网络工程师还需要配置交换机，交换机是数据链路层设备，所以网络工程师也负责 OSI 参考模型的数据链路层。但网络工程师并不关心程序员开发的程序实现什么功能、程序传输数据的编码方式，也不关心信号如何在线路上传输。他们只需要精通路由器和交换机的配置，那些考取了华为认证工程师（HCIA、HCIP）以及思科网络工程师的人员可以负责维护企业网络。

通信工程师，如奈奎斯特（Nyquist）和香农（Shannon）等一些通信领域的专家，专门研究如何在通信线路上更快地、无差错地传输信号，他们不关心传递的信号是打电话的语音信号还是计算机通信的数据流量信号。通信速度的提高，不会造成数据链路层和网络层更改，更不需要重新开发网络应用程序。

综合来讲，计算机通信采用分层机制主要有以下几个好处。

（1）各层之间是独立的。某一层并不需要知道它的下一层如何实现，上层对下层来说就是下层需要处理的数据，如图 1-23 所示。

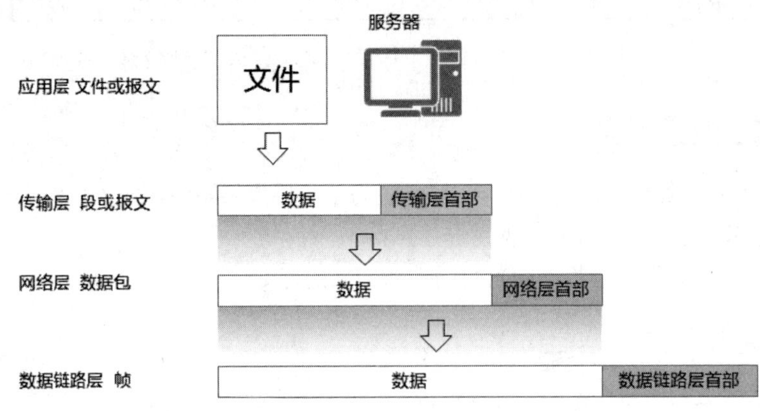

图 1-23 各层之间的关系

（2）灵活性好。每一层发生变化时，不会影响其他层。比如 IPv4 实现的是网络层功能，现在升级为 IPv6，实现的仍然是网络层功能，传输层使用的 TCP 协议和 UDP 协议不需做任何变动，数据链路层使用的协议也不用做任何变动。所以，计算机无论是使用 IPv4 还是使用 IPv6 进行通信，对于其他层所使用的协议是丝毫没有影响的，如图 1-24 所示。

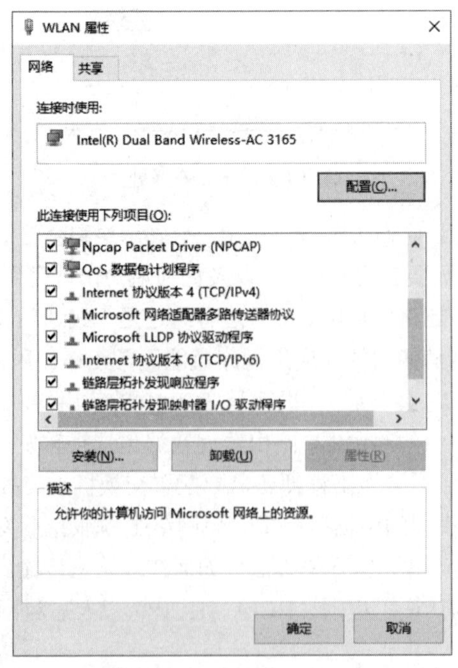

图 1-24 IPv4 和 IPv6 实现的功能一样

（3）各层都可以采用最合适的技术来实现。比如适合布线的就可使用有线连接网络，有障碍物的就可使用无线连接网络。

（4）促进标准化工作。路由器实现网络层功能，交换机实现数据链路层功能，不同厂家的路由器和交换机能够相互连接实现计算机通信，就是因为有了网络层标准和数据链路层标准。

（5）分层后有助于将复杂的计算机通信问题拆分成多个简单的问题，有助于排除网络故障。比如由于计算机没有设置网关而造成的网络故障属于网络层问题，由于 MAC 地址冲突而造成的网络故障属于数据链路层问题，由于 IE 浏览器设置了错误的代理服务器而造成的网站不能访问，属于应用层问题。

1.5　OSI 参考模型学以致用

理解了 OSI 参考模型对我们以后工作会有莫大的指导作用。大家知道了 OSI 参考模型把计算机通信分为了七层，底层为其上一层提供服务，那我们排除网络故障，就应该从 OSI 参考模型的底层向高层逐层检查。网络安全也可以按 OSI 参考模型的分层来考虑，分为物理层安全、数据链路层安全、网络层安全、传输层安全以及应用层安全。

1.5.1　学以致用——表示层

OSI 参考模型的表示层负责将信息进行正确编码和解码、加密或解密、压缩或解压。下面就给大家展示表示层出现错误引起的乱码问题。

客户端只有使用正确的字符集才能将接收到的数据转换成正确的字符信息，如果客户端选择了错误的字符集进行解码，将不能正确显示接收到的消息。如图 1-25 所示，打开浏览器输入网址：http://edu.51cto.com/member/id-2_1.html，可以看到网页的文字能够正确显示，单击“页面”→“查看源文件”。

图 1-25　查看网页源文件

在打开的对话框中，可以看到源文件中有“charset=utf-8”，这表示该网页采用的是“utf-8”字符集，uft-8 字符集支持中文和英文字符，如图 1-26 所示。

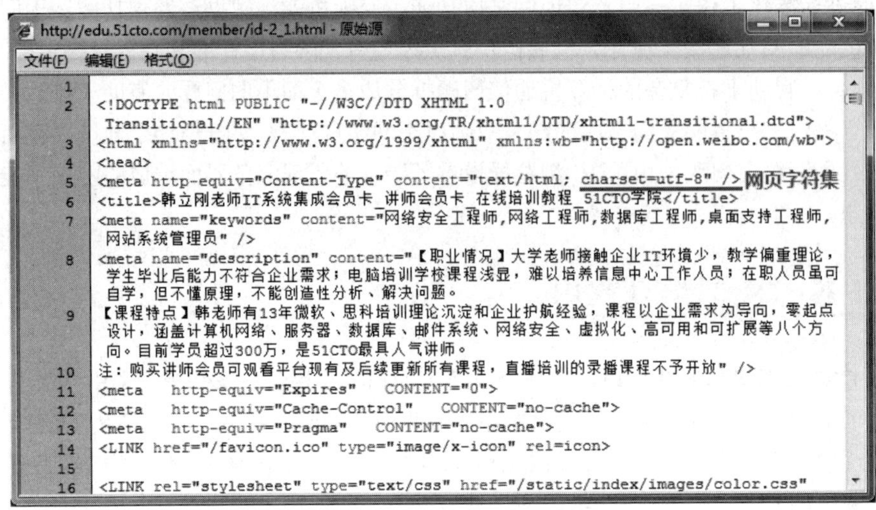

图 1-26　网页源文件

单击“页面”→“编码”→“其他”，可以看到浏览器所支持的所有的字符集，如图 1-27 所示。

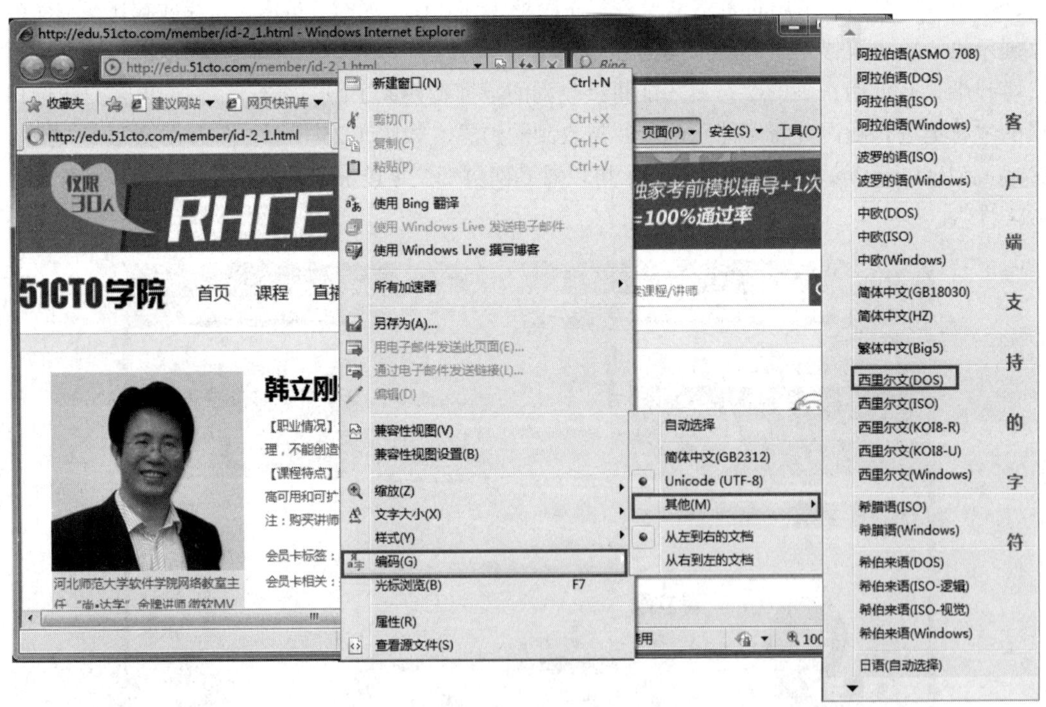

图 1-27　更改客户端使用字符集

在其中随便选一个字符集，比如选“西里尔文”，可以看到浏览器使用“西里尔文”字符集解码后，整个网页变成了乱码，如图 1-28 所示。这类错误就是表示层错误，所以程序开发人员在开发程序时要正确指定服务器和客户端使用的字符集，避免产生乱码。

图 1-28　网页内容变成乱码

1.5.2　学以致用——安装抓包工具并查看数据包内容

我们在网络中拷贝文件的过程中，如果拷贝文件的流量让网络中其他计算机安装的抓包软件捕获，就可以看到所拷贝的文件的内容。下面将演示使用抓包工具捕获数据包，查看数据包中的内容。

Wireshark（以前称为 Ethereal）是一个网络数据包分析软件。网络数据包分析软件的功能是抓取网络数据包，并尽可能显示出最为详细的网络数据包资料。Wireshark 使用 WinPCAP 作为接口，直接与网卡进行数据报文交换。本书使用 Wireshark 作为捕获网络数据包的工具，以后每章都会用到。

抓包工具 Wireshark 可以从 https://www.wireshark.org/#download 下载。Wireshark 有两个软件包：Windows Installer(64-bit)和 Windows Installer(32-bit)。查看你的 Windows 系统是 32 位还是 64 位，下载相应的抓包工具。

首先，在服务器的共享文件夹中创建一个记事本文件 hanligang.txt，录入以下内容，其中有汉字和英文字符，然后保存，如图 1-29 所示。

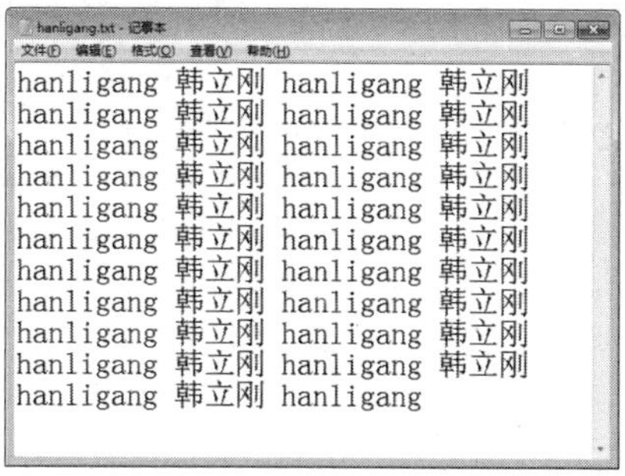

hanligang.txt - 记事本

文件(F)　编辑(E)　格式(O)　查看(V)　帮助(H)

```
hanligang 韩立刚 hanligang 韩立刚
hanligang 韩立刚 hanligang 韩立刚
hanligang 韩立刚 hanligang 韩立刚
hanligang 韩立刚 hanligang 韩立刚
hanligang 韩立刚 hanligang 韩立刚
hanligang 韩立刚 hanligang 韩立刚
hanligang 韩立刚 hanligang 韩立刚
hanligang 韩立刚 hanligang 韩立刚
hanligang 韩立刚 hanligang 韩立刚
hanligang 韩立刚 hanligang 韩立刚
hanligang 韩立刚 hanligang
```

图 1-29　记事本文件内容

在你的计算机中安装抓包工具 Wireshark，安装过程全部保持默认选项，安装后出现两个抓包工具：Wireshark 和 Wireshark legacy，运行 Wireshark，选择用来捕获数据包的网卡，单击开始捕包。然后将文件服务器上共享文件夹中刚刚创建的文件 hanligang.txt 拷贝到你的计算机，此时所有流量都会经过你的计算机网卡，拷贝文件的数据包将被抓包工具捕获，如图 1-30 所示。

图 1-30 复制数据包中的数据

拷贝完之后，单击■停止抓包。在显示筛选器中输入 tcp.segment_data contains "hanligang"，单击➡，只显示 TCP 报文段中包含“hanligang”的数据包。右击“TCP segment data”，单击“复制”→“...as a Hex Stream”。

运行点睛文本编码查询软件，该软件可以将输入的字符转换成各种字符集编码，也可以将字符集编码转换成字符。该软件需要连接 Internet 才能正常工作，所以要确保运行该软件的计算机能够访问 Internet。从网络拷贝共享文件时使用的编码是 GBK 编码，将上面复制的内容粘贴到 GBK。该软件将 GBK 编码转换成字符并显示在“Text”框。可以看到文件中的汉字和英文字符都能够正确解码，同时该软件将文本框的内容又转换成各种字符集的编码。如图 1-31 所示。

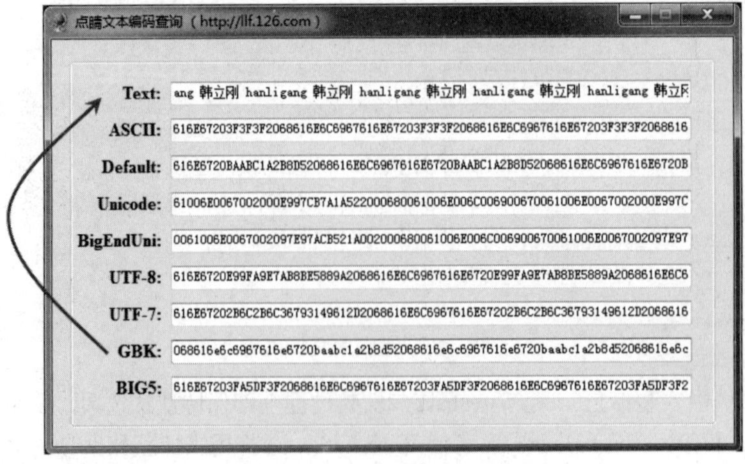

图 1-31 查看捕获到的内容

通过这个操作，大家更好地理解了字符集能够将信息转换成各种编码，也可以将编码解码成信息。这个解码和编码的过程属于 OSI 参考模型表示层的功能。同时你也能够意识到如果在网络中传输数据不进行加密是多么的不安全。随着后面学习的深入，我们还可以使用抓包工具捕获同一网络中其他计算机的上网流量，捕获他人上网登录网站的账号和密码。要学会防范其他人捕获你的上网流量。计算机网络学精通了，网络安全自然也就精通了。

1.5.3 学以致用——传输层连接

如果计算机中了木马，在该计算机上登录网站时输入的账户和密码就有可能被盗，计算机也许会被远程监控和远程控制。那么如何判断你的计算机是否中了木马程序呢？

木马程序通常会在后台悄悄运行，而不会出现运行界面，并且会开机自动运行或用户登录后自动运行。虽然木马程序很隐蔽，但是木马程序通常要和远程计算机进行通信，只要通信就会在传输层建立连接，所以我们可以通过查看是否有可疑连接，来判断计算机是否中了木马。

如何查看传输层建立的连接呢？先打开 IE 浏览器，访问一个网站，访问网站就会建立 TCP 连接，也就是传输层连接。

在 Windows 10 的“开始”菜单中，右击“命令提示符”，在弹出的菜单中单击“以管理员身份运行”。如果直接打开“命令提示符”，运行后续的命令时将可能会提示“没有权限运行”，如图 1-32 所示。

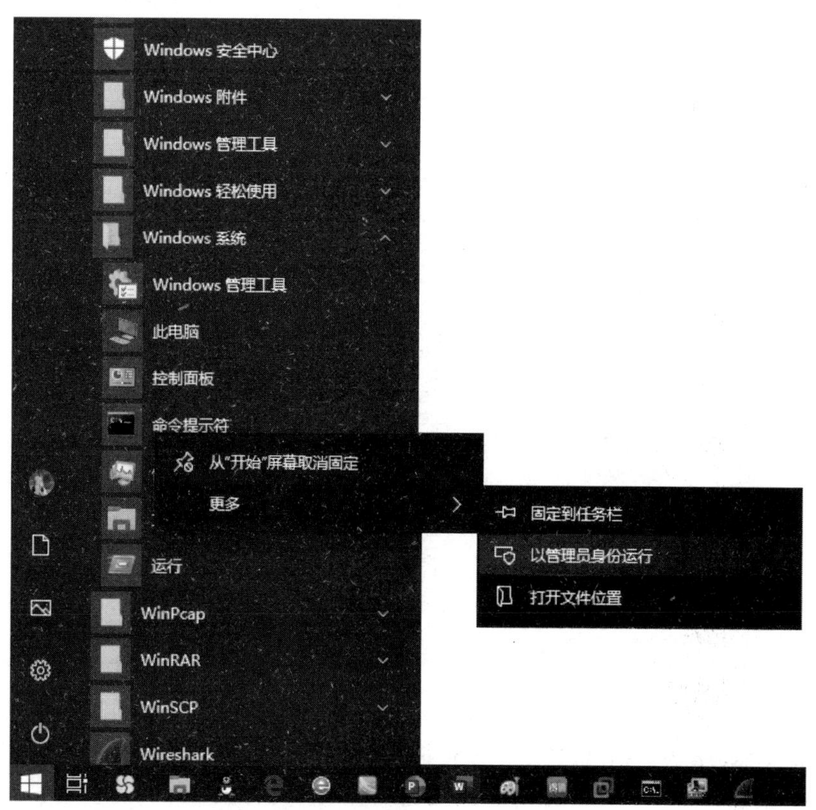

图 1-32 以管理员身份打开命令提示符

在命令提示符下输入“netstat -nob”查看有没有到 Internet 的连接，如图 1-33 所示。

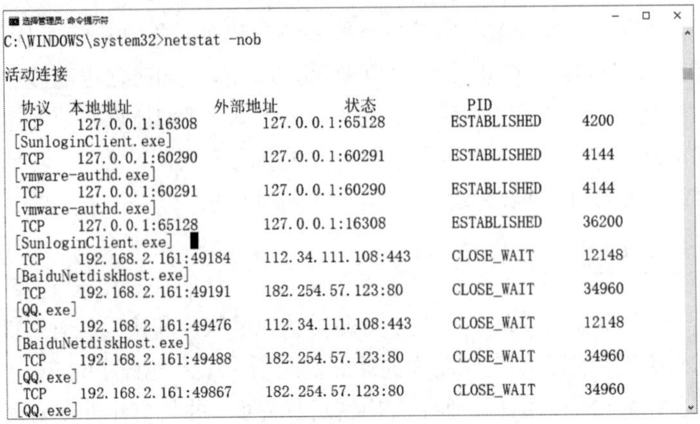

```
C:\WINDOWS\system32>netstat -nob

活动连接

  协议  本地地址              外部地址          状态           PID
  TCP    127.0.0.1:16308        127.0.0.1:65128        ESTABLISHED     4200
 [SunloginClient.exe]
  TCP    127.0.0.1:60290        127.0.0.1:60291        ESTABLISHED     4144
 [vmware-authd.exe]
  TCP    127.0.0.1:60291        127.0.0.1:60290        ESTABLISHED     4144
 [vmware-authd.exe]
  TCP    127.0.0.1:65128        127.0.0.1:16308        ESTABLISHED     36200
 [SunloginClient.exe]
  TCP    192.168.2.161:49184    112.34.111.108:443     CLOSE_WAIT      12148
 [BaiduNetdiskHost.exe]
  TCP    192.168.2.161:49191    182.254.57.123:80      CLOSE_WAIT      34960
 [QQ.exe]
  TCP    192.168.2.161:49476    112.34.111.108:443     CLOSE_WAIT      12148
 [BaiduNetdiskHost.exe]
  TCP    192.168.2.161:49488    182.254.57.123:80      CLOSE_WAIT      34960
 [QQ.exe]
  TCP    192.168.2.161:49867    182.254.57.123:80      CLOSE_WAIT      34960
 [QQ.exe]
```

图 1-33　通过 netstat -nob 查看连接

> 要想知道 netstat 命令全部可用的参数，输入 netstat　/?，就会列出全部参数及其作用。

图 1-33 中列出了计算机中所有已建立的活动连接，以及每个连接的名称、协议、本地及外部地址、状态、PID（Process Identification，进程标识，即进程的“身份证号”）信息。可以看到，第一个连接的名称为 SunloginClient.exe。

假如 SunloginClient.exe 是木马，那么按 Ctrl+Shift+Esc 组合键，打开任务管理器，在详细信息标签下，右击 SunloginClient.exe，单击“打开文件所在的位置”，就可以找出该程序所在的目录，如果你确认它是木马程序，就可以删除该木马了，如图 1-34 所示。

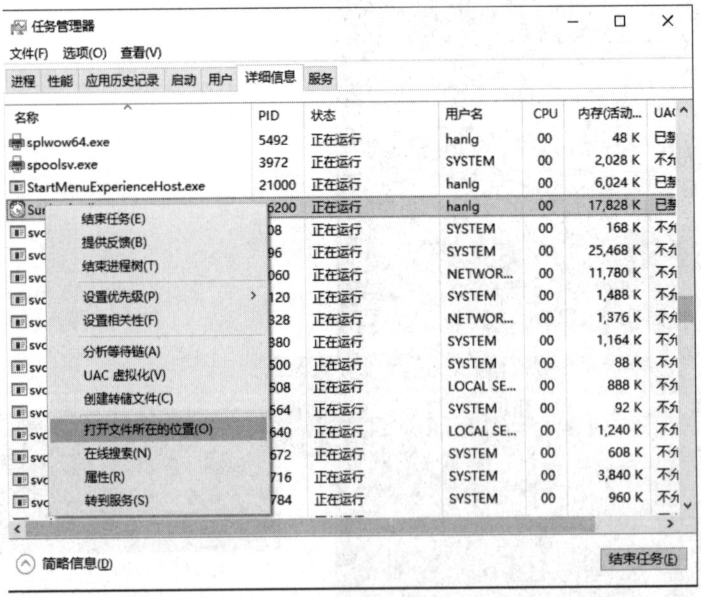

图 1-34　打开可执行程序所在的位置

以上只是一个如何进行操作的例子。其基本思路是通过 TCP 建立会话，找到建立会话的程序。实践中，要是真的需要检查你的计算机是否中了木马，最好是开机后什么程序都不运行，直接在命令提示符下查看 TCP 连接，检查是否有可疑的连接，通过上面的方法，顺藤摸瓜，就能找到木马程序所在位置。

1.5.4 学以致用——用分层的思想考虑问题

石家庄各大医院的网络要求与医保中心的网络进行连接，各医院网络的地址要统一规划，要求更改医院计算机的 IP 地址。问题是现在该医院的很多应用程序都是自己开发的，开发时客户端程序连接数据库服务器使用的都是 IP 地址，医院计算机要是更改 IP 地址，会造成客户端连接数据库失败。

仔细思考上述问题，这实际上就是应用层包含了网络层信息（IP 地址）造成的麻烦。显然该医院没有遵循 OSI 参考模型的网络分层要求。如果客户端程序使用域名或计算机名连接数据库服务器，当服务器更改了 IP 地址以后，客户端可以使用 DNS 解析到新的数据库服务器的 IP 地址，这样应用层和网络层就没有关联了。

还有个政府部门的 IT 人员，他们要重新规划网络，需要更改几个城市的服务器的 IP 地址。每个城市都有一个域控制器，这些域控制器需要相互复制，他担心这些服务器按规划设置了新的 IP 地址后，域控制器之间是否还能够相互复制。现在大家理解了 OSI 参考模型后，就知道他的担心是多余的。域控制器复制是网络上的一个应用，只要网络畅通，域控制器就能够复制，和使用什么 IP 地址没有关系。

1.5.5 学以致用——OSI 参考模型与排错

我们已经知道，在 OSI 参考模型中，底层为其上层提供服务，因此排除网络故障也应该从底层到高层依次排查。即，我们首先要检查的是网络连接是否正常（物理层检查）。如果网卡没接好网线，将会看到带红叉的本地连接，这就属于物理层故障，如图 1-35 所示。

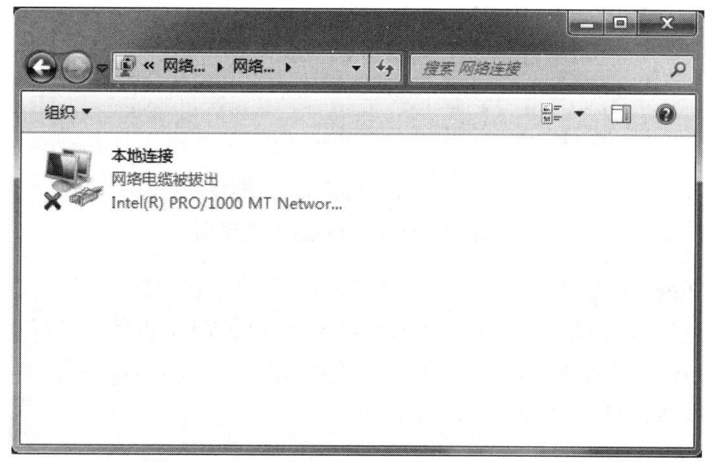

图 1-35 物理层故障

连接好网卡后，在命令提示符下输入“ipconfig /all”，可以查看 IP 地址、子网掩码、网关以及 DNS 的设置是否正确，这属于网络层检查，如图 1-36 所示。

假设经过检查后 IP 地址设置正确，接下来用 ping 命令来检查网关，以测试是否能够和本网段的计算机通信，然后再 ping 因特网上一个公网地址，测试 Internet 的连接是否畅通，这都属于网络层检查，如图 1-37 所示。大家有必要记下几个公网地址，以便测试到 Internet 是否畅通。给大家介绍两个很好记的公网地址：8.8.8.8 和 114.114.114.114，这两个地址是 Internet 上 DNS 服务器的地址。

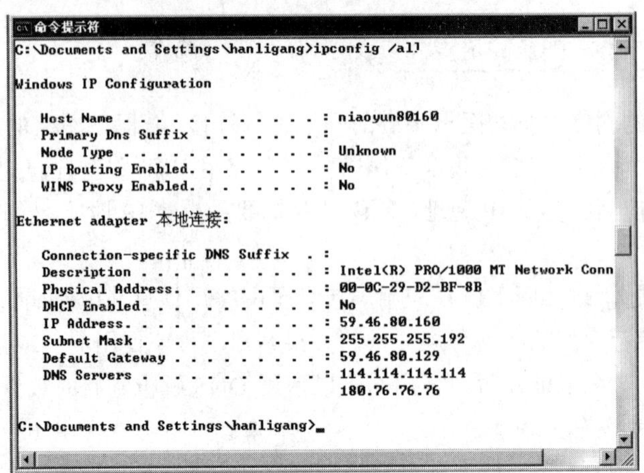

图 1-36　网络层排查

```
命令提示符
C:\Documents and Settings\hanligang>ping 59.46.80.129

Pinging 59.46.80.129 with 32 bytes of data:        ping 网关

Reply from 59.46.80.129: bytes=32 time<1ms TTL=255
Reply from 59.46.80.129: bytes=32 time<1ms TTL=255
Reply from 59.46.80.129: bytes=32 time<1ms TTL=255
Reply from 59.46.80.129: bytes=32 time<1ms TTL=255

Ping statistics for 59.46.80.129:
    Packets: Sent = 4, Received = 4, Lost = 0 (0% loss),
Approximate round trip times in milli-seconds:
    Minimum = 0ms, Maximum = 0ms, Average = 0ms

C:\Documents and Settings\hanligang>ping 114.114.114.114

Pinging 114.114.114.114 with 32 bytes of data: ping Internet上的公网地址

Reply from 114.114.114.114: bytes=32 time=43ms TTL=63
Reply from 114.114.114.114: bytes=32 time=43ms TTL=77
Reply from 114.114.114.114: bytes=32 time=43ms TTL=82
Reply from 114.114.114.114: bytes=32 time=43ms TTL=93

Ping statistics for 114.114.114.114:
    Packets: Sent = 4, Received = 4, Lost = 0 (0% loss),
Approximate round trip times in milli-seconds:
    Minimum = 43ms, Maximum = 43ms, Average = 43ms

C:\Documents and Settings\hanligang>
```

图 1-37　测试 Internet 是否畅通

如果经检测，Internet 的连接是畅通的，若还是打不开网页，就要检查域名是否能被解析。如果给你的计算机配置了一个错误的 DNS，计算机将不能解析域名，也就不能打开网站了。如图 1-38 所示，ping www.cctv.com，解析出了 IP 地址，就说明域名解析没问题。注意，如果出现请求超时，不说明一定有问题，因为有的网站不允许被 ping。

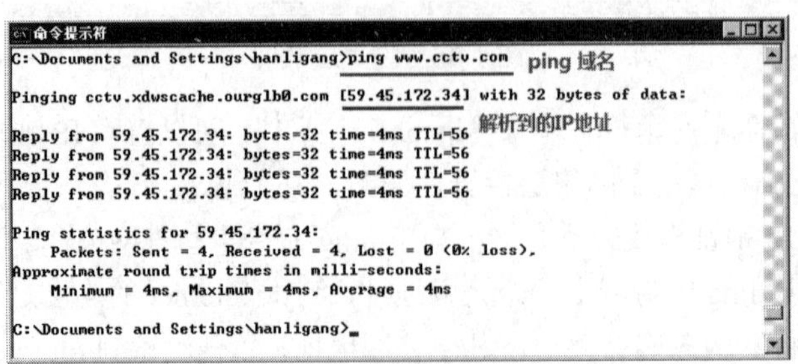

图 1-38　测试域名解析是否成功

如果域名解析没问题，但还是不能访问，那么就可能是沿途的路由器不允许所要访问的网站的流量通过。此时，可以输入 telnet 命令来访问所要访问网站的 80 端口，来测试网络中的路由器是否禁止了 TCP 的 80 端口的流量通过（传输层检查）。只要不出现打开端口失败，就说明成功，如图 1-39 所示。

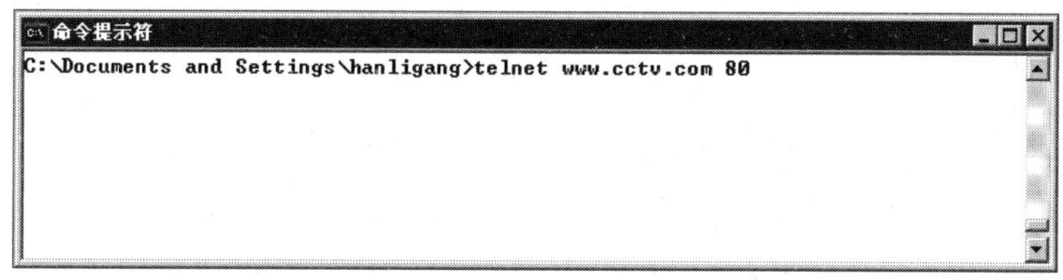

图 1-39　测试到远程服务器的端口是否能够打开

如果 telnet 网站的 80 端口没有问题，最后则需检查浏览器的设置是否有误（应用层检查）。比如设置了一个根本不存在的代理。打开“Internet 选项”对话框，如图 1-40 所示在“连接”选项卡下，单击“局域网设置”，在出现的“局域网设置”对话框中检查是否指定了代理服务器，有些病毒或恶意软件会更改浏览器设置，将代理服务器指向 127.0.0.1，如图 1-41 所示，这就会导致你的浏览器打不开网站。这种错误属于应用程序配置造成的，属于应用层错误。

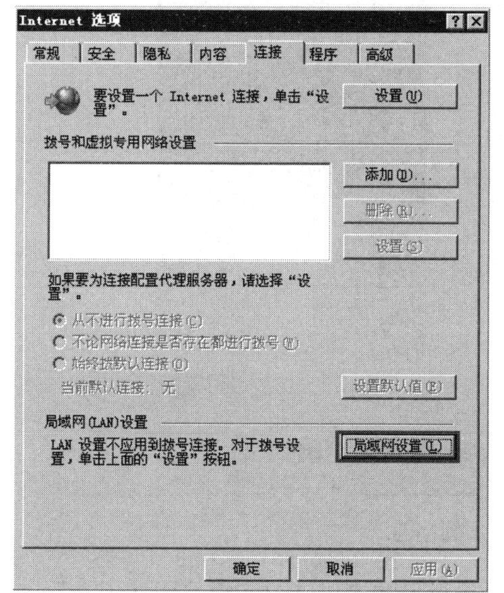

图 1-40　检查 IE 代理设置的方法

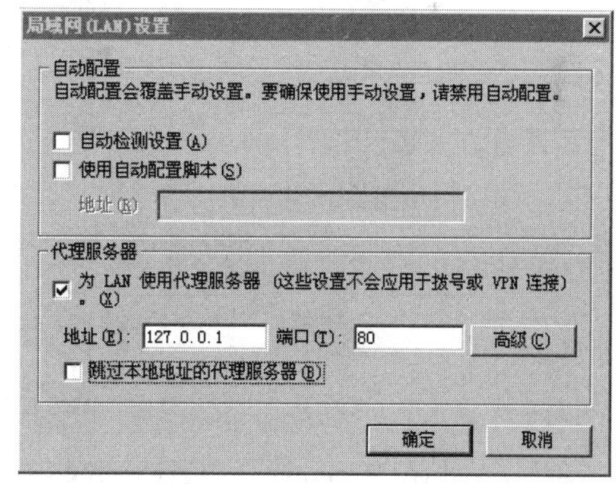

图 1-41　检查 IE 代理服务器

1.6　计算机网络的性能指标

计算机网络的性能指标用来从不同的角度度量计算机的性能，下面介绍常用的七个性能指标。

1.6.1　速率

计算机通信需要将发送的信息转换成二进制数字来传输，一位二进制数称为一个比特（bit）。二进制数字转换成数字信号后在线路上进行传输，如图 1-42 所示。

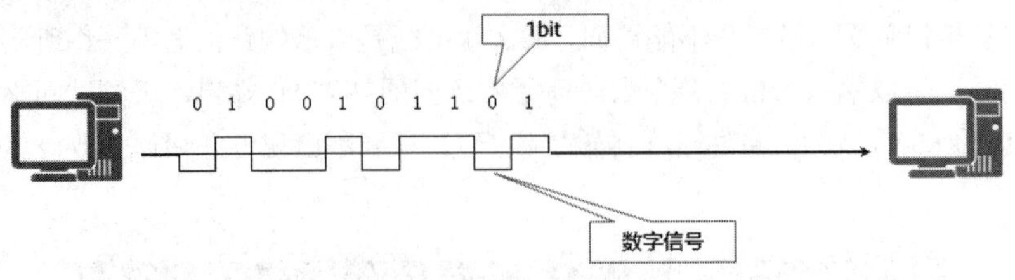

图 1-42　比特及其传输

网络通信中的速率指的是每秒钟传输的比特数量，称为比特率（bit rate），速率的单位为 b/s（比特每秒）或 bit/s，有时也写为 bps，即 bit per second。当速率较高时，就可以用 kb/s（$k=10^3=$千）、Mb/s（$M=10^6=$兆）、Gb/s（$G=10^9=$吉）或 Tb/s（$T=10^{12}=$太）。现在人们习惯于用更简洁但不严格的说法来描述速率，比如 10M 网速，而省略了单位中的 b/s。

Windows 操作系统中，速率以字节为单位。如果安装了测速软件，比如 360 安全卫士，其中就有带宽测速器，可以用来检测你的计算机访问 Internet 时的下载网速，如图 1-43 所示。不过这里的单位是 B/秒，大写的 B 代表字节，是 byte 的缩写，1 字节=8 比特。因此，以字节为单位的速率，转换成以比特为单位的速率时需要乘 8，另外，一定要注意速率单位中字母的大小写。

图 1-43　操作系统上的网速

例如，我们在 Windows 7 中通过网络拷贝文件，也可以看到以字节为单位的速率，如图 1-44 所示。其中测得的速率为 3.82MB/s，换算成 Mb/s，就是 3.82×8Mb/s。

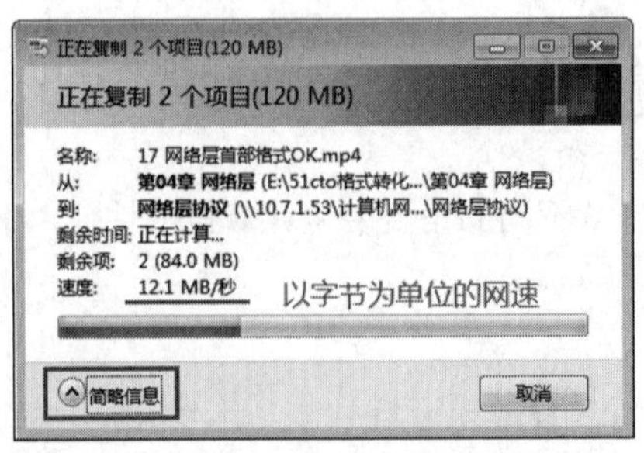

图 1-44　操作系统网速以字节为单位

1.6.2　带宽

在计算机网络中，带宽用来表示网络通信线路传输数据的最高速率。假如某笔记本电脑网卡连接交换机，从本地连接的状态可以看到，其速率为 100Mb/s，说明其网卡最快每秒可以传输 100M 比特的数据，如图 1-45 所示。目前主流的笔记本电脑网卡能够支持 10M、100M、1000M 三种速率。单击“属性”，出现如图 1-46 所示的“本地连接 属性”对话框，然后单击“配置”。

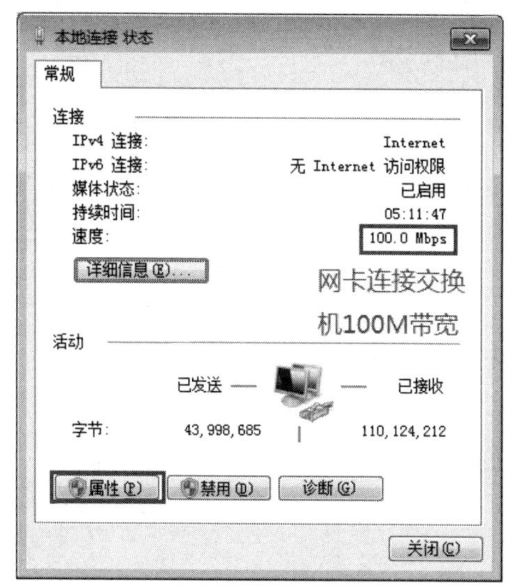

图 1-45　网卡的带宽

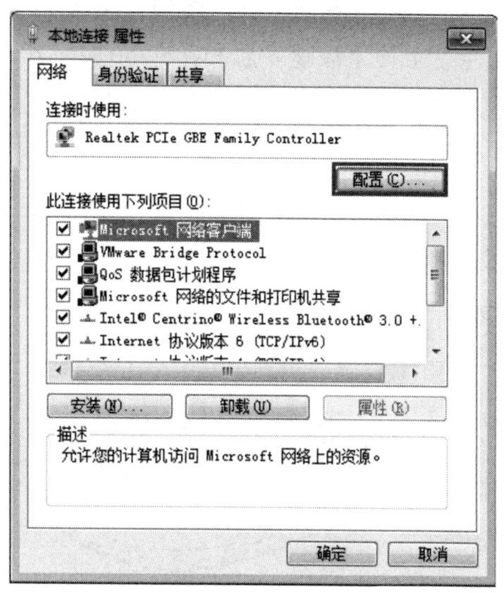

图 1-46　打开配置

在出现的“Realtek PCIe GBE Family Controller 属性”对话框的“高级”选项卡下，选中“连接速度和双工模式”，可以看到网卡支持的带宽，如图 1-47 所示。在这里，可以指定网卡的带宽，默认是“自动侦测”。这意味着，如果将笔记本网卡连接到 100M 带宽的交换机接口，网卡的带宽会自动匹配成 100M；如果连接到 1000M 带宽的交换机接口，该网卡的带宽就会匹配成 1000M。

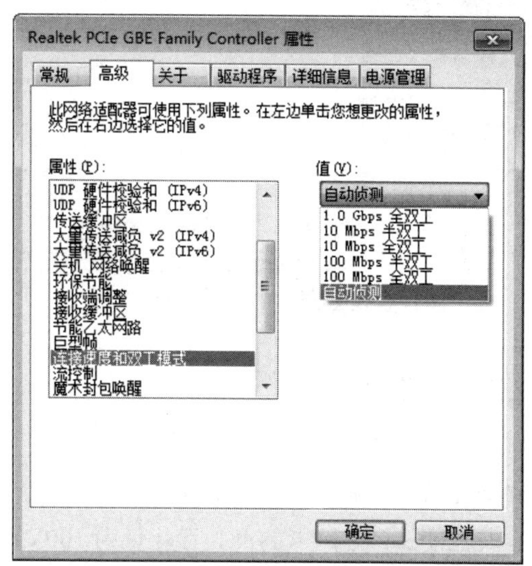

图 1-47　指定网卡的带宽

再比如使用 ADSL 拨号上网，有 4M 带宽、8M 带宽，这里说的带宽指的是访问 Internet 的最高带宽，但你的实际上网带宽要由电信运营商来控制。

1.6.3　吞吐量

吞吐量表示在单位时间内通过某个网络或接口的数据量，包括全部上传和下载的流量。如图 1-48 所示，计算机 A 同时浏览网页，在线看电影，向 FTP 服务器上传文件，访问网页的下载速率为 30kb/s，播放视频的下载速率为 40kb/s，向 FTP 上传文件速率为 20kb/s，那么，A 计算机的吞吐量就是全部上传下载速率总和，即 30+40+20=90（kb/s）。

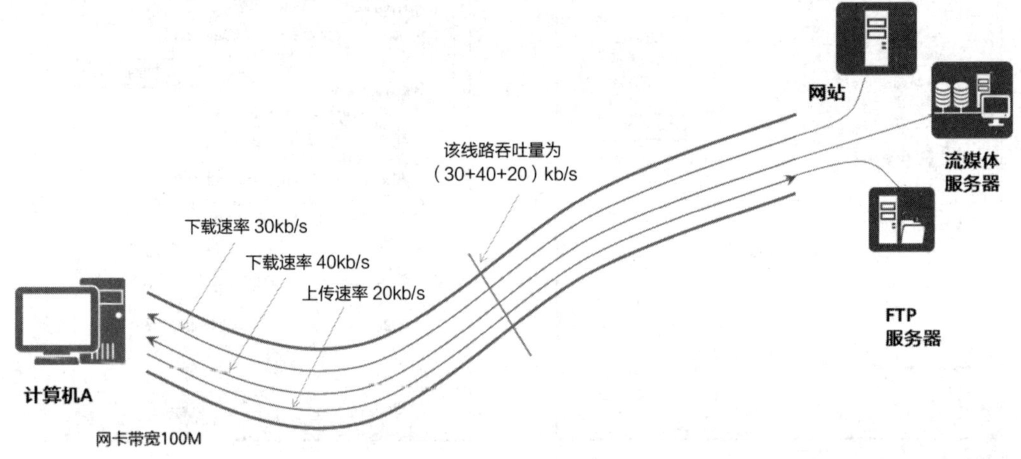

图 1-48　吞吐量

吞吐量受网络带宽或网络额定速率的限制，计算机的网卡如果连接交换机，网卡就可以工作在全双工模式，即能够同时接收和发送数据。如果网卡工作在 100M 全双工模式，就意味着网卡的最大吞吐量为 200Mb/s，如图 1-49 所示。

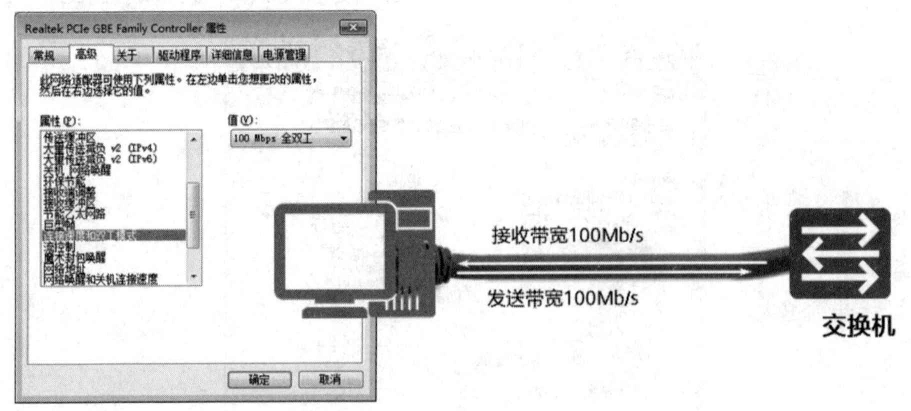

图 1-49　全双工吞吐量

如果计算机的网卡连接的是集线器，网卡就只能工作在半双工模式，即不能同时发送和接收数据。如果网卡工作在 100M 半双工模式，则网卡的最大吞吐量为 100Mb/s。关于集线器为什么只能工作在半双工模式，后面的内容会详细阐述。

1.6.4 时延

时延（Delay 或 Latency）是指数据（一个数据包或 1bit）从网络的一端传送到另一端所需要的时间。时延是一个很重要的性能指标，有时也称为延迟或迟延。

下面以计算机 A 要向计算机 B 发送数据为例，如图 1-50 所示，来说明网络中的时延包括哪几部分。

图 1-50　各种时延

（1）发送时延。发送时延（Transmission Delay）是主机或路由器发送数据帧所需的时间，也就是从发送数据帧的第 1 比特开始，到该帧最后 1 比特发送完毕所需要的时间，如图 1-51 所示。

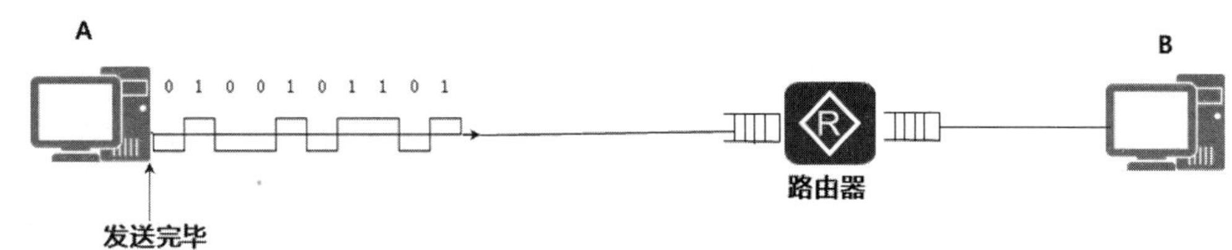

图 1-51　发送时延

$$\text{发送时延}=\frac{\text{数据帧长度（b）}}{\text{发送速率（b/s）}}$$

可以看到发送时延与数据帧长度和发送速率有关，发送速率就是网卡的带宽，100M 网卡就意味着 1 秒钟能够发送 100×10^6 比特。

以太网数据帧最大为 1518 字节，再加上 8 字节前导字符，共计 1526 个字节，1526×8=12208 比特，网卡带宽如果是 10M，则一个最大以太网数据帧的发送时延=$\frac{12208}{10000000}$=1.2ms，ms 即毫秒（1 秒=1000 毫秒）。

所以，数据包越大，发送时延越大，那么如何对此进行验证呢？我们可以用 ping 命令来测试到互联网上某个网站的数据包往返时延。比如，我们 ping www.cctv.com，用参数 l 来设定数据包的大小（注意这里的参数是小写 l），可以看到数据包为 64 个字节的往返时延比 1500 个字节的往返时延少 2ms，这其中就包含了不同的发送时延，如图 1-52 所示。

（2）传播时延。传播时延（Propagation Delay）是电磁波在信道中传播一定的距离需要花费的时间。如图 1-53 所示，从最后 1 比特发送完毕到最后 1 比特到达路由器接口所需要的时间就是传播时延。

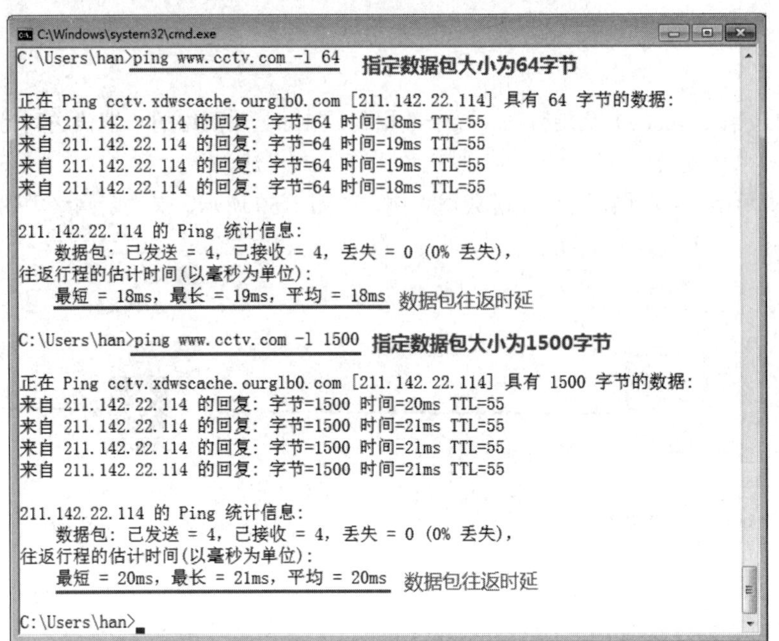

图 1-52 测试发送时延

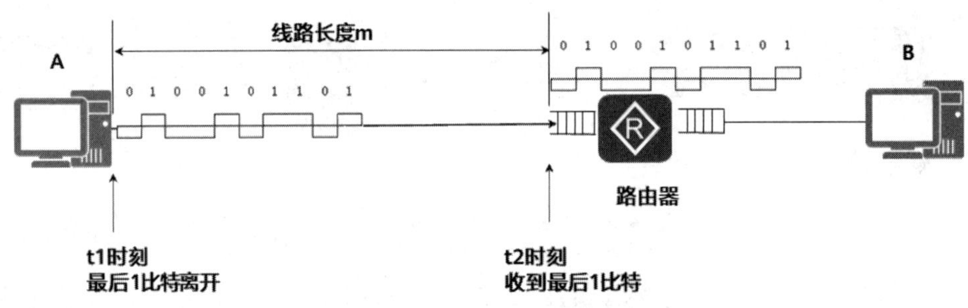

图 1-53 传播时延

$$传播时延=\frac{信道长度（m）}{电磁波在信道中的传播速率（m/s）}$$

电磁波在自由空间的传播速度是光速，即 3.0×10^5km/s。电磁波在网络中的传播速度比在自由空间中低：在铜线电缆中的传播速度约为 2.3×10^5km/s，在光纤中传播速度约为 2.0×10^5km/s。因此，通过上述公式，可计算出在 1000km 长的光纤线路中传播时延大约为 5ms。

电磁波在指定介质中的传播速度是固定的，从公式可以看出，信道长度确定了，传播时延也就确定了。

网卡的不同带宽，改变的只是发送时延，而不是传播时延。如图 1-54 所示，4M 带宽网卡发送 10 比特需要 2.5μs，2M 带宽网卡发送 10 比特需要 5μs。1s（秒）$=10^3$ms（毫秒）$=10^6$μs（微秒）。如果同时从 A 端向 B 端发送数据，若在同一时间内 4M 网卡发送 10 比特，则 2M 网卡只能发送 5 比特。

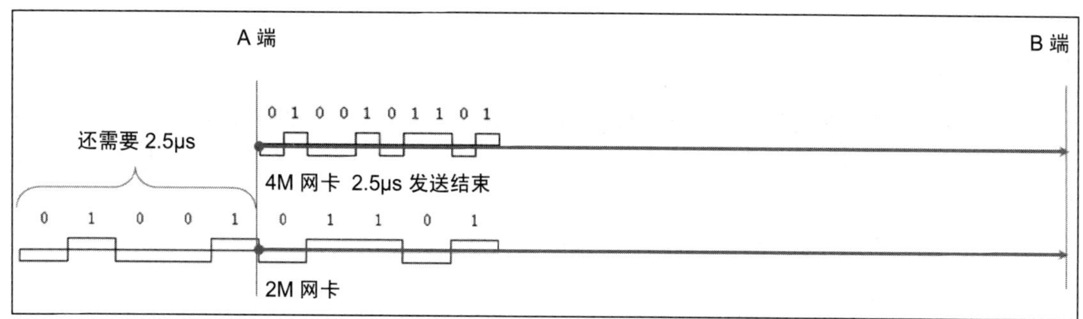

图 1-54 带宽和发送时延的关系

（3）排队时延。分组数据在经过网络传输时，要经过许多的路由器。但分组数据在进入路由器后要先在输入队列中排队等待处理。在路由器确定了转发接口后，还要在输出队列中排队等待转发，这就产生了排队时延。排队时延的长短往往取决于网络当时的通信量。当网络的通信量很大时会发生队列溢出，使数据分组丢失，这相当于排队时延为无穷大。

（4）处理时延。路由器或主机在收到数据包时，要花费一定的时间进行处理，例如分析数据包的首部、进行首部差错检验，查找路由表为数据包选定转发出口，这就产生了处理时延。

数据在网络中经历的总时延就是以上四种时延的总和。

总时延=发送时延+传播时延+处理时延+排队时延

1.6.5 时延带宽积

把链路上的传播时延和带宽相乘，就会得到时延带宽积。这对以后计算以太网的最短帧非常有帮助。

时延带宽积=传播时延×带宽

这个指标可以用来计算通信线路上有多少比特。下面我们通过案例来看看时延带宽积的意义。

假设，A 端到 B 端是 1km 的铜线链路，电磁波在铜线中的传播速率为 2.3×10^5km/s，在 1km 长的铜线中传播时延大约为 4.3×10^{-6}s，A 端网卡带宽为 10Mb/s，如图 1-55 所示，求 A 端向 B 端发送数据时，链路中共有多少比特？这个问题，实际要求的就是时延带宽积。

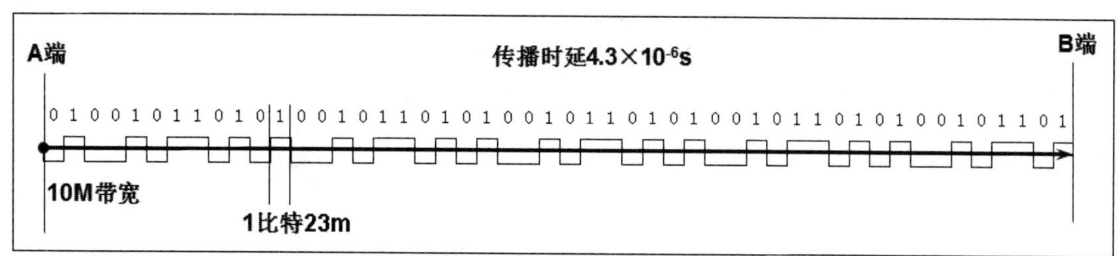

图 1-55 时延带宽积

时延带宽积=4.3×10^{-6}s$\times10\times10^6$b/s=43bit，即链路中共有 43bit。进一步计算，还可得出每比特平均占用的铜线长度是 23m。

如果发送端的带宽为 100M，则时延带宽积=4.3×10^{-6}s$\times100\times10^6$b/s=430bit。这表示 1km 长的铜线容纳了 430bit，平均每比特占长 2.3m。

1.6.6　往返时间

在计算机网络中，往返时间（Round-Trip Time，RTT）也是一个重要的性能指标，它表示从发送端发送数据开始，到发送端接收到来自接收端的确认（发送端收到后立即发送确认），总共经历的时间。

在 Windows 中使用 ping 命令可以查看往返时间。分别 ping 网关、国内网站和国外网站，可以看到每一个数据包的往返时间和统计的平均往返时间，如图 1-56 所示。途经的路由器越多、距离越远，一般情况下往返时间也会越长。

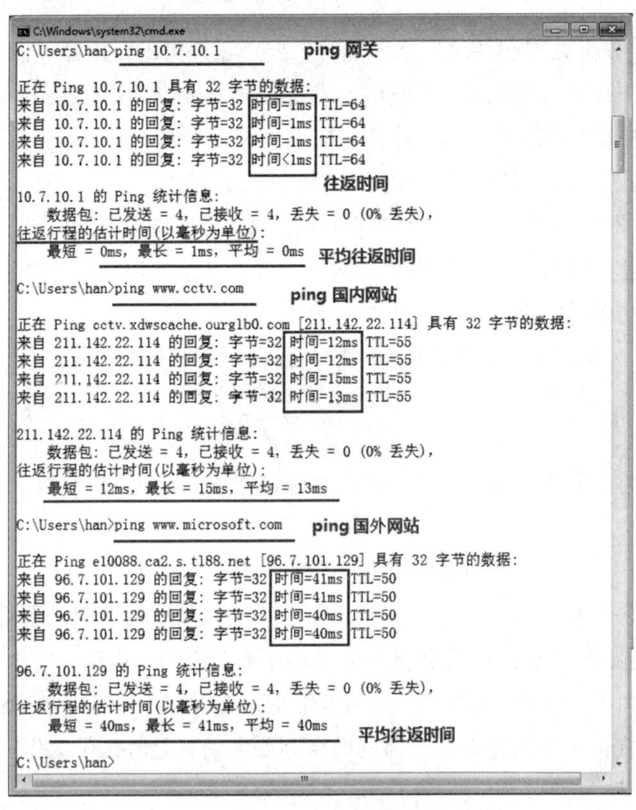

图 1-56　往返时间

> 经验分享：通常情况下，企业内网之间的计算机 ping 的往返时间小于 10ms，如果大于 10ms，就要安装抓包工具分析网络中的数据包是否有恶意的广播包，以找到发广播包的计算机。

1.6.7　利用率

利用率是指网络有百分之多少的时间是处于被使用状态的（有数据通过），没有数据通过的网络利用率为零。网络利用率越高，数据分组在路由器和交换机处理时就需要更长时间的排队等待，因此时延也就越大。下面的公式表示网络利用率和时延之间的关系。

$$D = \frac{D_0}{1-U}$$

式中，U 为网络的利用率；D 为网络当前的时延；D_0 为网络空闲时的时延。如图 1-57 所示，当网络的利用率趋于最大值 1 时，网络的时延 D 就趋于无穷大。因此，一些拥有较大主干网的 ISP 通常把他们的信道利用率控制在 50%以内。如果超过了就要准备扩容，以增大线路的带宽。

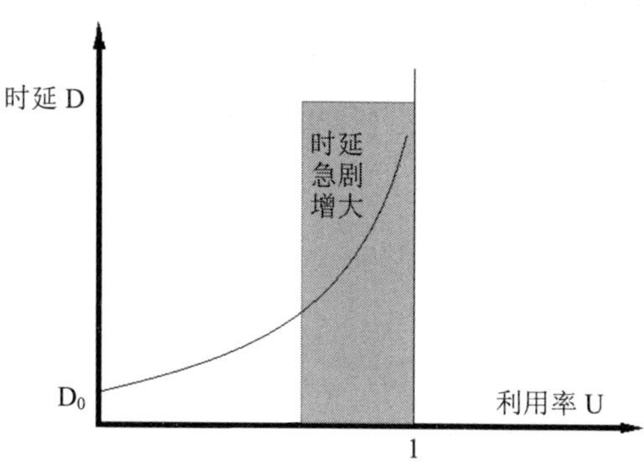

图 1-57　时延和网络利用率的关系

1.7　网络分类

计算机网络按不同分类标准可有多个分类方法。

1.7.1　按网络的范围进行分类

局域网（Local Area Network，LAN）是在一个局部的地理范围内（如一个学校、工厂和机关内），一般是方圆几公里以内，将各种计算机、外部设备和数据库等互相连接起来组成的计算机通信网。局域网通常是单位自己采购设备组建而成，当前使用交换机组建的局域网带宽一般为 10M、100M 或 1000M，无线局域网带宽为 54M。

广域网（Wide Area Network，WAN）通常跨跃很大的地理范围，所覆盖的范围从几十公里到几千公里，能连接多个城市或国家，或横跨几个洲并能提供远距离通信，形成国际性的远程网络。比如有个企业在北京和上海有两个局域网，把这两个局域网连接起来就是一种广域网。广域网通常情况下需要租用 ISP（Internet 服务提供商，比如电信、移动、联通公司）的线路，每年向 ISP 支付一定的费用购买带宽，带宽和支付的费用相关，就和家用 ADSL 拨号访问 Internet 一样，有 2M 带宽、4M 带宽、8M 带宽等标准。

城域网（Metropolitan Area Network，MAN）的作用范围一般是一个城市，可跨越几个街区甚至整个城市，其作用距离约为 5～50km。城域网可以为一个或几个单位所拥有，但也可以是一种公用设施，用来将多个局域网进行互连。目前很多城域网采用的是以太网技术，因此有时也将其并入局域网的范围进行讨论。

个人区域网（Personal Area Network，PAN）就是在个人工作的地方把属于个人使用的电子设备（如便携式电脑等）用无线技术连接起来的网络，因此也常称为无线个人区域网（Wireless PAN，WPAN），比如通过无线路由器组建的家庭网络，就是一个 PAN，其范围大约为几十米。

1.7.2　按网络的使用者进行分类

公用网（Public Network）是指电信公司（国有或私有）出资建造的大型网络。“公用”的意思就是所有愿意按电信公司的规定交纳费用的人都可以使用这种网络，因此公用网也可称为公众网。因特网就是全球最大的公用网络。

专用网（Private Network）是某个部门为本单位的特殊业务工作需要而建造的网络。这种网络不向本单位以外的人提供服务。例如，军队、铁路、电力等系统均有本系统的专用网。

公用网和专用网都可以传送多种业务。如传送的是计算机数据，则分别是公用计算机网络和专用计算机网络。

1.8 企业局域网设计

根据网络规模，企业的网络可以设计成二层结构或三层结构，通过本节的学习，你就会知道企业内网的交换机如何部署和连接，以及服务器部署的位置。

1.8.1 二层结构的局域网

现在企业或学校等单位通常使用以太网交换机组建局域网。图 1-58 所示的网络是一个学校的二层结构局域网。其中包括了三间教室和一个机房，每间教室部署一台交换机，各教室的交换机连接本教室的计算机，称作接入层交换机，接入层交换机通常接口较多，带宽通常为 100Mb/s。在学校机房部署一台交换机，各个教室的交换机和学校的服务器连接到机房交换机，机房交换机汇聚了接入层交换机的流量，被称为汇聚层交换机。汇聚层交换机端口不一定多，但接口带宽要比接入层交换机高，通常为 1000Mb/s。通常，汇聚层交换机还要通过路由器接入 Internet。

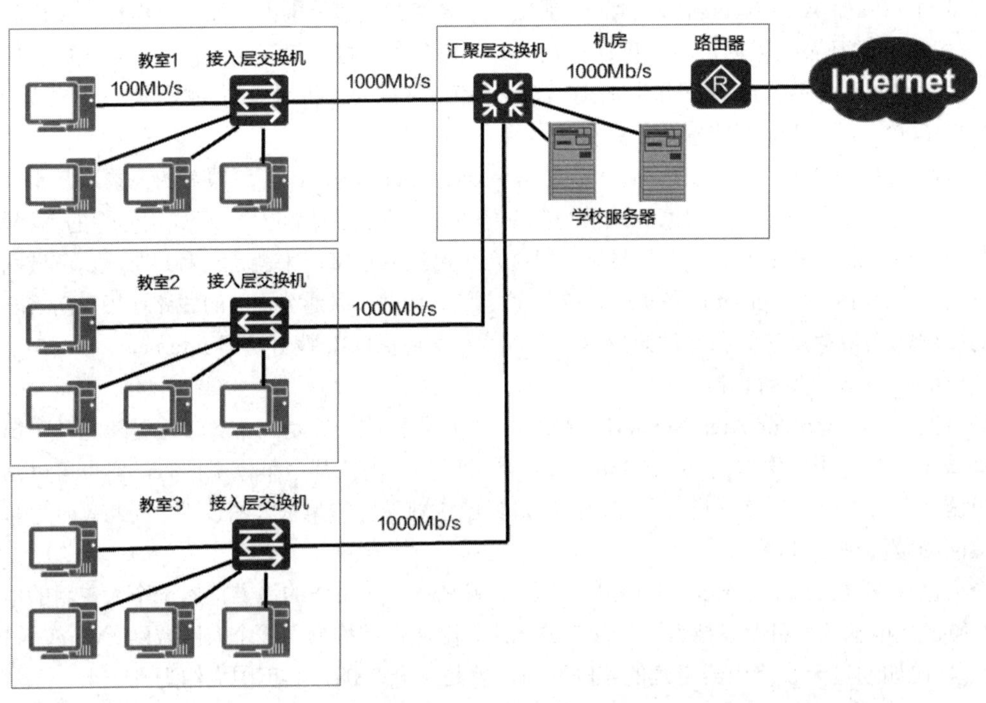

图 1-58 二层结构的局域网

中小企业或学校通常只需要接入层交换机和汇聚层交换机来组建局域网，这种网络称为二层结构局域网。

1.8.2　三层结构的局域网

在网络规模比较大的学校或企业，局域网可能采用三层结构。如图 1-59 所示，某高校有三个学院，每个学院有自己的机房和网络，学校网络中心为三个学院提供 Internet 接入，各学院的汇聚层交换机连接到网络中心的交换机，网络中心的交换机称为核心层交换机。学校的服务器接入到核心层交换机，为整个学校提供服务。

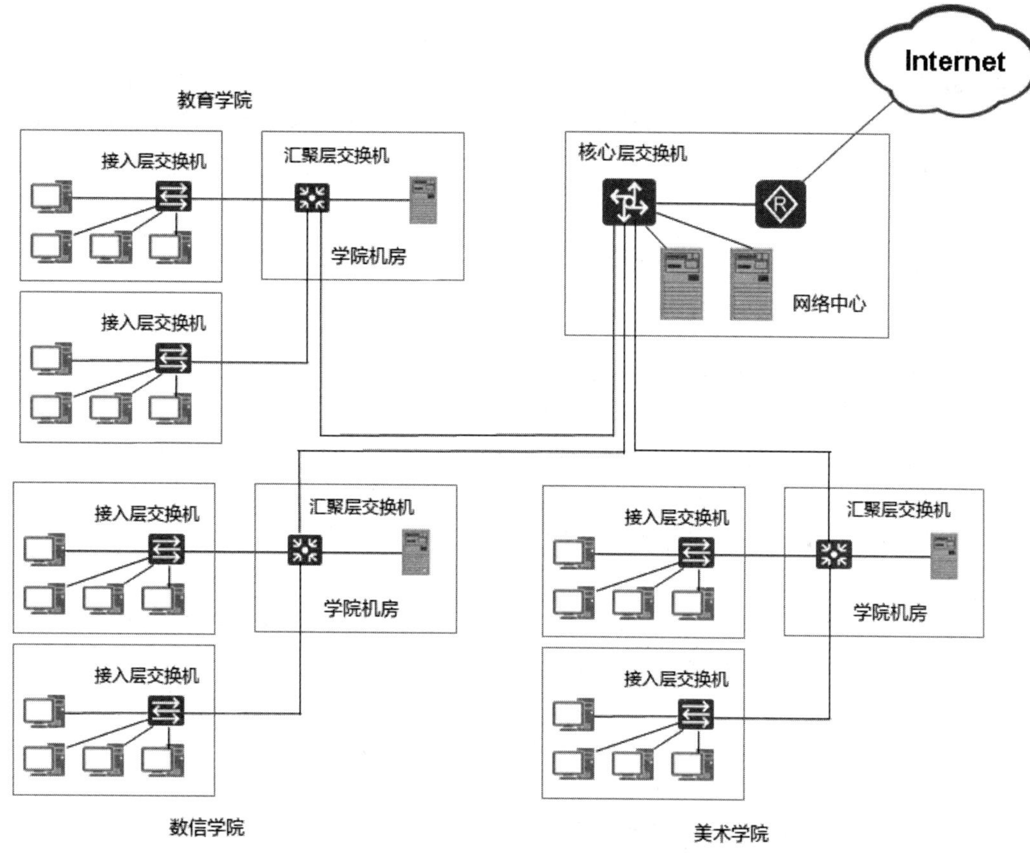

图 1-59　三层结构的局域网

三层结构局域网中的交换机有三个级别：接入层交换机、汇聚层交换机和核心层交换机。层次模型可以用来帮助设计、实现和维护可扩展、可靠、性价比高的层次化互联网络。

习题 1

1．计算机通信网有哪些性能指标？

2．收发两端之间的传输距离为 1000km，信号在媒体上的传播速率为 2×10^8m/s。试计算以下两种情况的发送时延和传播时延：

（1）数据长度为 10^7bit，数据发送速率为 100kb/s。

（2）数据长度为 10^3bit，数据发送速率为 1Gb/s。

从以上计算结果可得出什么结论？

3．假设信号在媒体上的传播速率为 2.3×10^8m/s，媒体长度 L 分别为：

（1）10cm（网络接口卡）

（2）100m（局域网）

（3）100km（城域网）

（4）5000km（广域网）

试计算当数据发送速率为 1Mb/s 和 10Gb/s 时在以上媒体中正在传播的比特数。

4．长度为 100 字节的应用层数据交给传输层传送，需加上 20 字节的 TCP 首部。再交给网络层传送，需加上 20 字节的 IP 首部，最后交给数据链路层的以太网传送，首部和尾部需共加上 18 字节。试求数据的传输效率。数据的传输效率是指发送的应用层数据除以所发送的总数据（即应用数据加上各种首部和尾部的额外开销）。

若应用层数据长度为 1000 字节，数据的传输效率是多少？

5．网络体系结构为什么要采用分层次的结构？试举出日常生活中一些与分层体系结构的思想相似的案例。

6．网络协议的三个要素是什么？各有什么含义？

7．为什么一个网络协议必须把各种不利的情况都考虑到？

8．试述五层协议网络体系结构的特点，包括各层的主要功能。

9．在 OSI 的七层参考模型中，工作在网络层的设备是（　　）。

A．集线器　　B．路由器　　C．交换机　　D．网关

10．下列选项中，不属于网络体系结构中所描述的内容的是（　　）。

A．网络的层次　　B．每一层使用的协议

C．协议的内部实现细节　　D．每一层必须完成的功能

11．企业 Intranet 要与 Internet 互连，必需的互连设备是（　　）。

A．中继器　　B．调制解调器　　C．交换机　　D．路由器

12．局部地区的通信网络简称局域网，英文缩写为（　　）。

A．WAN　　B．LAN　　C．SAN　　D．MAN

13．ISO/OSI 参考模型自下至上将网络分为________层、________层、________层、________层、________层、________层和________层。

14．当一台计算机从 FTP 服务器下载文件时，在该 FTP 服务器上对数据进行封装的五个转换结果是（　　）。

A．比特，数据帧，数据包，数据段，数据

B．数据，数据段，数据包，数据帧，比特

C．数据包，数据段，数据，比特，数据帧

D．数据段，数据包，数据帧，比特，数据

第2章 物理层

- 物理层的基本概念
- 数据通信基础
- 信道和调制
- 传输媒体
- 信道复用技术
- 宽带接入技术

本章讲解计算机网络通信的物理层，物理层在OSI模型中所处的位置如图2-1所示。本章主要包含的内容有：物理层使用的传输介质，如双绞线、同轴电缆、光纤及无线；数据传输技术，如频分复用、时分复用、波分复用和码分复用技术；宽带接入技术，如铜线接入技术、HFC技术、光纤接入技术和移动互联网接入技术。此外，本章还讲解了一些与计算机通信相关的基本概念，如模拟信号、数字信号、全双工通信、半双工通信、单工通信、常用编码方式和调制方式，信道的极限容量等。

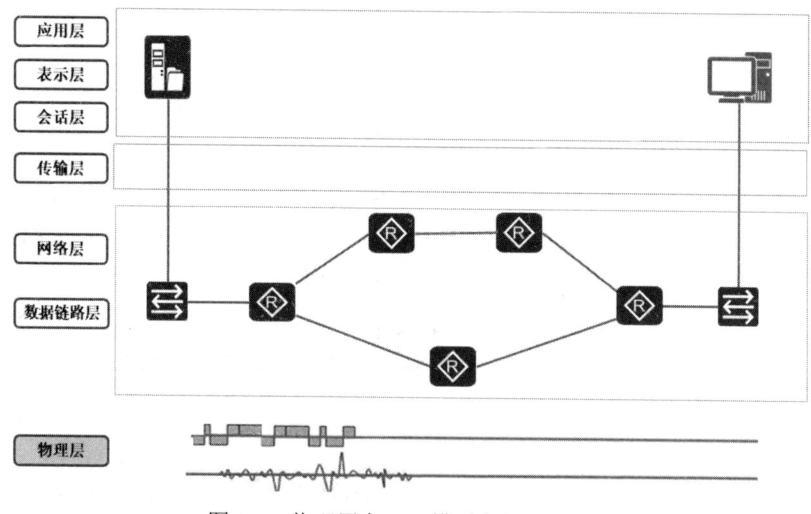

图2-1　物理层在OSI模型中所处的位置

2.1 物理层的基本概念

物理层定义了与传输媒体的接口有关的一些特性。只有对接口的标准进行了定义，各厂家生产的网络设备才能相互连接和通信，比如思科的交换机和华为的交换机使用双绞线就能够连接。物理层对于接口的定义主要包括以下几方面。

（1）机械特性。指明接口所用接线器的形状和尺寸，引脚数目和排列次序，固定的锁定装置等。常见的各种规格的接插部件都有严格的标准化规定，这很像平时常见的各种规格的电源插头，其尺寸都有严格的规定。图 2-2 所示为广域网中的某设备接口和线缆接口。

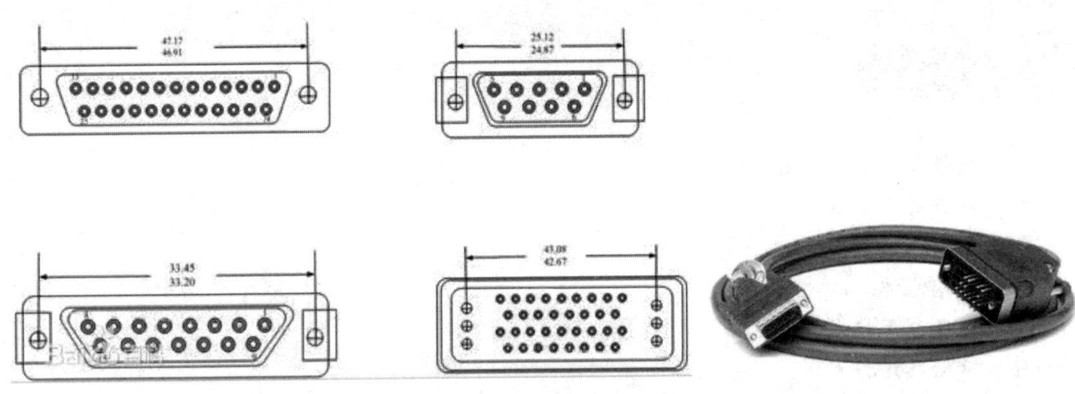

图 2-2 设备接口和线缆接口

（2）电气特性。指明在电缆接口的各条线上所允许的电压范围，比如-10～+10V 之间。

（3）功能特性。指明某条线上出现的某一电平的电压表示何种意义。

（4）过程特性。定义了在信号线上进行二进制比特流传输的一组操作过程，包括各信号线的工作顺序和时序，使得比特流传输得以完成。

2.2 数据通信基础

2.2.1 数据通信模型

下面列出几种常见的数据通信模型。

（1）局域网通信模型。局域网通信模型如图 2-3 所示。在局域网中，计算机 A 通过集线器或交换机将要传输的信息变成数字信号，然后发送给计算机 B，这个过程不需要对数字信号进行转换。

图 2-3 局域网通信模型

（2）广域网通信模型。广域网通信模型如图 2-4 所示。数字信号进行长距离传输，需要先转换成模拟信号或光信号。比如计算机 A 通过 ADSL 接入 Internet，就需要将计算机网卡的数字信号调制成模拟信号，以适合在电话线上长距离传输，在接收端，使用调制解调器将模拟信号转换成数字信号，再把数字信号发至计算机 B。后面会讲解如何通过频分复用提高模拟信号的通信速率。

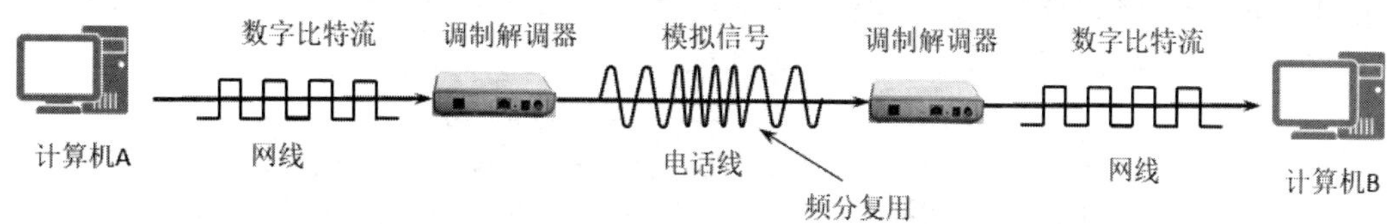

图 2-4　广域网通信模型——调制与解调

现在很多家庭用户已经实现了通过光纤直接接入 Internet。如图 2-5 所示，计算机 A 的数字信号通过光电转换设备转换成光信号后进行长距离传输，在接收端使用光电转换设备把光信号转换成数字信号后再发至计算机 B。本章后面会讲解如何通过波分复用技术来提高光纤的通信速率。

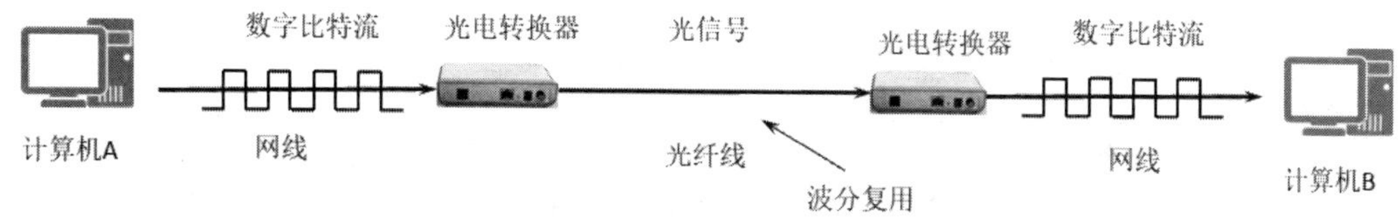

图 2-5　广域网通信模型——光电转换

2.2.2　数据通信中的常用术语

信息（message）：通信的目的是传送信息，文本、图像、视频和音频等都是信息。

数据（data）：信息在传输之前需要进行编码，编码后的信息就变成数据。

信号（signal）：数据在通信线路上传递需要变成电信号或光信号。

图 2-6 展示的是浏览器访问网站的过程，它展现了信息、数据和信号之间的关系。网页的内容就是要传送的信息，经过 M 字符集（英文字符集有 ASCII 码，中文字符集有 GBK、UTF-8 等，为了方便说明字符集的作用，案例中只列举了 4 个字符）进行编码，变成二进制数据，网卡将数字信号变成电信号在网络中传递，接收端网卡接收到电信号，转化为数据，再经过 M 字符集解码，得到信息。

为了传输声音或图片文件，可以将图片中的每一个像素颜色使用数据来表示，将声音文件的声音高低使用数据来表示，这样声音和图片都可以编码成数据。

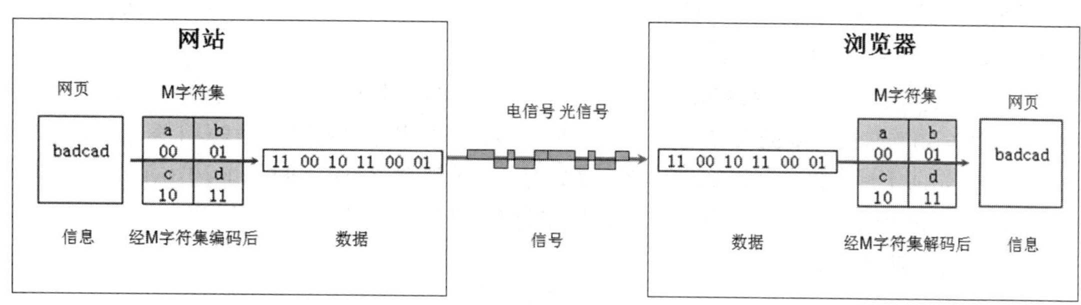

图 2-6　信息、数据和信号的关系

2.2.3 模拟信号和数字信号

根据信号中代表信息的参数的取值方式不同，信号可以分为两大类：模拟信号和数字信号。

（1）模拟信号。模拟信号是指用连续变化的物理量所表达的信息，如温度、湿度、压力、长度、电流、电压等，所以通常又把模拟信号称为连续信号。比如，从某一天 8 点到第二天 5 点的温度变化就适合使用模拟信号来表达，如图 2-7 所示。

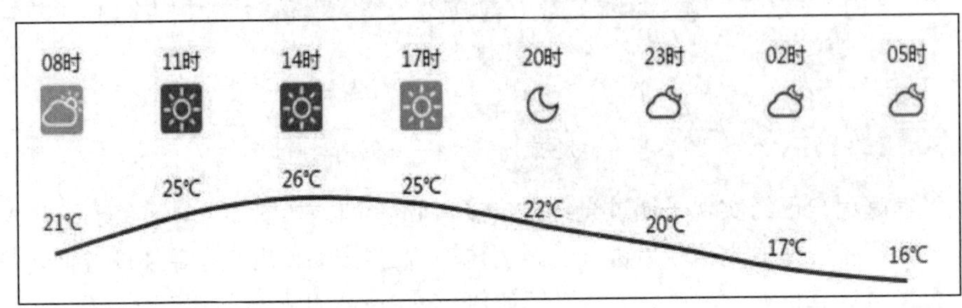

图 2-7 模拟信号

声音信号也适合使用模拟信号来表达，如图 2-8 所示。

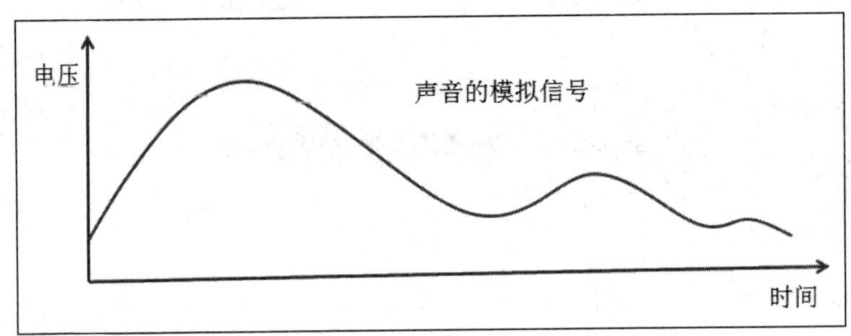

图 2-8 模拟信号

模拟信号在传输过程中如果出现信号干扰波形会发生变形，不易纠正，如图 2-9 所示。

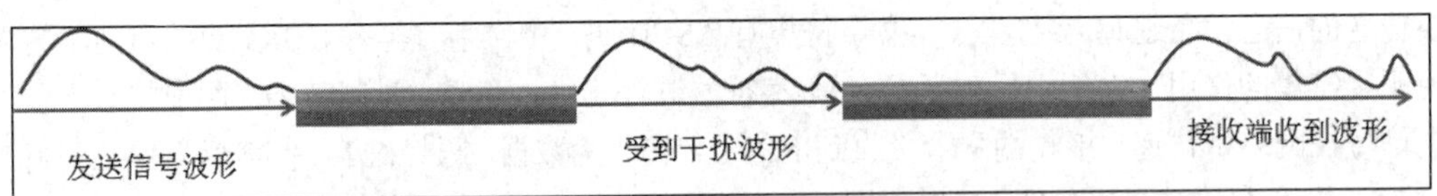

图 2-9 模拟信号失真不易纠正

早些年，我国电视线路向用户提供的电视信号是模拟信号，当信号好的时候图像就清晰，信号弱或受到干扰时，图像就伴有“雪花点”。

（2）数字信号。数字信号也叫离散信号，指表示信息的物理量的取值是离散的。数字通信中，常常使用具有相同时间间隔的信号来表示二进制数，每个时间间隔内的信号称为 1 个码元，每个间隔内信号状态的可能数量称为码元的进制。比如对于二进制数 111011000110010101001100，就可以使用如图 2-10 所示的数字信号进行表示，图中每个码元中的信号只有两种状态，称为二进制码元，每个码元可以表示 1 位二进制数。

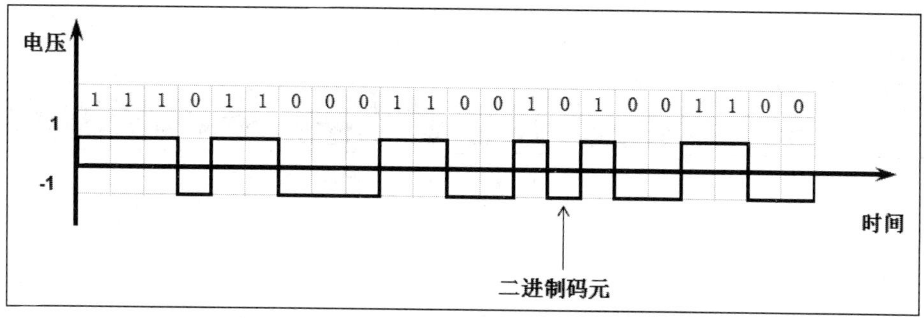

图 2-10　1 个码元表示 1 位二进制数（携带 1 比特信息）

也可以使用每个码元表示两位二进制数，由于两位二进制数的取值可以是 00、01、10 和 11，这就要求每个码元信号需有四种状态（四进制码元）。那么，对于二进制数 111011000110010101001100，把其中的每两位分为一组，则可表示成 11 10 11 00 01 10 01 01 01 00 11 00，再将分组后的二进制数转换成数字信号，如图 2-11 所示，可以看出，同样传输这些二进制数需要的码元数量减少了。

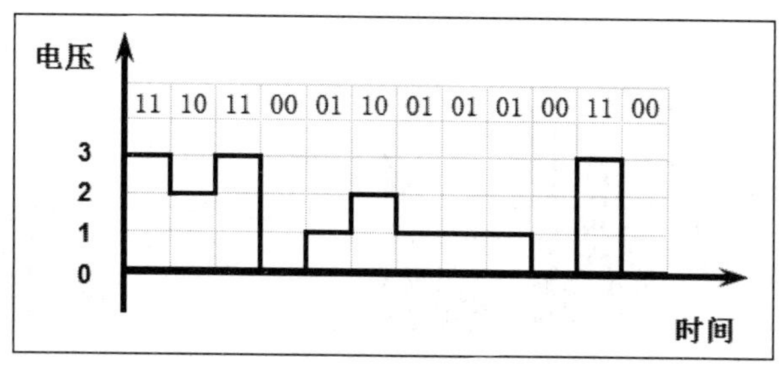

图 2-11　1 个码元表示 2 位二进制数（携带 2 比特信息）

同理，我们也可以使用 1 个码元表示 3 位二进制数，其波形如图 2-12 所示。综上可知，如果想让一个码元承载更多的信息，就需要每个码元具有更多的波形状态。

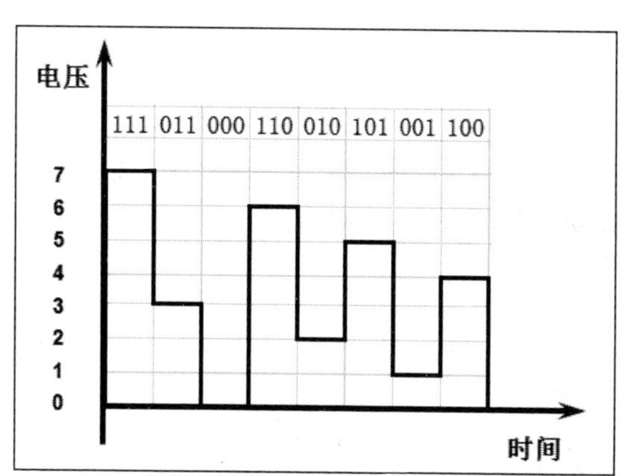

图 2-12　1 个码元表示 3 位二进制数（携带 3 比特信息）

数字信号在传输过程中由于信道本身的特性及噪声干扰会使得数字信号波形产生失真和信号衰减，如图 2-13 所示。为了消除这种波形失真和衰减，每隔一定的距离需添加“再生中继器”，经过“再生中继器”的波形恢复到发送信号的波形。模拟信号没有办法消除噪声干扰造成的波形失真，所以现在的电视信号逐渐由数字信号替换掉以前的模拟信号。

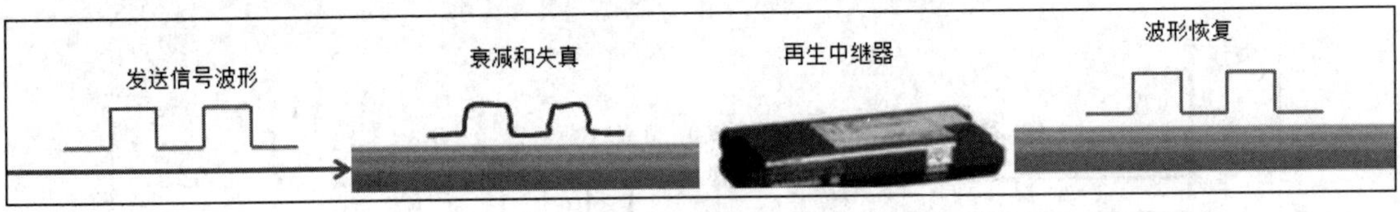

图 2-13　数字信号波形恢复

2.2.4　模数转换

模拟信号和数字信号之间可以相互转换，把模拟信号转换为数字信号的过程称为模数转换。通过脉码调制（Pulse Code Modulation，PCM）的方法可以把模拟信号转化为数字信号。图 2-14 所示为模数转换的一般过程：模拟信号采样，对采样的值进行量化，对量化的采样进行数字化编码，将编码后的数据转化成数字信号。数字信号只能近似表示模拟信号。图 2-14 中，每个采样值用 3 位二进制数来表示，则每个采样值转换而成的数字信号共有 $2^3=8$ 种可能的取值。相同采样频率下，用于表示采样值的二进制数使用的位数越多，数字信号对模拟信号的表达越精确。

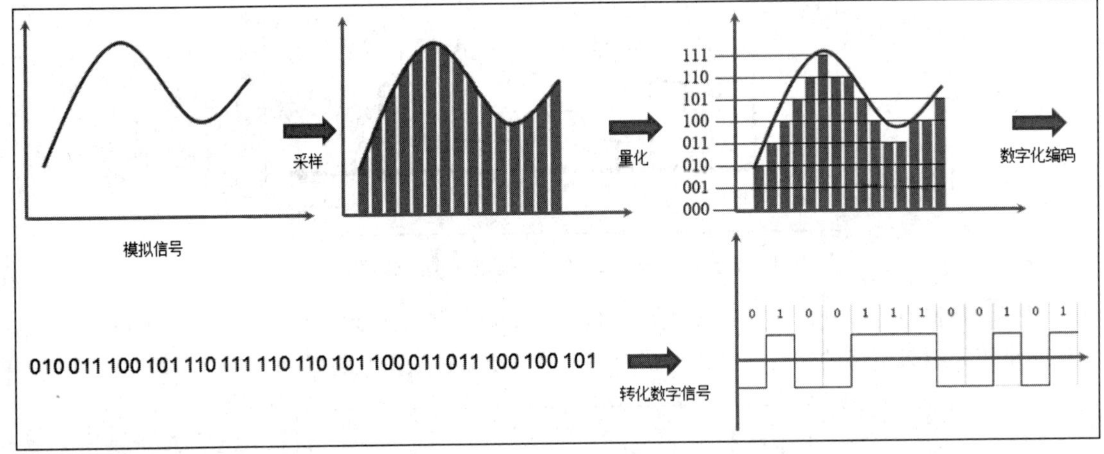

图 2-14　模数转换过程

声音信号是模拟信号，我们要想在电脑中存储声音信号，需要将其转换为数字信号（数据）。在网上下载音乐时，同一首歌会有超品音质、高品音质和流畅音质，不同的音质，对应的文件大小不同，如图 2-15 所示。

图 2-15　不同的采样精度决定不同的音乐品质

如图 2-16 所示，模拟信号采用了 5 位编码，即每个采样值用一个 5 位二进制数表示，采样频率也进行了提高，这样数字信号就可以更加精确地表达模拟信号，但编码后也会产生更多的二进制数字，这就是为什么同一首歌，高品质比低品质时文件更大。

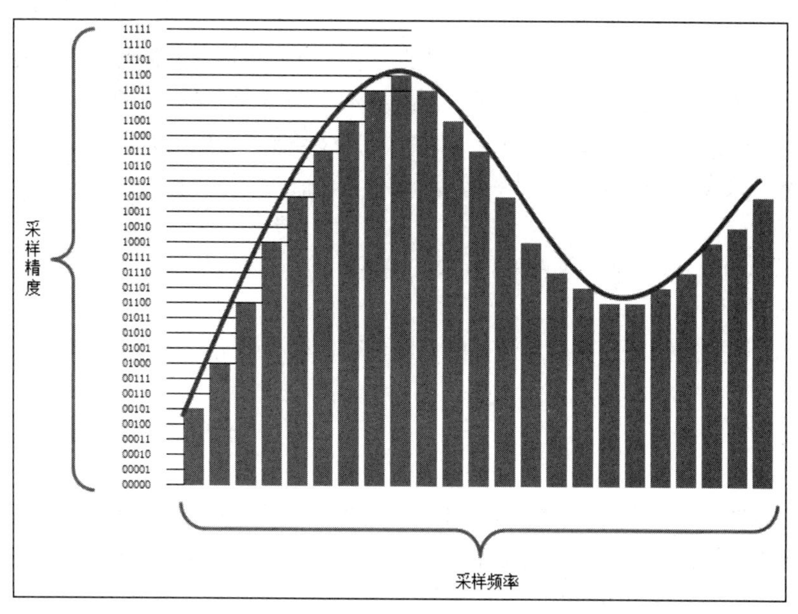

图 2-16　采样频率和采样精度决定音乐的品质

一般的语音信号采用 8 位编码，可将模拟信号量化为 2^8=256 个量级。

2.3　信道和调制

2.3.1　信道

信道（Channel）是信息传输的通道，即信息传输时所经过的一条通路，信道的一端是发送端，另一端是接收端。一条传输介质上可以有多条信道（多路复用）。图 2-17 中，A 计算机和 B 计算机通过频分复用技术，将一条物理线路划分为两个信道。对于信道 1，A 是发送端，B 是接收端；对于信道 2，B 是发送端，A 是接收端。

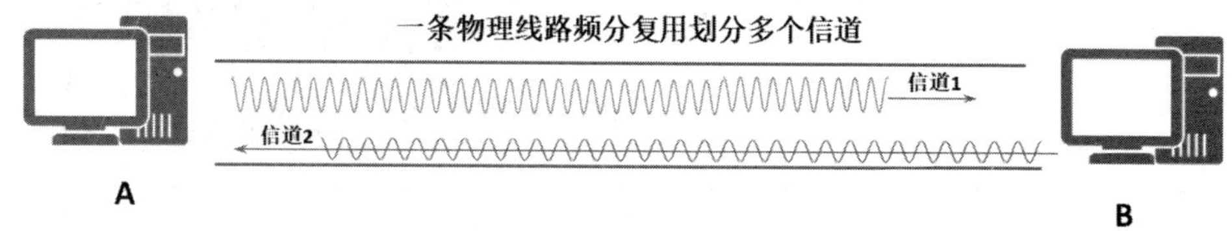

图 2-17　物理线路多信道

根据所传输的信号类型的不同，信道也分为用于传输数字信号的数字信道和用于传输模拟信号的模拟信道。图 2-17 中的两个信道是模拟信道。数字信号经过数模转换后可以在模拟信道上传输；模拟信号经过模数转换后可以在数字信道上传输。

2.3.2 单工、半双工及全双工通信

按照信号传送的方向与时间的关系，数据通信可以分为三种类型：单工通信、半双工通信与全双工通信。

（1）单工通信，又称单向通信，即信号只能向一个方向传输，任何时候都不能改变信号的传送方向。无线电广播或有线电视广播就是单工通信，信号只能是广播电台发送，收音机接收。

（2）半双工通信，又称双向交替通信，信号可以双向传送，但是必须交替进行，一个时间只能向一个方向传。有些对讲机就是采用半双工通信，A 端说话 B 端接听，B 端说话 A 端接听，不能同时说和听。

（3）全双工通信，又称双向同时通信，即信号可以同时双向传送。比如我们用手机打电话，听和说可以同时进行。

图 2-17 中 A 计算机和 B 计算机通过一条线路创建的两个信道，能够实现同时收发信号，是全双工通信。

2.3.3 调制

来自信源（发送端）的信号通常称为基带信号（即基本频带信号）。基带信号往往包含较多的低频成分，甚至有直流成分，而许多信道不能传输低频分量或直流分量，为了解决这一问题，必须对基带信号进行调制（Modulation）。

调制可以分为两大类：基带调制与带通调制，调制的分类及其常见的编码方式如图 2-18 所示。

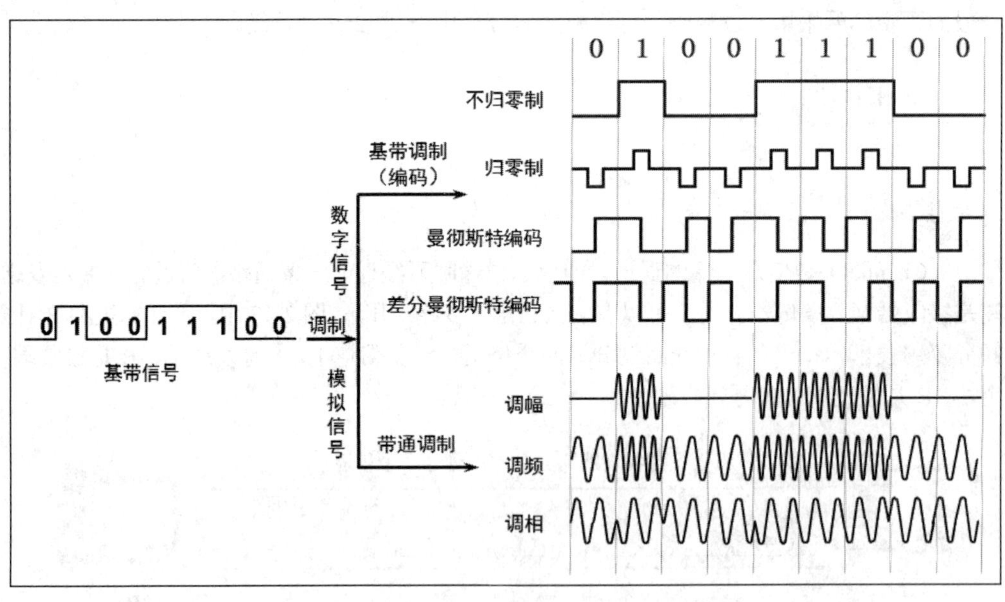

图 2-18 调制技术分类

基带调制是指仅仅对基带信号的波形进行变换，使它能够与信道特性相适应，变化后的信号仍然是基带信号。由于基带调制是把一种形式的数字信号转换成另一种形式的数字信号，因此大家更愿意把这种过程称为编码（Coding）。

带通调制是指使用载波（Carrier）把基带频段内的信号搬移到较高的频段，以便于信号在信道

中的传输。经过载波调制后的信号称为带通信号（即仅在一段频率范围内能够通过信道）。

（1）常用的编码方式。

1）不归零制。正电平代表 1，负电平代表 0。不归零制编码是效率最高的编码，但是如果发送端发送连续的 0 或连续的 1，接收端不容易判断出码元的边界，这就需要用单独的时钟信号来对码元进行区分。

2）归零制。归零制编码是指一个信号在一个码元内都要回归到零电平的编码方式。也就是说，信号线上会出现三种电平：正电平、负电平、零电平。因为每个信号在传输之后都要归零，所以任意相邻信号之间都有明显的分界，因此不再需要单独的同步时钟信号对码元边界进行分隔，这样的信号也称为自同步（self-clocking）信号。归零制虽然省了时钟信号对带宽的占用，但由于需传输大量“归零”数据，所以也要浪费很多的带宽。

3）曼彻斯特编码。曼彻斯特编码将时钟和数据同时包含在数据流中。曼彻斯特编码中每一个码元之内都包含一个信号的跳变，从低到高的跳变表示“0”，从高到低的跳变表示“1”，跳变信号既充当了时钟信号，又包含了数据信号。曼彻斯特编码常用于局域网传输，在传输信息的同时，也将时钟同步信号一起传输给对方。由于每个码元中都有跳变，因此具有自同步能力和良好的抗干扰性能。但由于每一个码元都被调制成两个电平，所以数据传输速率只有调制速率的 1/2。

4）差分曼彻斯特编码。在信号位开始时改变信号极性，表示逻辑“0”，在信号位开始时不改变信号极性，表示逻辑“1”。识别差分曼彻斯特编码，需要同时看两个相邻的波形，如果后一个波形和前一个波形相同，则后一个波形表示 0，如果波形不同，则后一个波形表示 1，因此画差分曼彻斯特波形要给出初始波形。

差分曼彻斯特编码比曼彻斯特编码的变化要少，因此数据传输速度更高，被广泛应用于宽带高速网中。然而，由于每个时钟位都必须有一次变化，所以这两种编码的效率仅可达到 50%左右。

（2）常用带通调制方法。最基本的二元制调制方法有以下几种：

1）调幅（AM）。载波频率不变的情况下，通过载波振幅的变化来表达信号。例如，0 或 1 分别对应于无载波或有载波输出。

2）调频（FM）。载波振幅不变的情况下，通过载波的频率变化来表达信号。例如，用频率 f1 表示 0，用频率 f2 表示 1。

3）调相（PM）。载波频率与振幅都不变的情况下，用载波的相位变化来表达信号。例如，用 0 度相位表示 0，用 180 度相位表示 1。

2.3.4 信道极限容量

任何实际的信道都不是理想的，在传输信号时都会伴有多种干扰并产生各种失真。数字通信的优点，就是只要在接收端能够从失真的波形识别出原来的信号，那么这种失真对通信质量就没有影响，如图 2-19 所示。

图 2-19　有失真但可识别

码元传输的速率越高、信号传输的距离越远、噪声干扰越大、传输媒体质量越差，在信道的接收端，波形的失真就越严重。如图 2-20 所示，如果信号通过信道后，波形失真过于严重，对通信质量就会有很大影响。

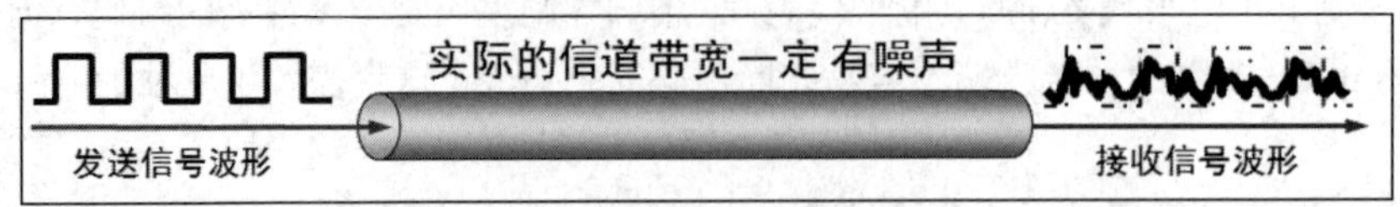

图 2-20　失真太大无法识别

影响信道上的数字信息传输速率的因素有两个：码元的传输速度和每个码元承载的比特信息量。码元的传输速度受信道能够通过的频率范围影响，每个码元可承载的比特信息量则受信道的信噪比影响。

（1）信道能够通过的频率范围。在信道上传输的数字信号其实是使用多个频率的模拟信号进行多次谐波而成的方波。例如，数字信号频率如果为 1000Hz，则使用 1000Hz 的模拟信号作为基波，基波信号和较高频率谐波叠加，可形成接近数字信号的波形，根据波形的实际情况，可进一步与更高频率的波进行谐波，使波形更接近于数字信号的波形，如图 2-21 所示。现在大家就明白了为什么数字信号中会包含高频谐波。

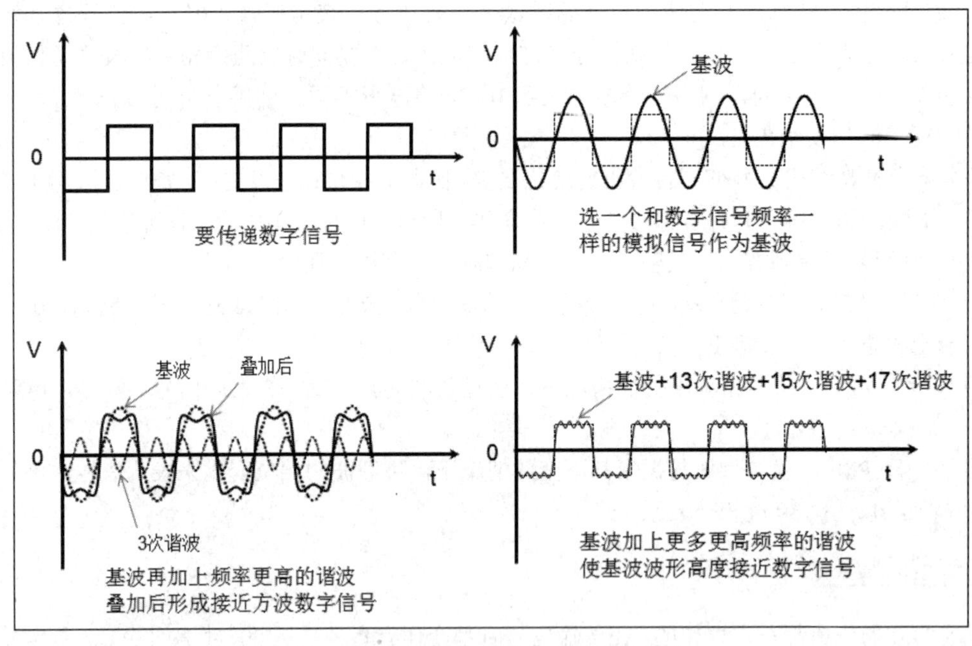

图 2-21　数字信号由模拟信号谐波而成

具体的信道所能通过的模拟信号的频率范围总是有限的。信道能够通过的最高频率减去最低频率，就是该信道的带宽。如图 2-22 所示的电话线，假定其允许 300～3300Hz 频率范围的模拟信号通过，低于 300Hz 或高于 3300Hz 的模拟信号均不能通过，则该电话线的带宽为 3300-300=3000Hz。

模拟信号通过信道的频率是有一定范围的，如图 2-23 所示，数字信号经过信道时，其中超过某一频率的高频分量（高频模拟信号）有可能不能通过信道或者衰减，则接收端接收到的波形前沿和后沿就变得不那么陡峭，码元之间的界限就不再明显，而是前后都拖了“尾巴”，这种现象称为“码间串扰”。严重的码间串扰将使得本来分得很清楚的一串码元变得模糊而无法识别。

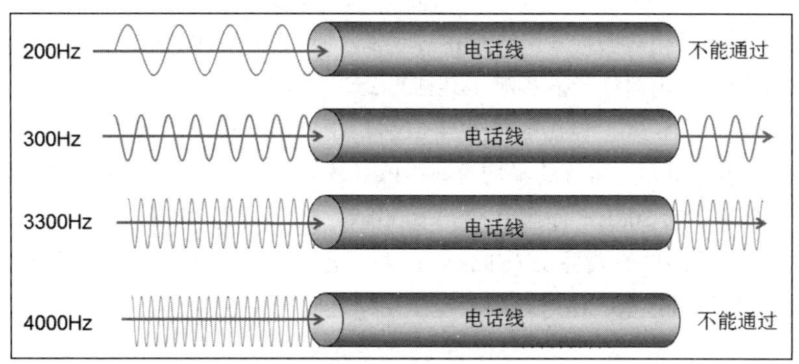

图 2-22 信道带宽

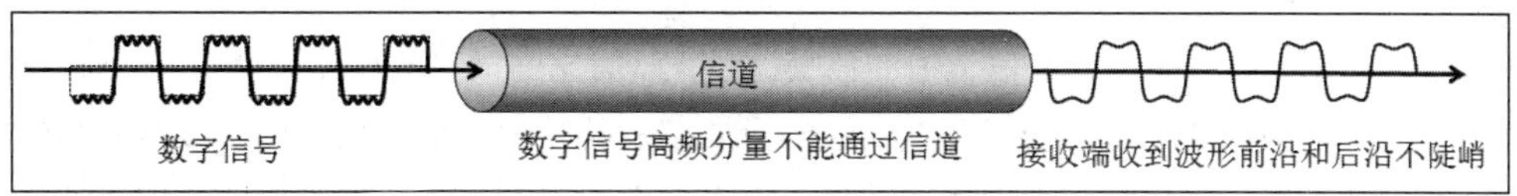

图 2-23 数字信号的高频分量不能通过

早在 1924 年，奈奎斯特（Nyquist）就推导出了著名的奈氏准则。奈氏准则给出了在假定的理想条件下最高码元传输速率的计算公式：

理想低通信道的最高码元传输速率=2WBaud

其中，W 为理想低通信道的带宽，单位为 Hz；Baud（波特）为码元传输速率的单位。

在任何信道中，码元传输的速率超过上限值，就会出现码间串扰的问题，使接收端对码元的判断（即识别）成为不可能。

信道的频带越宽，信道可以通过的信号高频分量就越多，就可以使用更高速率传递码元而不出现码间串扰。

（2）信噪比。既然码元的传输速率有上限，理论上，如果打算让信道更快地传输信息，则可以让一个码元承载更多的比特信息量。对于二进制码元，1 个码元承载 1 比特；八进制码元，1 个码元承载 3 比特；十六进制码元，1 个码元承载 4 比特。要是可以无限提高码元所携带的比特数量，信道传输数据的速率岂不是可以无限提高？其实码元可携带的比特数量也是有上限的。

噪声存在于所有的电子设备和通信信道中。由于噪声是随机产生的，它的瞬时值有时会很大。如图 2-24 所示，在电压范围一定的情况下，十六进制码元波形之间的差别要比八进制码元波形之间的差别小。在真实信道传输，由于噪声干扰，码元波形差别越小，在接收端就越不易被识别。信道的极限信息传输速率受哪些因素影响呢？下面我们来看香农公式。

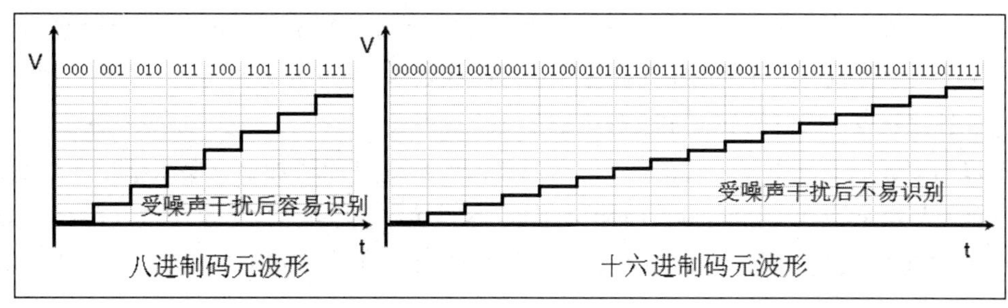

图 2-24 噪声干扰

噪声对信号的影响是相对的，如果信号相对较强，那么噪声的影响就相对较小。一般，我们用信噪比这个指标来表示噪声对信号的影响，其计算公式定义如下：

$$信噪比\ S/N=10\times\lg(P_S/P_N)\ (dB)$$

式中，P_S（Power of Signal）为信号的平均功率；P_N（Power of Noise）为噪声的平均功率。例如，当 $P_S/P_N=10$ 时，信噪比为 10dB；而当 $P_S/P_N=1000$ 时，信噪比为 30dB。

在 1948 年，信息论的创始人香农（Shannon）推导出了著名的香农公式。香农公式指出了**信道的极限传输速率 C 与信道带宽、信号功率、噪声功率之间的关系：**

$$C=W\ln(1+P_S/P_N)\quad (b/s)$$

式中，W 为信道的带宽，单位为 Hz；P_S 为信道内所传信号的平均功率，单位为 W；P_N 为信道内的高斯噪声功率，单位为 W。

香农公式表明，信道的带宽或信道中的信噪比越大，信息的极限传输速率就越高。香农公式指出了信息传输速率的上限。香农公式的意义在于：只要信息传输速率低于信道的极限信息传输速率，就一定可以找到某种办法来实现无差错的传输。不过，香农没有告诉我们具体的实现方法。

2.4 传输媒体

传输媒体也称为传输介质或传输媒介，它就是数据传输系统中在发送器和接收器之间的物理通路。传输媒体可分为两大类，即**导向传输媒体**和**非导向传输媒体**。在导向传输媒体中，电磁波沿着固体媒体（铜线或光纤）被导向传播，而非导向传输媒体就是指自由空间，非导向传输媒体中电磁波的传输常称为无线传输。

2.4.1 导向传输媒体

（1）双绞线。双绞线也称为双扭线，它是最常用的传输媒体。把两根互相绝缘的铜导线并排放在一起，然后用规则的方法绞合（twist）起来就构成了双绞线。用这种方式，不仅可以抵御一部分来自外界的电磁波干扰，也可以降低多对双绞线之间的相互干扰。几乎所有的电话都用双绞线连接到电话交换机。从用户电话机到交换机的双绞线称为用户线或用户环路（Subscribe Loop）。通常将一定数量的这种双绞线捆扎成电缆，并在其外面包上护套。

模拟信号传输和数字信号传输都可以使用双绞线，其通信距离一般为几公里到十几公里。距离太长时就需要加放大器将衰减的信号放大到合适的数值（对于模拟传输），或者加上中继器将失真的数字信号进行整形（对于数字传输）。导线越粗，其最大通信距离就越远，其价格也越高。普通双绞线在用于数字传输时，若传输速率在每秒几兆比特以内，则传输距离可达几公里。由于双绞线的价格便宜且性能也不错，因此使用十分广泛。

为了提高双绞线的抗电磁干扰的能力，可以在双绞线的外面再加上一层用金属丝编织成的屏蔽层，这就是屏蔽双绞线（Shielded Twisted Pair，STP）。它的价格比非屏蔽双绞线（Unshielded Twisted Pair，UTP）要贵一些。图 2-25 是屏蔽双绞线的示意图，图 2-26 是非屏蔽双绞线的示意图。

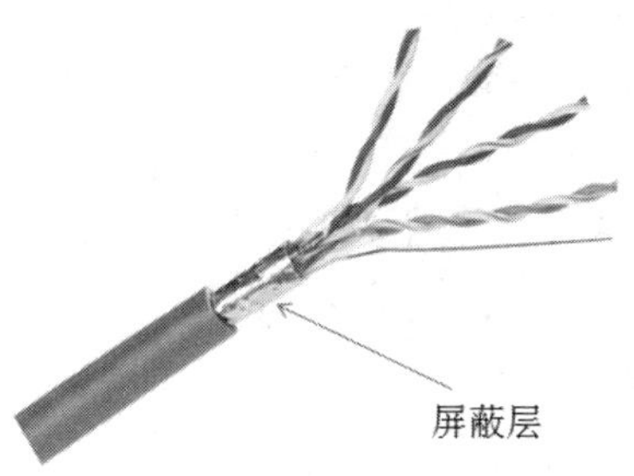

图 2-25 屏蔽双绞线

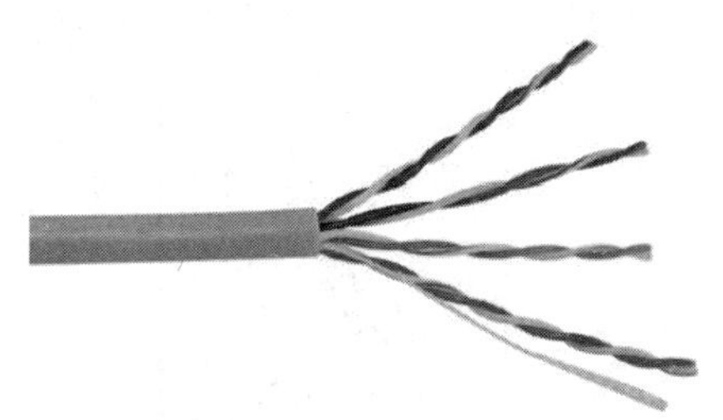

图 2-26 非屏蔽双绞线

1991 年，美国电子工业协会 EIA（Electronic Industries Association）和电信行业协会 TIA（Telecommunications Industries Association）联合发布了一个标准——“商用建筑物电信布线标准”（Commercial Building Telecommunications Cabling Standard）。这个标准规定了用于室内传送数据的非屏蔽双绞线和屏蔽双绞线的标准。随着局域网上数据传输速率的不断提高，EIA/TIA 也不断对其布线标准进行更新。表 2-1 给出了常用的绞合线的类别、带宽和典型应用。

表 2-1 常用绞合线的类别、带宽和典型应用

类别	带宽	典型应用
3	16MHz	低速网络；模拟电话
4	20MHz	短距离的 10BASE-T 以太网
5	100MHz	10BASE-T 以太网；某些 100BASE-T 快速以太网
5E（超 5 类）	100MHz	100BASE-T 快速以太网；某些 1000BASE-T 吉比特以太网
6	250MHz	1000BASE-T 吉比特以太网；ATM 网络
7	600MHz	只使用 STP，可用于 10 吉比特以太网

无论是哪种类别的线，衰减都随频率的升高而增大。使用更粗的导线可以降低衰减，但却会使得导线价格和重量的增加；线对之间的绞合度（即单位长度内的绞合次数）和线对内两根导线的绞合度都必须经过精确的设计，并在生产中加以严格的控制，使干扰在一定程度上得以抵消，这样才能提高线路的传输特性。使用更大和更精确的绞合度，可以获得更高的带宽。在设计布线时，要考虑如何使信号保持足够大的振幅，以便信号在有噪声干扰的条件下能够在接收端被正确地检测出来。双绞线最高传输速率（Mb/s）还与数字信号的编码方式有很大的关系。

现在计算机连接交换机使用的网线一般也是双绞线。每一根双绞线中包含 8 条芯线（4 对），网线两头采用 RJ-45 接头（俗称水晶头）。对传输信号来说，每条芯线的作用分别是：1、2 用于发送，3、6 用于接收，4、5 和 7、8 是双向线。为降低相互干扰，商用建筑物电信布线标准规定：1、2 必须是绞缠的一对线，3、6 也必须是绞缠的一对线，4、5 相互绞缠，7、8 相互绞缠。

八根线的接法标准在 TIA/EIA 568B 和 TIA/EIA 568A 中分别进行了规定。

TIA/EIA 568B：1-橙白，2-橙，3-绿白，4-蓝，5-蓝白，6-绿，7-棕白，8-棕。

TIA/EIA 568A：1-绿白，2-绿，3-橙白，4-蓝，5-蓝白，6-橙，7-棕白，8-棕。

同一根网线的两端水晶头的线序如果都是 T568B，就称为直通线；如果网线一端的线序是 T568B，另一端是 T568A，就称为交叉线，如图 2-27 所示。不同的设备相连，要注意线序，不过现在计算机网卡大多能够自适应线序。

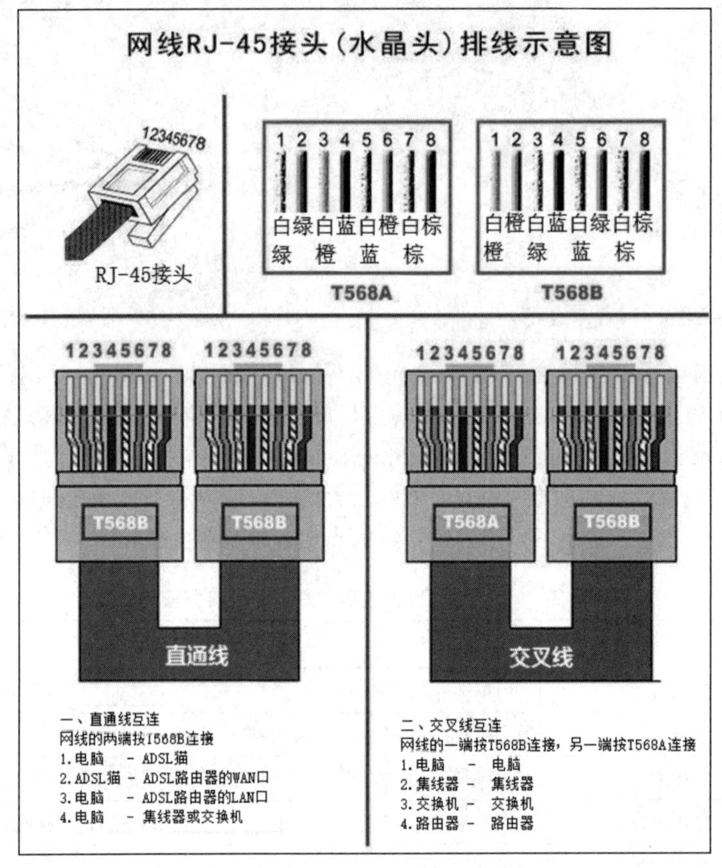

图 2-27　直通线和交叉线

（2）同轴电缆。同轴电缆由内导体铜质芯线（单股实心线或多股绞合线）、绝缘层、网状编织的外导体屏蔽层（也可以是单股的）以及塑料保护外层组成。由于外导体屏蔽层的作用，同轴电缆具有很好的抗干扰特性，被广泛用于传输较高速率的数据。同轴电缆结构如图 2-28 所示。

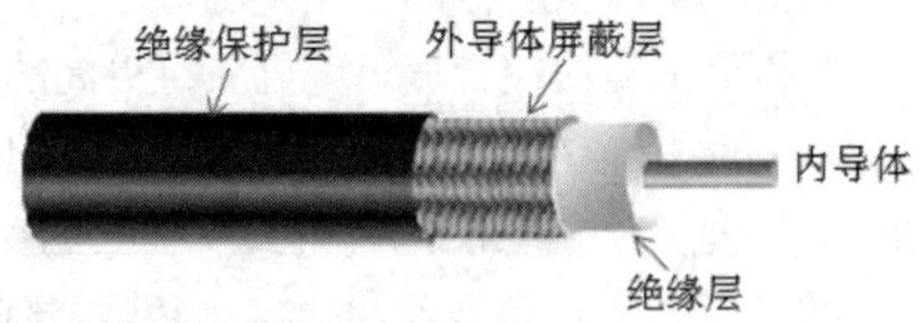

图 2-28　同轴电缆结构

同轴电缆在局域网发展的初期曾被广泛使用，但随着技术的进步，现在局域网多采用双绞线作为传输媒体，而同轴电缆主要用在有线电视网中。同轴电缆的带宽取决于电缆的质量，目前高质量的同轴电缆带宽已接近 1GHz。

（3）光缆。光纤通信就是利用光导纤维（以下简称“光纤”）传递光脉冲来进行通信。有光脉冲相当于 1，而没有光脉冲相当于 0。由于可见光的频率非常高，约为 10^8MHz 的量级，因此一个光纤通信系统的传输带宽远远大于目前其他各种传输媒体的带宽。

光纤是光纤通信的传输媒体。在发送端，用发光二极管或半导体激光器，把电脉冲信号转换成光脉冲信号。在接收端利用光电二极管做成的光检测器，把检测到的光脉冲还原成电脉冲。

光纤是由纤芯和包层构成的双层圆柱体。纤芯一般是用非常纯净的石英玻璃拉成的细丝，纤芯直径只有 8～100μm（1μm=10^{-6} m）。包层较纤芯有较低的折射率，当光线从高折射率的纤芯射向低折射率的包层时，其折射角将大于入射角，如果入射角足够大，就会出现全反射，即光线碰到包层时就会折射回纤芯。这个过程不断重复，光也就沿着光纤传输下去，如图 2-29 所示。现代生产工艺可以制造出超低损耗的光纤，使得光线在纤芯中传输数公里而基本上没有什么衰耗，这也是光纤通信得以飞速发展的关键因素。

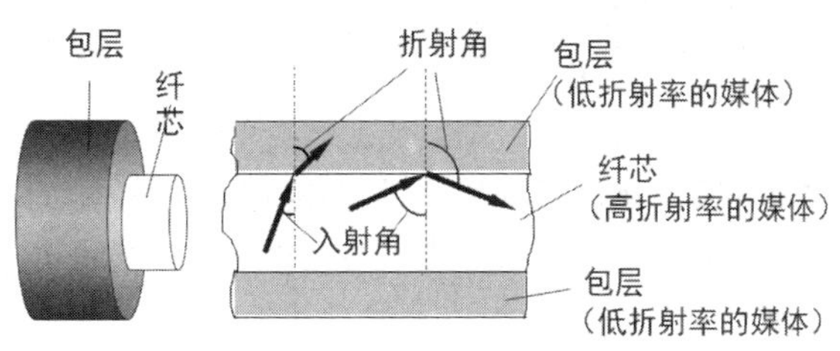

图 2-29　光线在光纤中折射

图 2-30 是一条光线在光纤中传播的示意图。

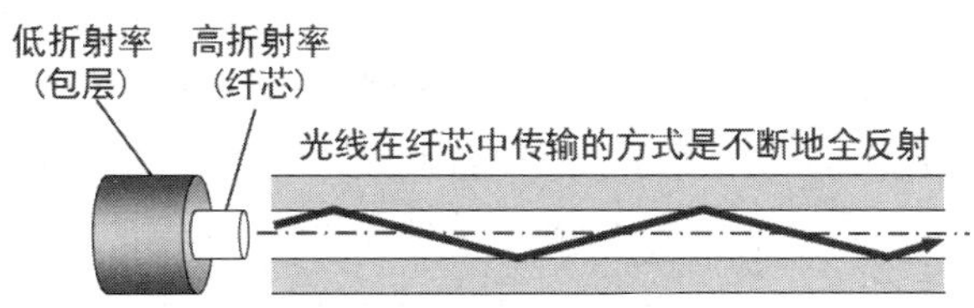

图 2-30　光波在纤芯中的传播

实际上，只要从纤芯中射到纤芯表面的光线的入射角大于某一个临界角度，就可产生全反射，因此，可以存在许多条不同角度入射的光线在一条光纤中同时进行传输，这种光纤也称为多模光纤，如图 2-31（a）所示。光脉冲在多模光纤中传输时会逐渐展宽，造成失真。因此多模光纤只适合于近距离传输。

若光纤的直径减小到只有一个波长的长度，则光纤就可使光线一直向前传播而不会产生多次反射，这样的光纤就称为单模光纤，如图 2-31（b）所示。单模光纤的纤芯很细，其直径只有几个微米，制造起来成本较高。同时单模光纤的光源要使用昂贵的半导体激光器，而不能使用较便宜的发光二极管。但单模光纤的衰耗较小，在 2.5Gb/s 的高速率下可传输数十公里而不必采用中继器。

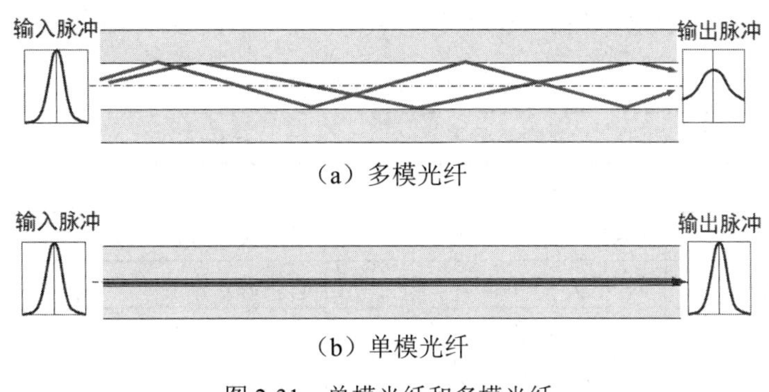

图 2-31　单模光纤和多模光纤

光纤不仅具有通信容量非常大的优点，而且还具有其他一些特点：

- 传输损耗小，中继距离长，对远距离传输特别经济。
- 抗雷电和电磁干扰性能好。这在有大电流脉冲干扰的环境下尤为重要。
- 无串音干扰，保密性好，也不易被窃听或截取数据。
- 体积小，重量轻。例如，1km 长的 1000 对双绞线电缆约重 8000kg，而同样长度但容量大得多的一对两芯光缆仅重 100kg。

但光纤也有一定的不足，比如要将两根光纤精确地连接时必须使用专用设备。

2.4.2 非导向传输媒体

前面介绍了三种导向传输媒体。采用导向媒体进行数据传输有一定的局限性，比如某些情况下由于地理条件限制施工不便、成本高等。利用无线电波在空间的传播也可方便地实现通信，这种通信方式不使用各种导向传输媒体，因此也称为“非导向传输媒体”。现在智能手机的 3G\4G\5G、Wi-Fi 无线通信技术所使用的传输媒体，都属于非导向传输媒体。

（1）无线电频段。无线传输可使用的频段很广，如图 2-32 所示。ITU（国际电信联盟）对不同波段进行了正式的命名，例如，LF 波段指波长从 1km 到 10km（对应于 30kHz 到 300kHz）的频率范围。LF、MF 和 HF 的中文名称分别是低频、中频和高频。更高频段中的 V、U、S 和 E 分别对应 Very、Ultra、Super 和 Extremely，相应频段的中文名称分别是甚高频、特高频、超高频和极高频。在低频 LF 的下面还有几个更低的频段，如甚低频 VLF、特低频 ULF、超低频 SLF 和极低频 ELF，因其不用于一般的通信，故未在图中画出。紫外线及更高频率的波段目前还不能用于通信。

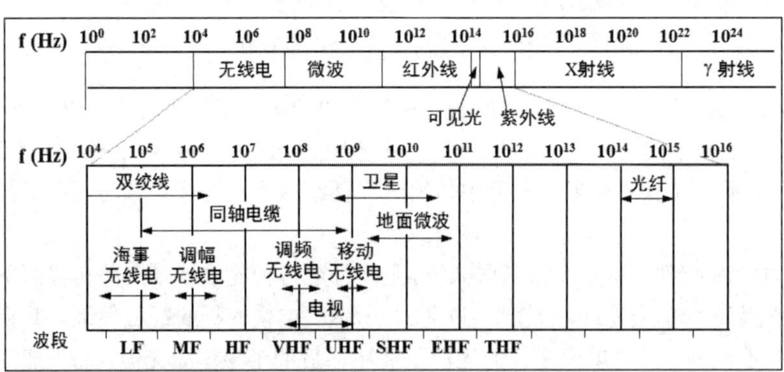

图 2-32　电信领域使用的电磁波的频谱

表 2-2 列出了无线电波各频段的频段名称、频率范围、波段名称和波长范围。

表 2-2　无线电波频段

频段名称	频率范围	波段名称	波长范围
甚低频（VLF）	3kHz～30kHz	万米波，甚长波	10km～100km
低频（LF）	30kHz～300kHz	千米波，长波	1km～10km
中频（MF）	300kHz～3000kHz	百米波，中波	100m～1000m
高频（HF）	3MHz～30MHz	十米波，短波	10m～100m
甚高频（VHF）	30MHz～300MHz	米波，超短波	1m～10m

续表

频段名称	频率范围	波段名称	波长范围
特高频（UHF）	300MHz～3000MHz	分米波	10cm～100cm
超高频（SHF）	3GHz～30GHz	厘米波	1cm～10cm
极高频（EHF）	30GHz～300GHz	毫米波	1mm～10mm
	300GHz～3000GHz	亚毫米波	0.1mm～1mm

（2）短波通信。人们发现，当电磁波以一定的入射角到达电离层时，它也会像光的反射那样以相同的角度被电离层反射。显然，电离层越高或电磁波与电离层的夹角越小，电磁波从发射点经电离层反射后到达地面所跨越的距离越远，这就是短波可以进行远程通信的原理。电波返回地面时又可以被大地反射而再次进入电离层，形成电离层的第二次、第三次反射，这就使本来直线传播的电波有可能到达地球的背面或其他任何一个地方，如图 2-33 所示。电波经过一次电离层的反射称为“单跳”。

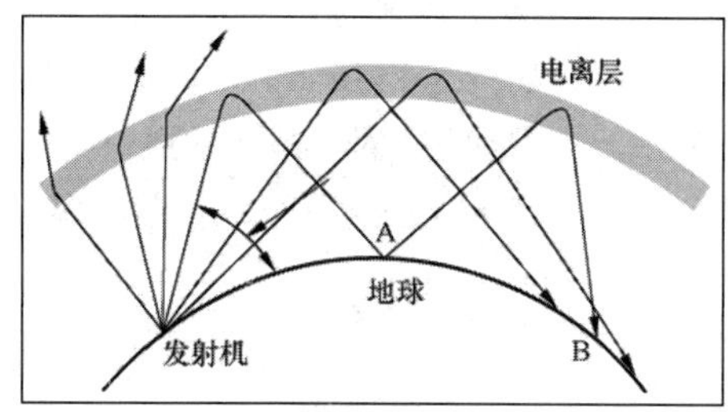

图 2-33 短波通信

但电离层的不稳定使无线电波所产生的衰落现象和电离层反射所产生的多径效应使得短波信道的通信质量较差。因此，使用短波无线电台传送数据时一般都是低速传输，一个标准模拟话路的传输速率只有几十至几百比特/秒。在采用复杂的调制解调技术后，可使数据的传输速率达到几千比特/秒。

（3）微波通信。微波通信在数据通信中占有重要地位。微波的频率范围为 300MHz～300GHz（波长 1m～10cm），但主要是使用 2GHz～40GHz 的频率范围。微波在空间中主要是直线传播。微波会穿透电离层而进入宇宙空间，它不能像短波那样可以经电离层反射传播到地面上很远的地方。传统的微波通信主要有两种方式：地面微波接力通信和卫星通信。

由于微波在空间中是直线传播，而地球表面是个曲面，地球上还有高山或高楼等障碍，因此其传播距离受到限制，一般只有 50km 左右。但若采用 100m 高的天线塔，则传播距离可增大到 100km。为实现远距离通信必须在一条无线电通信信道的两个终端之间建立若干个中继站。中继站把前一站送来的信号经过放大后再发送到下一站，故称为“接力”，如图 2-34 所示。

微波接力通信可传输电话、电报、图像、数据等信息，其主要特点有：

- 微波波段频率很高，其频段范围也很宽，因此其通信信道的容量很大。
- 因为工业干扰和天电干扰的主要频谱成分比微波的频率低很多，因此其对微波通信的影响比对短波通信和米波通信的影响要小得多，因而微波传输质量较高。
- 与相同容量和长度的电缆载波通信相比，微波接力通信建设投资少、见效快，易于跨越山区、江河。

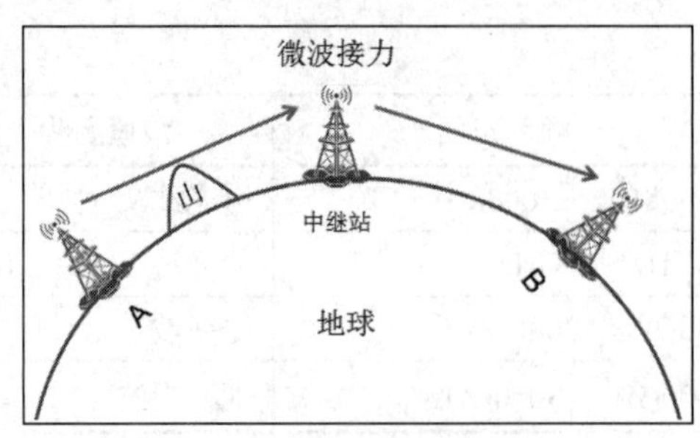

图 2-34　微波通信

当然，微波接力通信也存在如下一些缺点：

- 相邻站之间必须直视，不能有障碍物。有时一个天线发射出的信号也会分成几条略有差别的路径到达接收天线，因而造成失真。
- 微波的传播有时会受到恶劣天气的影响。
- 与电缆通信系统相比，微波通信的隐蔽性和保密性较差。
- 对大量中继站的使用和维护要耗费较多的人力和物力。

另一种微波中继是使用地球卫星，如图 2-35 所示。卫星通信是指利用位于约 36000km 高空的地球同步卫星作为中继器的一种微波接力通信。对地静止的通信卫星，就是太空中无人值守的微波通信中继站。卫星通信的主要优缺点大体上和地面微波通信差不多。

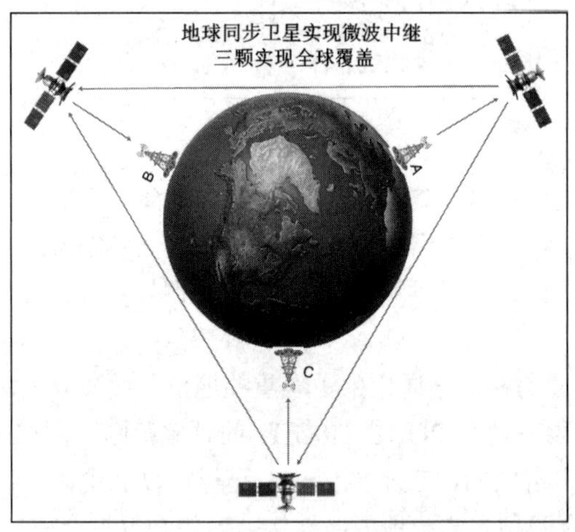

图 2-35　短波通信使用卫星中继

卫星通信的最大特点是通信距离远，且通信费用与通信距离无关。一颗地球同步卫星发射出的电磁波，通信覆盖跨度可达 18000 多千米，覆盖面积约占全球总面积的三分之一，因此只要在地球赤道上空的同步轨道上，等距离地放置 3 颗互隔 120°的卫星，就能基本上实现全球的通信覆盖。与微波接力通信相似，卫星通信的频带很宽，通信容量很大，信号所受到的干扰也较小，通信比较稳定。为了避免产生干扰，卫星之间相隔如果不小于 2°，那么整个赤道上空只能放置 180 个同步卫星。好在人们想出可以在卫星上使用不同的频段来进行通信，因此总的通信容量还是很大的。

卫星通信的另一个特点就是具有较大的传播时延。不管两个地球站之间的地面距离是多少（相隔一条街或相隔上万千米），从一个地球站经卫星到另一个地球站的传播时延都在 250～300ms 之间，一般可取为 270ms。相比之下，地面微波接力通信链路的传播时延一般为 3.3μs/km 左右。

请注意，“卫星信道的传播时延较大”并不等于“用卫星信道传送数据的时延较大”。这是因为传送数据的总时延除了传播时延外，还有发送时延、处理时延和排队时延等部分。传播时延在总时延中所占的比例有多大，取决于具体情况。但利用卫星信道进行交互式的网上游戏显然是不合适的。卫星通信非常适合于广播通信，因为它的覆盖面很广，但卫星通信系统的保密性是较差的。

（4）无线局域网。从20世纪90年代起，无线移动通信和因特网一样，得到了飞速的发展。与此同时，使用无线信道的计算机局域网也获得了越来越广泛的应用。我们知道，要使用某一段无线电频谱进行通信，通常必须得到本国政府有关无线电频谱管理机构的许可证。但是，也有一些无线电频段是可以自由使用的（只要不干扰他人在这个频段中的通信），这正好满足了计算机无线局域网的需求。图2-36给出了美国的工业、科学和医药（Industrial Scientific and Medical，ISM）频段，现在的无线局域网就使用其中的2.4GHz和5.8GHz频段。

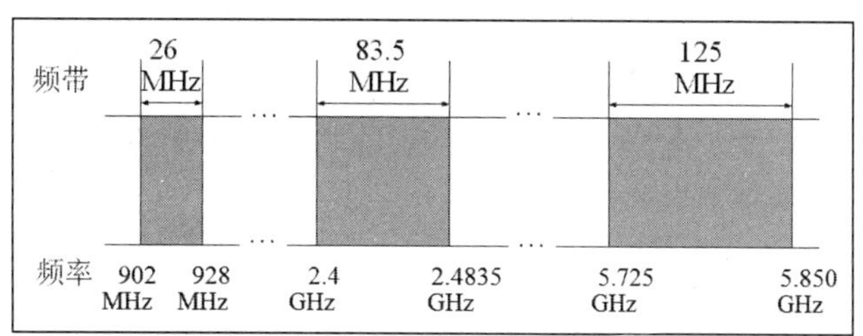

图2-36 无线局域网使用的ISM频段

2.5 信道复用技术

复用（Multiplexing）是通信技术中的基本概念，各种信道复用技术在计算机通信中被广泛地应用，下面对信道复用技术进行简单地介绍。

图2-37表示A_1、B_1和C_1分别使用一个单独的信道和A_2、B_2和C_2进行通信，总共需要三个信道。

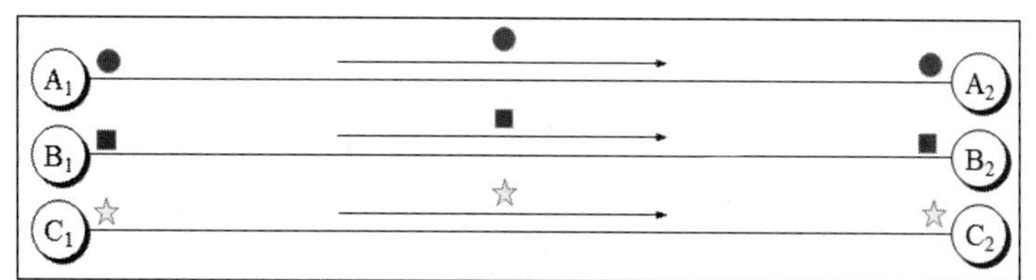

图2-37 使用单独的信道

但如果在发送端使用一个复用器，就可以让大家合起来使用一个共享信道进行通信。在接收端再使用分用器，把合起来传输的信息分别送到相应的终点，图2-38是信道复用的示意图。当然复用也要付出一定的代价，比如共享信道需要较大的带宽，还需要复用器和分用器等附加设备。但一般来讲，信道复用在经济上是合算的。

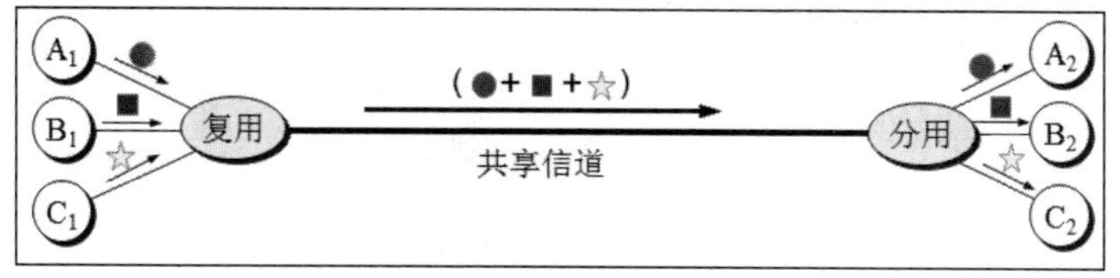

图2-38 使用共享信道

信道复用技术中，发送端要用到复用器（Multiplexer），接收端要用到分用器（Demultiplexer），复用器和分用器需成对使用，作用相反。信道复用技术分为频分复用、时分复用、波分复用和码分复用，下面逐一详细讲解。

2.5.1 频分复用

频分复用（Frequency Division Multiplexing，FDM）适合于模拟信号。用户在分配到一定的频带后，在通信过程中自始至终都占用这个频带。可见频分复用的所有用户在同样的时间占用不同的带宽资源（请注意，这里的“带宽”是频率带宽而不是数据的发送速率）。频分复用的示意如图 2-39 所示。

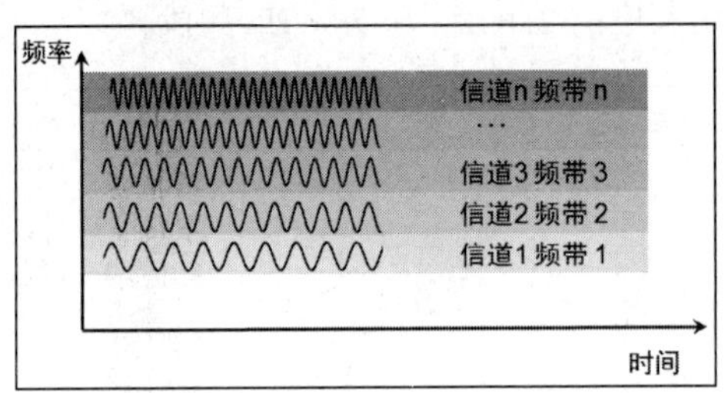

图 2-39 频分复用示意图

图 2-40 向大家展示了频分复用的细节。A1→A2 信道使用频率 f1 调制载波，B1→B2 信道使用频率 f2 调制载波，C1→C2 信道使用频率 f3 调制载波，不同频率调制后的载波通过复用器将信号叠加后发送到信道。接收端的分用器将信号发送到三个滤波器，滤波器过滤出特定频率载波信号，再经过解调得到信源发送的模拟信号。

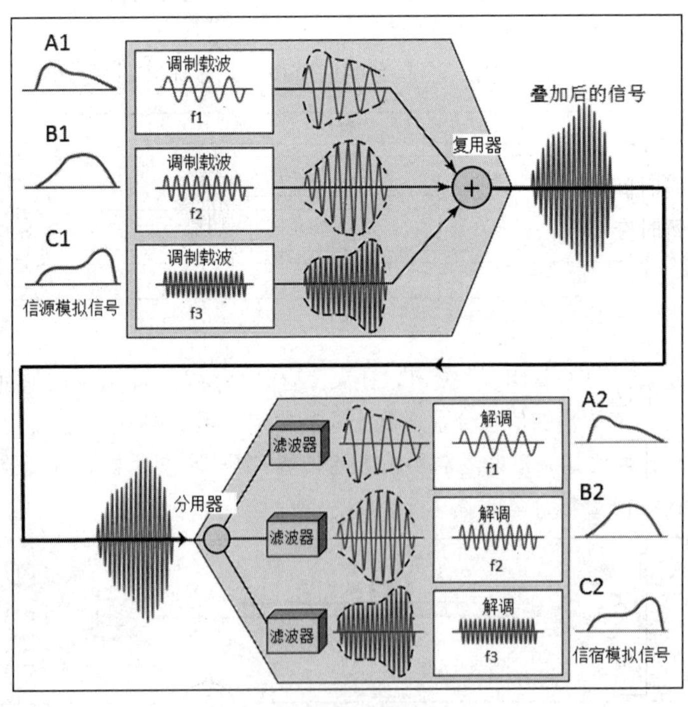

图 2-40 频分复用的细节

2.5.2 时分复用

数字信号的传输更多使用时分复用（Time Division Multiplexing，TDM）技术。时分复用采用同一物理连接的不同时段来传输不同的信号，将时间划分为一段段等长的时分复用帧（TDM 帧）。每一个时分复用的用户在每一个 TDM 帧中占用固定序号的时隙，如图 2-41 所示。简单起见，图中只画出了用户 A、B、C、D，其中，每个用户所占用的时隙周期性地出现（其周期就是 TDM 帧的长度），因此 TDM 信号也称为等时（Isochronous）信号。可以看出，时分复用的所有用户是在不同的时间占用同样的频带宽度。

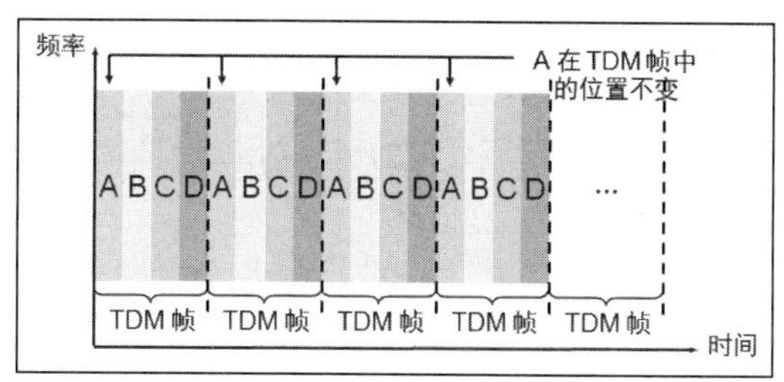

图 2-41 时分复用

如图 2-42 所示，四个用户 A、B、C、D 时分复用传输数字信号，通过复用器，每一个 TDM 帧都包含了四个用户的一个比特，在接收端再使用分用器将 TDM 帧中的数据分离。

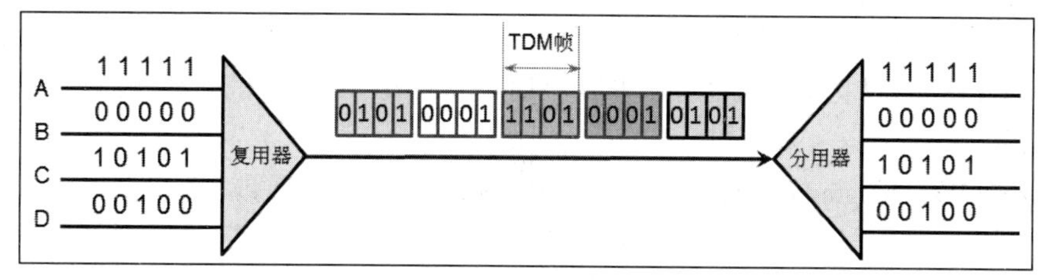

图 2-42 时分复用

当用户在某一段时间暂时无数据传输时，那就只能让已经分配到手的子信道空闲着，而其他用户也无法使用这个暂时空闲的线路资源。图 2-43 说明了这一概念。这里假定有 4 个用户 A、B、C 和 D 进行时分复用。复用器按 A→B→C→D 的顺序依次对用户的时隙进行扫描，然后构成一个个时分复用帧。图中共画出了 4 个时分复用帧，每个时分复用帧有 4 个时隙。可以看出，当某用户暂时无数据发送时，在时分复用帧中分配给该用户的时隙只能处于空闲状态，其他用户即使一直有数据要发送，也不能使用这些空闲的时隙。这就导致复用后的信道利用率不高。

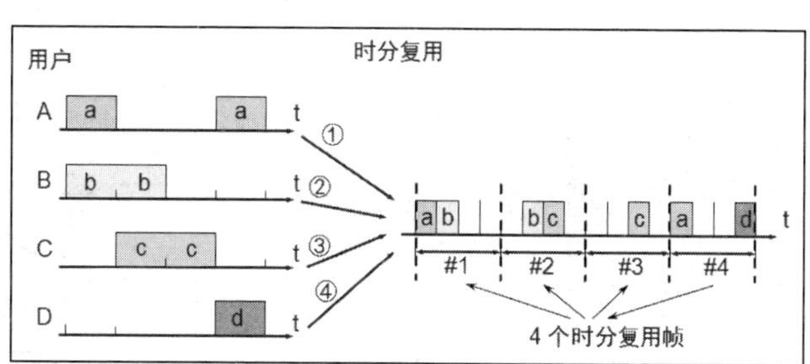

图 2-43 时分复用有浪费

统计时分复用（Statistic TDM，STDM）是一种改进的时分复用，它能明显地提高信道的利用率。图 2-44 是统计时分复用的原理图。一个使用统计时分复用的集中器连接 4 个低速用户，然后将它们的数据集中起来通过高速线路发送到另一端。统计时分复用要求每一个用户的数据需要添加地址信息或信道标识信息，接收端根据地址或信道标识信息分离出各个信道的数据。比如交换机干道链路就使用统计时分复用技术，通过在帧中插入标记来区分不同的 VLAN 帧，帧中继交换机使用 DLCI（数据链路连接标识符）区分不同的用户。

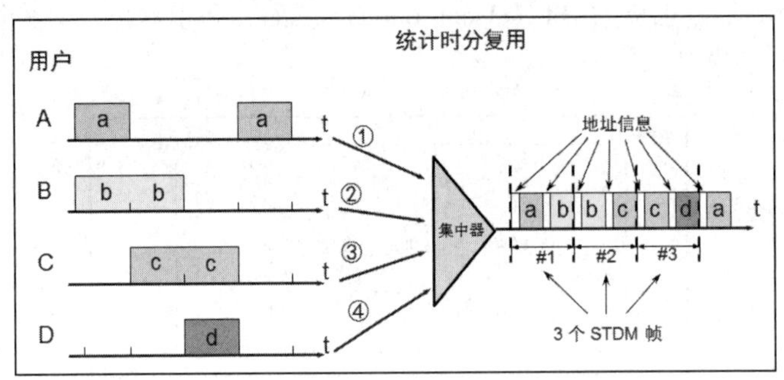

图 2-44　统计时分复用

2.5.3　波分复用

光纤技术的应用使得数据的传输速率空前提高。目前，一根单模光纤的传输速率可达到 2.5Gb/s。再想提高传输速率就比较困难了。为了提高光纤传输信号的速率，也可以进行频分复用，由于光载波的频率很高，因此习惯上用波长而不用频率来表示所使用的光载波。这样就引出了波分复用这一名词。

波分复用（Wavelength Division Multiplexing，WDM）是将两种或多种不同波长的光载波信号（携带各种信息）在发送端经复用器（亦称合波器）汇合在一起，并耦合到光线路的同一根光纤中进行传输；在接收端，经解分用器（亦称分波器或去复用器，Demultiplexer）将各种波长的光载波分离，然后由光接收机作进一步处理以恢复原信号。这种在同一根光纤中同时传输两个或多个不同波长光信号的技术，称为波分复用。

最初，人们只能在一根光纤上复用两路光载波信号。随着技术的发展，在一根光纤上复用的光载波信号路数越来越多。现在已能做到在一根光纤上复用 80 路或更多路数的光载波信号。于是就出现了密集波分复用（Dense Wavelength Division Multiplexing，DWDM）这一名词。图 2-45 说明了波分复用的概念。

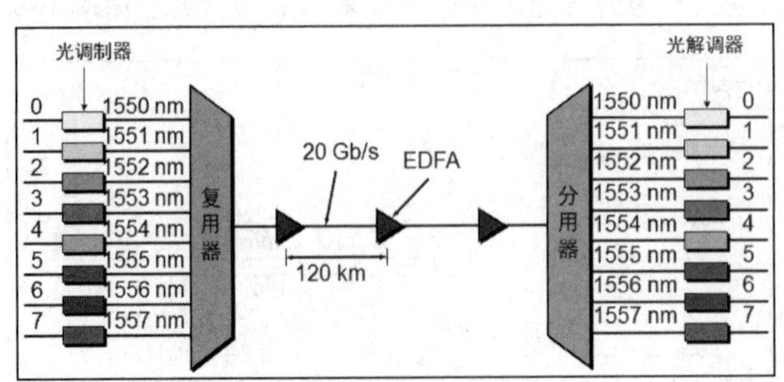

图 2-45　波分复用

2.5.4 码分复用

码分复用（Code Division Multiplexing，CDM）又称码分多址（Code Division Multiple Access，CDMA），是在扩频通信技术（数字技术的分支）基础上发展起来的一种崭新而成熟的无线通信技术。CDM 与 FDM（频分多路复用）和 TDM（时分多路复用）不同，它既共享信道的频率，也共享时间，是一种真正的动态复用技术。

码分复用最初用于军事通信，因为这种系统发送的信号有很强的抗干扰能力，其频谱类似于白噪声，不易被敌人发现，后来才广泛地使用在民用的移动通信中，它的优越性在于可以提高通信的话音质量和数据传输的可靠性，减少干扰对通信的影响，增大通信系统的容量，降低手机的平均发射功率等。

其原理是每比特时间被分成 m 个更短的时间片，称为码片（Chip），通常情况下每比特有 64 个或 128 个码片。每个站点被指定一个唯一的 m 位的代码（码片序列）。当发送 1 时站点就发送码片序列，发送 0 时就发送码片序列的反码。当两个或多个站点同时发送时，各路数据在信道中被线性相加。

如图 2-46 所示，电信的基站和 A 手机之间通过 CDMA 进行通信，为了说明方便，假设 A 手机的码片为 8 位码片（−1 −1 −1 +1 +1 −1 +1 +1），要发送的数据为 110，现在基站只向 A 手机发送信号。A 手机收到后使用自己的码片与收到的码片进行格式化内积计算得到数据 110。

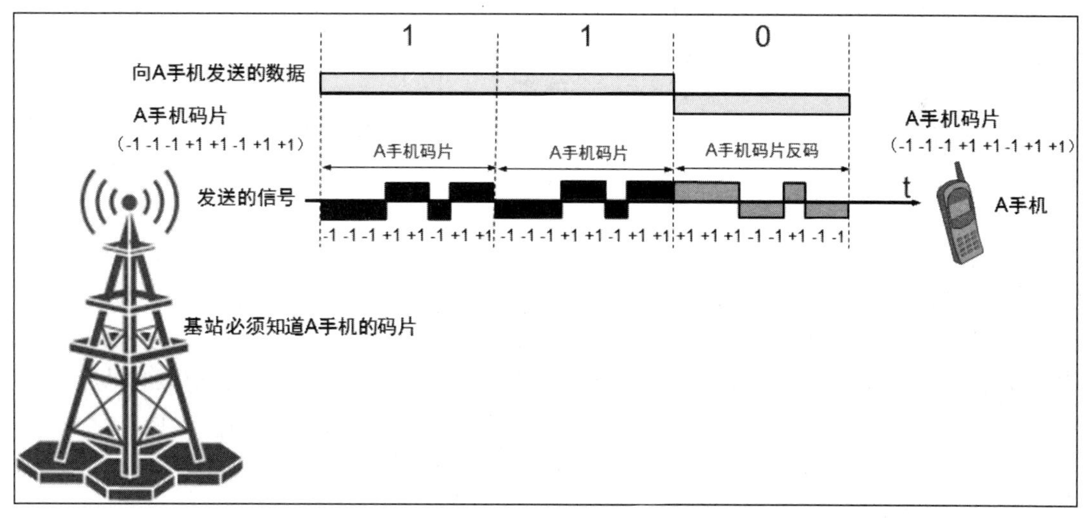

图 2-46 码片和信号之间的关系

现假定基站向 A 手机发送信息的数据率为 n b/s，由于发送 1 比特占用 m 个比特的码片，因此基站实际上发送的数据率提高到 mn b/s，同时基站占用的频带宽度也提高到原来数值的 m 倍。这种通信方式是扩频（Spread Spectrum）通信中的一种。

为了从信道中分离出各路信号，要求每个站分配的码片序列不仅必须各不相同，并且各个站的码片序列要相互正交（Orthogonal）。

什么是相互正交呢？两个不同站的码片序列正交，就是向量 A 和 B 的格式化内积（Inner Product）都是 0，令向量 A 表示站 A 的码片向量，令向量 B 表示其他任何站的码片向量。

$$A \cdot B = \frac{1}{m}\sum_{i=1}^{m} A_i B_i = 0$$

任何一个码片向量和该码片向量自己的格式化内积都是 1，一个码片向量和该码片反码的向量的格式化内积是-1。

现举例说明格式化内积的算法。

假设 A 手机的码片序列为 A，A 的 8 位码片序列为(−1 −1 −1 +1 +1 −1 +1 +1)，B 手机的码片序列为 B，B 的 8 位码片序列为(−1 −1 +1 +1 +1 +1 +1 −1)。8 位码片即公式中 m=8。

A 码片序列第一位是−1，B 码片序列第一位是−1，相乘得 1。

A 码片序列第二位是−1，B 码片序列第二位是−1，相乘得 1。

A 码片序列第三位是−1，B 码片序列第三位是+1，相乘得 −1。

A 码片序列第四位是+1，B 码片序列第四位是+1，相乘得 1。

A 码片序列第五位是+1，B 码片序列第五位是+1，相乘得 1。

A 码片序列第六位是−1，B 码片序列第六位是+1，相乘得 −1。

A 码片序列第七位是+1，B 码片序列第七位是+1，相乘得 1。

A 码片序列第八位是+1，B 码片序列第八位是−1，相乘得 −1。

把相乘的结果相加得 0，再除以 m，依然得 0。这就是格式化内积的算法，结果为 0 就说明 A 序列和 B 序列正交。

按照上面的算法，计算 A 手机自己的码片序列，自己和自己的格式化内积，为 1。

$$A \cdot A = \frac{1}{m}\sum_{i=1}^{m} A_i \cdot A_i = \frac{1}{m}\sum_{i=1}^{m} A_i^2 = \frac{1}{8} \times 8 = 1$$

按照上面的算法，计算 A 手机自己的码片序列，自己和自己的反码序列−A 的格式化内积，为−1。

$$-A \cdot A = \frac{1}{m}\sum_{i=1}^{m} -A_i \cdot A_i = \frac{1}{m}\sum_{i=1}^{m} -A_i^2 = \frac{1}{8} \times (-8) = -1$$

为了让大家好理解码片和要传输的数据之间的关系，图 2-46 给大家展示的是基站给一个手机发送数据时的信号。要是基站同时给多个手机发送数据，就要用到码分复用技术了。图 2-47 给大家展示了码分复用技术，基站同时给两个手机发送信号，基站向手机 A 发送数字信号 110，向手机 B 发送数字信号 010，可以看到基站发出的信号是向 A 手机和 B 手机发送信号的叠加信号。

假如基站发送了码片序列(0 0 −2 +2 0 −2 0 +2)，A 手机的码片序列为(−1 −1 −1 +1 +1 −1 +1 +1)，B 手机的码片序列为(−1 −1 +1 −1 +1 +1 +1 −1)，C 手机的码片序列为(−1 +1 −1 +1 +1 +1 −1 −1)，问这三个手机，分别收到了什么信号？

A、B、C 三个手机的码片序列和收到的码片序列做格式化内积，如果得数是+1，说明收到的数字信号是 1，如果得数是−1，说明收到的数字信号是 0，如果得数是 0，说明该手机没有收到信号。

A 手机码片序列和基站发送的码片序列做格式化内积：

$$0\times(-1) + 0\times(-1) + (-2)\times(-1) + 2\times1 + 0\times1 + (-2)\times(-1) + 0\times1 + 2\times1 = 8$$

各项求和后得 8，再除以码片长度 8，得 1，A 手机收到一位数字信号 1。

B 手机码片序列和基站发送的码片序列做格式化内积：

$$0\times(-1) + 0\times(-1) + (-2)\times1 + 2\times(-1) + 0\times1 + (-2)\times1 + 0\times1 + 2\times(-1) = -8$$

各项求和后得−8，再除以码片长度 8，得−1，B 手机收到一位数字信号 0。

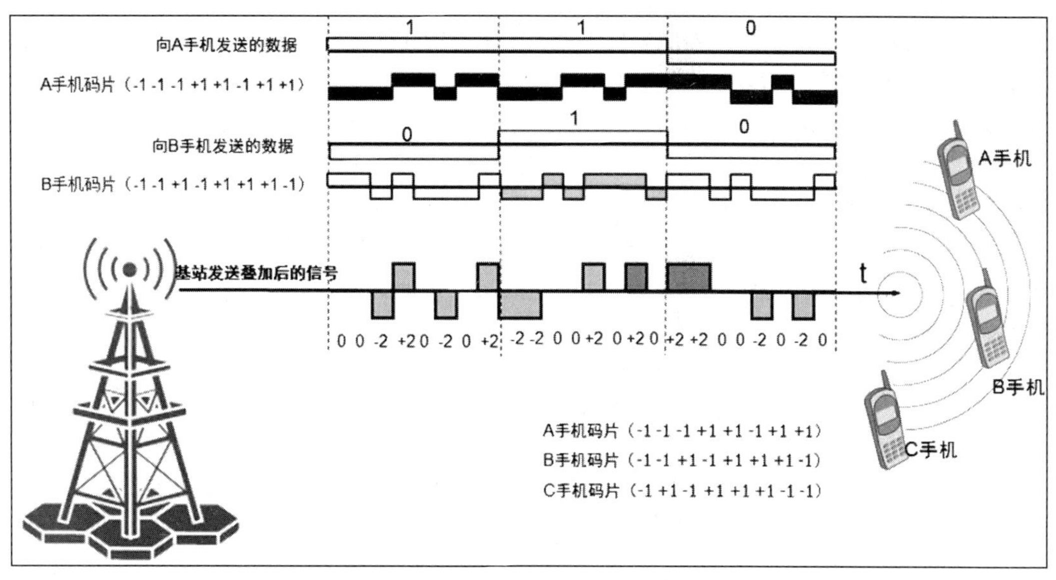

图 2-47　基站为多个手机同时发送信号

C 手机码片序列和基站发送的码片序列做格式化内积：

$$0\times(-1)+0\times1+(-2)\times(-1)+2\times1+0\times1+(-2)\times1+0\times(-1)+2\times(-1)=0$$

各项求和后得 0，再除以码片长度 8，依然得 0，C 手机没有收到数字信号。

2.6　宽带接入技术

用户要想接入 Internet，必须经过 ISP（Internet Service Provider），即 Internet 服务提供商，比如电信、移动、联通等公司。为广大家庭用户提供到 Internet 的接入，最好的方式是利用用户家里现有的线路，不用再单独布线，现在非常普及的就是利用电话线路和有线电视线路。本节就给大家讲解如何使用电话线和家庭有线电视的同轴电缆为用户提供 Internet 接入。不过随着互联网的发展，当今 ISP 提供的专门为用户接入到 Internet 的光纤已经部署到城市的各个小区。随着智能手机的普及，移动、联通、电信等公司也为智能手机提供了 Internet 接入，由 3G 到现在的 5G，提供了更高的网速。

为了提高用户的上网速率，近年来已经有很多宽带技术进入用户的家庭，宽带接入是相对于窄带接入而言的，一般把速率超过 1Mb/s 的接入称为宽带接入。宽带接入技术主要包括：铜线宽带接入技术（电话线）、HFC 技术（有线电视线路）、光纤接入技术和移动互联网接入技术（3G、4G 或 5G 技术）。

“宽带”尚无统一的定义。有人认为只要接入速率超过 56kb/s 就是宽带，美国联邦通信委员会（FCC）认为只要双向速率之和超过 200kb/s 就是宽带。也有人认为数据传输速率要达到 1Mb/s 以上才能算是宽带。

2.6.1　铜线接入技术

传统的铜线接入技术，即通过调制解调器拨号实现用户的接入，速率为 56kb/s（通信一方为数字线路接入)，但是这种速率远远不能满足用户的需求。铜线的传输带宽非常有限，但是电话网非常普及，电话线占据着全世界用户线的 90%以上，要充分利用这些宝贵资源，需要先进的调制技术和编码技术。

铜线宽带接入技术（也就是是 xDSL 技术）是数字用户线路（Digital Subscriber Line，DSL）的总称，包括 ADSL、RADSL、VDSL、SDSL、IDSL 和 HDSL 等，它用数字技术对现有的模拟电话用户线进行改造，使其能够承载宽带业务。虽然标准模拟电话信号的频带被限制在 300～3400kHz 的范围内，但用户线实际可通过的信号频率超过 1MHz。因此 xDSL 技术就把 0～4kHz 低端频谱留给传统电话使用，而把原来没有被利用的高端频谱留给用户上网使用。根据采取的调制方式不同，所获得的信号传输速率和距离不同，上行信道和下行信道的对称性也不同。

各种 xDSL 技术的基本描述、速率、模式和应用场景见表 2-3。

表 2-3　各种 xDSL 简介

类型	描述	数据速率	模式	应用
IDSL	ISDN 数字用户线路	128kb/s	对称	ISDN 服务于语音和数据通信
HDSL	高数据速率数字用户线路	1.5Mb/s～2Mb/s	对称	T1/E1 服务于 WAN、LAN 访问和服务器访问
SDSL	单线对数字用户线路	1.5Mb/s～2Mb/s	对称	与 HDSL 应用相同，另外为对称服务提供场所访问
ADSL	非对称用户数字线路	上行：最高 640kb/s 下行：最高 6Mb/s	非对称	Internet 访问，视频点播、单一视频、过程 LAN 访问、交互多媒体
G.Lite	无分离器数字用户线路	上行：最高 512kb/s 下行：最高 1.5Mb/s	非对称	通用 ADSL，在用户场所无需安装 splitter（分离器）
VDSL	甚高数据速率数字用户线路	上行：1.5～2.3Mb/s 下行：13～52Mb/s	非对称	与 ADSL 相同，另外可以传送 DHTV 节目

各种 xDSL 的极限传输距离与数据速率以及用户线的线径都有很大的关系（用户线越细，信号传输时的衰减就越大），而所能得到的最高数据传输速率与实际的用户线上的信噪比密切相关。例如，0.5mm 线径的用户线，传输速率为 1.5～2.0Mb/s 时可传送 5.5km，但当传输速率提高到 6.1Mb/s 时，传输距离就缩短为 3.7km。如果把用户线的线径减小到 0.4mm，那么在 6.1Mb/s 的传输速率下就只能传送 2.7km。

下面重点给大家介绍 ADSL。

ADSL 属于 xDSL 技术的一种，全称 Asymmetric Digital Subscriber Line（非对称数字用户线路），亦可称作非对称数字用户环路。ADSL 考虑了用户访问 Internet 的主要目的是获取网络资源，需要更多的下载流量，较少的上行流量，因此 ADSL 上行和下行带宽设计为不对称。上行指从用户到 ISP，而下行指从 ISP 到用户。

ADSL 在用户线的两端各安装一个 ADSL 调制解调器。这种调制解调器的实现方案有许多种，我国目前采用的方案是离散多音调技术（Discrete Multi-Tone，DMT），多音调指“多载波”或“多子信道”。如图 2-48 所示，DMT 调制技术采用频分复用的方法，把 40kHz～1.1MHz 的高端频谱划分为许多的子信道，其中 25 个子信道用于上行信道，而 249 个子信道用于下行信道。每个子信道占据 4kHz 带宽（严格讲是 4.3125kHz），并使用不同的载波（即不同的音调）进行数字调制。这种做法相当于在一对用户线上使用许多小的调制解调器并行地传送数据。

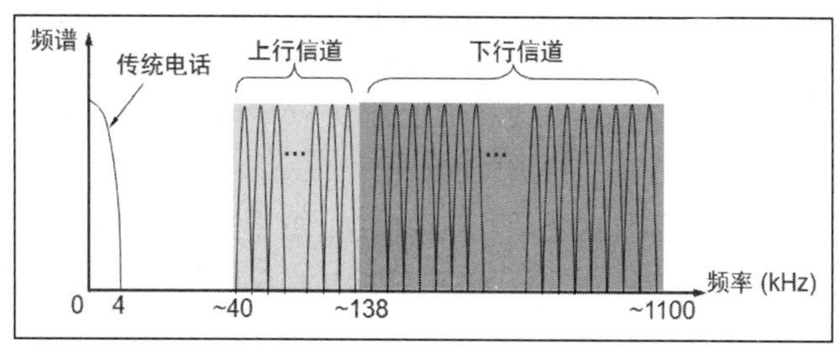

图 2-48　ADSL 信道划分

ADSL 连接方式如图 2-49 所示，基于 ADSL 的接入网由以下三大部分组成：数字用户线接入复用器（DSL Access Multiplexer，DSLAM）、用户线和用户家中的一些设施。

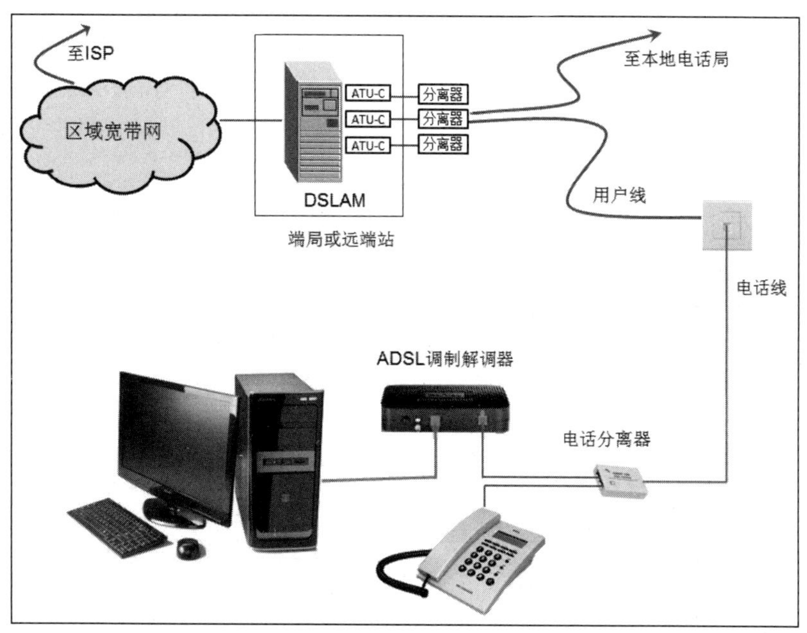

图 2-49　基于 ADSL 的接入网的组成

数字用户线接入复用器包括许多 ADSL 调制解调器。ADSL 调制解调器又称为接入端接单元（Access Termination Unit，ATU）。由于 ADSL 调制解调器必须成对使用，因此在局端的 ADSL 调制解调器称为 ATU-C（C 代表局端 Central Office），用户家中所用的 ADSL 调制解调器称为 ATU-R（R 代表远端 Remote）。

用户电话通过电话分离器（POTS Splitter，PS）和 ATU-R 连在一起，经用户线到局端，并再次经过一个电话分离器（PS）把电话连到本地电话局。电话分离器（PS）是无源的，它利用低通滤波器将电话信号与数字信号分开。电话分离器做成无源的是为了在停电时不影响传统电话的使用。一个 DSLAM 可支持多达 500～1000 个用户。若按 6Mb/s 计算，则具有 1000 个端口的 DSLAM（这就需要用 1000 个 ATU-C）应有高达 6Gb/s 的转发能力。因 ATU-C 要使用数字信号处理技术，所以 DSLAM 的价格较高。

2.6.2 HFC 技术

HFC 是 Hybrid Fiber Coax 的缩写，光纤同轴 HFC 网（混合网）在 1988 年被提出，是在目前覆盖面很广的有线电视网（CATV）的基础上开发的一种居民宽带接入网，除可传送 CATV 外，还提供电话、数据和其他宽带交互型业务。现有的 CATV 网是树型拓扑结构的同轴电缆网络，它采用模拟信号的频分复用技术对电视节目进行单向传输。

CATV 网所使用的同轴电缆系统具有以下一些缺点：首先，原有同轴电缆的带宽对居民所需的宽带业务仍显不足。其次，同轴电缆每 30m 就要产生约 1dB 的衰减，因此每隔约 600m 就要加入一个放大器。大量放大器的接入将使整个网络的可靠性下降，因为任何一个放大器出了故障，其下游的用户就无法接收电视节目。再次，信号的质量在远离头端（Headend）处较差，因为经过了可能多达几十次的放大所带来的失真将是很明显的。最后，要将电视信号的功率很均匀地分布给所有的用户，在设计上和操作上都是很复杂的。

为了提高传输的可靠性和电视信号的质量，HFC 网把原有线电视网中的同轴电缆主干部分改换为光纤，如图 2-50 所示。光纤从头端连接到光纤节点（Fiber Node）。在光纤节点光信号被转换为电信号，然后通过同轴电缆传送到每个家庭用户。从头端到家庭用户所需的放大器数目只有 4～5 个，这就大大提高了网络的可靠性和电视信号的质量。连接到光纤节点的典型用户数量是 500 个左右，但不超过 2000 个。

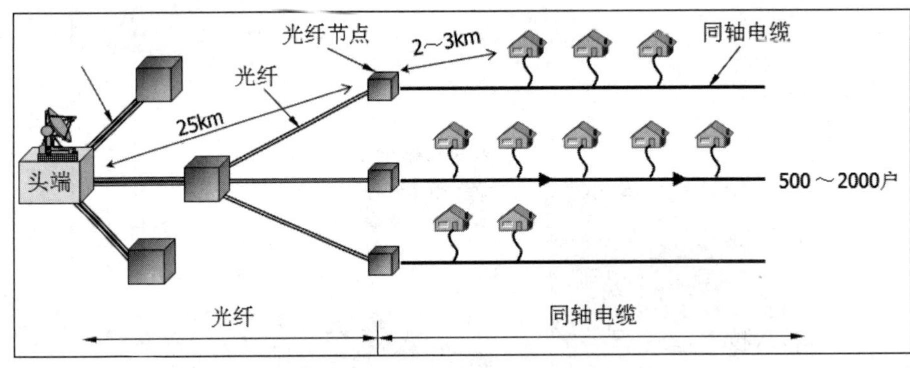

图 2-50　HFC 网的结构图

原来有线电视的最高传输频率是 450MHz，并且仅用于电视信号的下行传输。HFC 网具有比 CATV 网更宽的频谱，且具有双向传输功能。目前我国的 HFC 网的频带划分如图 2-51 所示。

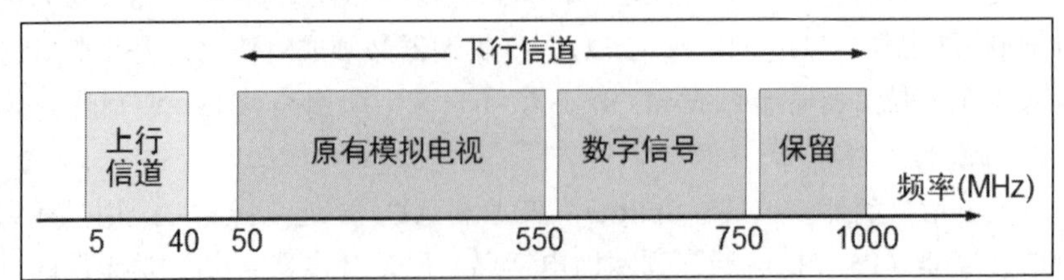

图 2-51　我国 HFC 网的频带划分

要使现有的模拟信号电视机能接收数字电视信号，需要把一个叫作机顶盒的设备连接在同轴电缆和用户的电视机之间，但为了使用户能够利用 HFC 接入 Internet，以及在上行信道中传送交互数字电视所需要的信息，还需要增加一个 HFC 网专用调制解调器，它又称为电缆调制解调器（Cable Modem），电缆调制解调器可以做成一个单独的设备（类似于 ADSL 的调制解调器），也可以做成内置的，安装在电视机的机顶盒里面。用户只要把自己的电脑连接到电缆调制解调器，就可以接入 Internet 了。

电缆调制解调器比在普通电话线上使用的调制解调器要复杂得多，并且不是成对使用，而是只安装在用户端。电缆调制解调器的媒体接入控制（Media Access Control，MAC）子层协议还必须解决上行信道中可能出现的冲突问题。产生冲突的原因是因为 HFC 网的上行信道是一个用户群所共享的，而每个用户都可能在任何时刻发送上行信息，这和以太网上争用信道是相似的。当所有的用户都要使用上行信道时，每个用户所能分配到的带宽就要减少。

2.6.3 光纤接入技术

Internet 上已经有大量的视频信息资源，因此近年来宽带上网的普及率增长得很快。为了更快地下载视频文件，更流畅地在线观看高清视频节目，尽快把用户的上网速度进行提升就成为 ISP 的重要任务。从技术上讲，光纤到户 FTTH（Fiber To The Home）应当是最好的选择。所谓光纤到户，就是把光纤一直铺设到用户家庭，在用户家中才把光信号转换成电信号，这样用户可以得到更高的上网速率。

光纤入户有两个问题：一是价格贵，二是一般用户也没有这样高的数据率的要求，在网上流畅地看视频节目，有数兆比特的网速就可以了，不一定非要 100Mb/s 或更高速率。

在这种情况下，出现了多种宽带光纤接入方式，称为 FTTx（Fiber-To-The-x）光纤接入，其中 x 代表不同的光纤接入点。

根据光纤到用户的距离来分类，可分成光纤到小区（Fiber To The Zone，FTTZ）、光纤到路边（Fiber To The Curb，FTTC）、光纤到大楼（Fiber To The Building，FTTB）、光纤到户（Fiber To The Home，FTTH）以及光纤到桌面（Fiber To The Desk，FTTD）等。

2.6.4 移动互联网接入技术

随着宽带无线接入技术和移动终端技术的飞速发展，人们迫切希望能够随时随地甚至在移动过程中都能方便地从互联网获取信息和服务，移动互联网应运而生并迅猛发展。

移动互联网就是将移动通信和互联网二者结合成为一体，是指将互联网的技术、平台、商业模式与应用与移动通信技术结合并实践的活动的总称。4G 以及移动终端设备的普及，以及 5G 时代的开启，必将为移动互联网的发展注入巨大的能量。

4G 即第四代移动电话通信标准，指的是第四代移动通信技术，这种新的网络技术可使电话用户以无线形式实现全方位虚拟连接。4G 最突出的特点之一，就是网络传输速率达到了 100Mb/s，完全能够满足用户的上网需求。简单而言，4G 是一种超高速无线网络，一种不需要电缆的信息高速公路。

4G 系统总的技术目标和特点可以概括如下：

（1）系统具有更高的数据率、更好的业务质量（QoS）、更高的频谱利用率、更高的安全性、更高的智能性、更高的传输质量、更高的灵活性。

（2）4G 系统应能支持非对称性业务，并能支持多种业务。

（3）4G 系统应体现移动与无线接入网和 IP 网络不断融合的发展趋势。

下面介绍移动互联网 IP 网络架构。

在 4G 中，网络的架构设计将会简化。对于基于 IP 网络的宽带无线接入，可以有两种设计架构，一种是全 IP 网络架构，如图 2-52 所示。在这种网络架构模型中，基站不仅可以具有信号的物理传输功能，还可以对无线资源进行管理，扮演接入路由器的功能，缺点是会引入较大的开销，尤其是在移动终端从一个基站移动到另一个基站时需要对移动 IP 地址进行重新配置。

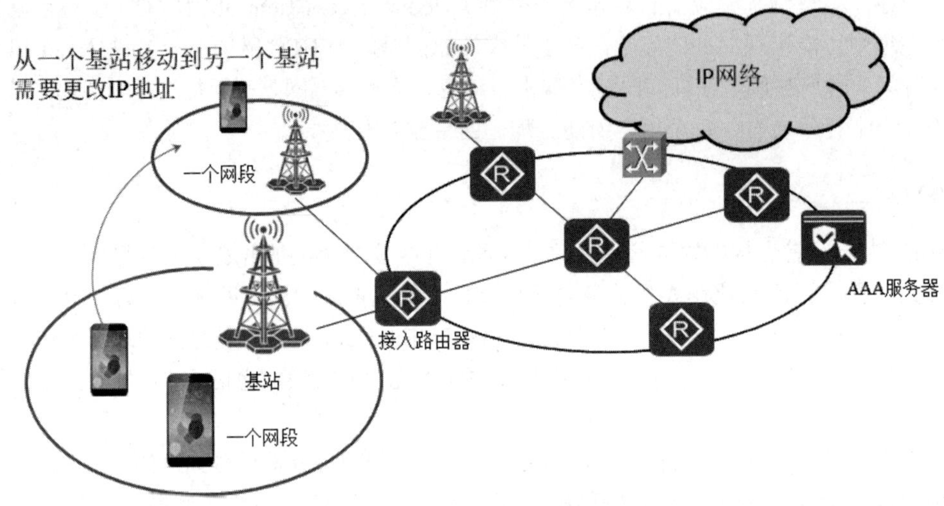

图 2-52　4G 全 IP 网络

另一种是基于子网的 IP 架构，如图 2-53 所示，其中几个相邻基站组成子网接入 IP 网络的接入路由器。这时，基站和接入路由器分别负责管理第二层和第三层的协议，当用户在相邻基站间发生切换时，只涉及第二层的切换协议，不需要改变第三层的移动 IP 的地址。

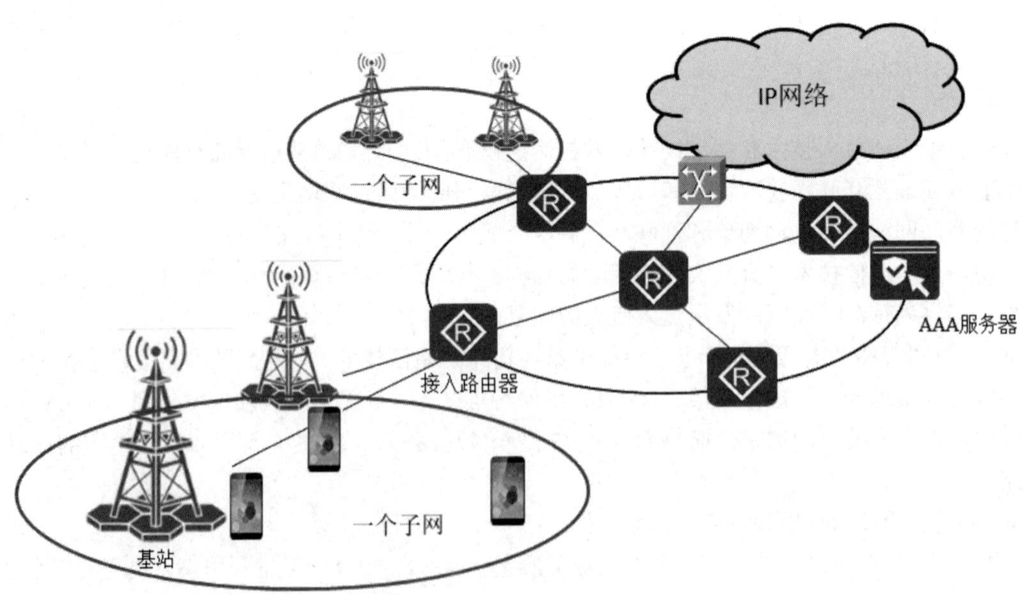

图 2-53　基于子网的 4G IP 网络

习题 2

1．ADSL 服务采用的多路复用技术属于（　　）。

A．频分多路复用　　B．时分多路复用　C．波分多路复用　D．码分多路复用

2．设码元速率为 3600Baud，调制电平数为 8，则数据传输速率为（　　）。

A．1200b/s　　B．7200b/s　　C．10800b/s　　D．14400b/s

3．将数字信号调制成模拟信号的方法有调幅、________、调相。

4．观察图 2-54，采用曼彻斯特编码，码元传输速率 1000Baud，数据率是________bps。

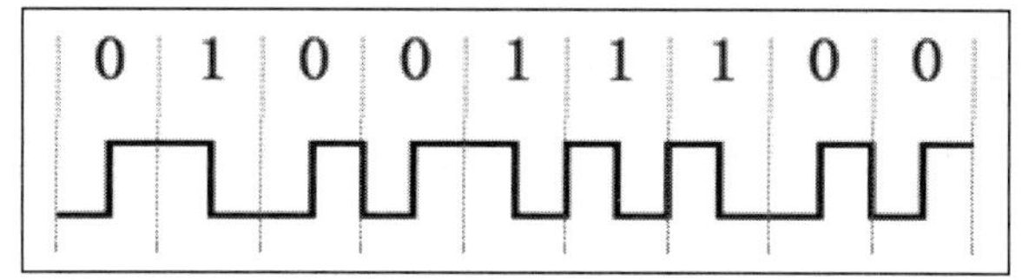

图 2-54　曼彻斯特编码

5．信道复用技术有时分复用、________、波分复用、码分复用。

6．试解释以下名词：数据，信号，模拟数据，模拟信号，基带信号，带通信号，数字数据，数字信号，码元，单工通信，半双工通信，全双工通信，串行传输，并行传输。

7．物理层的接口有哪几个方面的特性？各包含什么内容？

8．数据在信道中的传输速率受哪些因素的限制？信噪比能否任意提高？香农公式在数据通信中的意义是什么？“比特/每秒”和“码元/每秒”有何区别？

9．假定某信道受奈氏准则限制的最高码元速率为 20000 码元/秒。如果采用振幅调制，把码元的振幅划分为 16 个不同等级来传送，那么可以获得多高的数据率（b/s）？

10．假定要用 3kHz 带宽的电话信道传送 64kb/s 的数据（无差错传输），试问这个信道应具有多高的信噪比（分别用比值和分贝来表示）？这个结果说明什么问题？

11．用香农公式计算一下。假定信道带宽为 3100Hz，最大信息传输速率为 35kb/s，那么若想使最大信息传输速率增加 60%，问信噪比 S/N 应增大到多少倍？如果在刚才计算结果的基础上将信噪比 S/N 再增大 10 倍，问最大信息速率能否再增加 20%？

12．共有四个站进行码分多址 CDMA 通信。四个站的码片序列为：

A．（−1　−1　−1　+1　+1　−1　+1　+1）

B．（−1　−1　+1　−1　+1　+1　+1　−1）

C．（−1　+1　−1　+1　+1　+1　−1　−1）

D．（−1　+1　−1　−1　−1　−1　+1　−1）

这四个站收到这样的码片序列：（−1　+1　−3　+1　−1　−3　+1　+1）。问哪个站接收到了数据？收到的是 1 还是 0？

13．为什么在 ADSL 技术中，在不到 1MHz 的带宽中传送速率却可以高达每秒几兆比特？

14．双绞线中电缆相互绞合的作用是（　　）。

A．使线缆更粗　　B．使线缆更便宜

C．使线缆强度加强　　D．减弱噪声

15．10BASE-T 中的 T 代表（　　）。

A．基带信号　　B．双绞线　　C．光纤　　D．同轴电缆

16．在物理层接口特性中，用于描述完成每种功能的事件发生顺序的是（　　）。

A．机械特性　　B．功能特性　　C．过程特性　　D．电气特性

17．在基本的带通调制方法中，使用 0 对应频率 f1，1 对应频率 f2，这种调制方法叫作（　　）。

A．调幅　　B．调频　　C．调相　　D．正交振幅调制

18．以下关于 100BASE-T 的描述中，错误的是（　　）。

A．数据传输速率为 100Mb/s

B．信号类型为基带信号

C．采用 5 类 UTP，其最大传输距离为 185m

D．支持共享式和交换式两种组网方式

19．理想低通信道，带宽为 3000Hz，不考虑热噪声及其他干扰，若 1 个码元携带 4bit 的信息量，完成下面的问题：

（1）最高码元的传输速率是多少？

（2）数据的最大传输速率是多少？

第3章 管理华为设备

- VRP 简介
- 介绍 eNSP
- VRP 命令行
- 登录设备
- 基本配置
- 配置文件的管理

本章不属于计算机网络原理的内容，但要想更好地理解后面讲到的计算机网络原理，更具体地探索计算机通信过程，还需要捕获数据包，分析数据包的数据链路层首部、网络层首部、传输层首部以及应用层协议，这就需要使用网络设备来搭建学习环境。只通过书本学习网络技术，就是纸上谈兵。现在通过模拟软件，让我们在一台电脑上就能搭建出网络技术学习的实验环境。

- 本章介绍华为路由器的操作系统 VRP（通用路由平台），使用 eNSP 搭建学习环境，主要的知识内容有：路由器型号、接口命名规则、对路由器进行基本配置、更改路由器名称、设置接口地址等内容。
- 设置路由器登录安全，设置 Console 口和 Telnet 虚拟接口身份验证模式和默认用户级别。
- 配置 eNSP 中的网络设备，实现和物理机的通信。
- 设置启动配置文件，将这些配置文件通过 TFTP 和 FTP 导出实现备份。
- 使用 Wireshark 捕获 eNSP 网络链路中的数据包，观察不同链路中不同的帧格式。

3.1 VRP 简介

VRP（Versatile Routing Platform）是通用路由平台的简称，它是华为公司数据通信产品的通用网络操作系统。目前，在全球各地的网络通信系统中，华为设备几乎无处不在，因此，学习了解 VRP 的相关知识对于网络通信技术人员来说就显得尤为重要。

VRP 是华为公司具有完全自主知识产权的网络操作系统，是一个可以运行在从低端到高端的全系列路由器、交换机等数据通信产品的通用网络操作系统，就如同微软公司的 Windows 操作系统，苹果公司的 iOS 操作系统。VRP 可以运行在多种硬件平台之上，包括路由器、局域网交换机、ATM 交换机、拨号访问服务器、IP 电话网关、电信级综合业务接入平台、智能业务选择网关，以及专用硬件防火墙等，如图 3-1 所示。VRP 拥有一致的网络界面、用户界面和管理界面，为用户提供了灵活丰富的应用解决方案。

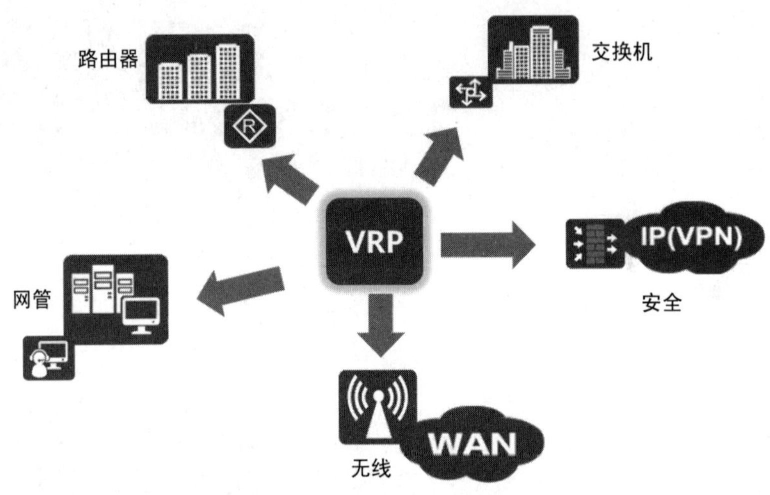

图 3-1　VRP 平台应用解决方案

VRP 平台以 TCP/IP 协议簇为核心，实现了数据链路层、网络层和应用层的多种协议，在操作系统中集成了路由交换技术、QoS 技术、安全技术和 IP 语音技术等数据通信功能，并以 IP 转发引擎技术作为基础，为网络设备提供了出色的数据转发能力。

3.2　介绍 eNSP

eNSP（Enterprise Network Simulation Platform）是由华为提供的一款免费的、可扩展的、图形化操作的网络仿真工具平台，主要对企业网络路由器、交换机等设备进行软件仿真，完美模拟真实设备及场景，支持大型网络模拟，让广大用户有机会在没有真实设备的情况下也能够进行模拟演练，提高网络技术的学习效率。

eNSP 具有以下特点：

- 高度仿真。
- 可模拟华为 AR 路由器、x7 系列交换机的大部分特性。
- 可模拟 PC 终端、Hub、云、帧中继交换机。
- 仿真设备配置功能，快速学习华为命令行。
- 可模拟大规模网络。
- 可通过网卡实现与真实网络设备进行通信。
- 可以抓取任意链路中的数据包，直观展示协议的交互过程。

3.2.1 安装 eNSP

eNSP 需要在 Virtual Box 中运行，使用 Wireshark 捕获链路中的数据包，当前华为官网提供的 eNSP 安装包中包含了这两款软件，当然这两款软件也可以单独下载，先安装 Virtual Box 和 Wireshark，最后安装 eNSP。

Virtual Box 的下载网址：http://download.virtualbox.org/virtualbox

Wireshark 下载网址：https://www.wireshark.org/

eNSP：联系韩立刚老师索取（QQ：458717185）。

下面的操作在 Windows 10 企业版(X64)上进行，先下载安装 VirtualBox-5.2.6-120293-Win.exe，再安装 Wireshark-win64-2.4.4.exe，最后安装 eNSP V100R002C00B510 Setup.exe。

安装 eNSP 时，出现如图 3-2 所示的 eNSP 安装界面，不要选择“安装 WinPcap”、“安装 Wireshark”和“安装 VirtualBox”，因为已经提前安装好了。

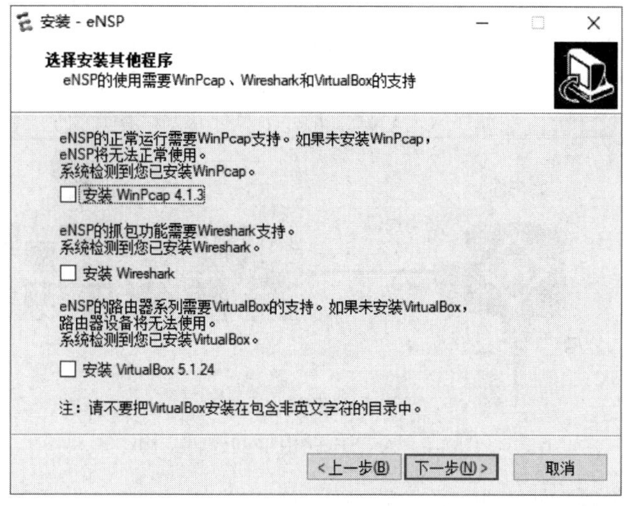

图 3-2 eNSP 安装界面

3.2.2 华为设备型号

华为交换机和路由设备有不同的型号，下面讲解华为设备的命名规则。

S 系列表示以太网交换机。从交换机的主要应用环境或用户定位来划分，企业园区网接入层主要应用的是 S2700 和 S3700 两大系列，汇聚层主要应用的是 S5700 系列，核心层主要应用的是 S7700、S9300 和 S9700 系列。同一系列交换机根据所搭载操作系统版本的不同，又可分为精简版（LI）、标准版（SI）、增强版或企业版（EI）、高级版（HI）。如：S2700-26TP-PWR-EI 表示增强版 S2700 交换机。

AR 系列表示访问路由器，路由器型号前面的 AR（Access Router）是指访问路由器。AR 系列企业路由器有多个型号，包括 AR150、AR200、AR1200、AR2200、AR3200。它们是华为第三代路由器产品，提供路由、交换、无线、语音和安全等功能。AR 路由器被部署在企业网络和公网之间，作为两个网络间传输数据的入口和出口。在 AR 路由器上部署多种业务能降低企业的网络建设成本和运维成本。根据一个企业的用户数和业务的复杂程度可以选择不同型号的 AR 路由器来部署到网络中。

图 3-3 所示为 AR201 路由器，从图中可以看到该型号路由的接口和支持的模块，包括一个 CON/AUX 端口、一个 WAN 口和 8 个快速以太网接口（Fast Ethernet，FE），也称百兆口。

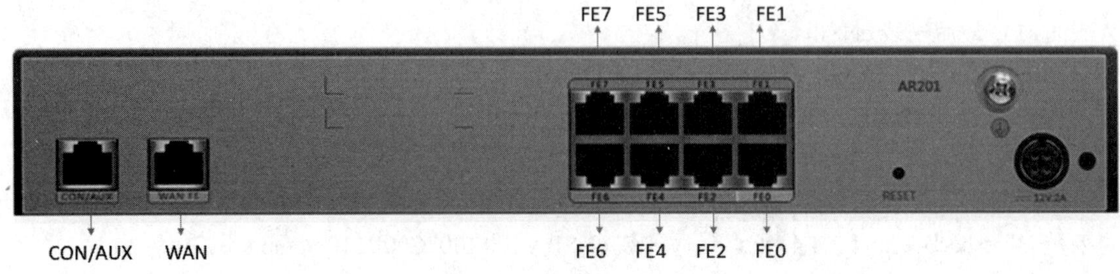

图 3-3　AR201 路由器接口

AR201 路由器是面向小企业的网络设备，相当于一台路由器和一台交换机的组合，8 个 FE 端口是交换机端口，WAN 端口是路由器端口（路由器端口连接不同的网段，可以设置 IP 地址作为计算机的网关，交换机端口连接计算机，不能配置 IP 地址），路由器使用逻辑接口 Vlanif 1 与交换机连接，交换机的所有端口默认都属于 VLAN1，AR201 路由器逻辑结构如图 3-4 所示。

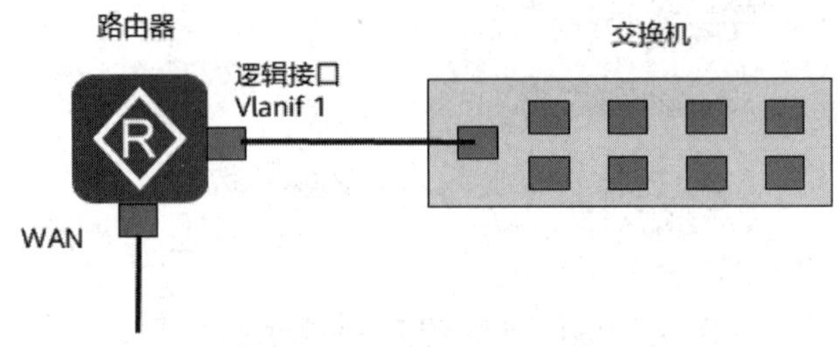

图 3-4　AR201 路由器的逻辑结构

再以 AR1220 路由器为例说明模块化路由器的接口类型，如图 3-5 所示。AR1220 是面向中型企业总部或大中型企业分支的以宽带、专线接入，以语音和安全场景为主的多业务路由器。该型号的路由器是模块化路由器，有两个插槽可以根据需要插入合适的模块，有两个 G 比特以太网接口，分别是 GE0 和 GE1，这两个接口是路由器接口，8 个 FE 接口是交换机接口，该设备也相当于路由器和交换机两个设备的合体。

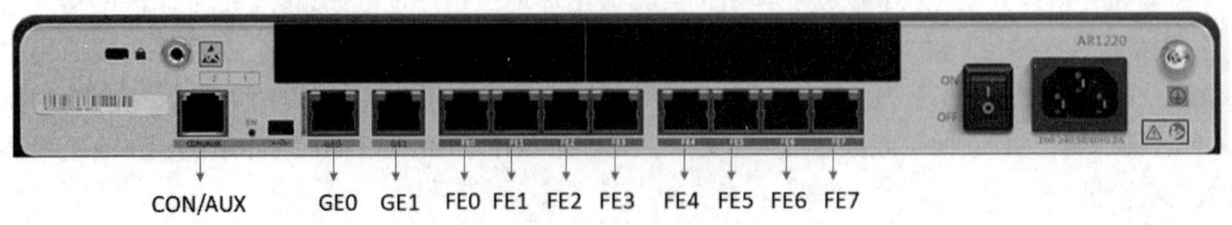

图 3-5　AR1220 路由器

下面讲解一下端口的命名，以型号为 4GEW-T 的接口卡为例。

- 4：表示 4 个端口。
- GE：表示千兆以太网。

- W：表示 WAN 接口板，这里的 WAN 表示三层接口。
- T：表示电接口。

端口命名中还有以下标识：

- FE：表示快速以太网接口。
- L2：表示 2 层接口即交换机接口。
- L3：表示 3 层接口即路由器接口。
- POS：表示光纤接口。

图 3-6 列出了常见的接口图片和接口描述。

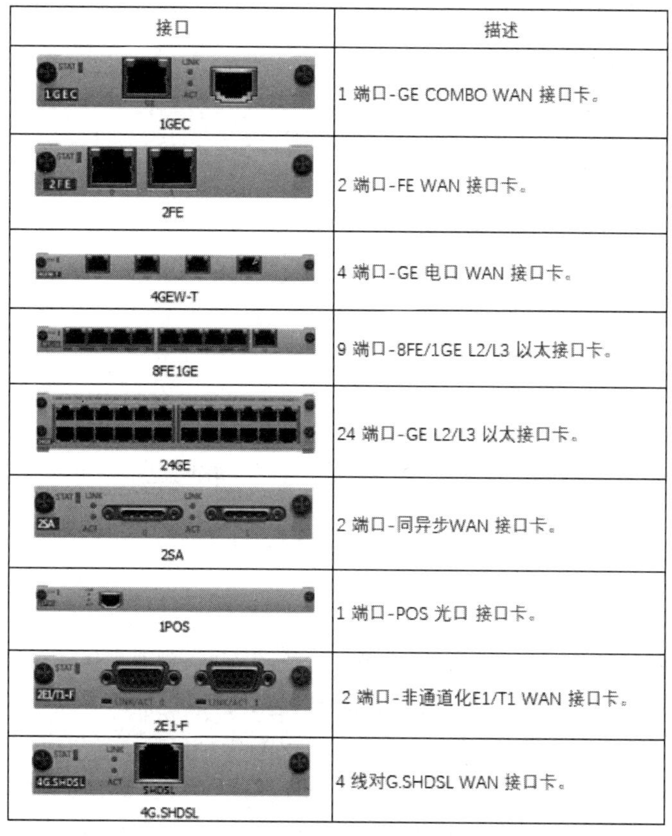

接口	描述
1GEC	1 端口-GE COMBO WAN 接口卡。
2FE	2 端口-FE WAN 接口卡。
4GEW-T	4 端口-GE 电口 WAN 接口卡。
8FE1GE	9 端口-8FE/1GE L2/L3 以太接口卡。
24GE	24 端口-GE L2/L3 以太接口卡。
2SA	2 端口-同异步WAN 接口卡。
1POS	1 端口-POS 光口 接口卡。
2E1-F	2 端口-非通道化E1/T1 WAN 接口卡。
4G.SHDSL	4 线对G.SHDSL WAN 接口卡。

图 3-6　接口和描述

3.3　VRP 命令行

3.3.1　命令行的基本概念

1．命令行概述

华为网络设备功能的配置和业务的部署是通过 VRP 命令行来完成的。命令行是在设备内部注册的、具有一定格式和功能的字符串。一条命令行由关键字和参数组成，关键字是一组与命令行功能相关的单词或词组，通过关键字可以唯一确定一条命令行，本书正文中采用加粗字体方式来标识命令行的关键字。参数是为了完善命令行的格式或指示命令的作用对象而指定的相关单词或数字等，包括整数、字符串、枚举值等数据类型，本书正文中采用斜体字体来标识命令行的参数。例如，测试设备间连通性的命令行 **ping** *ip-address* 中，**ping** 为命令行的关键字，*ip-address* 为参数（取值为一个 IP 地址）。

新购买的华为网络设备，初始配置为空。若希望它能够具有诸如文件传输、网络互通等功能，则需要首先进入到该设备的命令行界面，并使用相应的命令进行配置。

2. 命令行界面

命令行界面是用户与设备之间进行文本类指令交互的界面，就如同 Windows 操作系统中的 DOS（Disk Operation System）窗口一样。VRP 命令行界面如图 3-7 所示。

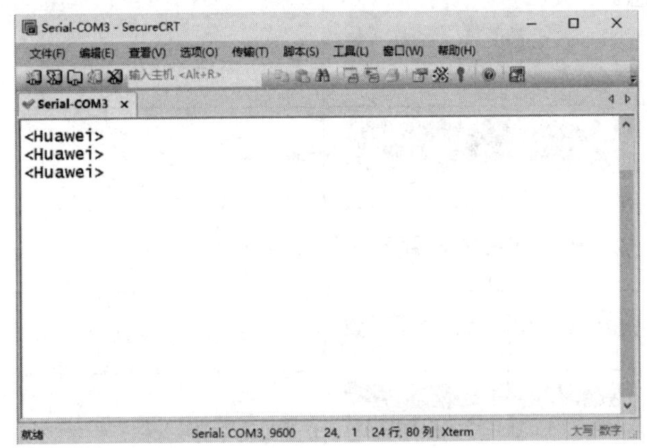

图 3-7 VRP 命令行界面——用户视图

VRP 命令的总数达数千条之多，为了实现对它们的分类管理，VRP 系统将这些命令按照功能类型的不同分别注册在了不同的视图之下。

3. 命令行视图

命令行界面分成了若干种命令行视图，使用某个命令行时，需要先进入到该命令行所在的视图。最常用的命令行视图有用户视图、系统视图和接口视图，三者之间既有联系，又有一定的区别。

如图 3-8 所示，华为设备登录后，先进入用户视图<R1>，提示符“<R1>”中，“<>”表示用户视图，“R1”是设备的主机名。在用户视图下，用户可以了解设备的基础信息、查询设备状态，但不能进行与业务功能相关的配置。如果需要对设备进行业务功能配置，则需要进入到系统视图。

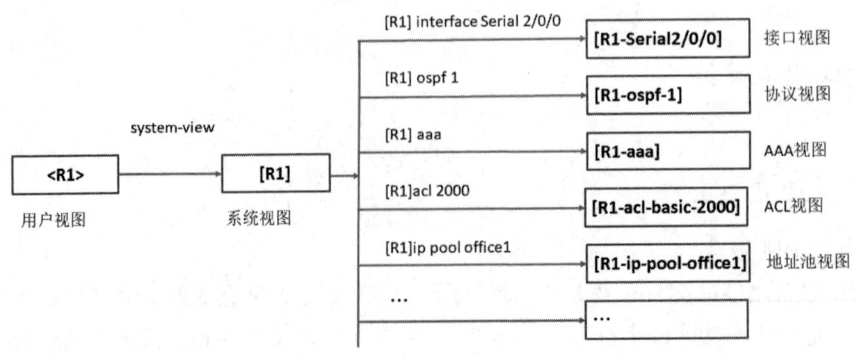

图 3-8 视图

输入 system-view 进入系统视图[R1]，可以配置系统参数，此时的提示符中使用了方括号“[ ]”。系统视图下可以使用绝大部分的基础功能配置命令，在系统视图下可以配置路由器的一些全局参数，比如路由器主机名称等。

系统视图下可以进入接口视图、协议视图、AAA 视图等。配置接口参数，配置路由协议参数，配置 IP 地址池参数等都要进入相应的视图，进入不同的视图，就能使用该视图下的命令。若希望进入其他视图，必须先进入系统视图。

输入 quit 命令可以返回上一级视图。输入 return 直接返回用户视图。按 Ctrl+Z 组合键可以返回用户视图。

进入不同的视图，提示内容会有相应的变化，比如，进入接口视图后，主机名后追加了接口类型和接口编号的信息。在接口视图下，可以完成对相应接口的配置操作，例如配置接口的 IP 地址等。

```
[R1]interface GigabitEthernet 0/0/0
[R1-GigabitEthernet0/0/0]ip address 192.168.10.111 24
```

VRP 系统将命令和用户进行了分级，每条命令都有相应的级别，每个用户也都有自己的权限级别，并且用户权限级别与命令级别具有一定的对应关系。具有一定权限级别的用户登录以后，只能执行等于或低于自己级别的命令。

4. 命令级别与用户权限级别

VRP 命令级别分为 0～3 级：0 级（参观级）、1 级（监控级）、2 级（配置级）、3 级（管理级）。网络诊断类命令属于参观级命令，用于测试网络是否连通等。监控级命令用于查看网络状态和设备基本信息。对设备进行业务配置时，需要用到配置级命令。对于一些特殊的功能，如上传或下载配置文件，则需要用到管理级命令。

用户权限分为 0～15 共 16 个级别。默认情况下，3 级用户就可以操作 VRP 系统的所有命令，也就是说 4～15 级的用户权限在默认情况下是与 3 级用户权限一致的。4～15 级的用户权限一般与提升命令级别的功能一起使用，例如当设备管理员较多时，需要在管理员中再进行权限细分，这时可以将某条关键命令所对应的用户级别提高，如提高到 15 级，这样一来，缺省的 3 级管理员便不能再使用该关键命令。

命令级别与用户权限级别的对应关系见表 3-1。

表 3-1 命令级别与用户权限级别的对应关系

用户权限级别	命令级别	说明
0	0	网络诊断类命令（ping、tracert）、从本设备访问其他设备的命令（telnet）等
1	0、1	系统维护命令，包括 display 等。但并不是所有的 display 命令都是监控级的，例如 display current-configuration 和 display savedconfiguration 都是管理级命令
2	0、1、2	业务配置命令，包括路由、各个网络层次的命令等
3～15	0、1、2、3	涉及系统基本运行的命令，如文件系统、FTP 下载、配置文件切换命令、用户管理命令、命令级别设置命令、系统内部参数设置命令等，还包括故障诊断的 debugging 命令

3.3.2 命令行的使用方法

1．进入命令行视图

用户进入 VRP 系统后，首先进入的就是用户视图。如果出现<Huawei>，并有光标在“>”右边闪动，则表明用户已成功进入了用户视图。

```
<Huawei>
```

进入用户视图后，便可以通过命令来了解设备的基础信息、查询设备状态等。如果需要对 GigabitEthernet1/0/0 接口进行配置，则需先使用 system-view 命令进入系统视图，再使用 interface *interface-type interface-number* 命令进入相应的接口视图。

```
<Huawei>system-view            -- 进入系统视图
[Huawei]
[Huawei]interface GigabitEthernet 1/0/0      --进入接口视图
[Huawei-GigabitEthernet1/0/0]
```

2．退出命令视图

quit 命令的功能是从任何一个视图退出到上一层视图。例如，接口视图是从系统视图进入的，所以系统视图是接口视图的上一层视图。

```
[Huawei-GigabitEthernet1/0/0] quit            --退出到系统视图
[Huawei]
```

如果希望继续退出至用户视图，可再次执行 quit 命令。

```
[Huawei]quit            --退出到用户视图
<Huawei>
```

有些命令视图的层级很深，从当前视图退出到用户视图，需要多次执行 quit 命令。使用 return 命令，可以直接从当前视图退出到用户视图。

```
[Huawei-GigabitEthernet1/0/0]return            --退出到用户视图
<Huawei>
```

另外，在任意视图下，用快捷键“Ctrl+Z”，可以达到与使用 return 命令相同的效果。

3．输入命令行

VRP 系统提供了丰富的命令行输入方法，支持多行输入，每条命令最大长度为 510 个字符，命令关键字不区分大小写，同时支持不完整关键字输入。表 3-2 列出了命令行输入过程中常用的一些功能键。

表 3-2 常用的功能键

功能键	功能
退格键 BackSpace	删除光标位置的前一个字符，光标左移，若已经到达命令起始位置，则停止
左光标键←或 Ctrl+B	光标左移一个字符的位置，若已经到达命令起始位置，则停止
右光标键→或 Ctrl+F	光标右移一个字符的位置，若已经到达命令尾部，则停止
删除键 Delete	删除光标所在位置的一个字符，光标不动，光标右侧字符向左移一个字符的位置。若已经到达命令尾部，则停止
上光标键↑或 Ctrl+P	显示上一条命令。如需显示更早的命令，可重复使用此键
下光标键↓或 Ctrl+N	显示下一条命令。可重复使用此键

4. 不完整关键字输入

为了提高命令行输入的效率和准确性，VRP 系统能够支持不完整的关键字输入功能，即在当前视图下，当输入的字符能够匹配唯一的关键字时，可以不必输入完整的关键字。例如，当需要输入命令 display current-configuration 时，可以通过输入 d cu、di cu 或 discu 来实现，但不能输入 d c 或 dis c 等，因为系统内有多条以 d c、dis c 开头的命令，如：display cpu-defend、display clock 和 display current-configuration。

5. 在线帮助

在线帮助是 VRP 系统提供的一种实时帮助功能。在命令行输入过程中，用户可以随时键入"？"以获得在线帮助信息。命令行在线帮助可分为完全帮助和部分帮助。

关于完全帮助，我们来看一个例子。假如我们希望查看设备的当前配置情况，但在进入用户视图后不知道该用哪条命令或该命令的具体格式是什么，这时就可以键入"？"，得到如下的帮助信息。

```
<Huawei>?
User view commands:
  arp-ping                  ARP-ping
  autosave                  <Group> autosave command group
  backup                     Backup   information
 ......
  dialer                    Dialer
  dir                        List files on a filesystem
  display                   Display information
  factory-configuration   Factory configuration
---- More ----
```

从显示的关键字中可以看到"display"，对此关键字的解释为 Display information。我们自然会想到，要查看设备的当前配置情况，很可能会用到"display"这个关键字。于是，按任意字母键退出帮助后，键入 display 和空格，再键入问号"？"，得到如下的帮助信息。

```
<Huawei>display ?
  Cellular                      Cellular interface
  aaa                            AAA
  access-user                  User access
  accounting-scheme             Accounting scheme
......
  cpu-usage                      Cpu usage information
  current-configuration        Current configuration
  cwmp                               CPE WAN Management Protocol
---- More ----
```

从回显信息中，我们发现了"current-configuration"。通过简单地分析和推理便知道，要查看设备的当前配置情况，应该输入的命令行是"display current-configuration"。

我们再来看一个部分帮助的例子。通常情况下，我们不会完全不知道需要输入的命令行，而是知道命令行关键字的部分字母。假如我们希望输入 display current-configuration 命令，但不记得完整的命令格式，只是记得关键字 display 的开头字母为 dis，current-configuration 的开头字母为 c。此时，我们就可以利用部分帮助功能来确定出完整的命令。键入 dis 后，再键入问号"？"。

```
<Huawei>dis?
display Display information
```

返回的显示信息表明，以 dis 开头的关键字只有 display。根据不完整关键字输入原则，用 dis 就可以唯一确定关键字 display。所以，在输入 dis 后直接输入空格，然后输入 c，最后输入“？”，以获取下一个关键字的帮助。

```
<Huawei>dis c?
  <0-0>                    Slot number
  Cellular                 Cellular interface
  calibrate                Global calibrate
  capwap                   CAPWAP
  channel                  Informational channel status and configuration
                           information
  clock                    Clock status and configuration information
  config                   System config
  controller               Specify controller
  cpos                     CPOS controller
  cpu-defend               Configure CPU defend policy
  cpu-usage                Cpu usage information
  current-configuration    Current configuration
  cwmp                     CPE WAN Management Protocol
```

从返回的显示信息表明，关键字 display 后，以 c 开头的关键字只有十几个，从中很容易找到 current-configuration。至此，我们便从 dis 和 c 这样的记忆片段中恢复出了完整的命令行 display current-configuration。

6. 快捷键

快捷键的使用可以进一步提高命令行的输入效率。VRP 系统已经定义了一些快捷键，称为系统快捷键。系统快捷键功能固定，用户不能再重新定义。常见的系统快捷键见表 3-3。

表 3-3　常见的 VRP 系统快捷键

快捷键	功能
Ctrl+A	将光标移至当前行的开始位置
Ctrl+E	将光标移至当前行的末尾位置
Esc+N	将光标向下移动一行
Esc+P	将光标向上移动一行
Ctrl+C	停止当前正在执行的功能
Ctrl+Z	返回到用户视图，相当于 return 命令
<Tab>键	部分帮助功能，输入不完整的关键字后按下<Tab>键，系统自动补全关键字

VRP 系统还允许用户来自定义一些快捷键，但自定义快捷键可能会与某些操作命令发生冲突，所以一般情况下最好不要自定义快捷键。

3.4 登录设备

配置华为网络设备，可以用 Console 口，telnet 或 SSH 方式，本节介绍用户界面配置和登录设备的各种方式。

3.4.1 用户界面配置

1. 用户界面的概念

用户在与设备进行信息交互的过程中，不同的用户拥有各自不同的用户界面。使用 Console 口登录设备的用户，其用户界面对应了设备的物理 Console 接口，使用 Telnet 登录设备的用户，其用户界面对应了设备的虚拟 VTY（Virtual Type Terminal）接口。不同的设备支持的 VTY 总数可能不同。

如果希望对不同的用户进行登录控制，则需要首先进入到对应的用户界面视图进行相应的配置，如规定用户权限级别、设置用户名和密码等。例如，假设规定通过 Console 口登录的用户的权限级别为 3 级，则相应的操作如下：

```
<Huawei>system-view
[Huawei]user-interface console 0        --进入 Console 口用户的用户界面视图
[Huawei-ui-console0]user privilege level 3        --设置 Console 登录用户的权限级别为 3
```

如果有多个用户登录设备，因为每个用户都会有自己的用户界面，那么设备如何识别这些不同的用户界面呢？这时就要用到用户界面编号。

2. 用户界面的编号

用户登录设备时，系统会根据该用户的登录方式，自动分配一个当前空闲且编号最小的相应类型的用户界面给该用户。用户界面的编号包括以下两种。

（1）相对编号。相对编号的格式是“用户界面类型+序号”。一般地，一台设备只有 1 个 Console 口（插卡式设备可能有多个 Console 口，每个主控板提供 1 个 Console 口），VTY 类型的用户界面一般有 15 个（缺省情况下，开启了其中的 5 个）。所以，相对编号的具体呈现如下。

-Console 口的编号：CON 0。

-VTY 的编号：第一个为 VTY 0，第二个为 VTY 1，以此类推。

（2）绝对编号。绝对编号仅仅是一个数值，用来唯一标识一个用户界面。绝对编号与相对编号具有一一对应的关系：Console 用户界面的相对编号为 CON0，对应的绝对编号为 0；VTY 用户界面的相对编号为 VTY0～VTY14，对应的绝对编号为 129～143。

使用 display user-interface 命令可以查看设备当前支持的用户界面及界面的使用信息，操作命令如下。

```
<Huawei>display user-interface
  Idx  Type     Tx/Rx      Modem Privi ActualPrivi  Auth  Int
+ 0    CON 0    9600       -     15    15           P     -
+ 129  VTY 0               -     2     2            A     -
  130  VTY 1               -     2     -            A     -
  131  VTY 2               -     2     -            A     -
  132  VTY 3               -     0     -            P     -
  133  VTY 4               -     0     -            P     -
  145  VTY 16              -     0     -            P     -
  146  VTY 17              -     0     -            P     -
  147  VTY 18              -     0     -            P     -
  148  VTY 19              -     0     -            P     -
  149  VTY 20              -     0     -            P     -
  150  Web 0    9600       -     15    -            A     -
```

```
  151  Web 1    9600     -     15     -        A    -
  152  Web 2    9600     -     15     -        A    -
  153  Web 3    9600     -     15     -        A    -
  154  Web 4    9600     -     15     -        A    -
  155  XML 0    9600     -     0      -        A    -
  156  XML 1    9600     -     0      -        A    -
  157  XML 2    9600     -     0      -        A    -
UI(s) not in async mode -or- with no hardware support:
1-128
  +     : Current UI is active.
  F     : Current UI is active and work in async mode.
  Idx   : Absolute index of UIs.
  Type : Type and relative index of UIs.
  Privi: The privilege of UIs.
  ActualPrivi: The actual privilege of user-interface.
  Auth : The authentication mode of UIs.
      A: Authenticate use AAA.
      N: Current UI need not authentication.
      P: Authenticate use current UI's password.
  Int   : The physical location of UIs.
```

回显信息中，第一列 Idx 表示绝对编号，第二列 Type 为对应的相对编号。可以看到一个用户连接了 CON 0 界面，用户级别为 15（对应可使用的命令级别为 3），有一个用户连接了 VTY 0 界面，权限级别为 2。Auth 表示身份验证模式，其中，P 代表 password（只需输入密码），A 代表 AAA 验证（需要输入用户名和密码）。

3. 用户验证

每个用户登录设备时都会有一个用户界面与之对应。那么，如何做到只有合法用户才能登录设备呢？答案是通过用户验证机制。设备支持的验证方式有 3 种：Password 验证、AAA 验证和 None 验证。

（1）Password 验证：只需输入密码，密码验证通过后，即可登录设备。缺省情况下，设备使用的是 Password 验证方式。使用该方式时，如果没有配置密码，则无法登录设备。

（2）AAA 验证：需要输入用户名和密码，只有输入正确的用户名和其对应的密码时，才能登录设备。由于需要同时验证用户名和密码，所以 AAA 验证方式的安全性比 Password 验证方式高，并且该方式可以区分不同的用户，用户之间互不干扰。所以，使用 Telnet 登录时，一般都采用 AAA 验证方式。

（3）None 验证：不需要输入用户名和密码，可直接登录设备，即无需进行任何验证。安全起见，不推荐使用这种验证方式。

用户验证机制保证了用户登录的合法性。缺省情况下，通过 Telnet 登录的用户，在登录后的权限级别是 0 级。

4. 用户权限级别

前面已经对用户权限级别的含义以及它与命令级别的对应关系进行了描述。用户权限级别也称为用户级别，默认情况下，用户级别在 3 级及以上时，便可以操作设备的所有命令。某个用户的级别，可以在对应用户界面视图下执行 user privilege level *level* 命令进行配置，其中 *level* 为指定的用户级别。

有了以上这些关于用户界面的相关知识后，我们接下来通过两个实例来说明 Console 和 VTY 用户界面的配置方法。

3.4.2 通过 Console 口登录设备

路由器初次配置，需要使用 Console 通信电缆把路由器的 Console 口和计算机的 COM 口相连，不过现在的笔记本大多没有 COM 口了，可以使用 COM 口转 USB 接口线缆，接入电脑的 USB 接口，如图 3-9 所示。

图 3-9 Console 配置路由器

打开计算机管理窗口，单击“设备管理器”，安装驱动后，可以看到 USB 接口充当了 COM3 接口，如图 3-10 所示。

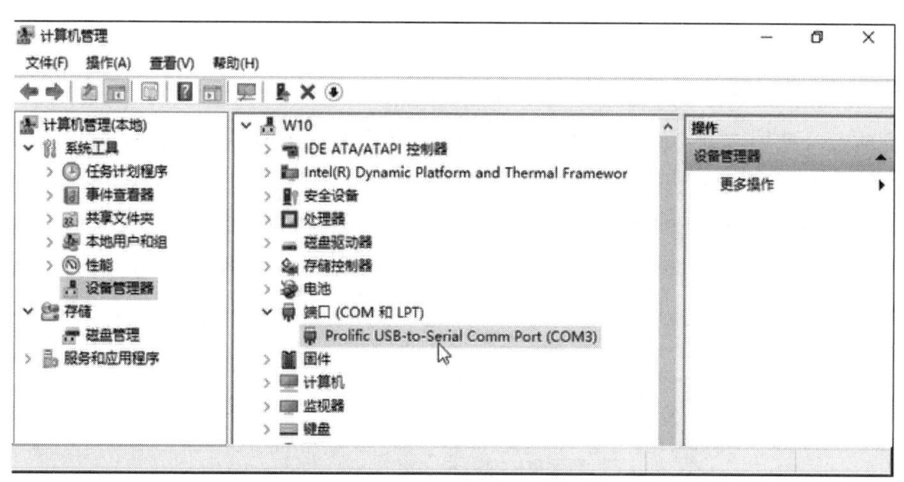

图 3-10 查看 USB 接口充当的 COM 口

打开 SecureCRT 软件，如图 3-11 所示，SecureCRT 协议选“Serial”，单击“下一步”按钮。出现端口选择界面，如图 3-12 所示，根据 USB 设备模拟出的端口，在这里选择“COM3”，其他设置参照图中所示进行设置，然后单击“下一步”按钮。

图 3-11　选择协议

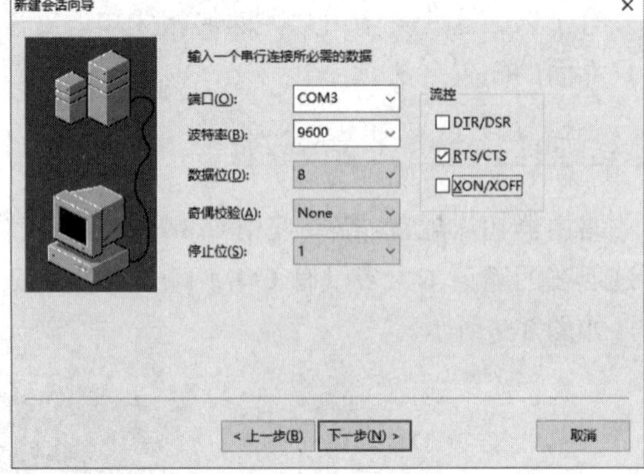

图 3-12　选择 COM 接口波特率

Console 用户界面对应于从 Console 口登录的用户，一般采用 Password 验证方式。通过 Console 口登录的用户一般为网络管理员，需要最高级别的用户权限。

（1）进入 Console 用户界面。进入 Console 用户界面使用的命令格式为 **user-interface console** *interface-number*，表示 console 用户界面的相对编号，取值为 0。

```
[Huawei]user-interface console 0
```

（2）配置用户界面。在 Console 用户界面视图下配置验证方式为 Password 验证，并配置密码为 91xueit，且密码将以密文形式保存在配置文件中。

配置用户界面的用户验证方式的命令格式为 **authentication-mode** {aaa | password}。

```
[Huawei-ui-console0]authentication-mode ?
  aaa          AAA authentication
  password     Authentication through the password of a user terminal interface
[Huawei-ui-console0]authentication-mode password
Please configure the login password (maximum length 16):91xueit
```

如果打算重设密码，可以输入以下命令，将密码设置为 91xueit.com。

```
[Huawei-ui-console0]set authentication password cipher 91xueit.com
```

配置完成后，配置信息会保存在设备的内存中，使用命令 **display current-configuration** 即可进行查看。如果不对配置信息进行保存操作，则这些信息在设备通电或重启时将会丢失。

输入 display current-configuration section user-interface 命令可显示当前配置中 user-interface 的设置信息。如果只输入 display current-configuration 则显示全部设置信息。

```
<Huawei>display current-configuration section user-interface
[V200R003C00]
#
user-interface con 0
 authentication-mode password
 set authentication password cipher %$%${PA|GW3~G'2AJ%@K{;MA,$/:\,wmOC*yI7U_x!,w
kv].$/=,%$%$
user-interface vty 0 4
user-interface vty 16 20
#
return
```

3.4.3 通过 Telnet 登录设备

VTY 用户界面对应于使用 Telnet 方式登录的用户。考虑到 Telnet 是远程登录，容易存在安全隐患，所以在用户验证方式上采用了 AAA 验证。一般地，设备调试阶段需要登录设备的人员较多，并且需要进行业务方面的配置，所以通常配置最大 VTY 用户界面数为 15，即允许最多 15 个用户同时使用 Telnet 方式登录到设备。同时，应将用户级别设置为 2 级，即配置级，以便可以进行正常的业务配置。

（1）把最大 VTY 用户界面数配置为 15。配置最大 VTY 用户界面数使用的命令格式是 **user-interface maximum-vty** *number*。如果希望配置最大 VTY 用户界面数为 15 个，则 *number* 应取值为 15。

```
[Huawei]user-interface maximum-vty 15
```

（2）进入 VTY 用户界面视图。使用 **user-interface vty** *first-ui-number* [*last-ui-number*]命令进入 VTY 用户界面视图，其中 *first-ui-number* 和 *last-ui-number* 为 VTY 用户界面的相对编号，方括号表示该参数为可选参数。假设现在需要对 15 个 VTY 用户界面进行整体配置，则 *first-ui-number* 应取值为 0，*last-ui-number* 取值为 14。

```
[Huawei]user-interface vty 0 14
```

这样，就进入了 VTY 用户界面视图。

```
[Huawei-ui-vty0-14]
```

（3）把 VTY 用户界面的用户级别配置为 2 级。配置用户级别的命令格式为 **user privilege level** *level*。因为现在需要把用户级别配置为 2 级，所以 *level* 的取值为 2。

```
[Huawei-ui-vty0-14]user privilege level 2
```

（4）把 VTY 用户界面的用户验证方式配置为 AAA。配置用户验证方式的命令格式为 **authentication-mode** {aaa | password}，其中大括号“{ }”表示其中的参数应任选其一。

```
[Huawei-ui-vty0-14]authentication-mode aaa
```

（5）配置 AAA 验证方式的用户名和密码。首先退出 VTY 用户界面视图，执行命令 aaa，进入 AAA 视图。再执行命令 **local-user** *user-name* **password cipher** *password*，配置用户名和密码。*user-name* 表示用户名，*password* 表示密码，关键字 cipher 表示配置的密码将以密文形式保存在配置文件中。最后，执行命令 **local-user** *user-name* **service-type telnet**，把这些用户的接入类型设置为 Telnet 登录方式。

```
[Huawei-ui-vty0-14]quit
[Huawei]aaa
[Huawei-aaa]local-user admin password cipher admin@123
[Huawei-aaa]local-user admin service-type telnet
[Huawei-aaa]quit
```

配置完成后，当用户通过 Telnet 方式登录设备时，设备会自动分配一个编号最小的可用 VTY 用户界面给用户使用，进入命令行界面之前需要输入上面所配置的用户名（admin）和密码（admin@123）。

Telnet 协议是 TCP/IP 协议族中应用层协议的一员。Telnet 的工作方式为“服务器/客户端”方式，它提供了从一台设备（Telnet 客户端）远程登录到另一台设备（Telnet 服务器）的方法。Telnet

服务器与 Telnet 客户端之间需要建立 TCP 连接，Telnet 服务器的缺省端口号为 23。

VRP 系统既支持 Telnet 服务器功能，也支持 Telnet 客户端功能。利用 VRP 系统，用户还可以先登录到某台设备，然后将这台设备作为 Telnet 客户端，再通过 Telnet 方式远程登录到网络上的其他设备，从而可以更为灵活地实现对网络的维护操作。如图 3-13 所示，路由器 R1 既是 PC 的 Telnet 服务器，又是路由器的 Telnet 客户端。

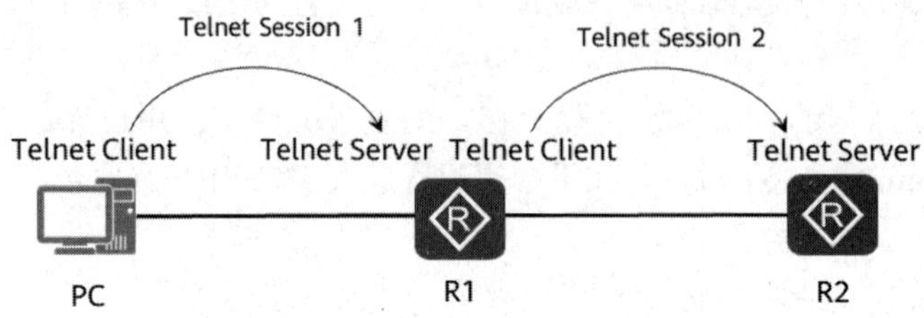

图 3-13　Telnet 二级连接

在 Windows 系统中，打开命令行工具，确保 Windows 系统和路由器的网络畅通，执行命令行 **telnet** *ip-address* 后输入账户和密码，就能远程登录路由器进行配置。如图 3-14 所示，输入命令行 **telnet** *192.168.10.111*，然后输入账户和密码，则登录<Huawei>成功，再输入命令行 **telnet** *172.16.1.2* 输入密码，登录<R2>路由器成功。输入 **quit** 命令，可退出 telnet 登录。

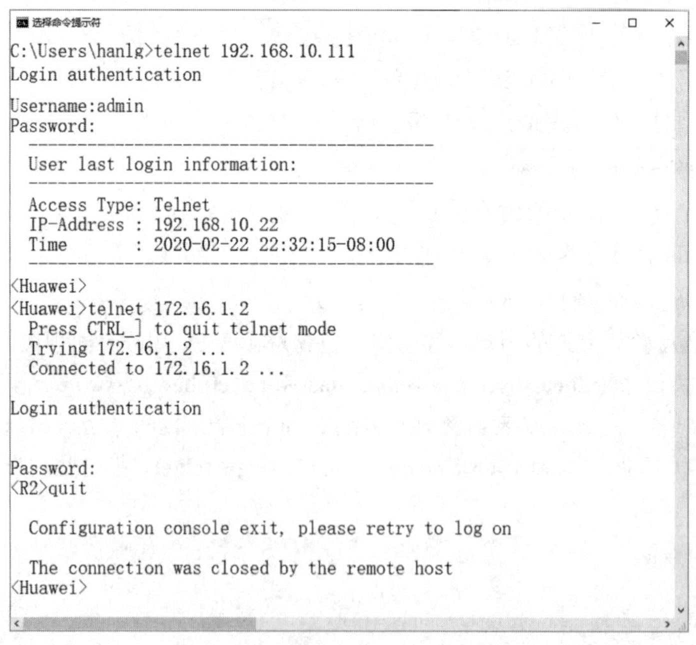

```
选择命令提示符
C:\Users\hanlg>telnet 192.168.10.111
Login authentication

Username:admin
Password:
  ----------------------------------------------
  User last login information:
  ----------------------------------------------
  Access Type: Telnet
  IP-Address : 192.168.10.22
  Time       : 2020-02-22 22:32:15-08:00
  ----------------------------------------------
<Huawei>
<Huawei>telnet 172.16.1.2
  Press CTRL_] to quit telnet mode
  Trying 172.16.1.2 ...
  Connected to 172.16.1.2 ...

Login authentication


Password:
<R2>quit

  Configuration console exit, please retry to log on

  The connection was closed by the remote host
<Huawei>
```

图 3-14　在 Windows 上用 Telnet 登录路由器

3.5　基本配置

下面介绍华为网络设备的一些基本配置方法，如设置设备名称、更改系统时间、给接口设置 IP 地址，禁用启用接口等设置等。

3.5.1　配置设备名称

命令行界面中的尖括号“< >”或方括号“[　]”中包含设备的名称，也称为设备主机名。缺省情况下，设备名称为“Huawei”。为了更好地区分不同的设备，通常需要修改设备名称。我们可以通过命令行 **sysname** *hostname* 来对设备名称进行修改，其中 **sysname** 是命令行的关键字，*hostname* 为参数，表示设备需要设置的名称。

通过如下操作，就可以将设备名称设置为 Huawei-AR-01。

```
<Huawei>?                          --可以查看用户视图下可以执行的命令
<Huawei>system-view                --进入系统视图
[Huawei]sysname Huawei-AR-01       --更改路由器名称为 Huawei-AR-01
[Huawei-AR-01]
```

3.5.2　配置设备 IP 地址

用户可以通过不同的方式登录到设备命令行界面，包括 Console 口登录和 Telnet 登录。首次登录新设备时，新设备的配置为空，所以只能通过 Console 口或 MiniUSB 口登录。首次登录到新设备后，便可以给设备配置一个 IP 地址，然后开启 Telnet 功能。

IP 地址是针对设备接口的配置，通常一个接口配置一个 IP 地址。配置接口 IP 地址的命令为 **ip address** *ip-address* { *mask* | *mask-length* }，其中 **ip address** 是命令关键字，*ip-address* 为希望为接口配置的 IP 地址。*mask* 表示点分十进制方式的子网掩码；*mask-length* 表示长度方式的子网掩码，即掩码中二进制数 1 的个数。

假设我们需要为设备 Huawei 的接口 Ethernet 0/0/0 分配 IP 地址 192.168.1.1，子网掩码为 255.255.255.0，则相应的配置方法如下：

```
[Huawei]interface Ethernet 0/0/0                            --进入接口视图
[Huawei-Ethernet0/0/0]ip address 192.168.1.1 255.255.255.0  --添加 IP 地址和子网掩码
[Huawei-Ethernet0/0/0]undo shutdown                         --启用接口
[Huawei-Ethernet0/0/0]ip address 192.168.2.1 24 ?
  sub     Indicate a subordinate address
  <cr>    Please press ENTER to execute command
[Huawei-Ethernet0/0/0]ip address 192.168.2.1 24 sub         --给接口添加第二个地址
[Huawei-Ethernet0/0/0]display this                          --显示接口的配置
[V200R003C00]
#
interface Ethernet0/0/0
  ip address 192.168.1.1 255.255.255.0
  ip address 192.168.2.1 255.255.255.0 sub
#
return
[Huawei-Ethernet0/0/0]quit                                  --退出接口配置模式
```

输入 **display ip interface brief** 命令，可显示接口的 IP 地址及相关的摘要信息。

```
<Huawei>display ip interface brief
*down: administratively down
^down: standby
(l): loopback
```

3 Chapter

```
(s): spoofing
The number of interface that is UP in Physical is 3
The number of interface that is DOWN in Physical is 1
The number of interface that is UP in Protocol is 3
The number of interface that is DOWN in Protocol is 1

Interface                  IP Address/Mask      Physical   Protocol
Ethernet0/0/0              192.168.1.1/24       up         up
Ethernet0/0/8              unassigned           down       down
NULL0                      unassigned           up         up(s)
Vlanif1                    192.168.10.1/24      up         up
```

从以上的输出可以看到，Ethernet0/0/0 接口的 Physical 状态为 up，表示其物理层已启用，Protocol 状态为 up，表示数据链路层也已启用。

输入命令行 **undo ip address**，可删除为接口所配置的 IP 地址。

```
[Huawei-Ethernet0/0/0]undo ip address
```

3.6 配置文件的管理

华为设备中，更改后的配置会立即生效，成为当前配置，保存在内存中。如果设备断电重启或关机重启，内存中所保存的配置会丢失，如果想让当前的配置在重启后依然生效，就需要将配置进行保存。下面就讲解华为网络设备中的配置文件如何保存，以及如何管理华为设备中的配置文件。

3.6.1 华为设备配置文件

本节介绍路由器的配置和配置文件，涉及三个概念：当前配置、配置文件和下次启动的配置文件。

（1）当前配置。设备内存中保存的配置就是当前配置，进入系统视图更改路由器的配置，就是更改设备的当前配置，设备断电或重启时，内存中存储的所有信息（包括配置信息）全部消失。

（2）配置文件。包含设备配置信息的文件称为配置文件，它保存在设备的外部存储器中（注意，不是内存中），其文件名的格式一般为“*.cfg”或“*.zip”，用户可以将当前配置保存到配置文件。设备重启时，配置文件的内容可以被重新加载到内存，成为新的当前配置。配置文件除了有保存配置信息的作用，还可以方便维护人员查看、备份以及移植配置信息用于其他设备。缺省情况下，保存当前配置时，设备会将配置信息保存到名为“vrpcfg.zip”的配置文件中，并保存于设备的外部存储器的根目录下。

（3）下次启动的配置文件。保存配置时可以指定配置文件的名称，也就是保存的配置文件可以有多个，下次启动加载哪个配置文件，可以指定。缺省情况下，下次启动的配置文件名为“vrpcfg.zip”。

3.6.2 保存当前配置

保存当前配置的方式有两种：手动保存和自动保存。

（1）手动保存配置。用户可以使用命令行 **save** [*configuration-file*]随时将当前配置以手动方式保存到配置文件中，参数 *configuration-file* 为指定的配置文件名，格式必须为“*.cfg”或“*.zip”。如果未指定配置文件名，则配置文件名缺省为“vrpcfg.zip”。

例如，需要将当前配置保存到文件名为“vrpcfg.zip”的配置文件中时，可在用户视图中，使用 **save** 命令，在返回要求确认的信息后输入 y，表示确认，就完成了对路由器的当前配置的保存。如果不指定保存配置的文件名，配置文件名默认为“vrpcfg.zip”。输入 **dir** 命令，可以列出 flash 根目录下的全部文件和文件夹，就能看到这个配置文件。路由器中的 flash 相当于计算机中的硬盘，可以存放配置文件、系统文件等。

```
<R1>save
  The current configuration will be written to the device.
  Are you sure to continue? (y/n)[n]:y                          --输入 y
  It will take several minutes to save configuration file, please wait.......
  Configuration file had been saved successfully
  Note: The configuration file will take effect after being activated
```

如果还需要将当前配置保存到文件名为“backup.zip”的配置文件中，作为对 vrpcfg.zip 文件的备份，则可进行如下操作。

```
<Huawei>save backup.zip
 Are you sure to save the configuration to backup.zip? (y/n)[n]:y
  It will take several minutes to save configuration file, please wait......
  Configuration file had been saved successfully
  Note: The configuration file will take effect after being activated
```

（2）自动保存配置。自动保存配置功能可以有效降低用户因忘记保存配置而导致配置丢失的风险。自动保存功能分为周期性自动保存和定时自动保存两种方式。

在周期性自动保存方式下，设备会根据用户设定的保存周期，自动完成配置保存；无论设备的当前配置与配置文件相比是否有变化，设备都会进行自动保存操作。在定时自动保存方式下，用户设定一个时间点，设备会每天在此时间点自动进行一次保存。缺省情况下，设备的自动保存功能是关闭的，需要用户开启之后才能使用。

周期性自动保存的设置方法如下：首先执行命令行 **autosave interval on**，开启设备的周期性自动保存功能，然后执行命令行 **autosave intervale** *time* 设置自动保存周期。*time* 为指定的时间周期，单位为分钟，默认值为 1440 分钟（24 小时）。

定时自动保存的设置方法如下：首先执行命令行 **autosave time on**，开启设备的定时自动保存功能，然后执行命令行 **autosave time** *time-value*，设置自动保存的时间点。*time-value* 为指定的时间点，格式为 hh:mm:ss。

例如，我们要为 R1 路由器设置周期性保存，并设置自动保存间隔为 120 分钟。代码如下：

```
<R1>autosave interval on                           --打开周期性保存功能
  System autosave interval switch: on
  Autosave interval: 1440 minutes                  --默认 1440 分钟保存一次
  Autosave type: configuration file

  System autosave modified configuration switch: on   --如果配置更改了 30 分钟自动保存
  Autosave interval: 30 minutes
  Autosave type: configuration file
```

3 Chapter

```
<R1>autosave interval 120                                    --设置每隔 120 分钟自动保存
  System autosave interval switch: on
  Autosave interval: 120 minutes
  Autosave type: configuration file
```

周期性保存和定时保存不能同时启用，关闭周期性保存后，才可打开定时自动保存功能，下面我们把自动保存更改为定时保存，保存时间为中午 12 点：

```
<R1>autosave interval off                                    --关闭周期性保存
<R1>autosave time on                                         --开启定时保存
  System autosave time switch: on
  Autosave time: 08:00:00                                    --默认每天 8 点定时保存
  Autosave type: configuration file
<R1>autosave time ?                                          --查看 time 后可以输入的参数
  ENUM<on,off>      Set the switch of saving configuration data automatically by
                    absolute time
  TIME<hh:mm:ss>    Set the time for saving configuration data automatically
<R1>autosave time 12:00:00                         --更改定时保存时间为 12 点
  System autosave time switch: on
  Autosave time: 12:00:00
  Autosave type: configuration file
```

缺省情况下，设备会保存当前配置到“vrpcfg.zip”文件中。如果用户指定了另外一个配置文件作为设备下次启动的配置文件后，则设备会将当前配置保存到新指定的下次启动的配置文件中。

3.6.3 设置下一次启动加载的配置文件

我们可以把任何一个存在于设备的外部存储器的根目录下（如：flash:/）的“*.cfg”或“*.zip”文件指定为设备下次启动的配置文件。可以通过命令行 **startup saved-configuration** *configuration-file* 来设置设备下次启动的配置文件，其中 *configuration-file* 为下次启动时的配置文件名。如果设备的外部存储器的根目录下没有该配置文件，则系统会提示设置失败。

例如，如果需要指定已经保存的 backup.zip 文件作为下次启动的配置文件，可执行如下操作。

```
<R1>startup saved-configuration backup.zip                   --指定下一次启动加载的配置文件
This operation will take several minutes, please wait.....
Info: Succeeded in setting the file for booting system
<R1>display startup                                          --显示下一次启动加载的配置文件
MainBoard:
  Startup system software:                   null
  Next startup system software:              null
  Backup system software for next startup:   null
  Startup saved-configuration file:          flash:/vrpcfg.zip
  Next startup saved-configuration file:     flash:/backup.zip   --下一次启动的配置文件
```

设置了下一次启动的配置文件后，再保存当前配置时，默认会将当前配置保存到所设置的下一次启动的配置文件中，从而覆盖了下次启动的配置文件原有内容。周期性保存配置和定时保存配置，也会保存到指定的下一次启动的配置文件。

3.6.4 文件管理

VRP 通过文件系统来对设备上的所有文件（包括设备的配置文件、系统文件、License 文件、补丁文件）和目录进行管理。VRP 文件系统主要用来创建、删除、修改、复制和显示文件及目录，这些文件和目录都存储于设备的外部存储器中。华为路由器支持的外部存储器一般有 Flash 卡和 SD 卡，交换机支持的外部存储器一般有 Flash 卡和 CF 卡。

设备的外部存储器中的文件类型是多种多样的，除了有之前提到过的配置文件，还有系统软件文件、License 文件、补丁文件等。在这些文件中，系统软件文件具有特别的重要性，因为它其实就是设备的 VRP 操作系统本身。系统软件文件的扩展名为“.cc”，必须存放于外部存储器的根目录下。设备上电时，系统软件文件的内容会被加载至内存并运行。

下面就以备份配置文件为例，展示文件管理的过程。

（1）查看当前路径下的文件，并确认需要备份的文件名称与大小。通过命令行 **dir [/all]** [*filename* | *directory*]可查看当前路径下的文件，all 表示查看当前路径下的所有文件和目录，包括已经删除至回收站的文件。*filename* 表示查看一个特定的文件，*directory* 表示查看特定的目录。

路由器的默认外部存储器为 Flash，执行如下命令可查看路由器 R1 的 F1ash 存储器根目录下的文件和目录。

```
<R1>dir      --列出当前目录文件和文件夹
Directory of flash:/
  Idx  Attr      Size(Byte)   Date          Time(LMT)    FileName
    0  drw-               -   May 01 2018   02:51:18     dhcp                --d 代表这是一个文件夹
    1  -rw-         121,802   May 26 2014   09:20:58     portalpage.zip
    2  -rw-           2,263   May 01 2018   08:13:21     statemach.efs
    3  -rw-         828,482   May 26 2014   09:20:58     sslvpn.zip
    4  -rw-             408   May 01 2018   07:27:28     private-data.txt
    5  -rw-             897   May 01 2018   08:18:00     backup.zip
    6  -rw-             872   May 01 2018   07:27:28     vrpcfg.zip

1,090,732 KB total (784,452 KB free)
```

从回显信息中，我们看到了名为“vrpcfg.zip”的配置文件，大小为 872 字节。我们把这个文件作为需要备份的配置文件。

（2）新建目录。创建目录的命令格式为 **mkdir** *directory, directory* 表示需要创建的目录。我们在 Flash 的根目录下创建一个名为 backup 的目录。

```
<R1>mkdir /backup                                --创建一个文件夹
Info: Create directory flash:/backup......Done
```

（3）复制并重命名文件。复制文件的命令格式为 **copy** *source-filename destination-filename*，*source-filename* 表示被复制文件的路径及源文件名，*destination-filename* 表示目标文件的路径及目标文件名。下面我们把需要备份的配置文件 vrpcfg.zip 复制到新目录 backup 下，并重命名为 cfgbak.zip。

```
<R1>copy vrpcfg.zip flash:/backup/cfgbak.zip       --将 vrpcfg.zip 拷贝到 backup 文件夹
Copy flash:/vrpcfg.zip to flash:/backup/cfgbak.zip? (y/n)[n]:y
100%    complete
Info: Copied file flash:/vrpcfg.zip to flash:/backup/cfgbak.zip...Done
```

（4）查看备份后的文件。通过命令 **cd** *directory*，可修改当前的工作路径。我们可以执行如下操作来查看文件备份是否成功。

```
<R1>dir flash:/backup/    --列出 Flash:/backup 目录内容
Directory of flash:/backup/
  Idx  Attr     Size(Byte)  Date          Time(LMT)   filename
    0  -rw-            872  May 01 2018   08:58:49    cfgbak.zip
```

回显信息表明，backup 目录下已经有了文件 cfgbak.zip，配置文件 vrpcfg.zip 的备份过程已顺利完成。

（5）删除文件。当设备的外部存储器的可用空间不够时，我们可能需要删除其中的一些无用文件。删除文件的命令格式为 **delete [/unreserved][/force]** *filename*，其中**/unreserved** 表示彻底删除指定文件，删除的文件将不可恢复；**/force** 表示无需确认直接删除文件；*filename* 表示要删除的文件名。

如果不使用**/unreserved**，则 **delete** 命令删除的文件将被保存到回收站中，通过 **undelete** 命令可恢复回收站中的文件。注意，保存到回收站中的文件仍然会占用存储器空间。通过 **reset recycle-bin** 命令可彻底删除回收站中的所有文件，这些文件将被永久删除，不能再被恢复。

以下是删除文件、查看删除的文件、清空回收站中的文件的操作示例。

```
<R1>delete backup.zip    --删除文件
Delete flash:/backup.zip? (y/n)[n]:y
Info: Deleting file flash:/backup.zip...succeed.
<R1>dir /all  --参数 all，显示所有文件，包括回收站中的文件
Directory of flash:/
  Idx  Attr     Size(Byte)  Date          Time(LMT)   filename
    0  drw-              -  May 01 2018   02:51:18    dhcp
    1  -rw-        121,802  May 26 2014   09:20:58    portalpage.zip
    2  drw-              -  May 01 2018   08:58:49    backup
    3  -rw-          2,263  May 01 2018   08:13:21    statemach.efs
    4  -rw-        828,482  May 26 2014   09:20:58    sslvpn.zip
    5  -rw-            408  May 01 2018   07:27:28    private-data.txt
    6  -rw-            872  May 01 2018   07:27:28    vrpcfg.zip
    7  -rw-            897  May 01 2018   09:11:32    [backup.zip]        --回收站中的文件

1,090,732 KB total (784,440 KB free)
<R1>reset recycle-bin    --清空回收站
Squeeze flash:/backup.zip? (y/n)[n]:y
Clear file from flash will take a long time if needed...Done.
%Cleared file flash:/backup.zip.
```

使用 **move** 命令可移动文件。

```
<R1>move backup.zip flash:/backup/backup1.zip
```

通过 **cd** 命令进入 backup 目录。

```
<R1>cd backup /
```

使用 **pwd** 命令显示当前目录。

```
<R1>pwd
flash:/backup
```

在同一个目录下可以使用 **move** 命令，实现文件重命名的功能。

```
<R1>move backup1.zip backup2.zip
```

习题 3

1．下面哪个是更改路由器名称的命令？（　　）

A．< Huawei > sysname R1　　B．[Huawei]sysname R1

C．[Huawei]system R1　　D．< Huawei > system R1

2．本章 eNSP 模拟软件需要和哪两款软件一起安装？（　　）

A．Wireshark 和 VMwareWorkstation

B．Wireshark 和 VirtualBox

C．VirtualBox 和 VMwareWorkstation

D．VirtualBox 和 Ethereal

3．给路由器接口配置 IP 地址，下面哪条命令是错误的？（　　）

A．[R1]ip address 192.168.1.1 255.255.255.0

B．[R1-GigabitEthernet0/0/0]ip address 192.168.1.1 24

C．[R1-GigabitEthernet0/0/0]ip add 192.168.1.1 24

D．[R1-GigabitEthernet0/0/0]ip address 192.168.1.1 255.255.255.0

4．查看路由器当前配置的命令是（　　）。

A．<R1>display current-configuration

B．<R1>display saved-configuration

C．[R1-GigabitEthernet0/0/0]display

D．[R1]show current-configuration

5．华为路由器保存配置的命令是（　　）。

A．[R1]save

B．<R1>save

C．<R1>copy current startup

D．[R1] copy current startup

6．更改路由器下一次启动加载的配置文件使用的命令是（　　）。

A．<R1>startup saved-configuration backup.zip

B．<R1>display startup

C．[R1]startup saved-configuration

D．[R1]display startup

7．通过 Console 口配置路由器，只需要密码验证，需要配置身份验证模式为（　　）。

A．[R1-ui-console0]authentication-mode password

B．[R1-ui-console0]authentication-mode aaa

C．[R1-ui-console0]authentication-mode Radius

D．[R1-ui-console0]authentication-mode scheme

8．在路由器上创建用户 han，允许通过 telnet 配置路由器，且用户权限级别为 3，需要执行的两条命令是（　　）。

A．[R1-aaa]local-user han password cipher 91xueit3 privilege level 3

B．[R1-aaa]local-user han service-type telnet

C．[R1-aaa]local-user han password cipher 91xueit3

D．[R1-aaa]local-user han service-type terminal

9．在系统视图下键入什么命令可以切换到用户视图？（　　）

A．system-view　　B．router　　C．quit　　D．user-view

10．管理员想要彻底删除旧的设备配置文件 config.zip，则下面的命令正确的是（　　）。

A．delete /force config.zip　　B．delete /unreserved config.zip

C．reset config.zip　　D．clear config.zip

11．华为 AR 路由器的命令行界面下，Save 命令的作用是保存当前的系统时间。（　　）

A．正确　　B．错误

12．路由器的配置文件保存时，一般是保存在下面哪种存储介质上？（　　）

A．SDRAM　　B．NVRAM

C．Flash　　D．Boot ROM

13．VRP 的全称是什么？（　　）

A．Versatile Routine Platform　　B．Virtual Routing Platform

C．Virtual Routing Plane　　D．Versatile Routing Platform

14．VRP 操作系统命令分为访问级、监控级、配置级、管理级 4 个级别。能运行各种业务配置命令但不能操作文件系统的是哪一级？（　　）

A．访问级　　B．监控级　　C．配置级　　D．管理级

15．管理员在哪个视图下才能为路由器修改设备名称？（　　）

A．User-view

B．System-view

C．Interface-view

D．Protocol-view

16．目前，公司有一个网络管理员，公司网络中的 AR2200 通过 Telent 直接输入密码后就可以实现远程管理。新来了两个管理员后，公司希望给所有的管理员分配各自的用户名和密码，以及不同的权限等级。那么应该如何操作呢？（　　）（选择 3 个答案）

A．在 AAA 视图下配置三个用户名和各自对应的密码

B．Telent 配置的用户认证模式必须选择 AAA 模式

C．在配置每个管理员的账户时，需要配置不同的权限级别

D．每个管理员在运行 Telent 命令时，使用设备的不同公网 IP 地址

17．VRP 支持通过哪几种方式对路由器进行配置？（　　）（选择 3 个答案）

A．通过 Console 口对路由器进行配置

B．通过 Telent 对路由器进行配置

C．通过 mini USB 口对路由器进行配置

D．通过 FTP 对路由器进行配置

18．操作用户成功以 Telnet 方式登录到路由器后，无法使用配置命令配置接口 IP 地址，可能的原因有（　　）。

A．操作用户的 Telnet 终端软件不允许用户对设备的接口配置 IP 地址

B．没有正确设置 Telnet 用户的认证方式

C．没有正确设置 Telnet 用户的级别

D．没有正确设置 SNMP 参数

19．关于下面的 display 信息的描述，正确的是（　　）。

[R1]display interface g0/0/0 GigabitEthernet0/0/0 current state:Administratively DOWN Line protocol current state:DOWN

A．GigabitEthernet0/0/0 接口连接了一条错误的线缆

B．GigabitEthernet0/0/0 接口没有配置 IP 地址

C．GigabitEthernet0/0/0 接口没有启用动态路由协议

D．GigabitEthernet0/0/0 接口被管理员手动关闭了

第4章 数据链路层

- 数据链路层要解决的三个基本问题：封装成帧、透明传输和差错检验
- 点到点的数据链路
- 广播信道的数据链路
- 扩展以太网
- 高速以太网

不同的网络类型，有不同的通信机制（即数据链路层协议），数据包在传输过程中通过不同类型的网络，就要使用不同的网络通信协议，同时数据包也要重新封装成对应的网络协议所规定的帧格式。

本章先介绍数据链路层要解决的三个基本问题：封装成帧、透明传输、差错检验；再介绍两种类型的数据链路层，即点到点链路的数据链路层和广播信道的数据链路层，这两种数据链路层的通信机制不一样，使用的协议也不一样，点到点链路使用 PPP 协议（Point to Point Protocol），广播信道使用带冲突检测的载波侦听多路访问协议（CSMA/CD 协议）。

使用集线器或同轴电缆组建的网络，就是广播信道的网络，网络中的计算机发送数据就要使用 CSMA/CD 协议，使用 CSMA/CD 协议的网络就是以太网，以太网帧格式如图 4-1 所示。

PPP 协议是支持点到点链路通信的协议，PPP 协议的帧格式如图 4-1 所示。在点到点链路也可以使用其他协议，比如高级数据链路控制（High-Level Data Link Control，HDLC），不过 HDLC 帧格式和 PPP 协议的帧格式有所不同。

当然网络的类型也不是只有这两种，比如还有帧中继（Frame Relay）交换机连接的网络等。数据包通过帧中继类型的网络，就要封装成帧中继协议所规定的帧格式。

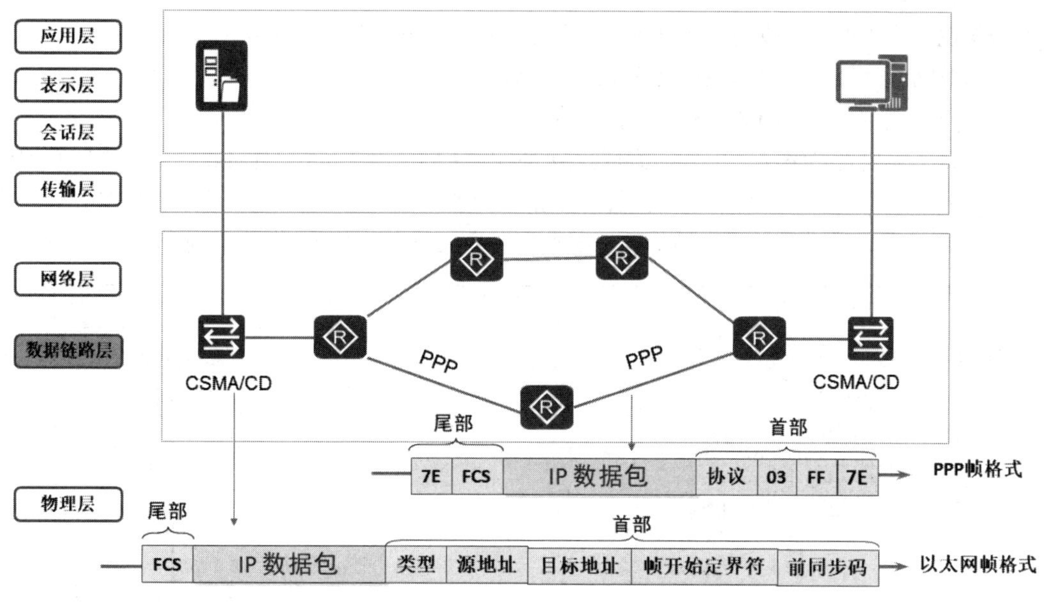

图 4-1　不同类型的数据链路层

4.1　数据链路层的概念和三个基本问题

4.1.1　数据链路和帧

在本书中链路和数据链路是有区别的。链路（Link）是指从一个节点到相邻节点的一段物理线路（有线或无线），而中间没有任何其他的交换节点，计算机通信的路径往往要经过许多段这样的链路。链路只是一条路径的组成部分。

如图 4-2 所示，A 计算机到 B 计算机要经过链路 1、链路 2、链路 3、链路 4 和链路 5。集线器不是交换节点，因此计算机 A 和路由器 1 之间是一条链路，而计算机 B 和路由器 3 之间使用交换机连接，这就是两条链路——链路 4 和链路 5。

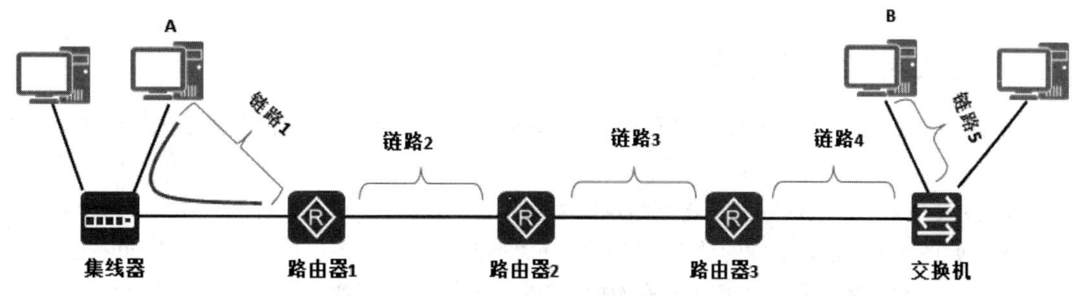

图 4-2　链路

数据链路（Data Link）则是另一个概念，这是因为当需要在一条线路上传送数据时，除了必须有一条物理线路外，还必须有一些必要的通信协议来控制这些数据的传输。若把实现这些协议的硬件和软件加到链路上，就构成了数据链路。现在最常用的方法是使用网络适配器（既有硬件也有软件）来实现这些协议。一般的适配器都包括了数据链路层和物理层这两层的功能。

早期的数据通信协议曾叫作通信规程（Procedure），因此在数据链路层，规程和协议是同义词。

下面再介绍点对点信道的数据链路层的协议数据单元——帧。

数据链路层需要把网络层交下来的数据封装成帧发送到链路上，以及把接收到的帧中的数据取出并上交给网络层。在因特网中，网络层协议数据单元就是 IP 数据报（或简称为数据报、分组或包）。如图 4-3 所示，数据链路层封装的帧，在物理层变成数字信号在链路上传输。

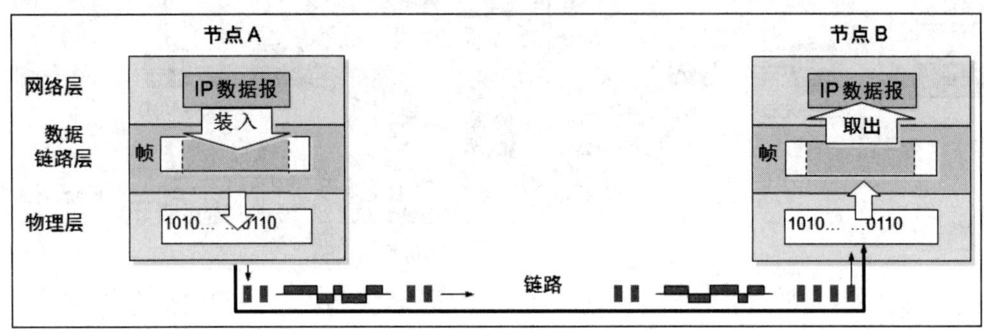

图 4-3　简化的三层模型

本章探讨数据链路层，就不考虑物理层如何实现比特传输的细节，如图 4-4 所示，我们就可以简单地认为数据帧通过数据链路由节点 A 发送到节点 B。

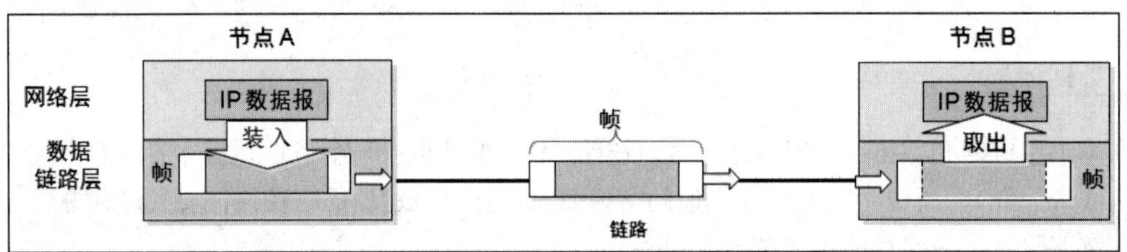

图 4-4　只考虑数据链路层

数据链路层要为网络层交下来的 IP 数据报添加首部和尾部后封装成帧，B 节点收到后检测帧在传输过程中是否产生差错，如果无差错将会把 IP 数据报取出并上交给网络层，如果有差错则会把帧丢弃。

4.1.2　数据链路层的三个基本问题

数据链路层的协议有许多种，但有三个基本问题是共同的。下面针对这三个问题进行详细讨论。

（1）封装成帧。封装成帧就是将网络层的 IP 数据报的前后分别添加首部和尾部，这样就形成了一个帧。如图 4-5 所示，不同的数据链路层协议对帧的首部和尾部包含的信息有明确的规定，帧的首部和尾部有帧开始符和帧结束符，称为帧定界符。接收端收到物理层传过来的数字信号，从读取到帧开始符持续至读取到帧结束符，就认为接收到了一个完整的帧。

在数据传输中出现差错时，帧定界符的作用更加明显。如果发送端在尚未发送完一个帧时突然出现故障，中断发送，接收端收到了只有帧开始符没有帧结束符的帧，就认为是一个不完整的帧，必须丢弃。

为了提高数据链路层的传输效率，应当使帧的数据部分尽可能大于首部和尾部的长度。但是每一种数据链路层协议都规定了所能够传送的帧的数据部分的长度上限——即最大传输单元（Maximum Transfer Unit，MTU），以太网的 MTU 为 1500 个字节，如图 4-5 所示，MTU 指的是数据部分长度。

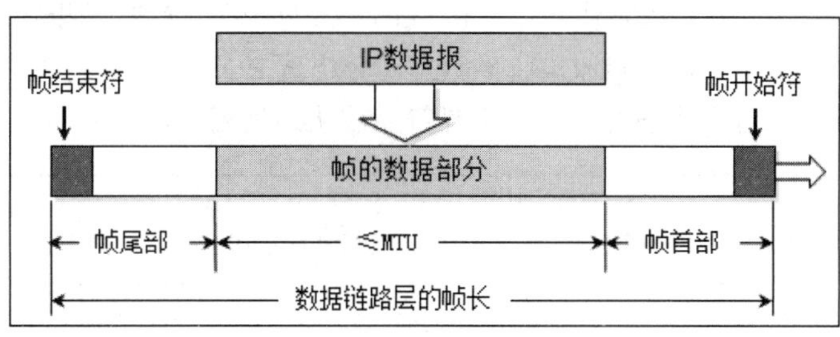

图 4-5　帧首部和帧尾部封装成帧

（2）透明传输。透明传输是指不管所传输的数据是什么样的比特组合，都应能在链路上进行传送。哪怕是数据中的比特组合恰巧与控制信息相同，通过采取某种措施，接收方也不会将这样的数据误认为是控制信息。

我们希望帧开始符和帧结束符的选择，最好不会与出现在帧数据部分的字符相同。通常我们电脑键盘能够输入的字符是 ASCII 码表中的打印字符。在 ASCII 码表中，还包含了一些非打印控制字符，因此，我们从中选择两个专门用来做为帧定界符，如图 4-6 所示。代码 SOH（Start Of Header）作为帧开始定界符，对应的二进制编码为 0000 0001，代码 EOT（End Of Transmission）作为帧结束定界符，对应的二进制编码为 0000 0100。

ASCII　字符代码表

高四位		ASCII非打印控制字符										ASCII 打印字符												
		0000					0001					0010		0011		0100		0101		0110		0111		
		0					1					2		3		4		5		6		7		
低四位		十进制	字符	ctrl	代码	字符解释	十进制	字符	ctrl	代码	字符解释	十进制	字符	十进制	字符	十进制	字符	十进制	字符	十进制	字符	十进制	字符	ctrl
0000	0	0	BLANK NULL	^@	NUL	空	16	►	^P	DLE	数据链路转意	32		48	0	64	@	80	P	96	`	112	p	
0001	1	1	☺	^A	SOH	头标开始	17	◄	^Q	DC1	设备控制 1	33	!	49	1	65	A	81	Q	97	a	113	q	
0010	2	2	☻	^B	STX	正文开始	18	↕	^R	DC2	设备控制 2	34	"	50	2	66	B	82	R	98	b	114	r	
0011	3	3	♥	^C	ETX	正文结束	19	‼	^S	DC3	设备控制 3	35	#	51	3	67	C	83	S	99	c	115	s	
0100	4	4	◆	^D	EOT	传输结束	20	¶	^T	DC4	设备控制 4	36	$	52	4	68	D	84	T	100	d	116	t	
0101	5	5	♣	^E	ENQ	查询	21	§	^U	NAK	反确认	37	%	53	5	69	E	85	U	101	e	117	u	
0110	6	6	♠	^F	ACK	确认	22	■	^V	SYN	同步空闲	38	&	54	6	70	F	86	V	102	f	118	v	
0111	7	7	●	^G	BEL	震铃	23	↨	^W	ETB	传输块结束	39	'	55	7	71	G	87	w	103	g	119	w	
1000	8	8	◘	^H	BS	退格	24	↑	^X	CAN	取消	40	(	56	8	72	H	88	X	104	h	120	x	
1001	9	9	○	^I	TAB	水平制表符	25	↓	^Y	EM	媒体结束	41	)	57	9	73	I	89	Y	105	i	121	y	
1010	A	10	◙	^J	LF	换行/新行	26	→	^Z	SUB	替换	42	*	58	:	74	J	90	Z	106	j	122	z	
1011	B	11	♂	^K	VT	竖直制表符	27	←	^[	ESC	转意	43	+	59	;	75	K	91	[	107	k	123	{	
1100	C	12	♀	^L	FF	换页/新页	28	∟	^\	FS	文件分隔符	44	,	60	<	76	L	92	\	108	l	124	|	
1101	D	13	♪	^M	CR	回车	29	↔	^]	GS	组分隔符	45	-	61	=	77	M	93	]	109	m	125	}	
1110	E	14	♫	^N	SO	移出	30	▲	^6	RS	记录分隔符	46	.	62	>	78	N	94	^	110	n	126	~	
1111	F	15	☼	^O	SI	移入	31	▼	^-	US	单元分隔符	47	/	63	?	79	O	95	_	111	o	127	Δ	^Back space

图 4-6　ASCII 字符代码表

如果传送的是用文本文件组成的帧（文本文件中的字符都是使用键盘输入的可打印字符），其数据部分显然不会出现 SOH 或 EOT 这样的帧定界符。可见，不管从键盘上输入什么字符都可以放在这样的帧中传输。

当数据部分是非 ASCII 码表的文本文件时（比如二进制代码的计算机程序或图像等），情况就不同了。如果数据中的某一段二进制代码正好和 SOH 或 EOT 帧定界符编码一样，接收端就会误认为这是帧的边界。如图 4-7 所示，接收端收到数据部分出现 EOT 帧定界符，就误认为接收到了一个完整的帧，而后面的部分因为没有帧开始定界符而被认为是无效帧遭丢弃。

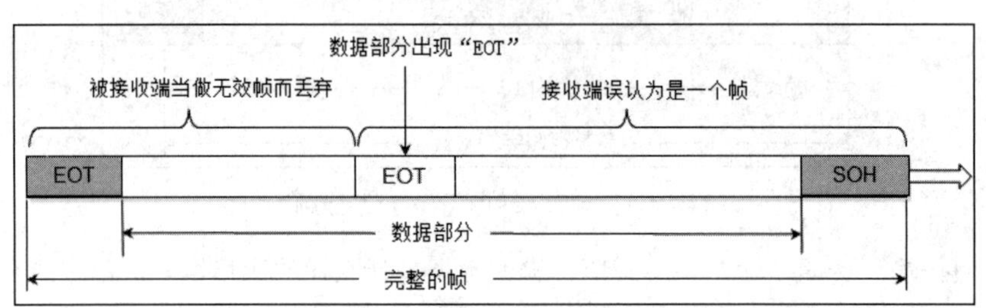

图 4-7　数据部分恰好出现与 EOT 一样的编码

现在就要想办法让接收端能够区分帧中 EOT 或 SOH 是数据部分还是帧定界符，我们可以在数据部分出现的帧定界符编码前面插入转义字符。在 ASCII 码表中，有一个非打印字符（代码是“ESC”，二进制编码为 0001 1011）专门用来做转义字符。接收端收到后在提交给网络层之前先去掉转义字符，并认为转义字符后面的字符为数据，如果数据部分有转义字符 ESC 的编码，就需要在 ESC 字符编码前再插入一个 ESC 字符编码，接收端收到后去掉插入的转义字符编码，并认为后面的 ESC 字符编码是数据。

如图 4-8 所示，节点 A 给节点 B 发送数据帧，在发送到数据链路之前，在数据中出现的 SOH、ESC 和 EOT 字符编码之前的位置插入转义字符 ESC 的编码，这个过程就是字节填充，节点 B 接收之后，需先去掉填充的转义字符，视转义字符后的字符为数据。

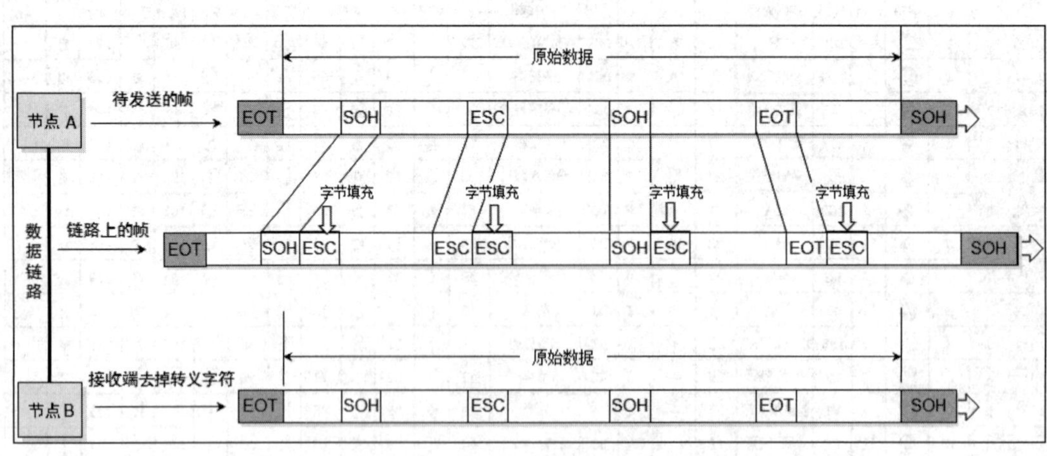

图 4-8　使用字节填充法解决透明传输的问题

发送节点 A 在发送帧之前在原始数据中必要位置插入转义字符，接收节点 B 收到后去掉转义字符，又得到原始数据，中间插入转义字符是要让传输的原始数据完整地发送到节点 B，这个过程称为“透明传输”。

（3）差错检验。现实的通信链路都不会是理想的。这就是说，比特在传输过程中，1 可能会变成 0，0 也可能变成 1，这就叫比特差错。比特差错是传输差错中的一种。在一段时间内，出错比特在传输的总比特数中的占比，称为误码率（Bit Error Rate，BER）。例如，误码率为 10^{-10} 时，表示平均每传送 10^{10} 个比特就会出现一个比特的差错。误码率与信噪比有很大的关系。如果设法提高信噪比，就可以使误码率降低。但实际的通信链路并非理想的，它不可能使误码率下降到零。因此，为了保证数据传输的可靠性，在计算机网络传输数据时，必须采用各种差错检验措施。目前在数据链路层广泛使用了循环冗余检验（Cyclic Redundancy Check，CRC）的差错检验技术。

要想让接收端能够用 CRC 的办法判断帧在传输过程是否出现差错，需要在传输的帧中插入一个用于检测错误的冗余比特序列，这个比特序列就称为帧校验序列（Frame Check Sequence，FCS），如图 4-9 所示。

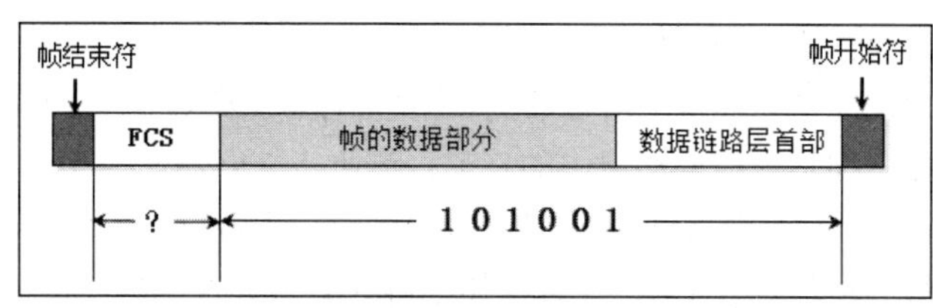

图 4-9　FCS 示意图

这个要插入的 FCS 是如何计算出来的呢？下面就通过简单的例子来说明其基本过程。

现在，假如我们要求一个二进制数 M=101001 的 FCS。

首先，我们在 M 的后面添加 n 位 0，再除以收发双方事先商定好的 n+1 位的除数 P，得出的商 Q 和余数 R（R 是 n 位，比除数 P 少一位），这个 n 位余数 R 就是计算出的 FCS。注意，这里的除是指模 2 除法，即对于如图 4-10 所示的竖式中的每一步计算，是把除数与被除数的对应位进行**异或**从而得到每一步的余数，对应位相同得 0，不同得 1，不存在进位或借位。

比如，我们要得到 3 位帧校验序列，那么就先要在 M 后面添加 3 个 0，则 M 变成 101001**000，**假定事先商定好的除数 P=1101（4 位），做完除法运算后余数是 001，则 001 就是我们要求的帧校验序列（FCS）。计算所得到的商 Q=110101 并没有什么用途。

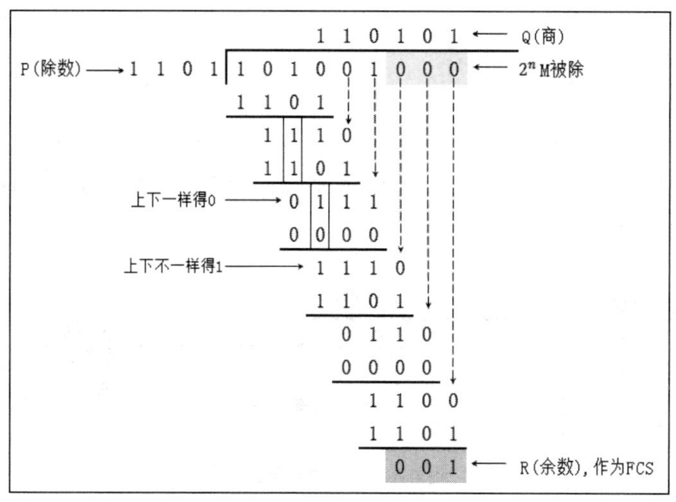

图 4-10　FCS 的计算过程

计算出帧校验序列 FCS=001 后，就把 001 插入到数据帧的 FCS 部分，然后把它们一起发送到接收端，如图 4-11 所示。

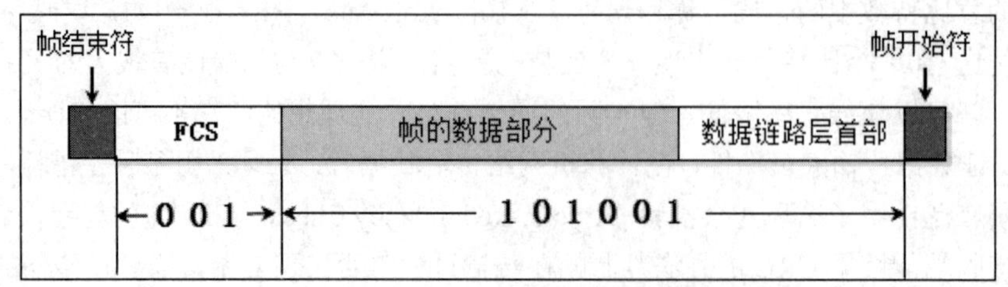

图 4-11 把 FCS 插入到数据帧

接收端收到后，把 M 与 FCS 合并成一个二进制数 101001001 再除以 P=1101（依然是模 2 除法），如果在传输过程没有出现差错，则余数是 0。

需要注意的是，CRC 校验并非是绝对可靠的。另外，对于一个数据帧，具体是采用几位的 FCS，以及用什么数作为除数，都是数据链路层中的相关协议所定义好的，换句话说，使用的什么协议，发送方就按协议中规定的算法计算出 FCS，接收方就按协议中规定的校验方法进行校验。

接收端对收到的每一帧都进行 CRC 检验，如果得到的余数 R 等于 0，则断定该帧没有差错，就接收。若余数 R 不等于 0，则断定这个帧有差错（无法确定究竟是哪一位或哪几位出现了差错，也不能纠错），就丢弃。这对于通信的两个计算机来说，就出现丢包现象了，不过通信的两个计算机传输层的 TCP 协议可以实现可靠传输（比如丢包重传）。

计算机通信往往需要经过多条链路。IP 数据报经过路由器，网络层首部会发生变化。比如，经过一个路由器转发，网络层首部的 TTL（生存时间）会减 1；若经过配置端口地址转换（PAT）路由器，IP 数据报的源地址和源端口会被修改；IP 数据报从一个链路发送到下一个链路，如果每条链路的协议不同，数据链路层首部格式也会不同，且帧开始符和帧结束符也会不同，这都需要将帧进行重新封装，重新计算帧校验序列。

在数据链路层，发送端帧校验序列 FCS 的生成和接收端的 CRC 检验都是用硬件完成的，处理很迅速，因此并不会延误数据的传输。

4.2 点到点信道的数据链路

点到点信道是指一条链路上就一个发送端和一个接收端的信道，通常用在广域网链路。比如两个路由器通过串口（广域网口）相连，如图 4-12 所示，或家庭用户使用调制解调器通过电话线拨号连接 ISP，如图 4-13 所示，这都是点到点信道。

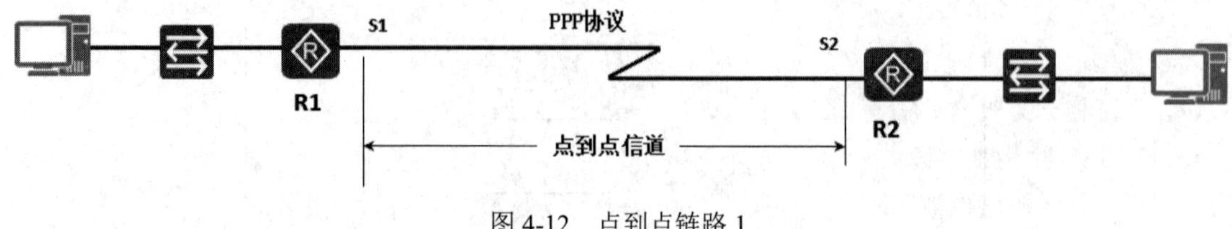

图 4-12 点到点链路 1

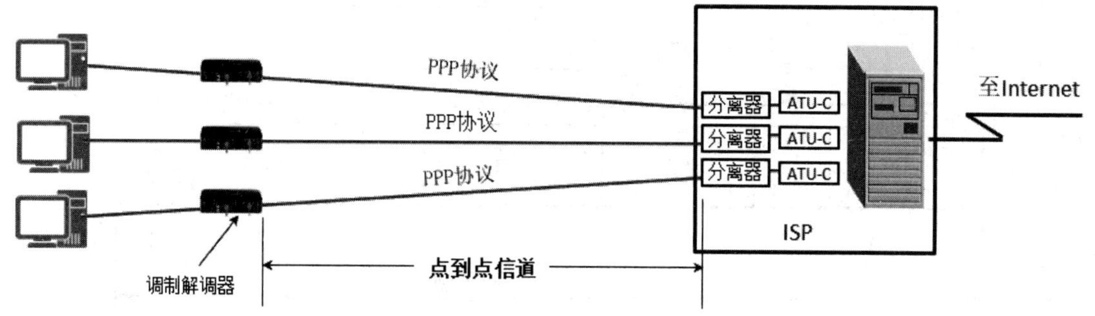

图 4-13 点到点链路 2

在通信线路质量较差的年代，在数据链路层使用可靠传输协议曾经是一种好办法。因此，能实现可靠传输的高级数据链路控制（High-level Data Link Control，HDLC）就成为当时比较流行的数据链路层协议。但现在 HDLC 已很少使用了。对于点到点链路，PPP 协议简单得多，也是目前使用最广泛的数据链路层协议。

PPP 是 Point-to-Point Protocol 的简称，中文翻译为点到点协议。PPP 协议为在点到点连接上传输多协议数据包提供了一个标准方法。与以太网协议一样，PPP 也是一个数据链路层协议，主要用于在全双工的链路上进行点到点的数据传输封装。以太网协议定义了以太帧的格式，PPP 协议也定义了自己的帧格式，这种格式的帧称为 PPP 帧。

PPP 协议的前身是 SLIP（Serial Line Internet Protocol）协议和 CSLIP（Compressed SLIP）协议，前两种协议现在已基本不再使用，但 PPP 协议自 20 世纪 90 年代推出以来，一直得到了广泛的应用。

PPP 协议现在已经成为使用最广泛的 Internet 接入的数据链路层协议。PPP 可以和 ADSL、Cable Modem、LAN 等技术结合起来完成各类型的宽带接入。家庭中使用最多的宽带接入方式就是 PPPoE（PPP over Ethernet）。这是一种利用以太网（Ethernet）资源，在以太网上运行 PPP 来对用户进行接入认证的技术，PPP 负责在用户端和运营商的接入服务器之间建立通信链路。

以太网协议工作在以太网接口和以太网链路上，而 PPP 协议是工作在串行接口和串行链路上。串行接口的种类是多种多样的，例如，EIA RS-232-C 接口、EIA RS-422 接口、EIA RS-423 接口、ITU-T V.35 接口等，这些都是一些常见的串行接口，并且都能够支持 PPP 协议。事实上，任何串行接口，只要能够支持全双工通信方式，便是可以支持 PPP 协议的。另外，PPP 协议对于串行接口的信息传输速率没有什么特别的规定，只要求串行链路两端的串行接口在速率上保持一致即可。在本章中，我们把支持并运行 PPP 协议的串行接口统称为 PPP 接口。

4.2.1 PPP 原理

PPP 的封装方式在很大程度上参照了 HDLC 协议的规范。PPP 协议原原本本地使用了 HDLC 协议封装中的标记字段和 FCS 校验码字段，此外，鉴于 PPP 协议纯粹是一种应用于点到点环境中的协议，任何一方发送的消息都只会由固定的另一方接收并处理，地址字段存在的意义已经不大，因此 PPP 协议中地址字段的取值以全 1 的方式被明确下来，表示这条链路上的所有接口。最后，PPP 控制字段的取值也被明确为了 0x03。PPP 数据帧的封装格式具体如图 4-14 所示。

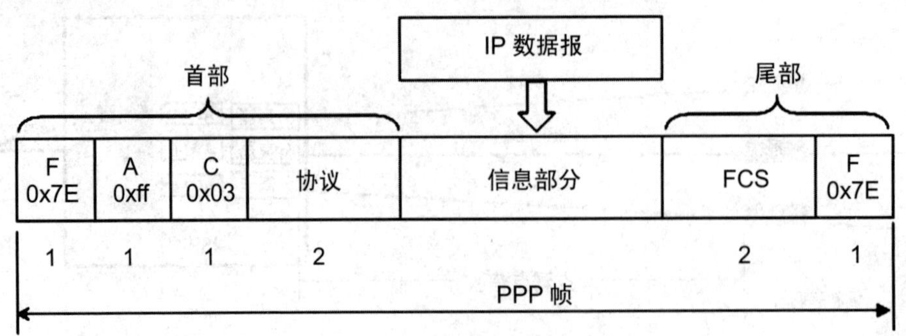

图 4-14　PPP 数据帧的封装格式

由图 4-14 可知，PPP 数据帧的首部共有 5 个字节。其中 F 字段为帧开始定界符（0x7E），占一个字节；A 字段为地址字段，占一个字节；C 字段为控制字段，占 1 个字节；协议字段用来标明信息部分是什么协议，占 2 个字节。尾部共有 3 个字节，其中 2 个字节是帧校验序列，1 个字节是帧结束定界符（0x7E）。信息部分不超过 1500 个字节。

然而，PPP 封装与 HDLC 封装也有一些区别，那就是 PPP 的封装字段中添加了协议字段。这个协议字段是为了标识本数据帧的消息负载是使用的什么协议进行封装的。

为了能够适应更加广泛的物理介质和网络层传输协议，PPP 议议采用了分层的体系架构，如图 4-15 所示。

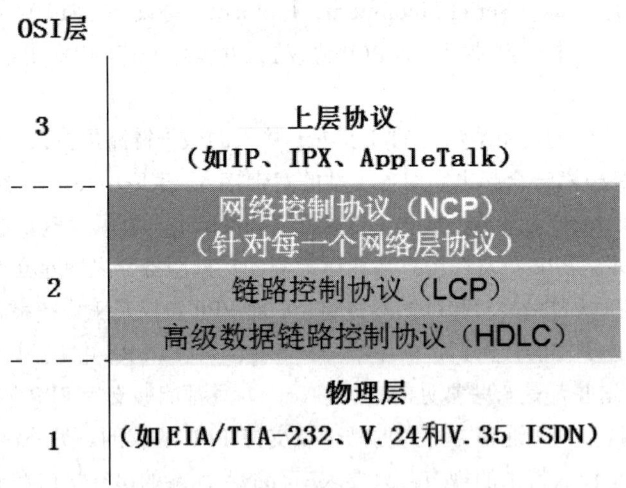

图 4-15　PPP 协议的分层架构

PPP 体系架构中，上层是网络控制协议（Network Control Protocol，NCP）。NCP 协议并不是一个特定的协议，而是指 PPP 架构上层中一系列的不同的网络层传输协议的总称。不同的网络层协议在 PPP 体系架构中都有一个对应的 NCP 协议，比如 IPv4 协议对应的是 IPCP 协议、IPv6 协议对应的是 IPv6CP、IPX 协议对应的是 IPXCP、AppleTalk 协议对应的是 ATCP 等。NCP 的作用是与网络层协议如 IPv4、IPv6、IPX、AppleTalk 等进行协商并为其配置参数。NCP 协议下面是链路控制协议（Link Control Protocol，LCP），链路控制协议的作用是发起、监控和终止连接，通过协商的方式对接口进行自动配置，执行身份认证等。

这三部分上下层关系体现在 PPP 连接的协商和建立阶段。在两台设备要通过 PPP 协议在一条串行链路上传输数据之前，它们需要首先通过 LCP 协议来协商建立数据链路，然后再通过 NCP 协议来协商网络层的配置。请读者不要因为这种上下层关系就误以为一个 IPv4 数据包会逐层封装 IPCP 头部和 LCP 头部，实际上，在上面所说的这两个阶段中，NCP 消息和 LCP 协议会同时封装在 PPP 数据帧中，然后再根据下层不同的物理介质对 PPP 数据帧执行成帧。

1. PPP 协议工作过程

（1）建立、配置及测试数据链路的链路控制协议（Link Control Protocol，LCP）。它允许通信双方进行协商，以确定不同的选项。这些选项有最大接收单元、认证协议、协议字段压缩等。对于没有协商的参数，使用默认操作。

（2）认证协议。如果一端需要身份验证，就需要对方出示账户和密码进行身份验证。最常用的是密码验证协议 PAP（Password Authentication Protocol）和挑战握手验证协议 CHAP（Challenge Handshake Authentication Protocol）。PAP 和 CHAP 通常被用在 PPP 封装的串行线路上，提供安全性认证。

（3）LCP 协商完参数和身份验证后，PPP 就会开始通过上层协议对应的网络控制协议（Network Control Protocol，NCP）来协商上层协议的配置参数，比如 IPCP 需要协商的配置参数包括消息的 PPP 和 IP 头部是否压缩、使用什么算法进行压缩以及 PPP 接口的 IPv4 地址等。

2. PPP 协议的特点

- PPP 既支持同步传输又支持异步传输，而 X.25、FR（Frame Relay）等数据链路层协议仅支持同步传输，SLIP 仅支持异步传输。
- PPP 协议具有很好的扩展性，例如，当需要在以太网链路上承载 PPP 协议时，PPP 可以扩展为 PPPoE。
- PPP 提供了 LCP（Link Control Protocol）协议，用于各种链路层参数的协商。
- PPP 提供了各种 NCP（Network Control Protocol）协议（如 IPCP、IPXCP），用于各网络层参数的协商，能更好地支持网络层协议。
- PPP 提供了认证协议：CHAP、PAP，能更好地保证网络的安全性。
- 无重传机制，网络开销小，速度快。

4.2.2　PPP 基本工作流程

PPP 协议是一种点到点协议，它只涉及位于 PPP 链路两端的两个接口。当我们在分析和讨论其中一个接口时，习惯上就把这个接口叫作本地接口或本端接口，而把另一个接口叫做对端接口或远端接口，或简称为 Peer。

通过串行链路连接起来的本地接口和对端接口在上电之后，并不能马上就开始相互发送携带诸如 IP 报文这样的网络层数据单元的 PPP 帧。本地接口和对端接口在开始相互发送携带诸如 IP 报文这样的网络层数据单元的 PPP 帧之前，必须经过一系列复杂的协商过程（甚至还可能包括认证过程），这一过程也称为 PPP 的基本工作流程。

PPP 基本工作流程总共包含了 5 个阶段，分别是：Link Dead 阶段（即链路关闭阶段）、Link Establishment 阶段（即链路建立阶段）、Authentication 阶段（即认证阶段）、Network Layer Protocol 阶段（即网络层协议阶段）、Link Termination 阶段（即链路终结阶段）。

PPP 协议链路建立阶段、认证阶段、网络层协议阶段如图 4-16 所示。

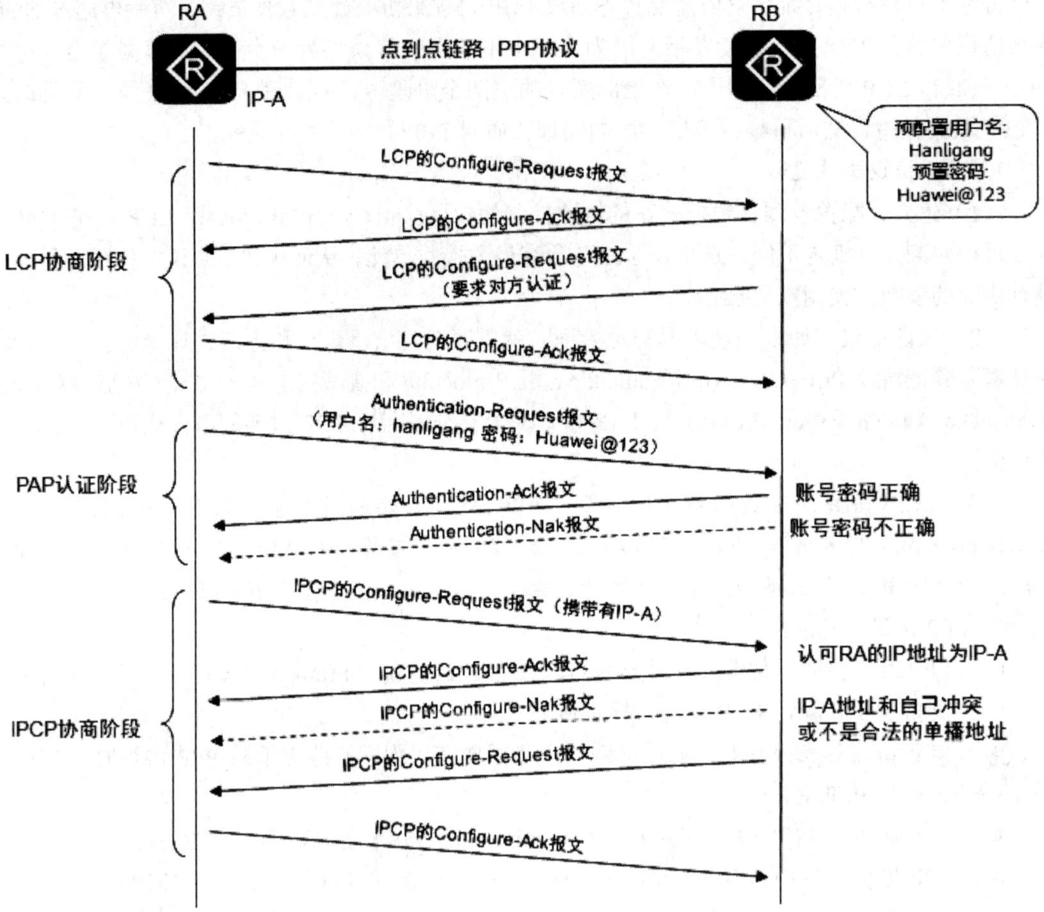

图 4-16　PPP 工作流程

PPP 基本工作流程的第一个阶段是 Link Dead 阶段。在此阶段，PPP 接口的物理层功能尚未进入正常状态。只有当本端接口和对端接口的物理层功能都进入正常状态之后，PPP 才能进入到下一个工作阶段，即 Link Establishment 阶段。

当本端接口和对端接口的物理层功能都进入正常状态之后，PPP 便会自动进入 Link Establishment 阶段。在此阶段，本端接口会与对端接口相互发送携带 LCP 报文的 PPP 帧。简单地说，此阶段也就是双方交互 LCP 报文的阶段。通过 LCP 报文的交互，本端接口会与对端接口协商若干基本而重要的参数，以确保 PPP 链路可以正常工作。例如，本端接口会与对端接口就 MRU（Maximum Receive Unit）这个参数进行协商。所谓 MRU，就是 PPP 帧中“信息”字段所允许的最大长度（字节数）。如果本端接口因为某种原因而要求所接收到的 PPP 帧的“信息”字段的长度不得超过 1800 字节（即本端接口的 MRU 为 1800），而对端接口却发送了“信息”字段为 2000 字节的 PPP 帧，那么，在这种情况下，本端接口就无法正确地接收和处理这个“信息”字段为 2000 字节的 PPP 帧，通信就会因此而产生故障。因此，为了避免这种情况的发生，本端接口和对端接口在 Link Establishment 阶段就必须对 MRU 这个参数进行协商并取得一致意见，此后，本端接口就不会发送“信息”字段超过对端 MRU 的 PPP 帧，对端接口也不会发送“信息”字段超过本端 MRU 的 PPP 帧。

在 Link Establishment 阶段，本端接口和对端接口还必须约定好是直接进入到网络层协议阶段，还是先进入认证阶段再进入到网络层协议阶段。如果需要进入到认证阶段，还必须约定好使用什么样的认证协议来进行认证。PAP 身份验证方式下账号和密码在网络中明文传输，CHAP 身份验证方式下密码加密传输。

图 4-16 在链路建立阶段路由器 RB 要求对路由器 RA 发送的 Configure-Request 报文进行身份验证。在身份验证阶段，路由器 RA 向路由器 RB 发送 Authentication-Request 报文，身份验证通过后，路由器 RB 向路由器 RA 发送 Authentication-Ack 报文，如果身份验证失败，RB 向 RA 发送 Authentication-Nak 报文。图中路由器 RA 没有要求路由器 RB 进行身份验证。

如果 PPP 的 Link Establishment 阶段顺利地结束了，并且 PPP 协议的双方约定无需进行认证，或者双方顺利地结束了认证阶段，那么 PPP 就会自动进入到网络层协议阶段。在网络层协议阶段，PPP 协议的双方会首先通过 NCP（Network Control Protocol）协议来对网络层协议的参数进行协商，协商一致之后，双方才能够在 PPP 链路上传递携带相应的网络层协议数据单元的 PPP 帧。

对于 NCP 中的 IPCP，在协商阶段，路由器 RA 发送的配置请求会携带 RA 的接口 IP 地址 IP-A，如果 IP-A 是一个合法的单播地址，并且 RB 的 IP 地址不冲突，RB 就发送一个 IPCP 的 Configure-Ack 报文，如果不认可，则发送一个 Configure-Nak 报文。

如果管理员没有给路由器 RA 的接口 A 配置 IP 地址，而是希望对端设备给接口 A 分配一个 IP 地址，在 IPCP 协商阶段，在 RA 发送的 Configure-Request 报文的配置选项中就应该包括 0.0.0.0 这个特殊 IP 地址。RB 接收到来自 RA 的 Configure-Request 报文后，就会明白对端是在请求从自己这里获取一个 IP 地址。于是，RB 就会回应一个 Configure-Nak 报文，并把自己分配给接口 A 的 IP 地址（假设这个 IP 地址为 IP-A）置于 Configure-Nak 报文的配置选项中。RA 在接收到来自 B 端接口的 Configure-Nak 报文后，会提取出其中的 IP-A，然后重新向 B 发送一个 Configure-Request 报文，该报文配置项中包含 IP-A。B 接收后验证 IP-A 合法，就会向 A 发送一个 Configure-Ack 报文。这样 A 就成功地从 B 那里获得了 IP-A 这个地址，具体如图 4-17 所示。

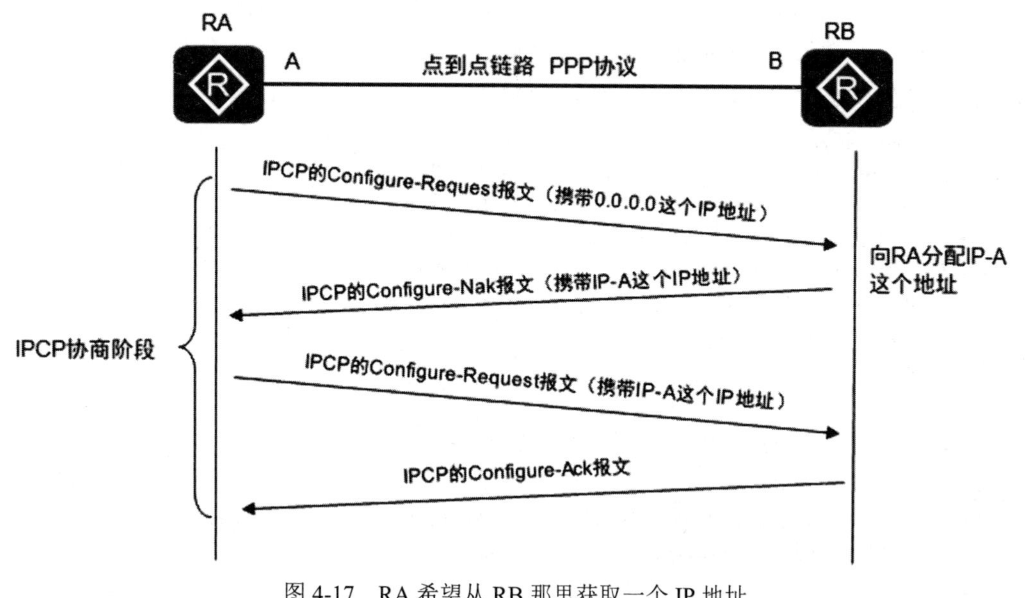

图 4-17 RA 希望从 RB 那里获取一个 IP 地址

有很多种情况都会导致 PPP 进入到 Link Termination 阶段，例如，认证阶段未能顺利完成、链路的信号质量太差或网络管理员需要主动关闭链路等。

4.2.3 配置 PPP 协议：PAP 身份验证模式

配置如图 4-18 所示，网络中的 AR1 和 AR2 路由器实现以下功能。

- 在 AR1 和 AR2 之间的链路上配置数据链路层协议使用 PPP 协议。
- 在 AR1 上创建账号和密码，用于 PPP 协议身份验证。
- 在 AR1 的 Serial 2/0/0 接口上，配置 PPP 协议身份验证模式为 PAP。
- 在 AR2 的 Serial 2/0/1 接口上，配置要出示给 AR1 路由器的账号和密码。

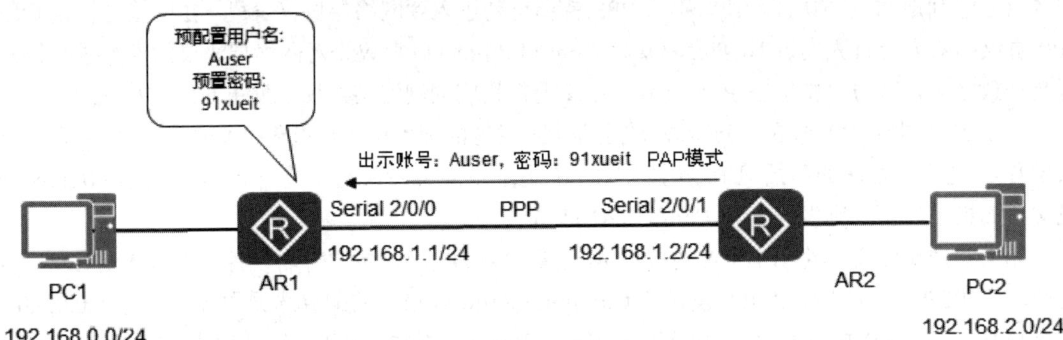

图 4-18 配置 PPP 及 PAP 身份验证模式

具体的配置过程如下。

首先通过下列命令，配置 AR1 路由器上 Serial 2/0/0 接口的数据链路层使用 PPP 协议，华为路由器串行接口默认就是使用 PPP 协议。

```
[AR1]interface Serial 2/0/0                    --进入 Serial 2/0/0 接口
[AR1-Serial2/0/0]link-protocol ppp             --把接口的数据链路层协议配置为 PPP
```

然后查看 AR1 路由器上 Serial 2/0/0 接口的状态。物理层状态为 UP，说明两端接口连接正常；数据链路层状态为 UP，说明两端协议一致。

```
<AR1>display interface Serial 2/0/0
Serial 2/0/0 current state : UP                --物理层状态 UP
Line protocol current state : UP               --数据链路层状态 UP
Description:HUAWEI, AR Series, Serial 2/0/0 Interface
Route Port,The Maximum Transmit Unit is 1500, Hold timer is 10(sec)
Internet Address is 192.168.1.1/24
Link layer protocol is PPP                     --数据链路层协议为 PPP
LCP request
……
```

在 AR1 上创建用于 PPP 身份验证的用户名和密码。

```
[AR1]aaa                                       --进入 aaa 视图
[AR1-aaa]local-user Auser password cipher 91xueit   --创建用户 Auser，密码为 91xueit
[AR1-aaa]local-user Auser service-type ppp     --指定 Auser 用于 PPP 身份验证
[AR1-aaa]quit
```

配置 AR1 上 Serial 2/0/0 接口的身份验证模式为 PAP，则 PPP 协议会要求完成身份验证后才能连接。

```
[AR1]interface Serial 2/0/0
[AR1-Serial 2/0/0]ppp authentication-mode ?          --查看 PPP 身份验证模式
  chap Enable CHAP authentication                    --密码安全传输
  pap Enable PAP authentication                      --密码明文传输
[AR1-Serial 2/0/0]ppp authentication-mode pap        --为接口配置 pap 身份验证模式
```

> 注意：如果取消该接口的 PPP 协议身份验证，需执行以下命令：
>
> [AR1-Serial 2/0/0]undo ppp authentication-mode pap

在 AR2 上配置 Serial 2/0/1 接口的数据链路层使用 PPP 协议，以及要向 AR1 出示的账号和密码。

```
[AR2]interface Serial 2/0/1        --进入接口
[AR2-Serial 2/0/1]link-protocol ppp      --配置接口链路层协议
[AR2-Serial 2/0/1]ppp pap local-user Auser password cipher 91xueit      --配置接口账号和密码
```

> 注意：由于在 AR2 的接口上没有执行[AR2-Serial 2/0/1] ppp authentication-mode pap，因此 AR1 使用 PPP 连接 RA2 不需要出示账号和密码。

4.2.4 配置 PPP 协议：CHAP 身份验证模式

上面的配置只是实现了 AR1 验证 AR2，下面我们再实现 AR2 验证 AR1。首先在 AR2 上创建用户 Buser，密码为 51cto，并创建用户 Buser 及其密码，用于 PPP 的身份验证。然后配置 AR2 的 Serial 2/0/1 接口使用 CHAP 身份验证模式。最后配置 AR1 的 Serial 2/0/0 接口所需出示的账号和密码，如图 4-19 所示。

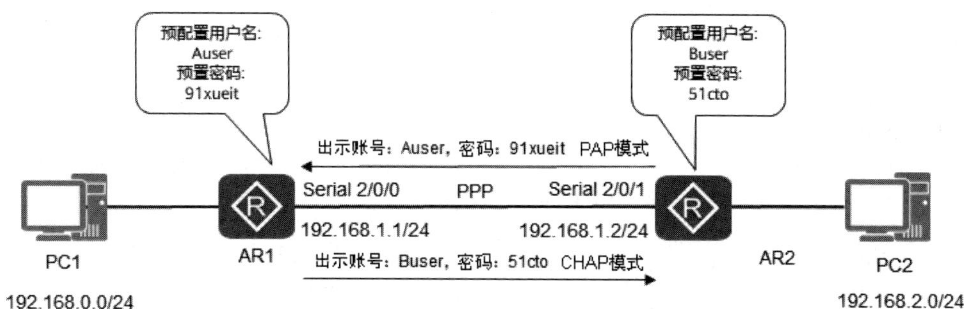

图 4-19 配置 PPP 及 CHAP 身份验证模式

在 AR2 上创建 PPP 身份验证的用户，配置 Serial 2/0/1 接口，PPP 协议要求完成身份验证才能连接。

```
[AR2]aaa                                           --进入 aaa 界面
[AR2-aaa]local-user Buser password cipher 51cto    --在 AR2 中创建一个用户及密码
[AR2-aaa]local-user Buser service-type ppp         --指定对 Buser 进行 PPP 身份验证
[AR2-aaa]quit
[AR2]interface Serial 2/0/1
[AR2-Serial2/0/1]ppp authentication-mode chap      --指定验证模式为 chap
[AR2-Serial2/0/1]quit
```

AR1 上的配置如下，先指定用于 PPP 协议身份验证的账号，再指定密码。

```
[AR1]interface Serial 2/0/0                          --进入接口
[AR1-Serial2/0/0]ppp chap user Buser                 --配置账号
[AR1-Serial2/0/0]ppp chap password cipher 51cto      --配置密码
[AR1-Serial2/0/0]quit
```

4.2.5 通过抓包观察 PPP 的工作过程

首先，在 eNSP 中构建并配置实验环境，如图 4-20 所示。

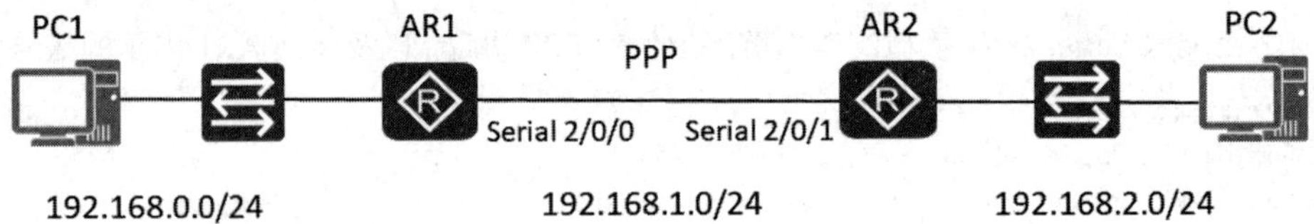

图 4-20 捕获 PPP 协议数据帧

在抓包之前，要先对两个路由器进行配置，过程如下。

首先，对路由器 AR1 进行配置：更改路由器名称；设置接口地址；配置广域网接口 Serial 2/0/0 使用的数据链路层协议为 PPP；添加静态路由。

```
[Huawei]sysname AR1                                  --更改路由器名称
[AR1]interface GigabitEthernet 0/0/0                 --进入 GigabitEthernet0/0/0 接口
[AR1-GigabitEthernet0/0/0]ip address 192.168.0.1 24  --为接口设置 IP 地址
[AR1-GigabitEthernet0/0/0]quit
[AR1]interface Serial 2/0/0
[AR1-Serial2/0/0]ip address 192.168.1.1 24
[AR1-Serial2/0/0]link-protocol ?                     --查看支持的数据链路层协议
  fr      Select FR as line protocol
  hdlc    Enable HDLC protocol
  lapb    LAPB(X.25 level 2 protocol)
  ppp     Point-to-Point protocol
  sdlc    SDLC(Synchronous Data Line Control) protocol
  x25     X.25 protocol
[AR1-Serial2/0/0]link-protocol ppp                   --配置使用 PPP 协议
[AR1-Serial2/0/0]display this                        --查看接口的配置
[V200R003C00]
#
interface Serial2/0/0
 link-protocol ppp
 ip address 192.168.1.1 255.255.255.0
#
return
[AR1-Serial2/0/0]quit
[AR1]ip route-static 192.168.2.0 24 192.168.1.2
```

然后，再对路由器 AR2 进行配置：更改路由器名称；设置接口地址；配置广域网接口 Serial 2/0/1 使用的数据链路层协议为 PPP（广域网接口数据链路层协议默认就是 PPP 协议，因此可以省略这一步）；添加静态路由。

```
[Huawei]sysname AR2
[AR2]interface Serial 2/0/1
[AR2-Serial2/0/1]ip address 192.168.1.2 24
[AR2-Serial2/0/1]quit
[AR2]interface GigabitEthernet 0/0/0
[AR2-GigabitEthernet0/0/0]ip address 192.168.2.1 24
[AR2-GigabitEthernet0/0/0]quit
[AR2]ip route-static 192.168.0.0 24 192.168.1.1
```

两个路由器配置完毕后，打开抓包工具 Wireshark，右击 AR1，单击“数据抓包”，选择接口 Serial 2/0/0，在出现的选择链路类型对话框选择 PPP，单击“确定”按钮，开始抓包，如图 4-21 所示。

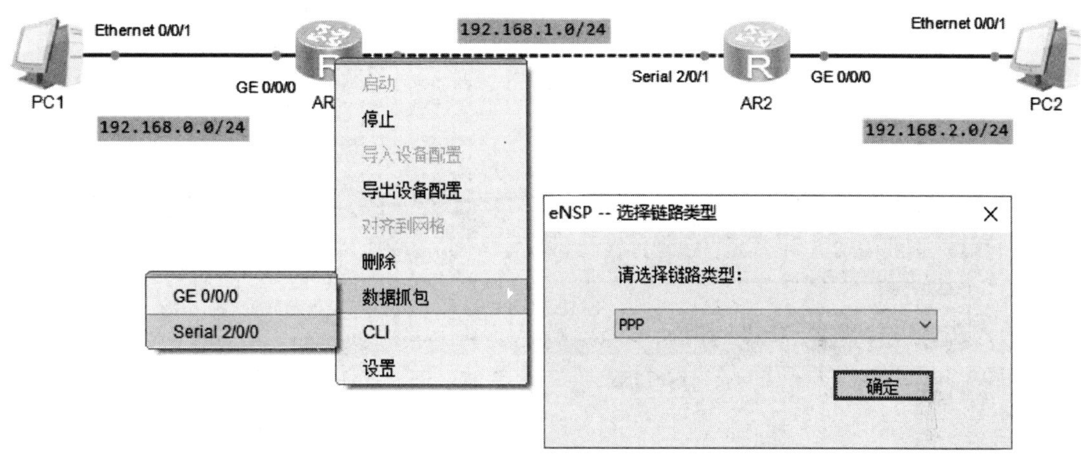

图 4-21　抓包设置

由于 PPP 链路建立阶段的帧只存在于链路建立阶段，因此，要抓住这个阶段的帧，需再现链路建立阶段的过程，我们只要在 AR2 上先关闭 Serial 2/0/1 接口再打开该接口，即可重现数据链路建立的过程。

```
[AR2-Serial2/0/1]shutdown
[AR2-Serial2/0/1]undo shutdown
```

查看捕获的PPP帧，可以看到序号 10～15 是PPP协议链路建立阶段的帧，协议字段为PPP LCP，也就是链路控制协议。序号 16～19 是 PPP 协议网络层协议阶段的帧。选中其中序号为 12 的帧，点开中间窗口中的“Point-to-Point Protocol”，可以看到 PPP 帧首部有三个字段，如图 4-22 所示。

Address 字段的值为 0xff，0x 表示后面的 ff 为十六进制数，写成二进制为 1111 1111，占一个字节的长度。点到点信道 PPP 帧中的地址字段形同虚设，可以看到没有源地址和目标地址。

Control 字段的值为 0x03，写成二进制为 0000 0011，占一个字节长度。

PPP 协议在最初曾考虑过以后对地址字段和控制字段的值进行其他定义，但至今也没给出。

Protocol 字段占 2 个字节，通过不同的取值来表示 PPP 帧内信息是什么数据，Protocol 字段的不同取值所代表的含义如下：

0x0021——PPP 帧的信息字段就是 IP 数据报。

0xc021——信息字段是 PPP 链路控制数据。

0x8021——网络控制数据。

0xc023——信息字段是安全性认证 PAP。

0xc025——信息字段是 LQR。

0xc223——信息字段是安全性认证 CHAP。

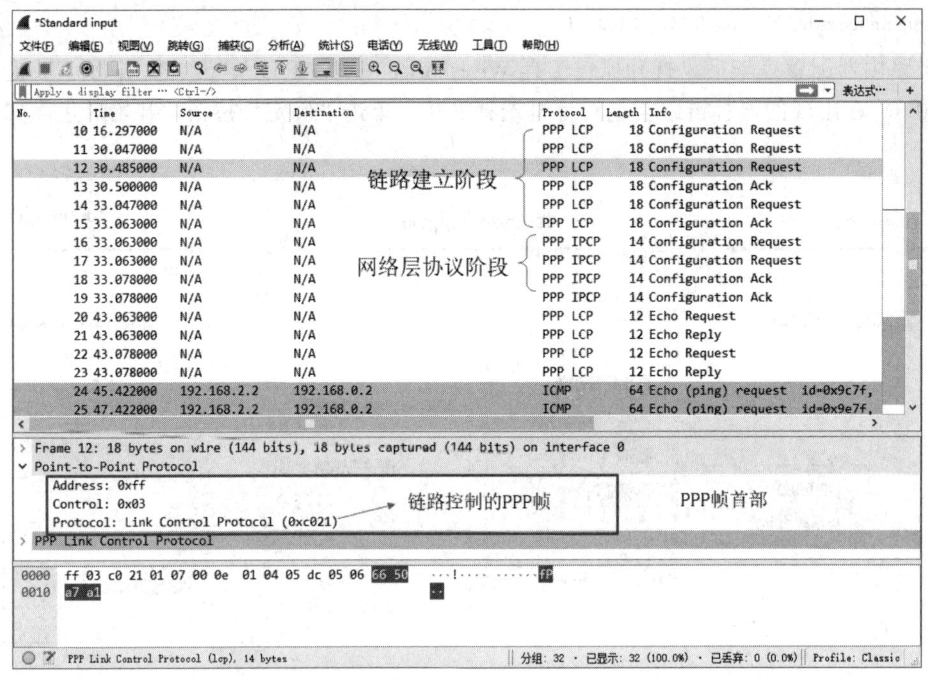

图 4-22　PPP 协议首部

同样的方法，我们可以再选中后面抓到的数据包，查看一个 Protocol 是 ICMP 的帧首部格式，如图 4-23 所示。可以看到数据帧首部的 Protocol 字段值为 0x0021，表明 PPP 帧的信息字段就是 IPv4 数据报。

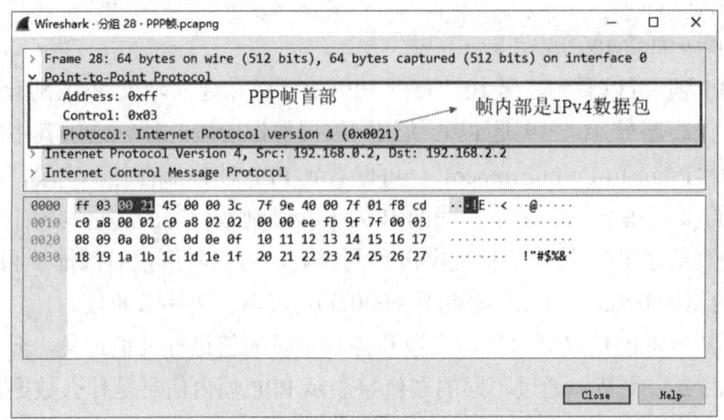

图 4-23　PPP 协议首部 Protocol 字段

4.2.6 PPP 帧填充方式

当信息字段中出现和帧开始定界符和帧结束定界符相同的比特（0x7E）组合时，就必须采取一些措施，以使这种形式上和标志字段相同的比特组合不出现在信息字段中。

（1）异步传输使用字节填充。在异步传输的链路上，数据传输以字节为单位，PPP 帧的转义符定义为 0x7D，并使用字节填充，如图 4-24 所示。

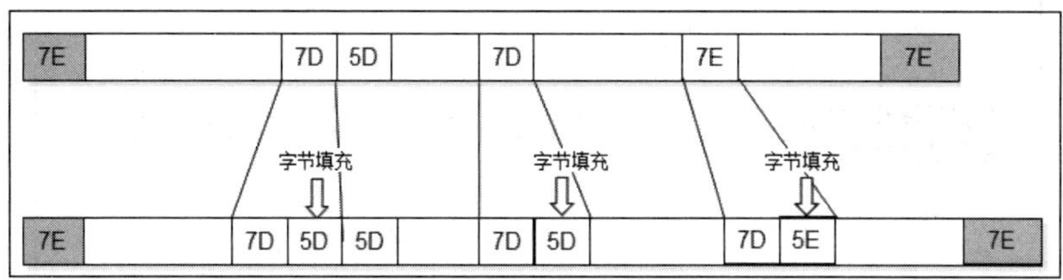

图 4-24　PPP 帧字节填充

RFC1662 规定的字节填充方法如下：

- 把信息字段中出现的每一个 0x7E 字节转变为 2 字节序列（0x7D，0x5E）。
- 若信息字段中出现一个 0x7D 的字节（即出现了和转义字符一样的比特组合），则把 0x7D 转变为 2 字节序列（0x7D，0x5D）。
- 若信息字段中出现 ASCII 码的控制字符（即数值小于 0x20 的字符），则在该字符前面要加入一个 0x7D 字节，同时将该字符的编码加以改变。例如，出现 0x03（在控制字符中是“传输结束”ETX）就要把它转变为 2 字节序列（0x7D，0x23）。

由于在发送端进行了字节填充，因此在链路上传送的信息字节数就超过了原来的信息字节数。接收端在收到数据后会进行与发送端字节填充相反的变换，这样就可以正确地恢复出原来的信息。

示例：若接收端收到 7D 5E FE 27 7D 5D 7D 5D 65 7D 5E 数据部分，则真正的数据部分是什么？

参照填充规则进行反向替换：7D 5E→7E，7D 5D→7D。

得到真正的数据部分应该是：7E FE 27 7D 7D 65 7E。

（2）同步传输使用零比特填充。在同步传输的链路上，数据传输以帧为单位，PPP 协议采用零比特填充方法来实现透明传输。大家把 PPP 协议帧定界符 0x7E 写成二进制 01111110，也就是可以看到中间有连续的 6 个 1，所以我们只要想办法在信息部分不要出现连续的 6 个 1，就肯定不会与帧定界符相冲突。通过“零比特填充法”，可以保证在数据部分不出现 6 个连续的 1，具体做法是：在发送端，先扫描整个信息字段（通常是用硬件实现，但也可用软件实现，只是会慢些），只要发现有连续 5 个 1，则立即填入一个 0。因此经过这种零比特填充后的数据，就可以保证在信息字段中不会出现连续 6 个 1。接收端在收到一个帧时，先找到标志字段 F 以确定一个帧的边界，接着再用硬件对其中的比特流进行扫描，每当发现连续 5 个 1 时，就把这连续 5 个 1 后的一个 0 删除，这样就还出了原来的比特流。可见，通过这种方法，在所传送的数据比特流中可以传送任意组合的比特流，而不会引起对帧边界的错误判断，即保证了传输的透明性。

比如，假设在发送端发送一组比特流 010011111010001010，填充后就成了 0100111110010001010；接收端收到这组比特流后，对其中连续的 1 进行计数，一旦数到 5 个连续的 1，就去掉后面的 0，则就还原出原来比特流 010011111010001010，如图 4-25 所示。

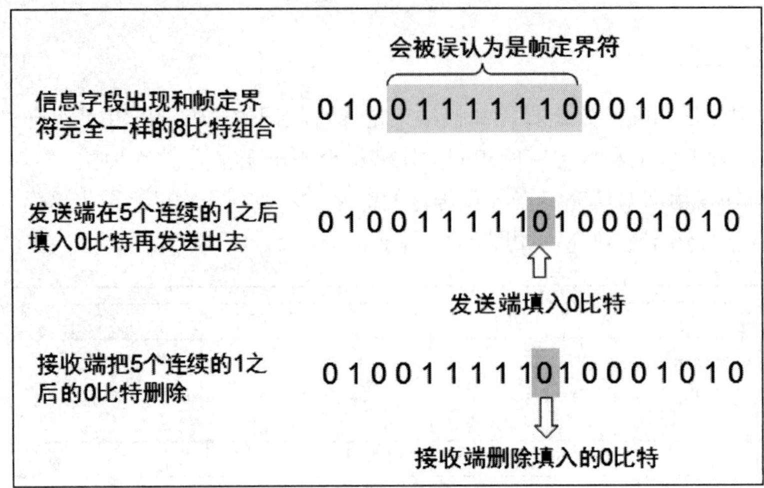

图 4-25　PPP 帧的零比特填充及还原

4.3　广播信道的数据链路

前面所讲的点到点信道更多地应用于广域网通信，而局域网的通信则更多地使用广播信道。

4.3.1　广播信道的局域网

局域网（Local Area Network，LAN）是在一个局部的地理范围（如一个学校、工厂和机关，一般是方圆几千米以内）内，将各种计算机、外部设备和数据库等互相联接起来而组成的计算机通信网。

现在大多数企业都有自己的局域网，通常企业通过购买网络设备，组建自己内部的办公局域网。局域网严格意义上来讲是封闭型的，这样的网络通常不对 Internet 用户开放，但允许局域网内部的用户访问 Internet，使用的是保留的私网地址。

最初的局域网使用同轴电缆进行组网，采用总线型拓扑，如图 4-26 所示。总线型局域网中的一条链路通过 T 型接口连接多个网络设备（网卡），链路上的两个计算机通信时，比如计算机 A 要给计算机 B 发送一个帧，同轴电缆会把承载该帧的数字信号传送到所有终端，链路上的所有计算机都能收到这个帧，所以称为广播信道。要在这样的一个广播信道实现点到点通信，就需要给发送的帧添加源地址和目标地址，这就要求网络中的每个计算机的网卡有唯一的一个物理地址（即 MAC 地址），仅当帧的目标 MAC 地址和计算机的网卡 MAC 地址相同时，该网卡才接收该帧，对于不是发给自己的帧则丢弃。点到点链路的帧不需要源地址和目标地址。

广播信道中的计算机发送数据的机会均等，但是链路上又不能同时传送多个计算机发送的信号，否则就会产生信号干扰，因此每台计算机发送数据之前要先判断链路上是否有信号在传送，开始发送后还要判断是否和其他正在链路上传过来的数字信号发生冲突。如果发生冲突，就要等一个随机时间再次尝试发送，这种机制就是带冲突检测的载波侦听多路访问（Carrier Sense Multiple Access with Collision Detection，CSMA/CD）。CSMA/CD 就是广播信道使用的数据链路层协议，使用 CSMA/CD 协议的网络就是以太网。点到点链路就不用进行冲突检测，因此没必要使用 CSMA/CD 协议。

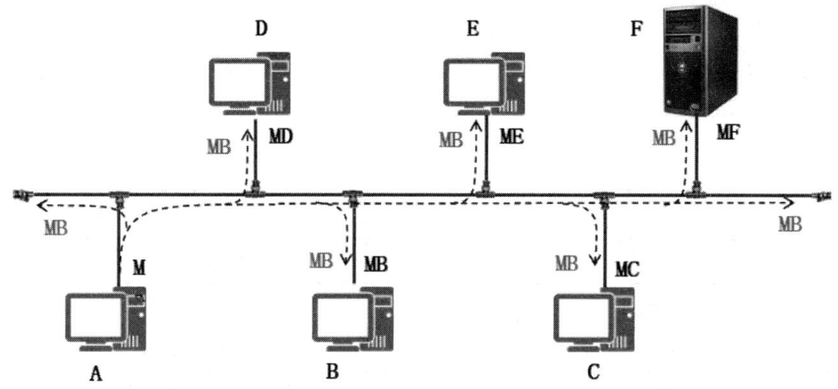

图 4-26　总线型广播信道

广播信道除了总线型拓扑以外，通过使用集线器设备还可以连接成星型拓扑。如图 4-27 所示，计算机 A 发送给计算机 C 的数字信号，会被集线器发送到所有接口（这和总线型拓扑一样），网络中的计算机 B、C 和 D 的网卡都能收到，该帧的目标 MAC 地址和计算机 C 网卡的地址相同，因此只有计算机 C 接收该帧。为了避免冲突，计算机 B 和计算机 D 就不能同时发送帧了，因此连接在集线器上的计算机也要使用 CSMA/CD 协议进行通信。

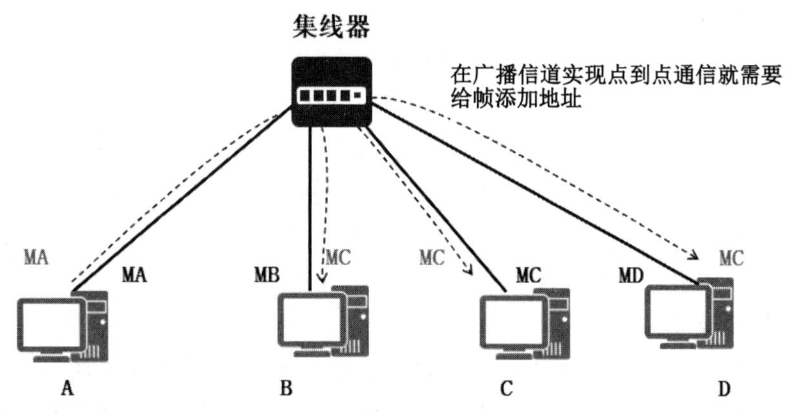

图 4-27　星型广播信道

4.3.2　以太网标准

以太网（Ethernet）是一种计算机局域网组网技术。IEEE 制定的 IEEE 802.3 标准给出了以太网的技术标准，即以太网的介质访问控制协议（CSMA/CD）及物理层技术规范（包括物理层的连线、电信号和介质访问层协议的内容）。

以太网是当前应用最普遍的局域网技术，它很大程度上取代了其他局域网标准，如令牌环、FDDI（Fiber Distributed Data Interface）等。

最初以太网只有 10Mb/s 的速率，使用的是带冲突检测的载波侦听多路访问（CSMA/CD）的访问控制方法，这种早期的 10Mb/s 以太网称为标准以太网。以太网可以使用粗同轴电缆、细同轴电缆、非屏蔽双绞线、屏蔽双绞线和光纤等多种传输介质进行连接。

IEEE 802.3 标准集为不同的物理媒体类型制定了不同的物理层标准，见表 4-1。其中，每个物理媒体类型前面的数字表示传输速率，单位是“Mb/s”，最后一个数字表示单段网线长度（基准单位是 100m），Base 表示“基带”。

表 4-1　以太网标准

物理媒体类型	传输介质	网段最大长度	特点
10BASE-5	粗同轴电缆	500m	早期电缆，已经废弃
10BASE-2	细同轴电缆	185m	不需要集线器
10BASE-T	非屏蔽双绞线	100m	最便宜的系统
10BASE-F	光纤	2000m	适合于楼间使用

4.3.3　CSMA/CD 协议

总线型网络的特点就是一台计算机发送数据时，总线上的所有计算机都能够检测到这个数字信号，这种链路就是广播信道。要想实现点到点通信，网络中的计算机的网卡必须有唯一的地址，发送的数据帧也要有目标地址和源地址。

总线型网络使用 CSMA/CD 协议进行通信，即带冲突检测的载波侦听多点接入技术。下面就对这个协议进行详细阐述。

在广播信道中的计算机发送数据的机会均等，但不能同时有两个计算机发送数据，因为总线上只要有一台计算机在发送数据，总线的传输资源就被占用。因此计算机在发送数据之前要先侦听总线是否有信号，只有检测到没有信号传输才能发送数据，这就是**载波侦听**。

即便检测出总线上没有信号，开始发送数据后也有可能和迎面而来的信号在链路上发生碰撞。如图 4-28 所示，A 计算机发送的信号和 B 计算机发送的信号在链路 C 处发生碰撞，碰撞后的信号相互叠加，在总线上电压变化幅度将会增加，发送方检测到电压变化超过一定的限值时，就认为发生冲突，这就是**冲突检测**。

信号产生叠加就无法从中恢复出有用的信息。一旦发现总线上出现了碰撞，发送端就要立即停止发送，免得继续进行无效的发送，白白浪费网络资源，等待一个随机时间后再次发送。

显然，在使用 CSMA/CD 协议时，一个站不可能同时进行发送和接收。因此使用 CSMA/CD 协议的以太网不可能进行全双工通信而只能进行双向交替通信（半双工通信）。

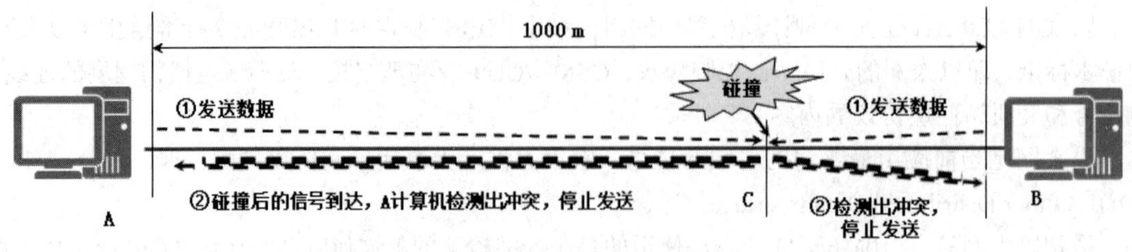

图 4-28　冲突检测示意图

4 Chapter

4.3.4 以太网最短帧

为了能够检测到正在发送的帧在总线上是否产生冲突，以太网的帧不能太短，如果太短就有可能检测不到冲突的发生。

要想让发送端能够检测出发生在链路上任何地方的碰撞，那就要探讨一下广播信道中发送端检测到冲突所需的最长时间，以及在此期间发送了多少比特，从而就能够算出广播信道中保证检测到冲突所需的帧最短长度。

如图 4-29 所示，我们以长度 1000m 同轴电缆和 10Mb/s 带宽的网卡为例来计算该网络的最短帧。首先设总线上单程端到端传播时延为 τ，则电磁波在 1000m 同轴电缆上的传播时延 τ 约等于 5μs。冲突检测用时最长情况就是 A 计算机发送的数据到达 B 计算机网卡时，B 计算机的网卡刚好开始发送数据，则 A 计算机检测出冲突所需时间为 2τ，也就是 10μs。在此期间 A 计算机网卡发送的比特数量为 $10Mb/s×10μs=10^7b/s×10^{-5}s=100bit$，那么如果发送端发送的帧长低于 100 比特，就有可能检测不到该帧在链路上产生冲突。

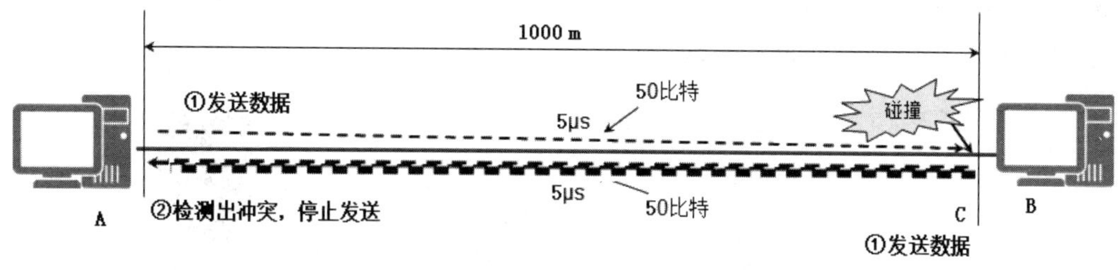

图 4-29 以太网最短帧 1

如图 4-30 所示，假如计算机 A 发送的帧只有 60 比特，且在链路 C 处与 B 计算机发送的信号发送碰撞，则当这 60 个比特发送完毕时，碰撞后的信号还没有到达 A 计算机，那么 A 计算机就会认为发送成功，等碰撞后的信号到达 A 计算机时，A 计算机就没法判断是自己发送的帧发生了碰撞还是总线上的其他计算机发送的帧发生了碰撞。

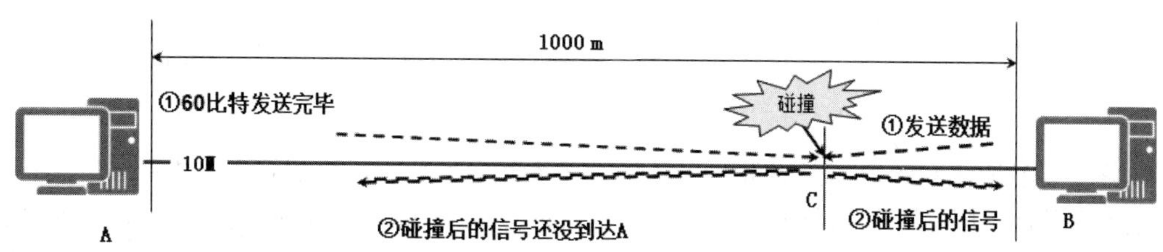

图 4-30 以太网最短帧 2

因此在案例中 1000m 同轴电缆 10Mb/s 带宽的广播信道中，发送端要想检测出在链路任何地方发生的冲突，发送的帧最少应为 100 比特，即该链路上的最小帧长度应为 100 比特。使用 CSMA/CD 协议的链路上的帧长度必须大于最小帧长度。

最小帧和传输时延以及带宽有关，因为电磁波的传输速度和介质有关，如果链路传输介质不变，我们也可以认为最小帧和链路长度以及带宽有关。

如同轴电缆还是 1000m，传输时延不变，网卡带宽改为 100Mb/s，则能够检测出碰撞的最小帧长度应为 $100Mb/s×10μs=10^8b/s×10^{-5}s=1000bit$。

如网卡带宽还是10Mb/s，同轴电缆的长度改为500m，则传输时延变为原来的一半，能够检测出碰撞的最小帧长度应为10Mb/s×5μs =10^7b/s×5×10^{-6}s=50bit。

以太网设计最大端到端长度为5km（实际上以太网覆盖范围远远没有这么大），单程传播时延大约为 25.6μs，往返传播时延为 51.2μs，此时，10Mb/s 标准的以太网最小帧为 10Mb/s×51.2μs=10^7b/s×51.2×10^{-6}s=512bit。

512 比特也就是 64 字节，这就意味着以太网发送数据帧时如果前 64 字节没有检测出冲突，后面发送的数据就一定不会发生冲突。换句话说，如果发生碰撞，就一定在发送前 64 字节的过程中发生。由于一旦检测出冲突就会立即终止发送，这时发送的数据一定小于 64 字节，因此凡是长度小于 64 字节的帧都是由于冲突而异常终止的无效帧，只要收到了这种无效帧，就应当立即将其终止。

4.3.5 冲突解决方法——退避算法

总线型网络中的计算机数量越多，在链路上发送数据时产生冲突的机会就越多。如图 4-31 所示，A 计算机发送到总线上的信号和 E 计算机、F 计算机发送的信号发生碰撞。发送端检测到碰撞后就要等待一个随机时间再次发送。

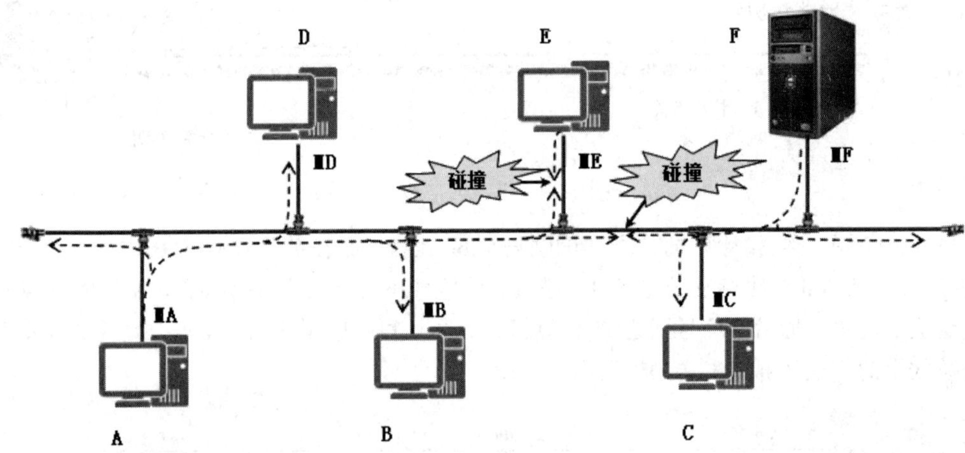

图 4-31 总线型网络冲突

计算机要想知道发送的帧在链路上是否发生碰撞必须等待 2τ，2τ 也称为争用期。

以太网使用截断二进制指数退避（truncated binary exponential backoff）算法来解决碰撞问题，该算法并不复杂。这种算法让发生碰撞的站点在停止发送数据后，不是等待信道变为空闲后就立即发送数据，而是推迟（即退避）一个随机的时间。这样做是为了使重传时再次发生冲突的概率减小。具体的退避算法如下：

（1）确定基本退避时间，它就是争用期 2τ。以太网把争用期定为 51.2μs。对于 10Mb/s 以太网，在争用期内可发送 512 比特，即 64 字节。也可以说争用期为 512 比特时间（1 比特时间就是发送 1 比特所需的时间）。所以这种时间单位与数据速率密切相关。

（2）从离散的整数集合 {0,1,⋯,(2^k-1)} 中随机取出一个数，记为 r。重传应推后的时间就是 r 倍的争用期。上面的参数 k 按下面的公式计算：

k=Min[重传次数,10]

可见，当重传次数不超过 10 时，参数 k 等于重传次数；但当重传次数超过 10 时，k 就不再增大而一直保持在 10。

（3）当重传达 16 次仍不能成功时（这表明同时打算发送数据的站点太多，以致连续发生冲突），则丢弃该帧，并向高层报告。

例如，在第 1 次重传时，k=l，随机数从整数{0,1}中随机选一个。因此重传的站点可选择的重传推迟时间是 0*2τ=0 或 1*2τ=2τ。

若再次发生碰撞，则在第 2 次重传时，k=2，随机数 r 就从整数{0,1,2,3}中选一个。因此重传推迟的时间是在 0、2τ、4τ 和 6τ 这 4 个时间中随机地选取一个。

若再次发生碰撞，则重传时 k=3，随机数 r 就从整数{0,l,2,3,4,5,6,7}中选一个。依此类推。

若连续多次发生碰撞，就表明可能有较多的站参与争用信道。但使用上述退避算法可使重传需要推迟的平均时间随重传次数增多而增大（这也称为动态退避），因而减小发生碰撞的概率，有利于整个系统的稳定。

总线上的计算机发送数据，网卡每发送一个新帧，就要执行一次 CSMA/CD 算法，每个网卡根据尝试发送的次数选择退避时间。到底哪个计算机能够获得发送机会，完全看运气，比如 A 计算机和 B 计算机前两次发送都出现冲突，正在尝试第 3 次发送时，A 计算机选择了 6τ 作为退避时间，B 计算机选择了 12τ，这时 C 计算机第一次重传，退避时间选择 2τ，因此 C 计算机获得发送机会。

4.3.6 以太网帧格式

以太网技术所使用的帧称为以太网帧（Ethernet Frame），或简称以太帧。以太帧的格式有两个标准：一个是由 IEEE 802.3 定义的，称为 IEEE 802.3 格式；一个是由 DEC（Digital Equipment Corporation）、Intel、Xerox 这三家公司联合定义的，称为 Ethernet Ⅱ格式，也称为 DIX 格式。以太帧的两种格式如图 4-32 和图 4-33 所示。虽然 Ethernet Ⅱ格式与 IEEE 802.3 格式存在一定的差别，但它们都可以应用于以太网。目前的网络设备都可以兼容这两种格式的帧，但 Ethernet Ⅱ格式的帧使用得更加广泛些。通常，承载了某些特殊协议信息的以太帧才使用 IEEE 802.3 格式，而绝大部分的以太帧使用的都是 Ethernet Ⅱ格式。

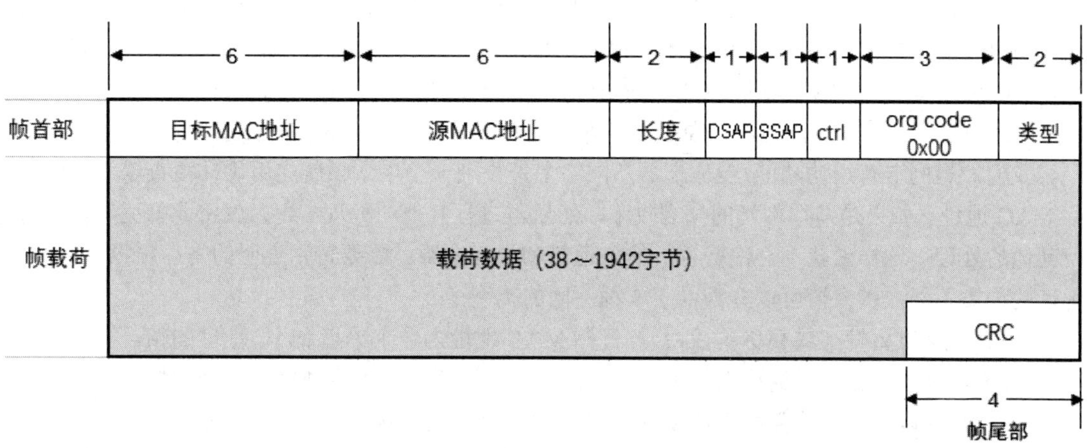

图 4-32 IEEE 802.3 格式

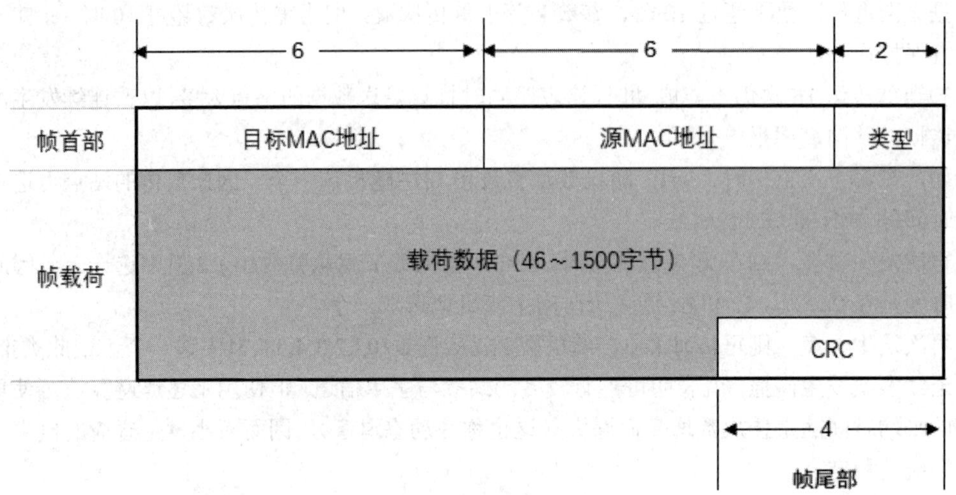

图 4-33　Ethernet Ⅱ格式

下面是关于 Ethernet Ⅱ格式的以太帧中各个字段的描述。

（1）目标 MAC 地址：该字段有 6 个字节，用来表示该帧的接收者（目的地）。目标 MAC 地址可以是一个单播 MAC 地址，或一个组播 MAC 地址，或一个广播 MAC 地址。

（2）源 MAC 地址：该字段有 6 个字节，用来表示该帧的发送者（出发地）。源 MAC 地址只能是一个单播 MAC 地址。

（3）类型：该字段有 2 个字节，用来表示载荷数据的类型。例如，如果该字段的值是 0x0800，则表示载荷数据是一个 IPv4 Packet；如果该字段的值是 0x86dd，则表示载荷数据是一个 IPv6 Packet；如果该字段的值是 0x0806，则表示载荷数据是一个 ARP Packet；如果该字段的值是 0x8848，则表示载荷数据是一个 MPLS 报文，如此等等。

（4）载荷数据：该字段的长度是可变的，最短为 46 字节，最长为 1500 字节，它是该帧的有效载荷，载荷的类型由前面的类型字段来确定。

（5）CRC 字段：该字段有 4 个字节。CRC（Cyclic Redundancy Check）即循环冗余校验，它的作用是对该帧进行检错校验，其具体的工作机制描述已超出了本书的知识范围，所以这里略去不讲。

IEEE 802.3 格式的以太帧中，目标 MAC 地址字段、源 MAC 地址字段、类型字段、载荷数据字段、CRC 字段的功能和作用与 Ethernet Ⅱ格式是一样的，不再赘述。关于其他几个字段（长度字段、DSAP 字段等）的描述，已经超出了本书的知识范围，所以这里略去不讲。

我们知道网卡有过滤功能，但适配器从网络上每收到一个以太帧就先用硬件检查以太帧中的目标 MAC 地址。如果是发往本站的帧则收下，然后再进行其他的处理，否则就将此帧丢弃，不再进行其他的处理，这样做就不会浪费主机的处理机和内存资源。需要特别说明的是，根据目标 MAC 地址的种类不同，以太帧可以分为以下 3 种不同的类型。

（1）单播以太帧（或简称单播帧）：目标 MAC 地址为一个单播 MAC 地址的帧。

（2）组播以太帧（或简称组播帧）：目标 MAC 地址为一个组播 MAC 地址的帧。

（3）广播以太帧（或简称广播帧）：目标 MAC 地址为广播 MAC 地址的帧。

通过抓包工具对电脑网卡发送和接收的帧进行抓包，可以发现电脑网卡发送的接收的帧就是 Ethernet II 格式的以太帧，如果 4-34 所示。

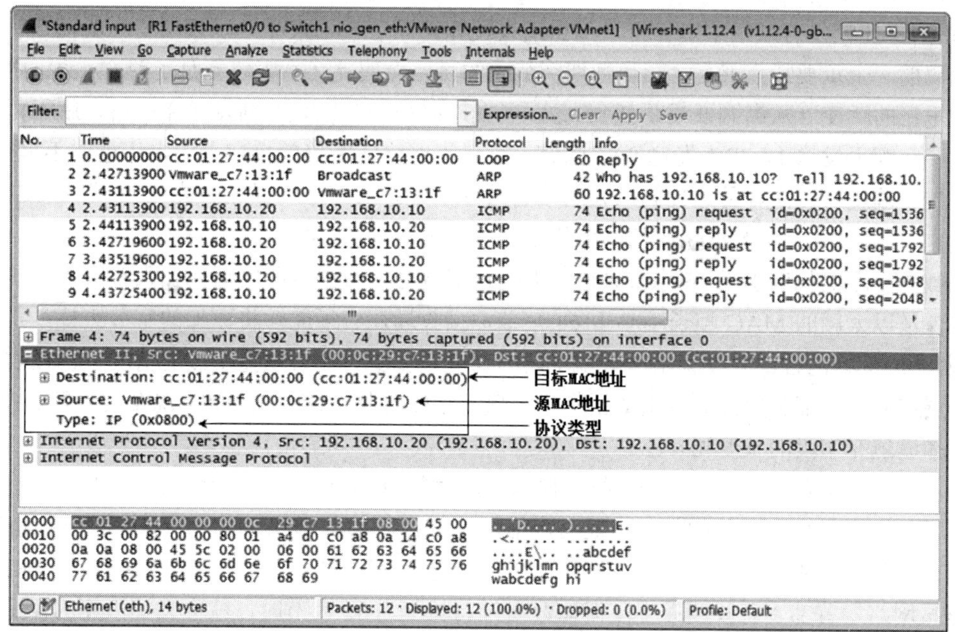

图 4-34　以太网帧首部

抓包工具捕获的帧，我们看不到帧定界符、帧校验序列字段，因为这些字段在接收帧以后就去掉了。

Ethernet II 帧结构比较简单，由五个字段组成，如图 4-35 所示。

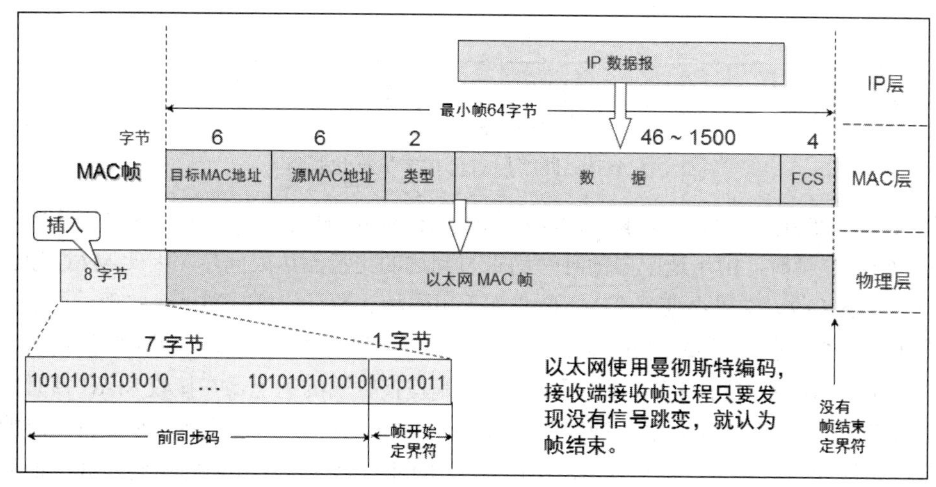

图 4-35　以太网帧结构

其中，前两个字段为各占 6 字节的目标 MAC 地址和源 MAC 地址；第三个字段是占 2 字节的类型字段，用来标志上一层使用的是什么协议，以解决把收到的以太帧提交给上一层哪个协议的问题。例如，当类型字段的值是 0x0800 时，就表示上层使用的是 IP 数据报；若类型字段的值为 0x8137，则表示该帧是由 Novell IPX 发过来的；第四个字段是数据字段，其长度在 46～1500 字节之间（最小帧长度 64 字节减去 18 字节的首部和尾部，就得出数据字段的最小长度）；最后一个字段是 4 字节的帧检验序列 FCS（使用 CRC 检验）。

Ethernet II 帧没有帧结束定界符，那么接收端如何断定帧结束呢？以太网使用曼彻斯特编码，这种编码的一个重要特点就是：在曼彻斯特编码的每一个码元（不管码元是 1 或 0）的正中间一定有一次电压的跳变（从高到低或从低到高）。当发送端把一个以太网帧发送完毕后，就不再发送其他码元了（既不发送 1，也不发送 0）。因此，发送端网络适配器的接口上的电压也就不再变化了。这样，接收端就可以很容易地找到以太网帧的结束位置。从这个位置往前数 4 字节（FCS 字段长度是 4 字节），又能确定数据字段的结束位置。

当数据字段的长度小于 46 字节时，数据链路层就会在数据字段的后面加入整数字节的填充字段，以保证以太网的 MAC 帧长不小于 64 字节，接收端还必须能够将添加的字节去掉。我们应当注意到，MAC 帧的首部并没有指出数据字段的长度是多少。在有填充字段的情况下，接收端的数据链路层在剥去首部和尾部后就把数据字段和填充字段一起交给上层协议。现在的问题是：上层协议如何知道填充字段的长度呢？

上层协议必须具有识别有效的数据字段长度的功能。后面会讲到在网络层首部有一个“总长度”字段，用来指明网络数据包的长度，根据网络层首部标注的数据包总长度，会去掉数据链路层提交的填充字节。如图 4-36 所示，接收端的数据链路层将帧的数据部分提交给网络层，网络层根据 IP 数据报网络层首部“总长度”字段得知数据包总长度为 42 字节时，就会去掉填充的 4 个字节。

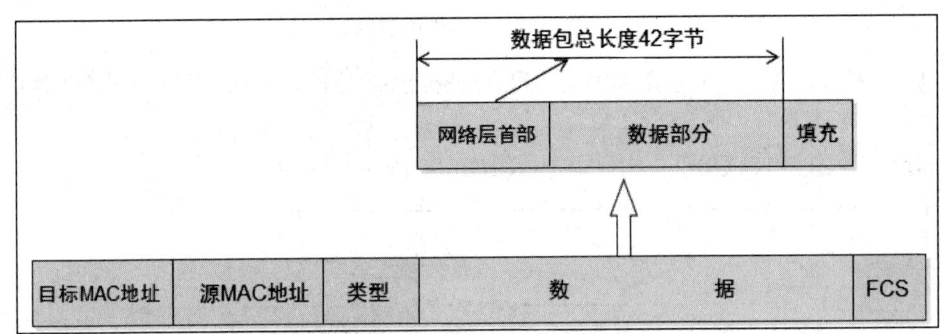

图 4-36　网络层首部指定数据包长度

4 Chapter

从图 4-35 可看出，在传输媒体上实际传送的要比 MAC 帧还多 8 字节。这是因为当一个站点刚开始接收 MAC 帧时，由于适配器的时钟尚未与到达的比特流达成同步，因此 MAC 帧的最前面的若干位就无法接收，结果会使整个 MAC 成为无用的帧。为了使接收端迅速实现位同步，从数据链路层向下传到物理层时还要在帧的前面插入 8 字节（由硬件生成），它由两个字段构成。第一个字段是 7 个字节的前同步码（1 和 0 交替码），作用是使接收端的适配器在接收 MAC 帧时能够迅速调整其时钟频率，使之和发送端的时钟同步，也就是“实现位同步”（位同步就是比特同步的意思）。第二个字段是帧开始定界符，定义为 10101011。它的前六位的作用和前同步码一样；最后两个连续的 1 是告诉接收端适配器：“MAC 帧的信息马上就要来了，请适配器注意接收”。MAC 帧的 FCS 字段的检验范围不包括前同步码和帧开始定界符。

顺便指出，在以太网上传送数据时是以帧为单位传送的。以太网在传送帧时，各帧之间还必须有一定的间隙。因此，接收端只要找到帧开始定界符，其后面连续到达的比特流就都属于同一个 MAC 帧。可见，以太网不需要使用帧结束定界符，也不需要使用字节插入来保证透明传输。

IEEE 802.3 标准规定凡出现下列情况之一的即视为无效的 MAC 帧：

（1）帧的长度不是整数个字节。

（2）用收到的帧检验序列 FCS 查出有差错。

（3）收到的 MAC 帧的数据字段的长度不在 46～1500 字节之间。考虑到 MAC 帧首部和尾部的长度共有 18 字节，因此可以得出有效的 MAC 帧长度应在 64～1518 字节之间。

对于检查出的无效 MAC 帧就简单地丢弃，以太网并不负责重传丢弃的帧。

4.3.7　以太网信道利用率

下面我们来学习以太网信道利用率的概念，以及想要提高信道利用率需要做哪些方面的努力。

假如一个 10M 的以太网，有 10 台计算机接入，每个计算机能够分到的带宽似乎应该是总带宽的 1/10（即 1M 带宽）。其实不然，这 10 台计算机在以太网的链路上进行通信，会产生碰撞，然后计算机会采用截断二进制指数退避算法来解决碰撞问题。信道资源实际上被浪费了，扣除碰撞所造成的信道损失后，以太网总的信道利用率并不能达到 100%。这就意味着以太网中这 10 台计算机，每台计算机实际能够获得的带宽小于 1M。

利用率是指发送数据的时间占整个时间的比例。如图 4-37 所示，平均发送一帧所需要的时间，经历了 n 倍争用期 2τ，T_0 为发送该帧所需时间，τ 为该帧传播时延。

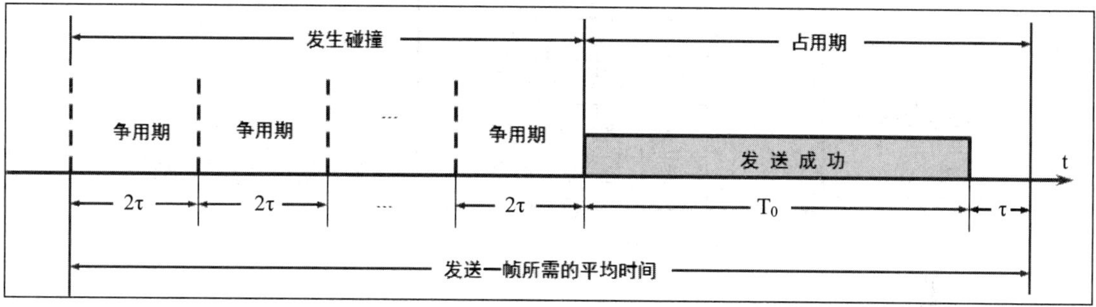

图 4-37　发送一帧所需的平均时间

信道利用率为：

$$S = \frac{T_0}{n2\tau + T_0 + \tau}$$

从公式可以看出，要想提高信道利用率，最好 n 为 0，这就意味着以太网上的各个计算机发送的数据不会产生碰撞（这显然已经不是 CSMA/CD，而需要一种特殊的调度方法），并且能够非常有效地利用网络的传输资源，即总线一旦空闲就有一个站立即发送数据。以这种情况算出来的信道利用率是极限信道利用率。

这样发送一帧占用的线路时间是 $T_0+\tau$，因此极限信道利用率为：

$$S_{max} = \frac{T_0}{T_0 + \tau} = \frac{1}{1 + \frac{\tau}{T_0}}$$

从以上公式可以看出，即便是以太网极限信道利用率也不能达到 100%。要想提高极限信道利用率就要降低公式中 $\frac{\tau}{T_0}$ 的比值。τ 值和以太网连线的长度有关，即 τ 值要小，所以以太网网线的长度就不能太长。带宽一定的情况下 T_0 和帧的长度有关，这就意味着，以太网的帧不能太短。

4.3.8　网卡的作用

计算机与外界局域网的连接是通过主机箱内插入的一块网络接口板，网络接口板又称为通信适配器或网络适配器（Network Adapter）或网络接口卡 NIC（Network Interface Card），但是更多的人愿意使用更为简单的名称“网卡”。

网卡是工作在链路层和物理层的网络组件，是局域网中连接计算机和传输介质的接口。如图 4-38 所示，假设计算机上有一个网络接口（简称“网口”或“端口”），则在网口处会安装一块网卡。从逻辑上讲，网卡包含 7 个功能模块，分别是控制单元（Control Unit，CU）、输出缓存（Output Buffer，OB）、输入缓存（Input Buffer，IB）、线路编码器（Line Coder，LC）、线路解码器（Line Decoder，LD）、发射器（Transmitter，TX）、接收器（Receiver，RX）。

下面，我们来看看计算机是如何通过网卡发送信息的。

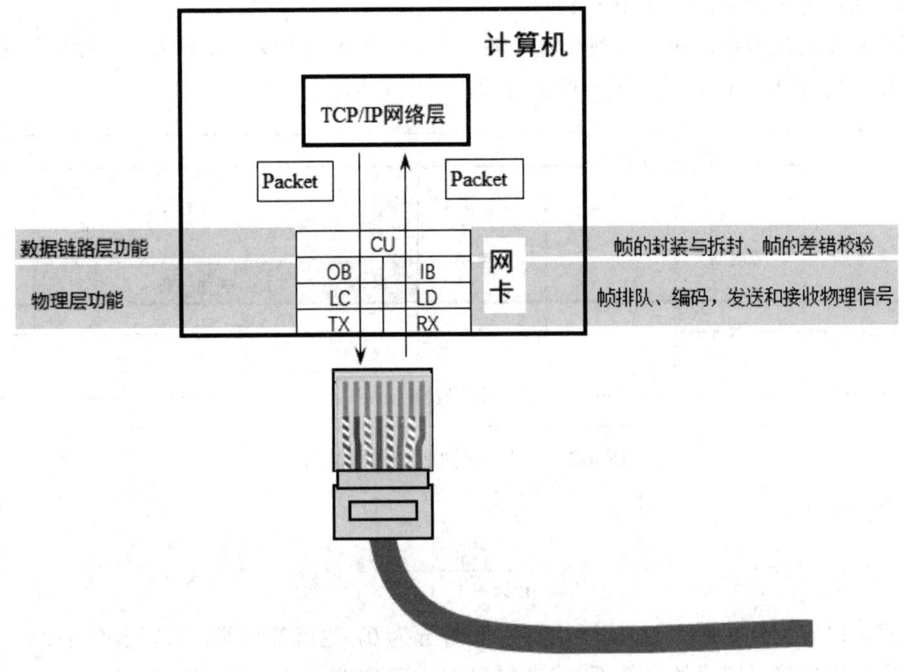

图 4-38　计算机上的网卡

（1）首先，计算机上的应用软件会产生等待发送的原始数据，这些数据经过 TCP/IP 模型的应用层、传输层、网络层处理后，得到一个一个的数据包（Packet）。然后，网络层会将这些数据包逐个下传给网卡的 CU。

（2）CU 从网络层那里接收到数据包之后，会将每个数据包封装成帧（Frame）。因为本章所说的网卡都是指以太网卡，所以封装成的帧都是以太帧（Ethernet Frame）。然后，CU 会将这些帧逐个传递给 OB。

（3）OB 从 CU 那里接收到帧后，会按帧的接收顺序将这些帧排成一个队列，然后将队列中的帧逐个传递给 LC。先从 CU 那里接收到的帧会被先传递给 LC。

（4）LC 从 OB 那里接收到帧后，会对这些帧进行线路编码。从逻辑上讲，一个帧就是长度有限的一串“0”和“1”的组合。OB 中的“0”和“1”所对应的物理量（指电平、电流、电荷等）

只适合于待在缓存中，而不适合于在线路（传输介质，例如双绞线）上进行传输。LC 的作用就是将这些“0”和“1”所对应的物理量转换成适合于在线路上进行传输的物理信号（指电流/电压波形等），并将物理信号传递给 TX。

（5）TX 从 LC 那里接收到物理信号后，会对物理信号的功率等特性进行调整，然后将调整后的物理信号通过线路（例如双绞线）发送出去。

再来看看计算机是如何通过网卡接收信息的。

（1）首先，RX 从传输介质（例如双绞线）那里接收到物理信号（指电流/电压波形等），然后对物理信号的功率等特性进行调整，再将调整后的物理信号传递给 LD。

（2）LD 会对来自 RX 的物理信号进行线路解码。所谓线路解码，就是从物理信号中识别出逻辑上的“0”和“1”，并将这些“0”和“1”重新表达为适合于待在缓存中的物理量（指电平、电流、电荷等），然后将这些“0”和“1”以帧为单位逐个传递给 IB。

（3）IB 从 LD 那里接收到帧后，会按帧的接收顺序将这些帧排成一个队列，然后将队列中的帧逐个传递给 CU。先从 LD 那里接收到的帧会被先传递给 CU。

（4）CU 从 IB 那里接收到帧后，会对帧进行分析和处理。一个帧的处理结果有且只有两种可能：直接将这个帧丢弃，或者将这个帧的帧头和帧尾去掉，得到数据包，然后将数据包上传给 TCP/IP 模型的网络层。

（5）从 CU 上传到网络层的数据包会经过网络层、传输层、应用层逐层处理，处理后的数据被送达给应用软件使用。当然，数据也可能会在某一层的处理过程中被提前丢弃了，从而无法送达给应用软件。

网卡工作在数据链路层和物理层，具体来说，CU 模块属于数据链路层，OB、LC、TX、IB、LD 和 RX 模块属于物理层。

4.3.9 MAC 地址

1980 年 2 月，美国电气和电子工程师协会（IEEE）召开了一次会议，此次会议启动了一个庞大的技术标准化项目，称为 IEEE 802 项目（IEEE Project 802）。802 中的“80”是指 1980 年，“2”是指 2 月份。

IEEE 802 项目旨在制定一系列的关于局域网（LAN）的标准。以太网标准（IEEE 802.3）、令牌环网络标准（IEEE 802.5）、令牌总线网络标准（IEEE 802.4）等局域网标准都是 IEEE 802 项目的成果。我们把 IEEE 802 项目所制定的各种标准统称为 IEEE 802 标准。

MAC（Medium Access Control）地址是在 IEEE 802 标准中定义并规范的，凡是符合 IEEE 802 标准的网络接口卡（如以太网卡、令牌环网卡等）都必须拥有一个 MAC 地址。

> **注意：**不是任何一块网络接口卡都必须拥有 MAC 地址。例如，SDH 网络接口卡就没有 MAC 地址，因为这种接口并不遵从 IEEE 802 标准。顺便强调一下，以下所说的网卡，都是指以太网卡。

如同每个人都有一个身份证号码来标识自己一样，每块网卡也拥有一个用来标识自己的号码，这个号码就是 MAC 地址，其长度为 48bit（6 个字节）。不同的网卡，其 MAC 地址也不相同。也就是说，一块网卡的 MAC 地址是具有全球唯一性的。

一个制造商在生产制造网卡之前，必须先向 IEEE 注册，以获取到一个长度为 24bit（3 个字节）

的厂商代码，也称为 OUI（Organizationally-Unique Identifier）。制造商在生产制造网卡的过程中，会往每一块网卡中的 ROM（Read Only Memory）中烧入一个 48bit 的 BIA 地址（Burned-In Address，固化地址），BIA 地址的前 3 个字节就是该制造商的 OUI，后 3 个字节由该制造商自己确定，但不同的网卡，其 BIA 地址的后 3 个字节不能相同。烧入进网卡的 BIA 地址是不能被更改的，只能被读取出来使用。图 4-39 显示了 BIA 地址的格式。

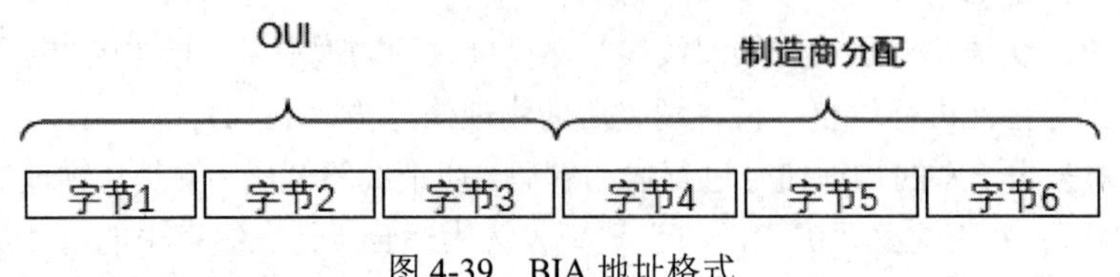

图 4-39　BIA 地址格式

连接在以太网的路由器接口和计算机网卡一样，也有 MAC 地址。

BIA 地址只是 MAC 地址的一种，更准确地说，BIA 地址是一种单播 MAC 地址。MAC 地址共分为三种，分别为单播 MAC 地址、组播 MAC 地址、广播 MAC 地址。

（1）单播 MAC 地址是指第一个字节的最低位是 0 的 MAC 地址。

（2）组播 MAC 地址是指第一个字节的最低位是 1 的 MAC 地址。

（3）广播 MAC 地址是指每个比特都是 1 的 MAC 地址。广播 MAC 地址是组播 MAC 地址的一个特例。

MAC 地址的分类与格式如图 4-40 所示。

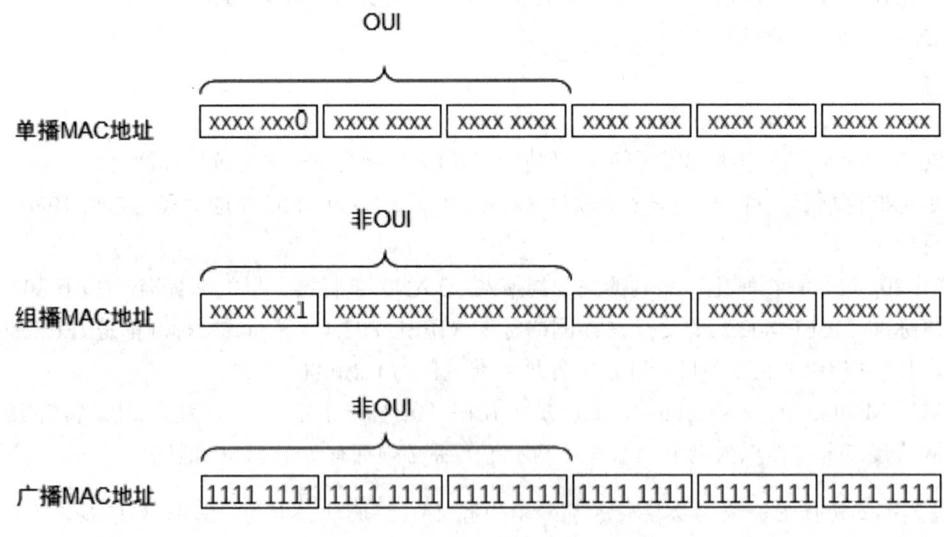

图 4-40　MAC 地址的分类与格式

一个单播 MAC 地址（例如 BIA 地址）标识了一块特定的网卡；一个组播 MAC 地址标识的是一组网卡；广播 MAC 地址是组播 MAC 地址的一个特例，它标识了所有的网卡。

从图 4-40 我们可以发现，并非任何一个 MAC 地址的前 3 个字节都是 OUI，只有单播 MAC 地址的前 3 个字节才是 OUI，而组播或广播 MAC 地址的前 3 个字节一定不是 OUI。特别需要说明的是，OUI 的第一个字节的最低位一定是 0。

一个 MAC 地址共有 48bit，为了方便，通常采用十六进制数的方式来表示一个 MAC 地址：每两位十六进制数 1 组（即 1 个字节），一共分 6 组，中间使用中划线连接；也可以每四位十六进制数 1 组（即 2 个字节），一共分 3 组，中间使用中划线连接。这两种表示方法如图 4-41 所示。

单播MAC地址	0000 0000	0001 1110	0001 0000	1101 1101	1101 1101	0000 0010
	00-1E-10-DD-DD-02 或 001E-10DD-DD02					
组播MAC地址	0000 0001	1000 0000	1100 0010	0000 0000	0000 0000	0000 0001
	01-80-C2-00-00-01 或 0180-C200-0001					
广播MAC地址	1111 1111	1111 1111	1111 1111	1111 1111	1111 1111	1111 1111
	FF-FF-FF-FF-FF-FF 或 FFFF-FFFF-FFFF					

图 4-41　MAC 地址的表示方法

4.3.10　实战：查看和更改 MAC 地址

如图 4-42 所示，在 Windows 7 中打开命令提示符，输入“ipconfig /all”可以看到网卡的物理地址，也就是 MAC 地址，这里以十六进制的方式显示物理地址，1 位十六进制数表示 4 位二进制数。

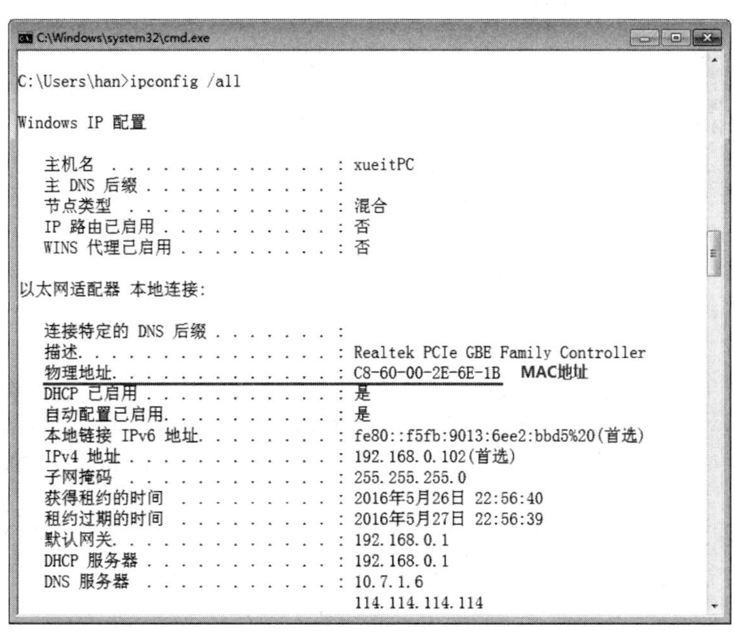

图 4-42　查看计算机网卡的 MAC 地址

MAC 地址出厂时就已经固化到网卡芯片上了，但是我们也可以让计算机不使用网卡上的 MAC 地址，而使用指定的 MAC 地址。

如图 4-43 所示，打开计算机网络连接，右击“本地连接”，单击“属性”。如图 4-44 所示，在出现的“本地连接 属性”对话框中的“网络”选项卡下，单击“配置”。如图 4-45 所示，在出现的网卡属性对话框中的“高级”选项卡下，选中“网络地址”，可以输入 MAC 地址。

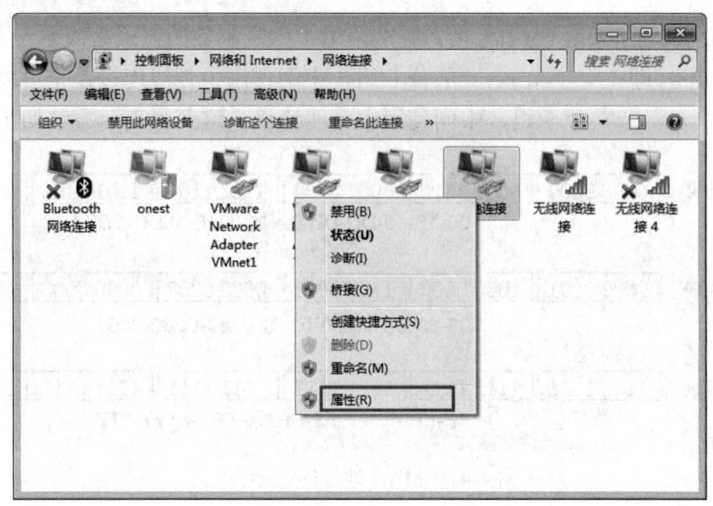

图 4-43　打开网卡属性

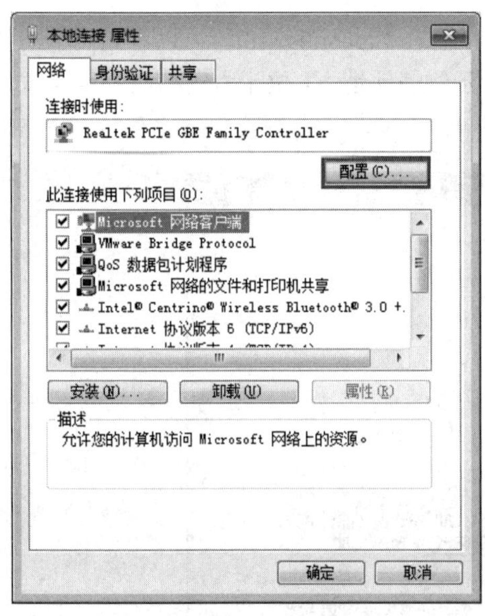

图 4-44　更改配置

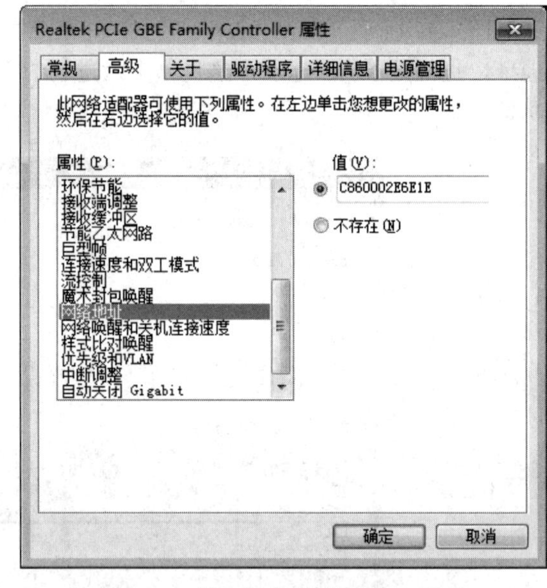

图 4-45　指定网卡使用的 MAC 地址

注意：输入时一定要注意格式。记住这种方式并没有更改网卡芯片上的 MAC 地址，而是让计算机使用指定的 MAC 地址，不使用网卡芯片上的 MAC 地址。

在命令提示符下，再次输入“ipconfig /all”，可以看到网卡使用的 MAC 地址改为 C8-60-00-2E-6E-1E。

4.4　扩展以太网

下面介绍如何扩展以太网，先讨论从距离上如何扩展，让以太网覆盖更大范围，再讨论从数据链路层扩展以太网，也就是如何从数据链路层优化以太网。

4.4.1 集线器

传统以太网最初是使用粗同轴电缆，后来演进到使用比较便宜的细同轴电缆，最后发展为使用更便宜和更灵活的双绞线。这种以太网采用星型拓扑，在星型的中心则增加了一种可靠性非常高的设备，叫做集线器（hub），如图 4-46 所示。双绞线以太网总是和集线器配合使用的。每个站需要两对非屏蔽双绞线（做在一根电缆内），分别用于发送和接收。双绞线的两端使用 RJ-45 插头。由于集线器使用了大规模集成电路芯片，因此集线器的可靠性大大提高。1990 年 IEEE 制定出星型以太网 10BASE-T 的标准 802.3i。“10”代表 10Mb/s 的数据率，BASE 表示连接线上的信号是基带信号，T 代表双绞线。

10BASE-T 以太网的通信距离稍短，每个站到集线器的距离不超过 100m。这种性价比很高的 10BASE-T 双绞线以太网的出现，是局域网发展史上的一个非常重要的里程碑，它为以太网在局域网中的统治地位奠定了牢固的基础。

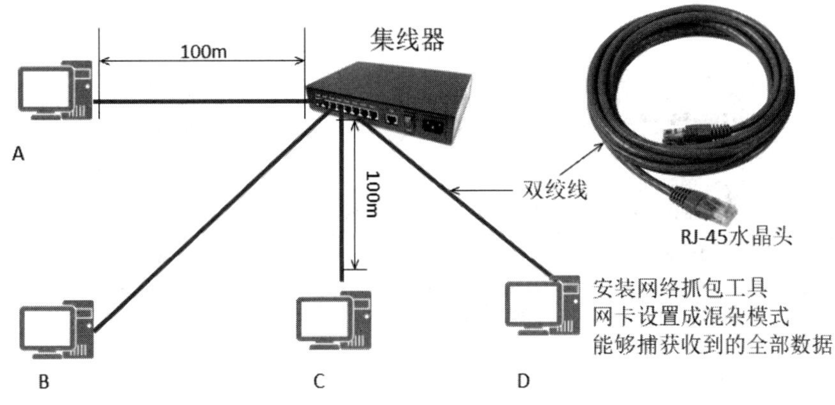

图 4-46 双绞线

集线器组建的以太网中的计算机共享带宽，计算机数量越多，平分下来的带宽越低。如果在网络中的 D 计算机上安装抓包工具，该网卡就工作在混杂模式，只要收到数据帧，不管目标 MAC 地址是否是自己的统统能够捕获，因此以太网有与生俱来的安全隐患。

集线器和网线一样工作在物理层，因为它的功能和网线一样只是将数字信号发送到其他端口，并不能识别哪些数字信号是帧前同步码、哪些是帧定界符、哪些是网络层数据首部。

4.4.2 计算机数量和距离上的扩展

如图 4-47 所示，一间教室使用一个集线器连接，每个教室就是一个独立的以太网，计算机的接入数量受集线器接口数量的限制，计算机和计算机之间的距离也被限制在 200m 以内。

可以将多个集线器连接在一起形成一个更大的以太网，这不仅可以扩展以太网中计算机的数量，而且可以扩展以太网的覆盖范围。如图 4-48 所示，使用主干集线器连接各教室中集线器，形成一个大的以太网，计算机之间的最大距离可以达到 400m。

这样做的好处：

（1）以太网中可接入的计算机数量增加。

（2）以太网覆盖范围增加。

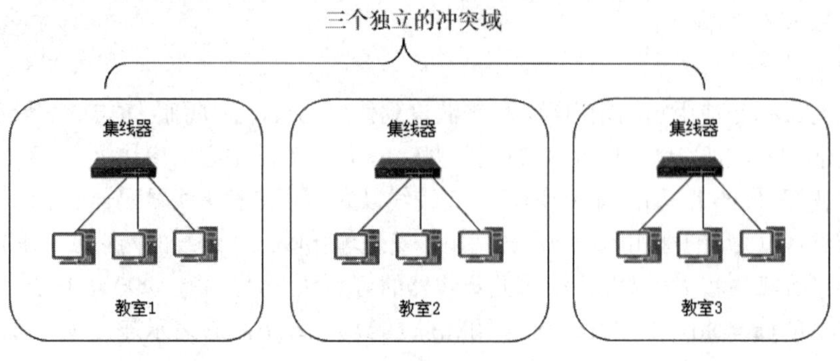

图 4-47　独立的冲突域

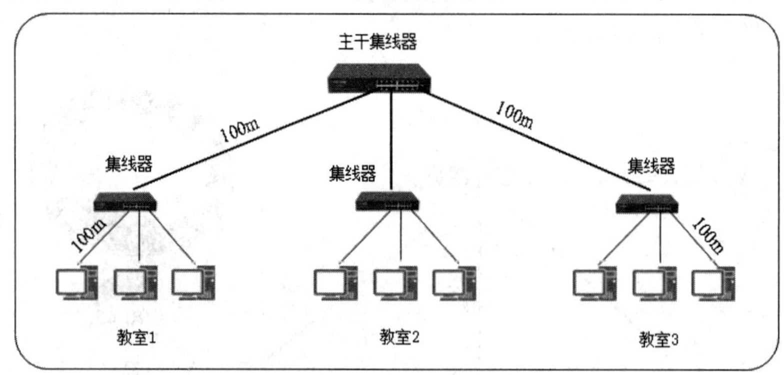

图 4-48　规模上扩展

这样做带来的问题：

（1）合并后的以太网成了一个大的冲突域，随着网络中计算机数量的增加，冲突机会也增加，每台计算机平分到的带宽降低。

（2）相连的集线器要求每个接口带宽要一样。如果教室 1 是 10M 以太网，教室 2 和教室 3 是 100M 以太网，那么连接之后大家只能工作在 10M 的速率，这是因为集线器接口不能缓存帧。

通过将集线器连接起来能够扩展以太网覆盖的范围和增加以太网中计算机的数量。要是两个集线器的距离超过 100m，还可以用光纤将两个集线器连接起来，如图 4-49 所示，集线器之间通过光纤连接，可以将相距几千米的集线器连接起来，但需要通过光电转换器，实现光信号和电信号的相互转换。

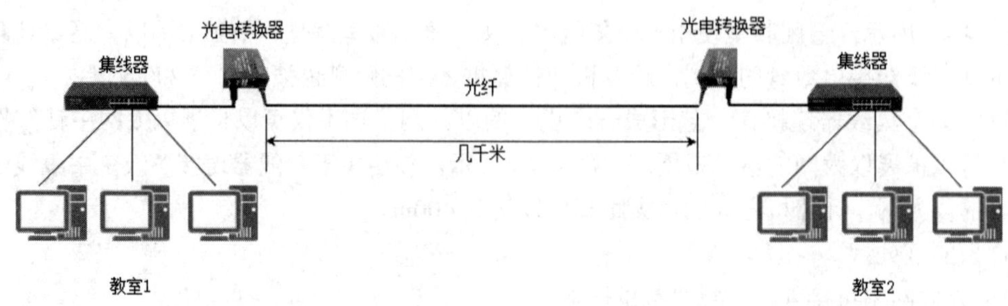

图 4-49　距离上的扩展

4.4.3 使用网桥优化以太网

多个集线器连接组建成一个大的以太网，形成一个大的冲突域，如图 4-50 所示，集线器 1 和集线器 2 连接后，计算机 A 给计算机 B 发送帧，数字信号会通过集线器之间的网线到达集线器 2 的所有接口，这时连接在集线器 2 上的计算机 D 就不能和计算机 E 通信，这就是一个大的冲突域。随着以太网中计算机数量的增加，网络利用率就会大大降低。

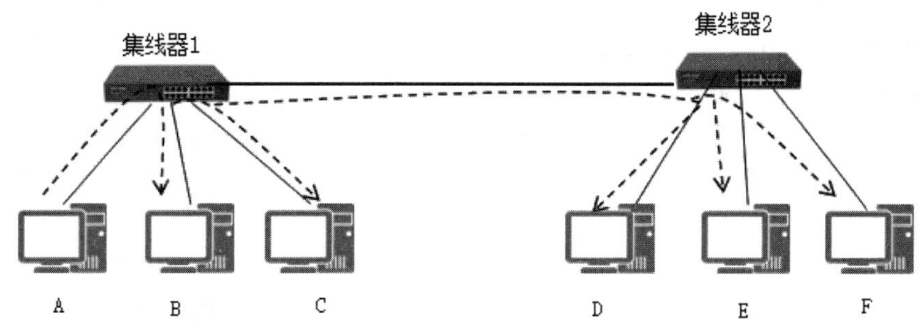

图 4-50 大的冲突域

为了优化以太网，将冲突控制在一个小范围，出现了网桥这种设备。如图 4-51 所示，网桥有两个接口，E0 接口连接集线器 1，E1 接口连接集线器 2，在网桥中有 MAC 地址表，记录了 E0 接口一侧全部的网卡 MAC 地址和 E1 接口一侧全部的网卡 MAC 地址。当计算机 A 给计算机 B 发送一个帧，网桥的 E0 接口接收到该帧，查看该帧目标 MAC 地址是 MB，对比 MAC 地址表，发现 MB 这个 MAC 地址在接口 E0 这一侧，则该帧就不会被网桥转发到 E1 接口，这时集线器 2 上的计算机 D 可以向计算机 E 发送数据帧，不会和计算机 A 发送给计算机 B 的帧产生冲突。同样，计算机 D 发送给计算机 E 的帧也不会被网桥转发到 E0 接口。

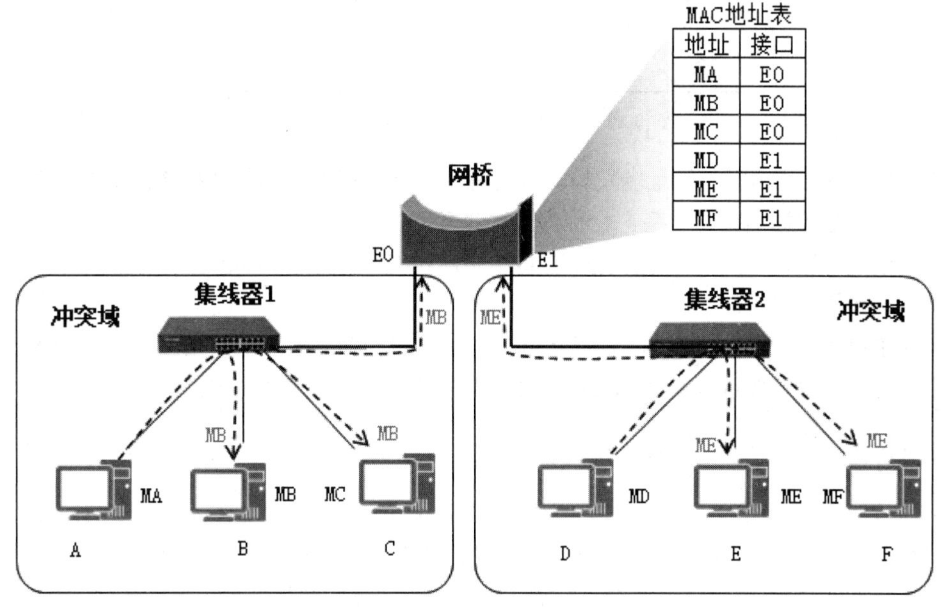

图 4-51 使用网桥优化

网桥组网的特点：

（1）网桥基于 MAC 地址转发帧，工作在数据链路层。

（2）一个接口一个冲突域，冲突域数量增加，冲突减少。

（3）实现帧的存储转发，增加了时延。

（4）E1 接口和 E2 接口可以是不同的带宽。

这就意味着网桥设备的引入，将一个大的以太网的冲突域，划分成了多个小的冲突域，降低了冲突，优化了以太网。

如图 4-52 所示，计算机 A 发送给计算机 E 的帧，网桥的 E0 接口接收该帧，会判断该帧是否满足最小帧要求，CRC 校验该帧是否出错，如果没有错误，将会查找 MAC 地址表选择出口，看到 MAC 地址 ME 对应的是 E1 接口，于是选择 E1 接口使用 CSMA/CD 协议将该帧发送出去，集线器 2 中的计算机都能接收到该帧。

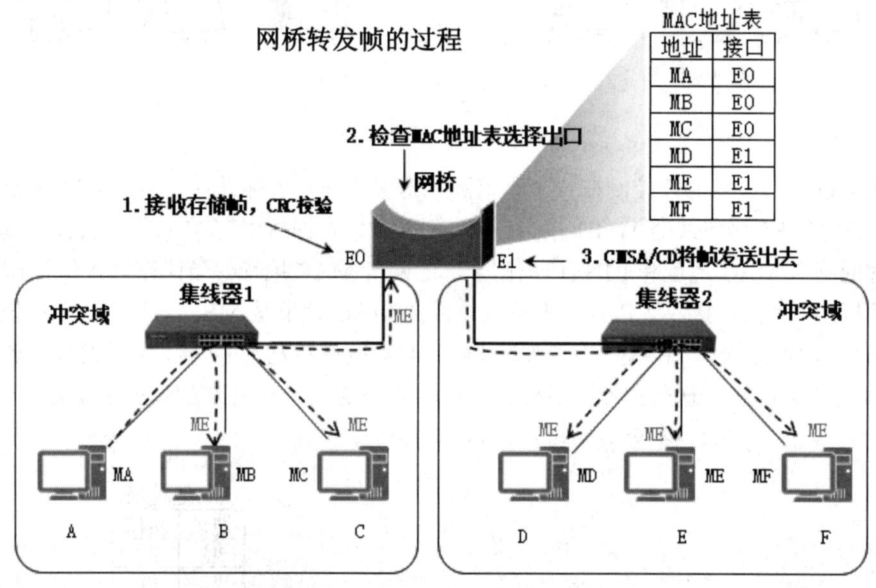

图 4-52　基于 MAC 地址表转发帧

网桥根据帧的目标 MAC 地址转发帧，这就意味着网桥能够看懂帧数据链路层的首部和尾部，因此我们说网桥是数据链路层设备，也称为二层设备。

网桥的接口可以是不同的带宽，比如图 4-52 中网桥 E0 接口是 10M 带宽，E1 接口可以是 100M 带宽。这一点和集线器不同。

网桥的接口和集线器接口不同，网桥的接口对数据帧进行存储，然后根据帧的目标 MAC 地址进行转发，转发之前还要运行 CSMA/CD 算法，即发送时发生碰撞要退避，这会增加时延。

4.4.4　网桥自动构建 MAC 地址表

使用网桥优化以太网，对于网络中的计算机是没有感觉的，也就是说以太网中的计算机并不知道网络中有网桥存在，也不需要网络管理员配置网桥的 MAC 地址表，因此我们称网桥是**透明桥接**。

网桥接入以太网时，MAC 地址表是空的，网桥会在计算机通信过程中自动构建 MAC 地址表，这称为“自学习”。

（1）自学习。网桥的接口收到一个帧，就要检查 MAC 地址表中与收到的帧源 MAC 地址有无匹配的项目，如果没有，就在 MAC 地址表中添加该接口和该帧的源 MAC 地址对应关系以及进入接口的时间，如果有，则对原有的项目进行更新。

（2）转发帧。网桥接口收到一个帧，就检查 MAC 地址表中有没有与该帧目标 MAC 地址对应的端口，如果有，就将该帧转发到对应的端口，如果没有，则将该帧转发到全部端口（接收端口除外）。如果转发表中给出的接口就是该帧进入网桥的接口，则应该丢弃这个帧（因为这个帧不需要经过网桥进行转发）。

下面就举例说明 MAC 地址表构建过程，如图 4-53 所示，网桥 1 和网桥 2 刚刚接入以太网，MAC 地址表是空的。

（1）计算机 A 给计算机 B 发送一个帧，源 MAC 地址为 MA，目标 MAC 地址为 MB。网桥 1 的 E0 接口收到该帧，查看该帧的源 MAC 地址是 MA，就可以断定 E0 接口连接着 MA，于是在 MAC 地址表添加一条 MA 和 E0 对应关系的记录，这就意味着以后要有到达 MA 的帧，需要转发给 E0。

（2）网桥 1 在 MAC 地址表中没有找到关于 MB 与接口的对应关系记录，就会将该帧转发到 E1。

（3）网桥 2 的 E2 接口收到该帧，查看该帧的源 MAC 地址，就会在 MAC 地址表中增加一条 MA 和 E2 的对应关系记录。

（4）同理，此时若计算机 F 给计算机 C 发送一个帧，会在网桥 2 的 MAC 地址表添加一条 MF 和 E3 的对应关系。由于网桥 2 的 MAC 地址表中没有 MC 和接口的对应关系，该帧会被发送到 E2 接口。

（5）网桥 1 的 E1 接口收到该帧，会在 MAC 地址表添加一条 MF 和 E1 的对应关系，同时将该帧发送到 E0 接口。

（6）同样，计算机 E 给计算机 B 发送一个帧，会在网桥 1 的 MAC 地址表添加 ME 和 E1 的对应关系，在网桥 2 的 MAC 地址表添加 ME 和 E3 的对应关系。

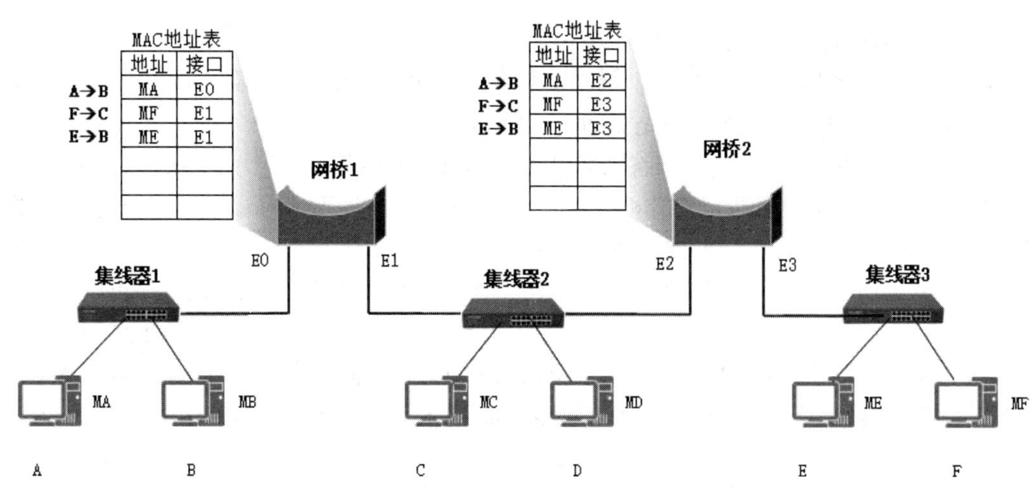

图 4-53 构建 MAC 地址表的过程

只要网桥收到的帧的目标 MAC 地址能够在 MAC 地址表找到和接口的对应关系，就会将该帧转发到指定接口。

网桥 MAC 地址表中的 MAC 地址和接口的对应关系只是临时的，这是为了适应网络中的计算机发生的调整，比如连接在集线器 1 上的计算机 A 连接到了集线器 2，或者计算机 F 从网络中移除了，网桥中的 MAC 地址表中的条目就不能一成不变。大家需要知道，接口和 MAC 地址的对应关系有时间限制，如果过了几分钟没有使用该对应关系转发帧，该条目将被从 MAC 地址表中删除。

4.4.5 多接口网桥——交换机

随着技术的不断发展，网桥接口日益增多，网桥的接口就直接连接计算机了，网桥也发展成现在的**交换机**。现在组建企业局域网大都使用交换机，网桥这类设备已经成为历史，图 4-54 展示了交换机组网的优点。

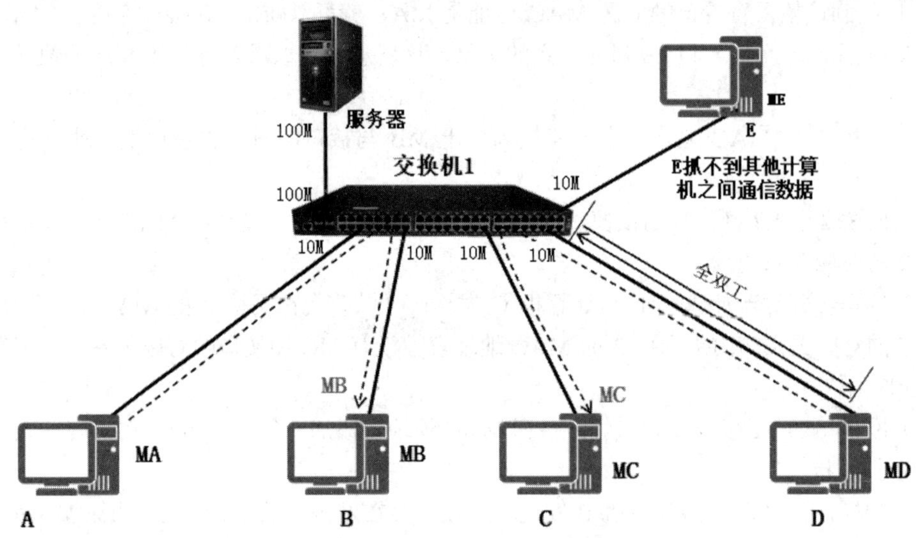

图 4-54 用交换机扩展以太网

使用交换机组网与集线器组网相比有以下特点。

（1）端口独享带宽。交换机的每个端口独享带宽，10M 交换机每个端口带宽是 10M，24 口 10M 交换机，交换机的总体交换能力是 240M，这和集线器不同。

（2）安全。使用交换机组建的网络比集线器安全，比如计算机 A 给计算机 B 发送的帧，以及计算机 D 给计算机 C 发送的帧，交换机根据 MAC 地址表只转发到目标端口，E 计算机根本收不到其他计算机通信的数字信号，即便安装了抓包工具也没用。

（3）全双工通信。交换机接口和计算机直接相连，计算机和交换机之间的链路可以使用全双工通信。

（4）全双工不再使用 CSMA/CD 协议。交换机接口和计算机直接相连，使用全双工通信，则数据链路层就不再需要使用 CSMA/CD 协议，但我们还是称交换机组建的网络是以太网，是因为帧格式和以太网一样。

（5）接口可以工作在不同的速率。交换机使用存储转发，也就是交换机的每一个接口都可以存储帧，从其他端口转发出去时，可以使用不同的速率。通常连接服务器的接口要比连接普通计算机的接口带宽高，交换机连接交换机的接口也比连接普通计算机的接口带宽高。

（6）转发广播帧。广播帧会转发到除了发送端口以外的全部端口。广播帧就是指目标 MAC 地址的 48 位二进制全是 1。如图 4-55 所示，抓包工具捕获的广播帧目标 MAC 地址为 ff-ff-ff-ff-ff-ff，图中捕获的数据帧是 TCP/IP 协议中网络层协议 ARP 发送的广播帧。有些病毒也会在网络中发送广播帧，造成交换机忙于转发这些广播帧而影响网络中正常的计算机通信，造成网络堵塞。

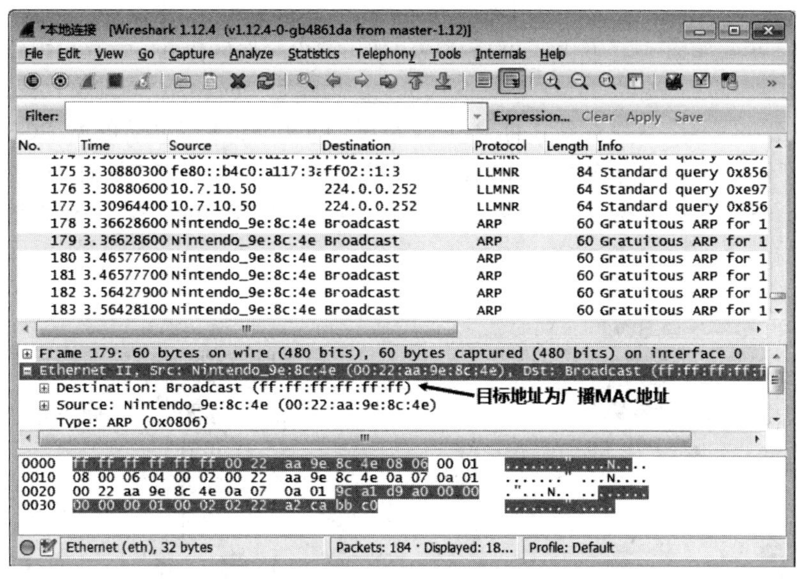

图 4-55　广播帧的 MAC 地址

所以我们说交换机组建的以太网就是一个广播域，路由器负责在不同网段转发数据，广播数据包不能跨路由器，所以说路由器隔绝广播。

如图 4-56 所示，是将交换机和集线器连接组建的两个以太网，使用路由器进行了连接。连接在集线器上的计算机就位于一个冲突域中，交换机和集线器连接而形成一个大的广播域。连接在集线器上的设备只能工作在半双工，使用 CSMA/CD 协议，交换机和计算机连接的接口工作在全双工模式，数据链路层不再使用 CSMA/CD 协议。

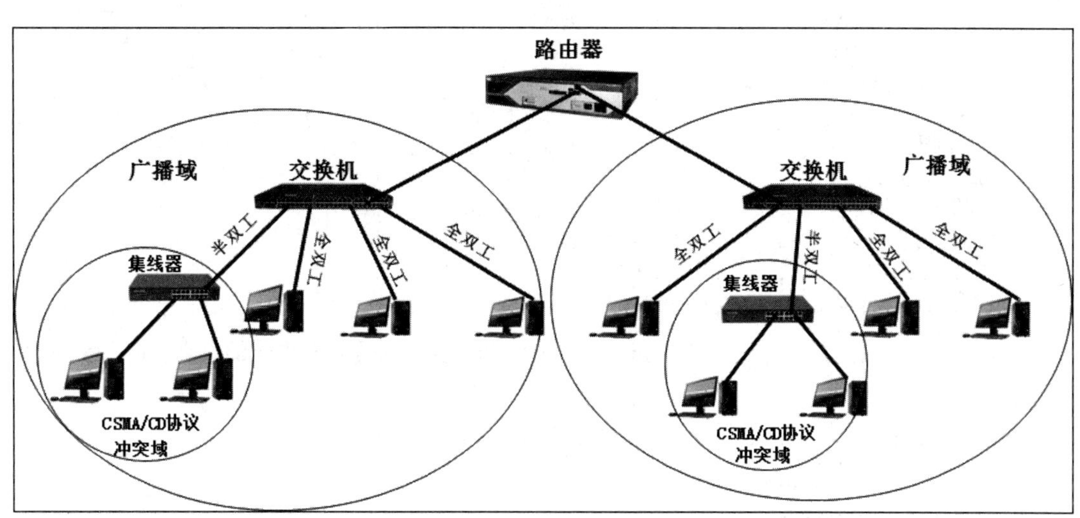

图 4-56　路由器隔绝广播域

4.4.6 查看交换机 MAC 地址表

交换机内也有 MAC 地址表，交换机基于 MAC 地址表转发单播帧。交换机的 MAC 地址表也称为 MAC 地址映射表，其中的每一个条目也称为一个地址表项，地址表项反映了 MAC 地址与端口的映射关系。

使用 eNSP 搭建如图 4-57 所示的网络环境，使用两个交换机和五台计算机组建一个网络，使用 PC1 ping PC2、PC3、PC4、PC5，这样交换机就能构建完整的 MAC 地址表。在交换机 SW2 上输入 display mac-address，可以看到它的 MAC 地址表，GE 0/0/1 接口对应 PC1、PC2 两个计算机的 MAC 地址，可想而知 SW1 交换机的 GE0/0/1 接口对应 PC3、PC4、PC5 这三台计算机的 MAC 地址。过 300 秒，再次输入 display mac-address，查看 MAC 地址表，可以看到 MAC 地址表中条目自动清空。

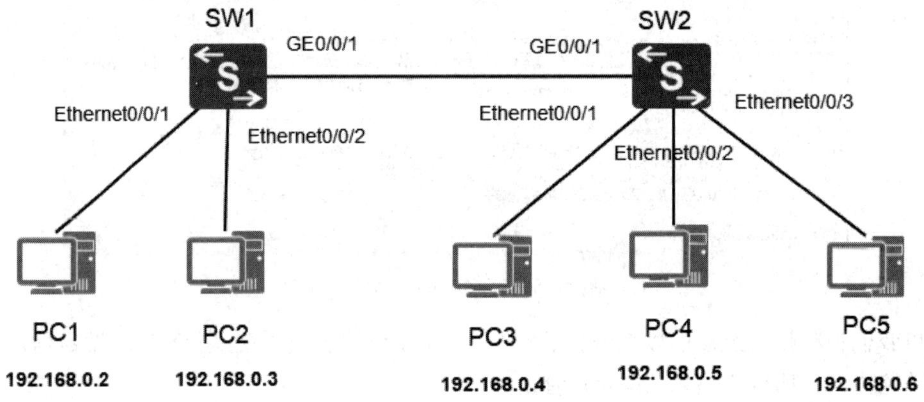

图 4-57　查看 MAC 地址表

```
<SW2>display mac-address
MAC address table of slot 0:
-------------------------------------------------------------------------------
MAC Address     VLAN/    PEVLAN   CEVLAN   Port      Type      LSP/LSR-ID
                VSI/SI                                         MAC-Tunnel
-------------------------------------------------------------------------------
5489-9853-3b60  1        -        -        GE0/0/1   dynamic   0/-
5489-9851-0fbe  1        -        -        Eth0/0/1  dynamic   0/-
5489-98a6-7d20  1        -        -        Eth0/0/2  dynamic   0/-
5489-985e-16b9  1        -        -        Eth0/0/3  dynamic   0/-
5489-986a-20ec  1        -        -        GE0/0/1   dynamic   0/-
-------------------------------------------------------------------------------
Total matching items on slot 0 displayed = 5
```

从以上输出可以看到 Type 为 dynamic，这就意味着该条目是动态构建的，老化时间到期后，会自动删除。

可通过 display mac-address aging-time 命令查看 MAC 地址表的老化时间。

```
[SW2]display mac-address aging-time
    Aging time: 300 seconds
```

一般，低端的交换机的 MAC 地址表通常最多可以存放数千条地址表项；中端交换机的 MAC 地址表通常最多可以存放数万条地址表项；高端的交换机的 MAC 地址表通常最多可以存放几十万条地址表项。

在现实中，交换机或计算机在网络中的位置可能会发生变化。如果交换机或计算机的位置真的发生了变化，那么交换机的 MAC 地址表中某些原来的地址表项很可能会错误地反映当前 MAC 地址与端口的映射关系。另外，MAC 地址表中的地址表项如果太多，那么平均来说，交换机查表一次所需的时间就会更长（交换机为了决定对单播帧执行何种转发操作，需要在 MAC 地址表中去查找该单播帧的目的 MAC 地址），也就是说，交换机的转发速度会受到一定的影响。鉴于上述两个主要原因，人们为 MAC 地址表设计了一种老化机制。

老化时间默认 300 秒，这就意味着 MAC 地址表中的一个条目在 300 秒内如果没有被用到，就会被从 MAC 地址表中删除。老化时间也可以通过命令进行配置，老化时间越短，计算机位置或交换机位置发生变化后，MAC 地址表就能越快地学习到新的 MAC 地址和端口的对应条目。如果计算机和网络位置不怎么发生变化，则老化时间不宜过短，否则会导致交换机洪泛，即交换机就要经常向除自己之外的所有端口转发收到的帧，这会占用交换机的接口带宽，消耗交换机的资源。

4.4.7 生成树协议

如图 4-58 所示，一个企业组建的局域网，使用接入层交换机连接汇聚层交换机。在这种情况下，如果汇聚层交换机出现故障，则两台接入层交换机就不能相互访问，这就是单点故障。某些企业和单位不允许因设备故障造成网络长时间中断，为了避免汇聚层交换机单点故障，在组网时通常会部署两台汇聚层交换机，如图 4-59 所示，当汇聚层交换机 1 出现故障时，接入层的两台交换机可以通过汇聚层交换机 2 进行通信。

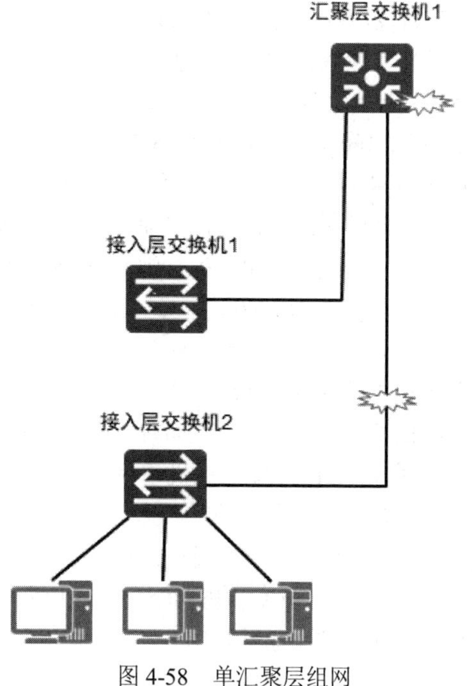

图 4-58 单汇聚层组网

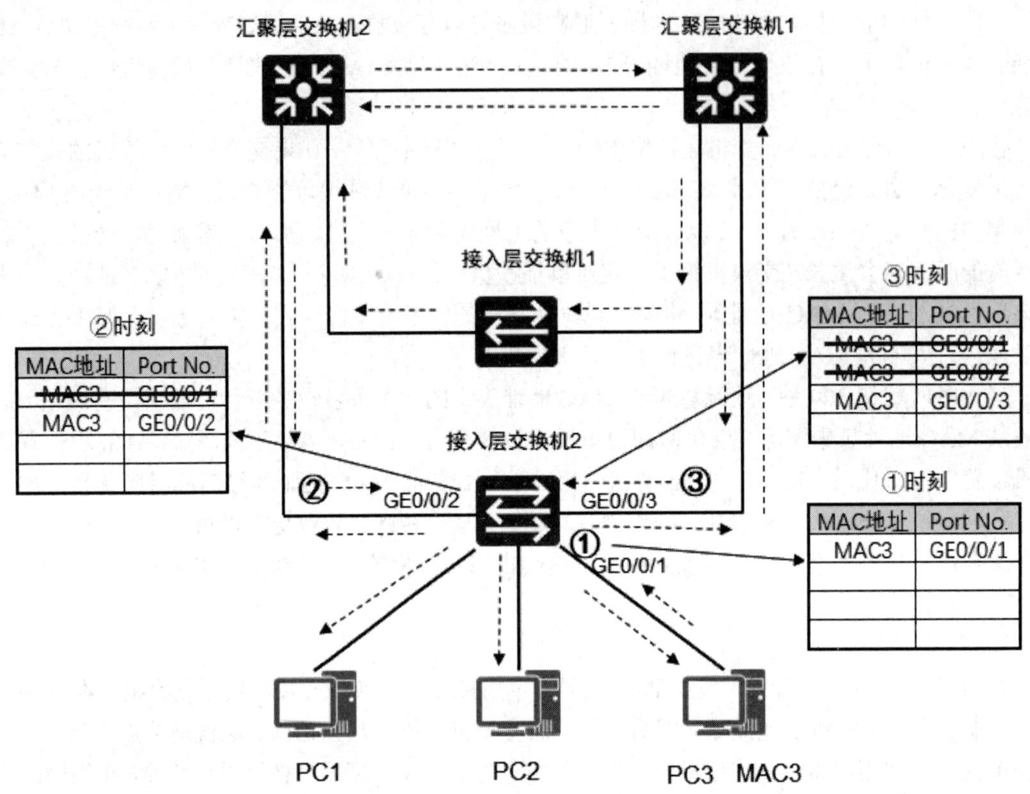

图 4-59　双汇聚层组网

这样一来，交换机组建的网络则会形成环路。这种情况下，如果网络中的计算机 PC3 发送广播帧，则广播帧会在环路中一直转发，占用交换机的接口带宽，消耗交换机的资源，网络中的计算机会一直重复收到该帧，影响计算机接收正常通信的帧，这就是广播风暴。

另外，交换机组建的网络中如果有环路，还会出现交换机 MAC 地址表的快速翻摆。在图 4-59 中，在①时刻接入层交换机 2 的 GE0/0/1 接口收到了 PC3 的广播帧，会在 MAC 地址表添加一条 MAC3 和 GE0/0/1 接口的映射。该广播帧会从接入层交换机 2 的 GE0/0/3 和 GE0/0/2 接口发送出去。在②时刻交换机 2 的 GE0/0/2 从汇聚层交换机收到该广播帧，会将 MAC 地址表中 MAC3 对应的端口修改为 GE0/0/2。在③时刻接入层交换机的 GE0/0/3 接口从汇聚层交换机 1 收到该广播帧，又会将 MAC 地址表中 MAC3 对应的端口更改为 GE0/0/3。这样一来，接入层交换机 2 的 MAC 地址表中关于 PC3 的 MAC 地址的表项内容就会无休止地、快速地变来变去，这就是翻摆现象。接入层交换机 1 和汇聚层交换机 1、交换机 2 的 MAC 地址表也会出现完全一样的快速翻摆现象。MAC 地址表的快速翻摆会大量消耗交换机的处理资源，甚至可能会导致交换机瘫痪。

这就要求交换机能够有效解决环路的问题。交换机使用生成树协议来阻断环路，大家都知道树型结构是没有环路的。

两个交换机组成的环路，A 计算机发送一个广播帧，该广播帧会在环路中往复转发，网络中的全部计算机都会收到，如图 4-60 所示；一个交换机两个接口使用网线连接，也能形成环路，如图 4-61 所示。这两种情况都需要生成树协议来阻断环路。

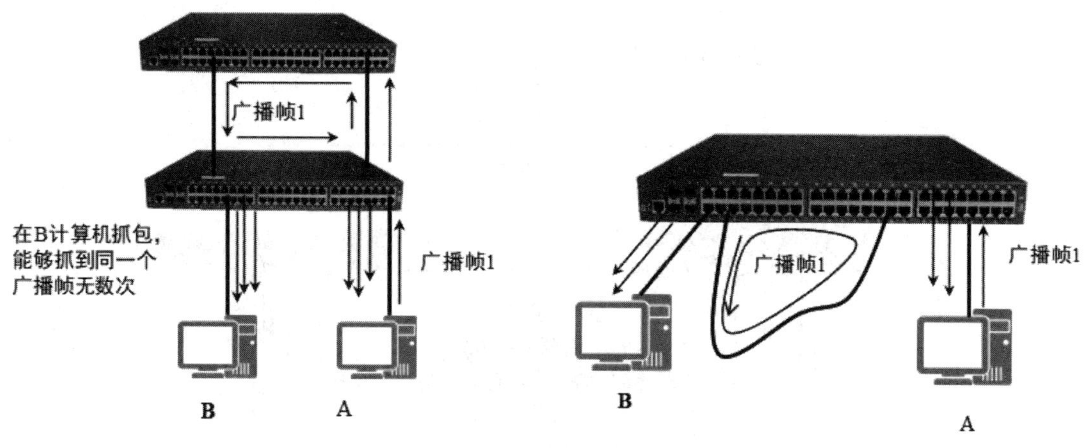

图 4-60　两个交换机形成环路　　　　图 4-61　一个交换机也可以形成环路

如图 4-62 所示，网络中的交换机都要运行生成树协议，生成树协议会把一些交换机的端口设置成阻断状态，计算机发送的任何帧在阻断状态的交换机端口上都不会被转发。这种状态不是一成不变的，当链路发生变化后，会重新设置哪些端口应该阻断，哪些端口应该转发。

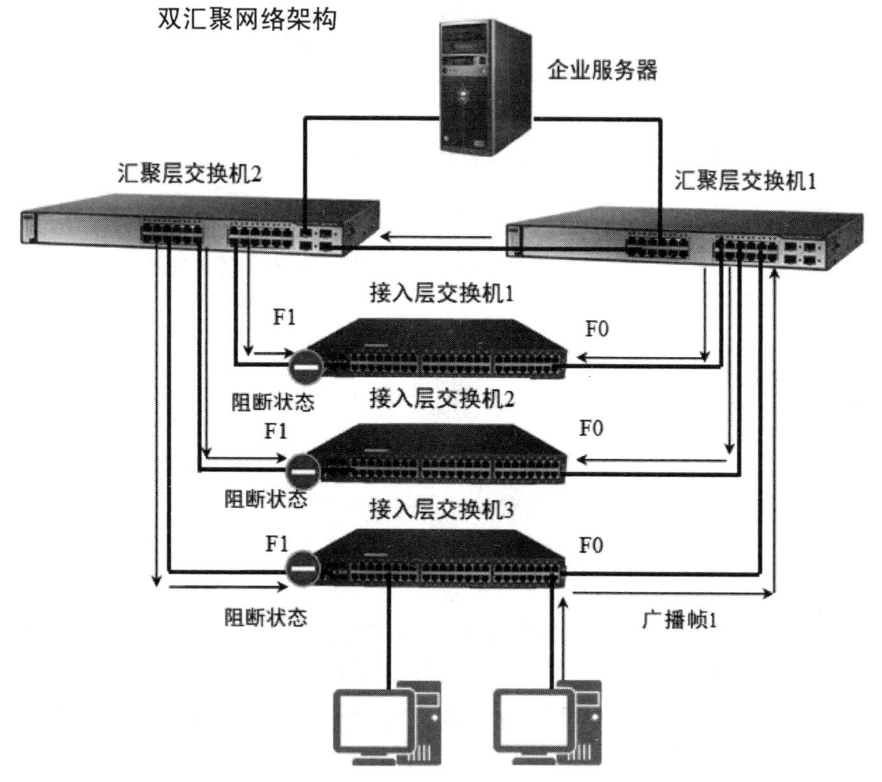

图 4-62　生成树协议

如图 4-63 所示，当接入层交换机 3 连接汇聚层交换机 1 的链路被拔掉后，生成树协议会将 F1 端口由阻断状态设置成转发状态。

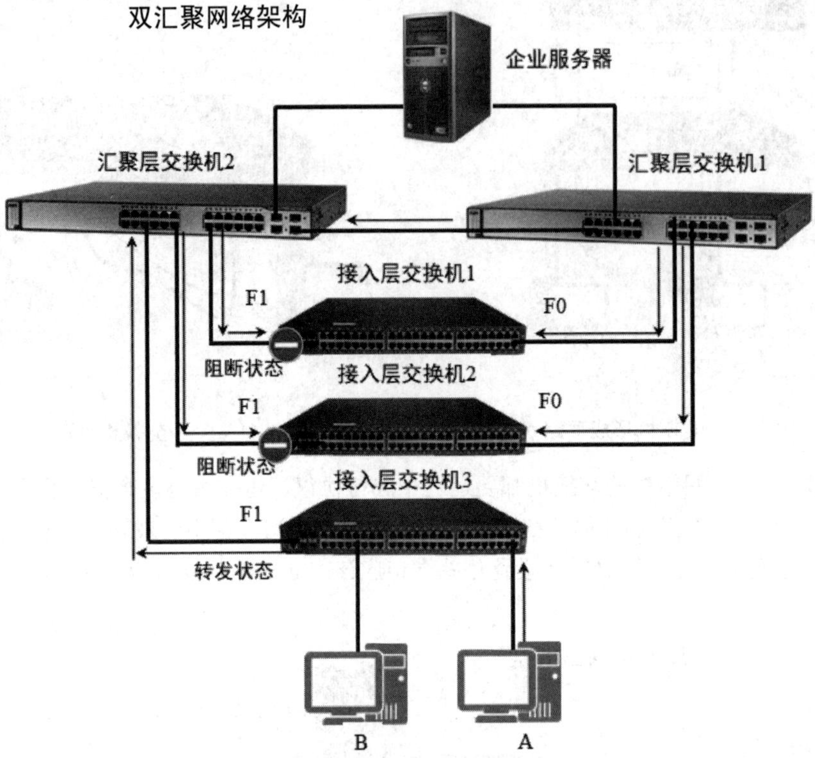

图 4-63　生成树协议

总结：为了使交换机组建的局域网更加可靠，我们使用双汇聚层交换机架构，这样会形成环路，产生广播风暴，交换机中运行的生成树协议能够阻断环路，如果链路发生变化，生成树协议很快就能把阻断端口设置为转发状态。

4.5　高速以太网

速率达到或超过 100Mb/s 的以太网称为高速以太网。IEEE 802.3 标准下还针对不同的带宽进一步定义了相应的标准，下面列出不同带宽的以太网标准代号。

IEEE 802.3——CSMA/CD 访问控制方法与物理层规范。

IEEE 802.3i——10BASE-T 访问控制方法与物理层规范。

IEEE 802.3u——100BASE-T 访问控制方法与物理层规范。

IEEE 802.3ab——1000BASE-T 访问控制方法与物理层规范。

IEEE 802.3z——1000BASE-SX 和 1000BASE-LX 访问控制方法与物理层规范。

4.5.1　100M 以太网

100BASE-T 是在双绞线上传送 100Mb/s 基带信号的星型拓扑的以太网，仍使用 IEEE 802.3 的 CSMA/CD 协议，又称为快速以太网（Fast Ethernet）。用户只要更换一张 100M 网卡，再配上一个 100M 的集线器，就可以很方便地由 10BASE-T 以太网直接升级到 100Mb/s，而不必改变网络的拓扑结构。现在的网卡大多能够支持 10M、100M、1000M 三个速率，并能够根据连接端的速率自动协商带宽。

使用交换机组建的 100BASE-T 以太网，可在全双工方式下工作而不会发生冲突，因此，CSMA/CD 协议对全双工方式工作的快速以太网是不起作用的（但在半双工方式工作时则一定要使用 CSMA/CD 协议）。不使用 CSMA/CD 协议还能够叫以太网，是因为快速以太网使用的 MAC 帧格式仍然是 IEEE 802.3 标准规定的帧格式。

前面讲了，以太网的最短帧与带宽和链路长度有关，100M 以太网比 10M 以太网速率提高 10 倍，要想和 10M 以太网兼容，就要确保最短帧也是 64 字节，那就将电缆最大长度由 1000m 降到 100m，因此以太网的争用期依然是 5.12μs，最短帧依然是 64 字节。

快速以太网 100M 带宽的标准见表 4-2。

表 4-2　快速以太网标准

名称	传输介质	网段最大长度	特点
100BASE-TX	铜缆	100m	两对 UTP5 类线或屏蔽双绞线
100BASE-T4	铜缆	100m	四对 UTP3 类线或 5 类线
100BASE-FX	光纤	2000m	两根光纤，发送和接收各用一根，全双工，长距离

1995 年 IEEE 把 1000BASE-T 的快速以太网定为正式标准，其代号为 IEEE 802.3u，是对 IEEE 802.3 标准的补充。

4.5.2　吉比特以太网

1996 年，吉比特以太网（又称为千兆以太网）的产品问市。IEEE 在 1997 年通过了吉比特以太网的标准 802.3z，并在 1998 年成为了正式标准。

吉比特以太网的标准 IEEE 802.3z 有以下几个特点：

（1）允许在 1Gb/s 下全双工和半双工两种方式工作。

（2）使用 IEEE 802.3 协议规定的帧格式。

（3）在半双工方式下使用 CSMA/CD 协议（全双工方式不需要使用 CSMA/CD 协议）。

（4）与 10BASE-T 和 100BASE-T 技术向后兼容。

吉比特以太网 1000M 带宽的标准见表 4-3。

表 4-3　吉比特以太网标准

名称	传输介质	网段最大长度	特点
1000BASE-SX	光缆	550m	多模光纤（10μm 和 62.5μm）
1000BASE-LX	光缆	5000m	单模光纤（10μm）、多模光纤（50μm 和 62.5μm）
1000BASE-CX	铜线	25m	使用两对屏蔽双绞线电缆 STP
1000BASE-T	铜线	100m	使用四对 UTP5 类线

吉比特以太网可用作现有网络的主干网，也可在高带宽（高速率）的应用场合中（如医疗图像或 CAD 的图形等）用来连接工作站和服务器。

吉比特以太网工作在半双工时，必须进行碰撞检测。要想和 10M 以太网兼容，就要确保最短帧也是 64 字节，这只能通过减少最大电缆长度，以太网最大电缆长度就要缩短到 10m，短到几乎没有什么实用价值。

吉比特以太网为了增加最大传输距离，将最短帧增加到 4096 比特又有了新的问题，由于 10M 以太网的最短帧长是 64 字节，发送最短的数据帧只需要 512 比特时间，当数据帧发送结束之后，如果在远端发生冲突，则冲突信号传到发送端时，数据帧已经发送完成，这样发送端根本就感知不到冲突。那么 1000M 以太网如何和 10M 以太网的最短帧兼容呢？最终的解决办法就是当数据帧长度小于 512 字节（即 4096 比特）时，在 FCS 域后面添加"载波延伸"（Carrier Extension）域。主机发送完短数据帧之后，继续发送载波延伸信号，这样，当冲突信号传回来时，发送端就能感知到了，如图 4-64 所示。

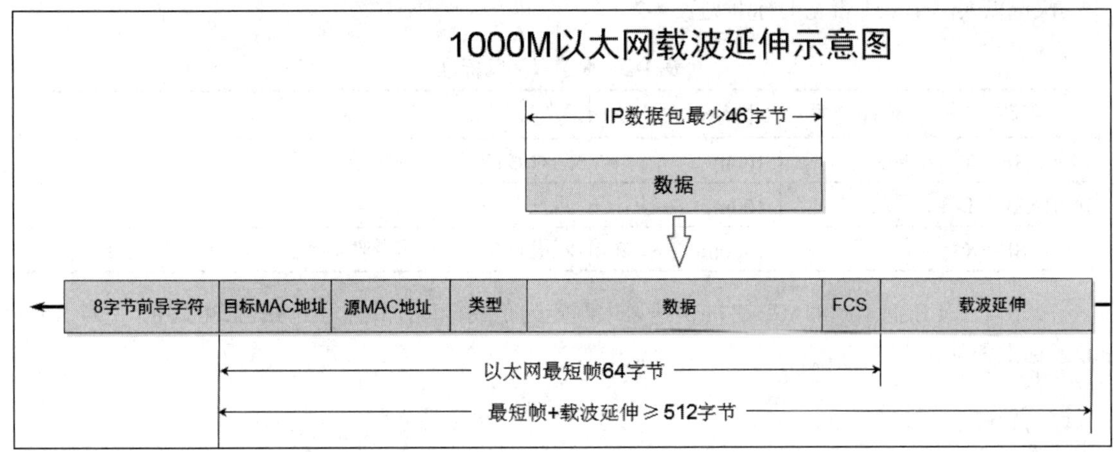

图 4-64　载波延伸

再考虑另一个问题。如果发送的数据帧都是 64 字节的短报文，那么链路的利用率就很低，因为"载波延伸"域将占用大量的带宽。千兆以太网标准中，引入了"分组突发"（Packet Bursting）机制来改善这个问题。这就是当很多短帧要发送时，第一个短帧采用上面所说的载波延伸方法进行填充，随后的一些短帧则可以一个接一个发送，它们之间只需要留必要的帧间最小间隔即可，如图 4-65 所示，这样就形成一串分组突发，直到达到 1500 字节或稍多一些为止。这样就提高了链路的利用率。

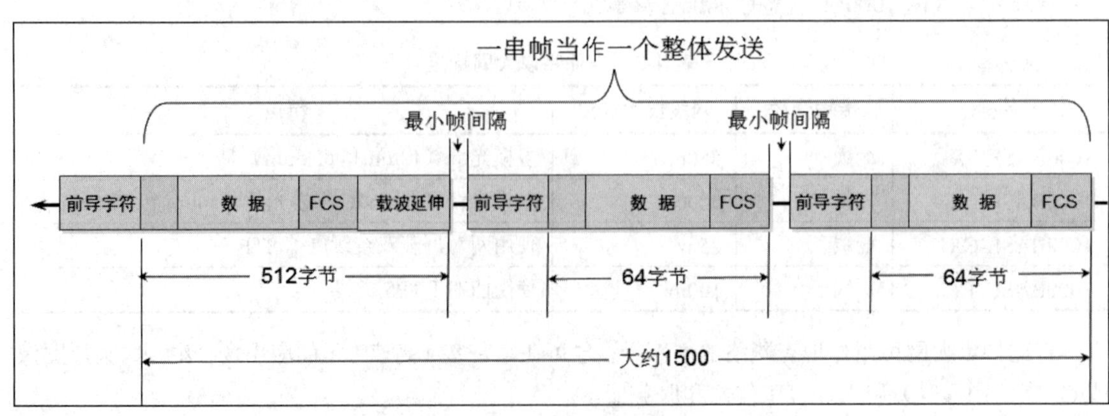

图 4-65　分组突发示意图

“载波延伸”和“分组突发”仅用于千兆以太网的半双工模式；而全双工模式不需要使用 CSMA/CD 机制，也就不需要这两个特性。

如图 4-66 所示，吉比特以太网链路通常用于实现交换机和交换机之间的连接，以及交换机和服务器之间的连接。

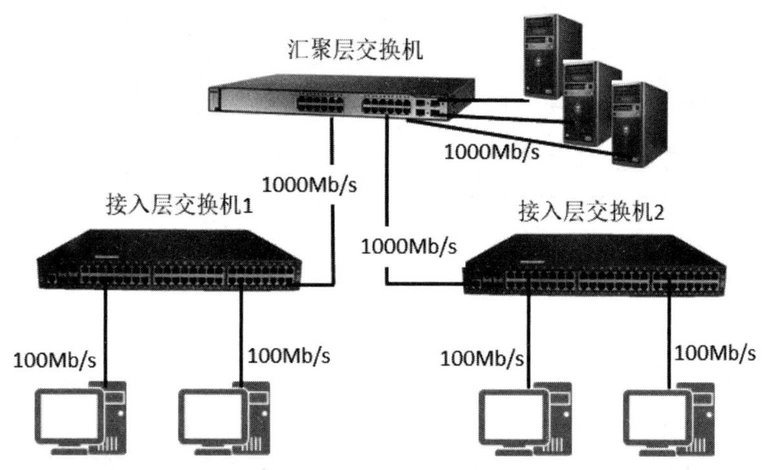

图 4-66　吉比特以太网

4.5.3　10 吉比特以太网

就在吉比特以太网标准 IEEE 802.3z 通过后不久，在 1999 年 3 月，IEEE 成立了高速研究组，其任务是致力于 10 吉比特以太网（10GE）的研究，10GE 的正式标准已在 2002 年 6 月完成。10GE 也就是万兆以太网。

10GE 将吉比特以太网的速率提高了 10 倍，有许多技术上的问题需要解决。10GE 的帧格式与 10Mb/s、100Mb/s 和 1Gb/s 以太网的帧格式完全相同。10GE 还保留了 IEEE 802.3 标准规定的以太网最小和最大帧长。这就使用户在对已有的以太网进行升级时，仍能很方便地与较低速率的以太网进行通信。

10GE 只工作在全双工模式，因此不存在争用问题，也不使用 CSMA/CD 协议。这就使得 10GE 的传输距离不再受碰撞检测的限制而大大提高了。

由于 10GE 的出现，以太网的工作范围已经从局域网（校园网、企业网）扩大到城域网和广域网，从而实现了端到端的以太网传输。这种工作方式的好处是：

（1）以太网是一种经过实践证明的成熟技术，无论是因特网服务提供者（ISP）还是端用户都很愿意使用以太网。当然对 ISP 来说，使用以太网还需要在更大的范围进行试验。

（2）以太网的互操作性也很好，不同厂商生产的以太网都能可靠地进行互操作。

（3）在广域网中使用以太网时，其价格大约只有同步光纤网络（Synchronous Optical Network，SONET）的五分之一和 ATM 的十分之一。以太网还能够适应多种传输媒体，如铜缆、双绞线以及各种光缆。这就使得具有不同传输媒体的用户在进行通信时不必重新布线。

（4）端到端的以太网连接使帧的格式全都是以太网的格式，而不需要再进行帧的格式转换，这就简化了操作和管理。但是，以太网和现有的其他网络，如帧中继或 ATM 网络，仍然需要有相应的接口才能进行互连。

万兆以太网 10GE 的标准见表 4-4。

表 4-4　万兆以太网标准

名称	传输介质	网段最大长度	特点
10GBASE-SR	光缆	300m	多模光纤（0.85μm）
10GBASE-LR	光缆	10km	单模光纤（1.3μm）
10GBASE-ER	光缆	40km	单模光纤（1.5μm）
10GBASE-CX4	铜线	15m	使用 4 对双芯同轴电缆
10GBASE-T	铜线	100m	使用 4 对 6A 类 UTP 双绞线

习题 4

1．网桥是在（　　）上实现不同网络互连的设备。

A．数据链路层　　B．网络层　　C．对话层　　D．物理层

2．PPP 协议和 CSMA/CD 是第________层协议。

3．在一个采用 CSMA/CD 协议的网络中，传输介质是一根完整的电缆，传输速率为 1Gb/s，电缆中的信号传播速度是 200000km/s。若最小数据帧长度减少 800 比特，则最远的两个站点之间的距离至少需要（　　）。

A．增加 160m　　B．增加 80m　　C．减少 160m　　D．减少 80m

4．将一组数据组装成帧在相邻两个节点间传输属于 OSI 参考模型的（　　）层功能。

A．物理层　　B．数据链路层

C．网络层　　D．传输层

5．CRC 校验可以查出帧传输过程中的（　　）差错。

A．基本比特差错　　B．帧丢失　　C．帧重复　　D．帧失序

6．PPP 采用同步传输技术传送比特串 01101 11111 11111 00，则零比特填充后的比特串为（　　）。

7．假设待传送的一组数据 M = 101001（现在 k = 6），除数 P = 1101。则要在 M 的后面再添加供差错检测用的 n 位冗余码一起发送。计算 CRC 校验值及发送序列。

8．数据链路层要传输的二进制数据为 1010011，现在需要计算 CRC 校验值，选择了除数为 1101（要求列出计算竖式）。

9．某局域网采用 CSMA/CD 协议实现介质访问控制，数据传输率为 100Mb/s，主机甲和主机乙的距离为 2km，信号传播速率是 200000km/s，计算该以太网最短帧。

10．CSMA/CD 是 IEEE 802.3 所定义的协议标准，它适用于（　　）。

A．令牌环网　　B．令牌总线网　　C．网络互连　　D．以太网

11．假定 1km 长的 CSMA/CD 网络的数据速率为 1Gb/s，设信号在网络上的传播速率为 200000km/s，则能够使用此协议的最短帧长为（　　）。

A．5000bit　　B．10000bit　　C．5000Byte　　D．10000Byte

12．数据链路（即逻辑链路）与链路（即物理链路）有何区别？“电路接通了”与“数据链路接通了”有何区别？

13. 数据链路层中的链路控制包括哪些功能？试讨论将数据链路层做成可靠的链路层有哪些优点和缺点。

14. 网络适配器的作用是什么？网络适配器工作在哪一层？

15. 数据链路层的三个基本问题（帧定界、透明传输和差错检测）为什么都必须加以解决？

16. 如果在数据链路层不进行帧定界，会发生什么问题？

17. PPP 协议的主要特点是什么？为什么 PPP 不使用帧的编号？PPP 适用于什么情况？为什么 PPP 协议不能使数据链路层实现可靠传输？

18. 局域网的主要特点是什么？为什么局域网采用广播通信方式而广域网不采用呢？

19. 常用的局域网网络拓扑有哪些种类？现在最流行的是哪种结构？为什么早期的以太网选择总线拓扑结构而不使用星型拓扑结构？

20. 什么叫传统以太网？以太网有哪两个主要标准？

21. 假设采用曼彻斯特编码，数据率为 10Mb/s 的以太网在物理媒体上的码元传输速率是多少码元/秒？

22. 试说明 10BASE-T 中的“10”“BASE”和“T”所代表的含义。

23. 以太网使用的 CSMA/CD 协议以争用方式接入到共享信道，这与传统的时分复用 TDM 相比优缺点如何？

24. 10Mb/s 以太网升级到 100Mb/s、1Gb/s 和 10Gb/s 时，都需要解决哪些技术问题？为什么以太网能够在发展的过程中淘汰掉自己的竞争对手，并使自己的应用范围从局域网一直扩展到城域网和广域网？

25. 以太网交换机有何特点？

26. 网桥的工作原理和特点是什么？网桥与转发器以及与以太网交换机有何异同？

27. 网桥中的转发表是用自学习算法建立的。如果有的站点总是不发送数据而仅仅接收数据，那么在转发表中是否就没有与这样的站点相对应的项目？如果要向这个站点发送数据帧，那么网桥能够把数据帧正确转发到目的地址吗？

第5章 IP 地址和子网划分

- IP 地址层次结构
- IP 地址分类
- 公网地址
- 私有地址
- 保留的 IP 地址
- 等长子网划分
- 变长子网划分
- 使用超网合并网段

学习完物理层和数据链路层，下面该学习网络层了，为了讲解得更加详细，把网络层分成三章来讲：IP 地址和子网划分、静态路由和动态路由以及网络层协议。前面我们已经简单地提到过 IP 地址和子网掩码，本章将详细讲解网络层地址（IP 地址）和子网划分。

网络中的计算机之间通信需要有地址，每个网卡有物理地址（MAC 地址），每台计算机还需要有网络层地址，使用 TCP/IP 协议通信的计算机网络层地址就称为 IP 地址。

本章讲解 IP 地址格式、子网掩码的作用、IP 地址的分类以及一些特殊的地址，介绍什么是公网地址和私网地址，以及私网地址通过 NAT 访问 Internet。

为了避免 IP 地址的浪费，需要根据每个网段的计算机数量分配合理的 IP 地址块，有可能需要将一个大的网段分成多个子网。本章讲解如何进行等长子网划分和变长子网划分。当然，如果一个网络中的计算机数量非常多，有可能一个网段的地址块容纳不下，也可以将多个网段合并成一个大的网段，这个大的网段就是超网。最后还讲了子网划分的规律和合并网络的规律。

5.1 学习 IP 地址预备知识

IPv4 网络中，计算机和网络设备接口的 IP 地址由 32 位的二进制数组成。后面学习 IP 地址和子网划分的过程，需要我们将二进制数转化成十进制数或将十进制数转化成二进制数。因此在学习 IP 地址和子网划分之前，先学习一下二进制的相关知识。

5.1.1 二进制和十进制

二进制是计算技术中广泛采用的一种数制。二进制数据是用 0 和 1 两个数码来表示的数，它的基数为 2，进位规则是“逢二进一”，借位规则是“借一当二”，当前的计算机系统使用的基本上都是二进制。

在子网划分过程中，当看到一个十进制形式的网络掩码，需要读者能很快判断出该网络掩码写成二进制形式有几个 1，当看到一个二进制形式的网络掩码时，也能熟练写出该网络掩码对应的十进制数。

下面列出二进制和十进制的对应关系，要求最好记住这些对应关系，其实也不用死记硬背，这里有规律可循，如下所示，二进制中的 1 向前移 1 位，对应的十进制乘以 2。

二进制	十进制
1	1
10	2
100	4
1000	8
1 0000	16
10 0000	32
100 0000	64
1000 0000	128

下面列出的二进制数和十进制数的对应关系最好也能够熟练记忆，后面给出了记忆规律。

二进制	十进制	
1100 0000	192	这样记 1000 0000+100 0000 也就是 128+64=192
1110 0000	224	这样记 1000 0000+100 0000+10 0000 也就是 128+64+32=224
1111 0000	240	这样记 128+64+32+16=240
1111 1000	248	这样记 128+64+32+16+8=248
1111 1100	252	这样记 128+64+32+16+8+4=252
1111 1110	254	这样记 128+64+32+16+8+4+2=254
1111 1111	255	这样记 128+64+32+16+8+4+2+1=255

可见，8 位二进制当每位全是 1 时最大，最大值就是 255。

我们还可以使用如图 5-1 所示的方法来记忆。只要记住数轴上几个关键的点，对应关系立刻就能想出来。我们画一条线，左端代表二进制数 0000 0000，右端代表二进制数 1111 1111。

0～255 共计 256 个数字，中间值是 128，而 128 对应的二进制数是 1000 0000，这是一个分界点，所以，所有小于 128 的二进制数最高位是都 0，所有大于 128 的数二进制最高位都是 1。

而 128～255 的中间值是 192，二进制就是 1100 0000，这就意味着只要大于 192 的数，其二进制数最前面的两位都是 1。

192～255 的中间值是 224，二进制是 1110 0000，这就意味着只要大于 224 的数，其二进制最前面的三位都是 1。

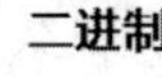

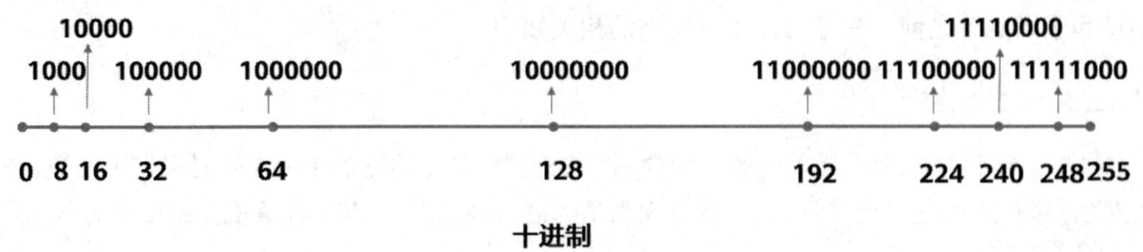

图 5-1　二进制和十进制对应的关系

5.1.2　二进制数的规律

在后面学习合并网段时需要大家判断给出的几个子网是否能够合并成一个网段，需要大家能够写出一个十进制数转换成二进制后的后几位。二进制数的规律见表 5-1，然后教给大家一个快速写出一个数的二进制形式后几位的方法。

表 5-1　二进制数的规律

十进制	二进制	十进制	二进制
0	0	11	1011
1	1	12	1100
2	10	13	1101
3	11	14	1110
4	100	15	1111
5	101	16	10000
6	110	17	10001

通过表 5-1 中的十进制和二进制对应关系能找到以下规律：

一个十进制数如果能够被 2 整除，其二进制的最后一位一定是 0，如果余数是 1，则其二进制的最后一位一定是 1；若能够被 4 整除，其二进制的后两位是一定是 00，如果余数是 2，后两位一定是 10；若能够被 8 整除，其二进制的最后三位一定是 000，如果余 5，后三位一定是 101；若能够被 16 整除，其二进制形式的最后四位一定是 0000，如果余 6，最后四位一定是 0110。

所以我们可以得出以下规律：如果要写出一个十进制数转换成二进制数的后 n 位，则可以将该数除以 2^n，将余数写成 n 位二进制即为所求。

例如，求十进制数 242 转换成二进制数后的最后 4 位。2^4 是 16，242 除以 16，余 2，将余数 2 写成 4 位二进制，即 0010，这就是十进制数 242 转换为二进制数的后 4 位。

5.2　理解 IP 地址

IP 地址就是给每个连接在 Internet 上的主机分配的一个 32 位二进制地址。IP 地址用来定位网络中的计算机和网络设备。

5.2.1 MAC 地址和 IP 地址

计算机的网卡有物理地址（MAC 地址），为什么还需要 IP 地址呢？

如图 5-2 所示，网络中有三个网段，每个交换机一个网段，使用两个路由器连接这三个网段。图中 MA、MB、MC、MD、ME、MF 以及 M1、M2、M3 和 M4，分别代表计算机和路由器接口的 MAC 地址。

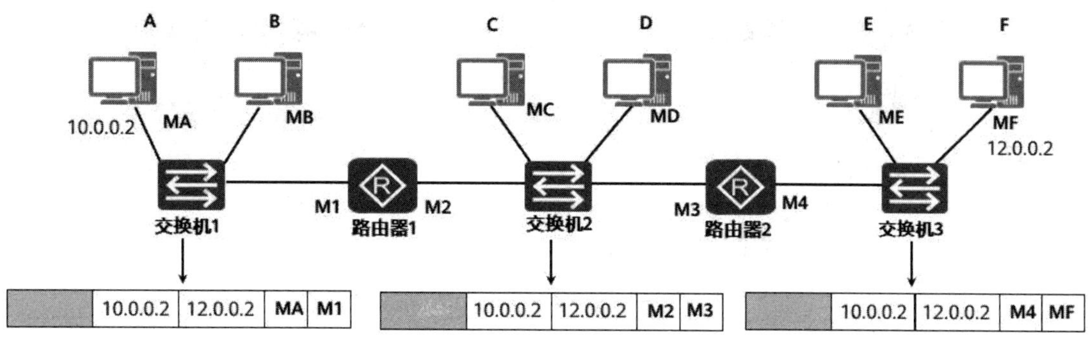

图 5-2　MAC 地址和 IP 地址的作用

假设计算机 A 给计算机 F 发送一个数据包，计算机 A 会在网络层给数据包添加源 IP 地址（10.0.0.2）和目标 IP 地址（12.0.0.2）。

该数据包要想到达计算机 F，要经过路由器 1 转发，该数据包如何才能让交换机 1 转发到路由器 1 呢？那就需要在数据链路层添加 MAC 地址：源 MAC 地址为 MA，目标 MAC 地址为 M1。

路由器 1 收到该数据包，需要将该数据包转发到路由器 2，这就要求将数据包重新封装成帧：帧的目标 MAC 地址是 M3，源 MAC 地址是 M2。这也要求重新计算帧校验序列。

数据包到达路由器 2 后，要再次封装：目标 MAC 地址为 MF，源 MAC 地址为 M4。交换机 3 将该帧转发给计算机 F。

从图 5-2 可以看出，数据包的目标 IP 地址决定了数据包最终到达哪一个计算机，而目标 MAC 地址决定了该数据包下一跳由哪个设备接收，但不一定是终点。

如果全球计算机网络是一个大的以太网，那就不需要使用 IP 地址通信了，只使用 MAC 地址就可以了。大家想想那将是一个什么样的场景？一个计算机发广播帧，全球计算机都能收到，都要处理，整个网络的带宽将会被广播帧耗尽。所以，还必须要有路由器来隔绝以太网的广播，路由器默认不转发广播帧，只负责在不同的网络间转发数据包。

5.2.2 IP 地址的组成

在讲解 IP 地址之前，先介绍一下大家所熟知的电话号码，通过电话号码的原理来理解 IP 地址。

我们知道，电话号码由区号和本地号码组成。如图 5-3 所示，石家庄地区的区号是 0311，北京地区的区号是 010，保定地区的区号是 0312。同一地区的电话号码有相同的区号，打本地电话不用拨区号，打长途才需要拨区号。

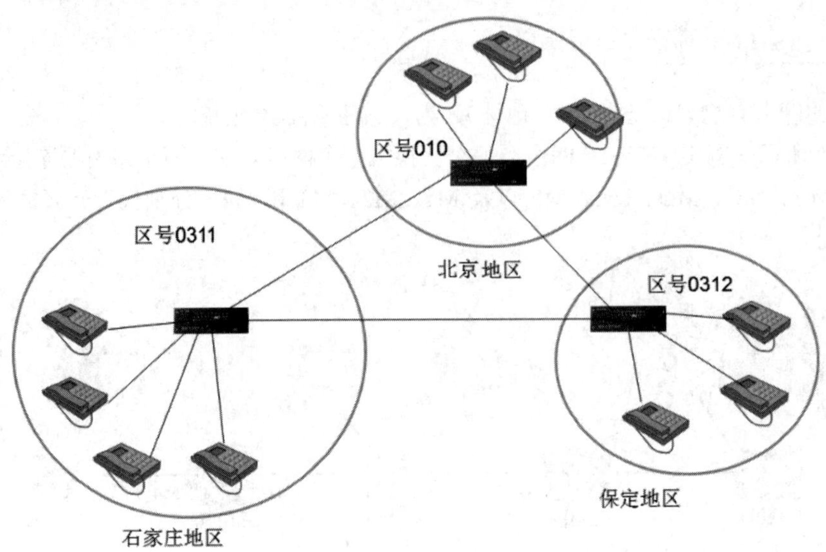

图 5-3　区号和电话号

和电话号码的区号一样，计算机的 IP 地址也由两部分组成，一部分为网络标识，一部分为主机标识。如图 5-4 所示，同一网段计算机的 IP 地址，其网络部分都相同。路由器连接不同网段，负责不同网段之间的数据转发，交换机连接的则是同一网段的计算机。

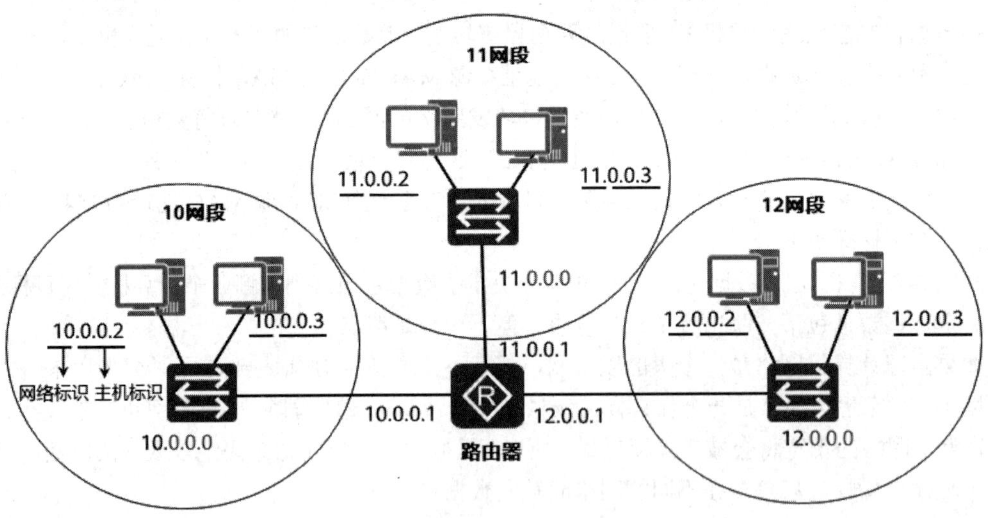

图 5-4　网络标识和主机标识

一台计算机在和其他计算机通信之前，首先要判断目标 IP 地址和自己的 IP 地址是否在一个网段，这决定了数据链路层的目标 MAC 地址是目标计算机的 MAC 地址还是路由器接口的 MAC 地址。

5.2.3　IP 地址格式

按照 TCP/IPv4 协议栈规定，IP 地址用 32 位二进制来表示，也就是 32 比特，换算成字节，就是 4 个字节。假设一个二进制形式的 IP 地址是“10101100000100000001111000111000”，对于这么长的一串地址，人们理解起来显得太费劲了。为了使用方便，人们把这些连续的二进制位用“.”

分为四个部分，则二进制 IP 地址就变为了 10101100.00010000.00011110.00111000。为了进一步方便使用，我们又会把其写成十进制形式，即“172.16.30.56”。IP 地址的这种表示法叫作“点分十进制表示法”。

通常，计算机配置 IP 地址时就使用这种写法，如图 5-5 所示。本书为了方便描述，给 IP 地址的这四个部分进行了编号，从左到右分别称为第 1 部分、第 2 部分、第 3 部分和第 4 部分。

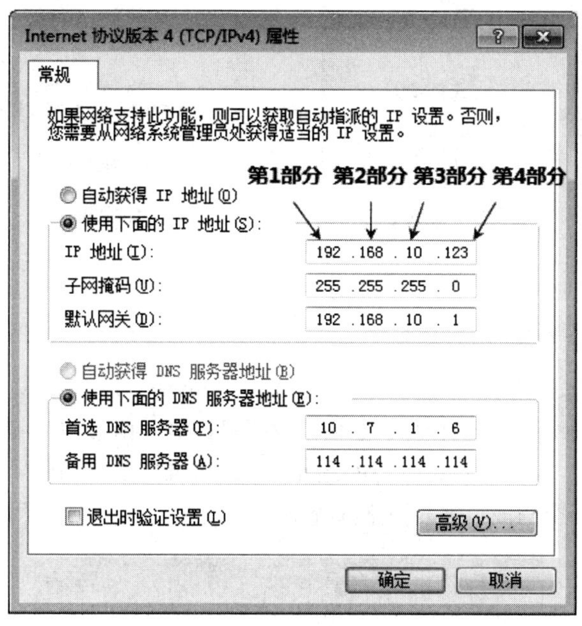

图 5-5　点分十进制表示法

8 位二进制的 11111111 转换成十进制就是 255，因此点分十进制的每一部分最大值不能超过 255。

5.2.4　子网掩码的作用

子络掩码（Subnet Mask）又叫网络掩码、地址掩码，它可以指明一个 IP 地址中哪些位是用来表示主机所在的子网，哪些位是用来表示主机。

如图 5-6 所示，计算机的 IP 地址是 131.107.41.6，其子网掩码是 255.255.255.0。其中，子网掩码的二进制位为 1 的位对应的 IP 地址中的位，为该 IP 地址的网络部分；子网掩码的二进制位为 0 的位对应的 IP 地址中的位，为该 IP 地址的主机部分；把 IP 地址中的主机部分归零，就是该主机所在的网段。本例中，该主机所在网段就是 131.107.41.0。在此子网掩码的设置下，该计算机和远程计算机通信，只要目标 IP 地址前面的三部分是 131.107.41 就认为和该计算机在同一个网段，比如该计算机和 IP 地址 131.107.41.123 在同一个网段，和 IP 地址 131.107.42.123 不在同一个网段，因为网络部分不相同。

如图 5-7 所示，计算机的 IP 地址是 131.107.41.6，网络掩码是 255.255.0.0，则计算机所在网段就是 131.107.0.0。该计算机和远程计算机通信，目标 IP 地址只要前面两部分是 131.107 就认为和该计算机在同一个网段，比如该计算机和 IP 地址 131.107.42.123 在同一个网段，而和 IP 地址 131.108.42.123 不在同一个网段，因为网络部分不同。

图 5-6　子网掩码的作用 1

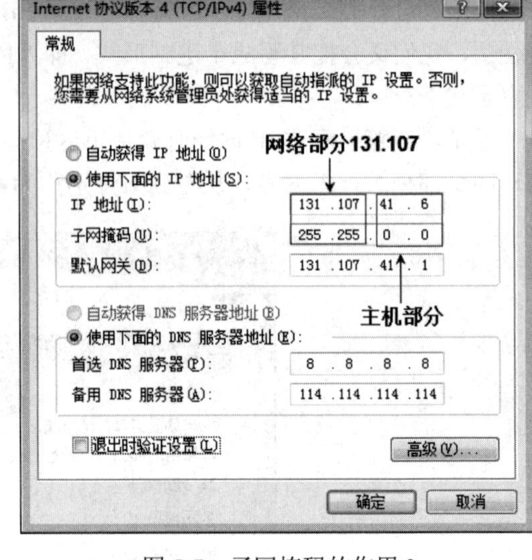

图 5-7　子网掩码的作用 2

如图 5-8 所示，计算机的 IP 地址是 131.107.41.6，子网掩码是 255.0.0.0，则该计算机所在的网段就是 131.0.0.0。该计算机和远程计算机通信，只要目标 IP 地址的第 1 部分是 131 就认为和该计算机在同一个网段，比如该计算机和 IP 地址 131.108.42.123 在同一个网段，而和 IP 地址 132.108.42.123 不在同一个网段，因为网络部分不同。

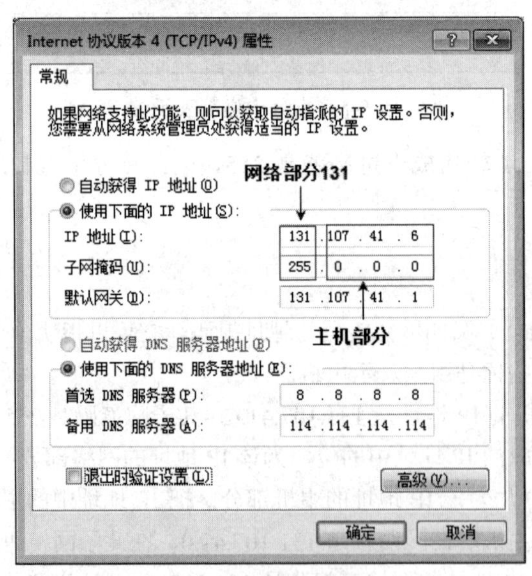

图 5-8　子网掩码的作用 3

计算机如何使用网络掩码来计算自己所在的网段呢？

如图 5-9 所示，假设一台计算机的 IP 地址配置为 131.107.41.6，子网掩码为 255.255.255.0。将其 IP 地址和子网掩码都写成二进制，然后把对应的二进制位进行“与”运算，可见，IP 地址中与子网掩码中的 1 对应的位置值不变，与子网掩码中的 0 对应的位置全归零，那么，IP 地址中不变的这一部分，就是该 IP 地址所在的网络段。本例中该计算机所处的网段为 131.107.41.0。

IP地址	131	107	41	6
二进制IP地址	10000011	01101011	00101001	00000110
	与与			
网络掩码	255	255	255	0
二进制网络掩码	11111111	11111111	11111111	00000000
地址和网络掩码做"与"运算	↓↓			
网络号	131	107	41	0
二进制网络号	10000011	01101011	00101001	00000000

图 5-9　网络掩码的作用

网络掩码很重要，若配置错误会造成计算机通信故障。计算机和其他计算机通信时，首先断定目标地址和自己是否在同一个网段，先用自己的网络掩码和自己的 IP 地址进行“与”运算得到自己所在的网段，再用自己的网络掩码和目标地址进行“与”运算，看看得到的目标地址的网络部分与自己所在网段是否相同。如果不相同，说明不在同一个网段，则封装帧时以网关的 MAC 地址作为目标 MAC 地址，交换机就会帧转发给路由器接口；如果相同，说明在同一个网段，则封闭帧时就直接使用目标 IP 地址的 MAC 地址作为目标 MAC 地址，这样就实现了直接把帧发给目标 IP 地址。

如图 5-10 所示，路由器连接两个网段 131.107.41.0 255.255.255.0 和 131.107.42.0 255.255.255.0，同一个网段中的计算机网络掩码相同。计算机的网关就是到其他网段的出口，也就是路由器接口地址。如果计算机没有设置网关，跨网段通信时它就不知道谁是路由器，也就不知道下一跳该把数据包给哪个设备。因此计算机要想实现跨网段通信，必须指定网关。路由器接口使用的地址可以是本网段中任何一个地址，不过通常使用该网段第一个可用的地址或最后一个可用的地址，这是为了尽可能避免和网络中的其他计算机地址冲突。

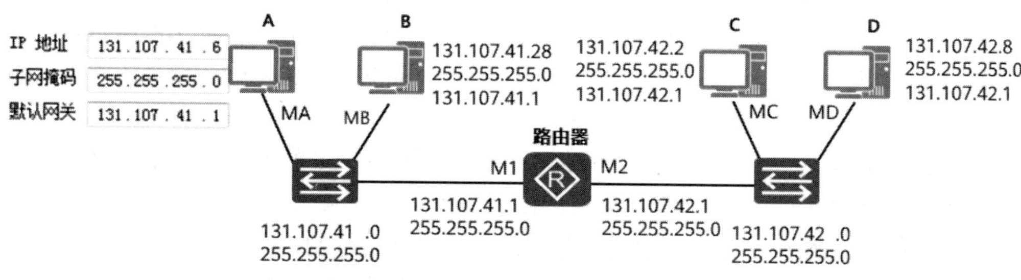

图 5-10　网络掩码和网关的作用

假如连接在交换机上的计算机 A 和计算机 B 的网络掩码设置不一样，都没有设置网关，如图 5-11 所示。思考一下，这种情况下计算机 A 是否能够和计算机 B 通信？注意，只有数据包能去能回网络才能通。

我们分析一下通信过程。首先计算机 A 和自己的网络掩码做“与”运算，得到自己所在的网段 131.107.0.0，目标地址 131.107.41.28 也属于 131.107.0.0 网段，则计算机 A 可以把帧直接发送给计算机 B。当计算机 B 给计算机 A 发送返回的数据包时，计算机 B 在 131.107.41.0 网段，目标地址 131.107.41.6 恰巧也属于 131.107.41.0 网段，所以计算机 B 也能够把数据包直接发送到计算机 A。这样就实现了计算机 A 与计算机 B 的互通，因此计算机 A 能够和计算机 B 通信。

我们再来看图 5-12，连接在交换机上的计算机 A 和计算机 B 的子网掩码设置依然不一样，IP 地址如图所示，也都没有设置网关。思考一下，这种情况下计算机 A 是否能够和计算机 B 通信？

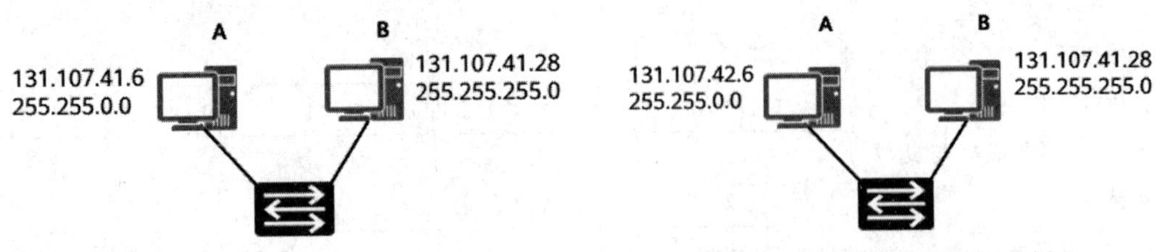

图 5-11　网络掩码设置不一样 1　　　图 5-12　网络掩码设置不一样 2

首先，计算机 A 和自己的子网掩码做“与”运算，得到自己所在的网段 131.107.0.0，目标地址 131.107.41.28 也属于 131.107.0.0 网段，因此计算机 A 可以把数据包发送给计算机 B。但当计算机 B 给计算机 A 发送返回的数据包时，计算机 B 使用自己的子网掩码，计算出自己所属的网段为 131.107.41.0，而目标 IP 地址 131.107.42.6 的网段是 131.107.42.0，显然它不属于 131.107.41.0 网段，而计算机 B 又没有设置网关，所以它不能把数据包发送到计算机 A，因此计算机 A 能发送数据包给计算机 B，但是计算机 B 不能发送返回的数据包，因此网络不通。

5.2.5　子网掩码另一种表示方法

IP 地址划分有“类”的概念，A 类地址默认的子网掩码为 255.0.0.0，B 类地址默认的子网掩码为 255.255.0.0，C 类地址默认的子网掩码为 255.255.255.0。

子网掩码还有另一种写法，比如 131.107.23.32/25、192.168.0.178/26。其中，斜杠后面的数字表示子网掩码写成二进制形式后所包含的 1 的个数。这种子网划分的方法打破了 IP 地址“类”的概念，子网掩码也打破了字节的限制，因此被称为可变长子网掩码（Variable Length Subnet Masking，VLSM）。VLSM 使 Internet 服务提供商（ISP）可以灵活地将大的地址块分成恰当的小地址块（子网）给客户使用，不会造成大量的 IP 地址浪费。这种方式也可以使得 Internet 上的路由器的路由表大大精简，被称为无类域间路由（Classless Inter-Domain Routing，CIDR），网络掩码中 1 的个数被称为 CIDR 值。

CIDR 的作用就是支持 IP 地址的无类规划，CIDR 采用 13～27 位可变网络 ID，而不是 A、B、C 类网络 ID 所用的固定的 8、16 位和 24 位。在 IP 地址后面添加一个“/”，后面是二进制网络掩码的位数，比如 192.168.10.32/24，意味着该地址网络掩码长度为 24，即表示该 IP 地址所处的网段是 11111111.11111111.11111111. 00000000，这个 24 就等价于网络掩码 255.255.255.0。

5.3　IP 地址详解

5.3.1　IP 地址分类

最初设计互联网络时，Internet 委员会定义了 5 种 IP 地址类型以适合不同容量的网络，即 A 类～E 类。其中 A、B、C 三类由 Internet NIC 在全球范围内统一分配，D、E 类为特殊地址。

IPv4 地址共 32 位二进制，分为网络 ID 和主机 ID。哪些位是网络 ID、哪些位是主机 ID，最初是使用 IP 地址第 1 部分进行区别的，在第一部分中，若：最高位为 0，规定为 A 类地址；前两位为 10，规定为 B 类地址；前三位为 110，规定为 C 类地址；前四位为 1110，规定为 D 类地址；前五位为 11110，规定为 E 类地址。

如图 5-13 所示，该地址的最高位为 0，所以是 A 类地址。A 类地址中，网络 ID 全为 0 的地址不能用，除最高位外全是 1 的地址（即十进制的 127）作为保留网段，因此 A 类地址的第 1 部分取值范围为 1～126，共 126 个 A 类网络 ID。

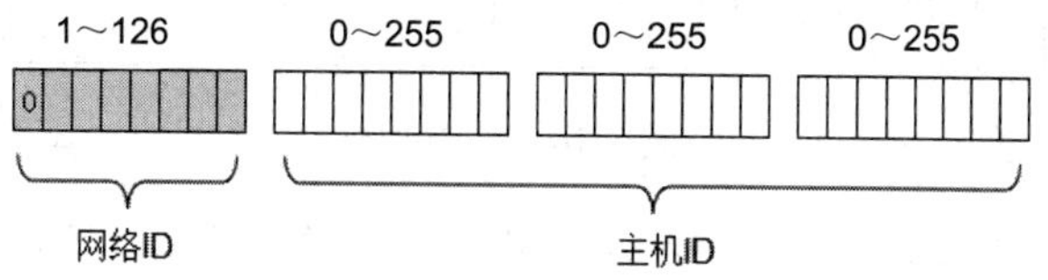

图 5-13　A 类地址网络位和主机位

A 类网络默认子网掩码为 255.0.0.0。主机 ID 由第 2 部分、第 3 部分和第 4 部分组成，每部分的取值范围为 0～255，共 256 种取值，通过排列组合可知一个 A 类网络理论可容纳的主机数量是 256×256×256=16777216，取值范围为 0～16777215，0 也算一个数。而主机 ID 全为 0 的地址为网络地址，不能给计算机使用，主机 ID 全为 1 的地址为广播地址，也不能给计算机使用，所以实际可用的地址还需减去 2，为 16777214。如果给主机 ID 全为 1 的地址发送数据包，计算机会产生一个广播帧，发送到本网段全部计算机。

如图 5-14 所示，该地址的最高两位为 10，所以是 B 类地址。IP 地址第 1 部分的取值范围为 128～191。

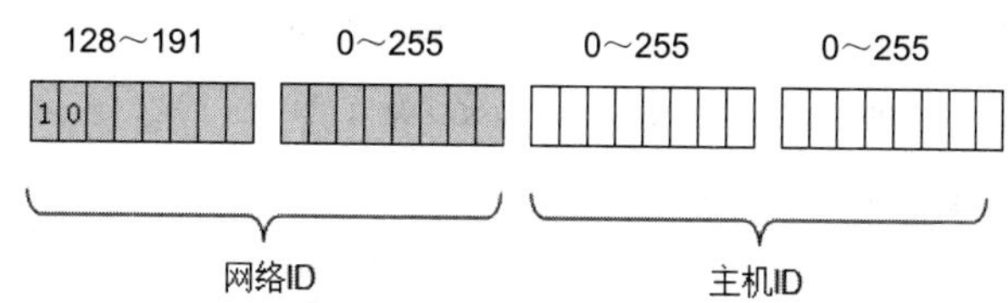

图 5-14　B 类地址网络位和主机位

B 类网络默认子网掩码为 255.255.0.0。主机 ID 由第 3 部分和第 4 部分组成，每个 B 类网络可以容纳的最大主机数量为 256×256=65536，取值范围为 0～65535，去掉主机位全 0 和全 1 的地址，可用的地址数量为 65534 个。

如图 5-15 所示，该地址的最高三位为 110，所以是 C 类地址，其 IP 地址第 1 部分的取值范围为 192～223。

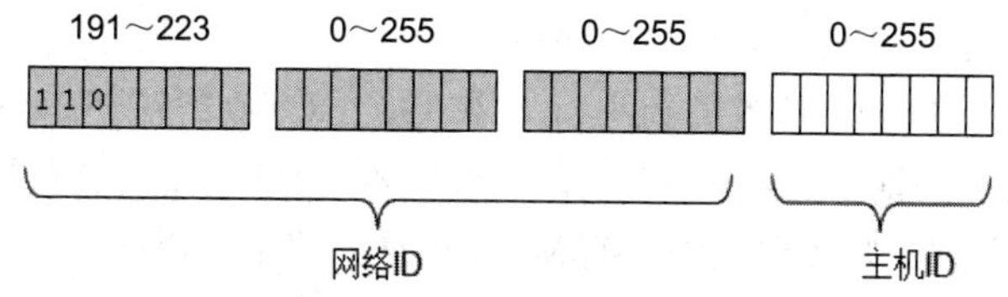

图 5-15　C 类地址网络位和主机位

C 类网络默认的子网掩码为 255.255.255.0。主机 ID 由第 4 部分组成，每个 C 类网络的地址数量为 256，取值范围为 0～255，去掉主机位全 0 和全 1 的地址，可用地址数量为 254。

如图 5-16 所示，该地址的最高位是 1110，所以是 D 类地址。D 类地址第 1 部分的取值范围为 224～239。D 类地址是用于多播（也称为组播）的地址，组播地址没有网络掩码。希望读者能够记住多播地址的范围，因为有些病毒除了在网络中发送广播外，还有可能发送多播数据包，当你使用抓包工具排除网络故障时，必须能够断定捕获的数据包是多播还是广播。

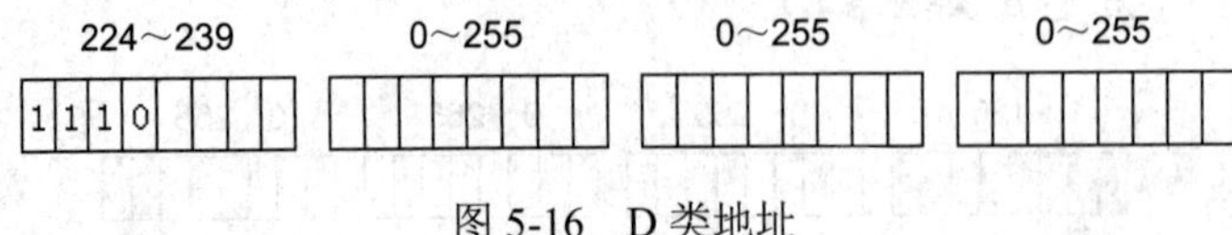

图 5-16　D 类地址

如图 5-17 所示，该地址最高位是 11110，所以它为 E 类地址。它的第一部分取值范围为 240～255，保留为今后使用，本书中并不讨论 D、E 这两个类型的地址，并且也不要求你了解这些内容。

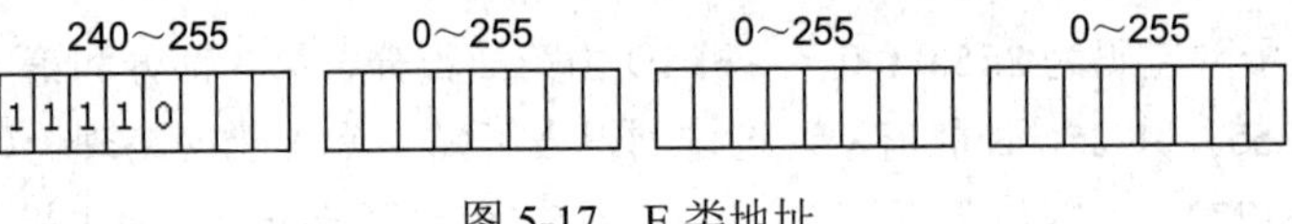

图 5-17　E 类地址

为了方便大家记忆，请观察图 5-18，将 IP 地址的第 1 部分画一条数轴，数值范围从 0～255。A 类地址、B 类地址、C 类地址、D 类地址以及 E 类地址的取值范围，一目了然。

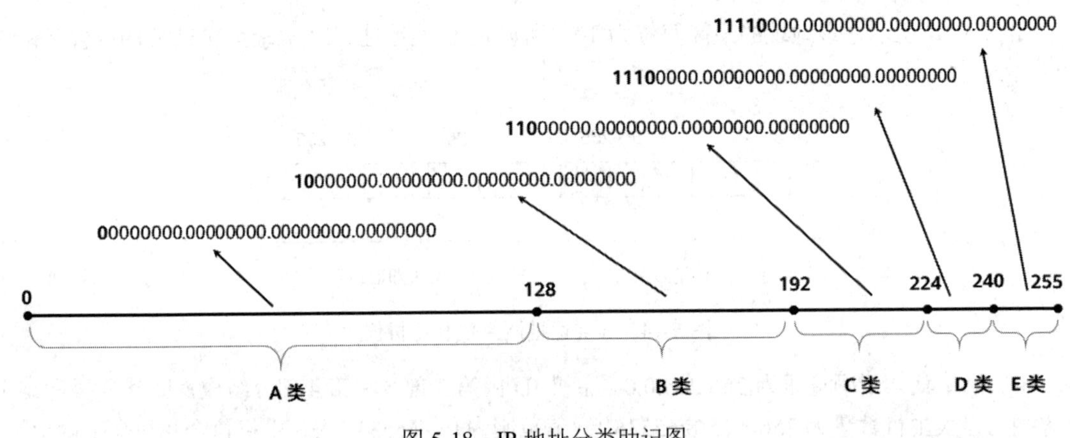

图 5-18　IP 地址分类助记图

5.3.2　特殊的 IP 地址

有些 IP 地址被保留用于某些特殊目的，网络管理员不能将这些地址分配给计算机。下面列出了这些被排除在外的地址，并说明为什么要保留它们。

- 主机 ID 全为 0 的地址：特指某个网段，比如 192.168.10.0 255.255.255.0，指 192.168.10.0 网段。
- 主机 ID 全为 1 的地址：特指该网段的全部主机，如果你的计算机发送数据包使用主机 ID 全是 1 的 IP 地址，则数据链路层的 MAC 地址就使用广播地址 FF-FF-FF-FF-FF-FF，同一网段计算机名称解析就需要发送名称解析的广播包。比如你的计算机 IP 地址是 192.168.10.10，子网掩码是 255.255.255.0，它要发送一个广播包的目标 IP 地址是 192.168.10.255，则帧的目标 MAC 地址就是 FF-FF-FF-FF-FF-FF，该网段中全部计算机都能收到。

- 127.0.0.1：是回送地址，指本机地址，一般用作测试。回送地址（127.x.x.x）即本机回送地址（Loopback Address）是指主机 IP 堆栈内部的 IP 地址，主要用于网络软件测试以及本地机进程间通信，无论什么程序，一旦使用回送地址发送数据，根据协议数据会立即返回，不进行任何网络传输。任何计算机都可以用该地址访问本机的共享资源或网站，如果 ping 该地址能够通，说明你的计算机的 TCP/IP 协议栈工作正常，即便你的计算机没有网卡，ping 127.0.0.1 还是能够通的。
- 169.254.0.0：169.254.0.0～169.254.255.255 实际上是自动私有 IP 地址。在 Windows 2000 以前的操作系统中，如果计算机无法获取 IP 地址，则自动配置成“IP 地址：0.0.0.0”“子网掩码：0.0.0.0”的形式，导致其不能与其他计算机通信。而对于 Windows 2000 以后的操作系统，在无法获取 IP 地址时则会自动配置成“IP 地址：169.254.×.×”“网络掩码：255.255.0.0”的形式，这样就可以使获取不到 IP 地址的计算机也能够与其他计算机进行通信，如图 5-19 和图 5-20 所示。

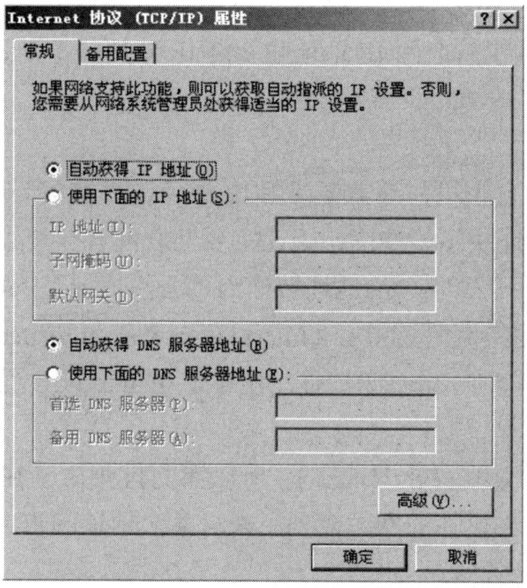

Internet 协议 (TCP/IP) 属性
常规
备用配置
如果网络支持此功能，则可以获取自动指派的 IP 设置。否则，您需要从网络系统管理员处获得适当的 IP 设置。
自动获得 IP 地址(O)
使用下面的 IP 地址(S):
IP 地址(I):
子网掩码(U):
默认网关(D):
自动获得 DNS 服务器地址(B)
使用下面的 DNS 服务器地址(E):
首选 DNS 服务器(P):
备用 DNS 服务器(A):
高级(V)...
确定
取消

图 5-19　自动获得地址

C:\WINDOWS\system32\cmd.exe
C:\Documents and Settings\Administrator>ipconfig
Windows IP Configuration
Ethernet adapter 本地连接:
Connection-specific DNS Suffix . :
Autoconfiguration IP Address. . . : 169.254.91.34
Subnet Mask . . . . : 255.255.0.0
Default Gateway . . . . :
C:\Documents and Settings\Administrator>

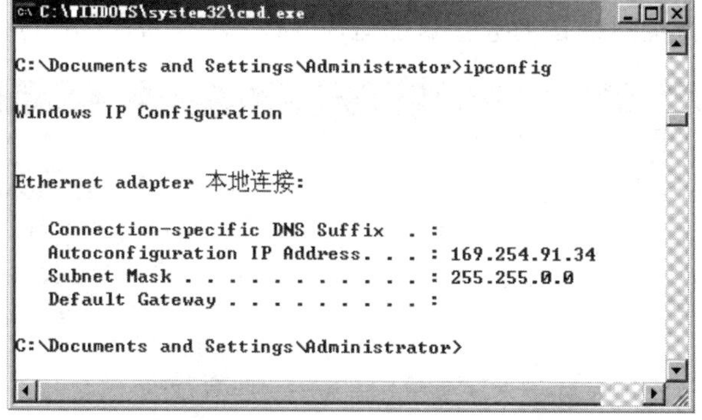

图 5-20　Windows 自动配置的 IP 地址

- 0.0.0.0：如果计算机的 IP 地址和网络中的其他计算机地址冲突，使用 ipconfig 命令看到的就是 0.0.0.0，网络掩码也是 0.0.0.0，如图 5-21 所示。

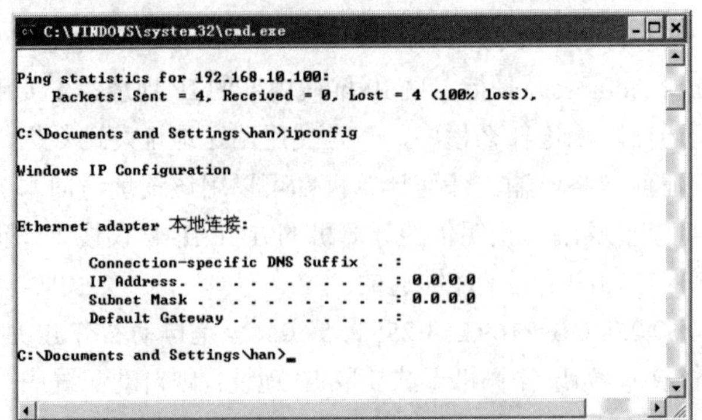

图 5-21 地址冲突

5.4 公网地址和私网地址

从事网络方面的工作必须了解公网 IP 地址和私网 IP 地址，下面进行详细讲解。

5.4.1 公网地址

在 Internet 网络上的每一台主机，都需要使用 IP 地址进行通信，这就要求接入 Internet 的各个国家的各级 ISP 使用的 IP 地址块不能冲突，因此需要互联网有一个组织进行统一的地址规划和分配。这些统一规划和分配的、全球唯一的地址被称为“公网地址（Public Address）”。

公网地址分配和管理由因特网信息中心（Internet Network Information Center，InterNIC）负责。各级 ISP 使用的公网地址都需要向 InterNIC 提出申请，由 InterNIC 统一发放，这样就能确保地址块不冲突。

正是因为 IP 地址是统一规划、统一分配的，所以我们只要知道 IP 地址，就能很方便地查到该地址是哪个城市的哪个 ISP。如果你的网站遭到了来自某个地址的攻击，通过以下方式就可以知道攻击者所在的城市和所属的运营商。

比如我们想知道淘宝网站在哪个城市的哪个 ISP 机房。可以先在命令提示符下 ping 该网站的域名，解析出该网站的 IP 地址。

然后在百度中查找淘宝网站 IP 地址所属的运营商和所在位置，如图 5-22 所示。

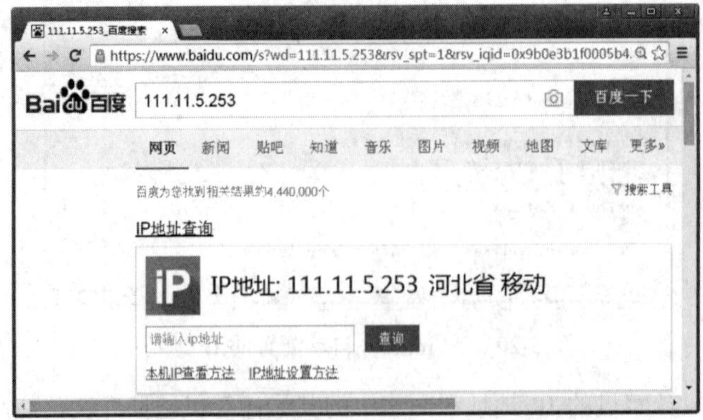

图 5-22 查看淘宝网站 IP 地址所属运营商和所在地

5.4.2　私网地址

创建 IP 寻址方案的人也创建了可以被用于私有网络的私网 IP 地址。在 Internet 上没有这些 IP 地址，Internet 上的路由器也没有到私有网络的路由，因此在 Internet 上不能访问这些私网地址，所以使用私网地址的计算机更加安全，同时也节省了公网 IP 地址。

下面是保留的私有 IP 地址。

- A 类：10.0.0.0 255.0.0.0，保留了一个 A 类网络。
- B 类：172.16.0.0 255.255.0.0～172.31.0.0 255.255.0.0，保留了 16 个 B 类网络。
- C 类：192.168.0.0 255.255.255.0～192.168.255.0 255.255.255.0，保留了 256 个 C 类网络。

如果你负责为一个公司规划网络，到底使用哪一类私有地址呢？若公司目前有 7 个部门，每个部门不超过 200 个计算机，你可以考虑使用保留的 C 类私有地址；如果你为石家庄市教委规划网络，石家庄市教委要和石家庄地区的几百所中小学的网络连接，网络规模较大，那就选择保留的 A 类私有网络地址，最好用 10.0.0.0 网络地址并带有/24 的网络掩码，可以有 65536 个网络供你使用，并且每个网络允许带有 254 台主机，这样会给学校留有非常大的地址空间。

5.5　子网划分

5.5.1　子网划分的目的

当今在 Internet 上使用的协议是 TCP/IP 协议第四版，也就是 IPv4，IP 地址由 32 位的二进制数组成，这些地址如果全部能分配给计算机，共计 2^{32} = 4 294 967 296，大约 40 亿个可用地址，这些地址去除掉 D 类地址和 E 类地址，还有保留的私网地址，能够在 Internet 上使用的公网地址就变得越发紧张。并且我们每个人需要使用的地址也不止 1 个，除电脑外，智能手机、接入互联网的智能家电等也都需要 IP 地址。这导致了 IPv4 公网地址资源日益紧张。

在 IPv6 还没有完全在互联网普及的 IPv4 和 IPv6 共存阶段，就需要用到本章讲到的子网划分技术，使得 IP 地址能够充分利用，减少地址浪费。

如图 5-23 所示，按照 IP 地址传统的分类方法，一个网段有 200 台计算机，分配一个 C 类网络 212.2.3.0 255.255.255.0，可用的地址范围为 212.2.3.1～212.2.5.254，尽管没有全部用完，但这种情况还不算是极大的浪费。

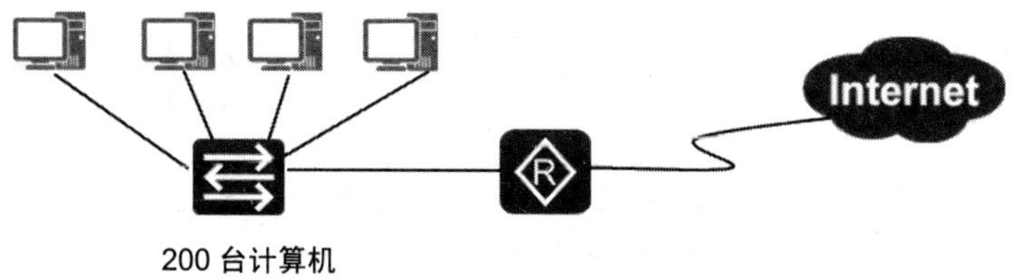

图 5-23　地址浪费的情况

如果一个网络中有 400 台计算机，分配一个 C 类网络，地址就不够用了，那就分配一个 B 类网络，比如 131.107.0.0 255.255.0.0，该 B 类网络可用的地址范围为 131.107.0.1～131.107.255.254，一共有 65534 个地址可用，这就造成了极大的浪费。

下面讲子网划分，就是要打破 IP 地址的分类所限定的地址块，使得 IP 地址的数量和网络中的计算机数量更加匹配。由简单到复杂，先讲等长子网划分，再讲变长子网划分。

5.5.2 等长子网划分

等长子网划分就是将一个网段等分成多个网段，它通过借用现有网段的部分主机位作为子网位，从而划分出多个子网。子网划分的任务包括两部分：

- 确定子网掩码的长度。
- 确定子网中第一个可用的 IP 地址和最后一个可用的 IP 地址。

（1）等分成两个子网。下面以把一个 C 类网络划分为两个子网为例，讲解子网划分的过程。

如图 5-24 所示，某公司有两个部门，每个部门 100 台计算机，通过路由器连接 Internet。给这 200 台电脑分配一个 C 类网络 192.168.0.0，该网段的网络掩码为 255.255.255.0，连接局域网的路由器接口使用该网段的第一个可用 IP 地址 192.168.0.1。

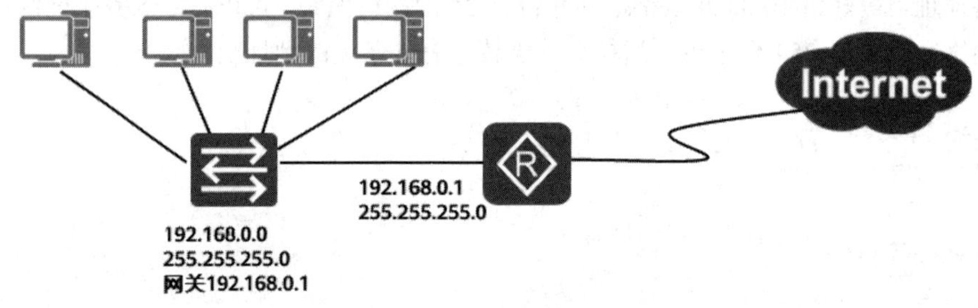

图 5-24　一个网段的情况

为了安全考虑，打算将这两个部门的计算机分为两个网段，中间使用路由器隔开。计算机数量没有增加，还是 200 台，因此一个 C 类网络的 IP 地址是足够用的。

现在我们将 192.168.0.0 255.255.255.0 这个 C 类网络划分成两个子网，步骤是：首先将 IP 地址的第 4 部分写成二进制形式；再将子网掩码使用二进制和十进制两种方式写出来；再将子网掩码往右移一位（子网掩码变成了 255.255.255.128），这样 C 类地址中主机 ID 的第 1 位，就由主机位变成了网络位——该位为 0 表示 A 子网、该位为 1 表示 B 子网，如图 5-25 所示。

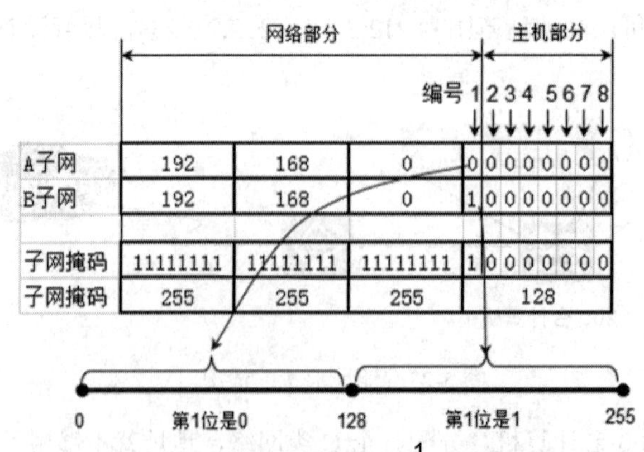

图 5-25　等分成两个子网

A 和 B 两个子网的网络掩码都为 255.255.255.128，即子网掩码由原来的 24 位变成了 25 位。

A 子网可用的地址范围为 192.168.0.1～192.168.0.126，如图 5-26 所示。IP 地址 192.168.0.0 由于主机位全为 0，不能作为主机 ID 分配给计算机使用，192.168.0.127 由于主机位全为 1，也不能作为主机 ID 分配给计算机使用。B 子网可用的地址范围为 192.168.0.129～192.168.0.254，同理，IP 地址 192.168.0.128 和 192.168.0.255 都不能作为主机 ID 分配给计算机使用。

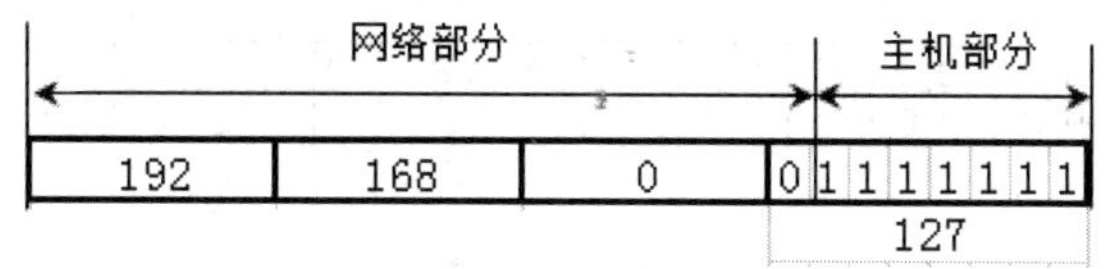

图 5-26 网络部分和主机部分

划分成两个子网后，地址规划如图 5-27 所示。

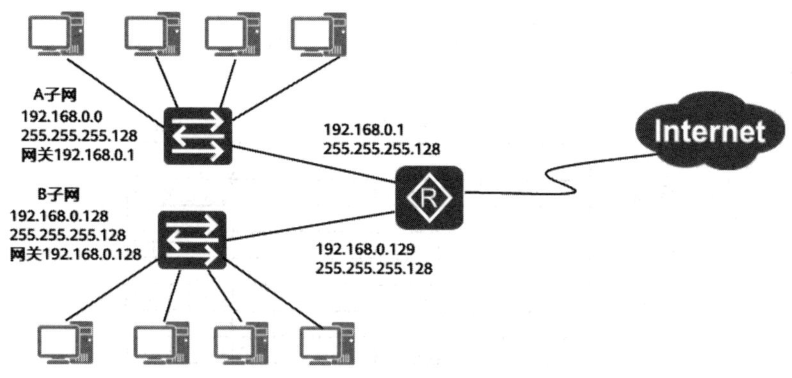

图 5-27 划分子网后的地址规划

（2）等分成 4 个子网。假如公司有 4 个部门，每个部门有 50 台计算机，现在统一使用的是 192.168.0.0/24 这个 C 类网络。从安全考虑，公司打算将每个部门的计算机放置到独立的网段，这就要求将 192.168.0.0 255.255.255.0 这个 C 类网络划分为 4 个子网，那么如何将其划分成 4 个子网呢？

首先，我们将 192.168.0.0 255.255.255.0 网段的 IP 地址的第 4 部分写成二进制，要想分成 4 个子网，需要将网络掩码往右移动两位，则该 C 类网络 IP 地址的第 4 部分的第 1 位和第 2 位，就由主机位变为了网络位。这样，我们就把原 C 类网络分成了 4 个子网，第 4 部分的最高两位为 00，表示 A 子网，01 表示 B 子网，10 表示 C 子网，11 表示 D 子网，如图 5-28 所示。

A、B、C、D 子网的网络掩码都为 255.255.255.192。

A 子网可用的开始地址和结束地址为 192.168.0.1～192.168.0.62；B 子网可用的开始地址和结束地址为 192.168.0.65～192.168.0.126；C 子网可用的开始地址和结束地址为 192.168.0.129～192.168.0.190；D 子网可用的开始地址和结束地址为 192.168.0.193～192.168.0.254。

注意：每个子网的最后一个地址都是本子网的广播地址，不能分配给计算机使用，如 A 子网的 63、B 子网的 127、C 子网的 191 和 D 子网的 255，如图 5-29 所示。

（3）等分成 8 个子网。如果想把一个 C 类网络等分成 8 个子网，网络掩码需要往右移 3 位，即把原 C 类网络地址中主机位的第 1～3 位都变成网络位，才能划分出 8 个子网，如图 5-30 所示。

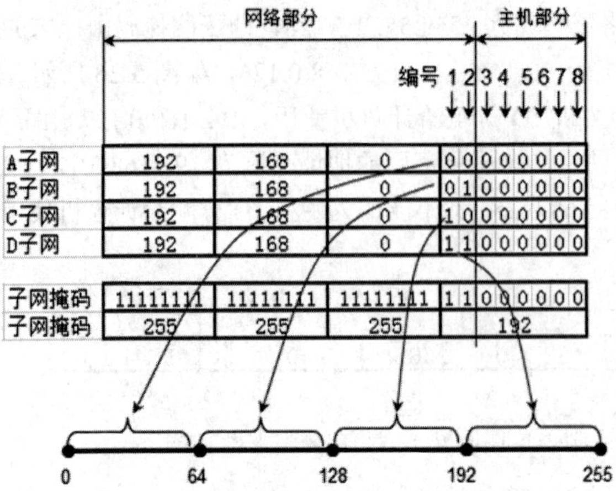

网络部分
主机部分
编号 1 2 3 4 5 6 7 8
A子网 192 168 0 0 0 0 0 0 0 0 0
B子网 192 168 0 0 1 0 0 0 0 0 0
C子网 192 168 0 1 0 0 0 0 0 0 0
D子网 192 168 0 1 1 0 0 0 0 0 0
子网掩码 11111111 11111111 11111111 1 1 0 0 0 0 0 0
子网掩码 255 255 255 192
0
64
128
192
255

规律：如果一个子网是原来网络的 $\frac{1}{2}\times\frac{1}{2}=\frac{1}{4}$，子网掩码往后移 2 位。

图 5-28　等分成 4 个子网

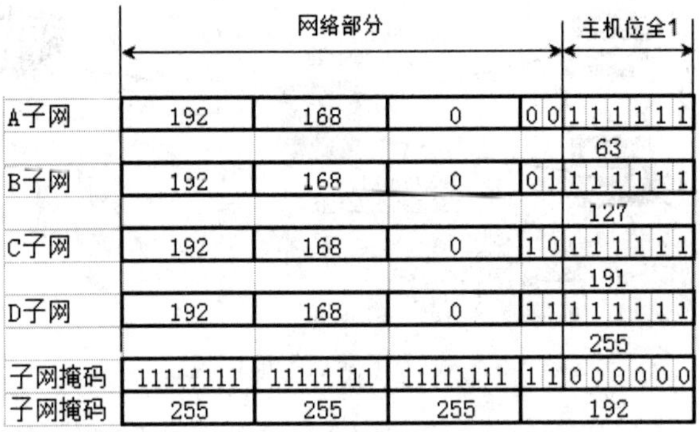

网络部分
主机位全1
A子网 192 168 0 0 0 1 1 1 1 1 1
63
B子网 192 168 0 0 1 1 1 1 1 1 1
127
C子网 192 168 0 1 0 1 1 1 1 1 1
191
D子网 192 168 0 1 1 1 1 1 1 1 1
255
子网掩码 11111111 11111111 11111111 1 1 0 0 0 0 0 0
子网掩码 255 255 255 192

图 5-29　网络部分和主机部分

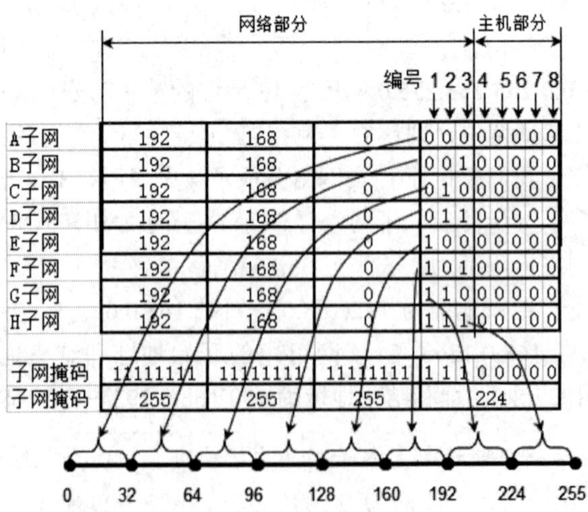

网络部分
主机部分
编号 1 2 3 4 5 6 7 8
A子网 192 168 0 0 0 0 0 0 0 0 0
B子网 192 168 0 0 0 1 0 0 0 0 0
C子网 192 168 0 0 1 0 0 0 0 0 0
D子网 192 168 0 0 1 1 0 0 0 0 0
E子网 192 168 0 1 0 0 0 0 0 0 0
F子网 192 168 0 1 0 1 0 0 0 0 0
G子网 192 168 0 1 1 0 0 0 0 0 0
H子网 192 168 0 1 1 1 0 0 0 0 0
子网掩码 11111111 11111111 11111111 1 1 1 0 0 0 0 0
子网掩码 255 255 255 224
0
32
64
96
128
160
192
224
255

规律：如果一个子网是原来网络的 $\frac{1}{2}\times\frac{1}{2}\times\frac{1}{2}=\frac{1}{8}$，子网掩码往后移 3 位。

图 5-30　等分成 8 个子网

每个子网的网络掩码都一样，为 255.255.255.224。

每个子网可用的主机地址范围为：A 子网 192.168.0.1～192.168.0.30；B 子网 192.168.0.33～192.168.0.62；C 子网 192.168.0.65～192.168.0.94；D 子网 192.168.0.97～192.168.0.126；E 子网 192.168.0.129～192.168.0.158；F 子网 192.168.0.161～192.168.0.190；G 子网 192.168.0.193～192.168.0.222；H 子网 192.168.0.225～192.168.0.254。

> **注意：**每个子网能用的主机 IP 地址，都要去掉主机位全 0（全 0 时表示本子网的网络地址）和主机位全 1（全 1 时表示本子网的广播地址）的地址，如图 5-30 所示。其中 31、63、95、127、159、191、223、255 都是相应子网的广播地址。

总结：网络掩码往右移 3 位，每个子网大小变为了原来网络大小的 $\left(\frac{1}{2}\right)^3$。所以，如果要使一个子网地址块是原来网段大小的 $\left(\frac{1}{2}\right)^n$，那么就需要把网络掩码在原网段的基础上后移 n 位。

5.5.3　等长子网划分示例

前面使用一个 C 类网络讲解了等长子网划分，总结的规律照样也适用于 B 类网络的子网划分。最好将主机位写成二进制的形式，以便快速而准确地确定子网掩码和每个子网第一个和最后一个可用地址。

如图 5-31 所示，将 131.107.0.0 255.255.0.0 等分成 2 个子网。网络掩码往右移动 1 位，就能等分成两个子网。

	网络部分		主机部分		
A子网	131	107	0	0000000	00000000
B子网	131	107	1	0000000	00000000
子网掩码	11111111	11111111	1	0000000	00000000
子网掩码	255	255	128		0

图 5-31　B 类网络子网划分

这两个子网的子网掩码都是 255.255.128.0。

先确定 A 子网第一个可用地址和最后一个可用地址，大家在不熟悉的情况下最好按照图 5-32 所示将主机部分写成二进制，主机位不能全是 0，也不能全是 1，然后再根据二进制写出第一个可用地址和最后一个可用地址。

	网络部分		主机部分	
A子网第一个可用的地址	131	107	00000000	00000001
	131	107	0	1
A子网最后一个可用的地址	131	107	01111111	11111110
	131	107	127	254

图 5-32　A 子网地址范围

A 子网第一个可用地址是 131.107.0.1，最后一个可用地址是 131.107.127.254。大家思考一下，

A 子网中 131.107.0.255 这个地址是否可以给计算机使用？

B 子网第一个可用地址是 131.107.128.1，最后一个可用地址是 131.107.255.254，如图 5-33 所示。

	网络部分		主机部分	
B子网第一个可用的地址	131	107	10000000	00000001
	131	107	128	1
B子网最后一个可用的地址	131	107	11111111	11111110
	131	107	255	254

图 5-33　B 子网地址范围

这种方式虽然烦琐一点，但不容易出错，等熟悉了之后就可以直接写出子网的第一个地址和最后一个地址了。

5.6　变长子网划分

前面讲的都是将一个网段等分成多个子网。如果每个子网中计算机的数量不一样，就需要将该网段划分成地址空间不等的子网，这就是变长子网划分。有了前面等长子网划分的基础，划分变长子网也就容易了。

5.6.1　变长子网划分示例

假如有一个 C 类网络 192.168.0.0 255.255.255.0，需要将该网络划分成 5 个网段以满足以下网络需求：该网络中有 3 个交换机，分别连接 20、50 台和 100 台计算机，路由器之间的连接接口也各需要一个地址，且这两个地址也是一个网段。这样，网络中一共有 5 个网段。

如图 5-34 所示，将 192.168.0.0 255.255.255.0 的主机位从 0～255 画一条数轴，从 128～255 的地址空间给 100 台计算机的网段比较合适，该子网的地址范围是原来网络的 $\frac{1}{2}$，子网掩码往后移 1 位，写成十进制形式就是 255.255.255.128。第一个能用的地址是 192.168.0.129，最后一个能用的地址是 192.168.0.254。

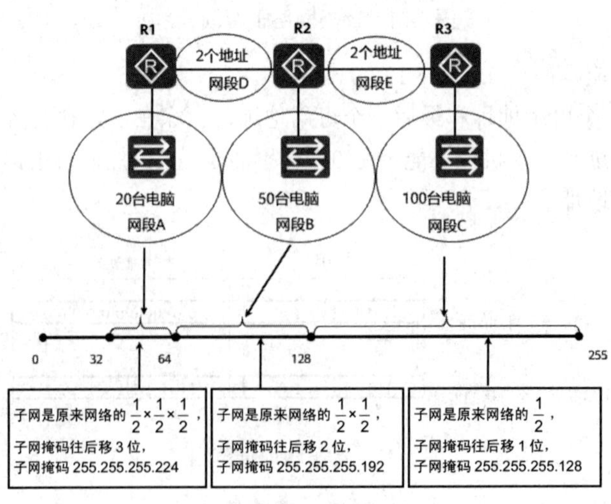

图 5-34　变长子网划分

64～127 之间的地址空间给 50 台电脑的网段比较合适，该子网的地址范围是原来的四分之一，网络掩码往后移 2 位，写成十进制就是 255.255.255.192。这个网段第一个能用的地址是 192.168.0.65，最后一个能用的地址是 192.168.0.126。

32～63 之间的地址空间给 20 台电脑的网段比较合适，该子网的地址范围是原来的八分之一，子网掩码往后移 3 位，写成十进制就是 255.255.255.224。本网段第一个能用的地址是 192.168.0.33，最后一个能用的地址是 192.168.0.62。

当然我们也可以使用以下的子网划分方案：100 台电脑的网段使用 0～127 之间的子网，50 台电脑使用 128～191 之间的子网，20 台电脑使用 192～223 之间的子网，如图 5-35 所示。

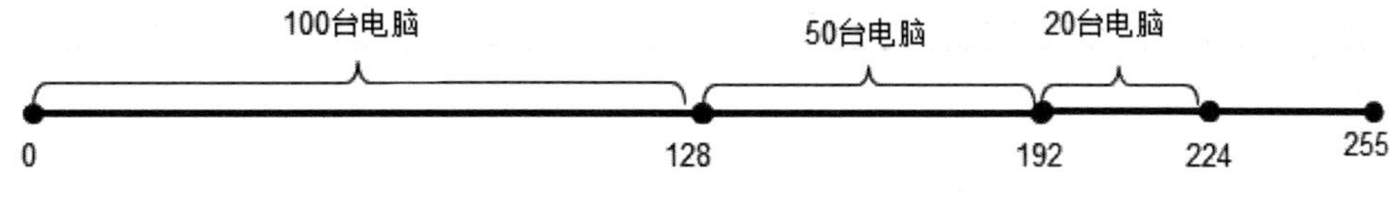

图 5-35　子网划分数轴

规律：不等长子网，通过不同的子网掩码来实现。

5.6.2　点到点网络的网络掩码

上面我们已经为不同数量的主机划分了网段，若一个网段中只需要两个 IP 地址，如图 5-34 中网段 D 和网段 E，那么网络掩码该是多少呢？

由于主机位全是 0 或全是 1 的地址不能作为主机 IP 地址使用，所以，一个需要两个主机 IP 地址的网段，只用 1 位作为主机位是不够的，若只用 1 位作为主机位，则主机可用的 IP 地址为 0 个，所以我们要为两个主机 IP 地址的网段，设置两位作为主机位，这样，子网掩码就需要设置为 255.255.255.252，如图 5-36 所示。

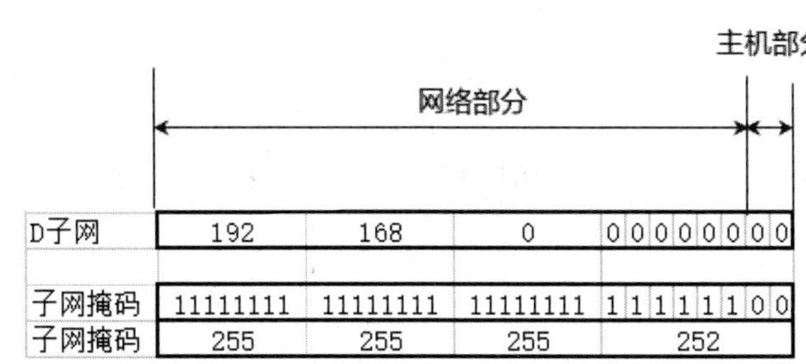

图 5-36　广播地址

0～3 之间的子网可以给 D 网段中的两个路由器接口，第一个可用的地址是 192.168.0.1，最后一个可用的地址是 192.158.0.2，192.168.0.0 是该网段的网络 ID，192.168.0.3 是该网段的广播地址。

4～7 之间的子网可以给 E 网段中的两个路由器接口，第一个可用的地址是 192.168.0.5，最后一个可用的地址是 192.158.0.6，192.168.0.4 是该网段的网络 ID，192.168.0.7 是该网络中的广播地址，如图 5-37 所示。

子网划分最终结果如图 5-38 所示，经过精心规划，不但满足了 5 个网段的地址需求，而且还剩余了 8～16 和 16～32 这两个地址块没有被使用。

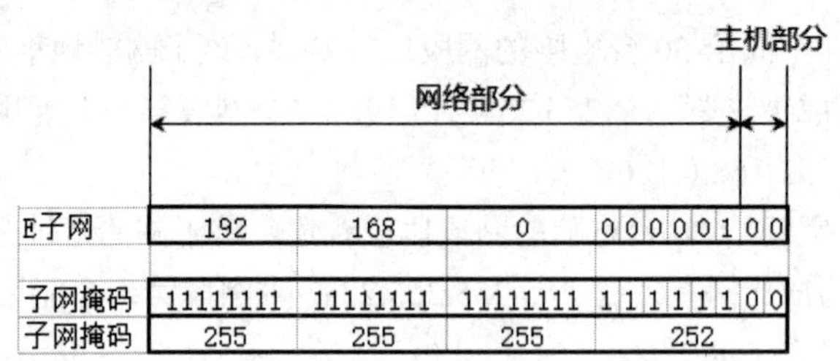

图 5-37　广播地址

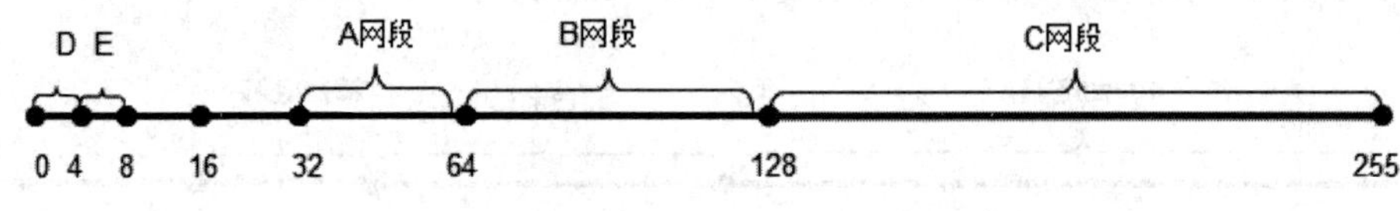

图 5-38　分配的子网和剩余的子网

5.6.3　判断 IP 地址所属的网段

下面来学习根据给出的 IP 地址和网络掩码判断该 IP 地址所属的网段。我们已经知道，IP 地址中主机位归 0 后的 IP 地址，就是该主机所在的网段的网络 ID。

例如，对于一个 IP 地址 192.168.0.101/26，试判断该地址所属的子网。

我们知道，C 类地址默认的子网掩码为 24 位，而现在的子网掩码是是 26 位，这就相当于 C 类子网掩码往右移了两位，也就是 C 类网络的 8 位主机位，现在变成了 6 位，如图 5-39 所示。十进制的 101 用二进制表示为 01100101，其中前两位 01 为网络位，把后 6 位主机位归 0，即 01000000，（十进制为 64），那么 192.168.0.64 即为 IP 地址 192.168.0.101 所属的网络 ID，也可以说，该地址所属的子网是 192.168.0.64。

我们再来看一个例子：判断 192.168.0.101/27 所属的子网。

首先，我们看到该 IP 地址的子网掩码为 27 位，也就是 C 类地址的子网掩码往右移了 3 位。这就是说，C 类网址中最后的 8 位主机位，其中的前 3 位变成了网络位，只有最后 5 位是主机位。我们把最后 5 位主机位归 0，则十进制的 101 就变成了 96，因此该地址所属的子网是 192.168.0.96，如图 5-40 所示。

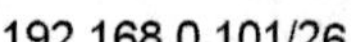

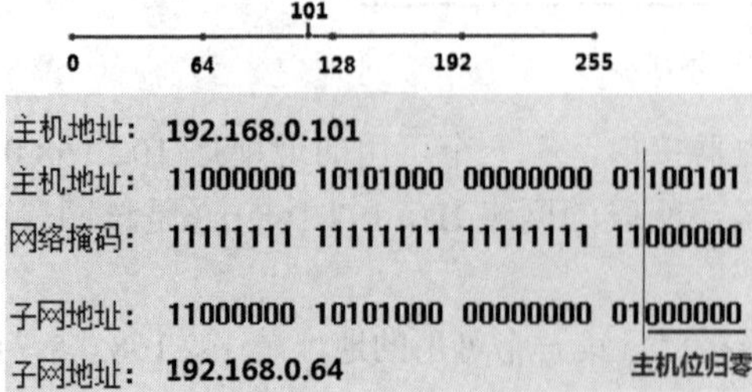

图 5-39　判断地址所属子网（1）

192.168.0.101/27

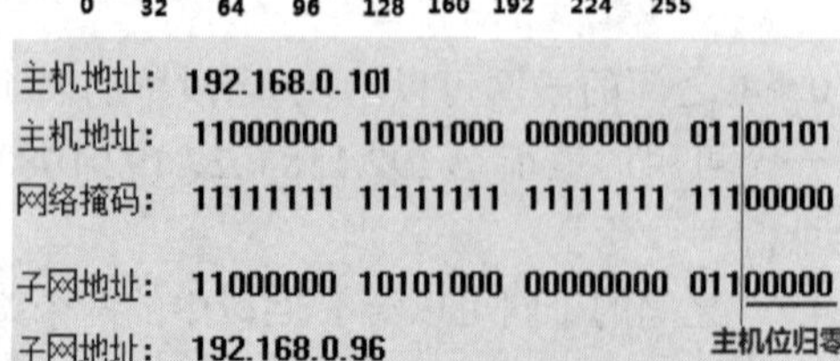

图 5-40　判断地址所属子网（2）

总结：

IP 地址范围 192.168.0.0～192.168.0.63 都属于 192.168.0.0/26 子网。

IP 地址范围 192.168.0.64～192.168.0.127 都属于 192.168.0.64/26 子网。

IP 地址范围 192.168.0.128～192.168.0.191 都属于 192.168.0.128/26 子网。

IP 地址范围 192.168.0.192～192.168.0.255 都属于 192.168.0.192/26 子网。

以上规律用图片表示，如图 5-41 所示。

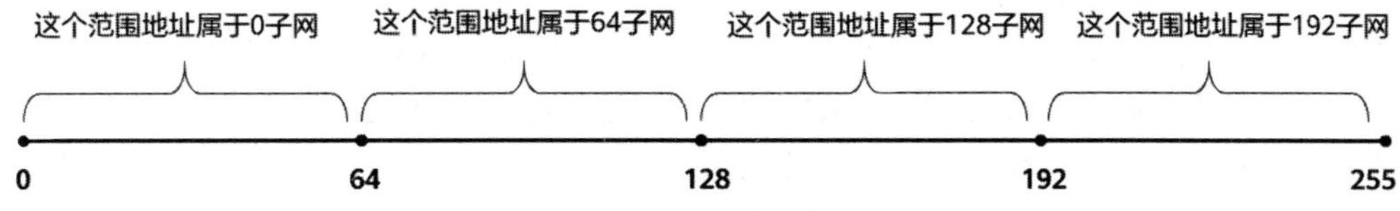

图 5-41　断定 IP 地址所属子网的规律

5.6.4　子网划分需要注意的几个问题

子网划分需要注意以下几点。

1．将一个网络等分成 2 个子网，每个子网肯定是原来的一半

假如你的领导让你将 192.168.0.0/24 分成两个网段，要求一个子网能够放 140 台主机，另一个子网能够放 60 台主机，你能满足领导提出的要求吗？

从计算机数量来说总数没有超过 254 台，该 C 类网络能够容纳这些地址，但当我们把该 C 类网络划分成两个子网后，却发现每个子网的容量最大只有 126 台，因此 140 台计算机在这两个子网中都不能容纳，如图 5-42 所示，因此领导的要求不能实现。

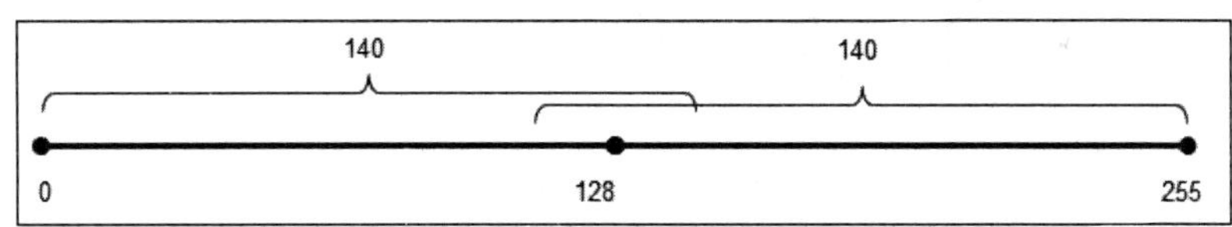

图 5-42　子网地址不能交叉

2．子网地址范围不可重叠

如果将一个网段划分成多个子网，这些子网地址空间不能重叠。

比如，我们将 192.168.0.0/24 划分成三个子网：子网 A 192.168.0.0/25，子网 C 192.168.0.64/26 和子网 B 192.168.0.128/25，如图 5-43 所示，子网 A 和子网 C 的地址就会发生重叠。

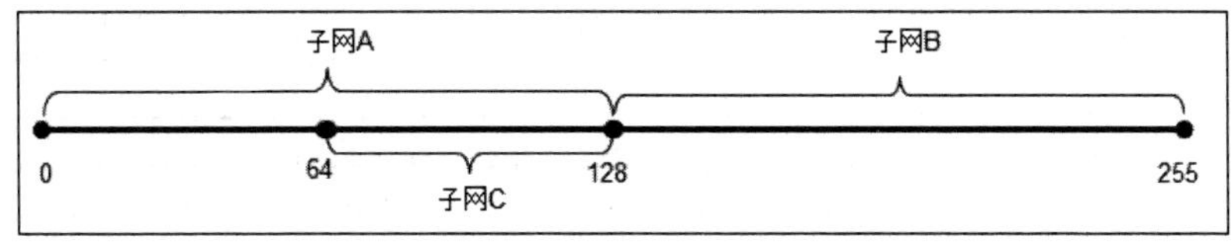

图 5-43　子网地址不能重叠

5.7　使用超网合并网段

前面讲的子网划分是将一个网络的部分主机位当作网络位，来划分出多个子网。其实我们也可以将多个网段合并成一个大的网段，这个更大的网段称为超网，下面就来讲解合并网段的方法。

5.7.1 合并网段

某企业有一个网段，该网段有 200 台计算机，使用 192.168.0.0/24 网段，后来企业因业务发展，计算机数量增加到 400 台。这样，显然一个 C 类网段已然不够用，那么，我们首先想到的是再增加一个 C 类网络，来容纳新增的计算机。

我们可以为该网络再添加一台交换机，来扩展网络的规模，如图 5-44 所示。一个 C 类 IP 地址不够用，我们就再添加一个 C 类地址 192.168.1.0/24。这些计算机物理上在一个网段，但是 IP 地址却没在一个网段，即逻辑上不在一个网段，那么如果想让这些计算机之间能够通信，我们就想到可以在路由器的接口添加这两个 C 类网络的地址作为这两个网段的网关。但是在这种情况下，这些本来物理上在一个网段的计算机之间进行通信，就需要路由器转发，可见效率不高。

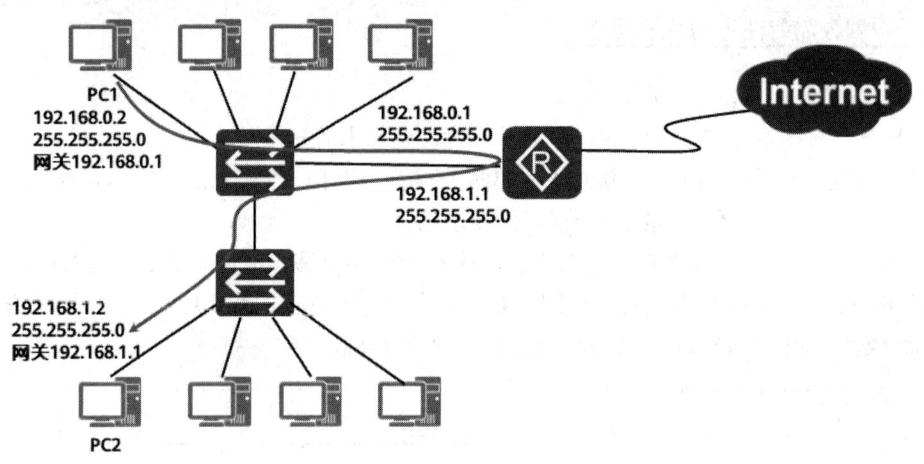

图 5-44 两个网段的地址

有没有更好的办法可以让这两个 C 类网段的计算机被认为是在一个网段？方法就是将 192.168.0.0/24 和 192.168.1.0/24 这两个 C 类网络进行合并。

如图 5-45 所示，首先，我们将这两个网段的 IP 地址的第 3 部分和第 4 部分写成二进制，可以看到，只要将子网掩码往左移动 1 位（即子网掩码第 3 部分的最后一位由 1 变为了 0），那么两个网段的网络部分看起来就一样了，也就是两个网段在一个网段了。

	网络部分			主机部分
192.168.0.0	192	168	0 0 0 0 0 0 0 0	0 0 0 0 0 0 0 0
192.168.1.0	192	168	0 0 0 0 0 0 0 1	0 0 0 0 0 0 0 0
子网掩码	11111111	11111111	1 1 1 1 1 1 1 0	0 0 0 0 0 0 0 0
子网掩码	255	255	254	0

图 5-45 合并两个子网

合并后的网段为 192.168.0.0/23，子网掩码写成十进制为 255.255.254.0，可用地址为 192.168.0.1～192.168.1.254，网络中计算机的 IP 地址和路由器接口的地址配置，如图 5-46 所示。可见，这种方法的本质是通过把 1 位网络位用作主机位实现了网络的扩容。

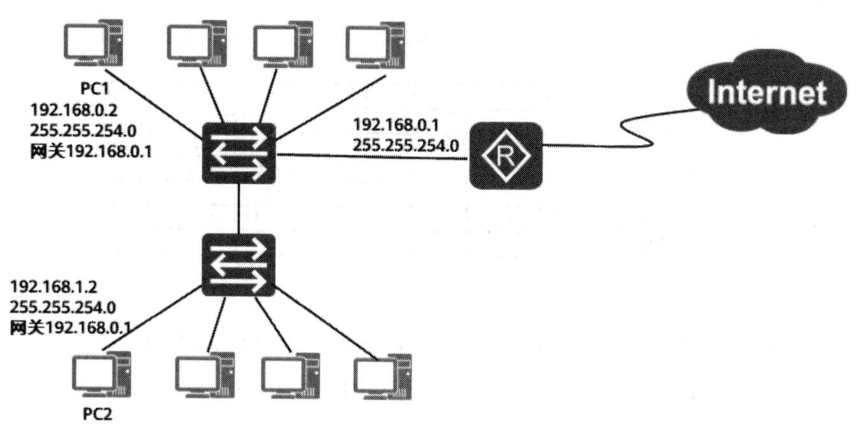

图 5-46　合并后的地址配置

合并之后，IP 地址 192.168.0.255/23 就可以给计算机使用。你也许觉得该地址的主机位好像全部是 1，不能给计算机使用，但是实际上这个 IP 地址的主机位并非全是 1，因为在这个网址中，主机位是最后 9 位而非最后 8 位，如图 5-47 所示。

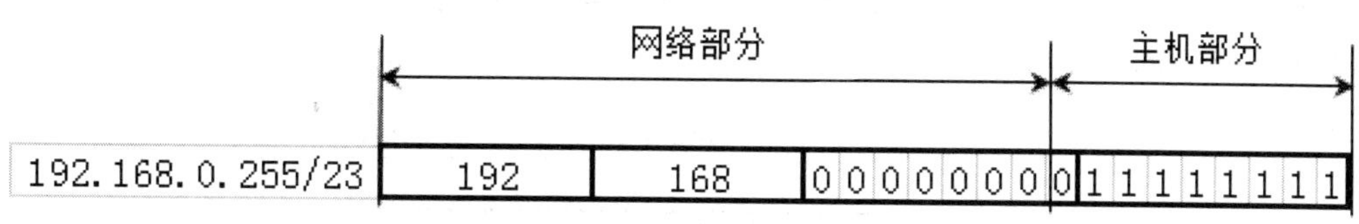

图 5-47　确定是否是广播地址的方法

规律：网络掩码往左移 1 位，能够合并两个连续的网段，但不是任何连续的网段都能合并，下面讲解网段合并的规律。

5.7.2　合并网段的规律

前面讲了子网掩码往左移动 1 位，能够合并两个连续的网段，但不是任何两个连续的网段都能够通过把子网掩码向左移动 1 位而合并成 1 个网段。

比如 192.168.1.0/24 和 192.168.2.0/24 就不能向左移动 1 位网络掩码合并成一个网段。我们通过将这两个网段的第 3 部分和第 4 部分写成二进制就能够看出来。如图 4-48 所示，向左移动 1 位子网掩码，这两个网段的网络部分还是不相同，说明不能合并成一个网段。

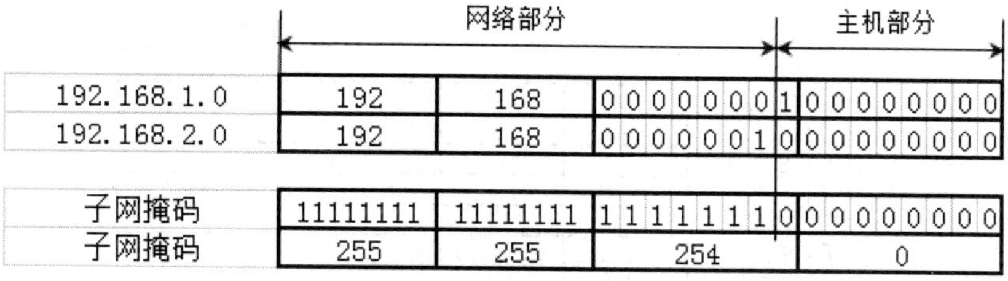

	网络部分			主机部分
192.168.1.0	192	168	0000000	1 00000000
192.168.2.0	192	168	0000001	0 00000000
子网掩码	11111111	11111111	1111111	0 00000000
子网掩码	255	255	254	0

图 5-48　合并网段的规律

这种情况下，要想把它们合并成一个网段，网络掩码就要向左移动 2 位，但如果移动 2 位，其实就是合并了 4 个网段，如图 5-49 所示。

	网络部分			主机部分	
192.168.0.0	192	168	000000	00	00000000
192.168.1.0	192	168	000000	01	00000000
192.168.2.0	192	168	000000	10	00000000
192.168.3.0	192	168	000000	11	00000000
子网掩码	11111111	11111111	111111	00	00000000
子网掩码	255	255	252		0

图 5-49　合并网段的规律

（1）两个子网是否能够合并的规律。如图 5-50 所示，把 192.168.0.0/24 和 192.168.1.0/24 的子网掩码往左移 1 位，可以合并为一个网段 192.168.0.0/23。

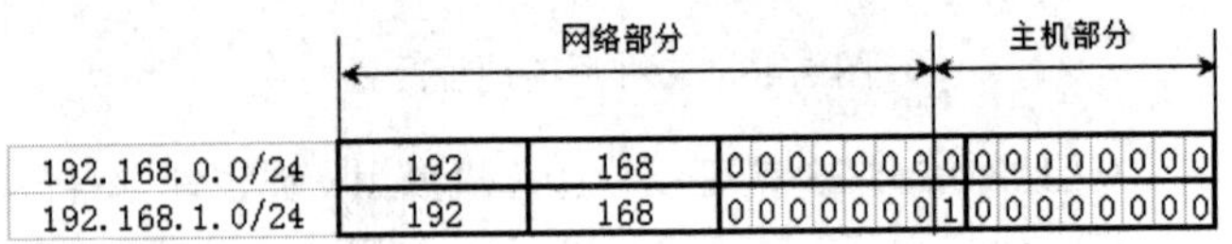

	网络部分			主机部分	
192.168.0.0/24	192	168	0000000	0	00000000
192.168.1.0/24	192	168	0000000	1	00000000

图 5-50　合并 192.168.0.0/24 和 192.168.1.0/24

如图 5-51 所示，把 192.168.2.0/24 和 192.168.3.0/24 的子网掩码往左移 1 位，也可以合并为一个网段 192.168.2.0/23。

	网络部分			主机部分	
192.168.2.0/24	192	168	0000001	0	00000000
192.168.3.0/24	192	168	0000001	1	00000000

图 5-51　合并 192.168.2.0/24 和 192.168.3.0/24

结论：可以看出，对于要合并的两个连续的网段，如果第一个网段的网络号写成二进制后的最后一位是 0（即可以被 2 整除），则这两个网段就能合并。

比如，对于两个连续的网段 131.107.31.0/24 和 131.107.32.0/24，由于其第一个网段的网络号 31 除以 2 余 1，即不能被 2 整除，所以这两个网段不能通过左移 1 位子网掩码合并成一个网段。

又比如，对于两个连续的网段 131.107.142.0/24 和 131.107.143.0/24，由于其第一个网段的网络号 142 除 2 余 0，即可以被 2 整除，所以这两个网段可以通过左移 1 位子网掩码合并成一个网段。

（2）判断 4 个网段是否能合并。通过把子网掩码向左移动 2 位，可以把 192.168.0.0/24、192.168.1.0/24、192.168.2.0/24 和 192.168.3.0/24 这 4 个子网合并成一个网段，如图 5-52 所示。

	网络部分			主机部分	
192.168.0.0	192	168	000000	00	00000000
192.168.1.0	192	168	000000	01	00000000
192.168.2.0	192	168	000000	10	00000000
192.168.3.0	192	168	000000	11	00000000
子网掩码	11111111	11111111	111111	00	00000000
子网掩码	255	255	252		0

图 5-52　合并 4 个网段

通过把子网掩码向左移动 2 位，也可以把 192.168.4.0/24、192.168.5.0/24、192.168.6.0/24 和

192.168.7.0/24 这 4 个子网合并成一个网段，如图 5-53 所示。

	网络部分			主机部分	
192.168.4.0/24	192	168	000001	00	00000000
192.168.5.0/24	192	168	000001	01	00000000
192.168.6.0/24	192	168	000001	10	00000000
192.168.7.0/24	192	168	000001	11	00000000
子网掩码	11111111	11111111	111111	00	00000000
子网掩码	255	255	252		0

图 5-53　合并 4 个网段

综上，我们可以总结出 4 个连续子网合并为一个网络的规律：要合并连续的 4 个网段，只要第一个网段的网络号写成二进制后的最后两位是 00，也就是说，只要第一个网段的网络号能够被 4 整除，这四个连续网段就能通过左移 2 位子网掩码的方法进行合并。

5.7.3　判断一个网段是超网还是子网

通过左移子网掩码可以合并多个网段，右移子网掩码可以将一个网段划分成多个子网。如果要判断一个网段到底是子网还是超网，首先要看该网段是 A 类网络、B 类网络还是 C 类网络，然后再将该网络的子网掩码的长度与对应类别网络的子网掩码的长度进行比较，如果该网段的子网掩码比默认子网掩码长，就是子网；如果该网段的子网掩码比默认子网掩码短，则是超网。

比如，对于网段 12.3.0.0/16，首先，其 IP 地址的第 1 部分为 12（即二进制的 00001100），其最高位为 0，可知它是 A 类网络；该网段的子网掩码为 16 位，位数大于 A 类网络子网掩码默认的 8 位，可知该网段是 A 类网络的一个子网。再比如，对于网段 222.3.0.0/16，首先，其 IP 地址的第 1 部分为 222（即二进制的 11011110），其最高 3 位为 110，可知它是 C 类网络；该网段的子网掩码为 16 位，位数少于 C 类网络子网掩码默认的 24 位，可知该网段是 C 类网络的一个超网。这个超网合并了 222.3.0.0/24～222.3.255.0/24 共 256 个 C 类网络。

习题 5

1．根据图 5-54 所示网络拓扑和网络中的主机数量，将图中左侧的 IP 地址拖曳到相应的位置。

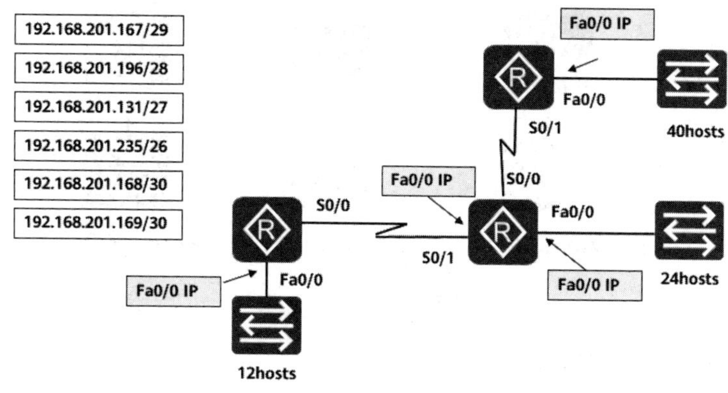

图 5-54　网络规划

2．以下 IP 地址中，与 113.64.4.0/22 属于同一网段的有（　　）。（选择 3 个答案）

A．113.64.8.32　　B．113.64.7.64

C．113.64.6.255　　D．113.64.5.255

E．113.64.3.128　　F．113.64.12.128

3．下列被包含在 172.31.80.0/20 网段的子网有（　　）。（选择 2 个答案）

A．172.31.17.4/30　　B．172.31.51.16/30

C．172.31.64.0/18　　D．172.31.80.0/22

E．172.31.92.0/22　　F．172.31.192.0/18

4．某公司设计网络，需要 300 个子网，每个子网的主机数量最多为 50 个，将一个 B 类网络进行子网划分，下面可以用的子网掩码是（　　）。

A．255.255.255.0　　B．255.255.255.128

C．255.255.255.224　　D．255.255.255.192

5．网段 172.25.0.0/16 被分成 8 个等长子网，下面属于第三个子网的地址有（　　）。（选择 3 个答案）

A．172.25.78.243　　B．172.25.98.16

C．172.25.72.0　　D．172.25.94.255

E．172.25.96.17　　F．172.23.100.16

6．根据图 5-55 所示，以下（　　）网段能够指派给网络 A，（　　）网段能够指派给链路 A。

A．网络 A——172.16.3.48/26　　B．网络 A——172.16.3.128/25

C．网络 A——172.16.3.192/26　　D．链路 A——172.16.3.0/30

E．链路 A——172.16.3.40/30　　F．链路 A——172.16.3.112/30

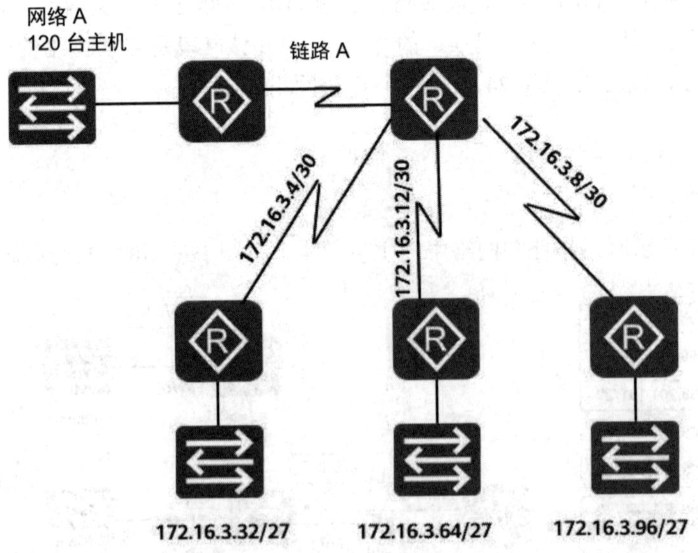

图 5-55　网络拓扑

7．IP 地址中的网络部分用来识别（　　）。

A．路由器　　B．主机　　C．网卡　　D．网段

8．以下网络是私网地址的是（　　）。

A．192.178.32.0/24　　B．128.168.32.0 /24

C．172.13.32.0/24　　D．192.168.32.0/24

9．网络 122.21.136.0/22 中最多可用的地址是（　　）。

A．102　　B．1023　　C．1022　　D．1000

10．主机地址 192.15.2.160 所在的网络是（　　）。

A．192.15.2.64/26　　B．192.15.2.128/26

C．192.15.2.96/26　　D．192.15.2.192/26

11．某公司的网络地址为 192.168.1.0/24，要划分成 5 个子网，每个子网最多 20 台主机，则适用的网络掩码是（　　）。

A．255.255.255.192　　B．255.255.255.240

C．255.255.255.224　　D．255.255.255.248

12．某端口的 IP 地址为 202.16.7.131/26，则该 IP 地址所在网络的广播地址是（　　）。

A．202.16.7.255　　B．202.16.7.129

C．202.16.7.191　　D．202.16.7.252

13．在 IPv4 中，组播地址是（　　）地址。

A．A 类　　B．B 类　　C．C 类　　D．D 类

14．某主机的 IP 地址为 180.80.77.55，网络掩码为 255.255.252.0。该主机向所在子网发送广播分组，则目的地址应该是（　　）。

A．180.80.76.0　　B．180.80.76.255

C．180.80.77.255　　D．180.80.79.255

15．某网络的 IP 地址空间为 192.168.5.0/24，采用等长子网划分，网络掩码为 255.255.255.248，则划分的子网个数、每个子网内的最大可分配地址个数为（　　）。

A．32，8　　B．32，6　　C．8，32　　D．8，30

16．将 192.168.10.0/24 网段划分成三个子网，每个网段的计算机数量如图 5-56 所示，写出各个网段的子网掩码和能够给计算机使用的第一个地址和最后一个地址。

100台电脑　A网段
50台电脑　B网段
20台电脑　C网段

图 5-56　网段划分

	第一个可用地址	最后一个可用地址	子网掩码
A 网段	________	________	________
B 网段	________	________	________
C 网段	________	________	________

17．某单位申请到一个 C 类 IP 地址，其网络号为 192.168.1.0/24，现进行子网划分，需要 6 个子网，每个子网 IP 地址数量相等。请写出网络掩码以及第一个子网的网络号和主机地址范围。

18．试辨认以下 IP 地址的网络类别。

（1）128.36.199.3/24

（2）21.12.240.17/16

（3）183.194.76.253/24

（4）192.12.69.248/14

（5）89.3.0.1/16

（6）200.3.6.2/24

19．IP 地址分为几类？各如何表示？IP 地址的主要特点是什么？

20．试说明 IP 地址与硬件地址的区别。为什么要使用这两种不同的地址？

21．网络掩码为 255.255.255.0 代表什么意思？

22．一个网络现在的掩码为 255.255.255.248，问该网络能够连接多少个主机？

23．一个 B 类地址的网络掩码是 255.255.240.0。试问每一个子网上的主机数最多是多少？

24．一个 A 类网络的网络掩码为 255.255.0.255，它是否为一个有效的网络掩码？

25．某个 IP 地址的十六进制表示是 C2.2E.14.81，试将其转换为点分十进制的形式。这个地址是哪一类 IP 地址？

26．某单位分配到一个 B 类 IP 地址，其网络 ID 为 129.250.0.0。该单位有 400 台机器，分布在 16 个不同的城市。需要将该 B 类地址划分成多个子网，每个城市一个子网，且每个子网最少容纳 400 个主机。请写出同时满足这两个要求的网络掩码。

27．有如下的 4 个/24 地址块，写出最大可能的聚合________。

212.56.132.0/24

212.56.133.0/24

212.56.134.0/24

212.56.135.0/24

28．有两个 CIDR 地址块 202.128.0.0/11 和 202.130.28.0/22，这两个子网地址是否有叠加？如果有，请指出，并说明理由。

29．以下地址中的哪一个和 86.32.0.0/12 匹配？请说明理由。

86.35.224.123

86.79.65.216

86.58.119.74

86.68.206.154

30．下面前缀中的哪一个和地址 152.7.77.159 及 152.31.47.252 都匹配？请说明理由。

152.40.0.0/13

153.40.0.0/9

152.64.0.0/12

152.0.0.0/11

31．已知地址块中的一个地址是 140.120.84.24/20。试求这个地址块中的最小可用地址和最大可用地址，子网掩码是什么？地址块中一共有多少个可用地址？相当于多少个 C 类地址？

32．已知地址块中的一个地址是 190.87.140.202/29。试求这个地址块中的最小可用地址和最大可用地址，子网掩码是什么？地址块中一共有多少个可用地址？

33．某单位分配到一个地址块 136.23.12.64/26。现需要进一步划分为四个一样大的子网。试问：

（1）每个子网的子网掩码是多少？

（2）每个子网中有多少个可用地址？

（3）每个子网的地址块是什么？

第6章 静态路由和动态路由

- IP 路由——网络层实现的功能
- 网络畅通的条件
- 静态路由
- 路由汇总
- 默认路由
- Windows 上的路由表和默认路由
- 什么是动态路由
- RIP 协议和 OSPF 协议

本章讲解网络层第二部分知识——数据包路由，这是网络工程师必须要掌握的技能。

在本书第 1 章讲解计算机通信 OSI 参考模型时说过，网络层的功能是为数据包选择转发路径。本章将讲述网络畅通的条件、给路由器配置静态路由和动态路由、使用路由汇总和默认路由简化路由表。作为扩展知识，本章还讲解了一些实用的排除网络故障的方法，如使用 ping 命令测试网络是否畅通，使用 pathping 和 tracert 命令跟踪数据包的路径等。另外，本章还包含了 Windows 操作系统中的路由表以及给 Windows 系统添加路由等相关知识。

对于规模比较大的网络，配置静态路由的工作量很大，路由器又不能随着网络的变化动态调整路由表，因此，最好使用动态路由协议配置路由器，让路由器自主构建到各个网段的路由。动态路由协议重点包括 RIP 协议和 OSPF 协议的协议特点、应用场景以及配置方法。

6.1 路由的基本概念

6.1.1 什么是路由

在网络通信中，“路由（Route）”一词是一个网络层的术语，它是指从某一网络设备出发去往某个目的地所经过的路径。网络中的路由器（或包含路由功能的交换机，也称三层交换机）负责为数据包选择转发路径。每个路由器中有一个路由表（Routing Table），路由表则是若干条路由信息的一个集合。在路由表中，每一条路由信息也被称为一个路由项或一个路由条目。路由器通过查阅路由表为数据包选择转发路径。路由表只存在于终端计算机和路由器以及三层交换机中，二层交换机（即不含路由功能的交换机）中是不存在路由表的。

如图 6-1 所示，假设 PC1 要给 PC2 发送一个数据包，源 IP 地址是 11.1.1.2，目标 IP 地址（即 PC2 的 IP 地址）是 12.1.1.2。PC1 首先判断源 IP 地址与目标 IP 地址不处在同一个网段，因此把它发给路由器 R1；R1 路由器收到该数据包，查阅路由表并发现有到 12.1.1.0/24 网段的路由项，其对应的下一跳是 172.16.0.2，而 172.16.0.2 对应的是 R2 路由器中 GE0/0/0 接口的 IP 地址，于是该数据包就从 R1 路由器的 GE0/0/0 接口发送给 R2 路由器；R2 路由器收到后查看路由表，发现有到 12.1.1.0/24 网段的路由项，其中对应的下一跳是 172.16.1.2，于是该数据包就从 R2 路由器的 GE0/0/1 接口发送给 R3 路由器；R3 路由器收到该数据包后查阅路由表，发现有到 12.1.1.0/24 网段的路由项，对应的下一跳是 12.1.1.1，该地址是 R3 路由器 GE0/0/1 接口的地址，该数据包就从 GE0/0/1 发送出去，最终到达 PC2。PC2 给 PC1 发送数据包，也要经过沿途路由器查询路由表决定转发路径。

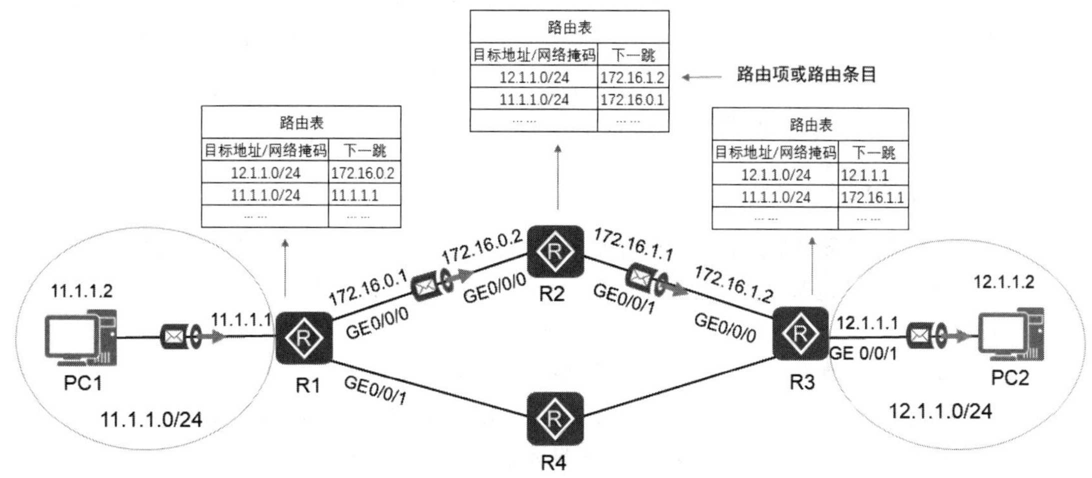

图 6-1　IP 路由

需要指出的是，如果一个路由项的下一跳 IP 地址与出接口的 IP 地址相同，则说明出接口已经直连到了目标 IP 所在的网络，也就是说，该出接口与目标 IP 地址一定位于同一个二层网络（二层广播域）。

下面是一台实际路由器中的路由表，输入 display ip routing-table 便可查看该路由表。从返回信息中我们可以看到该路由表有 14 个目标网段（Destination）、14 条路由（Routes）条目。

```
[AR1]display ip routing-table
Route Flags: R - relay, D - download to fib
------------------------------------------------------------------------------
Routing Tables: Public
         Destinations : 14        Routes : 14

Destination/Mask    Proto   Pre  Cost      Flags NextHop         Interface
        … …
     172.16.0.0/24  Direct  0    0           D   172.16.0.1      Serial2/0/0
```

```
172.16.0.2/32   Direct   0    0        D   172.16.0.2     Serial2/0/0
172.16.1.0/24   OSPF     10   96       D   172.16.0.2     Serial2/0/0
192.168.0.0/24  Direct   0    0        D   192.168.0.1    Vlanif1
192.168.1.0/24  OSPF     10   97       D   172.16.0.2     Serial2/0/0
192.168.10.0/24 Static   60   0        RD  172.16.0.2     Serial2/0/0
……
```

下面对路由条目的各个字段进行解释。

- Destination/Mask 表示目标 IP 地址所处的网段和网络掩码。
- Proto 即 Protocol（协议），标明该路由条目是通过什么协议生成的。Direct 是直连网段，自动发现的路由。OSPF 表明该路由条目是通过 OSPF 协议构建的动态路由，Static 表明该路由条目是手工配置的静态路由。
- Pre 即 Preference（优先级），用来反映路由信息来源的优先级。
- Cost 指路由开销。路由的开销是路由的一个非常重要的属性，路由器为数据包选择最佳转发路径，最佳路径也就是开销小的路径。
- Flags 指路由标记。R 表示该路由是迭代路由，D 表示该路由下发到 FIB 表。
- NextHop 指下一跳，即要想到达目标网段下一跳应该发给哪个地址，从而使路由器能够断定该数据包应该从哪个出口发送出去。
- Interface 指到达目标网段的下一跳出口。

6.1.2 路由信息的来源

路由表包含了若干条路由信息，这些路由信息的生成方式总共有三种：设备自动发现（即直连路由）、手动配置（即静态路由）、通过动态路由协议生成（即动态路由）。

1. 直连路由

我们把设备自动发现的路由信息称为直连路由（Direct Route），网络设备启动之后，当路由器接口状态为 UP 时，路由器就能够自动发现去往与自己接口直接相连的网络的路由。

如图 6-2 所示，路由器 R1 的 GE0/0/1 接口的状态为 UP 时，R1 便可以根据 GE0/0/1 接口的 IP 地址 11.1.1.1/24 推断出 GE0/0/1 接口所在的网络地址为 11.1.1.0/24。于是，R1 便会将 11.1.1.0/24 作为一个路由项填写进自己的路由表，这条路由的目的地址/掩码为 11.1.1.0/24，出接口为 GE0/0/1，下一跳 IP 地址与出接口的 IP 地址是相同的，即 11.1.1.1，由于这条路由是直连路由，所以其 Protocol 属性为 Direct。另外，对于直连路由，其 Cost 项的值总是为 0。

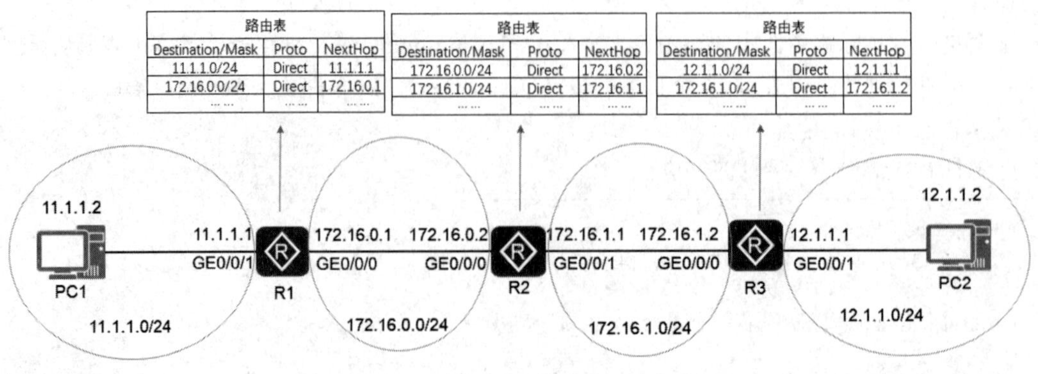

图 6-2 直连路由

类似地，路由器 R1 还会自动发现另外一条直连路由，该路由的目的地址/掩码为 172.16.0.0/24，出接口为 GE0/0/0，下一跳地址是 172.16.0.1，Protocol 属性为 Direct，Cost 的值为 0。

可以看到，网络中的 R1、R2、R3 路由器只要一开机，端口状态为 UP，那么这些端口连接的网段就会自动出现在路由表中。

2. 静态路由

要想让网络中的计算机能够访问任何网段，网络中的路由器必须有到全部网段的路由。对于路由器直连的网段，路由器能够自动发现并将其加入到路由表；对于没有直连的网络，管理员可手工添加到这些网段的路由。在路由器上手工配置的路由信息被称为静态路由（Static Route），适合规模较小的网络或网络不怎么变化的情况。

下面以图 6-3 所示的网络为例，来说明手工配置静态路由的方法。图中的网络有四个网段，中间的两个网段没有直连，我们手工为其添加静态路由。注意观察，在 R1 上添加的是到 12.1.1.0/24 网段的路由，下一跳是 R2 的 GE0/0/0 接口的 IP 地址 172.16.0.2，而不是 R3 的 GE0/0/0 接口的 IP 地址 172.16.1.2。很多初学者对“下一跳”的理解会出现错误。我们需要在每个路由器上添加两条静态路由，同学们可自行尝试为另外两台路由器添加静态路由。

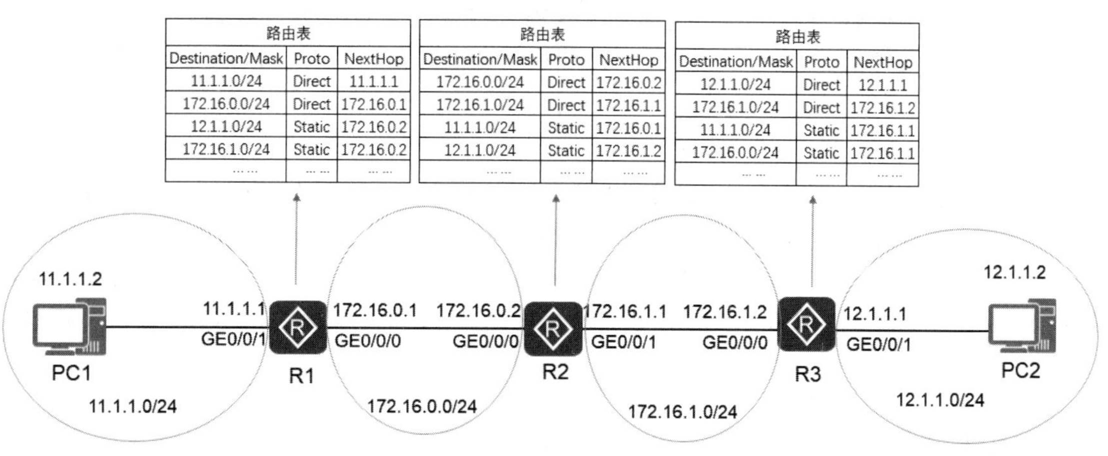

路由表

Destination/Mask	Proto	NextHop
11.1.1.0/24	Direct	11.1.1.1
172.16.0.0/24	Direct	172.16.0.1
12.1.1.0/24	Static	172.16.0.2
172.16.1.0/24	Static	172.16.0.2
……	……	……

路由表

Destination/Mask	Proto	NextHop
172.16.0.0/24	Direct	172.16.0.2
172.16.1.0/24	Direct	172.16.1.1
11.1.1.0/24	Static	172.16.0.1
12.1.1.0/24	Static	172.16.1.2
……	……	……

路由表

Destination/Mask	Proto	NextHop
12.1.1.0/24	Direct	12.1.1.1
172.16.1.0/24	Direct	172.16.1.2
11.1.1.0/24	Static	172.16.1.1
172.16.0.0/24	Static	172.16.1.1
……	……	……

图 6-3　手工配置静态路由

3. 动态路由

如果网络规模不大，我们可以通过手工配置的方式“告诉”网络设备去往那些非直接相连的网络的路由。然而，如果非直接相连的网络的数量众多，手工配置这些路由信息必然会耗费大量的精力。另外，手工配置的静态路由还有一个明显的缺陷，就是它不具备自适应性。当网络发生故障或网络结构发生改变而导致相应的静态路由发生错误或失效时，必须手工对这些静态路由进行修改，而这在现实中也往往是不可取的，或是不可能的。

事实上，网络设备还可以通过运行路由协议来获取路由信息。路由器通过运行动态路由协议（RIP、OSPF）获得路由信息的方式被称为动态路由（Dynamic Route），由于静态路由不需要路由协议，因此动态路由协议也称为路由协议。动态路由适合规模较大的网络，能够针对网络的变化自动选择最佳路径。当网络新增了网段、删除了网段、改变了某个接口所在的网段，或网络拓扑发生了变化（网络中断了一条链路或增加了一条链路），路由协议能够及时地更新路由表中的路由信息。

一台路由器是可以同时运行多种路由协议的。如图 6-4 所示，R2 路由器同时运行了 RIP 路由协议和 OSPF 路由协议。此时，该路由器除了会创建并维护一个 IP 路由表外，还会分别创建并维护一个 RIP 路由表和一个 OSPF 路由表。RIP 路由表用来专门存放 RIP 协议发现的所有路由，OSPF 路由表用来专门存放 OSPF 协议发现的所有路由。

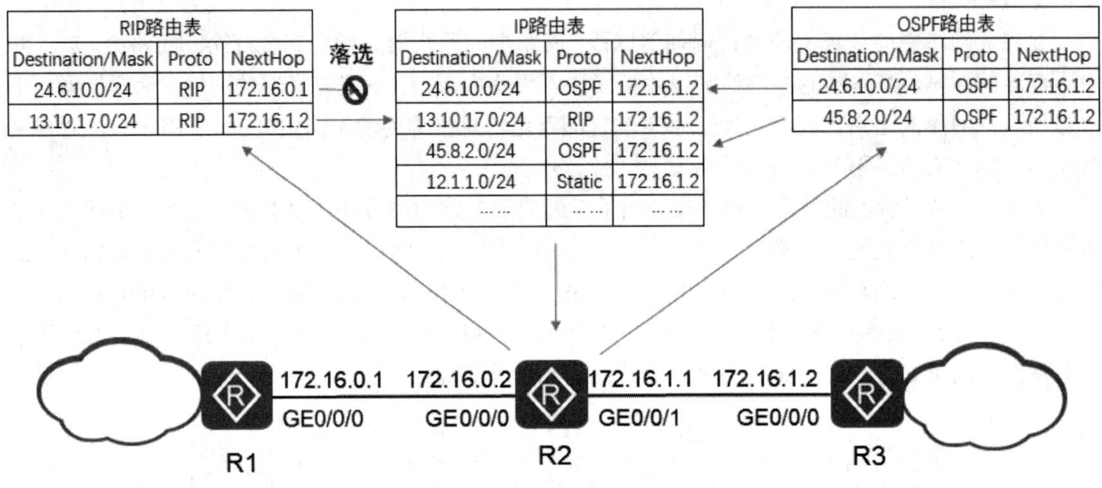

图 6-4　动态路由优先级

RIP 路由表和 OSPF 路由表中的路由项都会加进 IP 路由表中，如果 RIP 路由表和 OSPF 路由表都有到某一网段的路由项，那就要比较路由协议优先级了。图 6-4 中，R2 路由器的 RIP 路由表和 OSPF 路由表都有 24.6.10.0/24 网段的路由信息，由于 OSPF 协议的优先级高于 RIP 协议，因此是 OSPF 路由表中的 24.6.10.0/24 路由项被加进了 IP 路由表。路由器最终是根据 IP 路由表来进行 IP 报文的转发工作的。

6.1.3　路由优先级

假设一台华为 AR 路由器同时运行了 RIP 和 OSPF 这两种路由协议，RIP 发现了一条去往目标网络 IP 地址/掩码为 z/y 的路由，OSPF 也发现了一条去往目标网络 IP 地址/掩码为 z/y 的路由。另外，我们还手工配置了一条去往目标网络 IP 地址/掩码为 z/y 的路由。也就是说，该设备同时获取了去往同一目标网络 IP 地址/掩码的三条不同的路由，那么该设备究竟会采用哪一条路由来进行 IP 报文的转发呢？或者说，这三条路由中的哪一条会被加入进 IP 路由表呢？

事实上，我们给不同来源的路由规定了不同的优先级（Preference），并规定优先级的值越小，则路由的优先级就越高。这样，当存在多条相同的目标网络 IP 地址/掩码，但来源不同的路由时，则具有最高优先级的路由便成了最优路由，并被加入路由表中，而其他路由则处于未激活状态，不显示在 IP 路由表中。

设备上的路由优先级一般都具有缺省值。不同厂家的设备上对于优先级的缺省值的规定可能不同。华为 AR（Access Router）路由器上的部分路由优先级的缺省值见表 6-1。这些都是默认优先级。我们可以更改优先级，比如添加静态路由时为该静态路由指定优先级。

表 6-1　AR 路由器部分路由优先级的缺省值

路由来源	优先级的缺省值
直连路由	0
OSPF	10
静态路由	60
RIP	100
BGP	255

6.1.4　网络畅通的条件

计算机网络畅通的条件就是数据包能去能回，虽然道理很简单，但却是我们排除网络故障的基本理论依据。

如图 6-5 所示，网络中的计算机 A 要想实现和计算机 B 通信，沿途的所有路由器的路由表中必须有到目标网络 192.168.1.0/24 网段的路由项，计算机 B 给计算机 A 返回数据包，途经的所有路由器的路由表中也必须有到达 192.168.0.0/24 网段的路由项。

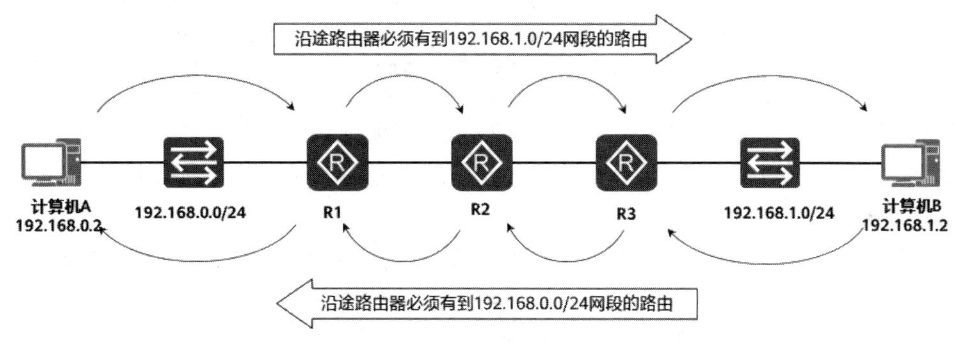

图 6-5　网络畅通的条件

基于以上原理，网络排错就变得简单了。如果网络不通，首先就是要检查计算机是否配置了正确的 IP 地址、子网掩码以及网关，然后逐一检查沿途路由器上的路由表，查看是否有到达目标网络的路由；然后再次逐一检查沿途路由器上的路由表，查看是否有数据包返回源地址所需的路由。

6.1.5　配置静态路由示例

下面我们通过一个案例来学习静态路由的配置。案例的网络拓扑如图 6-6 所示，可以看到，该网络中有 4 个网段，我们已预先为网络中的计算机和路由器接口设置了 IP 地址，并为 PC1 和 PC2 设置了网关。现在需要在路由器上添加路由，实现这 4 个网段间网络的畅通。

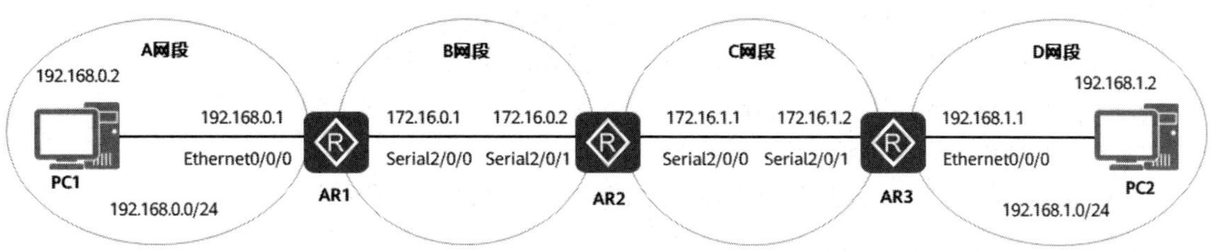

图 6-6　静态路由网络拓扑

前面讲过，只要给路由器接口配置了 IP 地址和子网掩码，路由器的路由表中就会自动添加该接口到直连网段的路由项，因此对于路由器接口到直连网段的路由，不需要我们再手动添加。在添加静态路由之前，我们要先看看路由器的路由表。

在 AR1 路由器上，进入系统视图，输入"**display ip routing-table**"可以看到两个直连网段的路由。

```
[AR1]display ip routing-table
Route Flags: R - relay, D - download to fib
------------------------------------------------------------------------------
Routing Tables: Public
Destinations : 11        Routes : 11
Destination/Mask    Proto   Pre  Cost   Flags  NextHop      Interface
127.0.0.0/8         Direct  0    0      D      127.0.0.1    InLoopBack0
127.0.0.1/32        Direct  0    0      D      127.0.0.1    InLoopBack0
127.255.255.255/32  Direct  0    0      D      127.0.0.1    InLoopBack0
172.16.0.0/24       Direct  0    0      D      172.16.0.1   Serial2/0/0    --直连网段路由
172.16.0.1/32       Direct  0    0      D      127.0.0.1    Serial2/0/0
172.16.0.2/32       Direct  0    0      D      172.16.0.2   Serial2/0/0
172.16.0.255/32     Direct  0    0      D      127.0.0.1    Serial2/0/0
192.168.0.0/24      Direct  0    0      D      192.168.0.1  Vlanif1        --直连网段路由
192.168.0.1/32      Direct  0    0      D      127.0.0.1    Vlanif1
192.168.0.255/32    Direct  0    0      D      127.0.0.1    Vlanif1
255.255.255.255/32  Direct  0    0      D      127.0.0.1    InLoopBack0
```

可以看到，路由表中已经有了到两个直连网段的路由条目。下面我们为路由器 AR1、AR2 和 AR3 添加静态路由。

（1）在路由器 AR1 上添加到 172.16.1.0/24、192.168.1.0/24 网段的路由，显示添加的静态路由。

```
[AR1]ip route-static 172.16.1.0 24 172.16.0.2    --添加静态路由、下一跳地址
[AR1]ip route-static 192.168.1.0 255.255.255.0 Serial2/0/0         --添加静态路由、出口
[AR1]display ip routing-table    --显示路由表
[AR1]display ip routing-table protocol static     --只显示静态路由表
Route Flags: R - relay, D - download to fib
------------------------------------------------------------------------------
Public routing table : Static
   Destinations : 2      Routes : 2      Configured Routes : 2
Static routing table status : <Active>
   Destinations : 2      Routes : 2
Destination/Mask    Proto    Pre    Cost   Flags   NextHop      Interface
   172.16.1.0/24    Static   60     0      RD      172.16.0.2   Serial2/0/0
   192.168.1.0/24   Static   60     0      D       172.16.0.1   Serial2/0/0
Static routing table status : <Inactive>
   Destinations : 0      Routes : 0
```

（2）在路由器 AR2 上添加到 192.168.0.0/24、192.168.1.0/24 网段的路由。

```
[AR2]ip route-static 192.168.0.0 24 172.16.0.1
[AR2]ip route-static 192.168.1.0 24 172.16.1.2
```

（3）在路由器 AR3 上添加到 192.168.0.0/24、172.16.0.0/24 网段的路由。

```
[AR3]ip route-static 192.168.0.0 24 172.16.1.1
[AR3]ip route-static 172.16.0.0 24 172.16.1.1
```

（4）在 R2 路由器上删除到 192.168.1.0/24 网络的路由。

```
[AR2]undo ip route-static 192.168.1.0 24    --删除到某个网段的路由，不用指定下一跳地址
```

此时，如果我们在 PC1 上 ping PC2，就会显示“Request timeout!请求超时”，也就是说目标主机不可到达。

并不是所有的“请求超时”都是由路由器的路由表造成的，其他的原因（如对方的计算机启用防火墙、对方的计算机关机等）都能引起“请求超时”。

6.2 路由汇总

Internet 是全球最大的互联网，如果 Internet 上的路由器把全球所有的网段都添加到路由表中，那将是一张非常庞大的路由表。而路由器每转发一个数据包都要通过检查路由表为该数据包选择转发出口，因此庞大的路由表势必会增加处理时延。如果为物理位置连续的网络分配地址连续的网段，就可以在边界路由器上将远程的网段合并成一条路由，这就是路由汇总。通过路由汇总能够大大减少路由器上的路由表条目。下面以实例来说明如何实现路由汇总以实现路由表的简化。

6.2.1 通过路由汇总简化路由表

北京市的网络可以认为是物理位置连续的网络，因此我们可以为北京市的网络分配连续的网段，如 192.168.0.0/24、192.168.1.0/24 一直到 192.168.255.0/24 共 256 个网段。石家庄市的网络也可以认为是物理位置连续的网络，因此可以为石家庄市的网络分配连续的网段，如 172.16.0.0/24、172.16.1.0/24 一直到 172.16.255.0/24 的 256 个网段，如图 6-7 所示。

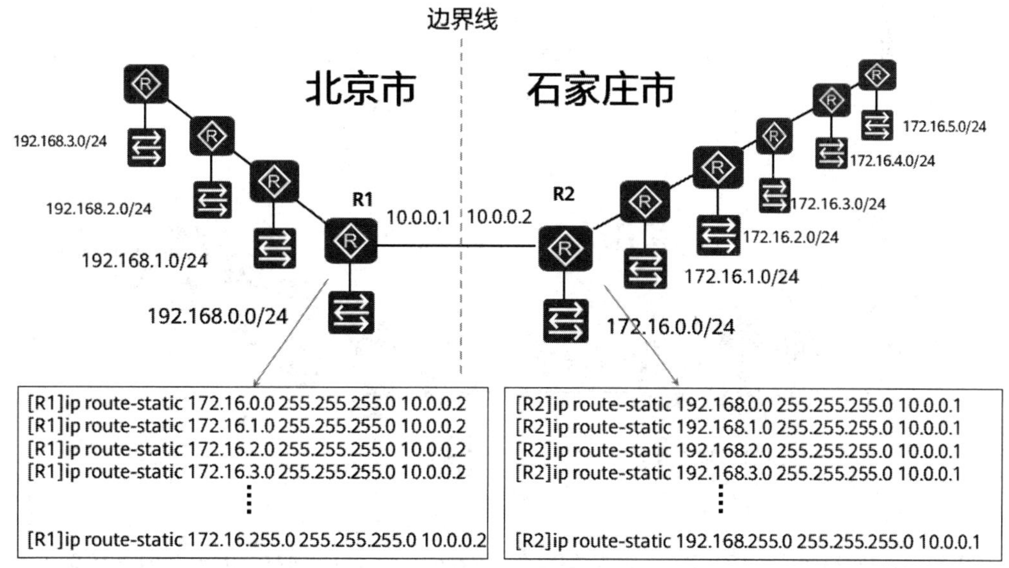

图 6-7 地址规划

如果不进行路由汇总，需要在图中北京市的路由器 R1 中添加 256 条至石家庄市各个网段的路由，同理，在石家庄市的 R2 路由器中，也需要添加 256 条至北京市各个网段的路由。

通过观察我们发现，石家庄市的所有子网都属于 172.16.0.0/16 网段，也就是说 172.16.0.0/16

这个网段是石家庄市所有子网的超网，因此可以把这些所有子网汇总至 172.16.0.0/16 这个超网，这样，在 R1 中仅需添加 1 条到 172.16.0.0/16 这个超网的路由就可以了；同样地，北京市的所有网段也可以汇总至 192.168.0.0/16 这个超网，因此，在石家庄市的路由器 R2 中仅添加 1 条到 192.168.0.0/16 这个超网的路由就可以了。

可见，汇总后的路由表，得到了极大的精简，如图 6-8 所示。

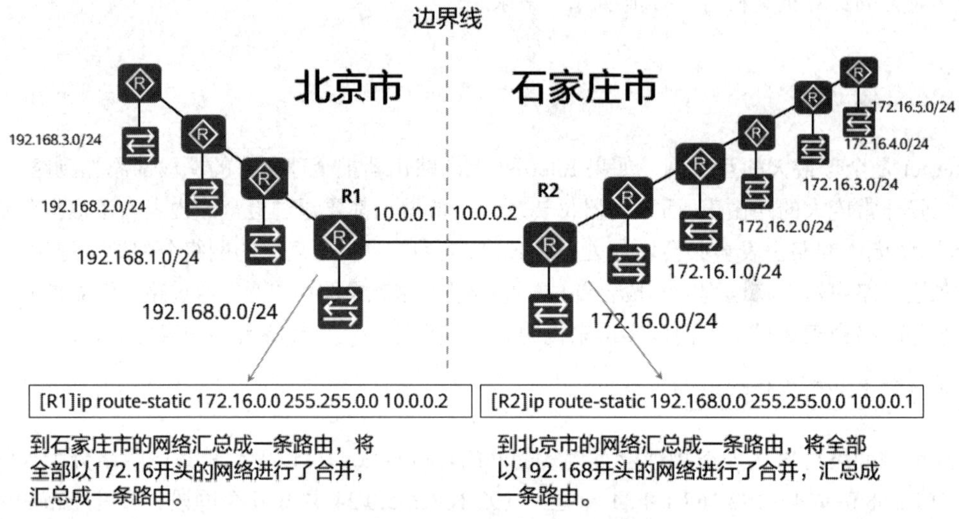

图 6-8　地址规划后可以进行路由汇总

更进一步地，如果石家庄市的网络使用的是类似 172.0.0.0/16、172.1.0.0/26、172.2.0.0/16、172.255.0.0/16 等网段，就可以把之汇总至 172.0.0.0/8 这个超网；如果北京市的网络使用的是类似 192.0.0.0/16、192.1.0.0/16、192.255.0.0/26 等网段，就可以把之汇总至 192.0.0.0/8 这个超网，如图 6-9 所示。可以看出，添加路由时，网络位越少，路由汇总的网段越多。

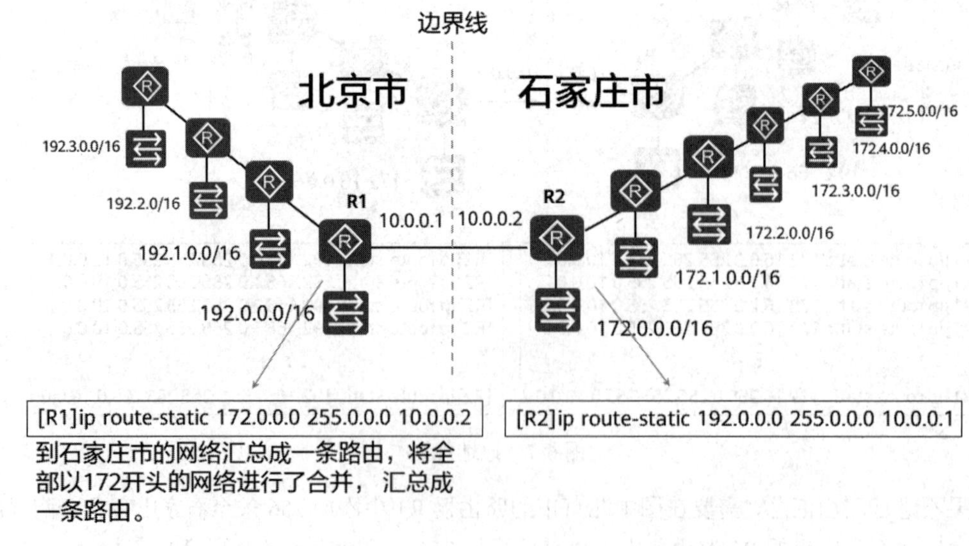

图 6-9　路由汇总

6.2.2 路由汇总例外

假如在北京市有个网络首先使用了 172.16.10.0/24 网段，后来石家庄市的网络连接北京市的网络时给石家庄市的网络规划也使用 172.16 开头的网段，这种情况下，还能不能把石家庄市的网络汇总成一条路由添加至北京市的 R1 路由器中呢？答案是肯定的，但在这种情况下，要针对例外的网段单独再添加一条路由，如图 6-10 所示。

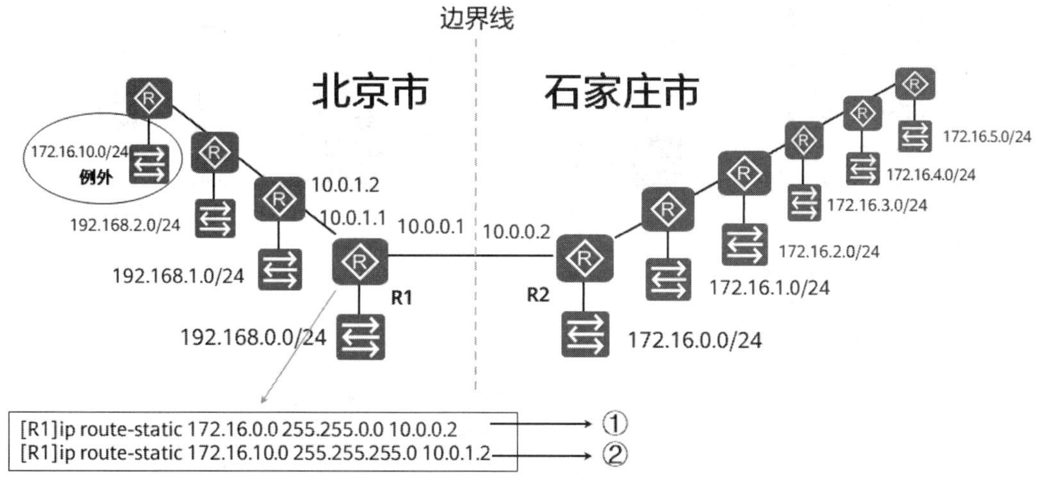

图 6-10　路由汇总例外

如果路由器 R1 收到目标地址为 172.16.10.2 的数据包，应该使用哪一条路由进行路径选择呢？由于该数据包的目标地址与第①条路由和第②条路由都匹配，这种情况下，路由器将使用匹配最精确的那条路由来转发数据包，这叫作最长前缀匹配（Longest Prefix Match），它是一种在 IP 协议中被路由器用于在路由表中进行选择的算法。

下面举例说明什么是最长前缀匹配算法，比如我们在路由器 R1 中添加了 3 条路由：

```
[R1]ip route-static 172.0.0.0  255.0.0.0  10.0.0.2       --第 1 条路由
[R1]ip route-static 172.16.0.0  255.255.0.0  10.0.1.2  --第 2 条路由
[R1]ip route-static 172.16.10.0  255.255.255.0  10.0.3.2     --第 3 条路由
```

如果路由器 R1 收到一个目标地址是 172.16.10.12 的数据包，就会使用第 3 条路由转发该数据包；路由器 R1 收到一个目标地址是 172.16.7.12 的数据包，就会使用第 2 条路由转发该数据包；路由器 R1 收到一个目标地址是 172.18.17.12 的数据包，会使用第 1 条路由转发该数据包。

路由表中常常包含一个默认路由，这个路由在所有表项都不匹配的时候有着最短的前缀匹配。默认路由将会在本章 6.3 节详细讲解。

6.2.3 无类域间路由（CIDR）

为了让初学者容易理解，以上讲述的路由汇总通过将子网掩码向左移 8 位，合并了 256 个网段。无类域间路由（Classless Inter-Domain Routing，CIDR）采用 13～27 位可变网络 ID，而不是 A、B、C 类网络所用的固定的 8、16 和 24 位网络 ID，这样，就可以将子网掩码向左移动 1 位以合并 2 个网段、向左移动 2 位以合并 4 个网段、向左移动 3 位以合并 8 个网段，向左移动 n 位，就可以合并 2^n 个网段。

下面举例说明 CIDR 如何灵活地将连续的子网进行精确合并。如图 6-11 所示，在 A 区有 4 个连续的 C 类网络，通过将子网掩码左移 2 位，可以将这 4 个 C 类网络合并到 192.168.16.0/22 网段；在 B 区有 2 个连续的子网，通过将子网掩码左移 1 位，可以将这两个网段合并到 10.7.78.0/23 网段。

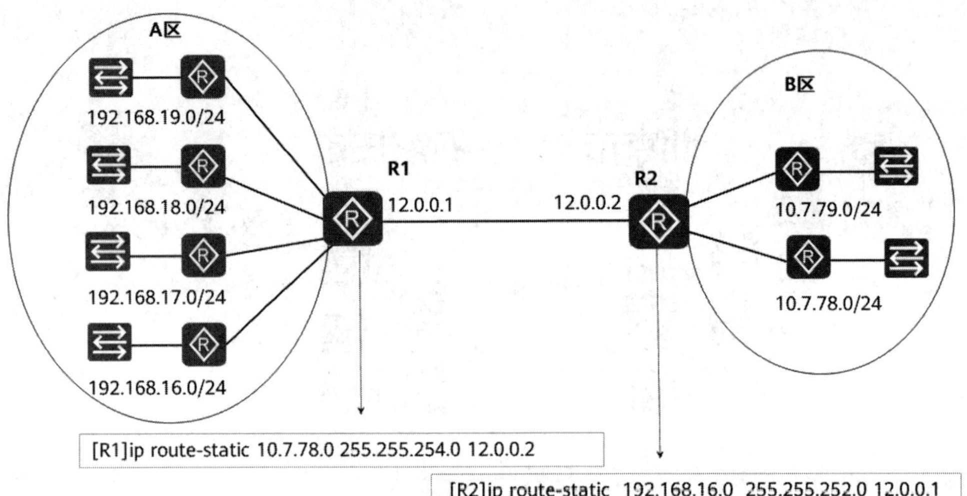

图 6-11　使用 CIDR 简化路由表

学习本节知识时，一定要和 IP 地址和子网划分一章所讲的使用超网合并网段结合起来理解。

6.3　默认路由

默认路由是一种特殊的静态路由，指的是当路由表中没有与数据包的目的地址相匹配的路由时路由器能够做出的选择。如果没有默认路由，那么目的地址在路由表中没有匹配路由项的包将被丢弃。默认路由在某些时候非常有用，如连接末端网络的路由器，使用默认路由会大大简化路由器的路由表，减轻管理员的工作负担，提高网络性能。

6.3.1　全球最大的网段

在理解默认路由之前，我们先来看看全球最大的网段在路由器中如何表示。首先，我们在路由器中添加以下 3 条路由。

```
[R1]ip route-static 172.0.0.0  255.0.0.0  10.0.0.2        --第 1 条路由
[R1]ip route-static 172.16.0.0  255.255.0.0  10.0.1.2  --第 2 条路由
[R1]ip route-static 172.16.10.0  255.255.255.0  10.0.3.2      --第 3 条路由
```

从上面 3 条路由可以看出，子网掩码越短（子网掩码写成二进制形式后 1 的个数越少），主机位越多，该网段的地址数量就越大。那么，如果我们想让一个网段包括全部的 IP 地址，就要求子网掩码短到极限，而最短就是 0，此时，子网掩码变成了 0.0.0.0，这也意味着该网段的 32 位二进制形式的 IP 地址都是主机位，任何一个地址都属于该网段。因此，网络 IP 为 0.0.0.0、子网掩码为 0.0.0.0 的网段包括全球所有的 IPv4 地址，也就是全球最大的网段，换一种写法就是 0.0.0.0/0。

我们在路由器中添加一条至 0.0.0.0 0.0.0.0 网段的路由，这条路由就是默认路由。

```
[R1]ip route-static 0.0.0.0 0.0.0.0 10.0.0.2          --第 4 条路由
```

任何一个目标地址都与默认路由匹配，根据前面所讲的“最长前缀匹配”算法可知，默认路由是在路由器为数据包找不到更为精确匹配的路由时所使用的一条路由。下面的几个小节给大家讲解默认路由的几个经典应用场景。

6.3.2 使用默认路由作为指向 Internet 的路由

本案例是默认路由的一个应用场景。

某公司内网有 A、B、C、D 共 4 个路由器，有 10.1.0.0/24、10.2.0.0/24、10.3.0.0/24、10.4.0.0/24、10.5.0.0/24、10.6.0.0/24 共 6 个网段，网络拓扑和地址规划如图 6-12 所示。现在要求在这 4 个路由器中添加路由，使内网的 6 个网段之间能够相互通信，同时这 6 个网段也要能够访问 Internet。

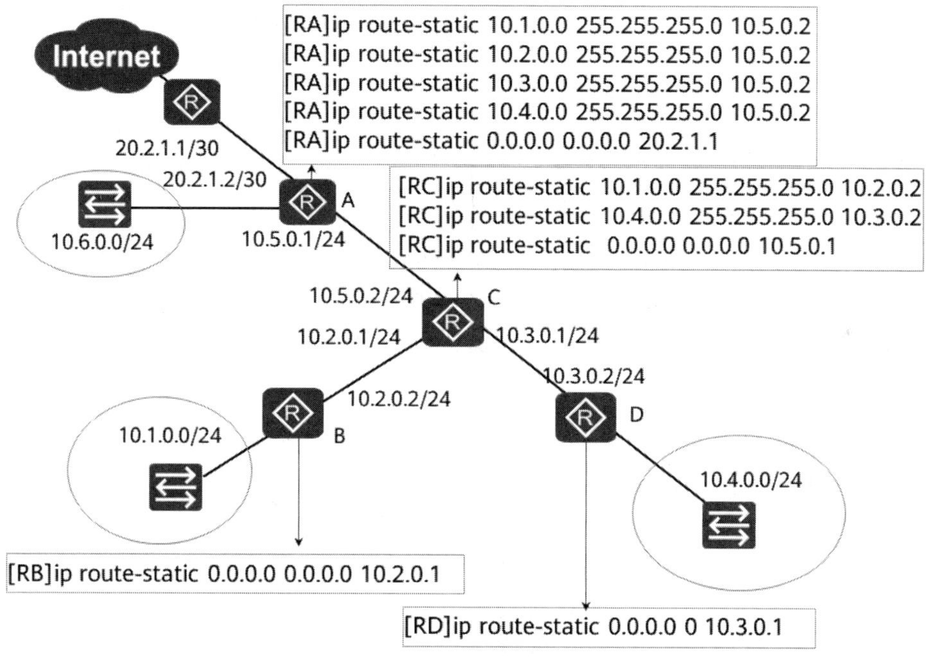

图 6-12 使用默认路由简化路由表

由图 6-12 可知，路由器 B 和 D 都是网络的末端路由器，直连两个网段，这两个网段的数据包发到其他网络，都需要转发到路由器 C，在这两个路由器中只需要添加如图所示的一条默认路由即可。对于路由器 C 来说，直连了 3 个网段。到 10.1.0.0/24、10.4.0.0/24 这两个网段的路由需要单独添加；到 Internet 或 10.6.0.0/24 网段的数据包都需要转发给路由器 A，需再添加一条默认路由。对于路由器 A 来说，直连 3 个网段，对于没有直连的几个内网，需要单独添加路由，到 Internet 的访问，需要添加一条默认路由。到 Internet 上所有网段的路由，只需要添加一条默认路由即可。

进一步观察图 6-12 我们发现，企业内网使用的所有网段都可以合并到 10.0.0.0/8 网段中，因此在路由器 A 中，到内网网段的路由可以汇总成一条，如图 6-13 所示。大家想想路由器 C 中的路由表还能简化吗？

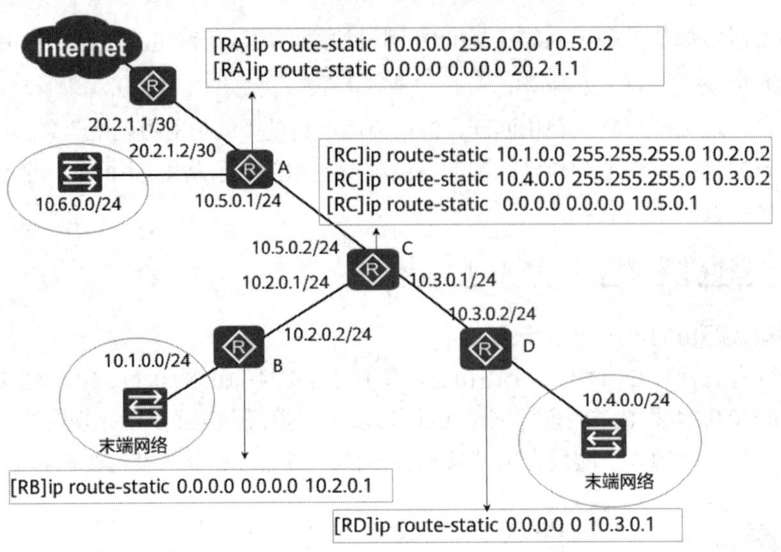

图 6-13　通过路由汇总进一步简化路由表

6.3.3　使用默认路由和路由汇总简化路由表

Internet 是全球最大的互联网，也是全球拥有最多网段的网络。整个 Internet 上的计算机要想实现互相通信，就要正确配置 Internet 上路由器中的路由表。如果公网 IP 地址规划得当，就能够通过默认路由和路由汇总大大简化 Internet 上路由器中的路由表。

下面以图 6-14 为例，来说明 Internet 上的 IP 地址规划，以及网络中的各级路由器如何使用默认路由和路由汇总简化路由表。

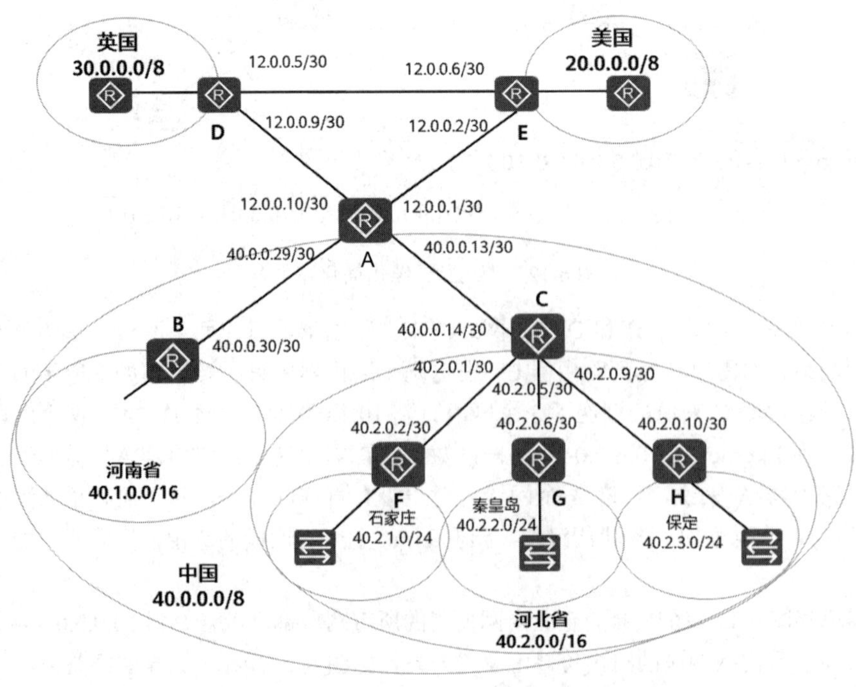

图 6-14　Internet 地址规划示意图

国家级网络规划：英国使用 30.0.0.0/8 网段，美国使用 20.0.0.0/8 网段，中国使用 40.0.0.0/8 网段。一个国家分配一个大的网段，可方便路由汇总。

中国国内的省级 IP 地址规划：河北省使用 40.2.0.0/16 网段，河南省使用 40.1.0.0/16 网段，其他省份分别使用 40.3.0.0/16、40.4.0.0/16、…、40.255.0.0/16 网段。

河北省内的地址规划：石家庄市使用 40.2.1.0/24 网段，秦皇岛市使用 40.2.2.0/24 网段，保定市使用 40.2.3.0/24 网段。

路由器 A、D、E 是中国、英国和美国的国际出口路由器。这一级别的路由器，到中国的只需要英国、美国各自添加一条 40.0.0.0 255.0.0.0 路由；到美国的只需要中国、英国各自添加一条 20.0.0.0 255.0.0.0 路由；到英国的只需中国、美国各自添加一条 30.0.0.0 255.0.0.0 路由，如图 6-15 所示。由于很好地规划了 IP 地址，所以很方便地将一个国家的网络汇总为了一条路由，这一级路由器中的路由表就变得精简了。

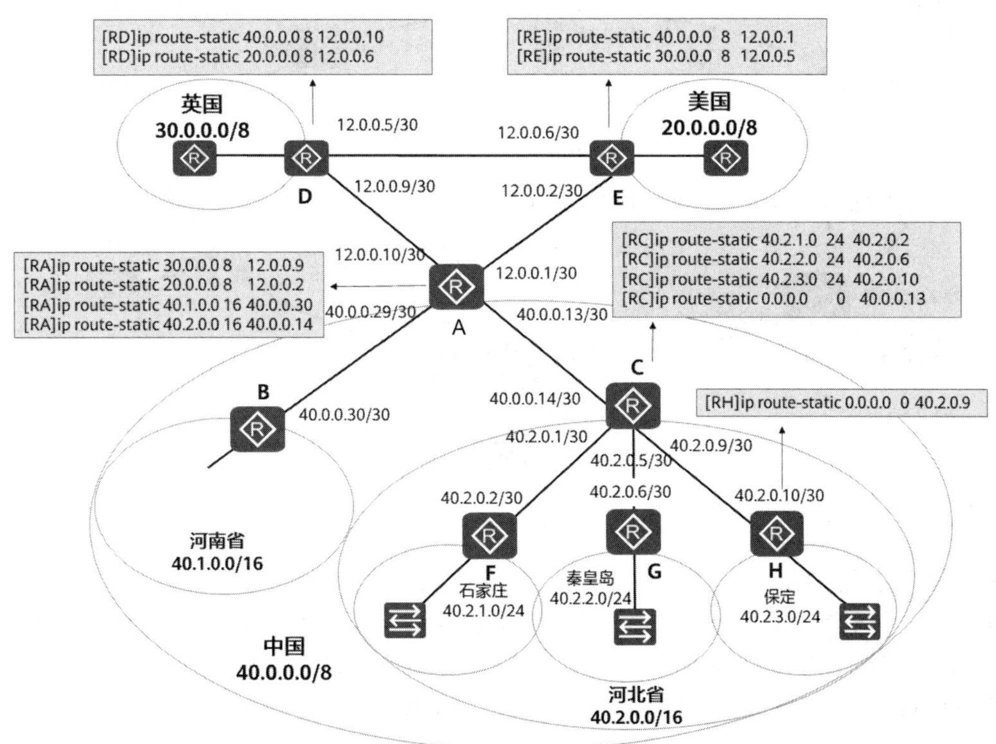

图 6-15　使用路由汇总和默认路由简化路由表

中国的国际出口路由器 A，除了添加到美国和英国两个国家的路由，还需要添加到河南省、河北省以及其他省份的路由。由于各个省份的 IP 地址也得到了很好的规划，一个省份的网络可以汇总成一条路由，这一级路由器的路由表也很精简。

对于河北省的路由器 C，收到的数据包除了到石家庄、秦皇岛和保定地区的以外，要么是出省的，要么是出国的，都需要转发到路由器 A。因此，在省级路由器 C 中要添加到石家庄、秦皇岛及保定地区网络的路由，到其他网络的路由则使用一条默认路由指向路由器 A 即可实现，从而使这一级的路由表也变得很精简。

对于所属各市的路由器 H、G 和 F 来说，只需要添加一条默认路由指向省级路由器 C 即可。

总结：要想网络地址规划合理，骨干网上的路由器可以通过路由汇总来精简路由表，网络末端的路由器可以通过默认路由来精简路由表。

6.3.4 默认路由造成的路由环路

如图 6-16 所示，网络中的路由器 A、B、C、D、E、F 连成了一个环路，这种情况下要想让整个网络畅通，需要在每个路由器中添加一条默认路由以指向下一个路由器的地址，配置方法如图 6-16 所示。

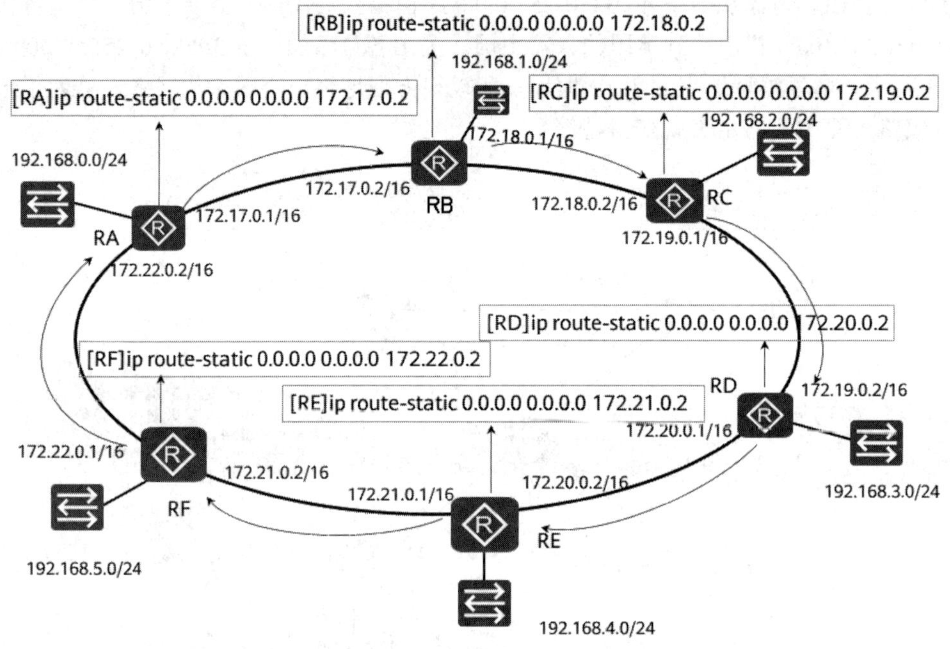

图 6-16 环状网络使用默认路由

通过这种方式配置路由，网络中的数据包就沿着环路顺时针传递。下面就以网络中的计算机 A 和 B 通信为例来看一下数据包的往返路径：计算机 A 到计算机 B 的数据包途经路由器 RF→RA→RB→RC→RD→RE；计算机 B 到计算机 A 的数据包途经路由器 RE→RF，如图 6-17 所示。可见，数据包到达目标地址的路径和返回的路径不一定是同一条路径，具体走哪条路径，完全由路由表决定。

该环状网络没有 40.0.0.0/8 这个网段，如果计算机 A ping 40.0.0.2 这个地址，会出现什么情况呢？经过分析我们发现，此时所有的路由器都会使用默认路由将数据包转发到下一个路由器。数据包会在这个环状网络中一直顺时针转发，永远也不能到达目标网络，且一直消耗网络带宽，这就形成一个路由环路。幸好数据包的网络层首部有一个字段用来指定数据包的生存时间（Time To Live，TTL），TTL 是一个数值，它的作用是限制 IP 数据包在计算机网络中存在的“时间”，其最大值是 255，推荐值是 64。注意这个数值并不是指真正的时间，而是 IP 数据包在网络中可以经过的路由器的数量。TTL 字段由 IP 数据包的发送者设置，在 IP 数据包从源地址到目标地址的整条转发路径上，每经过一个路由器，路由器都会把 TTL 字段的值减 1 后再将 IP 数据包转发出去。路由器收到 TTL 值为 0 的 IP 数据包时会丢弃，并向 IP 数据包的发送者发送 ICMP time exceeded 消息。

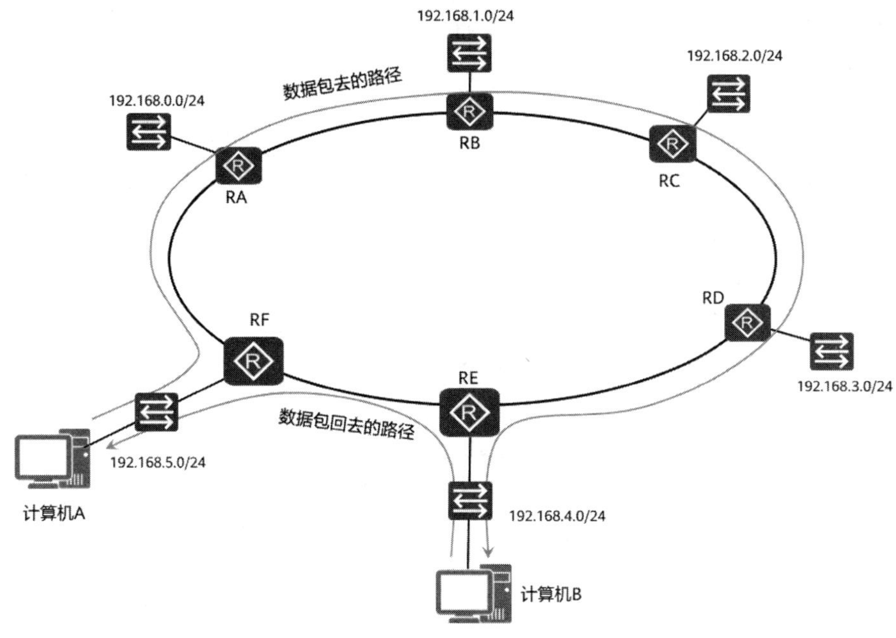

图 6-17　数据包往返路径

上面讲到环状网络使用默认路由，造成了数据包在环状网络中一直顺时针转发的情况。需要注意的是，即便不是环状网络，使用默认路由也可能造成数据包在链路上往复转发，直到数据包的 TTL 耗尽。例如在图 6-18 所示的网络中，有 3 个网段、两个路由器。在 RA 路由器中添加默认路由，下一跳指向 RB 路由器；在 RB 路由器中也添加默认路由，下一跳指向 RA 路由器，从而实现这 3 个网段间网络的畅通。

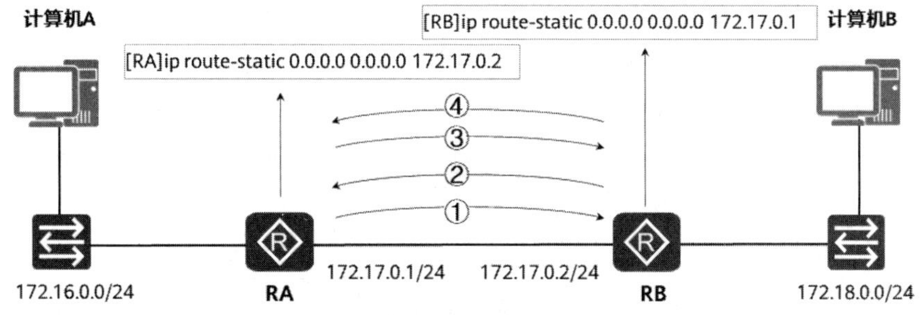

图 6-18　默认路由产生的问题

在这个网络中，没有 40.0.0.0/8 网段，如果计算机 A ping 40.0.0.2 这个地址，该数据包会转发给 RA，RA 根据默认路由将该数据包转发给 RB，RB 根据默认路由又将该数据包转发给 RA，如此往复，直到该数据包的 TTL 减为 0，路由器丢弃该数据包，向发送者发送 ICMP time exceeded 消息。

6.3.5　让默认路由代替大多数网段的路由

不同的管理员给同一个网络中的路由器添加静态路由时，可能会有不同的配置，但总的原则都是尽量通过默认路由和路由汇总，让路由表更加精简。

如图 6-19 所示，在路由器 C 上添加路由，有两种方案都可以使网络畅通。第 1 种方案只需添加 3 条路由，第 2 种方案添加了 4 条路由。

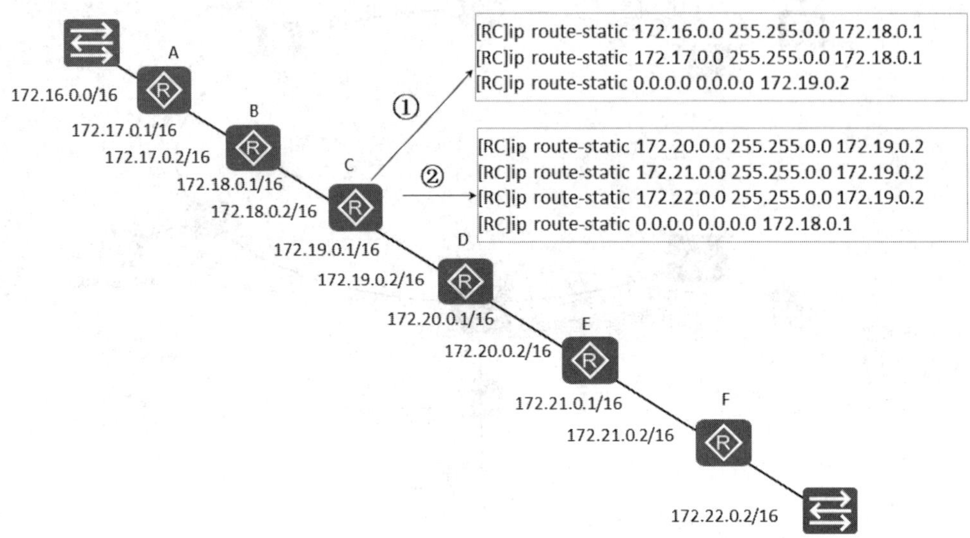

图 6-19　默认路由代替大多数网络

让默认路由替代大多数网段的路由是明智的选择。在给路由器添加静态路由时，先要判断一下路由器哪边的网段多，针对这些网段使用一条默认路由，然后再针对其他网段添加路由。

6.3.6　Windows 上的默认路由和网关

我们已经知道每台路由器上都有个路由表，其实计算机也有路由表。可以在 Windows 操作系统上执行 route print 或者 netstat -r 命令来显示本机的路由表，如图 6-20 所示。给计算机配置网关就是为计算机添加默认路由，网关通常是本网段路由器接口的 IP 地址。如果不配置网关，计算机就不知道通往其他网段的下一跳是哪个接口，从而不能跨网段通信。

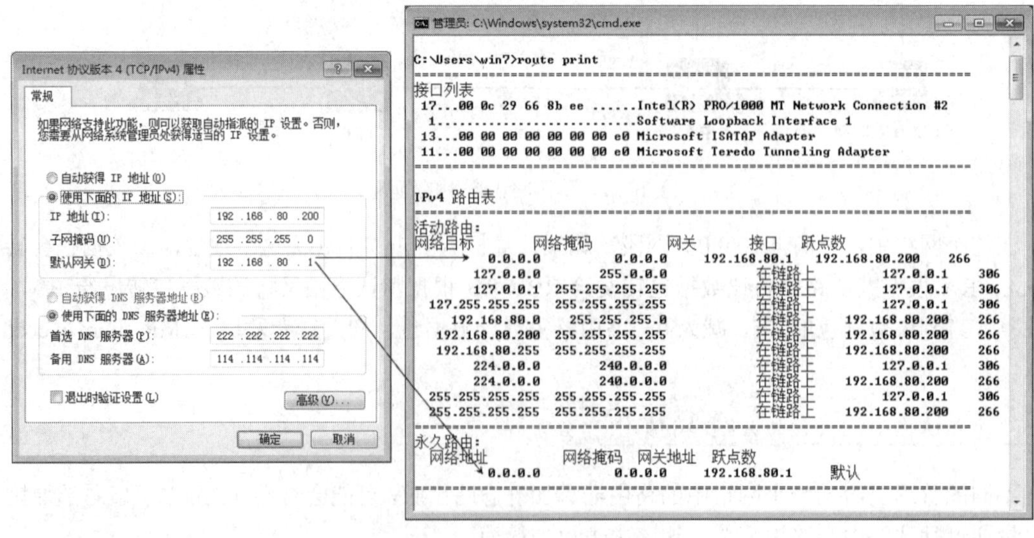

图 6-20　网关就相当于默认路由

如果计算机的本地连接没有配置网关，在命令提示符下执行“netstat -r”，可以看到路由表中没有默认路由了，如图 6-21 所示。

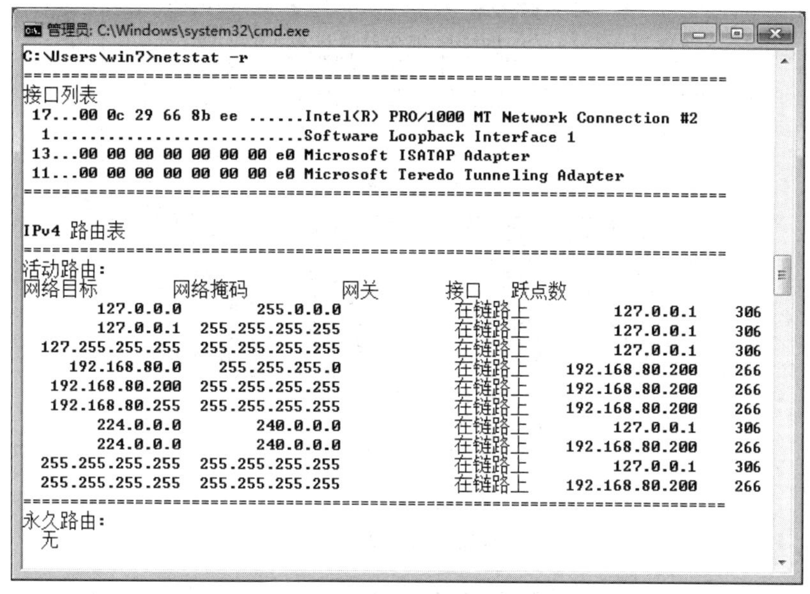

图 6-21 查看路由表

除了可以在图 6-20 所示的窗口中为计算机设置默认网关，也可以通过 **route add** 命令为计算机添加默认路由。在命令提示符下执行 **route /?**可以看到该命令的帮助信息。

```
C:\Users\win7>route /?
操作网络路由表
UTE [-f] [-p] [-4|-6] command [destination][MASK netmask] [gateway][METRIC metric][IF interface]
-f      清除所有网关项的路由表。如果与某个命令结合使用，在运行该命令前，应清除路由表
-p      与 ADD 命令结合使用时，将路由设置为在系统引导期间保持不变。默认情况下，重新启动系统时，不保存路由。忽略所有其他命令，这始终会影响相应的永久路由。Windows 95 不支持此选项
-4      强制使用 IPv4
-6      强制使用 IPv6

command 其中之一:
        PRINT     打印路由
        ADD       添加路由
        DELETE    删除路由
        CHANGE    修改现有路由
Destination  指定主机
MASK         指定下一个参数为“网络掩码”值
Netmask      指定此路由项的子网掩码值。如果未指定，默认设置为 255.255.255.255
Gateway      指定网关
Interface    指定路由的接口号码
METRIC       指定跃点数，例如目标的成本
```

如图 6-22 所示，输入 **route add** 0.0.0.0 **mask** 0.0.0.0 192.168.80.1 **-p**，可为计算机添加一条默认路由。-p 参数表示添加的默认路由为永久的，即重启计算机后默认路由依然存在。

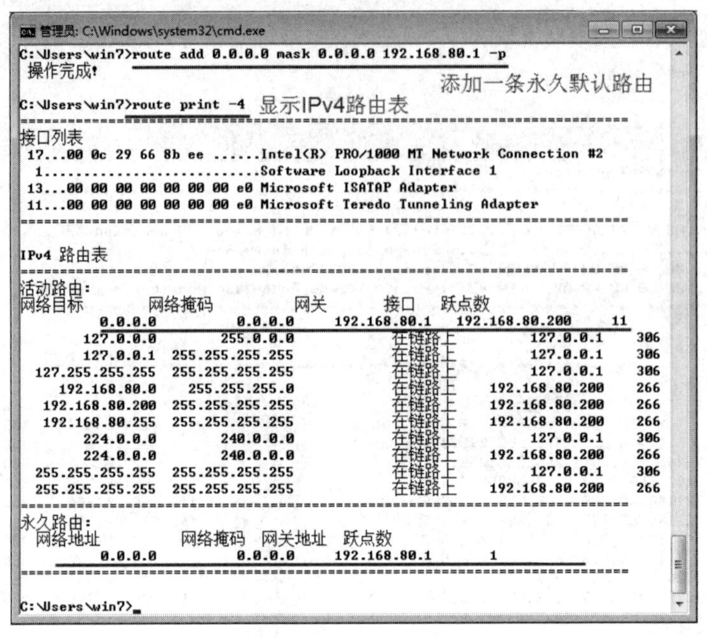

图 6-22　添加默认路由

什么情况下需要给计算机添加路由呢？我们来介绍一个应用场景，如图 6-23 所示，某公司在电信机房部署了一个 Web 服务器，该 Web 服务器需要访问数据库服务器，安全起见，该公司将数据库单独部署到一个网段（内网），因此在电信机房又部署了一个路由器和一个交换机，以便将数据库服务器部署在内网。

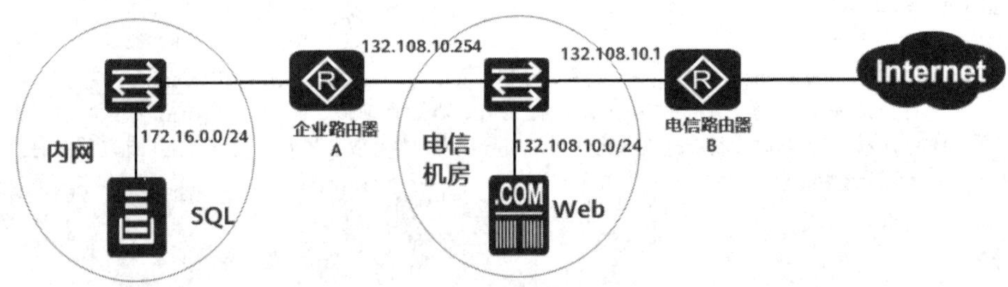

图 6-23　需要添加静态路由

由于在企业路由器上没有添加任何路由，在电信路由器上也没有添加到内网的路由（关键是电信机房的网络管理员也不同意添加到内网的路由），这种情况下，Web 服务器要想访问内网和 Internet，就需要在 Web 服务器上添加一条到 Internet 的默认路由以及一条到内网的静态路由，如图 6-24 所示。

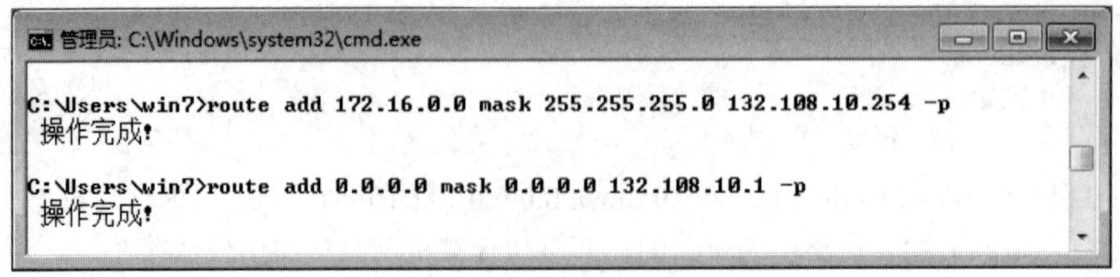

图 6-24　添加静态路由和默认路由

这种情况下，千万注意不能在 Web 服务器上添加两条默认路由，一条指向 132.108.10.1，另一条指向 132.108.10.254，也不能在本地连接中添加两个默认网关。如果添加两条默认路由，就相当于到 Internet 有两条等价路径，从而导致访问 Internet 的一半流量将会发送到企业路由器，被企业路由器丢掉。

如果想删除到 172.16.0.0 255.255.255.0 网段的路由，可执行以下命令：

```
route delete 172.16.0.0 mask 255.255.255.0
```

6.4 网络排错案例

前面给大家讲了网络畅通的条件、如何使用路由汇总和默认路由简化路由表，以及如何管理 Windows 操作系统上的路由表。道理虽然简单，但是应用到实际环境来解决问题却需要你真正把其理解并能够灵活应用。下面我们通过几个案例进行实战，希望能起到抛砖引玉举一反三的效果。

6.4.1 站在全局的高度排除网络故障

石家庄车辆厂（中车石家庄公司）和唐山车辆厂（中车唐山公司）使用电信的专线连接，如图 6-25 所示。这两个公司都有自己的信息部门，肖工负责石家庄车辆厂的网络，张工负责唐山车辆厂的网络。有一天石家庄车辆厂的肖工打来电话，说他在网络中新增加了一个网段 192.168.10.0/24，但该网段不能访问唐山车辆厂的网络，请我们来帮忙分析一下问题所在。

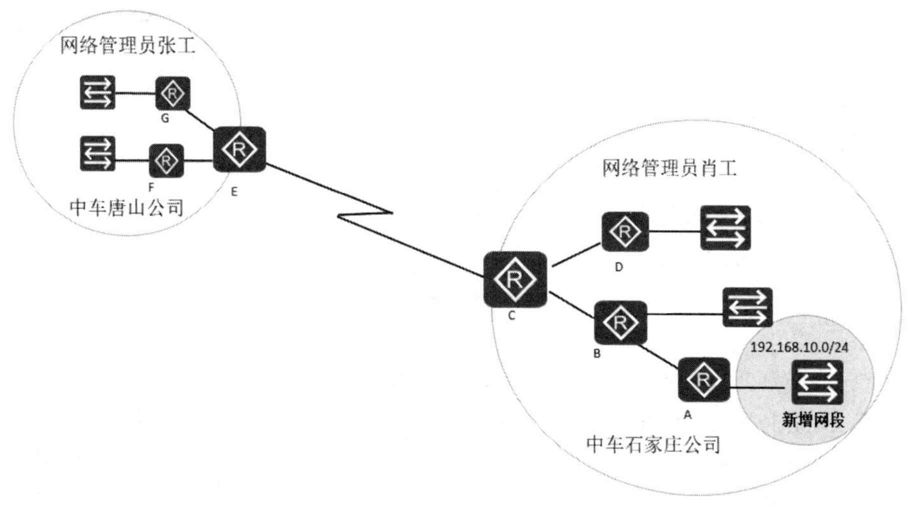

图 6-25 企业网络

这种情况下，首先想到的是路由问题，于是我们问对方：是否在网络中的路由器上添加了到新增网段的路由？对方的回答是“添加了，新增网段中的计算机能够访问石家庄车辆厂的任何网段，就是不能访问唐山车辆厂的网络。”

我们可进一步根据网络畅通的条件（数据包能去能回）进行分析。首先，我们来判断下新增的网段中的计算机所发送的数据包是否能够到达唐山车辆厂的网络。于是我们让肖工检查石家庄车辆厂的路由器 A、B、C、D，查看这些路由器的路由表，查看是否有到唐山车辆厂网络的路由。发现有到唐山车辆厂网络的路由，这就保证了石家庄车辆厂发送的数据包能够到唐山车辆厂的网络

（也就是数据包能过去）。

下面我们再检查数据包是否能从唐山的网络返回石家庄的网络，于是让肖工检查唐山车辆厂的路由器是否有到达新增网段的路由，肖工说："唐山车辆厂的网络不归我管，要想添加路由需要联系张工。"可见，问题非常有可能就是出现在唐山那边！

经唐山厂区负责人张工检查发现，唐山车辆厂网络中的路由器中果然没有到新增网段的路由，因此，这造成了新增网段的计算机给唐山车辆厂发送数据包有去无回。在张工为唐山网络中的路由器添加了到新增网段的路由后，网络畅通。

从本案例来说，网络不通除了检查你所管辖的网络中路由器是否配置了正确的路由，还要检查远端网络的路由器是否配置了正确的路由。

6.4.2 计算机网关也很重要

某医院信息中心的计算机不能访问服务器，网络拓扑图如图 6-26 所示。

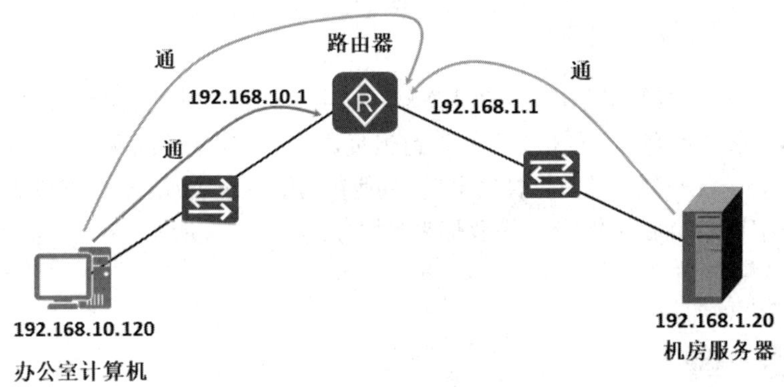

图 6-26 服务器没有设置网关

由图可见，网络的结构很简单，路由器连接两个网段，办公室的计算机不能访问机房的服务器，在办公室的计算机上 ping 192.168.1.20，请求超时。

首先我们来看网络拓扑，路由器直接连接两个网段，根本不需要添加路由，这个网络就应该能畅通。排错步骤如下：

（1）首先检查办公室计算机和机房服务器的网线连接是否正常，IP 地址是否正确，查看 IP 地址的命令是 ipconfig /all。经检查发现，网线连接正常，办公室计算机和机房服务器 IP 地址正确。

（2）在办公室计算机上 ping 192.168.10.1，先测试一下是否和网关能通，测试结果为"通"。

（3）再在办公室计算机上 ping 192.168.1.1，测试结果为"通"，说明办公室的计算机能够访问服务器网段。

（4）然后在机房服务器上 ping 192.168.1.1，测试一下是否和服务器的网关能通，测试结果为"通"。

然后检查是不是机房服务器启用了防火墙，但在关闭机房服务器的防火墙后，办公室的计算机还是不能 ping 通机房服务器。

接着检查各计算机的网络设置，输入"ipconfig /all"，查看 IP 地址、子网掩码和网关，结果发现服务器没有设置网关，只是设置了 IP 地址和子网掩码。服务器不设置网关，办公室计算机 ping 192.168.1.20 时，数据包是能够到达服务器的，但服务器返回的响应数据包却不知道下一跳应该给哪个接口，这就是数据包有去无回造成的网络故障。

总结：我们排除网络故障，除了检查沿途路由器的路由表，还要检查相互通信的计算机是否设置了正确的网关。

6.5 动态路由——RIP 协议

当网络发生变化后，静态路由也需要做相应调整。如果增加了一个网段，就需要在网络中所有与新网段非直连的路由器上添加到新网段的路由；如果某个网段更改成新的网段，需要在网络中的路由器上删除到原来网段的路由，并添加到新网段的路由。如果网络中的某条链路断了，静态路由依然会把数据包转发到该链路，这就造成网络不通。但是，静态路由不能随着网络的变化自动地调整路由器的路由表，而在网络规模比较大的情况下，人工添加路由是一件很麻烦的事情。要解决这个问题，就需要动态路由技术。动态路由能够让路由器自动学习构建路由表，根据链路的状态动态寻找到各个网段的最佳路径。

动态路由是通过为网络中的路由器配置动态路由协议来实现的。在动态路由下，路由表项是通过相互连接的路由器交换彼此信息，然后按照一定的算法计算出来的，这些路由信息周期性更新，以适应不断变化的网络，获得最优的寻径效果。

动态路由协议有以下功能：

- 能够知道有哪些邻居路由器。
- 能够学习到网络中有哪些网段。
- 能够学习到至某个网段的所有路径。
- 能够从众多的路径中选择最佳的路径。
- 能够维护和更新路由信息。

6.5.1 RIP 协议特点

路由信息协议（Routing Information Protocol，RIP）是一个真正的距离矢量路由选择协议。它每隔 30 秒就发送一次自己完整的路由表到所有激活的接口。RIP 协议选择最佳路径的标准就是跳数，它认为到达目标网络经过的路由器最少的路径就是最佳路径。默认它所允许的最大跳数为 15 跳，也就是说 16 跳的距离将被认为是不可达的。

在小型网络中，RIP 会运转良好，但是对于使用慢速 WAN 连接的大型网络或者安装有大量路由器的网络来说，它的效率就很低了。即便是网络没有变化，它也会每隔 30 秒发送路由表到所有激活的接口，占用了网络带宽。

当路由器 A 意外故障 down 机，需要由它的邻居路由器 B 将路由器 A 所连接的网段不可到达的信息通告出去。路由器 B 如何断定某个路由失效呢？如果路由器 B 在 180 秒内没有收到某个网段的路由的更新，就认为这条路由失效。

RIP 版本 1（RIPv1）使用有类路由选择，即在该网络中的所有设备必须使用相同的子网掩码，这是因为 RIPv1 通告的路由信息不包括子网掩码信息，所以 RIPv1 只支持等长子网。RIPv1 使用广播包通告路由信息。RIP 版本 2（RIPv2）通告的路由信息包括子网掩码信息，所以支持变长子网，这就是所谓的无类路由选择，RIPv2 使用多播地址通告路由信息。

RIP 只使用跳数来决定到达某个网络的最佳路径。如果 RIP 发现到达某一个远程网络存在不止一条路径，并且它们又都具有相同的跳数，则路由器将自动执行循环负载均衡。RIP 可以对多达 6 个相同开销的路径实现负载均衡（默认为 4 个）。

6.5.2 RIP 协议工作原理

RIP 协议的工作原理如图 6-31 所示。网络中有 A、B、C、D、E 五个路由器，为了描述方便，我们以 A 路由器连接的 192.168.10.0/24 网段为例，来讲解 RIPv2 版本的工作过程。

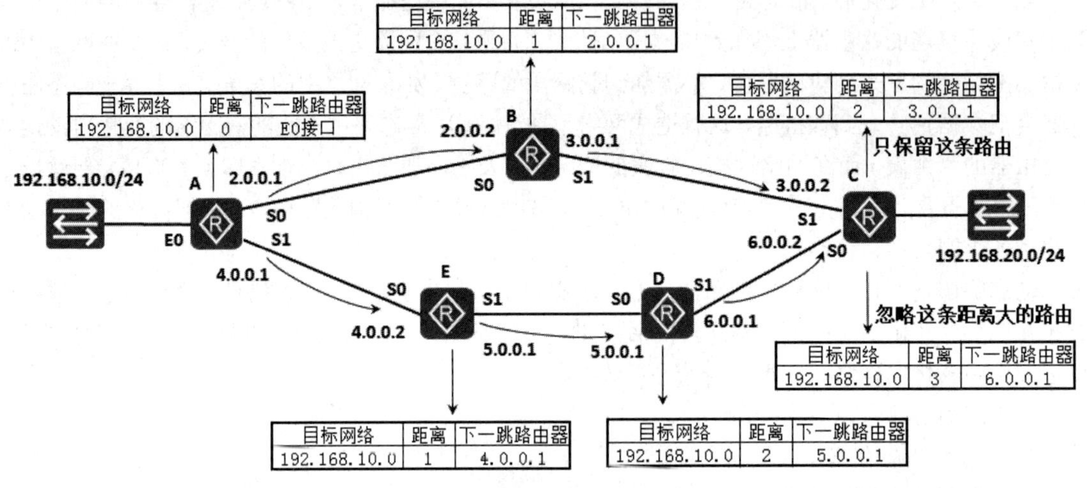

图 6-27　RIP 协议工作过程

首先确保 A、B、C、D、E 这五个路由器都配置了 RIP 协议。

路由器 A 的 E0 接口直接连接 192.168.10.0/24 网段，在路由器 A 上就有一条到该网段的默认路由，由于是直连的网段，所以距离是 0，下一跳路由器是 E0 接口。

路由器 A 每隔 30 秒就要把自己的路由表通过多播地址 224.0.0.9 通告出去，通过 S0 接口通告的数据包源地址是 2.0.0.1，路由器 B 接收到路由通告后，就会把到 192.168.10.0/24 网段的路由添加到路由表，距离加 1，下一跳路由器指向 2.0.0.1。通过 S1 接口通告的数据包源地址是 3.0.0.1，路由器 C 接收到路由通告后，就会把到 192.168.10.0/24 网段的路由添加到路由表，距离加 1 变为 2，下一跳路由器指向 3.0.0.1。这种算法称为距离矢量路由算法（Distance Vector Routing），RIP 协议是典型的距离矢量协议。

同样地，到 192.168.10.0/24 网段的路由，还会通过 E 路由器和 D 路由器传递到 C 路由器，C 路由器收到后，距离加 1 变为 3，比通过路由器 B 的那条路由距离大，因此路由器 C 会忽略这条路由。

如果路由器 A 和路由器 B 之间的连接断开了，路由器 B 就收不到路由器 A 发过来的到 192.168.10.0/24 网段的路由信息，经过 180 秒，路由器 B 将到 192.168.10.0/24 网段的路由跳数设置为 16，这意味着到该网段的不可到达，然后通过 S1 接口将这条路由通告给路由器 C，路由器 C 也将到该网段的路由的跳数设置为 16。这时路由器 D 向路由器 C 通告到 192.168.10.0/24 网段的路由，路由器 C 就对至该网段的路由进行更新，下一跳指向 6.0.0.1，跳数为 3。路由器 C 向路由器 B 通告至该网段的路由，路由器 B 就更新至该网段的路由，下一跳指向 3.0.0.2，跳数为 4。这样，网络中的路由器都有了到达 192.168.10.0/24 网段的路由。

总之，启用了 RIP 协议的路由器都和自己相邻路由器定期交换路由信息，并周期性更新路由表，使得从路由器到每一个目标网络的路由都是最短的（即跳数最少）。如果网络中的链路带宽都一样，按跳数最少选择出来的路径是最佳路径。如果每条链路带宽不一样，只考虑跳数最少，RIP 协议选择出来的路径也许不是真正的最佳路径。

6.5.3 在路由器上配置 RIP 协议

首先我们使用 eNSP 搭建学习 RIP 协议的环境，网络拓扑如图 6-28 所示。为了方便记忆，网络中路由器以太网接口都使用该网段的第一个地址，路由器和路由器连接的链路，左侧接口使用相应网段的第一个地址，右侧接口使用该网段的第二个地址。给路由器和 PC 配置 IP 地址的过程在这里不再赘述。

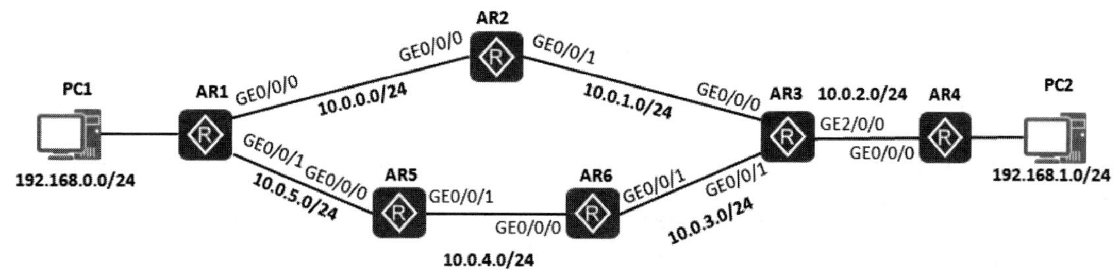

图 6-28 RIP 协议网络环境

下面我们为网络中的路由器配置 RIPv2 协议以及参与到 RIP 协议的接口，首先在 AR1 上配置 RIP 协议，过程如下。

```
[AR1]rip ?                                          --查看 rip 协议后面的参数
  INTEGER<1-65535>   Process ID                     --进程号的范围，可以运行多个进程
  mib-binding        Mib-Binding a process
  vpn-instance       VPN instance
  <cr>               Please press ENTER to execute command
[AR1]rip 1                                          --启用 rip 协议 进程号是 1
[AR1-rip-1]network 192.168.0.0                      --指定 rip 1 进程工作的网络
[AR1-rip-1]network 10.0.0.0                         --指定 rip 1 进程工作的网络
[AR1-rip-1]version 2                                --指定 rip 协议的版本，默认情况下是 1
[AR1-rip-1]display this                             --显示 RIP 协议的配置
[V200R003C00]
#
rip 1
 version 2
 network 192.168.0.0
 network 10.0.0.0
#
return
[AR1-rip-1]
```

路由器 AR1 连接了 3 个网段，**network** 命令就是告诉路由器这 3 个网段都启用 RIP 协议，路由器 AR1 通过 RIP 协议将这 3 个网段通告出去，同时连接这 3 个网段的接口能够发送和接收 RIP 协议产生的路由通告数据包。**version 2** 命令可将 RIP 协议更改为 RIPv2 版本。

network 命令后面的网段，是不写子网掩码的，如果是 A 类网络，子网掩码默认就是 255.0.0.0，如果是 B 类网络，子网掩码默认是 255.255.0.0，如果是 C 类网络，子网掩码默认是 255.255.255.0。如图 6-29 所示，路由器 A 连接 3 个网段，172.16.10.0/24 和 172.16.20.0/24 是同一个 B 类网络的子网，因此 **network** 172.16.0.0 就包括了这两个子网。所以，在为 A 配置 RIP 协议时，只要在 network 命令后写出以下两个网段，这 3 个网段就能参与到 RIP 协议中。

```
[AR1-rip-1]network 172.16.0.0
[AR1-rip-1]network 192.168.10.0
```

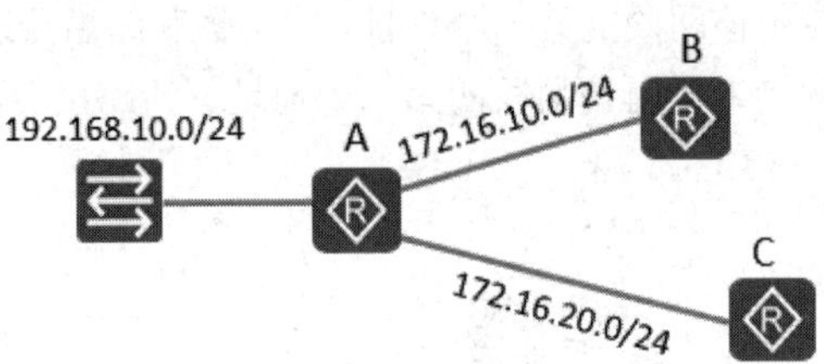

图 6-29　RIP 协议 network 写法 1

如图 6-30 所示，路由器 A 连接的 3 个网段都是 B 类网络，但不是同一个 B 类网络，因此 network 需要针对这两个不同的 B 类网络分别进行配置。

```
[AR1-rip-1]network 172.16.0.0
[AR1-rip-1]network 172.17. 0.0
```

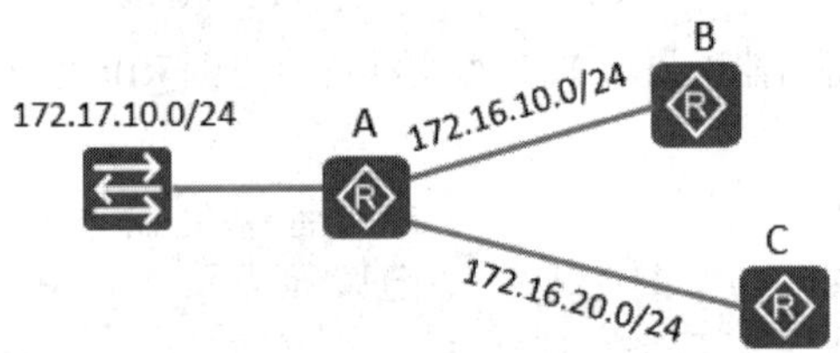

图 6-30　RIP 协议 network 写法 2

如图 6-31 所示，路由器 A 连接的 3 个网段都属于同一个网段 A 类网络 72.0.0.0/8，则 **network** 命令后只需写这一个 A 类网络即可。

```
[AR1-rip-1]network 72.0.0.0
```


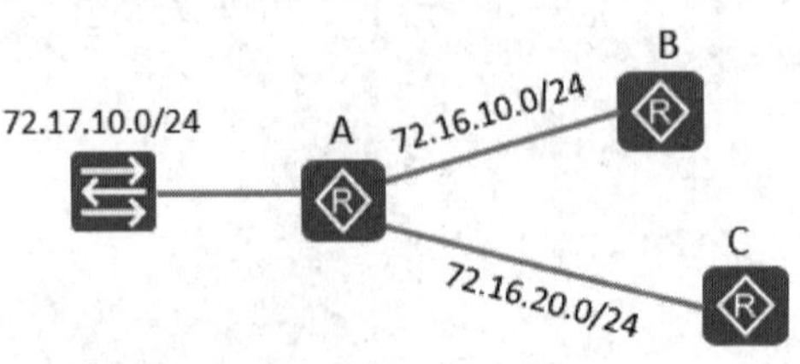

图 6-31　RIP 协议 network 写法 3

同理，依次在 AR2～AR6 上启用并配置 RIP 协议。

进程号不一样，也可以交换路由信息。如果 network 命令后面的网段写错了，可以输入 **undo network** 命令进行取消。

```
[AR5-rip-1]undo network 10.0.0.0
```

6.5.4 查看路由表

在为网络中所有路由器都配置好 RIP 协议后，我们可以查看网络中的路由器是否通过 RIP 协议学到了到各个网段的路由。

下面的操作在 AR3 上执行，在特权模式下输入 **display ip routing-table protocol rip**，可以只显示由 RIP 协议学到的路由。可以看到通过 RIP 协议学到了 5 个网段路由，到 10.0.5.0/24 网段有两条等价路由。

```
[AR3]display ip routing-table     --显示路由表
[AR3]display ip routing-table protocol rip          --只显示 RIP 协议学到的路由
Route Flags: R - relay, D - download to fib
------------------------------------------------------------------------------
Public routing table : RIP
         Destinations : 5          Routes : 6
RIP routing table status : <Active>
         Destinations : 5          Routes : 6
Destination/Mask   Proto   Pre    Cost   Flags   NextHop    Interface
10.0.0.0/24        RIP     100    1      D       10.0.1.1   GigabitEthernet 0/0/0
10.0.4.0/24        RIP     100    1      D       10.0.3.1   GigabitEthernet 0/0/1
10.0.5.0/24        RIP     100    2      D       10.0.1.1   GigabitEthernet 0/0/0   --两条等价路由
                   RIP     100    2      D       10.0.3.1   GigabitEthernet 0/0/1
192.168.0.0/24     RIP     100    2      D       10.0.1.1   GigabitEthernet 0/0/0
192.168.1.0/24     RIP     100    1      D       10.0.2.2   GigabitEthernet 2/0/0
RIP routing table status : <Inactive>
         Destinations : 0     Routes : 0
```

Pre 是优先级，在华为路由器 RIP 协议的优先级默认是 100，思科路由器 RIP 协议优先级默认是 120；Cost 是开销，RIP 协议的开销就是跳数，即到达目标网络经过的路由器的个数，开销小的路由出现在路由表；Flags 标记 D 代表加载到转发表。

静态路由的优先级高于 RIP 协议，比如我们在 AR3 路由器添加一条至 192.168.0.0/24 的静态路由，然后再查看 RIP 协议学习到的路由，则结果如下。

```
[AR3]ip route-static 192.168.0.0 24 10.0.3.1
[AR3]display ip routing-table protocol rip
Route Flags: R - relay, D - download to fib
------------------------------------------------------------------------------
Public routing table : RIP
         Destinations : 5          Routes : 6
RIP routing table status : <Active>   --活跃的路由
         Destinations : 4          Routes : 5
Destination/Mask   Proto      Pre    Cost   Flags   NextHop    Interface
  10.0.0.0/24      RIP        100    1      D       10.0.1.1   GigabitEthernet 0/0/0
  10.0.4.0/24      RIP        100    1      D       10.0.3.1   GigabitEthernet 0/0/1
  10.0.5.0/24      RIP        100    2      D       10.0.1.1   GigabitEthernet 0/0/0
                   RIP        100    2      D       10.0.3.1   GigabitEthernet 0/0/1
192.168.1.0/24     RIP        100    1      D       10.0.2.2   GigabitEthernet 2/0/0
RIP routing table status : <Inactive>                           --不活跃路由
      Destinations : 1         Routes : 1
Destination/Mask   Proto      Pre    Cos    Flags   NextHop    Interface
192.168.0.0/24     RIP        100    2              10.0.1.1   GigabitEthernet 0/0/0   --不活跃路由
```

可以看到针对到某个网段静态路由优先级高于 RIP 协议学习到的路由。

可以通过 **display** 命令，来显示 RIP 协议的配置和运行情况。

```
[AR1]display rip 1
Public VPN-instance
    RIP process : 1
        RIP version: 2
        Preference : 100
        Checkzero : Enabled
        Default-cost      : 0
        Summary   : Enabled
        Host-route : Enabled
        Maximum number of balanced paths : 4
        Update time: 30 sec                    Age time : 180 sec
        Garbage-collect time: 120 sec
        Graceful restart: Disabled
        BFD: Disabled
        Silent-interfaces: None
        Default-route: Disabled
        Verify-source: Enabled
        Networks :
        10.0.0.0             192.168.0.0
        Configured peers : None
```

常用的 RIP 配置相关命令：

```
<AR1>display ip routing-table protocol rip        --显示 RIP 协议学到的路由
<AR4>display rip 1                                --显示 RIP 1 的配置
<AR4>display rip 1 route                          --显示 RIP 协议学到的路由
<AR4>display rip 1 interface                      --显示运行 RIP 协议的接口
```

6.5.5 观察 RIP 协议路由更新活动

默认情况下，RIP 协议发送和接收路由更新信息以及构造路由表的细节是不显示的，如果想观察 RIP 协议路由更新的相关信息，可以输入命令 **debugging rip 1 packet**。输入 **undo debugging all** 可关闭所有诊断输出。


```
<AR3>terminal monitor                             --开启终端监视
Info: Current terminal monitor is on.
<AR3>terminal debugging                           --开启终端诊断
Info: Current terminal debugging is on.
<AR3>debugging rip 1 packet                       --诊断 rip 1 数据包
<AR3>
May   6 2018 10:19:05.320.1-08:00 AR3 RIP/7/DBG: 6: 13465: RIP 1: Receive response from 10.0.1.1 on GigabitEthernet0/0/0
                                                  --接口 GigabitEthernet0/0/0 从 10.0.1.1 收响应
<AR3>
May   6 2018 10:19:05.320.2-08:00 AR3 RIP/7/DBG: 6: 13476: Packet: Version 2, Cmd response, Length 64  --RIP 版本 2
<AR3>
May   6 2018 10:19:05.320.3-08:00 AR3 RIP/7/DBG: 6: 13546: Dest 10.0.0.0/24, Nexthop 0.0.0.0, Cost 1, Tag 0
                                                  --收到一条到 10.0.0.0/24 的路由，开销是 1
<AR3>
```

```
May  6 2018 10:19:05.320.4-08:00 AR3 RIP/7/DBG: 6: 13546: Dest 10.0.5.0/24, Nexthop 0.0.0.0, Cost 2, Tag 0
                                        --收到一条到 10.0.5.0/24 的路由，开销是 2
<AR3>
May  6 2018 10:19:05.320.5-08:00 AR3 RIP/7/DBG: 6: 13546: Dest 192.168.0.0/24, Nexthop 0.0.0.0, Cost 2, Tag 0
                                        --收到一条到 192.168.0.0/24 的路由，开销是 2
<AR3>
May  6 2018 10:19:06.550.1-08:00 AR3 RIP/7/DBG: 6: 13456: RIP 1: Sending response on interface GigabitEthernet2/0/0
from 10.0.2.1 to 224.0.0.9
                                        --GigabitEthernet2/0/0 使用 224.0.0.9 地址（多播地址）发送 RIP 信息
<AR3>
May  6 2018 10:19:06.550.2-08:00 AR3 RIP/7/DBG: 6: 13476: Packet: Version 2, Cmd response, Length 124
<AR3>
May  6 2018 10:19:06.550.3-08:00 AR3 RIP/7/DBG: 6: 13546: Dest 10.0.0.0/24, Nexthop 0.0.0.0, Cost 2, Tag 0
<AR3>
May  6 2018 10:19:06.550.4-08:00 AR3 RIP/7/DBG: 6: 13546: Dest 10.0.1.0/24, Nexthop 0.0.0.0, Cost 1, Tag 0
```

关闭 debugging 相关命令：

```
<AR3>undo debugging rip 1 packet        --关闭 rip 1 诊断输出
<AR3>undo debugging all                 --关闭所有诊断输出
```

6.5.6 RIP 协议数据包报文格式

可以通过抓包工具捕获 RIP 协议发送路由信息的数据包，右击 AR3，单击“数据抓包”→“GE0/0/0”。抓包工具捕获的 RIPv2 的数据包，如图 6-32 所示，可以看到 RIP 报文首部和路由信息部分，报文中的每一条路由占 20 个字节。一个 RIP 报文最多可包括 25 条路由。

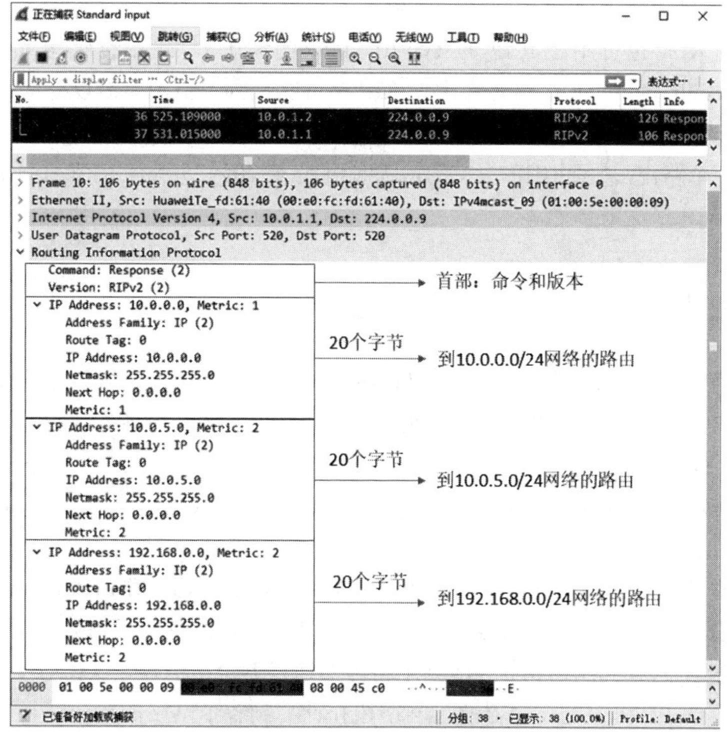

图 6-32　RIP 协议数据包格式

RIP 报文的首部和路由部分的详细构成如图 6-33 所示。

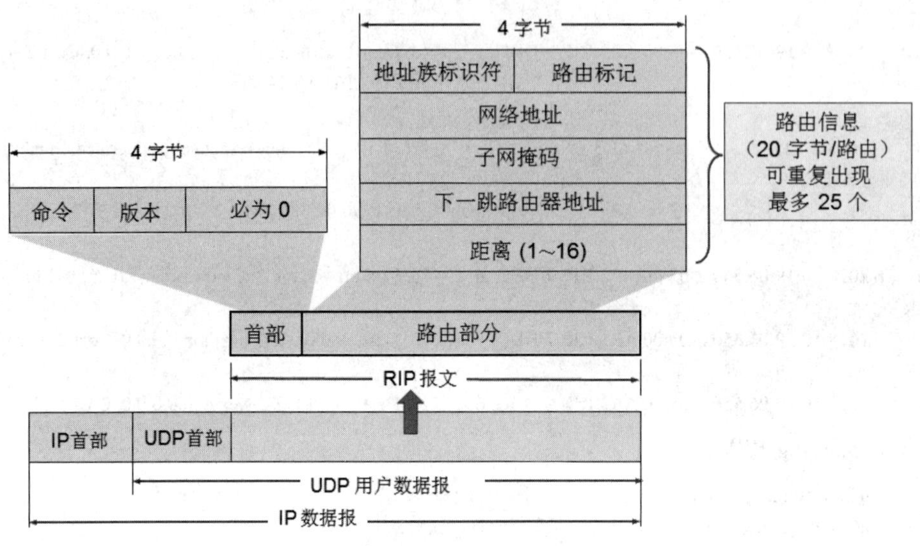

图 6-33　RIP 报文首部和路由部分

RIP 的首部占 4 个字节。其中的命令字段指出报文的意义，例如 1 表示请求路由信息，2 表示对请求路由信息的响应或未被请求而发出的路由更新报文；首部后面的“必为 0”，作用是实现首部的 4 字节字的对齐。

RIPv2 报文中的路由部分由若干条路由信息组成。每条路由信息需要用 20 个字节。地址族标识符（又称为地址类别）字段用来标识所使用的地址协议。如采用 IP 地址就令这个字段的值为 2（原来考虑 RIP 也可用于其他非 TCP/IP 协议的情况）。路由标记填入自治系统号 ASN（Autonomous System Number），这是考虑使 RIP 有可能收到本自治系统以外的路由选择信息。再后面指出网络 IP 地址、该网络的子网掩码、下一跳路由器地址以及到此网络的距离。一个 RIP 报文最多可包括 25 个路由，因而 RIP 报文的最大长度是 4+20×25=504 字节。如果超过这个长度，必须再使用一个 RIP 报文来传送。

6.6　动态路由——OSPF 协议

RIP 协议是距离矢量协议，通过 RIP 协议路由器可以学习到所有网段的距离以及下一跳给哪个路由器，但却不知道全网的拓扑结构（只有到了下一跳的路由器，才能知道再下一跳怎样走）。RIP 协议最大跳数 15 跳，因此不适合 Internet 等大规模网络。

下面学习能够在 Internet 上使用的动态路由协议——开放最短路径优先（Open Shortest Path First，OSPF）协议。

OSPF 协议是开放式最短路径优先协议的简称。OSPF 协议通过路由器之间通告链路的状态来建立链路状态数据库，特定区域的网络中所有路由器具有一致的链路状态数据库，通过链路状态数据库就能构建出整个区域的网络拓扑（即哪个路由器连接哪个路由器，以及连接的开销，带宽越高开销越低），运行 OSPF 协议的路由器通过网络拓扑计算到各个网络的最短路径（即开销最小的路径），路由器使用这些最短路径来构造路由表。

6.6.1　什么是最短路径优先算法

为了让大家更好地理解最短路径优先，下面举一个生活中容易理解的案例说明 OSPF 协议的工作过程。图 6-34 列出了石家庄市的公交车站路线，图中画出了青园小区、北国超市、43 中学、富强小学、河北剧场、亚太大酒店、车辆厂和博物馆的公交线路，并标注了每条线路的乘车费用，这相当于 OSPF 协议对每条链路计算的开销。这张图就相当于使用 OSPF 协议的链路状态数据库构建的网络拓扑。

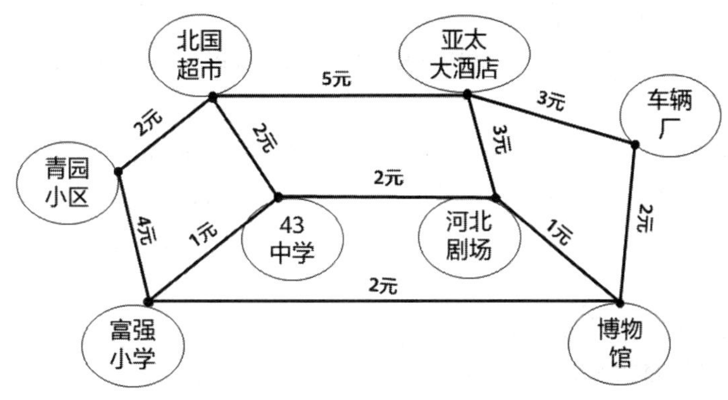

图 6-34　最短路径优先算法示意图

每个车站都有一个人负责计算到其他目的地的费用最低的乘车路线。在网络中，运行 OSPF 协议的路由器负责计算到各个网段累计开销最小的路径，即最短路径。

以青园小区为例，该站的负责人计算以青园小区为出发点，乘车到其他站费用最低的路径，计算费用最低的路径时需要将经过的每一段线路乘车费用进行累加，求得费用最低的路径（这种算法就叫作最短路径优先算法）。青园小区站的负责人算出的该站至其他各个站的标价（最低费用）及到达该目的站下一站的站名，如图 6-35 所示。

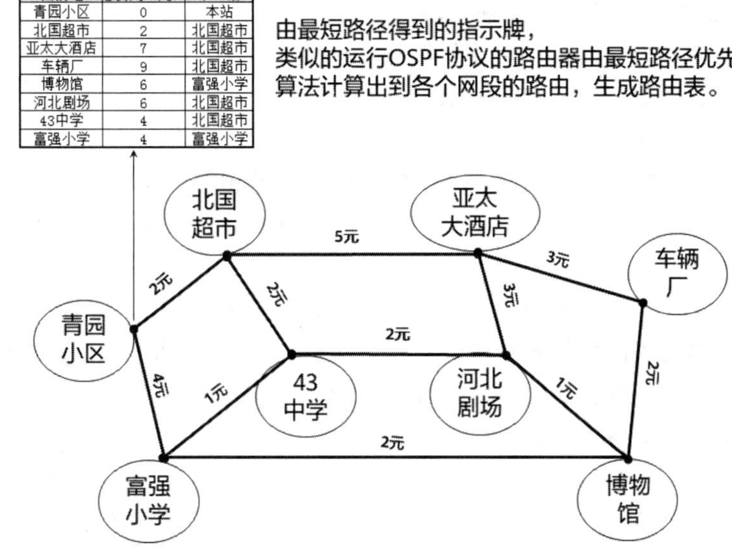

目的地	总费用（元）	下一站
青园小区	0	本站
北国超市	2	北国超市
亚太大酒店	7	北国超市
车辆厂	9	北国超市
博物馆	6	富强小学
河北剧场	6	北国超市
43中学	4	北国超市
富强小学	4	富强小学

图 6-35　计算出的最佳路径

图中的票价指示牌，就相当于运行 OSPF 协议由最短路径算法得到的路由表。

6.6.2 OSPF 协议概述

OSPF 路由协议是一种典型的链路状态（Link-state）的路由协议，一般用于同一个路由域内。在这里，路由域是指一个自治系统（Autonomous System，AS），它是指一组通过统一的路由政策或路由协议互相交换路由信息的网络。在这个 AS 中，所有的 OSPF 路由器都维护一个相同的描述这个 AS 结构的数据库，该数据库中存放的是路由域中相应链路的状态信息，OSPF 路由器正是通过这个数据库计算出其 OSPF 路由表的。

作为一种链路状态的路由协议，OSPF 将链路状态通告（Link State Advertisement，LSA）传送给在区域内的所有路由器。

OSPF 简单说就是两个相邻的路由器通过发报文的形式成为邻居关系，邻居再相互发送链路状态信息形成邻接关系，之后各自根据最短路径算法算出路由，放在 OSPF 路由表，OSPF 路由与其他路由比较后择优加入全局路由表。整个过程使用了五种报文、三个阶段、三张表。

- 五种报文

Hello 报文：建立并维护邻居关系。

DBD 报文：发送链路状态头部信息。

LSR 报文：从 DBD 中找出需要的链路状态头部信息，把其传给邻居以请求完整信息。

LSU 报文：将 LSR 请求的头部信息对应的完整信息发给邻居。

LSACK：收到 LSU 报文后确认该报文。

- 三个阶段

邻居发现：通过发送 Hello 报文形成邻居关系。

路由通告：邻居间发送链路状态信息形成邻接关系。

路由计算：根据最短路径算法算出路由表。

- 三张表

邻居表：主要记录形成邻居关系的路由器。

链路状态表（链路状态数据库）：记录链路状态信息。

OSPF 路由表：通过链路状态数据库得出。

OSPF 协议主要优点如下。

（1）OSPF 适合于大范围的网络。OSPF 协议当中对于路由的跳数是没有限制的，所以 OSPF 协议能用在许多场合，同时也支持更大的网络规模。只要是在组播的网络中，OSPF 协议能够支持数十台路由器一起运作。

（2）组播触发式更新。OSPF 协议在收敛（收敛是指路由协议从发现网内其他路由器并交换路由条目，直至所有路由条目都交换完成的过程）完成后，会以触发方式发送拓扑变化的信息给其他路由器，这样就可以减少对网络宽带的占用，同时还可以减小干扰，特别是在使用组播网络结构对外发出信息时，对其他设备不构成其他影响。

（3）收敛速度快。OSPF 采用周期较短的 Hello 报文来维护邻居状态，因此在网络结构出现改变时，OSPF 协议的系统会以很快的速度发出新的报文，从而使新的拓扑情况很快扩散到整个网络。

（4）以带宽作为开销度量值。OSPF 协议在设计时，就考虑到了链路带宽对路由开销度量值的影响。链路开销和链路带宽正好形成反比关系，带宽越高开销就会越小，因此 OSPF 选择路由主要基于带宽因素。

（5）OSPF 协议可以避免路由环路。使用最短路径的算法不会产生环路。

（6）应用广泛。广泛应用于互联网，是使用最广泛的 IGP 之一。

6.6.3 OSPF 区域

为了使 OSPF 能够用于规模很大的网络，OSPF 将一个自治系统再划分为若干更小的范围，叫作区域（Area）。划分区域的好处，就是可以把利用洪泛法交换链路状态信息的范围局限于每一个区域而不是整个自治系统，这就减少了整个网络上的通信量，也减小了链路状态数据库（LSDB）的大小，并能改善网络的可扩展性，加快收敛速度。一个区域内部的路由器只知道本区域的完整网络拓扑，而不需要知道其他区域的网络拓扑情况。为了使每一个区域能够和本区域以外的区域进行通信，OSPF 使用层次结构的区域划分。

当网络中包含多个区域时，OSPF 协议规定其中必须有一个名为 Area 0 的区域，通常也叫作主干区域（Backbone Area）。当设计 OSPF 网络时，一个很好的方法就是从骨干区域开始，然后再扩展到其他区域。骨干区域在所有其他区域的中心，即所有区域都必须与骨干区域物理或逻辑上相连，这种设计思想产生的原因是 OSPF 协议要把所有区域的路由信息引入骨干区域，然后再依次将路由信息从骨干区域分发到其他区域中。OSPF 将区域划分为骨干区域、标准区域、末梢区域、完全末梢区域 4 种类型。

骨干区域作为中央实体，其他区域与之相连，其编号为 0，在该区域中，各种类型的 LSA 均允许发布；标准区域是除骨干区域外的默认区域类型，在该类型区域中，各种类型的 LSA 均允许发布；末梢区域即STUB 区域，该类型区域中不接受 AS 外部的路由信息，即不接受类型 5 的 AS 外部 LSA，需要路由到自治系统外部的网络时，路由器使用缺省路由（0.0.0.0），末梢区域中不能包含自治系统边界路由器（ASBR）；完全末梢区域中不接受 AS 外部的路由信息，也不接受来自 AS 中其他区域的汇总路由，即不接受类型 3、类型 4、类型 5 的 LSA，完全末梢区域也不能包含自治系统边界路由器。

下面介绍 OSPF 多区域设计的一个案例。

如图 6-36 所示，图中有一个有 3 个区域的自治系统。每一个区域都有一个 32 位的区域标识符（用点分十进制表示）。一个区域不能太大，一般区域内的路由器以不超过 200 台为宜。使用多区域划分时要注意和 IP 地址规划相结合，以确保一个区域的地址空间连续，这样才能将一个区域的网络汇总成一条路由通告给主干区域。

图中上层的区域叫作主干区域，主干区域的标识符规定为 0.0.0.0。主干区域的作用是连通其他下层的区域。从其他区域发来的信息都由区域边界路由器（Area Border Router）进行概括（路由汇总），如图中的 R4 和 R5 都是区域边界路由器。显然，每个区域至少应有一台区域边界路由器。主干区域内的路由器叫主干路由器（Backbone Router），如 R1、R2、R3、R4 和 R5。主干路由器可以同时是区域边界路由器，如 R4 和 R5。主干区域内还要有一个路由器（R3）专门和本自治系统外的其他自治系统交换路由信息，这样的路由器叫作自治系统边界路由器。

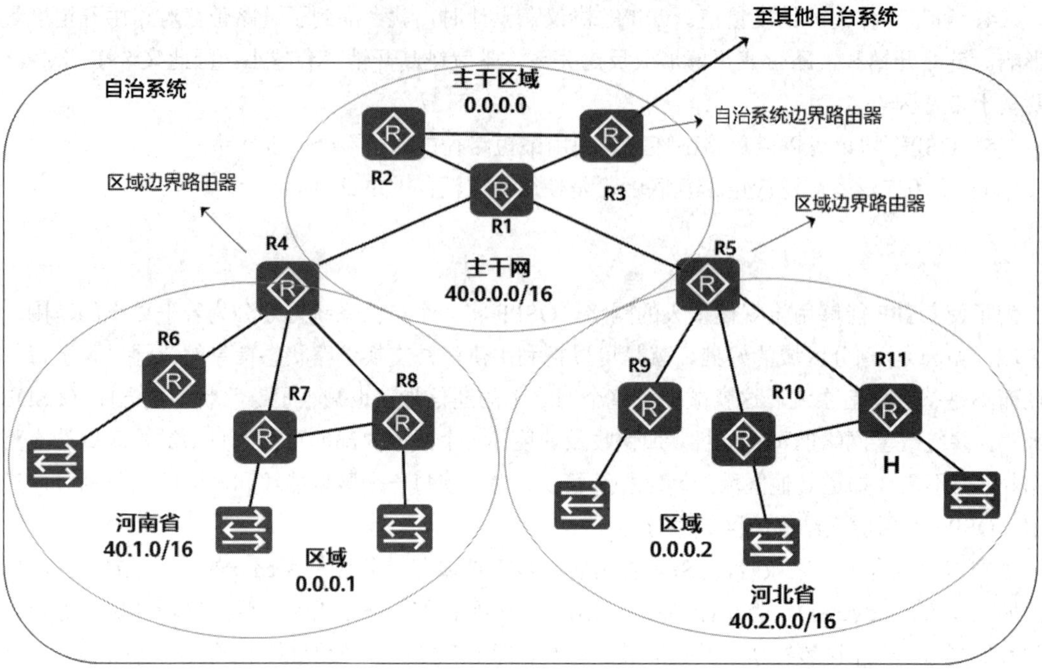

图 6-36　自治系统和 OSPF 区域

6.6.4　OSPF 协议相关术语

1. Router-ID

网络中运行 OSPF 协议的路由器都要有一个唯一的标识，这就是 Router-ID，Router-ID 在网络中不可以重复，否则路由器就无法确定所收到的链路状态的发起者身份，也就无法通过链路状态信息确定网络位置。OSPF 路由器发出的链路状态信息中都会包含自己的 Router-ID。Router-ID 使用 IP 地址的形式来表示，确定 Router-ID 的方法有以下几种方式。

- 手工指定 Router-ID。
- 以路由器上活动 Loopback 接口中数值最大的 IP 地址作为 Router-ID。非活动接口的 IP 地址不能用作 Router-ID。
- 如果没有活动的 Loopback 接口，则选择活动物理接口中最大的 IP 地址。

2. 开销（Cost）

OSPF 协议选择最佳路径的标准是带宽，带宽越高，计算出来的 Cost 值越低。一条路径中的 Cost 值之和，称为度量值（Metric）。到达目标网络的各条链路中 Metric 值最低的，就是最佳路径。

例如，一个带宽为 10Mbit/s 的接口，OSPF 计算开销的方法为：先将 10Mbit 换算成 bit，为 10000000bit，然后用 100000000 除以该带宽，结果为 10，那么对于 10Mb/s 接口 OSPF 认为该接口的开销为 10。因此，一个带宽为 100Mb/s 的接口，开销值=100000000/100000000=1。开销值必须为整数（向上取整），所以带宽为 1000Mb/s（1Gbit/s）的接口，开销值也是 1。OSPF 路由器计算到达目标网络的开销时，必须将沿途所有接口的开销值累加起来，沿途所有 Cost 值累加起来后称为 Metric（度量值），在累加时，只计算出接口不计算入接口。OSPF 会自动计算接口上的开销值，但也可以手工指定接口的开销值，手工指定的开销值优先于自动计算得到的开销值。Metric 值相同的路径，可以执行负载均衡，最多允许 6 条链路同时执行负载均衡。

3. 链路（Link）

链路就是路由器上的接口，在这里指运行在 OSPF 进程下的接口。

4. 链路状态（Link State）

链路状态就是 OSPF 接口的相关信息，如接口的 IP 地址、子网掩码、网络类型、开销值等。OSPF 路由器之间交换的并不是路由表，而是链路状态。OSPF 通过获得网络中所有的链路状态信息，从而计算出到达每个目标的精确路径。OSPF 路由器会将自己所掌握的链路状态毫无保留地全部发给邻居，该邻居将会把收到的链路状态全部放入链路状态数据库（Link State Database），该邻居再发给自己的所有邻居，并且在传递过程中，绝对不会有任何更改。通过这样的过程，最终网络中所有的 OSPF 路由器都拥有网络中所有的链路状态，并根据这些链路状态计算出网络拓扑，区域内所有路由器根据链路状态计算出的网络拓扑应该是相同的。

RIP 直接交换路由表，交换路由表就等于直接给人看线路图，而 OSPF 之间交换的是链路状态，可见 OSPF 相对于 RIP，可以对网络有更加精确的认知。

5. 邻居（Neighbor）

OSPF 只有在邻接状态下才会交换链路状态，因此要想在 OSPF 路由器之间交换链路状态，必须先形成 OSPF 邻居关系。OSPF 邻居关系靠发送 Hello 包来建立和维护，Hello 包会在启动 OSPF 的接口上周期性发送，在不同的网络中，发送 Hello 包的时间间隔也会不同，当超出 4 倍的 Hello 时间间隔，也就是 Dead 时间过后还没有收到邻居的 Hello 包，邻居关系将被断开。

6.6.5 OSPF 协议的工作过程

前面已经提到，运行 OSPF 协议的路由器中有三张表：邻居表、链路状态表（链路状态数据库）和 OSPF 路由表。下面以这三张表的产生过程为主线，分析在这个过程中路由器发生了哪些变化，从而说明 OSPF 协议的工作过程。

1. 邻居表的建立

OSPF 区域内的路由器首先要跟邻居路由器建立邻接关系才可交换链路状态信息，路由器的邻接关系以表格的形式进行存储，即邻居表。图 6-37 展示了 R1 和 R2 路由器通过 Hello 数据包建立邻居表的过程。一开始 R1 路由器接口的 OSPF 状态为 down state，R1 路由器发送一个包含有自己 IP 地址的 Hello 数据包，状态变为 init state，R2 收到这个数据包后，就知道了自己有个邻居 R1，并把 R1 的 IP 加入自己的邻居表；R2 也会定时发送含有自己 IP 地址的 Hello 数据包，R1 收到含有 R2 地址的 Hello 数据包时，就会在把 R2 的 IP 加入自己的邻居表中，并将状态更改为 two-way state。

可以想象，Hello 数据包一定是不会被转发的。若有 40 秒没有收到某个相邻路由器发来的问候数据包，则可认为该相邻路由器是不可到达的，应立即更新邻居表并修改链路状态数据库，重新计算路由表。

2. 拓扑表的建立

如图 6-37 所示，有了邻居表之后，路由器就要建立拓扑表。建立拓扑表的核心目的是收集 OSPF 域中所有链路的状态，这是通过相邻路由器只对链路状态送信的交换实现的。在建立拓扑表的过程中，路由器要经历交换状态、加载状态、完全邻接状态。

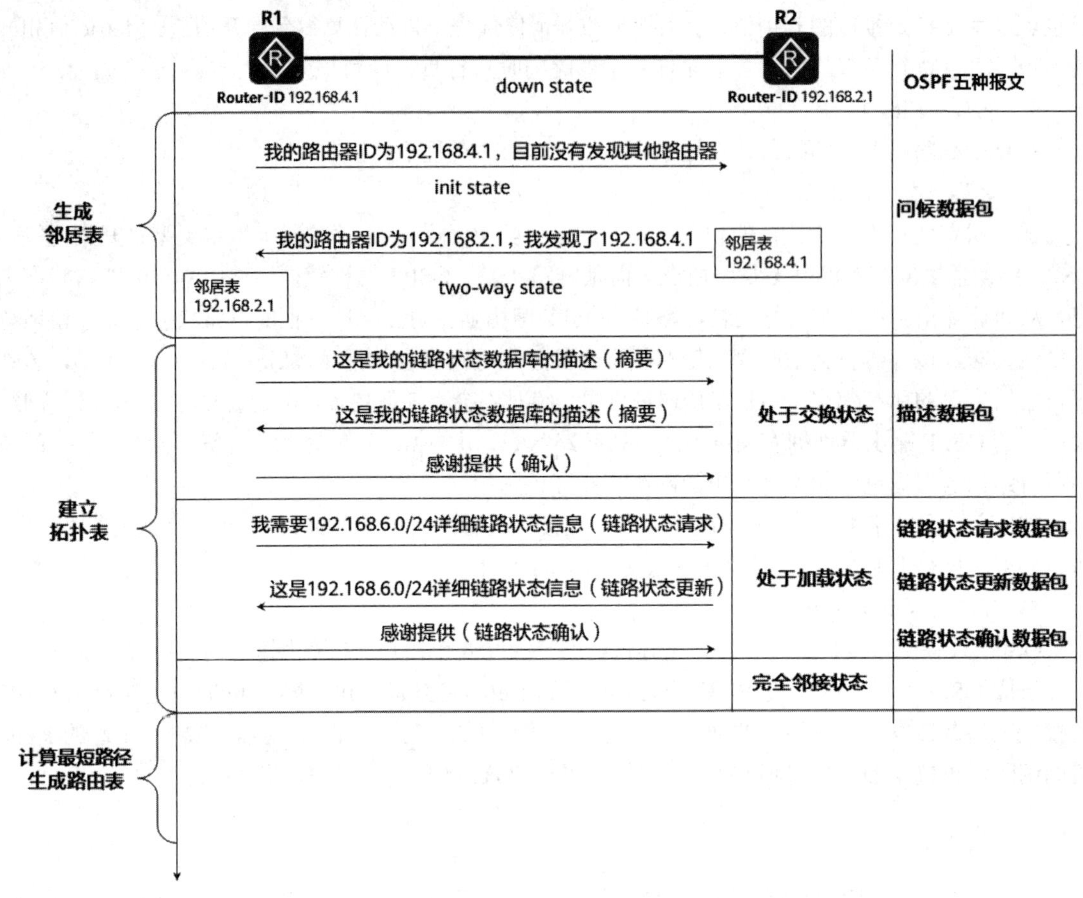

图 6-37　OSPF 协议的工作过程

交换状态下，OSPF 让每一个路由器用数据库描述数据包和相邻路由器交换本数据库中已有的链路状态**摘要信息**；经过与相邻路由器交换数据库描述数据包后，就进入了加载状态，此状态下，路由器使用链路状态请求数据包，向对方请求发送自己所缺少的某些链路状态项目的详细信息，这些信息通过这种一系列的分组交换，全 OSPF 域内同步的链路状态数据库就建立了；链路状态数据库建立后，就进入了完全邻接状态，此状态说明邻居间的链路状态数据库已完成了同步，其判断标志是邻居链路状态请求列表为空且邻居状态为加载。

3. 生成路由表

拓扑表建立完成后，每个路由器根据此表运行 SPF 算法，生成到达目标网络的路由条目。

6.7　配置 OSPF 协议

前面讲解了 OSPF 协议的特点和工作过程，下面来学习如何为网络中的路由器配置 OSPF 协议。

6.7.1　OSPF 多区域配置

参照图 6-38 搭建网络环境。网络中的路由器按照图中的拓扑连接，按照规划的网段并配置接口 IP 地址，一定要确保直连的路由器能够相互 ping 通。以下操作配置这些路由器使用 OSPF 协议构造路由表，将这些路由器配置在一个区域。如果只有一个区域，则只能是主干区域，区域编号是0.0.0.0，也可以写成0。

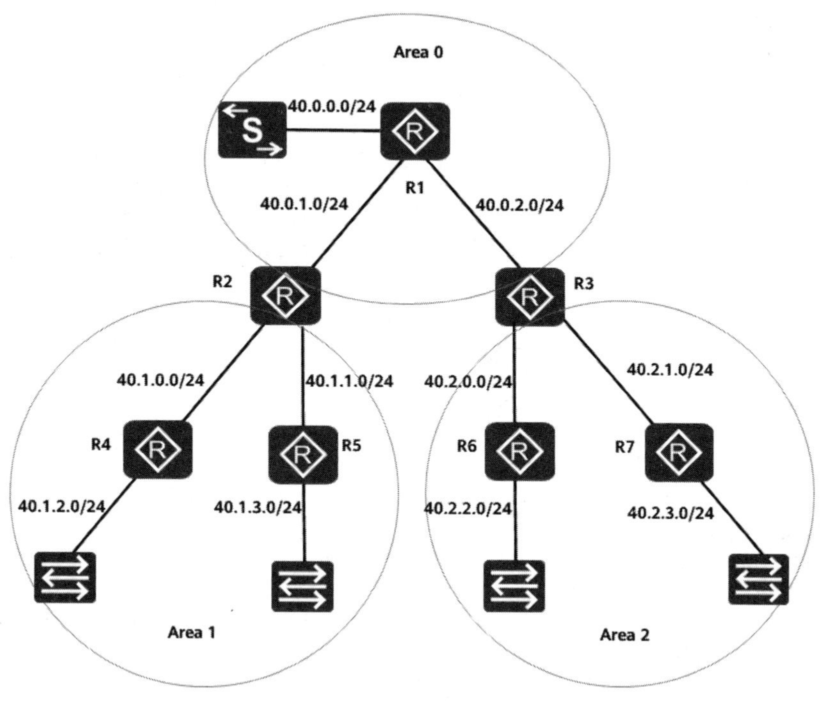

图 6-38 多区域 OSPF 网络拓扑

R1是主干区域路由器。注意，**network**命令中形如0.0.255.255的掩码称为wildcard-mask，也叫反掩码。子网掩码中的1是由左边开始，表示对应的IP地址位属于网络位，而反掩码中的1是从右边开始，表示对应的IP地址位是主机位。以下是对路由器R1进行的配置。

```
<R1>display router id                --查看路由器的当前 ID
RouterID:40.0.0.1
<R1>system
[R1]ospf 1 router-id 1.1.1.1         --在 R1 上启用 ospf 1 进程，为 R1 指定 Router-ID
[R1-ospf-1]area 0.0.0.0              --创建区域 0.0.0.0（即 Area 0）并进入
[R1-ospf-1-area-0.0.0.0]network 40.0.0.0 0.0.255.255
                                     --把 40.0.0.0 0.0.255.255 范围内的 IP 地址划入 Area 0（R1 自然就包含在了其中）
[R1-ospf-1-area-0.0.0.0]quit
```

R2是Area 0与Area 1的边界路由器，因此R2上至少有一个接口要工作在Area 0所在的网段，也至少要有一个接口要工作在Area 1所在的网段，因此对于R2的配置工作，主要是指定R2上哪些接口工作在Area 0，哪些接口工作在Area 1。以下是对路由器R2进行的配置。

```
[R2]ospf 1 router-id 2.2.2.2  --在 R2 上启用 ospf 1 进程，为 R2 指定 Router-ID
[R2-ospf-1]area 0             --进入 Area 0 区域
[R2-ospf-1-area-0.0.0.0]network 40.0.0.0 0.0.255.255
                              --把 40.0.0.0 0.0.255.255 范围内的 IP 地址加入 Area 0（因此 R2 有一个端口被包含进来）
[R2-ospf-1-area-0.0.0.0]quit

[R2-ospf-1]area 0.0.0.1       --创建区域 Area 1 并进入
```

```
[R2-ospf-1-area-0.0.0.1]network 40.1.0.0 0.0.255.255
                                --把 40.1.0.0 0.0.255.255 范围内的 IP 地址加入 Area 1（因此 R2 的其他端口被包含进来）
[R2-ospf-1-area-0.0.0.1]quit
[R2-ospf-1]display this         --显示 R2 的 OSPF 1 配置
[V200R003C00]
#
ospf 1 router-id 2.2.2.2
 area 0.0.0.0
  network 40.0.0.0 0.0.255.255
 area 0.0.0.1
  network 40.1.0.0 0.0.255.255
#
return
```

路由器 R3 也是边界路由器，所做的配置如下。

```
[R3]ospf 1 router-id 3.3.3.3  --在 R3 上启用 ospf 1 进程，为 R3 指定 Router-ID
[R3-ospf-1]area 0.0.0.0
[R3-ospf-1-area-0.0.0.0]network 40.0.0.0 0.0.255.255
                                --把 40.0.0.0 0.0.255.255 范围内的 IP 地址加入 Area 0（因此 R3 的一个端口被包含进来）
[R3-ospf-1-area-0.0.0.0]quit
[R3-ospf-1]area 0.0.0.2
[R3-ospf-1-area-0.0.0.2]network 40.2.0.1 0.0.0.0
                                --把 40.2.0.1 0.0.0.0 范围内的地址（实际就是 R3 的一个端口地址）加入 Area 2
[R3-ospf-1-area-0.0.0.2]network 40.2.1.1 0.0.0.0
                                ----把 40.2.1.1 0.0.0.0 范围内的地址（实际也是 R3 的一个端口地址）加入 Area 2
[R3-ospf-1-area-0.0.0.2]quit
```

R4 为 Area 1 中的一般路由器，仅把其加入 Area 1 即可，配置如下。

```
[R4]ospf 1 router-id 4.4.4.4
[R4-ospf-1]area 1
[R4-ospf-1-area-0.0.0.1]network 40.1.0.0 0.0.255.255
[R4-ospf-1-area-0.0.0.1]quit
```

把路由器 R5 加入 Area 1，配置如下。

```
[R5]ospf 1 router-id 5.5.5.5
[R5-ospf-1]area 1
[R5-ospf-1-area-0.0.0.1]network 40.1.0.0 0.0.255.255
[R5-ospf-1-area-0.0.0.1]quit
```

把路由器 R6 加入 Area 2，配置如下。

```
[R6]ospf 1 router-id 6.6.6.6
[R6-ospf-1]area 2
[R6-ospf-1-area-0.0.0.2]network 40.2.0.0 0.0.255.255
[R6-ospf-1-area-0.0.0.2]quit
```

把路由器 R7 加入 Area 2，配置如下。

```
[R7]ospf 1 router-id 7.7.7.7
[R7-ospf-1]area 2
[R7-ospf-1-area-0.0.0.2]network 40.2.0.0 0.0.255.255
[R7-ospf-1-area-0.0.0.2]quit
```

6.7.2 查看 OSPF 协议的三张表

查看 R1 路由器的邻居表。在系统视图下输入命令行 **display ospf peer**，可以查看邻居路由器信息；输入命令行 **display ospf peer brief**，可以显示邻居路由器的摘要信息。

```
<R1>display ospf peer brief        --显示邻居路由器摘要信息
    OSPF Process 1 with Router ID 1.1.1.1
        Peer Statistic Information
 ----------------------------------------------------------------------------
 Area Id    Interface      Neighbor id    State
 0.0.0.0    Serial2/0/0    2.2.2.2        Full
 0.0.0.0    Serial2/0/1    3.3.3.3        Full
 ----------------------------------------------------------------------------
<R1>display ospf peer              --显示邻居详细信息
```

在 Full 状态下，路由器及其邻居会达到完全邻接状态。所有的路由器和网络 LSA 都会交换并且路由器链路状态数据库达到同步。

通过以下命令可以显示链路状态数据库中有几个路由器通告了链路状态。通告链路状态的路由器就是 AdvRouter。

```
<R1>display ospf lsdb
    OSPF Process 1 with Router ID 1.1.1.1
        Link State Database
            Area: 0.0.0.0
 Type      LinkState ID   AdvRouter   Age    Len   Sequence   Metric
 Router    2.2.2.2        2.2.2.2     1260   48    80000011   48
 Router    1.1.1.1        1.1.1.1     1218   84    80000013   1
 Router    3.3.3.3        3.3.3.3     1253   48    80000010   48
 Sum-Net   40.1.3.0       2.2.2.2     301    28    80000001   49
 Sum-Net   40.1.2.0       2.2.2.2     221    28    80000001   49
 Sum-Net   40.1.1.0       2.2.2.2     932    28    80000001   48
 Sum-Net   40.1.0.255     2.2.2.2     932    28    80000001   48
 Sum-Net   40.2.3.0       3.3.3.3     856    28    80000001   49
 Sum-Net   40.2.2.0       3.3.3.3     856    28    80000001   49
 Sum-Net   40.2.1.0       3.3.3.3     856    28    80000001   48
 Sum-Net   40.2.0.255     3.3.3.3     856    28    80000001   48
```

从以上输出可以看到，主干区域路由器 R1 的链路状态数据库出现了 Area 1 和 Area 2 的子网信息。这些子网信息是由区域边界路由器通告到主干区域的。在区域边界路由器上配置了路由汇总，Area 1、Area 2 就被汇总成一条链路状态。

前面给大家讲了 OSPF 是根据链路状态数据库计算最短路径的。链路状态数据库记录了运行 OSPF 的路由器有哪些，每个路由器连接几个网段（subnet），每个路由器有哪些邻居，通过什么链路连接（点到点还是以太网链路）。查看完整的链路状态数据库的命令是 **display ospf lsdb router**，通过此命令可以看到单个路由器的相关链路状态。

输入 display ip routing-table 命令可以查看路由表。返回结果中的 Proto 列，表示通过 OSPF 协议学到的路由，Pre 列表示 OSPF 协议的优先级（OSPF 协议的优先级为 10），Cost 列表示通过带宽计算的到达目标网段的累计开销。

```
<R1>display ip routing-table protocol ospf                          --查看 OSPF 路由
Route Flags: R - relay, D - download to fib
------------------------------------------------------------------------------
Public routing table : OSPF
         Destinations : 8            Routes : 8

OSPF routing table status : <Active>
         Destinations : 8            Routes : 8

Destination/Mask    Proto   Pre  Cost      Flags NextHop          Interface

      40.1.0.0/24   OSPF    10   96          D   40.0.1.2         Serial2/0/0
      40.1.1.0/24   OSPF    10   96          D   40.0.1.2         Serial2/0/0
      40.1.2.0/24   OSPF    10   97          D   40.0.1.2         Serial2/0/0
      40.1.3.0/24   OSPF    10   97          D   40.0.1.2         Serial2/0/0
      40.2.0.0/24   OSPF    10   96          D   40.0.2.2         Serial2/0/1
      40.2.1.0/24   OSPF    10   96          D   40.0.2.2         Serial2/0/1
      40.2.2.0/24   OSPF    10   97          D   40.0.2.2         Serial2/0/1
      40.2.3.0/24   OSPF    10   97          D   40.0.2.2         Serial2/0/1

OSPF routing table status : <Inactive>
         Destinations : 0            Routes : 0
```

输入以下命令，也是只显示 OSPF 协议生成的路由。从中能够看到通告者的 ID，也就是 AdvRouter；还可以看到直连的以太网开销默认为 1，串口默认开销为 48。

```
<R1>display ospf routing

 OSPF Process 1 with Router ID 1.1.1.1
        Routing Tables

 Routing for Network
 Destination        Cost  Type        NextHop         AdvRouter       Area
 40.0.0.0/24        1     Stub        40.0.0.1        1.1.1.1         0.0.0.0
 40.0.1.0/24        48    Stub        40.0.1.1        1.1.1.1         0.0.0.0
 40.0.2.0/24        48    Stub        40.0.2.1        1.1.1.1         0.0.0.0
 40.1.0.0/24        96    Inter-area  40.0.1.2        2.2.2.2         0.0.0.0
 40.1.1.0/24        96    Inter-area  40.0.1.2        2.2.2.2         0.0.0.0
 40.1.2.0/24        97    Inter-area  40.0.1.2        2.2.2.2         0.0.0.0
 40.1.3.0/24        97    Inter-area  40.0.1.2        2.2.2.2         0.0.0.0
 40.2.0.0/24        96    Inter-area  40.0.2.2        3.3.3.3         0.0.0.0
 40.2.1.0/24        96    Inter-area  40.0.2.2        3.3.3.3         0.0.0.0
 40.2.2.0/24        97    Inter-area  40.0.2.2        3.3.3.3         0.0.0.0
 40.2.3.0/24        97    Inter-area  40.0.2.2        3.3.3.3         0.0.0.0

 Total Nets: 11
 Intra Area: 3   Inter Area: 8   ASE: 0   NSSA: 0
```

6.7.3 在区域边界路由器上进行路由汇总

在区域边界路由器 R2 上进行路由汇总：将 Area 1 汇总成 40.1.0.0 255.255.0.0，开销指定为 10；

将 Area 0 汇总成 40.0.0.0 255.255.0.0，指定开销为 10。

```
[R2]ospf 1
[R2-ospf-1]area 1
[R2-ospf-1-area-0.0.0.1]abr-summary 40.1.0.0 255.255.0.0 cost 10
[R2-ospf-1-area-0.0.0.1]quit

[R2-ospf-1]area 0
[R2-ospf-1-area-0.0.0.0]abr-summary 40.0.0.0 255.255.0.0 cost 10
[R2-ospf-1-area-0.0.0.0]quit
```

在区域边界路由器 R3 上进行路由汇总：将 Area 2 汇总成 40.2.0.0 255.255.0.0，开销指定为 20；将 Area 0 汇总成 40.0.0.0 255.255.0.0，指定开销为 10。

```
[R3]ospf 1
[R3-ospf-1]area 0
[R3-ospf-1-area-0.0.0.0]abr-summary 40.0.0.0 255.255.0.0 cost 10
[R3-ospf-1-area-0.0.0.0]quit

[R3-ospf-1]area 2
[R3-ospf-1-area-0.0.0.2]abr-summary 40.2.0.0 255.255.0.0 cost 20
[R3-ospf-1-area-0.0.0.2]quit
[R3-ospf-1]quit
```

在为区域边界路由器配置完汇总后，在 R1 上查看 OSPF 链路状态，可以看到 Area 1 和 Area 2 在 R1 的链路状态数据库中，各自仅显示为一条记录。

```
<R1>display ospf lsdb
    OSPF Process 1 with Router ID 1.1.1.1
        Link State Database
                Area: 0.0.0.0
 Type       LinkState ID   AdvRouter   Age    Len   Sequence    Metric
 Router     2.2.2.2        2.2.2.2     1732   48    80000011    48
 Router     1.1.1.1        1.1.1.1     1690   84    80000013    1
 Router     3.3.3.3        3.3.3.3     1725   48    80000010    48
 Sum-Net    40.1.0.0       2.2.2.2     99     28    80000001    10
 Sum-Net    40.2.0.0       3.3.3.3     26     28    80000001    20
```

在 R1 上查看 OSPF 协议生成的路由，可以看到 Area 0 和 Area 1 汇总成了一条路由，开销分别是 58 和 68，这与汇总时指定的开销有关。

```
<R1>display ospf routing
    OSPF Process 1 with Router ID 1.1.1.1
         Routing Tables
 Routing for Network
 Destination   Cost  Type         NextHop    AdvRouter   Area
 40.0.0.0/24   1     Stub         40.0.0.1   1.1.1.1     0.0.0.0
 40.0.1.0/24   48    Stub         40.0.1.1   1.1.1.1     0.0.0.0
 40.0.2.0/24   48    Stub         40.0.2.1   1.1.1.1     0.0.0.0
 40.1.0.0/16   58    Inter-area   40.0.1.2   2.2.2.2     0.0.0.0
 40.2.0.0/16   68    Inter-area   40.0.2.2   3.3.3.3     0.0.0.0
 Total Nets: 5
 Intra Area: 3  Inter Area: 2  ASE: 0  NSSA: 0
```

习题 6

1．华为路由器静态路由的配置命令为（　　）。

A．ip route-static　　B．ip route static

C．route-static ip　　D．route static ip

2．设有下面 4 条路由：170.18.129.0/24、170.18.130.0/24、170.18.132.0/24 和 170.18.133.0/24，如果进行路由汇总，能覆盖这 4 条路由的地址是（　　）。

A．170.18.128.0/21　　B．170.18.128.0/22

C．170.18.130.0/22　　D．170.18.132.0/23

3．设有 2 条路由 21.1.193.0/24 和 21.1.194.0/24，如果进行路由汇总，覆盖这 2 条路由的地址是（　　）。

A．21.1.200.0/22　　B．21.1.192.0/23

C．21.1.192.0/22　　D．21.1.224.0/20

4．路由器收到一个目标 IP 地址为 202.31.17.4 的数据包，与该地址匹配的子网是（　　）。

A．202.31.0.0/21　　B．202.31.16.0/20

C．202.31.8.0/22　　D．202.31.20.0/22

5．设有两个子网 210.103.133.0/24 和 210.103.130.0/24，如果进行路由汇总，得到的网络地址是（　　）。

A．210.103.128.0/21　　B．210.103.128.0/22

C．210.103.130.0/22　　D．210.103.132.0/20

6．在路由表中设置一条默认路由，目标地址和子网掩码应为（　　）。

A．127.0.0.0　255.0.0.0　　B．127.0.0.1　0.0.0.0

C．1.0.0.0　255.255.255.255　　D．0.0.0.0　0.0.0.0

7．网络 122.21.136.0/24 和 122.21.143.0/24 经过路由汇总，得到的网络地址是（　　）。

A．122.21.136.0/22　　B．122.21.136.0/21

C．122.21.143.0/22　　D．122.21.128.0/24

8．如图 6-39 所示，R1 路由器连接的网段在 R2 路由器上汇总成一条路由 192.1.144.0/20，下面的（　　）数据包会被 R2 路由器使用这条汇总的路由转发给 R1。

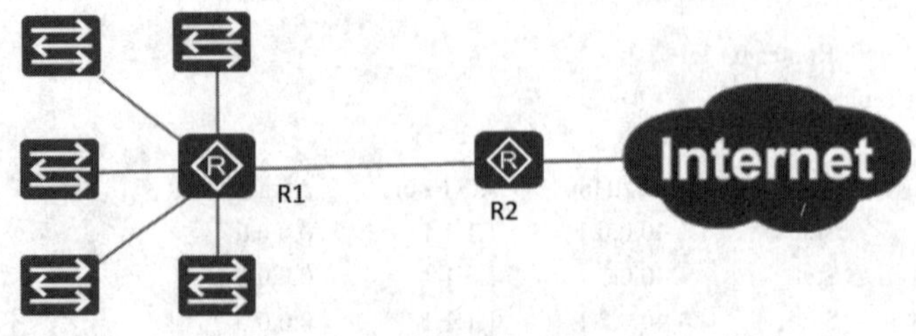

图 6-39　网络拓扑

A．192.1.159.2　　B．192.1.160.11

C．192.1.138.41　　D．192.1.1.144

9．如图 6-40 所示，需要在 RouterA 和 RouterB 路由器上添加路由表，实现 A 网段和 B 网段能够相互访问，请补全下面的命令。

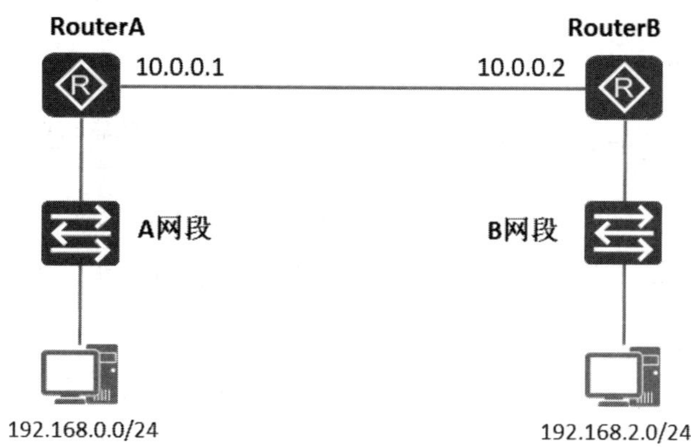

图 6-40　网络拓扑

[RouterA]ip route-static ______________ __________________ ______________

[RouterB]ip route-static ______________ __________________ ______________

10．如图 6-41 所示网络，要求 192.168.1.0/24 网段到达 192.168.2.0/24 网段的数据包经过 R1→R2→R4；192.168.2.0/24 网段到达 192.168.1.0/24 网段的数据包经过 R4→R3→R1。在这 4 个路由器上添加静态路由实现 192.168.1.0/24 和 192.168.2.0/24 两个网段能够互通，补全下面的命令。

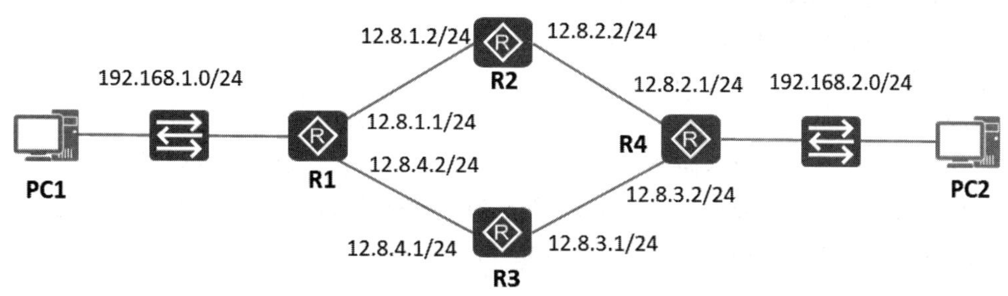

图 6-41　网络拓扑

[R1]ip route-static ______________ __________________ ______________

[R2]ip route-static ______________ __________________ ______________

[R3]ip route-static ______________ __________________ ______________

[R4]ip route-static ______________ __________________ ______________

11．如图 6-41 所示，在路由器上执行以下命令添加静态路由。

[R1]ip route-static 0.0.0.0 0 192.168.1.1

[R1]ip route-static 10.1.0.0 255.255.0.0 192.168.3.3

[R1]ip route-static 10.1.0.0 255.255.255.0 192.168.2.2

将图 6-42 左侧的目标 IP 地址和右侧路由器下一跳地址连线。

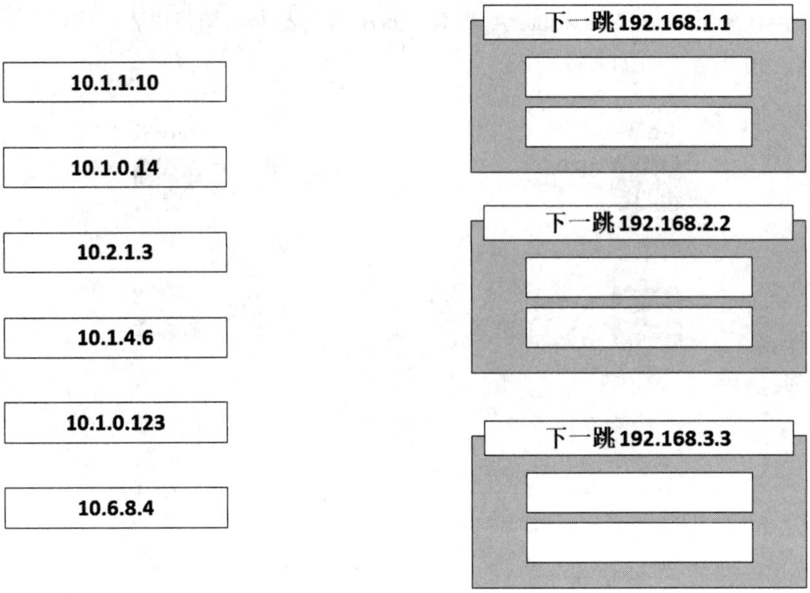

图 6-42　下一跳地址

12. 下列静态路由配置正确的是（　　）。

A. [R1]ip route-static 129.1.4.0 16 serial 0

B. [R1]ip route-static 10.0.0.2 16 129.1.0.0

C. [R1]ip route-static 129.1.0.0 16 10.0.0.2

D. [R1]ip route-static 129.1.2.0 255.255.0.0 10.0.0.2

13. IP 报文头部中有一个 TTL 字段，关于该字段的说法正确的是（　　）。

A. 该字段长度为 7 位　　B. 该字段用于数据包分片

C. 该字段用于数据包防环　　D. 该字段用来标识数据包的优先级

14. 路由器在转发某个数据包时，如果未匹配到对应的明细路由且无默认路由时，将直接丢弃该数据包。以上说法是否正确？（　　）

A. 正确　　B. 错误

15. 以下内容哪个是路由表中所不包含的？（　　）

A. 源地址　　B. 下一跳　　C. 目标网络　　D. 路由代价

16. 下列关于华为设备中静态路由的优先级的说法，错误的是（　　）。

A. 静态路由器优先级值的范围为 0～65535

B. 静态路由器优先级的缺省值为 60

C. 静态路由的优先级管理员可以指定

D. 静态路由优先级为 255 表示该路由不可用

17. 下面关于 IP 报文头部中 TTL 字段的说法，正确的是（　　）。

A. TTL 定义了源主机可以发送数据包的数量

B. TTL 定义了源主机可以发送数据包的时间间隔

C. IP 报文每经过一台路由器时，其 TTL 值会被减 1

D. IP 报文每经过一台路由器时，其 TTL 值会被加 1

18．ip route-static 10.0.12.0 255.255.255.0 192.168.1.1，关于此命令的描述正确的是（　　）。

A．此命令配置了一条到达 192.168.1.1 网络的路由

B．此命令配置了一条到达 10.0.12.0/24 网络的路由

C．该路由的优先级为 100

D．如果路由器通过其他协议学习到和此路由相同的网络的路由，路由器将会优先选择此路由

19．已知某台路由器的路由表中有如下两个表项

Destination/Mask	Proto	Pre	Cost	NextHop	Interface
9.0.0.0/8	OSPF	10	50	1.1.1.1	Serial0
9.1.0.0/16	RIP	100	5	2.2.2.2	Ethernet0

如果该路由器要转发目的地址为 9.1.4.5 的报文，则下列说法正确的是（　　）。

A．选择第一项作为最优匹配项，因为 OSPF 协议的优先级较高

B．选择第二项作为最优匹配项，因为 RIP 协议的代价值较小

C．选择第二项作为最优匹配项，因为出口是 Ethernet0，比 Serial0 速度快

D．选择第二项作为最优匹配项，因为该路由项对于目的地址 9.1.4.5 来说，是更精确的匹配

20. 下面哪一个程序或者命令可以用来探测源节点到目标之间数据报文所经过的路径？（　　）

A．route　　B．netstat　　C．tracert　　D．send

21．如图 6-43 所示，需要在 RA 和 RB 路由器上添加路由表，实现 Office1 和 Office2 能够相互访问，也能够使用本地路由器直接访问 Internet，请补全下述命令。

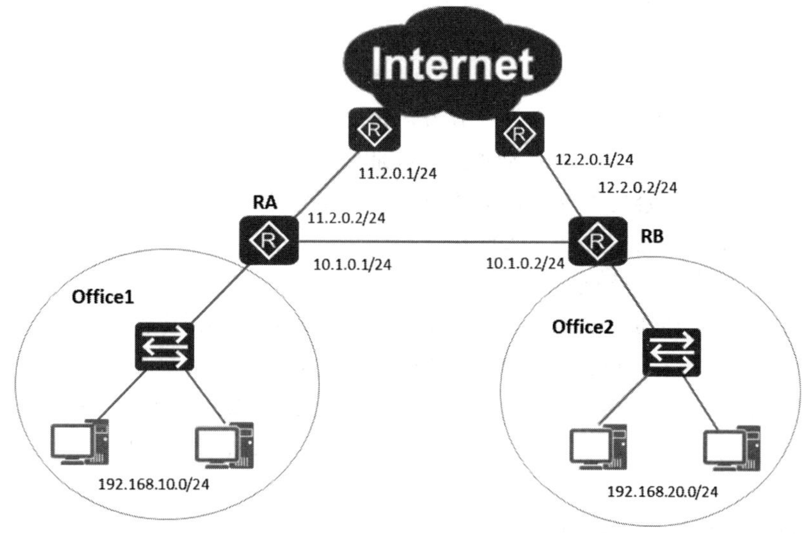

图 6-43　静态路由

[RA]ip route-static ________ ________ ________

[RA]ip route-static ________ ________ ________

[RB]ip route-static ________ ________ ________

[RB]ip route-static ________ ________ ________

22. 如图 6-44 所示，R2 连接 Internet 和内网，R3 在内网，现在需要在 R2 和 R3 之间添加静态路由，使得内网的计算机能够访问 Internet，并且内网之间各个网段能够相互通信。请使用默认路由和路由汇总简化路由的添加。

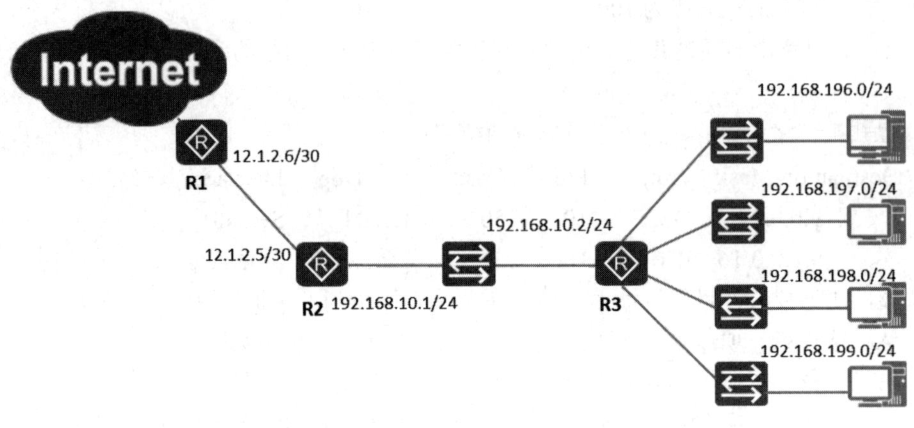

图 6-44　默认路由和路由汇总

R2 上的配置：

[R2]ip route-static ________________ ________________ ________________

[R2]ip route-static ________________ ________________ ________________

R3 上的配置：

[R3]ip route-static ________________ ________________ ________________

23. 在 RIP 协议中，默认的路由更新周期是（　　）秒。

A.30　　B．60　　C．90　　D．100

24. 以下关于 OSPF 协议的描述中，最准确的是（　　）。

A．OSPF 协议根据链路状态法计算最佳路由

B．OSPF 协议是用于自治系统之间的外部网关协议

C．OSPF 协议不能根据网络通信情况动态地改变路由

D．OSPF 协议只能适用于小型网络

25. RIPv1 与 RIPv2 的区别是（　　）。

A．RIPv1 是距离矢量路由协议，而 RIPv2 是链路状态路由协议

B．RlPv1 不支持可变长子网掩码，而 RIPv2 支持可变长子网掩码

C．RIPv1 每隔 30 秒广播一次路由信息，而 RIPv2 每隔 90 秒广播一次路由信息

D．RIPv1 的最大跳数为 15，而 RIPv2 的最大跳数为 30

26. 关于 OSPF 协议，下面的描述不正确的是（　　）。

A．OSPF 是一种链路状态协议

B．OSPF 使用链路状态公告（LSA）扩散路由信息

C．OSPF 网络中用区域 1 来表示主干网段

D．OSPF 路由器中可以配置多个路由进程

27. OSPF 支持多进程，如果不指定进程号，则默认使用的进程号码是（　　）。

A．0　　B．1　　C．10　　D．100

28. 某路由器通过 OSPF 和 RIPv2 同时学习到了到达同一网络的路由条目，通过 OSPF 学习到的路由的开销值是 4882，通过 RIPv2 学习到的路由的跳数是 4，则该路由器的路由表中将有(　　)。

A. RIPv2 路由　　B. OSPF 和 RIPv2

C. OSPF 路由　　D. 两者都不存在

29. 关于图 6-45 所示的网络拓扑和链路带宽，下面描述正确的是（　　）。(选择 2 个答案)

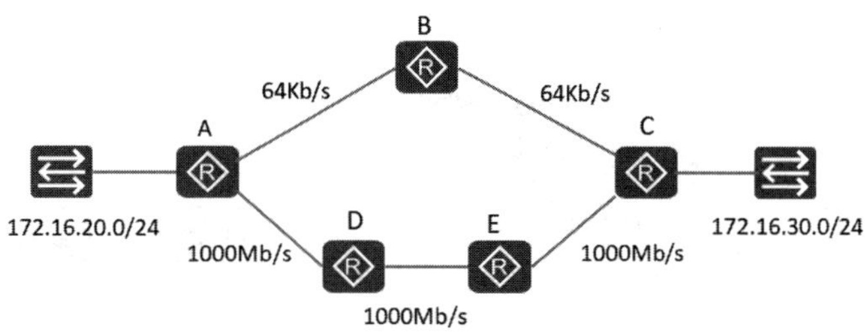

图 6-45　网络拓扑

A. 如果网络中路由器运行 OSPF 协议，从 172.16.20.0/24 访问 172.16.30.0/24 网段，数据包经过 A→D→E→C

B. 如果网络中路由器运行 OSPF 协议，从 172.16.20.0/24 访问 172.16.30.0/24 网段，数据包经过 A→B→C

C. 如果网络中路由器运行 RIP 协议，从 172.16.20.0/24 访问 172.16.30.0/24 网段，数据包经过 A→B→C

D. 如果网络中路由器运行 RIP 协议，从 172.16.20.0/24 访问 172.16.30.0/24 网段，数据包经过 A→D→E→C

30. 如图 6-46 所示，网络中的路由器配置了 OSPF 协议，在路由器 A、B 上进行以下配置。

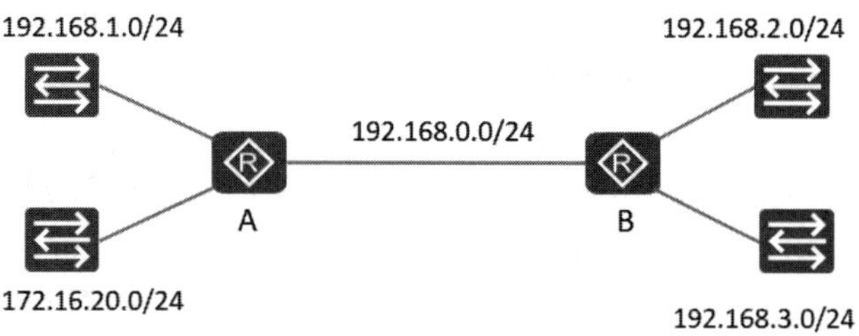

图 6-46　网络拓扑

```
[A]ospf 1 router-id 1.1.1.1
[A-ospf-1]area 0.0.0.0
[A-ospf-1-area-0.0.0.0]network 172.16.0.0 0.0.255.255
[A-ospf-1-area-0.0.0.0]network 192.168.0.0 0.0.0.255
[B]ospf 1 router-id 1.1.1.2
[B-ospf-1]area 0.0.0.0
[B-ospf-1-area-0.0.0.0]network 192.168.0.0 0.0.255.255
```

以下说法不正确的是（　　）。

A．在路由器 B 上能够通过 OSPF 协议学到到 172.16.0.0/24 网段的路由

B．在路由器 B 上能够通过 OSPF 协议学到到 192.168.1.0/24 网段的路由

C．在路由器 A 上能够通过 OSPF 协议学到到 192.168.2.0/24 网段的路由

D．在路由器 A 上能够通过 OSPF 协议学到到 192.168.3.0/24 网段的路由

31．如图 6-47 所示，网络中 A、B、C、D 路由器运行 OSPF 协议，A、D、E 路由器运行 RIP 协议，进行了正确的配置。172.16.20.0/24 网段访问 172.16.30.0/24 网段数据包经过的路由是（　　）。

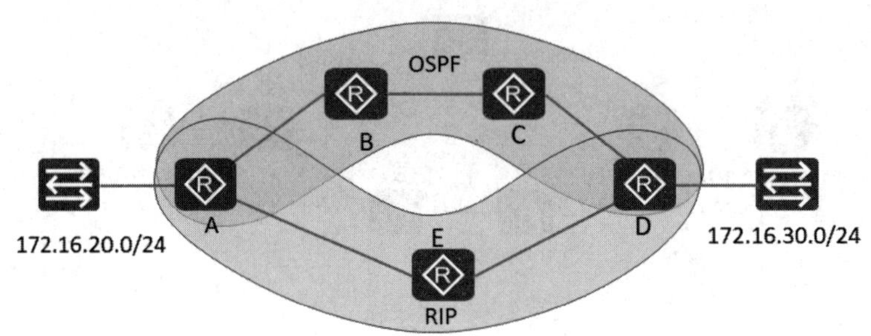

图 6-47　网络拓扑

A．A→B→C→D　　B．A→E→D

32．管理员希望在网络中配置 RIPv2，则下面哪条命令能够宣告网络到 RIP 进程中？（　　）

[R1]rip 1

[R2-rip-1]version 2

A．import-route GigabitEthernet 0/0/1　　B．network 192.168.1.0 0.0.0.255

C．network GigabitEthernet 0/0/1　　D．network 192.168.1.0

33．在一台路由器配置 OSPF，必须手动进行的配置有（　　）。（选择 3 个答案）

A．配置 Router ID　　B．开启 OSPF 进程

C．创建 OSPF 区域　　D．指定每个区域中所包含的网段

34．在 VRP 平台上，直连路由、静态路由、RIP、OSPF 的默认协议优先级从高到低的排序是（　　）。

A．直连路由、静态路由、RIP、OSPF　　B．直连路由、OSPF、静态路由、RIP

C．直连路由、OSPF、RIP、静态路由　　D．直连路由、RIP、静态路由、OSPF

35．管理员在某台路由器上配置 OSPF，但该路由器上未配置 back 接口，则关于 Router-ID 的描述正确的是（　　）。

A．该路由器物理接口的最小 IP 地址将会成为 Router-ID

B．该路由器物理接口的最大 IP 地址将会成为 Router-ID

C．该路由器管理接口的 IP 地址将会成为 Router-ID

D．该路由器的优先级将会成为 Router-ID

36．以下关于 OSPF 中的 Router-ID 的描述正确的是（　　）。

A．在同一区域内 Router-ID 必须相同，在不同区域内的 Router-ID 可以不同

B．Router-ID 必须是路由器某接口的 IP 地址

C．必须通过手工配置方式来指定 Router-ID

D．OSPF 协议正常运行的前提条件是该路由器有 Router-ID

37．一台路由器通过 RIP、OSPF 和静态路由都学习到了到达同一目的地址的路由。默认情况下，VRP 将最终选择通过哪种协议学习到的路由？（　　）

A．直连路由　　B．OSPF　　C．RIP　　D．静态路由

38．路由器 R1 的配置如下所示：

[R1]ospf

[R1-ospf-1]area 1

[R1-ospf-1-area-0.0.0.1]network 10.0.12.0 0.0.0.255

管理员在 R1 上配置了 OSPF，但 R1 学习不到其他路由器的路由，那么可能的原因是（　　）。（选择 3 个答案）

A．此路由器配置的区域 ID 和它的邻居路由器的区域 ID 不同

B．此路由器没有配置认证功能，但是邻居路由器配置了认证功能

C．此路由器配置时，没有配置 OSPF 进程号

D．此路由器在配置 OSPF 时没有宣告连接邻居的网络

第7章 网络层协议

- IP 协议
- ICMP 协议
- ARP 协议
- IGMP 协议

前面讲了网络层的 IP 地址和路由两部分内容，本章讲解网络层第三部分内容——网络层协议。讲网络层，当然要讲网络层首部，路由器就是根据网络层首部转发数据包的，网络层首部各字段是为了实现网络层功能。

除了讲解网络层首部，本章还会讲解 TCP/IP 协议栈网络层的 4 个协议：IP 协议、ICMP 协议、IGMP 协议和 ARP 协议，如图 7-1 所示。

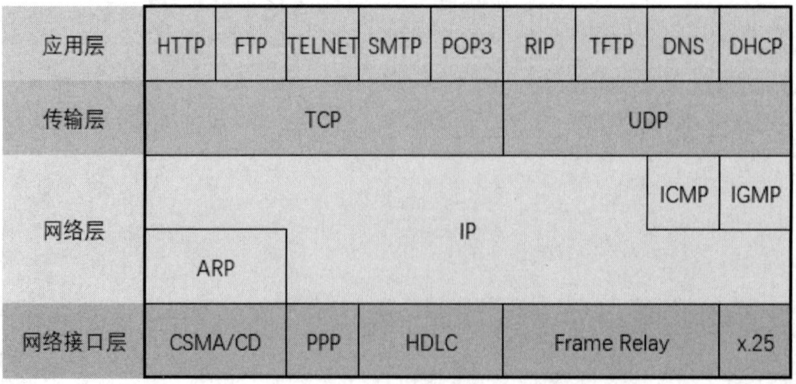

应用层	HTTP	FTP	TELNET	SMTP	POP3	RIP	TFTP	DNS	DHCP
传输层	TCP					UDP			
网络层	IP							ICMP	IGMP
	ARP								
网络接口层	CSMA/CD		PPP	HDLC		Frame Relay			x.25

图 7-1　网络层的 4 个协议

7.1 IP 协议

网络层协议为传输层提供服务，同时负责把传输层的段发送到接收端。IP 协议实现网络层协议的功能，发送端将传输层的段加上 IP 首部，IP 首部包括源 IP 地址和目标 IP 地址，加了 IP 首部的段称为“数据包”，网络中的路由器根据 IP 首部转发数据包。

如图 7-2 所示，TCP 段、UDP 报文、ICMP 报文、IGMP 报文都可以封装在 IP 数据包中，使用协议号区分，IP 协议使用协议号标识上层协议。虽然 ICMP 和 IGMP 都在网络层，但从关系上来看 ICMP 和 IGMP 在 IP 协议之上。

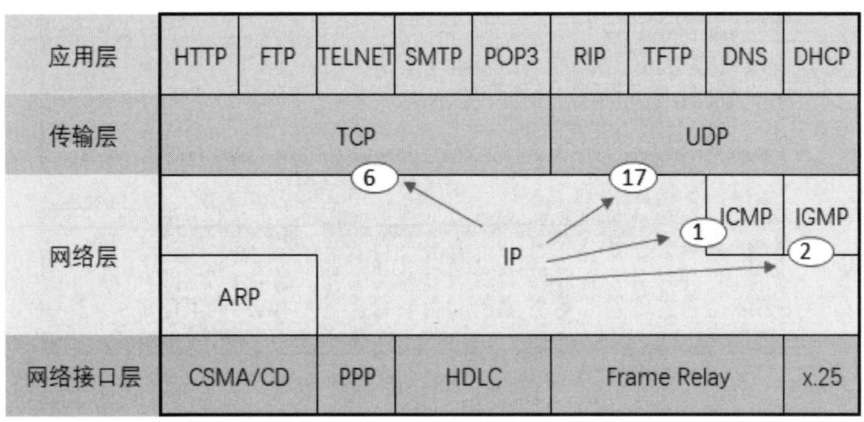

图 7-2 网络层协议

ARP（Address Resolution Protocol）协议在以太网中使用，用来将通信的目标地址解析为 MAC 地址，跨网段通信时解析出网关的 MAC 地址。解析出 MAC 地址后才能将数据包封装成帧发送出去，因此 ARP 为 IP 提供服务，虽然将其归属到网络层，但从关系上来看 ARP 协议位于 IP 协议之下。

网络中的计算机通过 IP 协议进行通信时，需要把 IP 首部封装进要发送的数据，并根据 IP 首部中的所包含的目标 IP 地址，为数据包选择转发路径，实现数据包在不同网段的转发。要想了解网络层功能，就要理解 IP 首部格式以及其中各个字段代表的含义，下面就来详细讲解 IP 首部。

7.1.1 抓包查看网络层首部

在讲解网络层首部之前，先使用抓包工具捕获数据包，来看看网络层首部都有哪些字段。

打开抓包工具 Wireshark，在浏览器随便打开一个网址，比如 http://www.91xueit.com。如图 7-3 所示，捕获数据包后，停止捕获，选中其中的一个数据包，展开 Internet Protocol Version 4，这一部分就是网络层首部，从中可以看到网络层首部包含的全部字段。

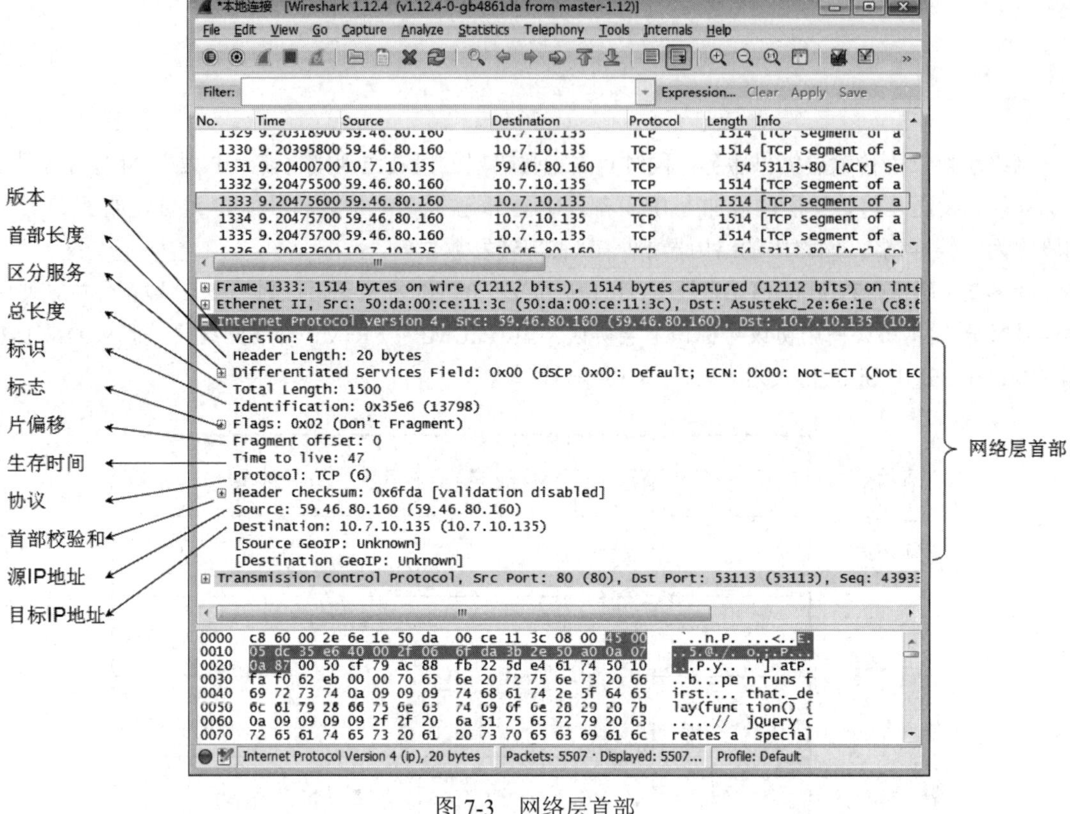

图 7-3　网络层首部

7.1.2　网络层首部格式

IP 数据包首部的格式能够说明 IP 协议都具有什么功能。在 TCP/IP 的标准中，各种数据格式常常以 32 位（即 4 字节）为单位来描述。图 7-4 是 IP 数据包的完整格式。

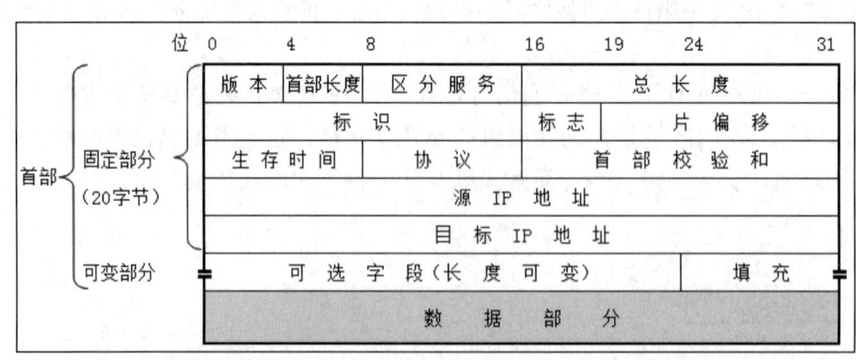

图 7-4　网络层首部格式

IP 数据包由首部和数据两部分组成。首部的前一部分是固定长度，共 20 字节，是所有 IP 数据包必须有的；在固定部分的后面是一些可选字段，其长度是可变的。

首部固定部分的各个字段的含义如下：

（1）版本。占 4 位，指 IP 协议的版本。IP 协议目前有 IPv4 和 IPv6 两个版本。通信双方使用的 IP 协议版本必须一致。目前广泛使用的 IP 协议版本号为 4（即 IPv4）。

（2）首部长度。占 4 位，可表示的最大十进制数值是 15。请注意，这个字段所表示的数的单位是 32 位二进制数（即 4 字节），因此，当 IP 的首部长度标志字段为 1111 时（即十进制的 15），首部的真实长度实际为 60 字节。当 IP 分组的首部长度不是 4 字节的整数倍时，为了 IP 协议实现的方便，必须对首部最后的填充字段进行填充，因此 IP 数据包的数据部分，永远是从 4 字节的整数倍开始。首部长度被限制为 60 字节的缺点是有时可能不够用，但这样做反而可使用户尽量减少开销。最常用的首部长度就是 20 字节（即首部长度为 0101），这时数据包的首部只有固定部分而没有可变部分。

正是因为首部中可能会包含可变部分，才需要有一个字段来指明首部长度，如果首部长度仅包含固定部分，也就没有必要有“首部长度”这个字段了。

（3）区分服务。占 8 位，用于给特定应用程序的数据包添加一个不同于其他数据包的标志，然后就可使网络中的路由器优先转发这些带标志的数据包，从而使得网络带宽比较紧张的情况下，可以确保这种应用的带宽有保障，这就是区分服务，这种服务能确保服务质量（Quality of Service，QoS）。这个字段在旧标准中叫作服务类型，但实际上一直没有被使用。1998 年 IETF 把这个字段改名为区分服务 DS（Differentiated Services）。只有在使用区分服务时，这个字段才起作用。

（4）总长度。总长度指 IP 首部和数据之和的长度，也就是数据包的长度，单位为字节。总长度字段为 16 位，因此数据包的最大长度为 65535 字节。实际上传输这样长的数据包在现实中是极少遇到的。

前面讲数据链路层时，我们知道以太网的数据链路层最大传输单元（Maximum Transfer Unit，MTU）为 1500 字节，即数据链路层所能传输的最大数据帧长为 1500 字节，而 IP 数据包的最大长度可以是 65535 字节，如图 7-5 所示。这就意味着一个 IP 数据包长度一般会大于数据链路层的 MTU，从而不能直接在数据链路层进行传输，这时，就需要将数据包进行分片传输。

网络层首部的标识、标志和片偏移都是和数据包分片相关的字段。

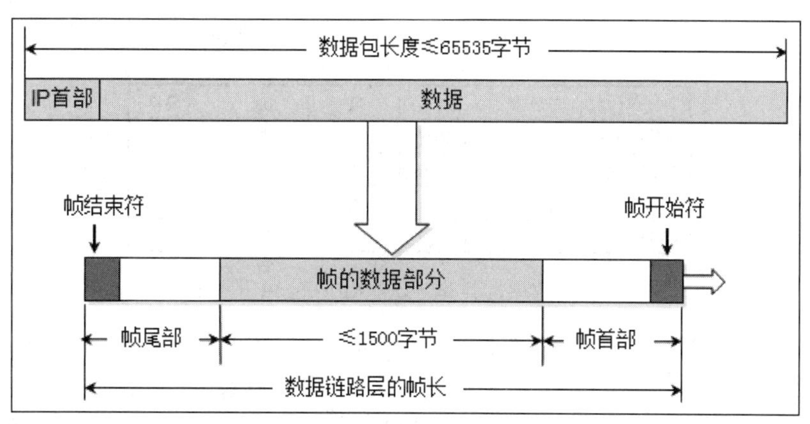

图 7-5 网络层数据包长度与数据链路层帧长度对比示意

（5）标识（Identification），占 16 位。IP 软件在存储器中维持一个计数器，每产生一个数据包，计数器就加 1，并将此值赋给标识字段。但这个“标识”并不是序号，因为 IP 是无连接服务，数据包不存在按序接收的问题。当数据包由于长度超过网络的 MTU 而必须分片时，同一个数据包被分成多个片，这些片的标识都一样，也就是数据包的标识字段的值被复制到所有的数据包片的标识字段中。相同的标识字段值使分片后的各数据包片最后能正确地重装成为原来的数据包。

（6）标志（Flag）。占 3 位，但目前只有后两位有意义。标志字段中的最低位记为 MF（More Fragment）。MF=1 即表示后面“还有分片”的数据包，MF=0 表示这已是若干数据包片中的最后一个。标志字段中间的一位记为 DF（Don't Fragment），意思是“不能分片”。只有当 DF=0 时才允许分片。

（7）片偏移。占 13 位。片偏移用于表示较长的数据包在分片后，某片在原分数据包中的相对位置。也就是说相对于用户数据字段的起点，该片从何处开始。片偏移以 8 个字节为偏移单位。这就是说，每个分片的长度一定是 8 字节（64 位）的整数倍。

例如，一数据包的总长度为 3820 字节，其数据部分为 3800 字节（即仅包含固定首部），需要分为长度不超过 1420 字节的数据包片。因固定首部长度为 20 字节，因此每个数据包片的数据部分长度不能超过 1400 字节。于是数据包可分为 3 个数据包片，其数据部分的长度分别为 1400、1400 字节和 1000 字节。原始数据包首部被复制为各数据包片的首部，但必须修改有关字段的值。图 7-6 给出了分片后得出的结果（请注意片偏移的数值）。

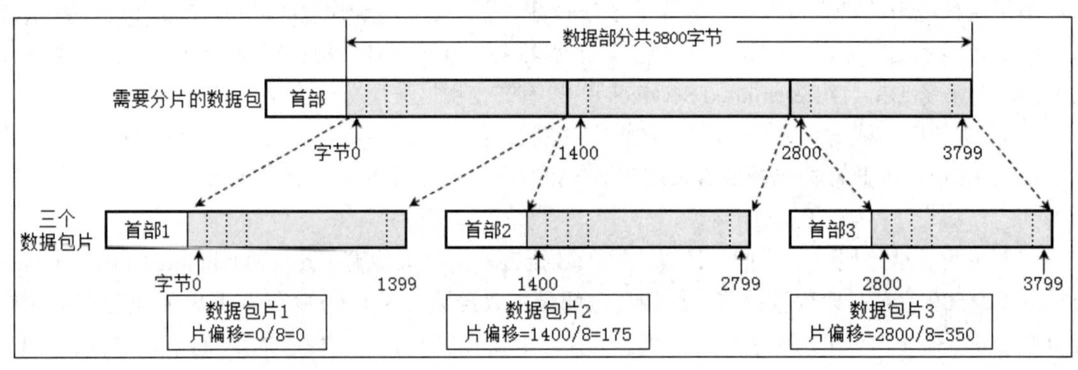

图 7-6　数据包分片举例

图 7-7 所示是本例中数据包首部与分片相关的字段中的数值，其中，标识字段的值是任意给定的（12345）。具有相同标识的数据包片在目的站就可无误地重装成原来的数据包。

	总长度	标识	MF	DF	片偏移
原始数据包	3820	12345	0	0	0
数据包片1	1420	12345	1	0	0
数据包片2	1420	12345	1	0	175
数据包片3	1020	12345	0	0	350

图 7-7　数据包首部与分片相关字段中的数值

（8）生存时间。生存时间这个名字是源自该字段的英文翻译 TTL（Time To Live），表明数据包在网络中的剩余寿命。它由发出数据包的源点对这个字段进行设置，目的是防止无法交付的数据包无限制地在网络中兜圈子。例如，从路由器 R1 转发到 R2，再转发到 R3，然后又转发到 R1，白白消耗网络资源。最初的设计是以秒作为 TTL 值的单位，每经过一个路由器，就把 TTL 减去数据包在路由器中消耗掉的一段时间。若数据包在路由器消耗的时间达到 1s，就把 TTL 值减 1。当 TTL 值减为零时，就丢弃这个数据包。

然而随着技术的进步，路由器处理数据包所需的时间在不断缩短，一般都远远小于 1s，后来就把 TTL 字段的功能改为“跳数限制”（但名称不变）。路由器在转发数据包之前就把 TTL 值减 1，若 TTL 值减小到零，就丢弃这个数据包，不再转发。因此，现在 TTL 的单位不再是秒，而是跳数，即指明数据包在网络中最多可经过多少个路由器。显然，数据包能在网络中经过的路由器的最大数值是255。若把TTL的初始值设置为1，就表示这个数据包只能在本局域网中传送，因为这个数据包一旦传送到局域网上的某个路由器，在被转发之前TTL值就减小到零，因而就会被这个路由器丢弃。

（9）协议。占8位，协议字段指出此数据包携带的数据使用何种协议，以便使目的主机的网络层知道应将数据部分上交给哪个处理过程。常用的一些协议和相应的协议字段值如图7-8所示。

协议名	ICMP	IGMP	IP	TCP	EGP	IGP	UDP	IPv6	ESP	OSPF
协议字段值	1	2	4	6	8	9	17	41	50	89

图7-8 常用的协议及相应的字段值

（10）首部校验和。占16位，这个字段只校验数据包的首部，不校验数据部分。这是因为数据包每经过一个路由器，路由器都要重新计算一下首部校验和（一些字段如生存时间、标志、片偏移等都可能发生变化），不校验数据部分可减少计算的工作量。

（11）源IP地址。占32位。

（12）目标IP地址。占32位。

7.1.3 实战：查看协议版本和首部长度

Windows 7操作系统和新版本的Linux操作系统都支持IPv4和IPv6两种协议栈，而IPv4和IPv6只是网络层不同，IPv6的数据链路层以及传输层都和IPv4一样，使用抓包工具能够捕获IPv4和IPv6两种网络层协议通信的数据包。下面就通过抓包工具查看一下不同版本的IP协议。

本实验需要安装Windows 7的两个虚拟机A和B，在虚拟机A设置IPv4的地址为192.168.0.10，子网掩码为255.255.255.0，IPv6的地址为2001:2012:1975::6/64，在A计算机安装抓包工具。具体设置过程如下。

在计算机A中打开本地连接，如图7-9所示，可以看到Windows 7操作系统已经支持IPv6协议了，选中"Internet 协议版本6"，单击"属性"。

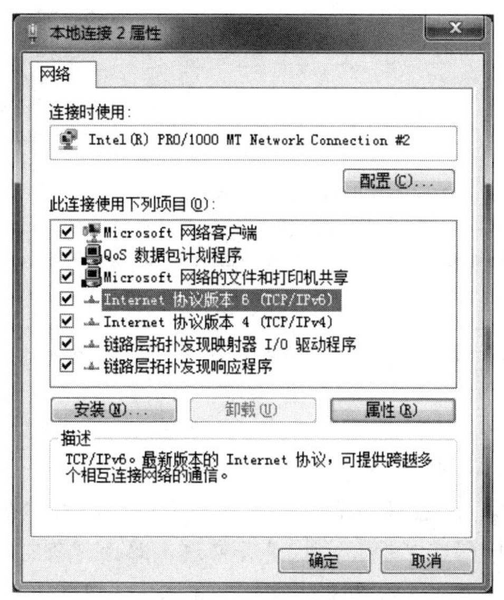

图7-9 打开IPv6协议属性

如图 7-10 所示，在出现的“Internet 协议版本 6 属性”对话框中选中“使用以下 IPv6 地址”，输入 IPv6 地址 2001:2012:1975::6，子网前缀长度为 64 位。

如图 7-11 所示，将 IPv4 的地址设置为 192.168.0.10，子网掩码设置为 255.255.255.0。

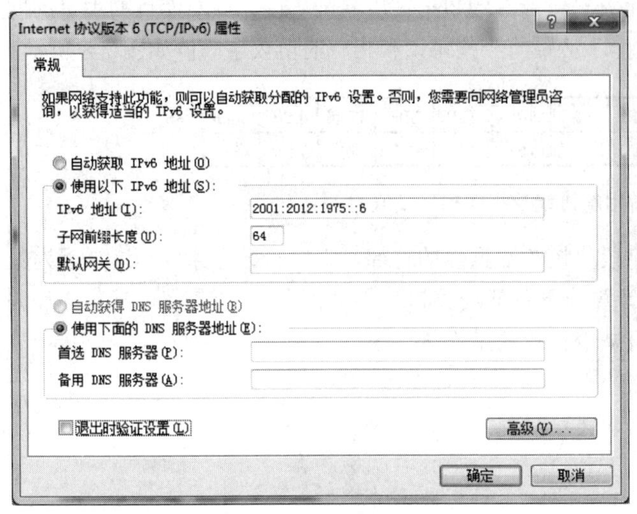

图 7-10　设置 IPv6 地址

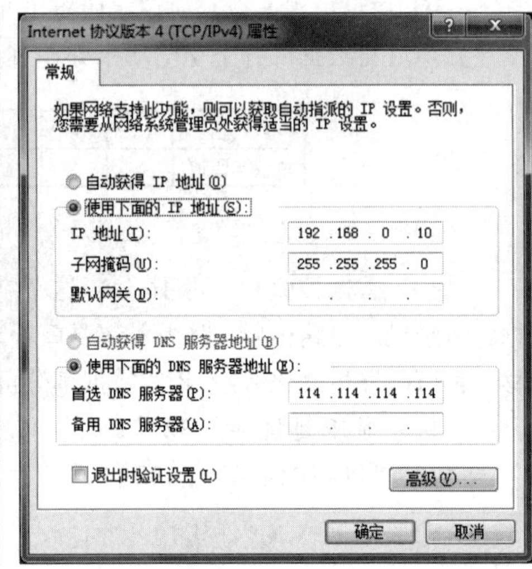

图 7-11　设置 IPv4 地址

如图 7-12 和图 7-13 所示，在虚拟机 B 上设置 IPv6 的地址和 IPv4 的地址。

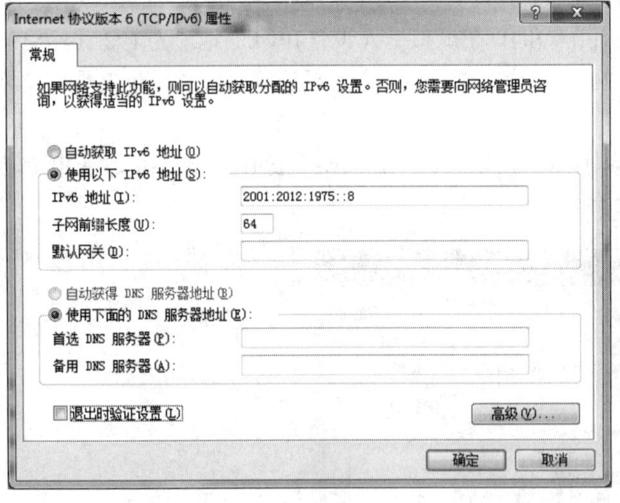

图 7-12　设置 IPv6 地址

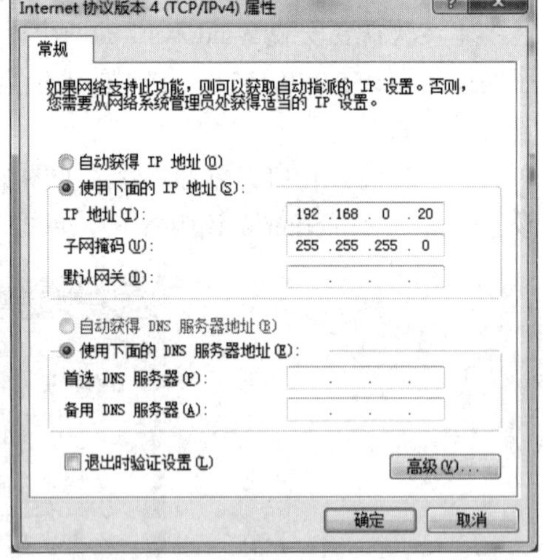

图 7-13　设置 IPv4 地址

先在虚拟机 A 上运行抓包工具软件开始抓包后，然后 ping 虚拟机 B 的 IPv4 地址和 IPv6 地址，结果如图 7-14 所示。

> **注意**：ping 命令可用来测试网络是否畅通。ping 命令使用控制报文协议（Internet Control Message Protocol，ICMP），它是 TCP/IP 网络层的一个协议，用于在 IP 主机、路由器之间传递控制消息。控制消息是指网络通不通、主机是否可达、路由是否可用等网络本身的消息。发出去的数据包为 ICMP 请求数据包，返回来的数据包是 ICMP 响应数据包。

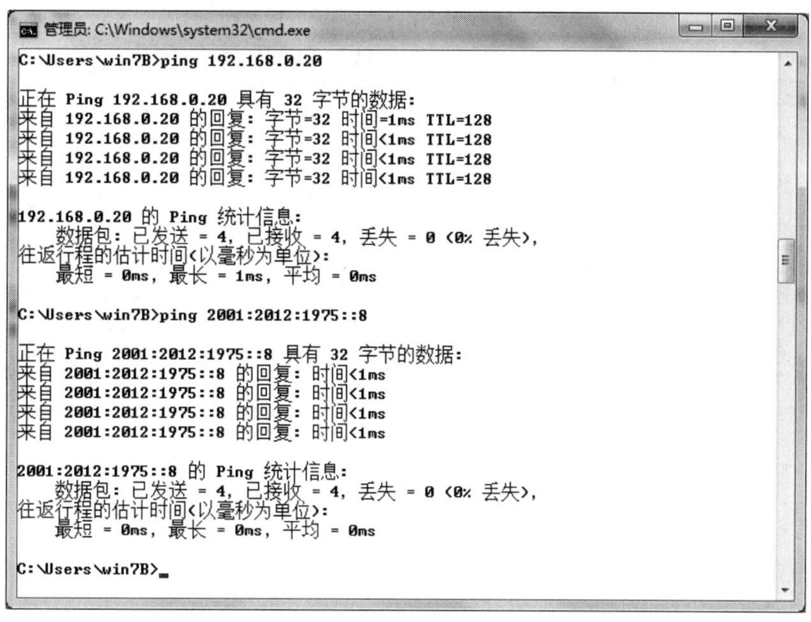

图 7-14 ping IPv4 地址和 IPv6 地址

ping 计算机 B 的 IPv4 地址时抓到的数据包如图 7-15 所示。从中可以看到，数据包使用的是 ICMP 协议，网络层首部中 Version 标记为 4，首部长度为 20 字节。

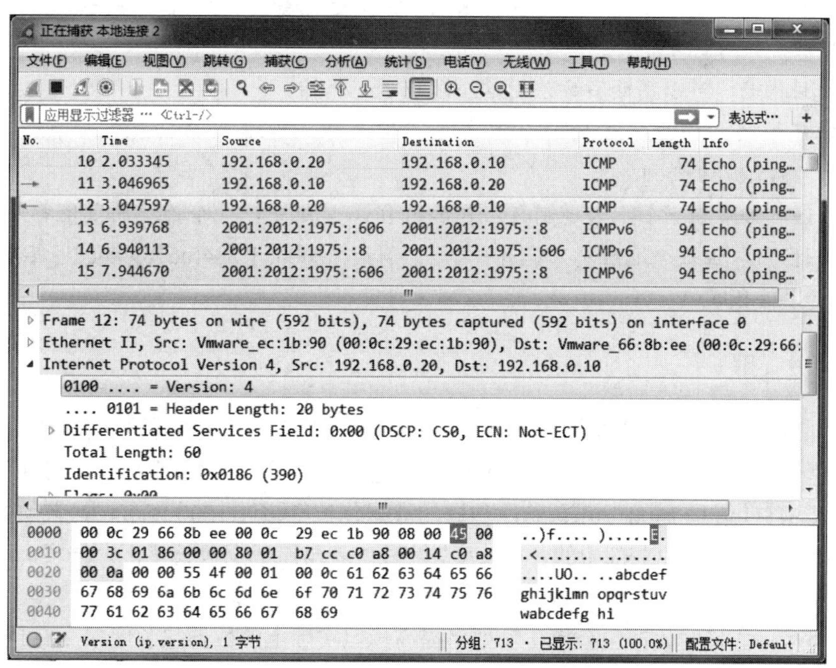

图 7-15 IPv4 网络层首部版本字段

ping 计算机 B 的 IPv6 地址时抓到的数据包如图 7-16 所示。从中可以看到，此时数据包使用的是 ICMPv6 协议，网络层首部中的 Version 标记为 6，IPv6 网络层首部长度固定为 40 字节，所以没有首部长度字段。

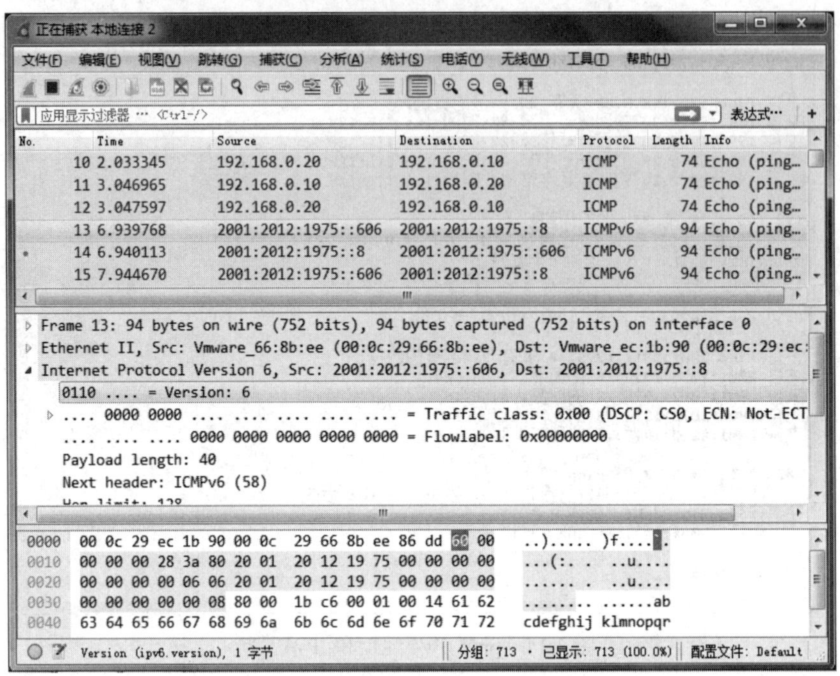

图 7-16　IPv6 网络层首部版本字段

> 注意：IPv6 的地址长度是 128 位（bit），按每 16 位划分为一个段，再将每个段转换成 4 位十六进制数字，并用冒号隔开。
>
> IPv6 地址很长，可以用两种方法对这个地址进行压缩。
>
> 前导零压缩法：将每一段的前导零省略，但是每一段都至少应该有一个数字。例如，2000:0:0:0:1:2345:6789:abcd。
>
> 双冒号法：如果在一个十六进制数法表示的 IPv6 地址中，几个连续的段值都是 0，那么这些 0 可以简记为::，但每个地址中只能有一个::。例如，2000::1:2345:6789:abcd，其中 2000 后是 3 段连续 0（共 8 段）。

7.1.4　数据分片详解

在 IP 层下面的每一种数据链路层都有其特有的帧格式。当一个 IP 数据包封装成链路层的帧时，此数据包的总长度（即首部加上数据部分）一定不能超过下面的数据链路层的 MTU 值。例如，以太网就规定其 MTU 值是 1500 字节。若所传送的数据包长度超过 1500 字节，就必须把该数据包进行分片处理。此时数据包片首部中的“总长度”字段，就与原数据包长度不一样了，而变成了每一个分片的首部长度与数据长度的总和。

虽然使用尽可能长的数据包会使传输效率提高，但实际上的数据包长度很少有超过 1500 字节的。另外，为了不使 IP 数据包的传输效率过低，有关 IP 的标准文档规定，所有的主机和路由器必须可以处理的 IP 数据包长度也不得小于 576 字节，这个数值也就是最小的 IP 数据包长度。

如图 7-17 所示，信息从 A 计算机到 B 计算机，要依次途经以太网、点到点链路和以太网，每一个数据链路采用默认定义 MTU 为 1500 字节。如果 A 计算机的网络层的数据包为 2980 字节，则 A 计算机就需要将该数据包分片后才可以发送到以太网。

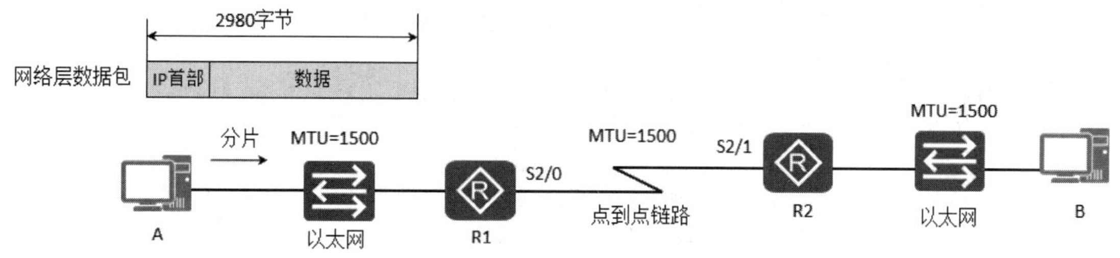

图 7-17　最大传送单元

如图 7-18 所示，以太网、点到点链路的最大传送单元不一样。这种情况下，如果 A 计算机发送的数据包是 1500 字节，A 计算机不用对数据包进行分片，但路由器 R1 和 R2 之间的点到点链路最大传送单元为 800 字节，此时 R1 路由器则会将该数据包分片后再转发给 R2。不同的分片将会独立选择路径到达目的地，B 计算机根据网络层首部的标识将分片再组装成一个完整的数据包。

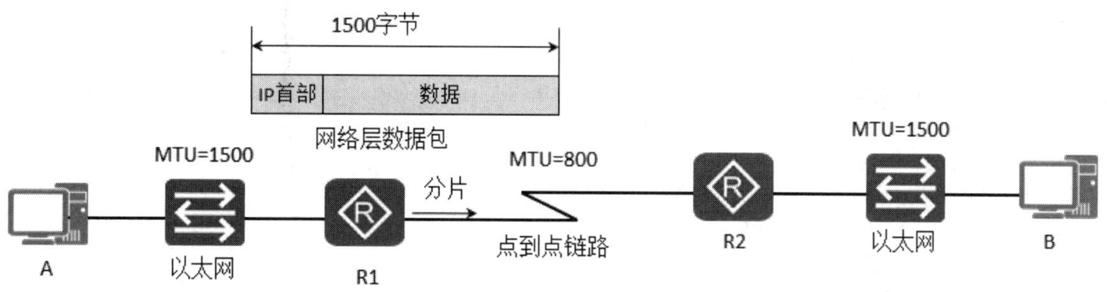

图 7-18　沿途分片

可见，分片可以发生在发送端，也可以发生在沿途的路由器。

7.1.5　实战：捕获并观察数据包分片

前面讲了数据包大小如果超过数据链路层的 MTU，就会将数据包分片。下面就在 Windows 7 系统上，使用 ping 命令发送大于 1500 字节的数据包，然后使用抓包工具捕获数据包分片。

ping 命令有很多参数，在 Windows 7 操作系统命令提示符下输入 ping /?，将列出全部可用的参数，其中参数-l 可指定数据包的大小，-f 可指定数据包是否允许分片。

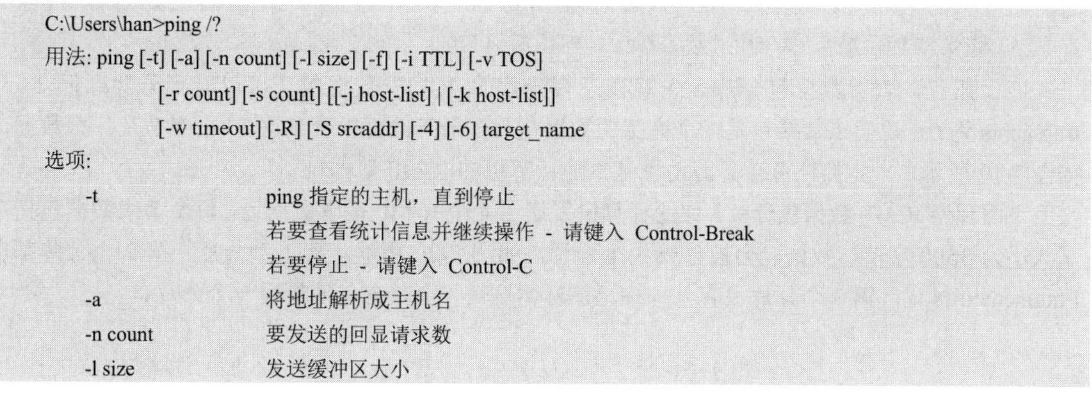

```
C:\Users\han>ping /?
用法: ping [-t] [-a] [-n count] [-l size] [-f] [-i TTL] [-v TOS]
            [-r count] [-s count] [[-j host-list] | [-k host-list]]
            [-w timeout] [-R] [-S srcaddr] [-4] [-6] target_name
选项:
    -t             ping 指定的主机，直到停止
                   若要查看统计信息并继续操作 - 请键入 Control-Break
                   若要停止 - 请键入 Control-C
    -a             将地址解析成主机名
    -n count       要发送的回显请求数
    -l size        发送缓冲区大小
```

```
-f              在数据包中设置“不分段”标志(仅适用于 IPv4)
-i TTL          生存时间
-v TOS          服务类型（仅适用于 IPv4，该设置已不赞成使用，且对 IP 标头中的服务字段类型没有影响）
-r count        记录计数跃点的路由（仅适用于 IPv4）
-s count        计数跃点的时间戳（仅适用于 IPv4）
-j host-list    与主机列表一起的松散源路由（仅适用于 IPv4）
-k host-list    与主机列表一起的严格源路由（仅适用于 IPv4）
-w timeout      等待每次回复的超时时间（毫秒）
-R              同样使用路由标头测试反向路由（仅适用于 IPv6）
-S srcaddr      要使用的源地址
-4              强制使用 IPv4
-6              强制使用 IPv6
```

在计算机上运行抓包工具 Wireshark，开始抓包，打开命令提示符输入 ping www.cctv.com，可以看到默认 ping 命令构造的数据包是 32 字节。

```
C:\Users\win7>ping www.cctv.com
正在 ping cctv.xdwscache.ourglb0.com [111.11.31.114] 具有 32 字节的数据:
来自 111.11.31.114 的回复: 字节=32 时间=7ms TTL=128
来自 111.11.31.114 的回复: 字节=32 时间=8ms TTL=128
来自 111.11.31.114 的回复: 字节=32 时间=8ms TTL=128
来自 111.11.31.114 的回复: 字节=32 时间=8ms TTL=128
111.11.31.114 的 ping 统计信息:
    数据包: 已发送 = 4，已接收 = 4，丢失 = 0 (0% 丢失)，
往返行程的估计时间(以毫秒为单位):
    最短 = 7ms，最长 = 8ms，平均 = 7ms
```

使用-l 参数指定数据包大小为 3500 字节。以太网 MTU 为 1500 字节，该数据包会被分成 3 片。

```
C:\Users\win7>ping www.cctv.com -l 3500
正在 ping cctv.xdwscache.ourglb0.com [111.11.31.114] 具有 3500 字节的数据:
来自 111.11.31.114 的回复: 字节=3500 时间=10ms TTL=128
来自 111.11.31.114 的回复: 字节=3500 时间=11ms TTL=128
来自 111.11.31.114 的回复: 字节=3500 时间=10ms TTL=128
来自 111.11.31.114 的回复: 字节=3500 时间=11ms TTL=128
111.11.31.114 的 ping 统计信息:
    数据包: 已发送 = 4，已接收 = 4，丢失 = 0 (0% 丢失)，
往返行程的估计时间(以毫秒为单位):
    最短 = 10ms，最长 = 11ms，平均 = 10ms
```


停止抓包，查看数据包分片。先观察没有分片的 ICMP 数据包，可以看到分片标记 More fragments 为 0，说明该数据包是一个完整的数据包，在最下面可以看到这 32 个字节是什么数据，如图 7-19 所示。一定要注意查看源地址是本地计算机的 ICMP 数据包。

下面观察 ICMP 数据包分片。你的计算机发送了 4 个 ICMP 请求数据包，每个请求数据包指定了大小为 3500 字节，数据包会被分成 3 个分片。如图 7-20 所示，第 1 个分片、第 2 个分片都有 Fragmented 标记，第 3 个分片没有分片标记，标明这是一个数据包的最后一个分片。

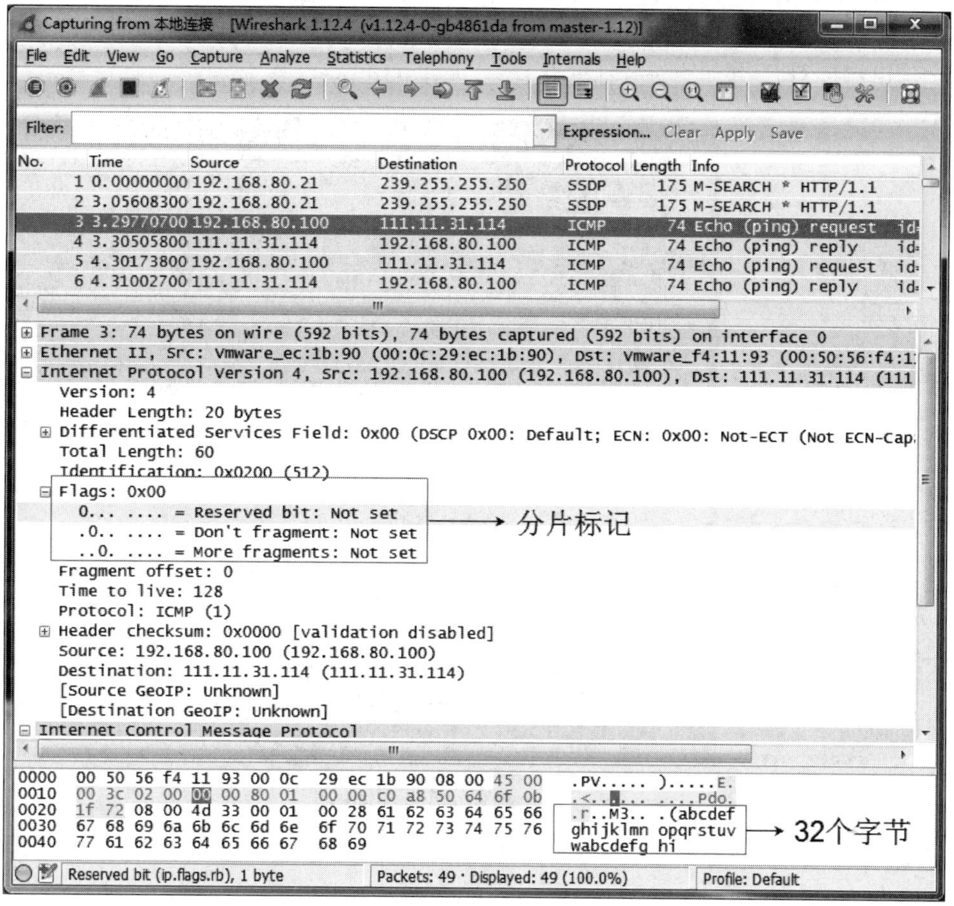

Capturing from 本地连接 [Wireshark 1.12.4 (v1.12.4-0-gb4861da from master-1.12)]
File Edit View Go Capture Analyze Statistics Telephony Tools Internals Help
Filter: Expression... Clear Apply Save
No. Time Source Destination Protocol Length Info
1 0.00000000 192.168.80.21 239.255.255.250 SSDP 175 M-SEARCH * HTTP/1.1
2 3.05608300 192.168.80.21 239.255.255.250 SSDP 175 M-SEARCH * HTTP/1.1
3 3.29770700 192.168.80.100 111.11.31.114 ICMP 74 Echo (ping) request
4 3.30505800 111.11.31.114 192.168.80.100 ICMP 74 Echo (ping) reply
5 4.30173800 192.168.80.100 111.11.31.114 ICMP 74 Echo (ping) request
6 4.31002700 111.11.31.114 192.168.80.100 ICMP 74 Echo (ping) reply
Frame 3: 74 bytes on wire (592 bits), 74 bytes captured (592 bits) on interface 0
Ethernet II, Src: Vmware_ec:1b:90 (00:0c:29:ec:1b:90), Dst: Vmware_f4:11:93 (00:50:56:f4:1
Internet Protocol Version 4, Src: 192.168.80.100 (192.168.80.100), Dst: 111.11.31.114 (111
Version: 4
Header Length: 20 bytes
Differentiated Services Field: 0x00 (DSCP 0x00: Default; ECN: 0x00: Not-ECT (Not ECN-Cap
Total Length: 60
Identification: 0x0200 (512)
Flags: 0x00
0... .... = Reserved bit: Not set
.0.. .... = Don't fragment: Not set
..0. .... = More fragments: Not set
分片标记
Fragment offset: 0
Time to live: 128
Protocol: ICMP (1)
Header checksum: 0x0000 [validation disabled]
Source: 192.168.80.100 (192.168.80.100)
Destination: 111.11.31.114 (111.11.31.114)
[Source GeoIP: Unknown]
[Destination GeoIP: Unknown]
Internet Control Message Protocol
0000 00 50 56 f4 11 93 00 0c 29 ec 1b 90 08 00 45 00 .PV.....).....E.
0010 00 3c 02 00 00 00 80 01 00 00 c0 a8 50 64 6f 0b .<...... ....Pdo.
0020 1f 72 08 00 4d 33 00 01 00 28 61 62 63 64 65 66 .r..M3.. .(abcdef
0030 67 68 69 6a 6b 6c 6d 6e 6f 70 71 72 73 74 75 76 ghijklmn opqrstuv
0040 77 61 62 63 64 65 66 67 68 69 wabcdefg hi
32个字节
Reserved bit (ip.flags.rb), 1 byte
Packets: 49 · Displayed: 49 (100.0%)
Profile: Default

图 7-19 未分片的包分片标记

Fragmented 代表后面还有分片
第 1 个 ICMP 请求数据包
第 2 个 ICMP 请求数据包
第 3 个 ICMP 请求数据包
第 1 个分片
第 2 个分片
分片结束
Capturing from 本地连接 [Wireshark 1.12.4 (v1.12.4-0-gb4861da from master-1.12)]
No. Time Source Destination Protocol Length Info
19 10.3082800 192.168.80.100 111.11.31.114 IPv4 1514 Fragmented IP protocol
20 10.3083010 192.168.80.100 111.11.31.114 IPv4 1514 Fragmented IP protocol
21 10.3083090 192.168.80.100 111.11.31.114 ICMP 582 Echo (ping) request
22 10.3193380 111.11.31.114 192.168.80.100 IPv4 582 Fragmented IP protocol
23 10.3193440 111.11.31.114 192.168.80.100 IPv4 1514 Fragmented IP protocol
24 10.3193480 111.11.31.114 192.168.80.100 ICMP 1514 Echo (ping) reply
25 11.3370150 192.168.80.100 111.11.31.114 IPv4 1514 Fragmented IP protocol
26 11.3370250 192.168.80.100 111.11.31.114 IPv4 1514 Fragmented IP protocol
27 11.3370350 192.168.80.100 111.11.31.114 ICMP 582 Echo (ping) request
28 11.3474780 111.11.31.114 192.168.80.100 IPv4 582 Fragmented IP protocol
29 11.3474800 111.11.31.114 192.168.80.100 IPv4 1514 Fragmented IP protocol
30 11.3474820 111.11.31.114 192.168.80.100 ICMP 1514 Echo (ping) reply
31 12.3514150 192.168.80.100 111.11.31.114 IPv4 1514 Fragmented IP protocol
32 12.3514310 192.168.80.100 111.11.31.114 IPv4 1514 Fragmented IP protocol
33 12.3514350 192.168.80.100 111.11.31.114 ICMP 582 Echo (ping) request
34 12.3622760 111.11.31.114 192.168.80.100 IPv4 582 Fragmented IP protocol
35 12.3622780 111.11.31.114 192.168.80.100 IPv4 1514 Fragmented IP protocol
36 12.3622800 111.11.31.114 192.168.80.100 ICMP 1514 Echo (ping) reply
Source or Destination Hardware Address (...
Packets: 158 · Displayed: 158 ...
Profile: Default

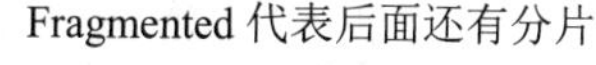

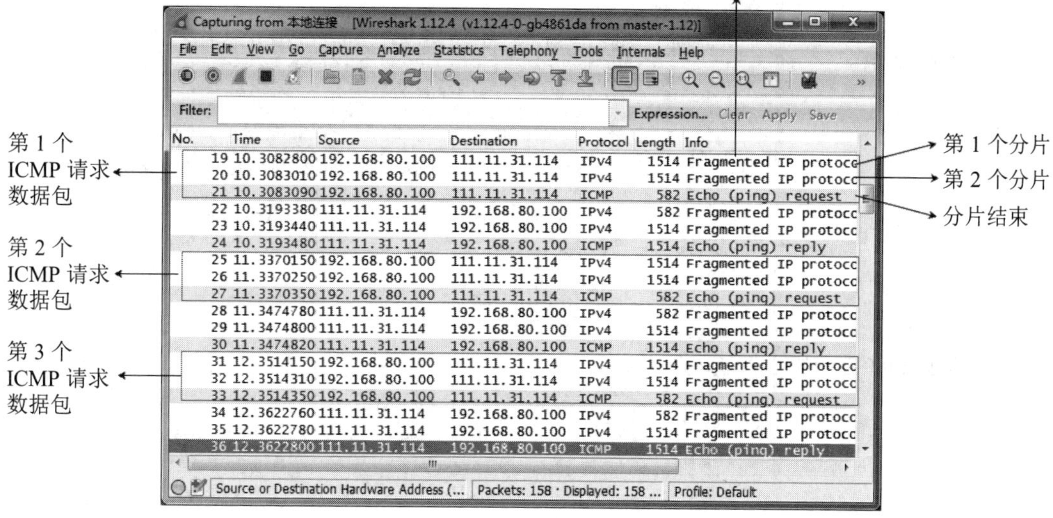

图 7-20 查看数据包分片

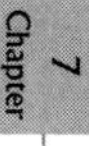

下面观察图 7-20 中第 1 个 ICMP 请求数据包的 3 个分片，图 7-21 所示是第 1 个分片，注意 3 个分片的标识都是 517，第 1 个分片标志为 1，片偏移 0 字节。

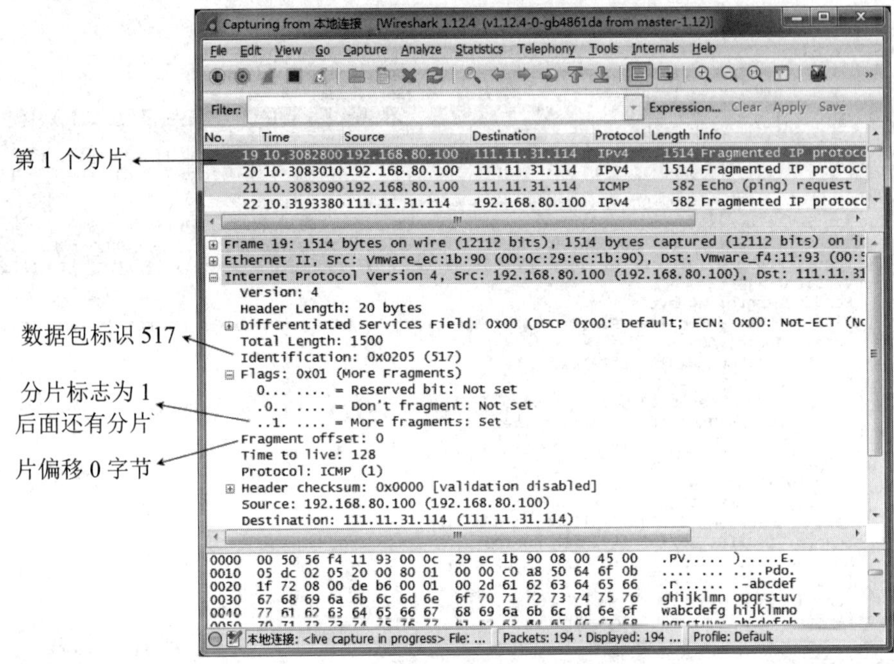

图 7-21　查看分片首部标记

图 7-22 是第 2 个分片，数据包标识和第 1 个分片一样，为 517，分片标志为 1，片偏移 1480 字节。

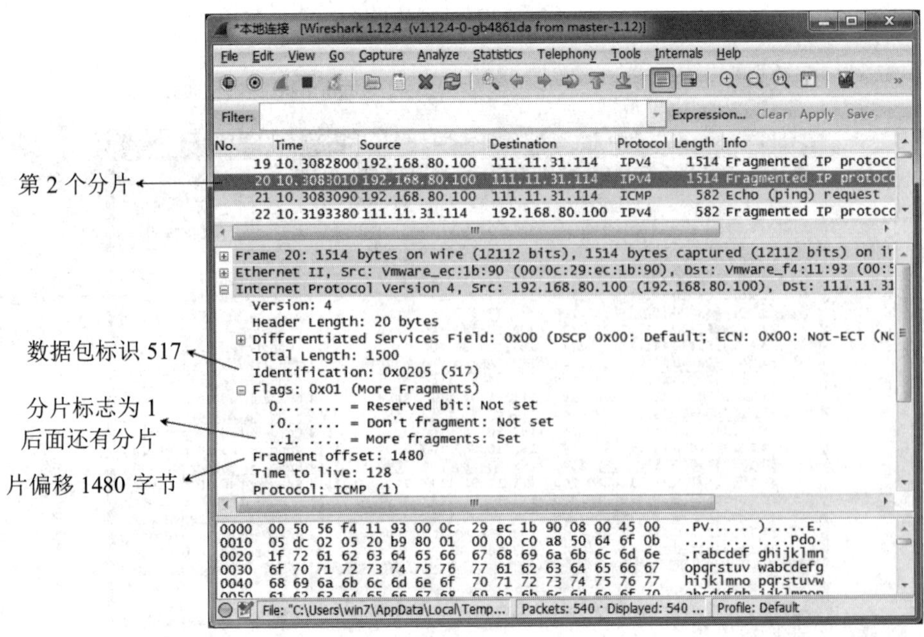

图 7-22　查看第 2 个分片

图 7-23 是第 3 个分片，可以看到数据包标识为 517，分片标志为 0，这意味着该分片是数据包的最后一个分片，片偏移为 2960。

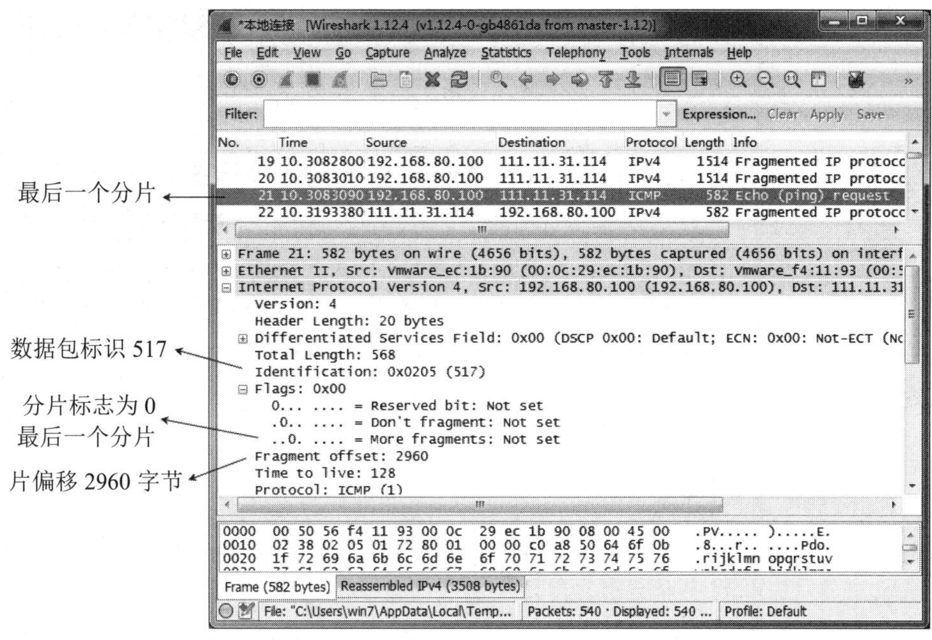

图 7-23 数据包的最后一个分片

现在大家明白了数据包分片，当然我们开发的应用程序也可以禁止数据包在传输过程中分片，这就要求将网络层首部的标志字段第 2 位“DF”设置为 1。

如果我们在 ping 一个主机时，指定了数据包的大小，同时添加一个参数-f 来禁止数据包分片，就会看到下面的输出“需要拆分数据包但是设置 DF”，DF 就是 Don’t fragment（禁止分片）。下面是在 Windows 7 执行的命令。

```
C:\Users\win7>ping www.cctv.com -l 3500 -f
正在 ping cctv.xdwscache.ourglb0.com [111.11.31.114] 具有 3500 字节的数据:
需要拆分数据包但是设置 DF。
需要拆分数据包但是设置 DF。
需要拆分数据包但是设置 DF。
需要拆分数据包但是设置 DF。
111.11.31.114 的 ping 统计信息:
    数据包: 已发送 = 4，已接收 = 0，丢失 = 4 (100% 丢失)
```

运行抓包工具 Wireshark，执行下面的操作。

```
C:\Users\win7>ping www.cctv.com -f -l 500
正在 ping cctv.xdwscache.ourglb0.com [111.11.31.114] 具有 500 字节的数据:
来自 111.11.31.114 的回复: 字节=500 时间=8ms TTL=128
来自 111.11.31.114 的回复: 字节=500 时间=10ms TTL=128
来自 111.11.31.114 的回复: 字节=500 时间=8ms TTL=128
来自 111.11.31.114 的回复: 字节=500 时间=8ms TTL=128
111.11.31.114 的 ping 统计信息:
    数据包: 已发送 = 4，已接收 = 4，丢失 = 0 (0% 丢失)，
往返行程的估计时间(以毫秒为单位):
    最短 = 8ms，最长 = 10ms，平均 = 8ms
```

图 7-24 所示为捕获的 ICMP 数据包，即计算机发送的 ICMP 数据包，注意查看网络层首部的标志字段的 Don't fragment 标记，该标记如果为 1，则表明该数据包不允许分片。

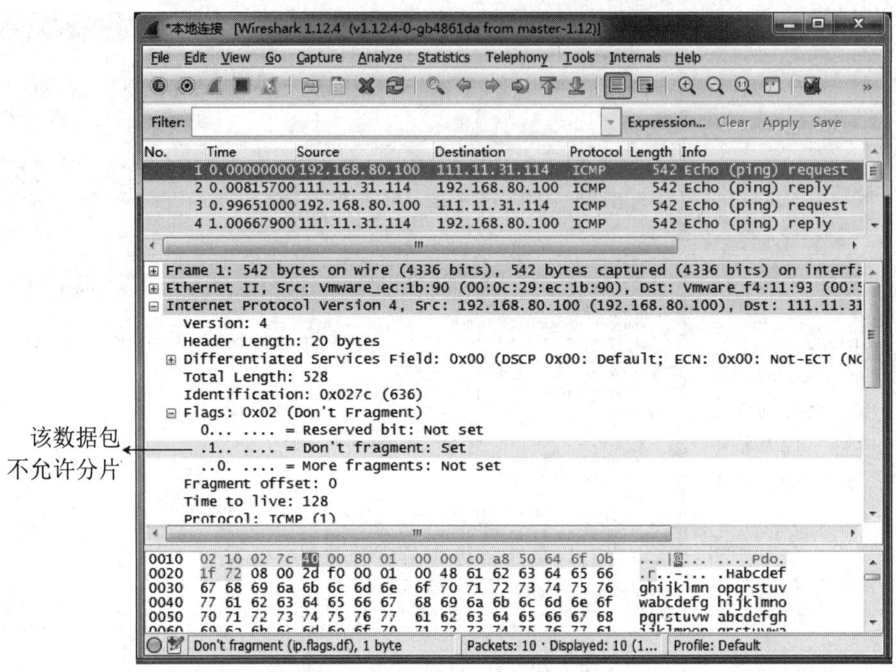

图 7-24　不允许分片的标记

7.1.6　数据包生存时间（TTL）详解

各种操作系统发送数据包，在网络首部都要给 TTL 字段赋值，用来限制该数据包能够通过的路由器数量。下面列出一些操作系统发送数据包默认的 TTL 值。

Windows NT 4.0/2000/XP/2003	128
MS Windows 95/98/NT 3.51	32
Linux	64
MacOS/MacTCP 2.0.x	60

我们在计算机上 ping 一个远程计算机 IP 地址，可以看到从远程计算机发过来的响应数据包的 TTL。图 7-25 所示为计算机 A ping 远程计算机 Windows 7，Windows 7 给计算机 A 返回响应数据包。Windows 7 操作系统给发送到网络上的数据包的 TTL 设置为 128，每经过一个路由器该数据包的 TTL 值就会减 1，这样到达计算机 A 时响应数据包的 TTL 就减少到 126 了，因此大家可以看到 ping 命令的输出结果：

"来自 192.168.80.20 的回复: 字节=32 时间<1ms TTL=126"。

现在我们就明白了 ping 命令的返回结果中 TTL 的含义。进一步，我们还会知道路由器除了根据数据包的目标地址查找路由表给数据包选择转发的路径，还要修改数据包网络层首部的 TTL，并重新计算首部校验和再进行转发。

如果计算机 A 与 Windows 7 系统中的计算机 B 在同一个网段，A 计算机 ping Windows 7 的 TTL 值就是 128，因为没有期间不会经过路由器转发。

ping 192.168.80.20
Windows7
A
R1
R2
192.168.80.20
TTL=126　数据
TTL=127　数据
TTL=128　数据
经过一个路由器TTL减1
经过一个路由器TTL减1
数据包默认TTL为128

```
管理员: C:\Windows\system32\cmd.exe
C:\Users\win7B>ping 192.168.80.20

正在 Ping 192.168.80.20 具有 32 字节的数据:
来自 192.168.80.20 的回复: 字节=32 时间<1ms TTL=126
来自 192.168.80.20 的回复: 字节=32 时间<1ms TTL=126
来自 192.168.80.20 的回复: 字节=32 时间<1ms TTL=126
来自 192.168.80.20 的回复: 字节=32 时间<1ms TTL=126

192.168.80.20 的 Ping 统计信息:
    数据包: 已发送 = 4，已接收 = 4，丢失 = 0 (0% 丢失)，
往返行程的估计时间(以毫秒为单位):
    最短 = 0ms，最长 = 0ms，平均 = 0ms

C:\Users\win7B>
```

图 7-25　理解数据包的 TTL 字段

7.2　ICMP 协议

Internet 控制报文协议（Internet Control Message Protocol，ICMP）是 TCP/IPv4 协议栈中网络层的一个协议，用于在 IP 主机、路由器之间传递控制消息。控制消息是指网络通不通、主机是否可达、路由是否可用等网络本身的消息。

7.2.1　抓包分析 ICMP 报文

ICMP 报文是在 IP 数据报内部被传输的，它封装在 IP 数据报（包）内。ICMP 报文通常被 IP 层或更高层协议（TCP 或 UDP）使用。一些 ICMP 报文把差错报文返回给用户进程。

下面抓包查看 ICMP 报文的格式。如图 7-26 所示，PC1 ping PC2，ping 命令产生一个 ICMP 请求报文发送给目标地址，用来测试网络是否畅通，如果目标计算机收到 ICMP 请求报文，就会返回 ICMP 响应报文。下面的操作就是使用抓包工具捕获链路上 ICMP 请求报文和 ICMP 响应报文，观察这两种报文的区别。

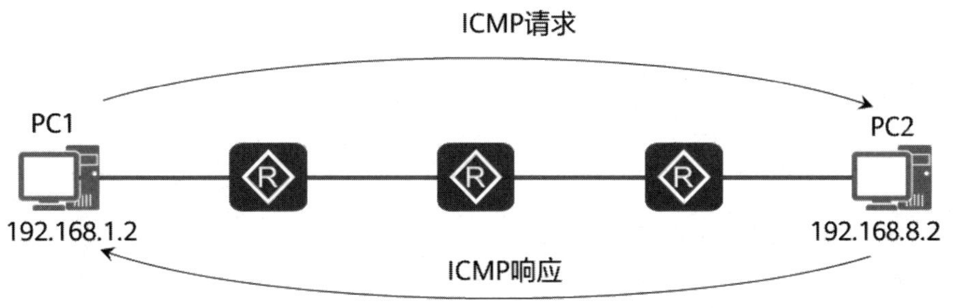

图 7-26　ICMP 请求和响应报文

图 7-27 所示为抓到的 ICMP 请求报文。请求报文中有 ICMP 报文类型字段、ICMP 报文代码字段、校验和字段以及 ICMP 数据部分。请求报文类型值为 8，报文代码为 0。

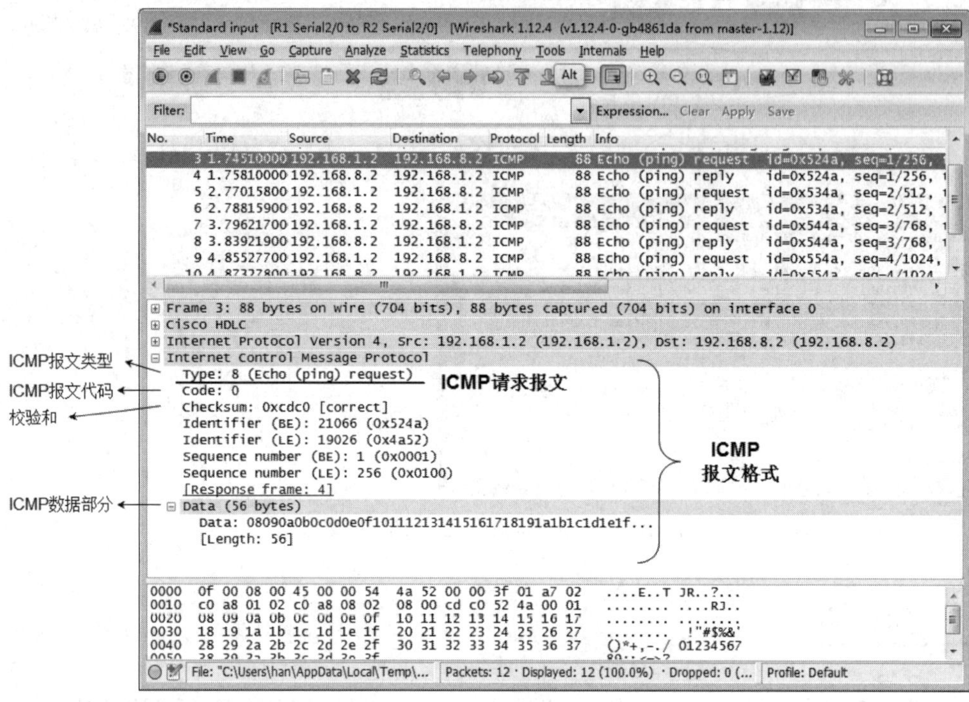

图 7-27　ICMP 请求报文

图 7-28 所示为抓到 ICMP 响应报文，类型值为 0，报文代码为 0。

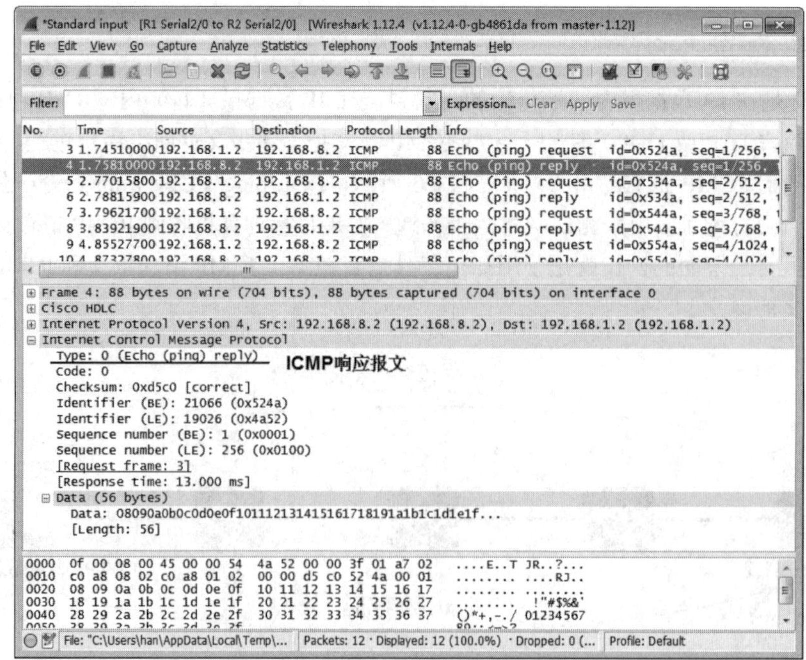

图 7-28　ICMP 响应报文

ICMP 报文分几种类型，每种类型又使用代码来进一步指明 ICMP 报文所代表的不同的含义。图 7-29 列出了常见的 ICMP 报文的类型和代码所代表的含义。

报文类型	类型值	代码	描述
请求报文	8	0	请求回显报文
响应报文	0	0	回显应答报文
差错报告报文	3（终点不可到达）	0	网络不可达
		1	主机不可达
		2	协议不可达
		3	端口不可达
		4	需要进行分片但设置了不分片
		13	由于路由器过滤，通信被禁止
	4	0	源端被关闭
	5（改变路由）	0	对网络重定向
		1	对主机重定向
	11	0	传输期间生存时间（TTL）为0
	12（参数问题）	0	坏的IP首部
		1	缺少必要的选项

图 7-29　ICMP 报文类型和代码代表的意义

ICMP 差错报告的 5 种类型值含义如下。

（1）终点不可到达。当路由器或主机没有到达目标地址的路由时，就丢弃该数据包，给源点发送终点不可到达报文。

（2）源点抑制。当路由器或主机由于拥塞而丢弃数据包时，就会向源点发送源点抑制报文，使源点知道应当降低数据包的发送速率。

（3）时间超时。当路由器收到生存时间为零的数据报时，除丢弃该数据报外，还要向源点发送超时报文。当终点在预先规定的时间内不能收到一个数据报的全部数据报片时，就把已收到的数据报片都丢弃，并向源点发送超时报文。

（4）参数问题。当路由器或目的主机收到的数据报的首部中有的字段的值不正确时，就丢弃该数据报，并向源点发送参数问题报文。

（5）改变路由（重定向）。路由器把改变路由报文发送给主机，让主机知道下次应将数据报发送给另外的路由器（更好的路由）。

7.2.2　ICMP 报文格式

ICMP 报文格式如图 7-30 所示。前 4 个字节是统一的格式，共有 3 个字段：即类型、代码和校验和；接下来 4 个字节的内容与 ICMP 的类型有关；最后是数据字段，其长度取决于 ICMP 的类型。前 8 个字节合起来可称为 ICMP 报文的首部。

ICMP 报文的数据部分都具有同样的格式，即把收到的需要进行差错报告的 IP 数据包的首部和其数据字段的前 8 个字节提取出来，作为 ICMP 报文的数据部分，如图 7-31 所示。

提取收到的 IP 数据包数据字段的前 8 个字节是为了得到传输层的端口号（对于 TCP 和 UDP）以及传输层报文的发送序号（对于 TCP）。这些信息对源点通知高层协议是有用的。整个 ICMP 报文作为 IP 数据包的数据字段发送给源点。

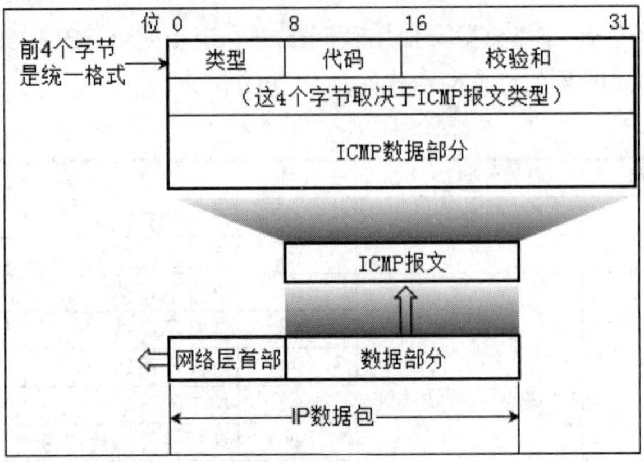

位 0 8 16 31
前4个字节是统一格式
类型 | 代码 | 校验和
（这4个字节取决于ICMP报文类型）
ICMP数据部分
ICMP报文
网络层首部 | 数据部分
IP数据包

图 7-30 ICMP 报文与 IP 数据包的关系及格式

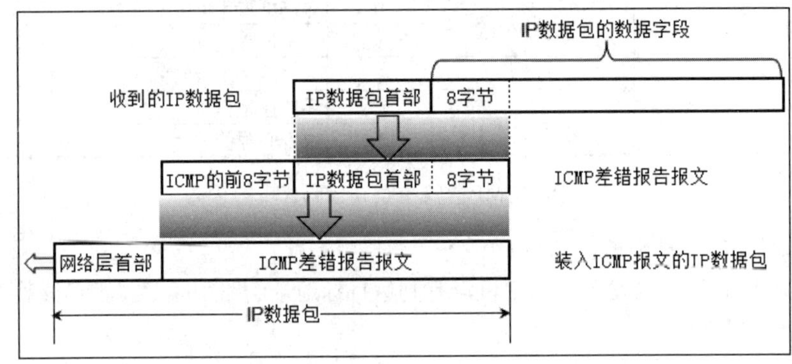

图 7-31 ICMP 差错报告报文的数据字段的内容

7.2.3 ICMP 差错报告报文——TTL 过期

在如图 7-32 所示的网络拓扑中的 PC 上安装 Wireshark 抓包工具，并确保计算机能够访问 Internet，然后 ping 一个公网地址并指定 TTL，就可以看到 TTL 耗尽后，路由器返回的 TTL 耗尽差错报告。

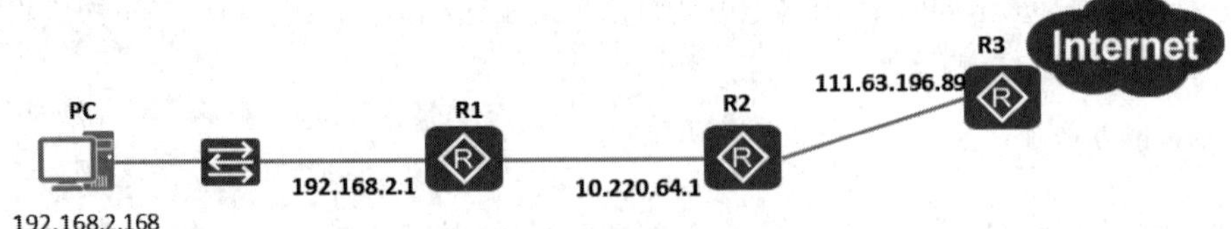

图 7-32 网络拓扑

比如，我们在 PC 上 ping 8.8.8.8，使用-i 参数指定 TTL 值为 1，则 R1 路由器在收到 ICMP 请求报文后，先把 TTL 减 1，就发现 TTL 变为了 0，此时 R1 就会产生一个 ICMP 差错报告报文，由 192.168.2.1 接口发送给 PC。

```
C:\WINDOWS\system32>ping 8.8.8.8 -i 1
正在 ping 8.8.8.8 具有 32 字节的数据:
来自 192.168.2.1 的回复: TTL 传输中过期。
```

```
来自 192.168.2.1 的回复: TTL 传输中过期。
来自 192.168.2.1 的回复: TTL 传输中过期。
来自 192.168.2.1 的回复: TTL 传输中过期。
8.8.8.8 的 ping 统计信息:
    数据包: 已发送 = 4，已接收 = 4，丢失 = 0 (0% 丢失)
```

如果把 TTL 设置为 2，则报文会走到 R2。R2 收到 ICMP 请求报文，TTL 减 1 变为 0，此时 R2 就产生一个 ICMP 差错报告报文，由 10.220.64.1 接口发送回 PC。

```
C:\WINDOWS\system32>ping 8.8.8.8 -i 2
正在 ping 8.8.8.8 具有 32 字节的数据:
来自 10.220.64.1 的回复: TTL 传输中过期。
来自 10.220.64.1 的回复: TTL 传输中过期。
来自 10.220.64.1 的回复: TTL 传输中过期。
来自 10.220.64.1 的回复: TTL 传输中过期。
8.8.8.8 的 ping 统计信息:
    数据包: 已发送 = 4，已接收 = 4，丢失 = 0 (0% 丢失)
```

抓包工具捕获的 ICMP 差错报告报文如图 7-33 所示。

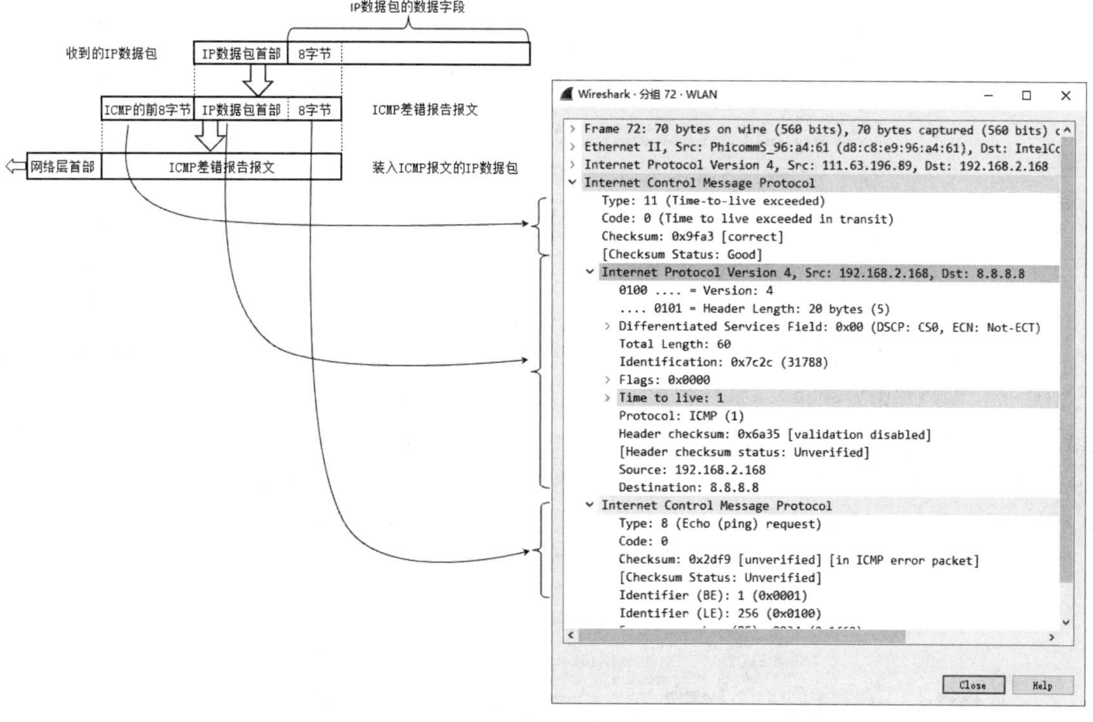

图 7-33 ICMP 差错报告报文

7.2.4 ICMP 差错报告报文——目标主机不可到达

如果 PC ping 131.107.1.2 这个地址，ICMP 请求报文数据包到达路由器之后，路由器查找路由表，没有发现到达该地址的路由，就会丢弃该数据包，并产生一个 ICMP 差错报告报文给 PC，以告知 PC 目标主机不可到达。

图 7-34 是抓包工具捕获的数据包，第 5 个数据包是路由器 R1 产生的 ICMP 差错报告报文，可

以看到 ICMP 类型（Type）值是 3，代码（Code）为 1，以及收到的 ICMP 请求数据包的首部。

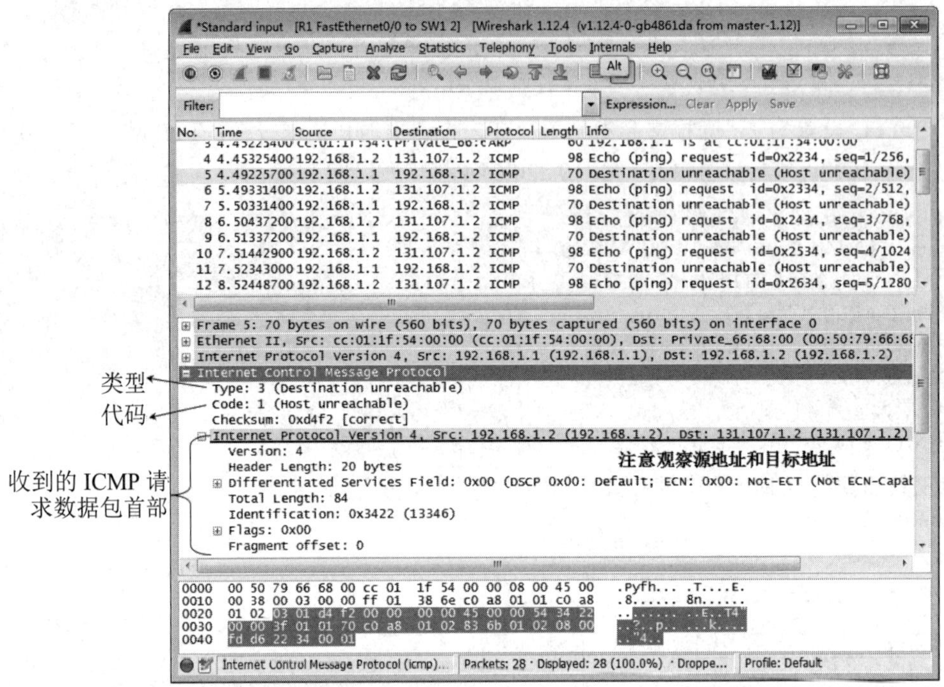

图 7-34　目标主机不可到达

7.2.5　ICMP 差错报告报文——路由重定向

如图 7-35 所示，在交换机 SW1 左侧增加一个路由器 R3，R3 左侧增加一个 192.168.2.0/24 网段。PC1 的网关依然是 192.168.1.1，那么 PC1 要给 PC3 发送数据包，数据包就会发送给路由器 R1，路由器 R1 再把其转发到 R3，这样效率不高。这种情况下，路由器 R1 会把第一个数据包转发给 R3，然后再给 PC1 发送一个 ICMP 重定向数据包，来告诉 PC1 到达主机 192.168.2.2 的下一跳是 192.168.1.254，PC1 就会增加一条到主机 192.168.2.2 的路由，下一跳指向 192.168.1.254，那么以后 PC1 要再给 PC3 发送数据包，则会直接把数据包发送给 R3 的 192.168.1.254 接口。

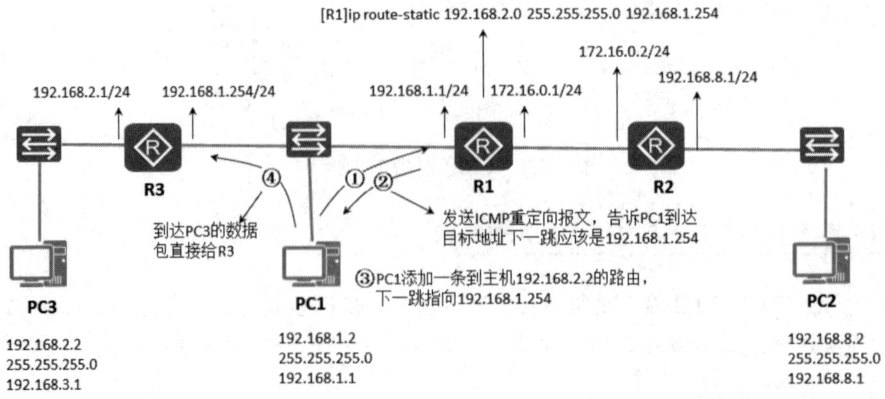

图 7-35　路由重定向的场景

> **注意**：PC1会添加到主机192.168.2.2的路由，而不是到192.168.2.0/24网段的路由，前面给路由器添加静态路由，都是到一个网段的路由，那么到主机的路由如何添加呢？“主机”的意思是指一个地址，如何告诉路由器到一个IP地址的路由呢？网段和子网掩码如何写呢？下面就是在R1路由器添加一条到主机192.168.2.2路由的方法。

```
[R1] ip route-static 192.168.2.2 255.255.255.255 192.168.1.254
```

可以看到ip route后面是一个IP地址，子网掩码为255.255.255.255，这就意味着该网段没有主机位，要想使用这条路由转发，数据包的目标IP地址必须属于该网段，只有192.168.2.2这一个地址属于该网段。如果路由表中的目标IP地址的子网掩码是255.255.255.255，则它就是到主机的路由。

下面就捕获ICMP重定向报文。如图7-35所示，右击PC1和交换机之间的链路，然后单击“Start capture”，选择接口，单击“OK”，开始抓包。

然后在PC1上ping PC3的IP地址，返回信息如下。

```
PC1> ping 192.168.2.2
Redirect Network, gateway 192.168.1.1 -> 192.168.1.254                    --ICMP重定向报文
192.168.2.2 icmp_seq=1 timeout
84 bytes from 192.168.2.2 icmp_seq=2 ttl=63 time=44.003 ms
84 bytes from 192.168.2.2 icmp_seq=3 ttl=63 time=11.001 ms
84 bytes from 192.168.2.2 icmp_seq=4 ttl=63 time=50.003 ms
84 bytes from 192.168.2.2 icmp_seq=5 ttl=63 time=46.003 ms
```

捕获的ICMP重定向报文如图7-36所示。报文中的网关就是告诉PC1到达192.168.2.2下一跳应该转发给R3路由器的192.168.1.254接口。我们从中还可以看到，重定向报文的类型为5，代码为0。

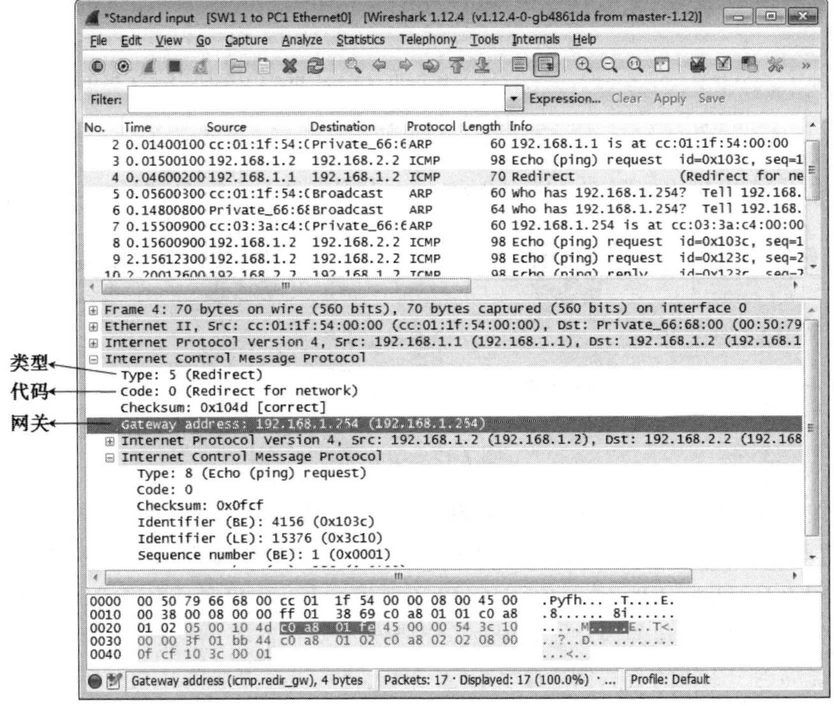

图7-36 观察路由重定向的数据包

> **注释：**重定向报文的类型为 5，代码有效值为 0~3。其中 0 代表网络重定向，1 代表主机重定向，2 代表服务类型和网络重定向，3 代表服务类型和主机重定向。原则上，重定向报文是由路由器产生供主机使用的。路由器默认发送的重定向报文只有 1 或者 3，即只是对主机的重定向，而不是对网络的重定向。
>
> 主机和路由器对于重定向报文有不同的处理原则。
>
> 路由器一般忽略 ICMP 重定向报文。而主机对于重定向报文的处理取决于操作系统。以 Windows 为例，对于网关返回的 ICMP 重定向报文，Windows 会在主机的路由表中添加一条到目标主机的路由。那么以后对于发往这个目标主机地址的数据报，主机会将其直接送往重定向所指示的路由器。支持重定向报文处理的还有许多 UNIX 系统，如 FreeBSD 的诸多版本等。这类主机收到 ICMP 重定向报文后所采取的行动基本都是增加目标主机路由。
>
> 下面是人工在 Windows 系统上添加到一个主机地址的路由命令：
>
> C:\Windows\system32>route add 10.7.1.35 mask 255.255.255.255 10.7.10.254
>
> 操作完成!
>
> 注意观察，添加到一个主机地址的路由的子网掩码是 255.255.255.255。

7.2.6 ICMP 差错报告报文——给程序返回错误消息

前面演示捕获 ICMP 数据包，都是使用 ping 命令发送 ICMP 请求报文。但并非只有 ping 命令发出去的 ICMP 请求报文才能返回差错报告报文，计算机上很多应该程序访问网络时的数据包，都可能返回 ICMP 差错报告报文。

首先按照图 7-37 所示网络拓扑搭建学习环境，在路由器 R1 和 R2 上添加默认路由，并按如图所示设置好 Windows XP 的 IP 地址、子网掩码和网关。

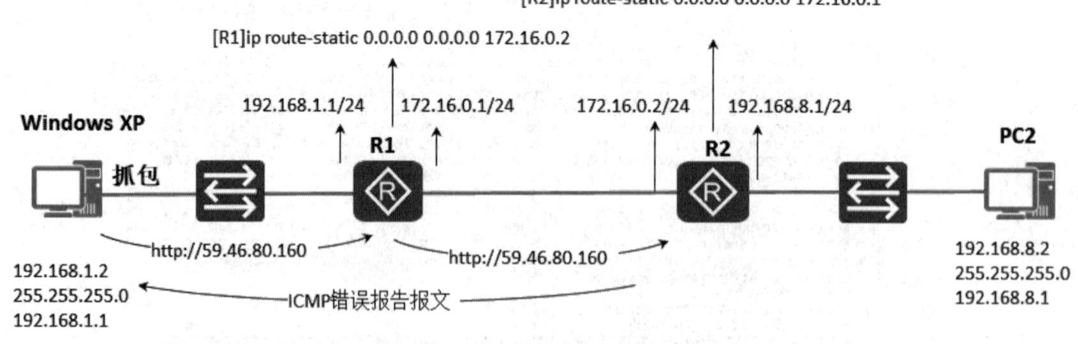

图 7-37 实验环境

打开浏览器并访问网址 http://59.46.80.160，此时，根据 R1 和 R2 的设置可以知道，访问该网站的请求数据包会在这两个路由器间往复转发，最终 TTL 耗尽，此时路由器就会产生 ICMP 差错报告报文返回给 Windows XP。这是由于 ICMP 差错报告报文中包含了出现错误的数据包的网络层首部（包含了出错的数据包的源地址）和数据字段的前 8 个字节（包含了传输层协议和端口号），所以路由器能够确定出错的数据包是哪里来的，因此就知道应该把该 ICMP 差错报告发送给谁。

我们先打开 Windows XP 上的抓包工具，并开始抓包，然后再在 Windows XP 的浏览器中输入

http://59.46.80.160，抓包结果如图 7-38 所示。其中，第 2 个数据包是 Windows XP 访问网站 http://59.46.80.160时发送的建立 TCP 连接数据包，注意观察该数据包的协议是 TCP，目标端口是 80，源端口是 1058。该数据包在网络中耗尽 TTL 后，路由器 R2 会产生 ICMP 差错报告报文，而第 3 个数据包就是 R2 产生的 ICMP 差错报告报文。该报文中有第 2 个数据包传输的 8 个字节，指明了出现差错的数据包的协议、源端口和目标端口。

图 7-38 ICMP 协议返回的响应通知应用层 TTL 耗尽

通过捕获 ICMP 各种类型的数据包，我们已经对 ICMP 协议有了深入的认识。下面讲解 ICMP 协议的几个命令，以及如何使用这些命令诊断网络故障。

7.3 使用 ICMP 排除网络故障案例

前面分析了 ICMP 报文格式，本节介绍使用 ICMP 排除网络故障的几个案例。如果只是知道了 ICMP 报文格式以及 ICMP 报文的类型，而不会使用 ICMP 协议解决实际问题，那就成了纸上谈兵。

7.3.1 使用 ping 诊断网络故障

使用 ping 命令可以帮助我们诊断网络故障，为断定网络故障提供参考。下面就来介绍使用 ping 命令断定网络故障的一个案例。

某内部网络的计算机访问内网服务器很慢，服务器的内存和 CPU 以及硬盘的读写情况都没问题，初步判断是网络问题引起的，在一台计算机上 ping 服务器的地址 192.168.1.222，结果如图 7-39 所示。

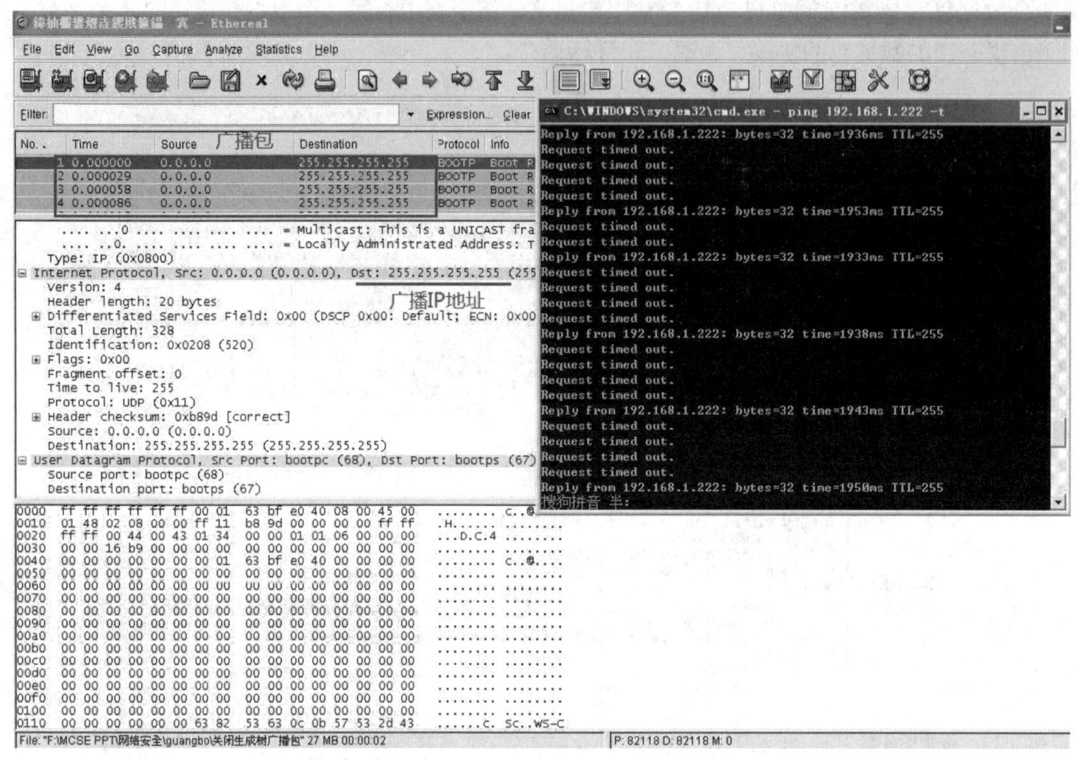

图 7-39　使用 ping 命令测试网络是否畅通

可以看到，返回结果中大多数是 Request time out（请求超时），中间还有 ICMP 响应数据包，但 time 值接近 2000 毫秒，即 2 秒，这样的网络是通还是不通呢？不能说通，也不能说不通，那就是不畅通。

为什么会产生那么多请求超时呢？如果计算机发送一个 ICMP 请求数据包在一段时间内没有得到 ICMP 响应数据包或针对该 ICMP 请求数据包的差错报告数据包，就会显示请求超时。网络拥塞出现严重丢包现象时就会出现请求超时。企业内网带宽 100M，正常情况下 ping 的 time 的值应该小于 10ms，因此通过 ping 的结果初步断定是网络拥塞。

通过抓包工具捕获数据包，发现网络中有大量的广播数据包占用了网络带宽，造成正常通信的数据包被丢弃。通过查看发送广播帧的源 IP 地址或源 MAC 地址，就找到了发送广播的计算机，拔掉网线，网络恢复畅通。

7.3.2　使用 ping 断定哪一段链路出现故障

如图 7-40 所示，某企业网站 Web1 在电信机房托管，企业内网的 PC1 访问 Web1 的页面，偶尔会出现等待 30 秒才能打开的情况，是服务器问题还是网络问题？如果是网络问题还需要判断是哪一段链路出现了问题。

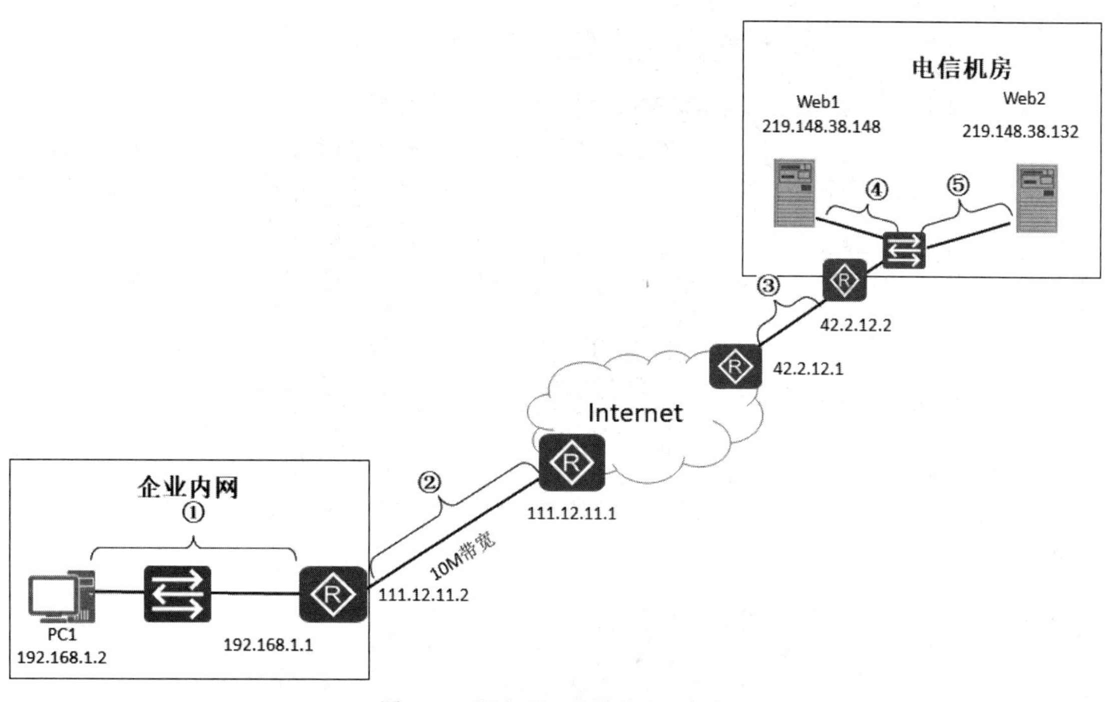

图 7-40　断定哪一段链路出现拥塞

从图 7-40 可以看出，PC1 到 Web1 需要经过链路①、链路②、链路③、链路④，任何一段链路出现拥塞都可能引起打开 Web1 网页慢。

因为是偶尔才会出现打开网页慢，这就需要在 PC1 上使用 ping 命令加参数-t 持续发送 ICMP 请求包来测试是哪一段链路出现拥塞，一旦出现拥塞就会出现丢包，出现丢包后，ping 命令会提示请求超时。我们可以通过在 PC1 上依次 ping 各个链路中的 IP 地址来确定出现问题的链路。

ping 192.168.1.1 -t　　测试内网是否出现拥塞，即链路①是否出现拥塞

ping 111.12.11.1 -t　　测试内网到 Internet 接入链路是否出现拥塞，即链路②是否出现拥塞

ping 42.2.12.2 -t　　测试内网到电信机房路由器的链路是否出现拥塞

ping 219.148.38.148 -t　　测试内网到 Web1 是否出现拥塞，即链路④是否出现拥塞

> **注释**：如何知道这些路由器地址？前面讲过，ping 命令加上参数-i 可以指定数据包的 TTL，从而就能知道途经的第一个路由器、第二个路由器的 IP 地址。

测试结果如图 7-41 所示，只有 ping Web1 会偶尔出现请求超时，说明电信机房内部网络出现丢包。下面需要进一步断定是否只有到 Web1 的 ICMP 请求数据包请求超时，还是到电信机房中和 Web1 在同一个网段的计算机都会同时丢包，如果同时出现请求超时，就可以断定不是 Web1 服务器的问题。

在 PC1 上 ping 电信机房中和 Web1 在同一个网段的地址，如图 7-42 所示，发现 ping 这些地址也会同时出现请求超时，由此可以断定电信机房内的网络不稳定，和 Web1 服务器无关。

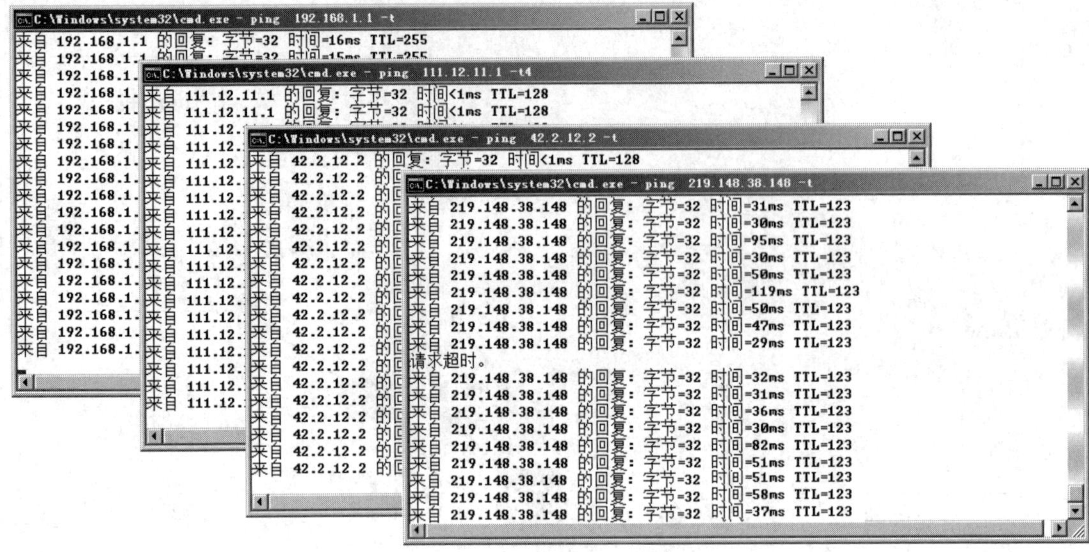

图 7-41　判断哪条链路丢包

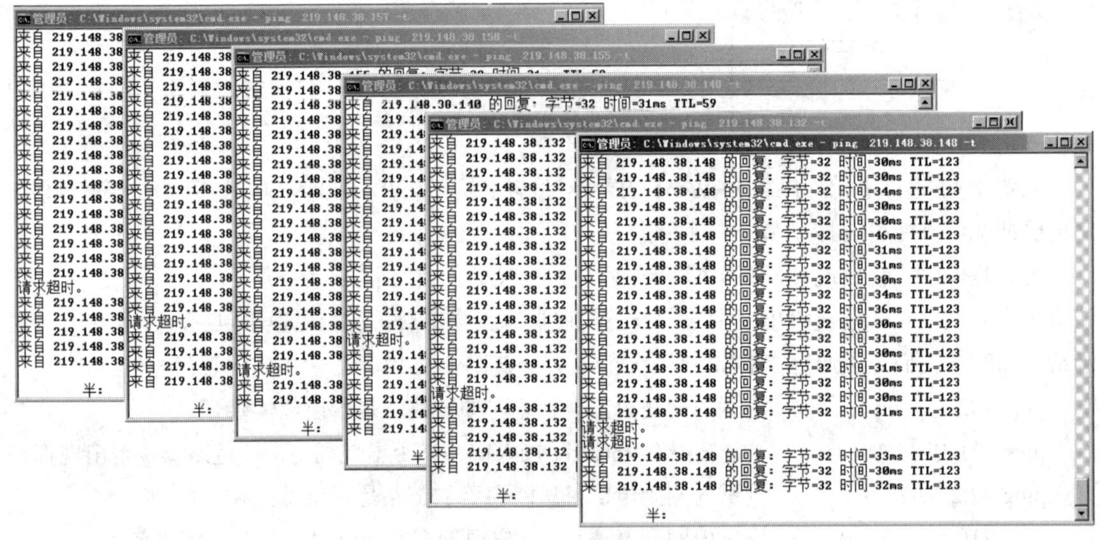

图 7-42　机房网络拥塞

> 注释：如何知道和 Web1 服务器在同一个网段的地址有哪些？Web1 服务器的地址是 219.148.38.148，子网掩码是 255.255.255.224，根据前面讲的子网划分的知识就能知道和 Web1 服务器在同一个网段中有哪些可用的 IP 地址。

7.3.3　使用 tracert 跟踪数据包路径

ping 命令并不能直接返回从源地址到目标地址沿途经过了哪些路由器，而 Windows 操作系统中的 tracert 命令是路由跟踪实用程序，专门用于确定 IP 数据报访问目标地址经过的路径，能够帮助我们发现到达目标网络到底是哪一条链路出现了故障。tracert 命令是 ping 命令的扩展，它也是通过 IP 报文生存时间（TTL）字段和 ICMP 差错报告报文来确定沿途经过的路由器。

如图 7-43 所示，如果不使用 tracert 命令而仅使用 ping 命令，我们如何在 PC1 上得到到达 PC2 途经的路由器呢？方法如下。

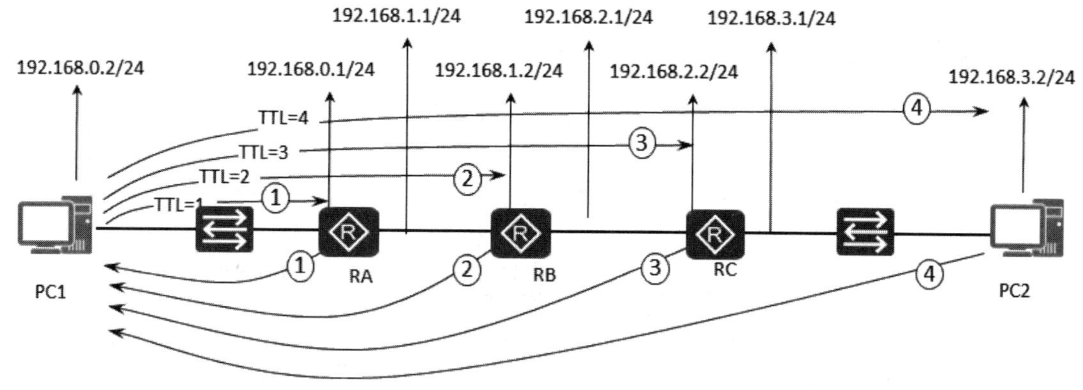

图 7-43　使用 ping 和-i 参数跟踪数据包路径

（1）在 PC1 上 ping PC2 的地址：ping 192.168.3.2 -i 1，给目标地址发送 ICMP 请求数据包时指定 TTL=1，就会由第 1 个路由器 RA 返回一个 TTL 耗尽的 ICMP 差错报告报文，PC1 得到途经的第 1 个路由器的地址 192.168.0.1。

```
C:\Users\han>ping 192.168.3.2 –i 1
正在 ping 192.168.3.2 具有 32 字节的数据:
来自 192.168.0.1 的回复: TTL 传输中过期。
来自 192.168.0.1 的回复: TTL 传输中过期。
来自 192.168.0.1 的回复: TTL 传输中过期。
来自 192.168.0.1 的回复: TTL 传输中过期。
```

（2）PC1 再次 ping PC2 的地址：ping 192.168.3.2 -i 2，给目标地址发送 ICMP 请求数据包时指定 TTL=2，就会由第 2 个路由器 RB 返回一个 TTL 耗尽的 ICMP 差错报告报文，PC1 得到途经的第 2 个路由器的地址 192.168.1.2。

（3）以此类推，PC1 再次 ping PC2 的地址，指定 TTL 为 3，就能得到第 3 个路由器 RC 的地址 192.168.2.2。

> **注释**：PC1 通过路由器返回的 TTL 耗尽的 ICMP 报文得到沿途的全部路由器。如果出现有的路由器不允许发送 TTL 差错报告报文的情况，在 tracert 中将不能得知该路由器。

tracert 命令的工作原理就是使用上述方法，通过自动给目标地址发送 TTL 逐渐增加的 ICMP 请求，并根据返回的 ICMP 错误报告报文来确定沿途经过的路由器。

如图 7-44 所示，tracert www.91xueit.com 网站途经 17 个路由器，第 18 个是该网站的地址（终点）。可以看到第 12、16、17 个路由器显示“请求超时”，表明没有返回 ICMP 差错报告报文，因为这些路由器设置了访问控制列表（ACL），禁止路由器发出 ICMP 差错报告报文。

tracert 还能够帮助我们发现路由配置错误的问题，观察图 7-45 中 tracert 的结果可知，数据包在 172.16.0.2 和 172.16.0.1 两个路由器之间往复转发，可以断定问题就出在这两个路由器的路由配置上，需要检查这两个路由器的路由表。

标记 C:\Windows\system32\cmd.exe
C:\Users\han>tracert www.91xueit.com
通过最多 30 个跃点跟踪
到 www.91xueit.com [59.46.80.160] 的路由:
第1个路由器
1 1 ms 1 ms 15 ms xueitPC [10.7.10.254]
第2个路由器
2 <1 毫秒 <1 毫秒 <1 毫秒 xueitPC [172.16.0.250]
3 17 ms 2 ms 2 ms 111.11.85.1
4 2 ms 2 ms 2 ms 111.11.24.141
5 6 ms 6 ms 6 ms 111.11.64.65
6 6 ms 6 ms 6 ms 221.183.26.205
7 9 ms 8 ms 9 ms 221.183.22.122
8 22 ms 22 ms 23 ms 221.183.23.161
9 19 ms 19 ms 19 ms 221.183.11.245
10 21 ms 21 ms 21 ms 221.183.20.86
11 25 ms 25 ms 25 ms 202.97.88.101
第12个路由器
12 * * * 请求超时。
没有发送ICMP差错报告报文
13 40 ms 36 ms 39 ms 219.148.224.54
14 22 ms 22 ms 21 ms 219.148.224.66
15 29 ms 29 ms 29 ms 126.23.44.59.broad.sy.ln.dynamic.163data.com.cn [59.44.23.126]
第16个路由器
16 * * * 请求超时。
没有发送ICMP差错报告报文
第17个路由器
17 * * * 请求超时。
没有发送ICMP差错报告报文
目标地址(终点)
18 32 ms 30 ms 29 ms 59.46.80.160
跟踪完成。
C:\Users\han>
半:

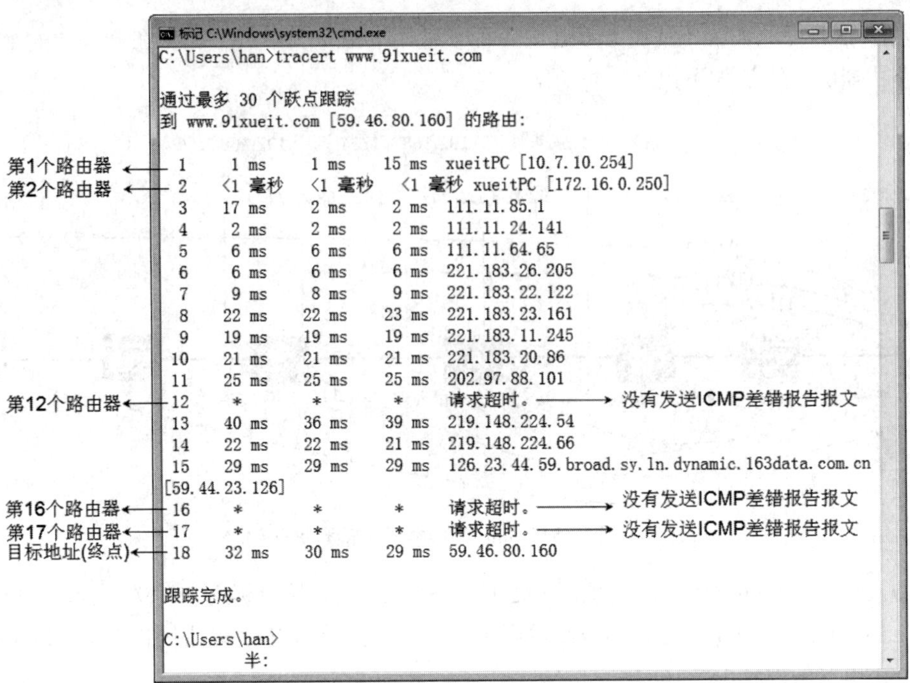

图 7-44　跟踪数据包路径

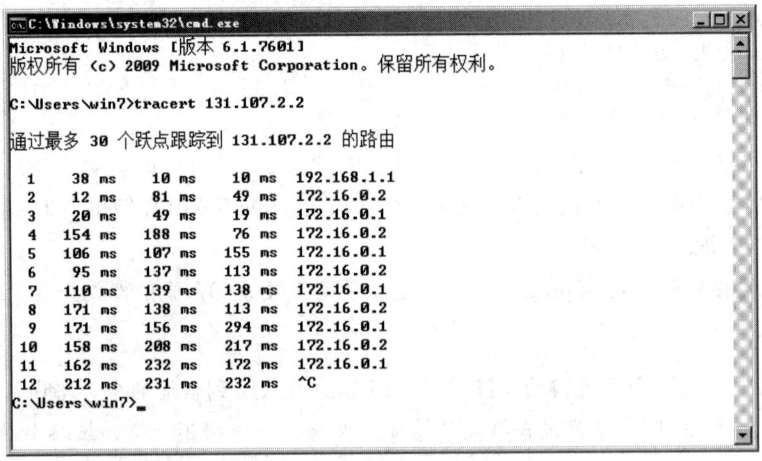

C:\Windows\system32\cmd.exe
Microsoft Windows [版本 6.1.7601]
版权所有 (c) 2009 Microsoft Corporation。保留所有权利。
C:\Users\win7>tracert 131.107.2.2
通过最多 30 个跃点跟踪到 131.107.2.2 的路由
1 38 ms 10 ms 10 ms 192.168.1.1
2 12 ms 81 ms 49 ms 172.16.0.2
3 20 ms 49 ms 19 ms 172.16.0.1
4 154 ms 188 ms 76 ms 172.16.0.2
5 106 ms 107 ms 155 ms 172.16.0.1
6 95 ms 137 ms 113 ms 172.16.0.2
7 110 ms 139 ms 138 ms 172.16.0.1
8 171 ms 138 ms 113 ms 172.16.0.2
9 171 ms 156 ms 294 ms 172.16.0.1
10 158 ms 208 ms 217 ms 172.16.0.2
11 162 ms 232 ms 172 ms 172.16.0.1
12 212 ms 231 ms 232 ms ^C
C:\Users\win7>

图 7-45　数据包在两个路由器之间往复转发

7.3.4　使用 pathping 跟踪数据包路径

pathping 是一个基于 TCP/IP 的命令行工具，该命令不但可以跟踪数据包从源主机到目标主机所经过的路径，还可以统计计算机网络延时以及丢包率，帮助我们解决网络问题，其跟踪数据包路径的原理和 tracert 命令一样。

如图 7-46 所示，跟踪到 www.baidu.com 网站的数据包路径并统计丢包情况，大家可以看到途经的路由器。后面是计算的统计信息，图中的“跃点”就是第几个路由器，D 处是第 4 个路由器转发数据包丢包率，转发丢包率过高，表明路由器丢弃了没来得及转发的数据包，路由器的

CPU 可能超负荷运行。E 处的丢包率是统计的跃点 9 到跃点 10 链路上的丢包情况，该丢包率表明链路阻塞。

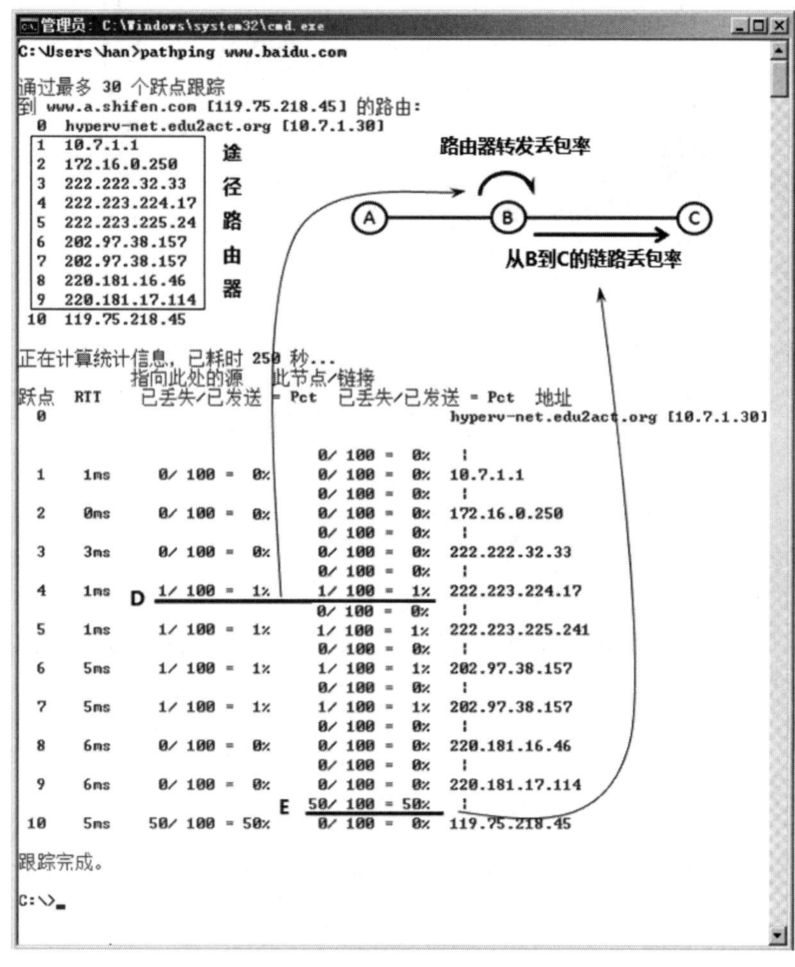

图 7-46 pathping 跟踪数据包路径

7.4 ARP 协议

7.4.1 ARP 协议的作用

网络层协议中的 ARP 协议只在以太网中使用，用来将计算机的 IP 地址解析出 MAC 地址。

如图 7-47 所示，网络中有两个以太网和一个点到点链路，计算机和路由器接口的地址如图所示，图中的 MA、MB、…、MH 代表对应接口的 MAC 地址。下面讲解计算机 A 和本网段计算机 B 通信过程，以及计算机 A 和计算机 H 跨网段通信过程。

如果计算机 A ping 计算机 C 的地址 192.168.0.4，计算机 A 判断目标 IP 地址和自己在一个网段，数据链路层封装的目标 MAC 地址就是计算机 C 的 MAC 地址，图 7-48 是计算机 A 发送给计算机 C 的帧。

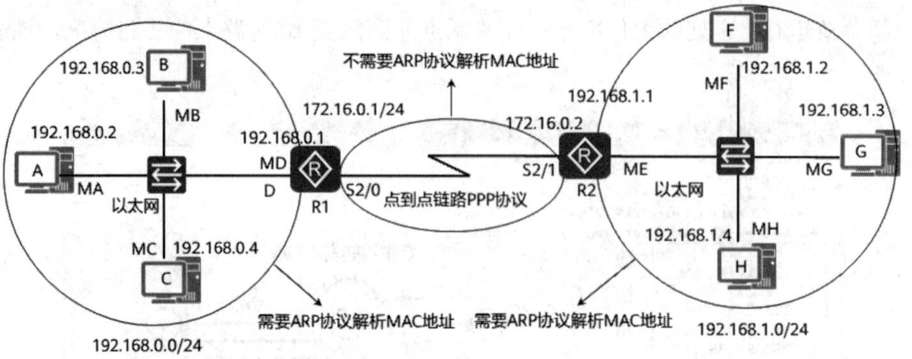

图 7-47　以太网需要 ARP 协议

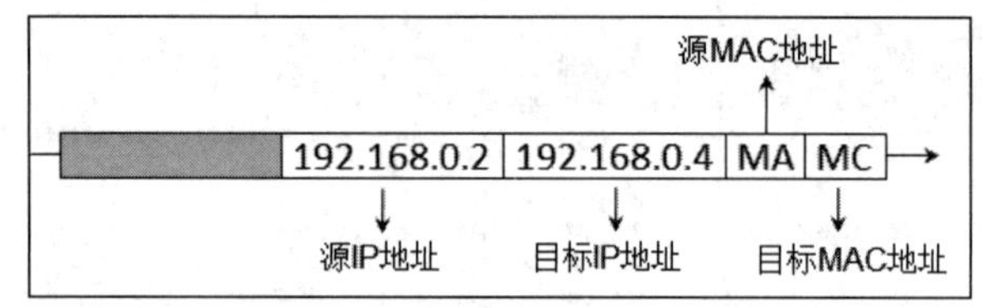

图 7-48　同一网段的帧

如果计算机 A ping 计算机 H 的地址 192.168.1.4，计算机 A 判断目标 IP 地址和自己不在一个网段，数据链路层封装的目标 MAC 地址是网关的 MAC 地址，也就是路由器 R1 的 D 接口的 MAC 地址，如图 7-49 所示。

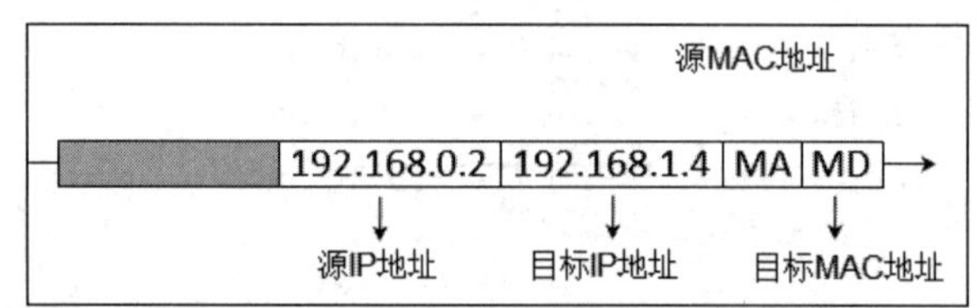

图 7-49　跨网段的帧

计算机接入以太网，只需给计算机配置 IP 地址、子网掩码和网关，并没有告诉计算机网络中其他计算机的 MAC 地址。计算机和目标计算机通信前必须知道目标 MAC 地址，问题来了，计算机 A 是如何知道计算机 C 的 MAC 地址或网关的 MAC 地址的？在计算机和目标计算机通信之前，通过 ARP 协议解析到目标计算机的 MAC 地址（同一网段通信）或网关的 MAC 地址（跨网段通信）。ARP 协议只是在以太网中使用，点到点链路使用 PPP 协议通信，PPP 帧的数据链路层根本用不到目标计算机的 MAC 地址，所以也不用 ARP 协议解析其 MAC 地址。

在 Windows 系统中运行 arp -a 可以查看本机缓存的 IP 地址和 MAC 地址对应表。

```
C:\Users\hanlg>arp -a
接口: 192.168.2.161 --- 0xb
  Internet 地址         物理地址              类型
  192.168.2.1           d8-c8-e9-96-a4-61     动态
  192.168.2.169         04-d2-3a-67-3d-92     动态
  192.168.2.182         c8-60-00-2e-6e-1b     动态
  192.168.2.219         6c-b7-49-5e-87-48     动态
  192.168.2.255         ff-ff-ff-ff-ff-ff     静态
```

7.4.2 ARP 协议的工作过程和安全隐患

下面以图 7-47 中计算机 A 和计算机 C 通信为例来说明 ARP 协议工作过程。

（1）在计算机 A 和计算机 C 通信之前，先要检查 ARP 缓存中是否有计算机 C 的 IP 地址对应的 MAC 地址。如果没有，就启用 ARP 协议发送一个 ARP 广播，来请求解析 192.168.0.4 的 MAC 地址，ARP 广播帧的目标 MAC 地址是 FF-FF-FF-FF-FF-FF。

ARP 请求数据报文的主要内容是：我的 IP 地址是 192.168.0.2，我的硬件地址是 MA，我想知道 IP 地址为 192.168.0.4 的主机的 MAC 地址。

（2）交换机将 ARP 广播帧转发到同一个网络的全部接口。这就意味着同一个网段中的计算机都能够收到该 ARP 请求。

（3）正常情况下，只有计算机 C 收到该 ARP 请求后发送 ARP 应答消息。还有不正常情况，网络中的任何一个计算机都可以发送 ARP 应答，有可能告诉计算机 A 一个错误的 MAC 地址（ARP 欺骗）。

（4）计算机 A 将解析到的结果保存在 ARP 缓存中，并保留一段时间，后续通信就使用缓存的结果，而不再发送请求解析 MAC 地址的 ARP 请求。

图 7-50 是使用抓包工具捕获的 ARP 请求数据包，第 27 帧是计算机 192.168.80.20 解析 192.168.80.30 的 MAC 地址发送的 ARP 请求数据包。注意观察目标 MAC 地址为 ff: ff: ff: ff: ff: ff。其中 Opcode 是选项代码，用来指示当前包是请求报文还是应答报文，ARP 请求报文的值是 0x0001，ARP 应答报文的值是 0x0002。

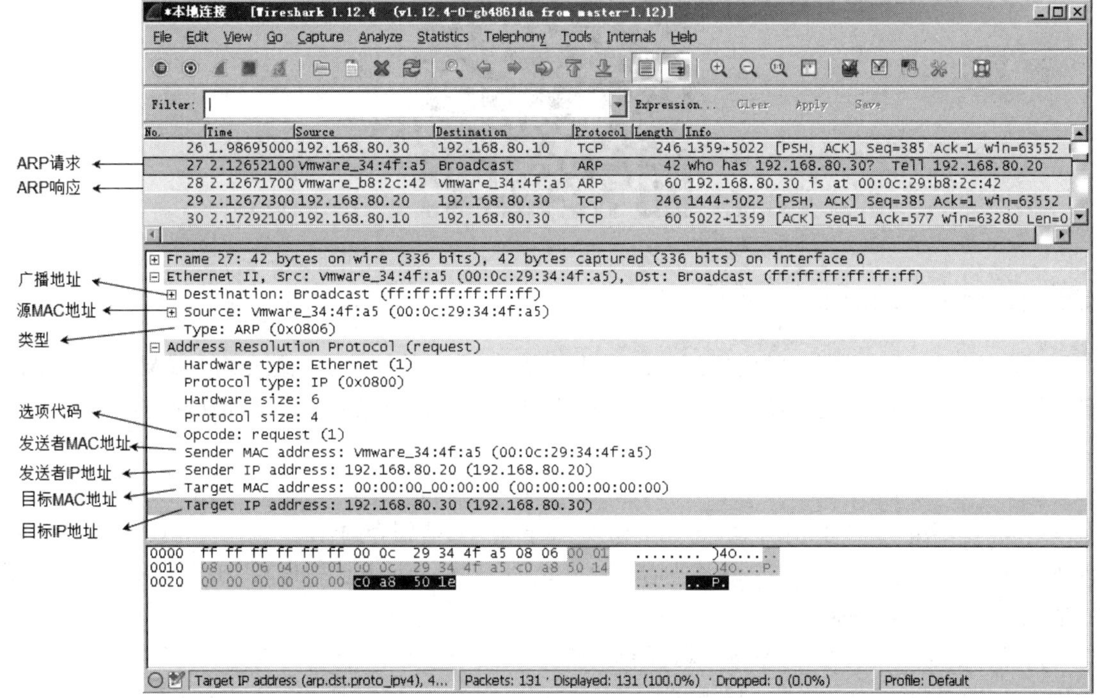

图 7-50 ARP 请求帧

ARP 协议是建立在网络中各个主机互相信任的基础上的，计算机 A 发送 ARP 广播帧解析计算机 C 的 MAC 地址，同一个网段中的计算机都能够收到这个 ARP 请求消息，任何一个主机都可以给计算机 A 发送 ARP 应答消息，都可能告诉计算机 A 一个错误的 MAC 地址，计算机 A 收到 ARP 应答报文时并不会检测该报文的真实性，就将其记入本机 ARP 缓存，这样就存在一个安全隐患——ARP 欺骗。

下面就来讲解一款使用 ARP 欺骗工作的软件——网络执法官。

7.4.3 ARP 欺骗之“网络执法官”与“P2P 终结者”

“网络执法官”是一款局域网管理辅助软件，该软件可通过周期性解析本网段 IP 地址的 MAC 地址来统计哪些计算机在线（开机）和下线（关机），它能够利用 ARP 欺骗来禁止与“关键主机”的通信或禁止与网络中所有计算机通信，并指定哪些地址是“关键主机”。

“P2P 终结者”是由 Net.Soft 工作室开发的一套专门用来控制企业网络 P2P 下载流量的网络管理软件。其工作原理就是利用 ARP 欺骗冒充网关的 MAC 地址，让本网段的计算机上网流量都经过安装了 P2P 终结者的软件。进而对内网计算机的上网流量进行限速。

它们的安装部署都很简单，在局域网内任意一台主机安装即可管理整个网络，可管理多达十余种 P2P 下载应用（包括常见聊天工具），并支持自定义管理规则设置，可针对不同主机设置不同规则，支持自定义管理时间段设置，工作时间、休息时间灵活管理等。

关于以上两款软件的相关应用，有兴趣的读者可通过扫描下面的二维码与作者交流。

7.4.4 判断和防止 ARP 欺骗的方法

一台计算机不能和同一网段的某个计算机通信，但和其他计算机通信正常，如果不是双方计算机的防火墙设置引起的，就很有可能是 ARP 欺骗引起的网络故障。那么如何断定是不是 ARP 欺骗呢？

以图 7-47 所示的网络拓扑为例，假设计算机 A 不能 ping 通计算机 C，要判断是不是由 ARP 欺骗造成的网络故障，可先在计算机 A 上输入“arp -a”查看缓存的计算机 C 的 MAC 地址，然后再在计算机 C 上输入“ipconfig /all”查看计算机 C 的 MAC 地址，比较这两个地址，如果不一致，就是 ARP 欺骗造成的网络故障。

为了防止 ARP 欺骗，在 Windows 系统中安装 360 安全卫士，点开“功能大全”，单击“网络优化”，如图 7-51 所示，单击“局域网防护”，启用“ARP 主动防御”“自动绑定网关”。

图 7-51　ARP 防火墙

7.5　IGMP 协议

IGMP 协议称为 Internet 组管理协议（Internet Group Management Protocol）。IGMP 协议是网络层协议，运行在主机和组播路由器之间。

7.5.1　什么是组播

计算机通信分为一对一通信、组播通信和广播通信。

如图 7-52 所示，教室中有一个流媒体服务器，课堂上老师安排学生在线学习流媒体服务器上的一个课程“Excel VBA”，教室中每台计算机都可以访问流媒体服务器看这个视频，这就是一对一通信。可见流媒体服务器到交换机的流量很大。

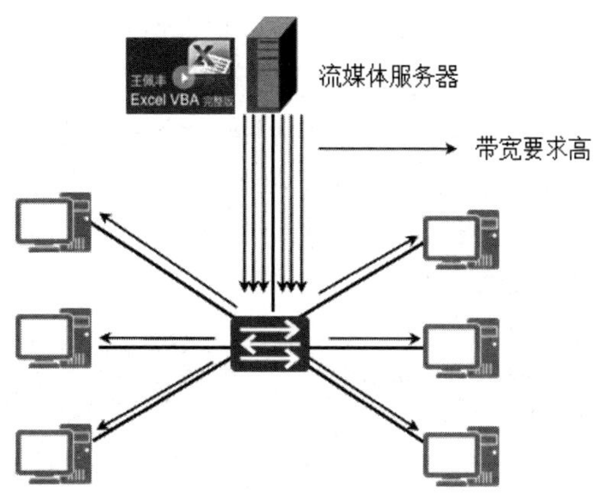

图 7-52　点到点通信示意图

如果让这个流媒体服务器像电视台一样，把不同的视频节目同时发送到指定网络中的所有终端，这就是组播，组播节目文件自带了组播地址信息。如图 7-53 所示，上午 8 点学校老师安排 1 班学生学习“Excel VBA”视频，安排 2 班学生学习“PPT2010”视频，机房管理员提前就配置好了流媒体服务，8 点钟准时使用 224.4.5.4 这个组播地址发送“Excel VBA”课程视频，使用 224.4.5.3 这个组播地址发送“PPT2010”课程视频。

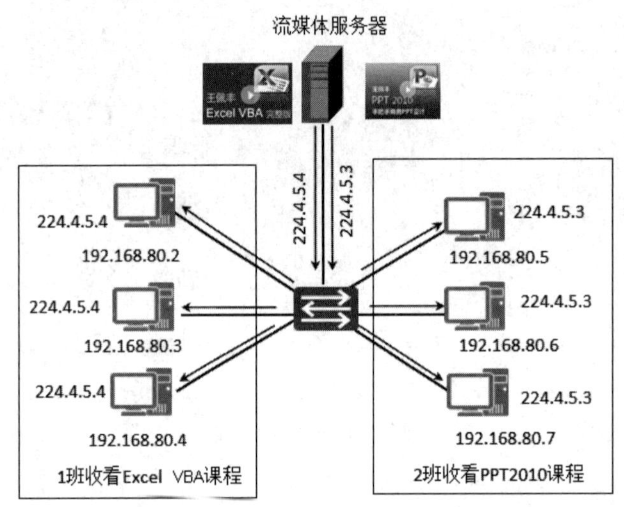

图 7-53　组播示意图

网络中的计算机除了配置唯一 IP 地址外，收看组播视频的计算机还需要绑定组播地址，观看组播视频学习过程中学生不能“快进”或“倒退”，这样流媒体服务的带宽压力可大大降低，网络中有 10 个学生收看视频和 1000 个学生收看视频对流媒体服务器来说流量是一样的。如果计算机同时收看多个组播视频，该计算机的网卡需要同时绑定多个组播地址。

7.5.2　组播 IP 地址

我们知道，在因特网中每一个主机必须有一个全球唯一的 IP 地址。如果某个主机现在想接收某个特定组播的数据包，就需要把自己的 IP 地址与这个组播地址进行绑定。

IP 地址中的 D 类地址是组播地址。D 类 IP 地址的前四位是 1110，因此 D 类地址范围是 224.0.0.0～239.255.255.255，其中每一个 D 类地址都可以标识一个组，共可标识 2^{28} 个组播组。组播数据包会“尽最大努力交付”，但不保证一定能够交付给组播组内的所有成员。组播数据包和一般的 IP 数据包的区别：一是它使用 D 类 IP 地址作为目的地址；二是组播数据包不产生 ICMP 差错报文；三是组播地址只能用于目的地址而不能用于源地址。在 ping 命令后面键入组播地址，将永远收不到响应。D 类地址中还有一些已经被因特网号码指派管理局（IANA）指派为永久地址（RFC3330），因此一般用户不能随便使用，比如：

224.0.0.0 基地址（保留）
224.0.0.1 在本子网上的所有参加组播的主机和路由器
224.0.0.2 在本子网上的所有参加组播的路由器
224.0.0.3 未指派
224.0.0.4 DVMRP 路由器
…….

224.0.1.0 至 238.255.255.255 全球范围都可使用的组播地址
239.0.0.0 至 239.255.255.255 限制在一个组织的范围

IP 组播地址可以分为两种：一种是只在本局域网上进行硬件组播；另一种则是在因特网的范围内进行组播。前一种虽然比较简单，但很重要，因为现在大部分主机都是通过局域网接入到因特网的。在因特网上进行组播的最后阶段，还是要把组播数据包在局域网上用硬件组播，硬件组播也就是以太网中组播数据包在数据链路层要使用组播 MAC 地址封装，组播 MAC 地址由组播 IP 地址构造出来，下面详细讲解组播 MAC 地址。

7.5.3 组播 MAC 地址

目标地址是组播 IP 地址的数据包到达以太网后，就要使用组播 MAC 地址封装，组播 MAC 地址使用组播 IP 地址构造出来。为了支持 IP 组播，IANA 已经为以太网的 MAC 地址保留了一个组播地址区间：01-00-5E-00-00-00 到 01-00-5E-7F-FF-FF。如图 7-54 所示，48 位组播 MAC 地址中的高 25 位是固定的，低 23 位可从 IP 多播地址的低 23 位直接映射过来。

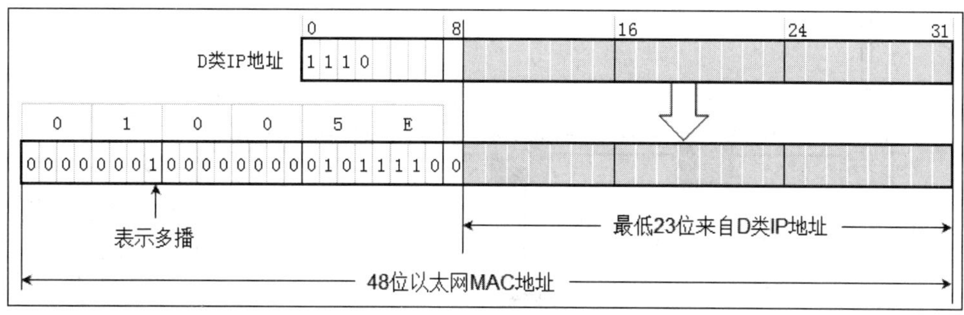

图 7-54 组播 MAC 地址

比如组播 IP 地址 224.128.64.32，使用上面的方法构造出的 MAC 地址为 01-00-5E-00-40-20，如图 7-55 所示。

	224	128	64	32
D类IP地址	1 1 1 0 0 0 0 0	1 0 0 0 0 0 0 0	0 1 0 0 0 0 0 0	0 0 1 0 0 0 0 0

0	1	0	0	5	E	0	0	4	0	2	0
0 0 0 0	0 0 0 1	0 0 0 0	0 0 0 0	0 1 0 1	1 1 1 0	0 0 0 0	0 0 0 0	0 1 0 0	0 0 0 0	0 0 1 0	0 0 0 0

图 7-55 组播地址的构造

组播 IP 地址 224.0.64.32，使用上面的方法构造出的 MAC 地址也为 01-00-5E-00-40-20，如图 7-56 所示。

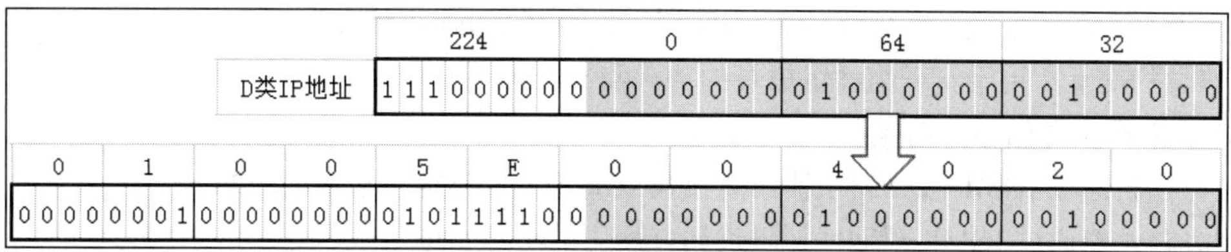

图 7-56 构造的组播地址有可能重复

仔细观察就会发现，这两个组播地址构造出来的多播 MAC 地址一样，也就是说组播 IP 地址与以太网硬件地址映射关系不是唯一的，因此收到组播数据包的主机，还要进一步根据组播 IP 地址判断是否应该接收该数据包，以把不该本主机接收的数据包丢弃。

7.5.4 组播管理协议（IGMP）

组播服务器与接收组播的计算机可以在同一个网段，也可以位于不同的网段。如图 7-57 所示，流媒体服务器位于北京总公司的网络，接收流媒体的服务器分别位于上海分公司的网段和石家庄分公司的网段。这种情况下，就要求网络中的路由器启用多播转发，多播数据流要从 R1 发送到 R2，R2 路由器将多播数据流同时转发到 R3 和 R4。

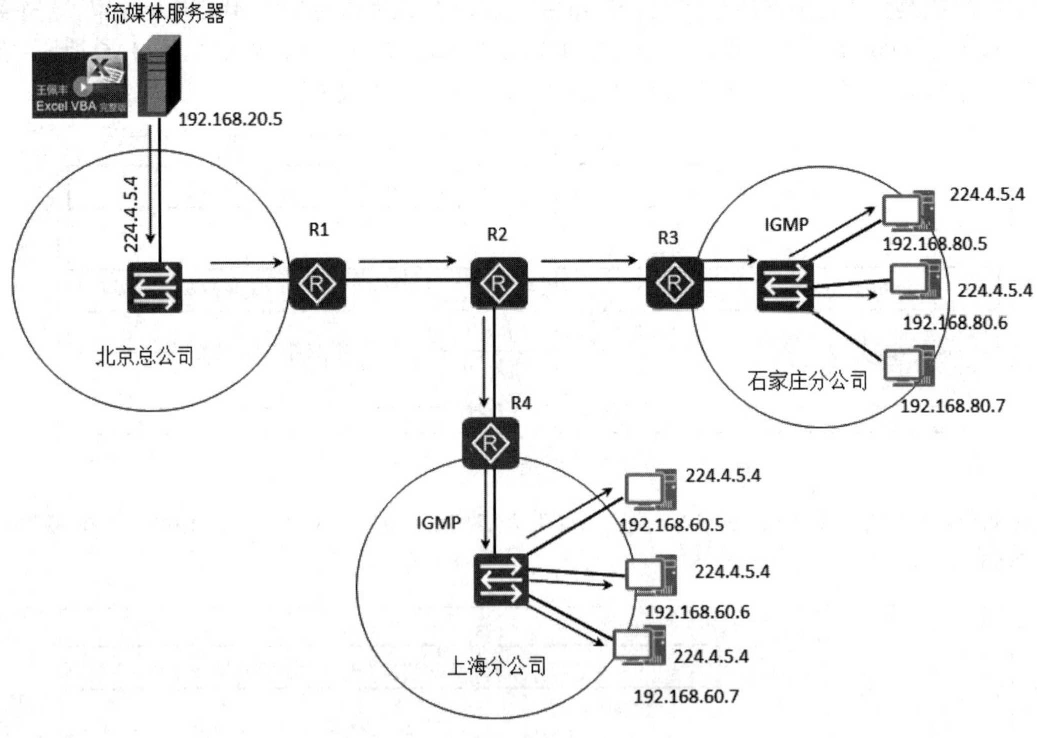

图 7-57 路由器转发组播流

如果上海分公司的计算机都不再接收 224.4.5.4 组播视频，R4 路由器就会告诉 R2 路由器，R2 路由器就不再向 R4 路由器转发该组播数据包。上海网络中只要有一个计算机接收该组播视频，R4 路由器就会向 R2 路由器申请该组播数据包。

这就要求上海分公司路由器必须知道网络中的计算机正在接收哪些组播，此时就要用到 IGMP 协议。上海分公司的主机与本地路由器（R4）之间使用 Internet 组管理协议（IGMP）来进行组播组成员信息的交互，用于管理组播组成员的加入和离开。

IGMP 双向实现如下的功能：

（1）主机通过 IGMP 通知路由器希望接收或离开某个特定组播组的信息。

（2）路由器通过 IGMP 周期性地查询局域网内的组播组成员是否处于活动状态，实现所连网段组成员关系的收集与维护。

7.6　实战：跨网段观看组播视频

前面讲了组播和 IGMP 协议，扫描下面的二维码可与作者联系，观看使用 eNSP 配置跨网段组播以及 IGMP 协议的工作过程。

习题 7

1．如图 7-58 所示，其中的 Windows XP 不能访问 PC2。

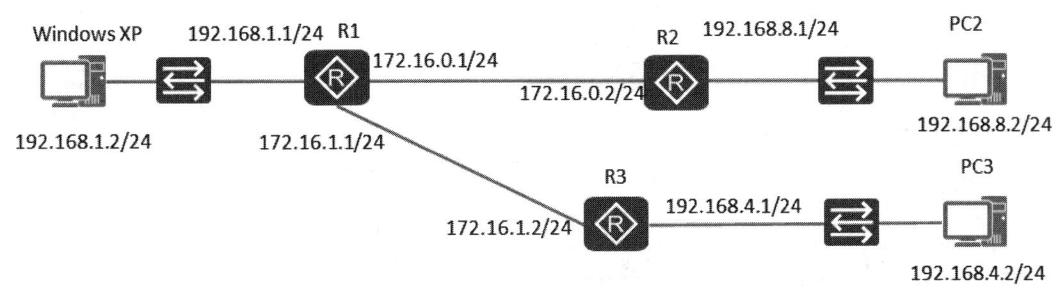

图 7-58　网络拓扑

在 Windows XP 上使用 tracert 命令跟踪数据包的路径。结果如图 7-59 所示，根据跟踪结果，判断问题出在什么地方？

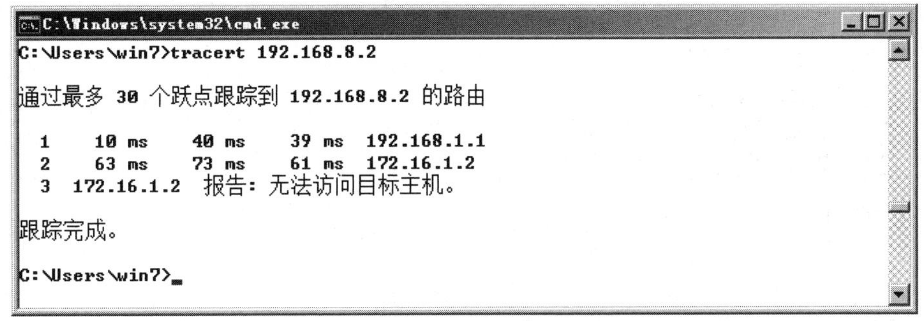

图 7-59　跟踪结果

2．ARP 协议实现的功能是（　　）。

A．域名地址到 IP 地址的解析　　B．IP 地址到域名地址的解析

C．IP 地址到物理地址的解析　　D．物理地址到 IP 地址的解析

3．主机 A 发送 IP 数据报给主机 B，如图 7-60 所示，途中经过了 2 个路由器。试问在 IP 数据报的发送过程中哪些网络要用到 ARP 协议？

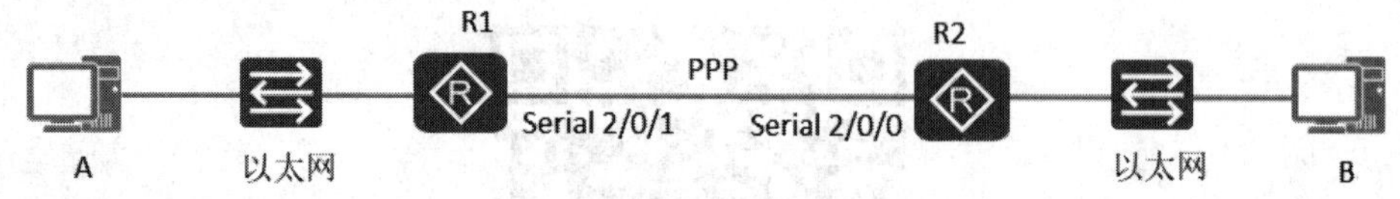

图 7-60　网络拓扑

4．网络层向上提供的服务有哪两种？试比较其优缺点。

5．网络互连有何实际意义？进行网络互连时，有哪些共同的问题需要解决？

6．作为中间设备，转发器、网桥、路由器和网关有何区别？

7．试简单说明 IP、ARP、ICMP、IGMP 协议的作用。

8．什么是最大传送单元 MTU？它和 IP 数据报首部中的哪个字段有关系？

9．在因特网中，对于分片传送的 IP 数据包，可以在最后的目的主机进行组装，还可以在数据报片通过一个网络时就进行一次组装。试比较这两种方法的优劣。

10．图 7-61 是在为一家企业排除网络故障时捕获的数据包。从中你能发现什么问题？是哪一台主机在网上发 ARP 广播包？

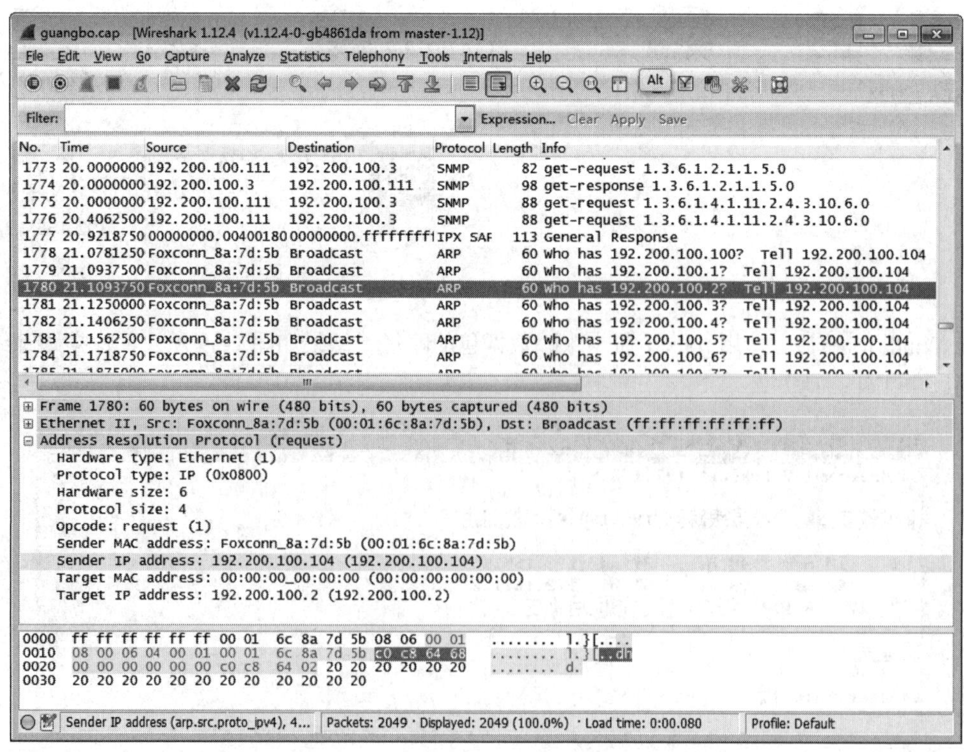

图 7-61　抓包结果

11．如图 7-62 所示，第 300 个数据包是一个分片，如何找到和这个分片属于同一个数据包的后继分片？

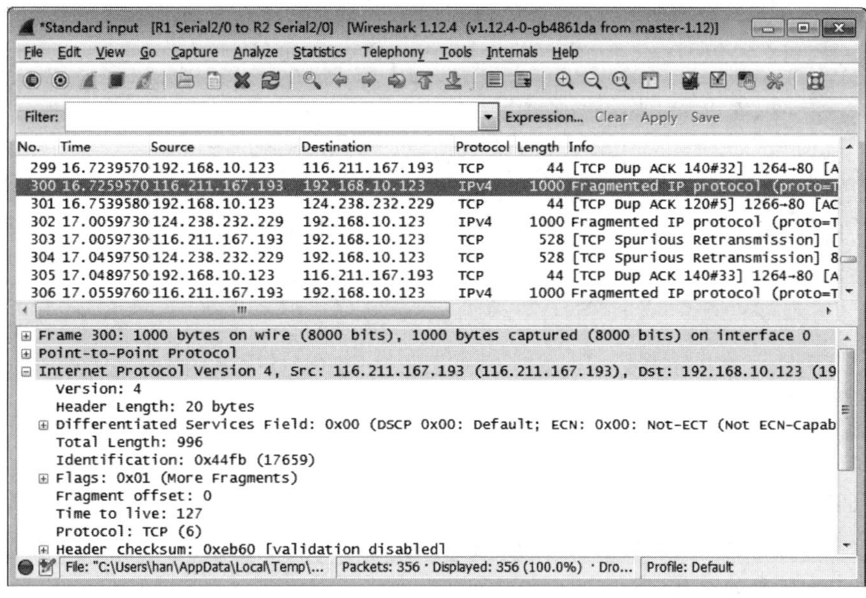

图 7-62　IP 数据包分片

12．连接在同一个交换机上的计算机 A 和计算机 B，其 IP 地址、子网掩码和网关的设置如图 7-63 所示，问计算机 A ping 计算机 B 是否能通？为什么？

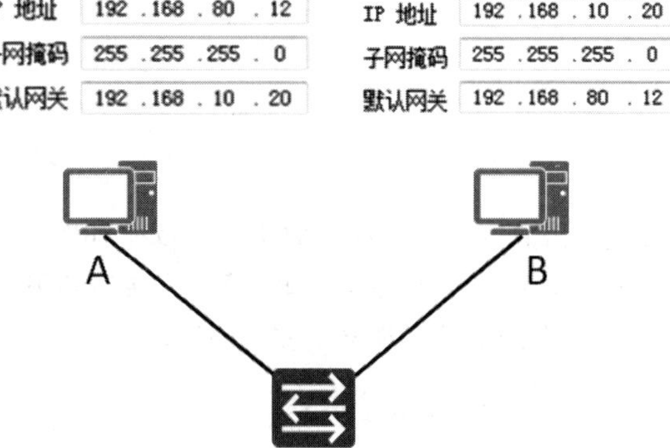

图 7-63　同一个交换机连着的两个计算机

第8章 传输层

- TCP 和 UDP 协议各自的应用场景
- 传输层协议和应用层协议之间的关系
- 端口和服务的关系
- 端口和网络安全的关系
- UDP 协议首部
- TCP 首部
- TCP 可靠传输
- TCP 流量控制
- TCP 拥塞控制
- TCP 连接管理

本章讲解 TCP/IP 协议栈中传输层的两个协议 TCP 和 UDP，如图 8-1 所示，首先介绍这两个协议的应用场景，再讲解传输层协议和应用层协议之间的关系、端口和服务之间的关系。搞清楚这些关系后，自然就会明白设置服务器防火墙实现网络安全的道理。

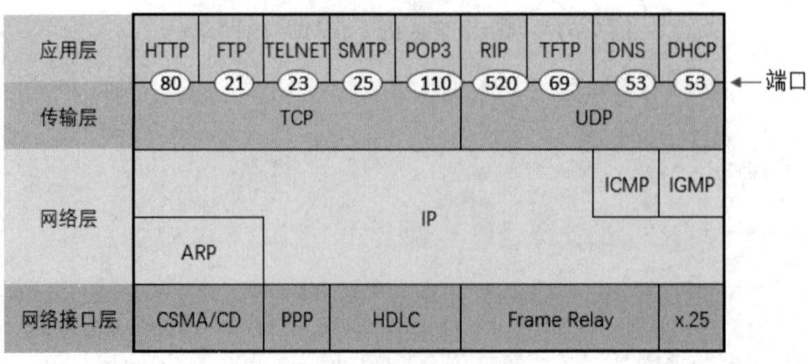

图 8-1　TCP/IP 协议栈

传输层首部要实现传输层的功能，而 TCP 和 UDP 两个协议实现的功能不同，因此这两个协议的传输层首部也不同，需要分别讲解。本章的重点是 TCP 协议，将详细讲解 TCP 协议如何实现可靠传输、流量控制、拥塞避免和连接管理。

8.1 传输层的两个协议

8.1.1 TCP 和 UDP 协议的应用场景

传输层的两个协议 TCP 和 UDP，有各自的应用场景。

TCP 为应用层协议提供可靠传输，发送端按顺序发送，接收端按顺序接收，其间发生的丢包、乱序，TCP 会负责其重传和排序，另外 TCP 还可实现流量控制和拥塞避免等功能。

下面是 TCP 的应用场景。

（1）客户端程序和服务端程序需要多次交互才能实现特定功能应用。比如接收电子邮件使用的 POP3、发送电子邮件使用的 SMTP、传输文件的 FTP，在传输层使用的都是 TCP。

（2）应用程序传输的文件需要分段传输。比如浏览器访问网页时网页中的图片和 HTML 文件需要分段后发送给浏览器，QQ 传文件时也需要对文件进行分段，那么它们在传输层也是使用 TCP。

如果需要将发送的内容分成多个数据包发送，这就要求在传输层使用 TCP 在发送方和接收方建立连接，实现可靠传输。

如图 8-2 所示，发送方的发送速度由网络是否拥塞和接收方接收速度两个因素决定，哪个速度低，就用哪个速度发送。

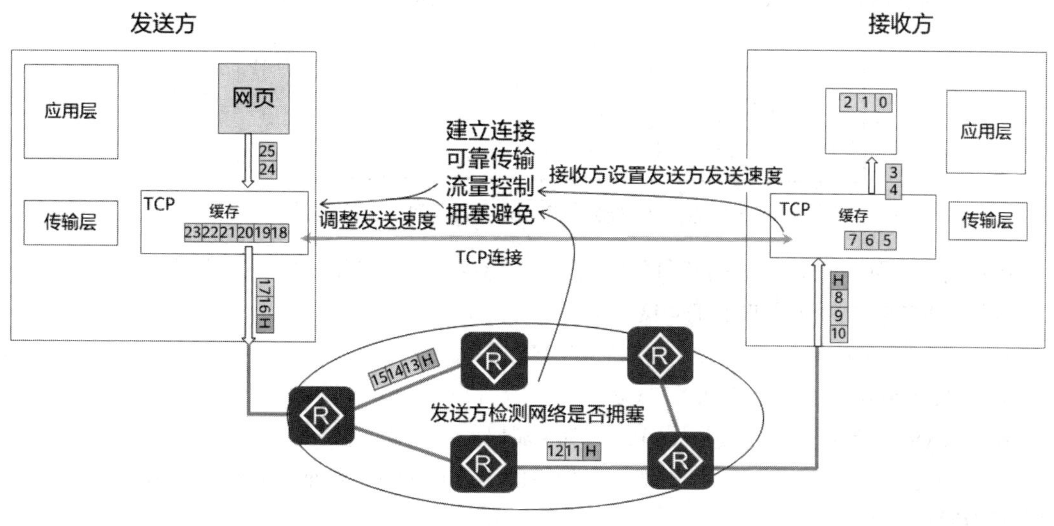

图 8-2 TCP 功能

有些应用，客户端只需向服务器发送一个请求报文，服务器返回一个响应报文就完成其功能。这类应用如果使用 TCP，需发送 3 个数据包建立连接，再发送 4 个数据包释放连接，这显得效率就太低了，于是干脆让应用程序直接发送，如果丢包了，应用程序再发送一遍。这种类型的应用，在传输层就可使用 UDP。

下面是 UDP 的应用场景。

（1）客户端程序和服务端程序通信，应用程序发送的数据包不需要分段。比如域名解析时，客户端向 DNS 服务器发送一个报文请求解析某个网站的域名，DNS 服务器将解析的结果用一个报文返回给客户端，因此 DNS 协议在传输层使用的就是 UDP。

（2）实时通信如 QQ 或微信语音聊天。这类应用，发送方和接收方需要实时交互，也就是不允许较长延迟，即便有几句话因为网络拥塞没听清，关系也不大，因此无需使用 TCP。

（3）多播或广播通信。比如学校多媒体机房，在老师的电脑安装多媒体教室服务端软件，学生电脑安装多媒体教室客户端软件，老师电脑使用多播地址或广播地址发送报文，学生电脑都能收到，这类应用在传输层使用 UDP。

知道了传输层两个协议的特点和应用场景，就很容易判断某个应用在传输层使用什么协议。

比如，使用 QQ 给好友传输文件，传输文件会持续几分钟或几十分钟，肯定不是使用一个数据包就能把文件传输完的，需要将要传输的文件分段传输，在传输文件之前需要建立会话，在传输过程中实现可靠传输、流量控制、拥塞避免等，这都需在传输层使用 TCP 协议来实现。

再比如，使用 QQ 进行聊天，通常一次输入的聊天内容不会有太多文字，使用一个数据包就能把聊天内容发送出去，并且聊完第一句，也不确定什么时候聊第二句，发送数据不是持续的，因此发送 QQ 聊天的内容在传输层使用 UDP 协议。

可见，一个应用程序通信时会根据通信的特点，在传输层选择不同的协议。

8.1.2 传输层协议和应用层协议之间的关系

应用层协议很多，传输层就两个协议。通常，传输层协议加一个端口号可以来确定一个应用层协议，如图 8-3 所示，展示了传输层协议和应用层协议之间的对应关系。

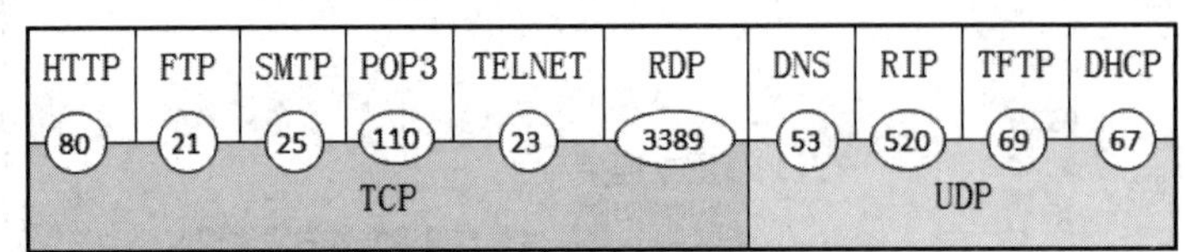

图 8-3 传输层和应用层协议之间的对应关系

除此之外，还有一些常见的应用层协议和传输层协议，它们之间的关系如下。

- HTTPS 默认使用 TCP 的 443 端口。
- Windows 访问共享资源使用 TCP 的 445 端口。
- 微软 SQL 数据库默认使用 TCP 的 1433 端口。
- MySQL 数据库默认使用 TCP 的 3306 端口。

以上列出的都是默认端口，应用层协议使用的端口是可以更改的，如果不使用默认端口，客户端需要指明所使用的端口。

如图 8-4 所示，服务器运行了 Web 服务、SMTP 服务和 POP3 服务，这 3 个服务分别使用 HTTP 协议、SMTP 协议和 POP3 协议与客户端通信。现在网络中的 A 计算机、B 计算机和 C 计算机分别打算访问服务器的 Web 服务、SMTP 服务和 POP3 服务，于是发送了如图所示的数据包①②③，这 3 个数据包的目标端口分别是 80、25 和 110，服务器收到这 3 个数据包后，就根据目标端口号将数据包提交给不同的服务。

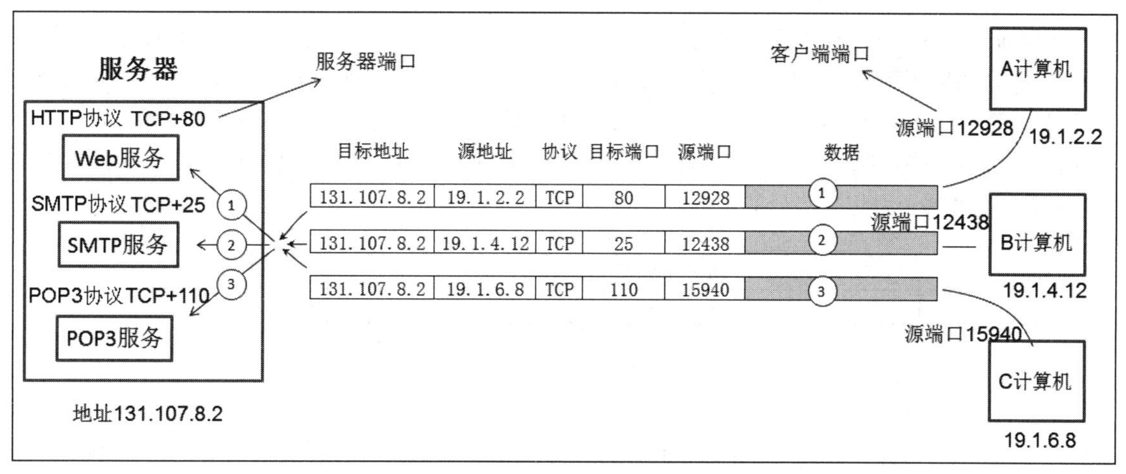

图 8-4　端口和服务的关系

现在大家就会明白，数据包的目标 IP 地址是用来在网络中定位某一个服务器，目标端口用来定位服务器上的某个服务。

图 8-4 中给大家展示的 A、B、C 计算机访问服务器的数据包包含了目标端口和源端口，其中的源端口是计算机临时为客户端程序分配的，服务器向 A、B、C 发送响应数据包，源端口就变成了目标端口。

如图 8-5 所示，A 计算机在谷歌浏览器打开两个窗口，一个窗口访问 www.baidu.com，一个窗口访问 edu.51cto.com，这就需要建立两个 TCP 连接。A 计算机会给每个窗口临时分配一个客户端端口（要求本地唯一），从 51CTO 返回的数据包目标端口就会是 13456，从 baidu 返回的数据包目标端口就会是 12928，这样 A 计算机就知道这些数据包是来自哪个网站、应提交给哪一个窗口。

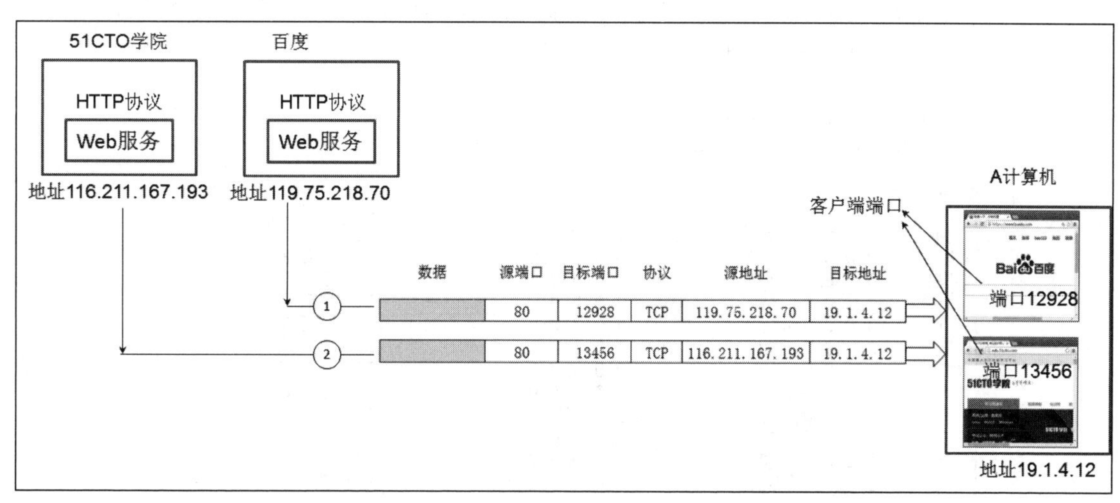

图 8-5　客户端端口的作用

在传输层使用 16 位二进制标识一个端口，端口号取值范围是 0～65535，这个数目对一个计算机来说足够用了。

端口号分为两大类：服务器使用的端口号和客户端使用的端口号。

（1）服务器使用的端口号。服务器使用的端口号又分为两类，最重要的一类叫作熟知端口号

（Well-known Port Number）或系统端口号，数值为 0～1023，IANA 把这些端口号指派给了 TCP/IP 最重要的一些应用程序（这些数值可在网站www.iana.org中查到），如图 8-6 所示。另一类叫作登记端口号，数值为 1024～49151。这类端口号是供没有熟知端口号的应用程序使用的。使用这类端口号必须在 IANA 中按照规定的手续登记，以防止重复。比如微软的远程桌面 RDP 协议使用 TCP 的 3389 端口，就属于登记端口号的范围。

应用程序或服务	FTP	TELNET	SMTP	DNS	TFTP	HTTP	SNMP
熟知端口号	21	23	25	53	69	80	161

图 8-6　熟知端口

（2）客户端使用的端口号。当打开浏览器访问网站或登录 QQ 等客户端软件和服务器建立连接时，计算机会为客户端软件分配临时端口，这就是客户端端口，取值范围为 49152～65535，由于这类端口号仅在客户进程运行时才动态选择，因此又叫临时（短暂）端口号。当服务器进程收到客户进程的报文时，就知道了客户进程所使用的端口号，因而可以把数据发送给客户进程。通信结束后，刚才已使用过的客户端口号就不复存在，这个端口号就可以供其他客户进程使用。

8.1.3　服务和端口之间的关系

有些程序是以服务的形式运行的，在 Linux 和 Windows 系统上都有很多服务，这些服务不像普通程序那样需要用户单击后才会运行，而是开机时就自动运行，因此我们说服务是后台运行的。

有些服务为本地计算机提供服务，有些服务为网络中的计算机提供服务。下面先来看看为本地计算机提供服务的服务。

有些服务是为网络中的其他计算机提供服务的，这类服务一运行就要使用 TCP 或 UDP 协议的某些端口来侦听客户端的请求，等待客户端的连接。在 Windows 系统中，打开命令提示符，输入 netstat -an 可以查看该计算机侦听的端口，如图 8-7 所示。

```
C:\WINDOWS\system32\cmd.exe
C:\Users\hanlg>netstat -an

活动连接

  协议  本地地址              外部地址              状态
  TCP   0.0.0.0:21            0.0.0.0:0             LISTENING
  TCP   0.0.0.0:80            0.0.0.0:0             LISTENING
  TCP   0.0.0.0:135           0.0.0.0:0             LISTENING
  TCP   0.0.0.0:445           0.0.0.0:0             LISTENING
  TCP   0.0.0.0:902           0.0.0.0:0             LISTENING
  TCP   0.0.0.0:912           0.0.0.0:0             LISTENING
  TCP   0.0.0.0:2000          0.0.0.0:0             LISTENING
  TCP   0.0.0.0:2001          0.0.0.0:0             LISTENING
  TCP   0.0.0.0:3389          0.0.0.0:0             LISTENING
  TCP   0.0.0.0:4000          0.0.0.0:0             LISTENING
  TCP   0.0.0.0:5040          0.0.0.0:0             LISTENING
```

图 8-7　查看侦听的端口

使用 telnet 命令或端口扫描工具扫描远程计算机打开的 TCP 端口，就能判断远程计算机开启了什么服务。如图 8-8 所示，telnet www.baidu.com 的 21 端口，提示连接失败，说明www.baidu.com 没有服务侦听 telnet 端口或该服务器上的防火墙不允许访问其 telnet 端口；telnet 39.156.66.14 80 端口，就没有连接失败的提示，说明能够访问该地址的 TCP 的 80 端口对应的服务。

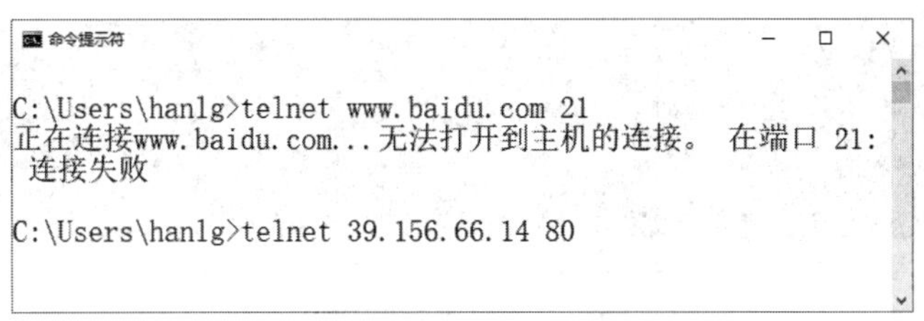

图 8-8　测试远程服务器打开的端口

现在你就明白了黑客入侵服务器，为什么先扫描服务器端口，通过扫描端口就能探测服务器开启了什么服务，知道运行了什么服务就可以进一步检测该服务是否有漏洞，然后进行攻击。

通过上面的演示得出以下结论：服务器给网络中的计算机提供服务，该服务一运行就会使用 TCP 或 UDP 的一些端口侦听客户端的请求，每个服务使用的端口必须唯一。如果安装了某服务但客户端不能访问，就要检查该服务是否运行，或者在客户端 telnet 该服务端口是否成功。

8.1.4　实战：服务器端口冲突造成服务启动失败

服务器上的服务侦听的端口不能冲突，否则将会造成服务启动失败。如某公司网站不能访问了，操作系统是 Windows Server 2003。单击“开始”/“程序”/“管理工具”/“Internet 信息服务管理器”，发现该 Web 站点停止，如图 8-9 所示。右击“默认网站”，单击“启动”，出现错误提示“另一个程序正在使用此文件，进程无法访问”，根据经验判断，这是服务端口冲突造成的服务启动失败。

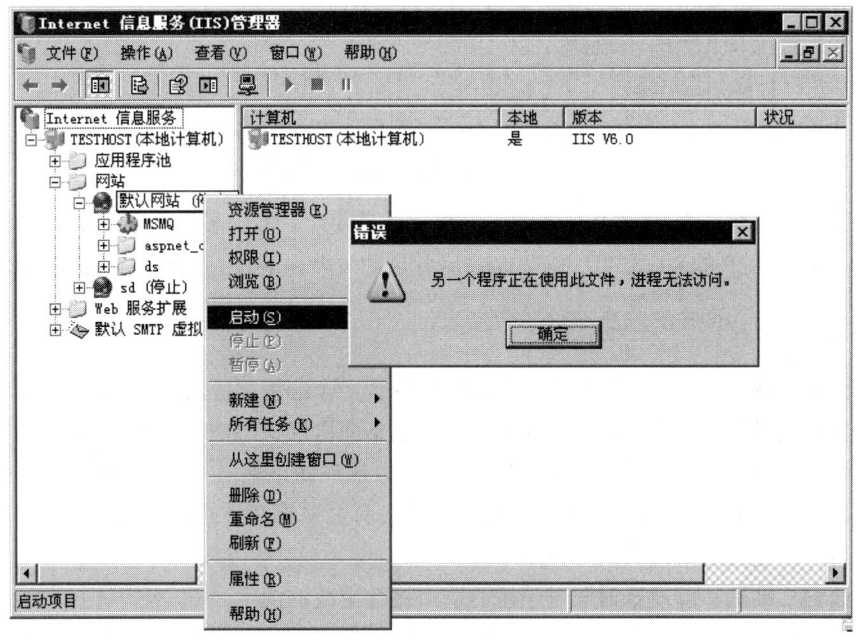

图 8-9　端口被占用

这台服务器上只有一个 Web 站点，肯定是其他程序占用了该 Web 站点使用的 80 端口，那么如何确认是哪个程序占用了该端口呢？

如图 8-10 所示，在命令提示符下输入：netstat -aonb >>c:\p.txt，这样就把输出结果保存在 c:\p.txt，参数-b 能够显示侦听端口的进程。

```
C:\WINDOWS\system32\cmd.exe
C:\Documents and Settings\Administrator>
C:\Documents and Settings\Administrator>
C:\Documents and Settings\Administrator>
C:\Documents and Settings\Administrator>
C:\Documents and Settings\Administrator>netstat -aonb >>c:\p.txt

C:\Documents and Settings\Administrator>_
```

图 8-10　将输出重定向到记事本

> 注意：所有用命令提示符显示的结果都可以使用“>> 路径\文件名.txt”保存到指定文本文件。输出内容太多时就可以使用这种方法。

打开 C 盘根目录下的 p.txt，如图 8-11 所示，“netstat -aonb”命令能够查看侦听的端口以及侦听端口的进程号（PID）和应用程序名字。我们发现是 WebThunder（迅雷）占用了 80 端口，造成服务器 Web 服务启动失败。

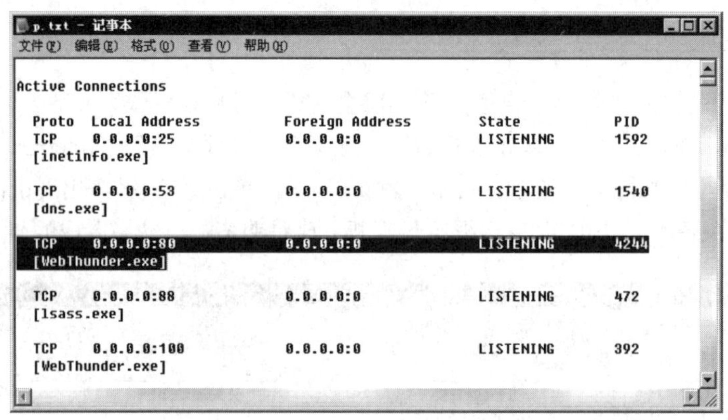

图 8-11　查看占用 80 端口的程序

原来，这台服务器上安装的 Web 迅雷上下载了一个软件，重启服务器后，Web 迅雷比 Web 服务先启动，占用了 TCP 的 80 端口，造成 Web 服务启动失败。解决办法就是卸载迅雷。

8.1.5　实战：更改服务使用的默认端口

通过前面的讲解知道了传输层协议加端口可以标识一个应用层协议，应用层协议也可以不使用默认端口与客户端通信。下面就来演示如何更改远程桌面协议（RDP）和 Web 服务使用的端口。更改应用层协议使用的端口可以迷惑攻击者，让其没办法判断该端口对应什么服务。比如你公司有个网站，部署到 Internet，该网站只对公司员工开放，就可以更改该网站使用的端口号，告诉公司员工应该使用什么端口访问该网站。

扫描下面的二维码，可观看对服务使用的端口进行更改的演示。

服务器端的服务侦听的端口变化了，客户端连接服务器时需要指明使用的端口。当然其他的服务 FTP、SMTP 或 POP3 协议使用的端口也可以更改，客户端访问时也需要指明使用的端口，这里不再一一演示。

8.1.6 端口和网络安全的关系

客户端和服务器之间的通信使用应用层协议，应用层协议使用传输层协议+端口标识，知道了这个关系后，网络安全也就应该学会了，这是学习网络原理的额外收获。

如果在一个服务器上安装多个服务，其中一个服务有漏洞，被黑客入侵了，黑客就能获得操作系统的控制权，进一步破坏其他服务。

TCP/IP 协议在传输层有两个协议 TCP 和 UDP，相当于网络中的两扇大门，门上开的洞就相当于开放 TCP 和 UDP 的端口。如图 8-12 所示，服务器对外提供 Web 服务，在服务器上还安装了微软的数据库服务 MSSQL，网站的数据就存储在本地的数据库中。如果服务器的防火墙没有对进入的流量做任何限制，且数据库的内置管理员账户 sa 密码为空或弱密码，网络中的黑客就可以通过 TCP 的 1433 端口连接到数据库服务，并很容易猜出数据库账户 sa 的密码，就能获得服务器操作系统管理员的身份，进一步在该服务器中为所欲为，这就意味着服务器被入侵。

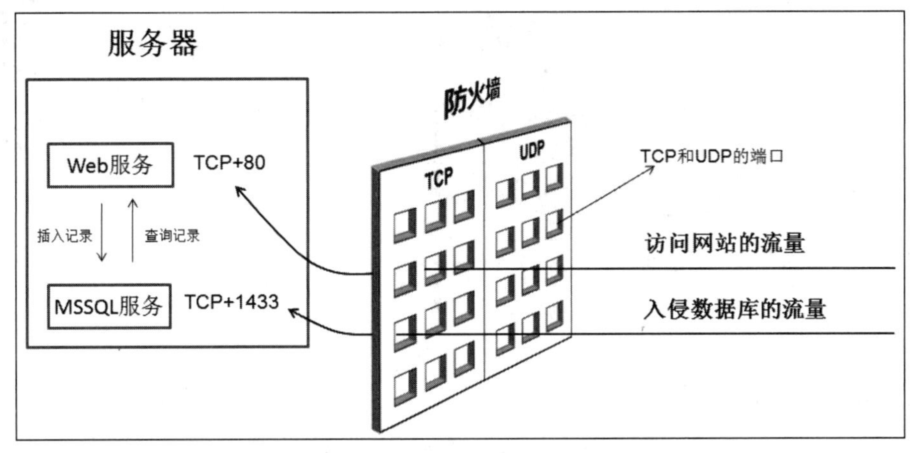

图 8-12 服务器上的防火墙示意图

如果想让服务器更加安全，就要把能够通往应用层的 TCP 和 UDP 的两扇大门关闭，在大门上只开放必要的端口。如图 8-13 所示，如果你的服务器对外只提供 Web 服务，便可以设置 Web 服务器防火墙只对外开放 TCP 的 80 端口，其他端口都关闭，这样即便服务器运行了数据库服务并使用 TCP 的 1433 端口侦听客户端的请求，互联网上的入侵者也没有办法通过该端口入侵服务器。

我们还可以在路由器上设置访问控制列表（ACL）来实现网络防火墙的功能，控制内网访问 Internet 的流量。如图 8-14 所示，在企业路由器只开放了 UDP 的 53 端口和 TCP 的 80 端口，允许内网计算机将域名解析的数据包发送到 Internet 的 DNS 服务器，允许内网计算机使用 HTTP 协议访问 Internet 的 Web 服务器。但内网计算机不能访问 Internet 上的其他服务，比如向 Internet 发送邮件（使用 SMTP 协议）、从 Internet 接收邮件（使用 SPOP3 协议）。比如，在图 8-14 中的内网计算机如果 telnet SMTP 服务器 25 端口就会失败，这是因为网络中的路由器封掉了访问 SMTP 服务器的端口。

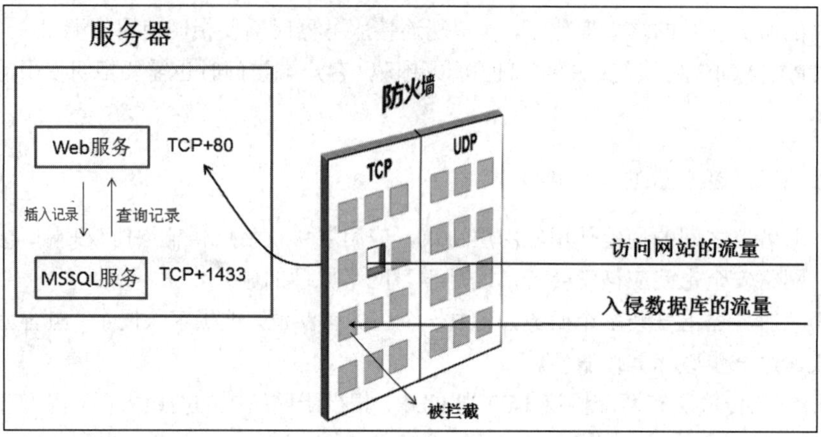

图 8-13　防火墙只打开特定端口

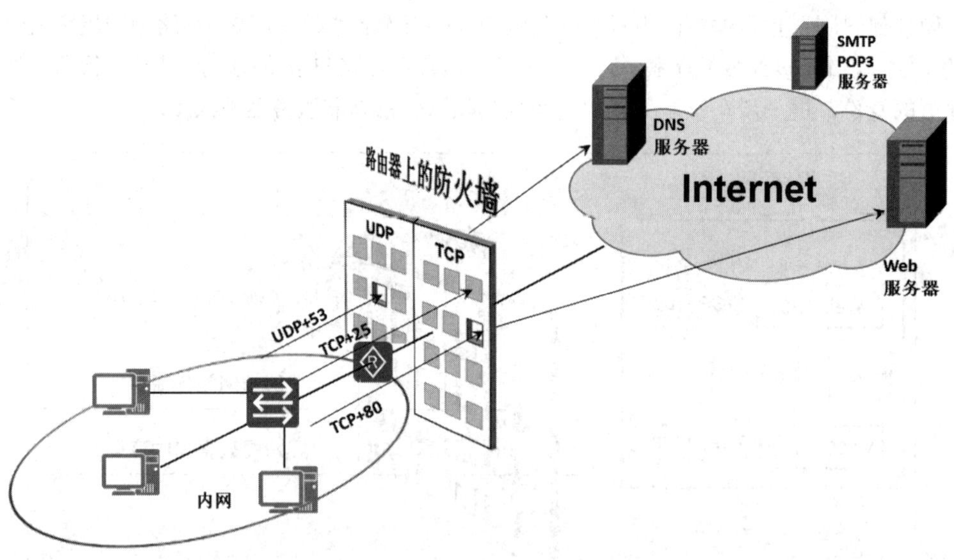

图 8-14　路由器上的防火墙

8.1.7　实战：Windows 防火墙和 TCP/IP 筛选实现网络安全

在 Windows Server 2003 和 Windows XP 上都有 Windows 防火墙，可以设置计算机对外开放哪些端口，以增强网络安全。Windows 防火墙的设置需要 Windows Firewall/Internet Connection Sharing（ICS）服务，该服务如果被异常终止，Windows 防火墙将不起作用。还有比 Windows 防火墙更加安全的设置，那就是使用 TCP/IP 筛选，更改该设置需要重启系统生效。

如图 8-15 所示，在 Windows Server 2003 上设置 Windows 防火墙，只允许网络中的计算机使用 TCP 的 80 端口访问其网站，其他端口统统关闭，网络中的计算机也不能使用远程桌面连接了。

> **注意：**如果没有选中“启用 TCP/IP 筛选（所有适配器）”，计算机又有多块网卡，则 TCP/IP 筛选只对当前网卡生效。UDP 选择了“只允许”，而没有添加任何端口，就相当于关闭了 UDP 的全部端口。

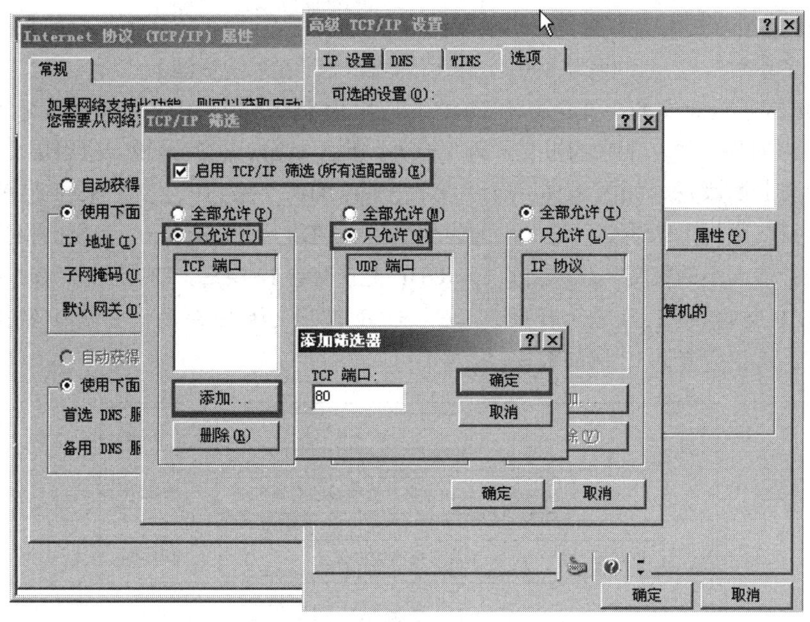

图 8-15　设置 TCP/IP 筛选

在 Windows XP 进行测试，你会发现网站能够访问，而远程桌面不能连接。TCP/IP 筛选不受 Windows Firewall/Internet Connection Sharing（ICS）服务的影响。不同版本的 Windows 或 Linux 操作系统的配置命令和配置方式可能稍有不同，但都大同小异。详细操作过程的视频演示，可通过扫描下面的二维码联系作者进行观看。

8.2　用户数据报协议（UDP）

虽然都是传输层协议，但 TCP 和 UDP 所实现的功能不同，TCP 和 UDP 协议的首部也不相同。下面讲解 UDP 协议的特点和 UDP 报文首部。

8.2.1　UDP 协议的特点

用户数据报协议（UDP）只在 IP 的数据报服务之上增加了复用和分用功能以及差错检测功能。这里所说的复用和分用，就是使用端口标识不同的应用层协议。UDP 的主要特点如下：

（1）UDP 是无连接的，即发送数据之前不需要建立连接（当然发送数据结束时也没有连接可释放），因此减少了开销和发送数据之前的时延。

（2）UDP 使用尽最大努力交付，即不保证可靠交付，因此主机不需要维持复杂的连接状态表（这里面有许多参数），通信的两端不用保持连接，因此节省系统资源。

（3）UDP 是面向报文的，发送方的 UDP 对应用程序交下来的报文，添加首部后就向下交付给网络层。UDP 对应用层交下来的报文，既不合并，也不拆分，也就是说，应用层交给 UDP 多长的报文，UDP 就原样发送，如图 8-16 所示。接收方的 UDP，先为 IP 层交上来的 UDP 用户数据报去除首部，然后就原封不动地交付给上层的应用进程。UDP 一次交付一个完整的报文，因此应用程序必须选择合适大小的报文。若报文太长，UDP 把它交给 IP 层后，IP 层在传送时可能要进行分片，这会降低 IP 层的效率；反之，若报文太短，UDP 把它交给 IP 层后，会使 IP 数据报的首部的相对长度较大，这也会降低 IP 层的效率。

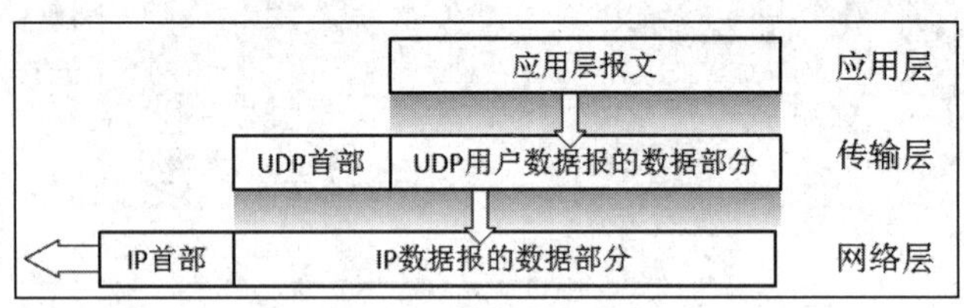

图 8-16　UDP 数据是应用层报文

（4）UDP 没有拥塞控制，因此当网络出现拥塞时不会使源主机的发送速率降低。这对某些实时应用是很重要的。很多的实时应用（如 IP 电话、实时视频会议等）要求源主机以恒定的速率发送数据，并且允许在网络发生拥塞时丢失一些数据，但却不允许数据有太大的时延。

（5）UDP 支持一对一、一对多、多对一和多对多的交互通信。

（6）UDP 的首部开销小，只有 8 字节，比 TCP 的 20 字节的首部要短。

虽然某些实时应用需要使用没有拥塞控制的 UDP，但当很多源主机同时都向网络发送高速率的实时视频流时，网络就有可能发生拥塞。还有一些使用 UDP 的实时应用，需要对 UDP 的不可靠的传输进行适当的改进，以减少数据的丢失。在这种情况下，应用进程本身可以在不影响应用实时性的前提下，采取一些提高可靠性的措施，如采用前向纠错或重传已丢失的报文。

8.2.2　UDP 的首部格式

我们知道，域名解析使用 DNS 协议，在传输层使用 UDP 协议。因此，在讲 UDP 首部格式之前，我们先用抓包工具捕获一个域名解析的数据包，如图 8-17 所示。可见，UDP 用户数据报也分两个部分：数据部分和首部部分。首部很简单，只有 4 个字段，每个字段的长度都是两个字节，共 8 个字节。各字段含义如下：

（1）源端口。源端口号，在需要对方回信时选用，不需要时可用全 0。

（2）目标端口。目的端口号，在终点交付报文时必须要使用到。

（3）长度。UDP 用户数据报的长度，最小值是 8（即仅包含首部）。

（4）校验和。检测 UDP 用户数据报在传输中是否有错，如果有错就丢弃。

UDP 用户数据报首部中校验和的计算方法有些特殊。在计算校验和时，要在 UDP 用户数据报之前增加 12 个字节的伪首部。所谓“伪首部”，是因为这种伪首部并不是 UDP 用户数据报真正的首部，只是在计算校验和时，临时添加到 UDP 用户数据报前面，得到一个临时的 UDP 用户数据报。伪首部既不向下传送也不向上递交，仅仅是为了计算校验和。图 8-18 最上面给出了伪首部各字段。

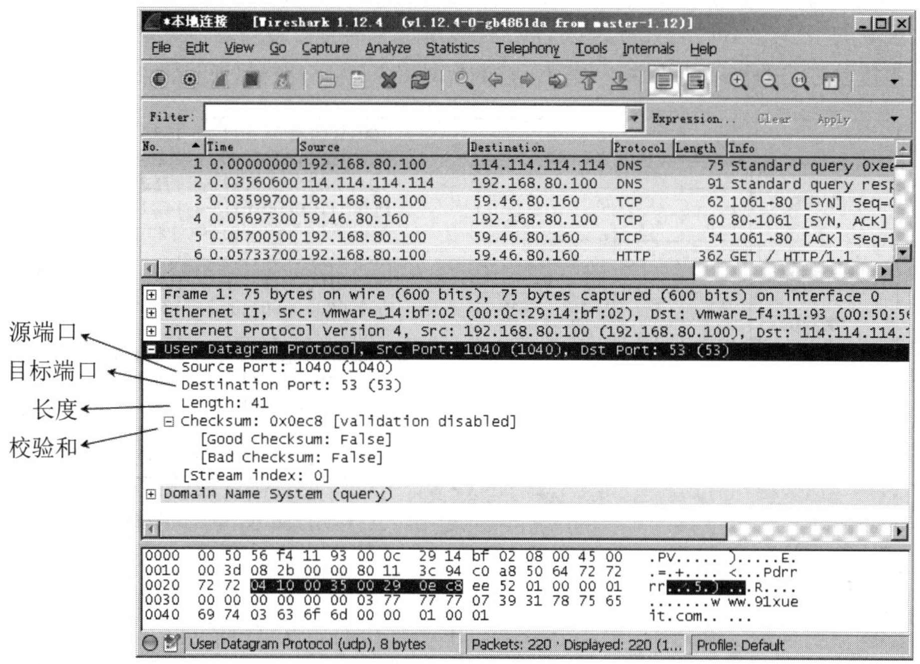

图 8-17 UDP 首部

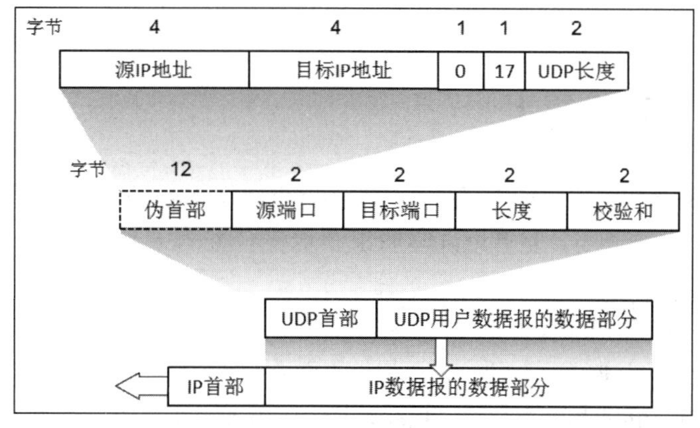

图 8-18 UDP 首部和伪首部

UDP 计算校验和的方法和计算 IP 数据报首部校验和的方法相似，不同的是 IP 数据报的校验和只校验 IP 数据报的首部，而 UDP 的校验和是把首部和数据部分一起校验。在发送方，首先把全零放入校验和字段。若 UDP 用户数据报的数据部分不是偶数个字节则要填入一个全零字节，这样，伪首部加上 UDP 用户数据报，就可看成是由若干双字节（16 位字）串起来的串。把所有的 16 位字求和，再把这个和取反后写入校验和字段，就形成了要发送的完整的 UDP 用户数据报。

在接收方，把收到的 UDP 用户数据报连同伪首部（以及可能的填充全零字节）形成的按 16 位字串进行求和，再把求出的进行取反，当无差错时，这个结果应为全 1（原理是任何一个二进制数与其反码的和必为全 1），否则就表明有差错出现，接收方就应丢弃这个 UDP 用户数据报（也可以上交给应用层，但附上出现了差错的警告）。

图 8-19 给出了一个计算 UDP 校验和的例子。这里假定用户数据报的长度是 15 字节，因此要

添加一个全 0 的字节。你可以自己检验一下在接收端是怎样对校验和进行校验的。不难看出，这种简单的差错校验方法的校错能力并不强，但它的好处是简单，处理起来较快。

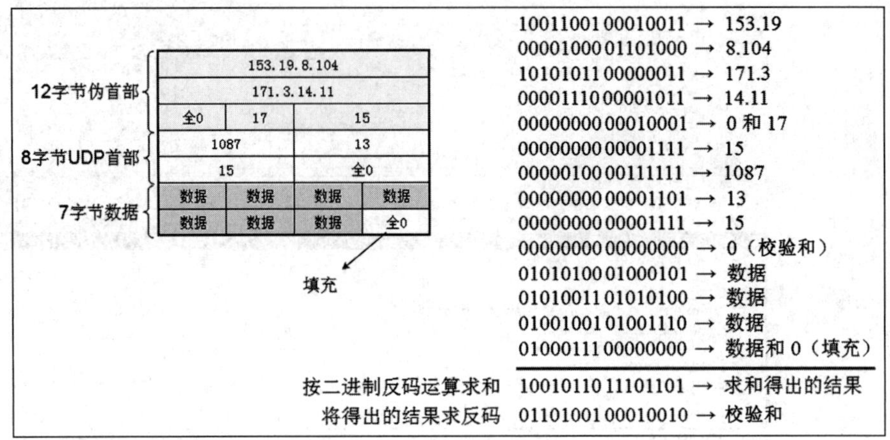

图 8-19　计算 UDP 校验和的例子

伪首部的第 3 个字段是全零，第 4 个字段是 IP 首部中的协议字段的值。以前讲过，对于 UDP，此协议字段值为 17。第 5 个字段是 UDP 用户数据报的长度。因此，这样的校验和，既检查了 UDP 用户数据报的源端口号和目标端口号以及 UDP 用户数据报的数据部分，又检查了 IP 数据报的源 IP 地址和目标 IP 地址。

8.3　传输控制协议（TCP）

TCP 协议比 UDP 协议实现的功能要多，数据传输过程要解决的问题也比 UDP 协议要多。下面先介绍 TCP 协议的主要特点，然后再讲解 TCP 报文首部格式。

8.3.1　TCP 协议的主要特点

TCP 是 TCP/IP 体系中非常复杂的一个协议。下面介绍 TCP 主要的特点。

（1）TCP 是面向连接的传输层协议。也就是说，应用程序在使用 TCP 协议之前，必须先建立 TCP 连接。在传送数据完毕后，必须释放已经建立的 TCP 连接。这就是说，应用进程之间的通信好像在“打电话”：通话前要先拨号建立连接，通话结束后要挂机释放连接。

（2）每一条 TCP 连接只能有两个端点，只能是点对点的（一对一）。

（3）TCP 提供可靠的传输服务。也就是说，通过 TCP 连接传送的数据，无差错、不丢失、不重复且按序发送。

（4）TCP 提供全双工通信。TCP 允许通信双方的应用进程在任何时候都能发送数据。TCP 连接的两端都设有发送缓存和接收缓存，用来临时存放双向通信的数据。在发送时，应用程序把数据传送给 TCP 的缓存后，就可以做自己的事，而 TCP 在合适的时候把数据发送出去。在接收时，TCP 把收到的数据放入缓存，上层的应用进程在合适的时候读取缓存中的数据。

（5）面向字节流。TCP 中的“流”（stream）指的是流入到进程或从进程流出的字节序列。“面向字节流”的含义是：虽然应用程序和 TCP 一次交互的是一个数据块（大小不等），但 TCP 把应用程序交下来的数据仅仅看成是一连串的无结构的字节流，TCP 并不知道所传送的字节流的含义。TCP 不保证接收方应用程序收到的数据块和发送方应用程序发出的数据块具有对应大小的关系（例如，发送方应用程序交给发送方的 TCP 共 10 个数据块，而接收方的 TCP 可能只用了 4 个数据块就把收到的字节流交付给了上层的应用程序）。但接收方应用程序收到的字节流必须和发送方应用程序发出的字节流完全一样。当然，接收方的应用程序必须有能力识别收到的字节流，把它还原成有意义的应用层数据。

上述概念的示意如图 8-20 所示。为了突出示意图的要点，我们只画出了一个方向的数据流，各部分都只画出了几个字节，这仅仅是为了更方便地说明“面向字节流”的概念。在实际的网络中，一个 TCP 报文段包含上千个字节是很常见的。需要注意的另一个重点是，图中的 TCP 连接是一条虚连接而不是一条真正的物理连接。TCP 报文段先要传送到 IP 层，加上 IP 首部后再传送到数据链路层，然后再加上数据链路层的首部和尾部后，才离开主机发送到物理链路。

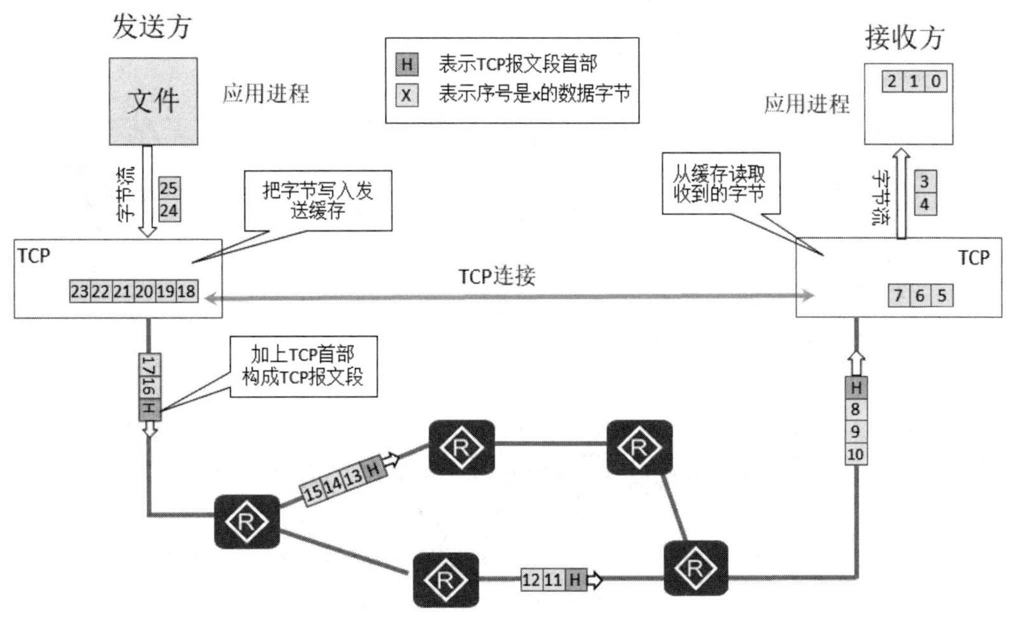

图 8-20　TCP 面向字节流的概念

TCP 和 UDP 在发送报文时所采用的方式完全不同。TCP 并不关心应用进程一次把多长的报文发送到 TCP 的缓存，只根据对方给出的窗口值和当前网络拥塞的程度来决定一个报文段应包含多少个字节（UDP 发送的报文长度是应用进程给出的）。如果应用进程传送到 TCP 缓存的数据块太长，TCP 就可以把它划分得短一些再传送。如果应用进程一次只发来一个字节，TCP 也可以等待积累到足够多的字节后再生成报文段发送出去。

8.3.2　TCP 报文的首部格式

TCP 协议能够实现数据分段传输、可靠传输、流量控制、网络拥塞避免等功能，这些功能都是通过 IP 首部中不同字段的设置来实现的，因此 TCP 报文首部比 UDP 报文首部字段要多，并且首部长度不固定。下面我们就来讲解 TCP 报文的首部格式，图 8-21 所示是抓包工具捕获的所有数据包。我们知道 HTTP 协议在传输层使用的是 TCP 协议，因此，我们可从中找到一个 HTTP 协议的数据包，从中对 TCP 的报文格式进行分析。图中给大家标注了 TCP 传输层首部的各个字段，该数据包的 TCP 首部没有选项部分。

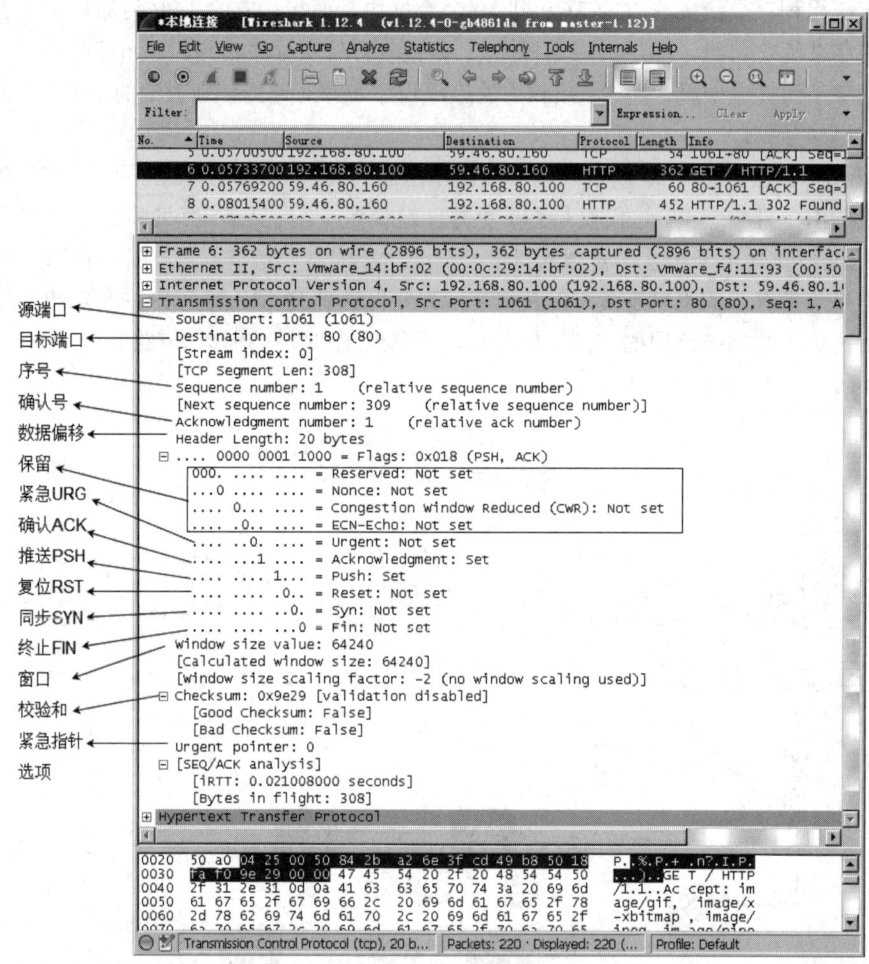

图 8-21　TCP 首部

TCP 虽然是面向字节流的，但 TCP 传送的数据单元却是报文段（segment）。一个 TCP 报文段分为首部和数据两部分，TCP 的全部功能都体现在它首部中的各字段，只有弄清 TCP 首部各字段的作用才能掌握 TCP 的工作原理。TCP 首部各字段的示意如图 8-22 所示。

TCP 报文段首部的前 20 个字节是固定的，后面有 4N 字节是根据需要而增加的选项（N 是整数），因此 TCP 首部的最小长度是 20 字节。

（1）源端口和目标端口各占两个字节，分别写入源端口号和目标端口号。和 UDP 一样，TCP 也是使用端口号来标识不同的应用层协议。

（2）序号占 4 字节。取值范围是 0～（2^{32}-1），共 2^{32} 个序号。TCP 是面向字节流的，在一个 TCP 连接中传送的字节流的每一个字节都要按顺序编号，整个要传送的字节流的起始序号必须在连接建立时设置。若干个字节形成一个 TCP 报文段，TCP 报文段以本报文段所发送的数据的第一个字节的序号作为本报文段的标识，也就是 TCP 报文首部中的“序号”，因此报文段首部中的“序号”字段，也可称为“报文段序号”。

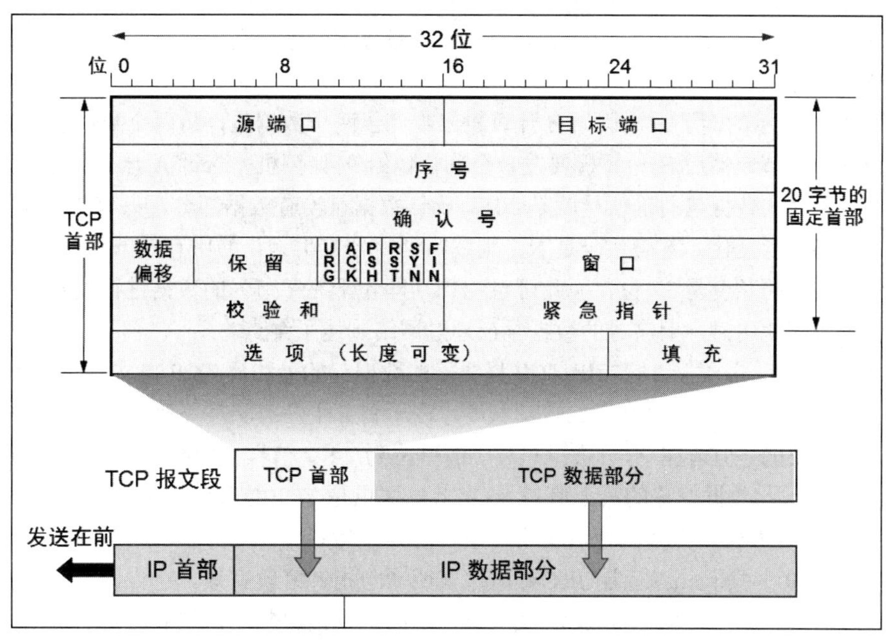

图 8-22 TCP 首部各字段

我们以 A 计算机给 B 计算机发送一个文件为例，来说明序号的用法，为了方便说明问题，传输层其他字段没有展现，如图 8-23 所示。第 1 个报文段的序号字段值是 1，携带的数据共有 100 字节，则本报文段的数据的第一个字节的序号是 1，最后一个字节的序号是 100；下一个报文段的数据序号应当从 101 开始，即下一个报文段的序号字段值应为 101。B 计算机将收到的数据包放到缓存，根据序号对收到的数据包中的字节进行排序，B 计算机的程序会从缓存中读取编号连续的字节。

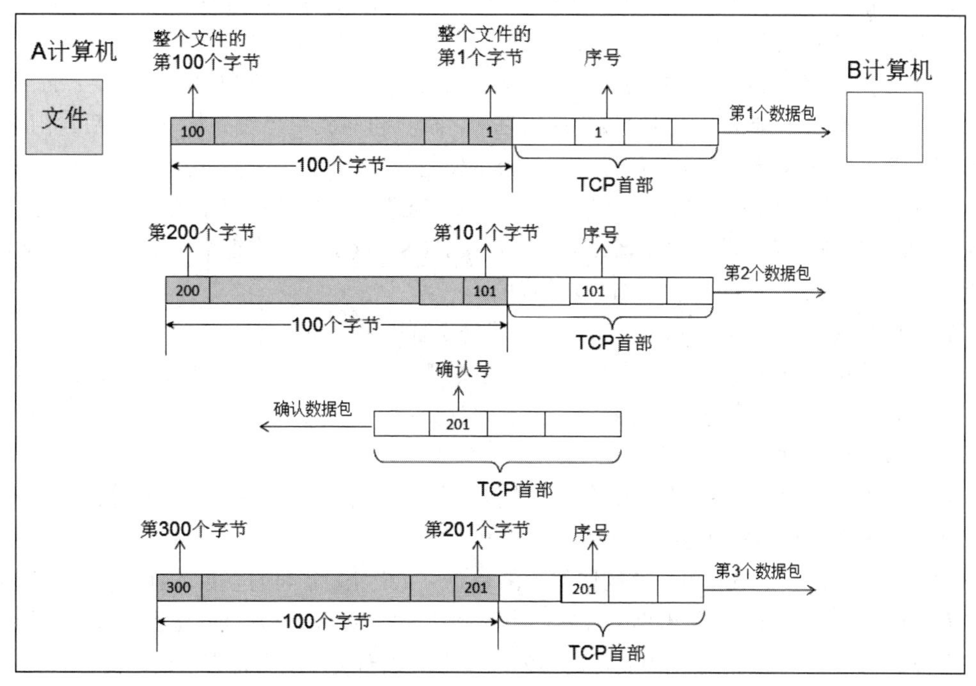

图 8-23 理解序号和确认号

（3）确认号。占 4 字节，它的值是期望收到的对方下一个报文段序号，即下一个报文段第一个数据字节的序号。

在如图 8-23 所示的例子中，假如 B 计算机已收到了两个数据包，将两个数据包字节排序得到连续的前 200 个字节，然后 B 计算机要发一个确认包给 A 计算机，告诉 A 计算机应该发送第 201 个字节了，这个确认数据包的确认号就是 201。确认数据包没有数据部分，只有 TCP 首部。

所以，我们应当记住：若确认号是 N，则表明到序号 N-1 为止的所有数据都已正确收到。

由于序号字段的长度是 32 位，因此可对 4GB（即 4 千兆字节）的数据进行编号。一般情况下可保证当序号重复使用时，旧序号的数据早已通过网络到达了终点。

（4）数据偏移。占 4 位，它指出 TCP 报文段的数据起始处距离 TCP 报文段的起始处有多远。这个字段实际上是指出 TCP 报文段的首部长度。由于首部中还有长度不确定的选项字段，因此数据偏移字段是必要的。但请注意，“数据偏移”的单位为“4 字节”， 4 位二进制数能够表示的最大十进制数是 15，因此数据偏移的最大值是 60 字节，这也是 TCP 首部的最大长度。

（5）保留。占 6 位，保留为今后使用，但目前应置为 0。

（6）紧急 URG（Urgent）。当 URG=l 时，表明紧急指针字段有效。它告诉系统此报文段中有紧急数据，应尽快传送（相当于高优先级的数据），而不要按原来的排队顺序传送。比如，你在发送一个很长的程序到远地的主机，但发了一大半后发现需要取消发送，因此你从键盘发出中断命令（Control+C）。这种情况下，如果不使用紧急数据，那么这两个字符将存储在接收 TCP 缓存的末尾，只有在所有的数据被处理完毕后这两个字符才被交付到接收方的应用进程，这样就会白白浪费许多时间。

（7）确认 ACK（Acknowlegment）。仅当 ACK=1 时确认号字段才有效。TCP 规定，在连接建立后所有传送的报文段都必须把 ACK 置 1。

（8）推送 PSH（Push）。当两个应用进程进行交互式的通信时，有时一端的应用进程希望在键入一个命令后立即就能收到对方的响应。在这种情况下，TCP 就可以使用推送（Push）操作。即发送方 TCP 把 PSH 置 l，并立即创建一个报文段发送出去。接收方 TCP 收到 PSH=1 的报文段后就尽快地（即“推送”向前）交付给接收应用进程，而不再等到整个缓存都填满了后再向上交付。虽然应用程序可以选择推送操作，但推送操作很少使用。

（9）复位 RST（Reset）。当 RST=l 时，表明 TCP 连接中出现严重差错（如由于主机崩溃或其他原因），必须释放连接，然后再重新建立传输连接。RST 置 1 还用来拒绝一个非法的报文段或拒绝打开一个连接。RST 也可称为重建位或重置位。

（10）同步 SYN（Synchronization）。在连接建立时用来同步序号。当 SYN=1 而 ACK=0 时，表明这是一个连接请求报文段。对方若同意建立连接，则应在响应的报文段中使 SYN=1 和 ACK=1。因此，SYN 置为 1 就表示这是一个连接请求或连接接受报文。关于连接的建立和释放，在后面 TCP 连接管理部分将详细讲解。

（11）终止 FIN（Finish）。用来释放一个连接。当 FIN=1 时，表明此报文段的发送方的数据已发送完毕，并要求释放传输连接。

（12）窗口。占 2 字节。窗口值的取值范围是 0～（2^{16}-1）之间的整数。TCP 协议有流量控制功能，窗口值用来告诉对方：从本报文段首部中的确认号算起，接收方目前允许对方发送的数据量（单位是字节）。之所以要有这个限制，是因为接收方的数据缓存空间是有限的。使用 TCP 协议传输数据的计算机会根据自己的接收能力随时调整窗口值，对方参照这个值及时调整发送窗口，从而达到流量控制的目的。

（13）校验和。占2字节。校验和字段校验的范围包括首部和数据这两部分。与UDP用户数据报一样，在计算校验和时，要在 TCP 报文段的前面加上 12 字节的伪首部。伪首部的格式与图8-18中UDP用户数据报的伪首部一样。但应把伪首部第4个字段中的17改为6（TCP的协议号是6），把第5个字段中的UDP长度改为TCP长度。接收方收到此报文段后，仍要加上这个伪首部来计算校验和。若使用IPv6，则相应的伪首部也要改变。

（14）紧急指针。占2字节。紧急指针仅在URG=1时才有意义，它指出了紧急数据的末尾在报文段中的位置。当所有紧急数据都处理完，TCP 就告诉应用程序恢复到正常操作。值得注意的是，即使窗口值为零，也可发送紧急数据。

（15）选项。长度可变，最长可达40字节。当没有使用选项时，TCP的首部长度是20字节。TCP最初只规定了一种选项，即最大报文段长度（Maximum Segment Size，MSS），如图8-24所示。数据字段加上TCP首部才等于整个TCP报文段，所以MSS选项的值实际上并不是整个TCP报文段的最大长度，而是TCP报文段长度与TCP首部长度的差。

前面讲了数据链路层发送的数据帧的最大长度，受到最大传输单元（MTU）的限制，以太网的MTU默认是1500字节。在网络层首部及传输层首部长度都为20字节的前提下，要想数据包在传输过程中在数据链路层不分片，MSS应该是多少呢？由图8-24可知，MSS应为1460。

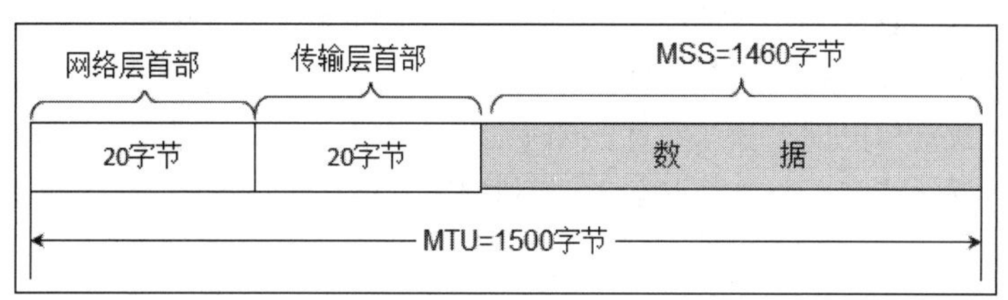

图8-24　最大报文长度

MSS的设置原则是在IP层传输时不需要再分片的前提下尽量大。但由于IP数据报所经历的路径是动态变化的，而在一条路径上确定不需要分片的MSS如果改走另一条路径就可能需要进行分片，所以最佳的MSS是很难确定的。在连接建立的过程中，双方都把自己能够支持的MSS写入这一字段，以后就按照这个数值传送数据，两个传送方向上可以有不同的MSS值。若主机未填写这一项，则MSS的默认值是536字节。因此，所有在因特网上的主机都应能接受的报文段长度是536+20（固定首部长度）=556 字节。随着因特网的发展，又陆续增加了几个选项。如窗口扩大选项、时间戳选项（RFC1323）、SACK选项（RFC2018）等。

我们知道，TCP首部中窗口字段长度是16位，因此最大的窗口大小为64K字节。虽然这对早期的网络是足够用的，但对于包含卫星信道的网络，传播时延和带宽都很大，要获得高吞吐率就需要更大的窗口，因此就有了窗口扩大选项。

窗口扩大选项占3字节，其中有一个字节表示移位值（S），即把TCP首部中的窗口位数从16增大到（16+S），这相当于把窗口值左移S位后获得实际窗口大小。移位值允许使用的最大值是14，相当于窗口最大值增大到$2^{(16+14)}-1=2^{30}-1$。

窗口扩大选项可以在双方初始建立TCP连接时进行协商。如果连接的某一端实现了窗口扩大，当它不再需要扩大其窗口时，可发送S=0的选项，使窗口大小回到16。

时间戳选项占10字节，其中最主要的字段是时间戳值字段（4字节）和时间戳回送回答字段

（4 字节）。时间戳选项有以下两个功能：

（1）用来计算往返时间 RTT。发送方在发送报文段时把当前时钟的时间值放入时间戳字段，接收方在确认该报文段时，把时间戳字段值复制到时间戳回送回答字段。因此，发送方在收到确认报文后，可以准确地计算出 RTT。

（2)用于处理 TCP 序号超过 2^{32} 的情况，又称为防止序号绕回（Protect Against Wrapped Squence numbers，PAWS）。我们知道，序号只有 32 位，每增加 2^{32} 个序号就会重复使用原来用过的序号。当使用高速网络时，在一次 TCP 连接的数据传送中序号很可能会被重复使用。例如，若用 1Gb/s 的速率发送报文段，不到 4.3 秒字节的序号就会重复。为了使接收方能够把新的报文段和迟到很久的报文段区分开，可以在报文段中加上这种时间戳。

8.4 可靠传输

理想的传输条件有以下两个特点：

（1）数据包在网络中传输不产生差错，也不丢包。

（2）不管发送方以多快的速度发送数据，接收方总是来得及处理收到的数据。

在这样的理想传输条件下，不需要采取任何措施就能够实现可靠传输。然而实际的网络都不具备以上两个理想条件。TCP 发送的报文段是交给网络层传送的，而网络层只是尽最大努力将数据包发送到目的地，并不考虑网络是否堵塞、数据包是否丢失。我们可以使用一些可靠传输协议，当出现差错时让发送方重传出现差错的数据，同时在接收方来不及处理收到的数据时，及时告诉发送方适当降低发送数据的速度。TCP 协议就是具备这样一些功能的协议。

8.4.1 TCP 可靠传输的实现——停止等待协议

TCP 协议建立连接后，双方可以使用建立的连接相互发送数据。假设发送方发送一个分组就等待确认，收到确认后，再发送下一个分组，这种方式就是停止等待协议。

为了讨论问题方便，在图 8-25 中，我们仅考虑发送方 A 发送数据、接收方 B 接收数据并发送确认的情况。因为这里讨论的是可靠传输的原理，所以我们把传送的数据单元都称为分组，而并不考虑数据是在哪一个层次上传送的。“停止等待”就是每发送完一个分组就停止发送，等待对方的确认，在收到确认后再发送下一个分组。

1. *无差错情况*

停止等待协议可用图 8-25 来说明。图 8-25（a）所示为最简单的无差错情况。A 发送分组 M1，发完就暂停发送，等待 B 的确认。B 收到了 M1 就向 A 发送确认，A 在收到了对 M1 的确认后，就再发送下一个分组 M2。同样，在收到 B 对 M2 的确认后，再发送 M3。

2. *出现差错或丢失*

图 8-25（b）是分组在传输过程中出现差错或丢失的情况。A 发送的 M1 在传输过程中被路由器丢弃，或 B 接收 M1 时检测到了差错，就丢弃 M1，并且不会通知 A。只要超过了一段时间仍然没有收到确认，A 就认为刚才发送的分组丢失了，因而重传前面发送过的分组，这就叫作超时重传。要实现超时重传，就要每发送完一个分组设置一个超时计时器。如果在超时计时器到期之前收到了对方的确认，就撤销已设置的超时计时器。

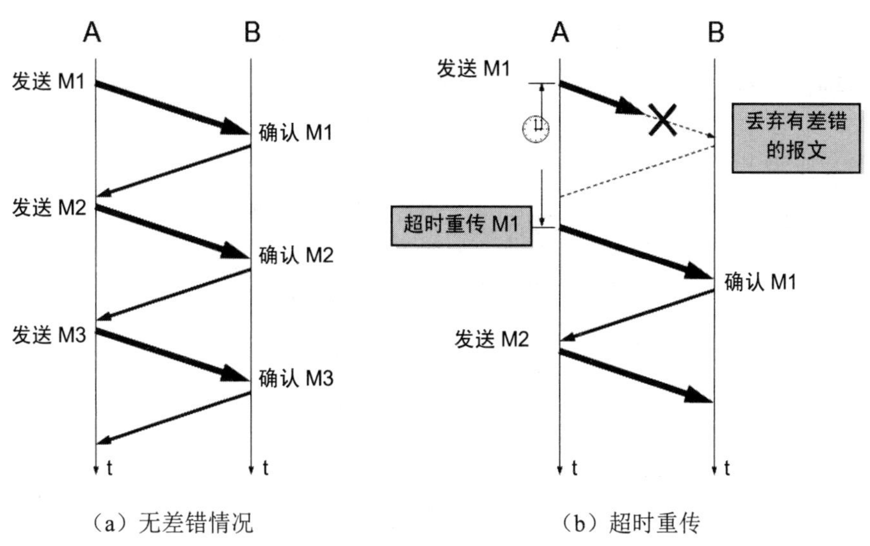

（a）无差错情况　　（b）超时重传

图 8-25　停止等待协议

这里应注意以下三点：

（1）A 在发送完一个分组后，必须暂时保留已发送的分组副本，供重传时使用。只有在收到相应的确认后才能清除分组副本。

（2）分组和确认分组都必须进行编号。这样才能明确是哪一个发送出去的分组收到了确认，而哪一个分组还没有收到确认。

（3）超时计时器设置的重传时间应当比数据分组传输的平均往返时间更长一些。如果重传时间设定得太短，会产生不必要的重传，但也不宜设定得过长，否则通信效率就会很低。设置一个准确的传输层重传时间是非常复杂的，因为已发送出的分组到底会经过哪些网络以及这些网络将会产生多大的时延（取决于这些网络当时的拥塞情况），都是不确定因素。关于重传时间应如何选择，在后面还要进一步讨论。

3. 确认丢失和确认迟到

图 8-26（a）说明的是另一种情况。B 发送的对 M2 的确认丢失了。A 在设定的超时重传时间内没有收到确认，但无法确定到底是自己发送的分组出错、丢失了，还是 B 发送的确认丢失了。因此 A 在超时计时器到期后就要重传 M2。现在应注意 B 的动作。假定 B 又收到了重传的分组 M2，这时应采取两个行动。

（1）丢弃这个重复的分组 M2，不向上层交付。

（2）向 A 发送确认。不能认为已经发送过确认就不再发送，因为 A 之所以重传 M2 就表示 A 没有收到对 M2 的确认。

图 8-26（b）也是一种可能出现的情况。传输过程中没有出现差错，但 B 发送的对分组 M1 的确认迟到了。A 会收到重复的确认，则在 A 收到重复的确认后就会丢弃；B 仍然会收到重复的 M1，并且同样要丢弃重复的 M1，并重传确认分组。通常 A 最终总是可以收到对所有发出的分组的确认。如果 A 不断重传分组但总是收不到确认，就说明通信线路太差，不能进行通信。

使用上述的确认和重传机制，我们就可以在不可靠的传输网络上实现可靠的通信。像上述这种可靠传输协议常称为自动重传请求（Automatic Repeat request，ARQ）。

（a）确认丢失　　（b）确认迟到

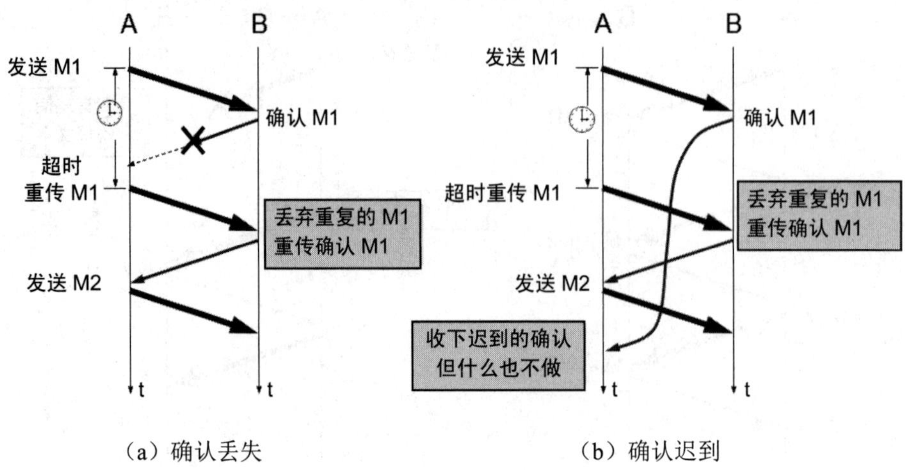

图 8-26　确认丢失和确认迟到

8.4.2　连续 ARQ 协议和滑动窗口协议——改进的停止等待协议

如果网络中的计算机使用上述停止等待协议实现可靠传输，效率会比较低，如图 8-27（a）所示。

（a）　　（b）

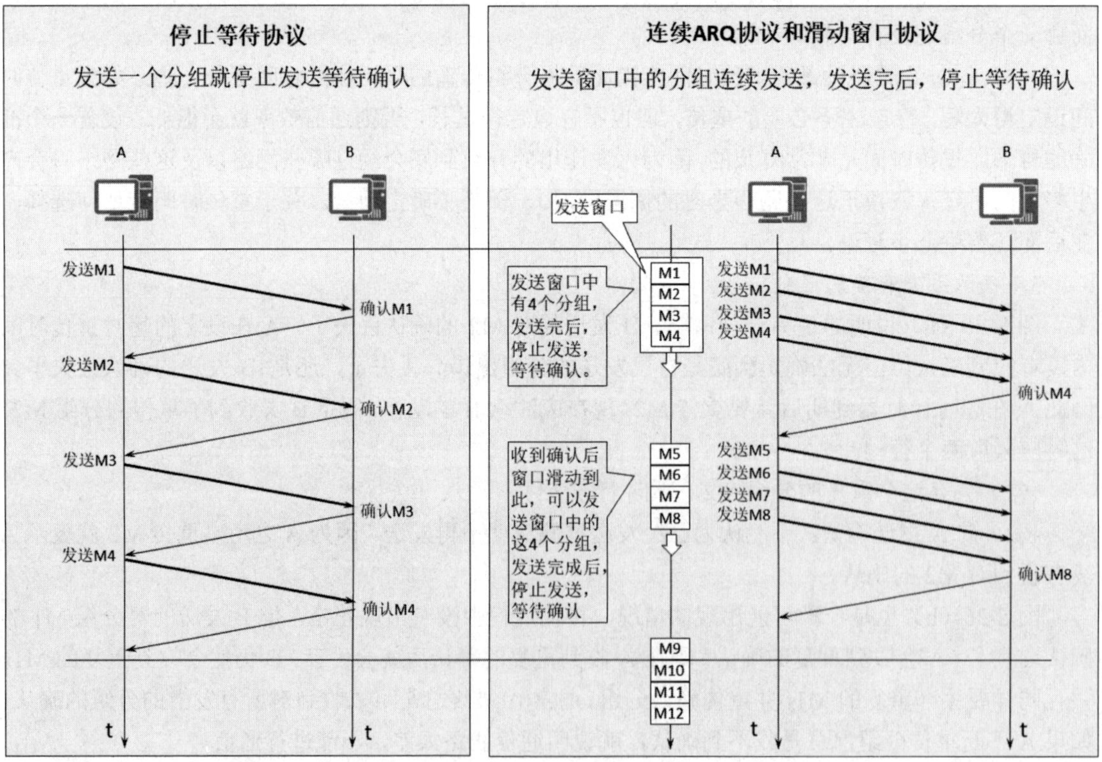

图 8-27　连续 ARQ 协议和滑动窗口协议

如何提高传输效率呢？连续 ARQ 协议和滑动窗口协议就是改进的停止等待协议。

如图 8-27（b）所示，在发送端 A 设置一个发送窗口，窗口大小的单位是字节，如果发送窗口为 400 个字节，一个分组有 100 个字节，在发送窗口中就有 M1、M2、M3、M4 四个分组，发送端 A 连续发送这 4 个分组，发送完毕后，就停止发送，接收端 B 收到这 4 个连续分组，只需给 A 发送一个 M4 确认，发送端 A 收到 M4 分组的确认，发送窗口就向前滑动，M5、M6、M7、M8 分组就进入发送窗口，A 再连续发送这 4 个分组，发送完后停止发送并等待确认。

对比停止等待协议与连续 ARQ 协议和滑动窗口协议，在相同的时间里停止等待协议只能发送 4 个分组，而连续 ARQ 协议和滑动窗口协议可以发送 8 个分组。

如图 8-28 所示，如果 M7 在传输过程中丢失，B 计算机收到 M5、M6 和 M8 分组，就会给 A 计算机发送一个序号为 601 的确认，告诉 A 计算机 600 以前的字节全部收到，且 M7 与 M8 都要重发。A 计算机在 t3 时刻收到确认，并不立即发送 M7，而是向前滑动发送窗口，M9 和 M10 进入发送窗口并开始发送。M7 超时后才会自动重发，比如，发送完 M9 后 M7 开始超时，则发送顺序就变成了 M9、M7、M10，这就是连续 ARQ 协议。关于 M8 是不是要重发，我们在 8.4.4 小节会讲到。

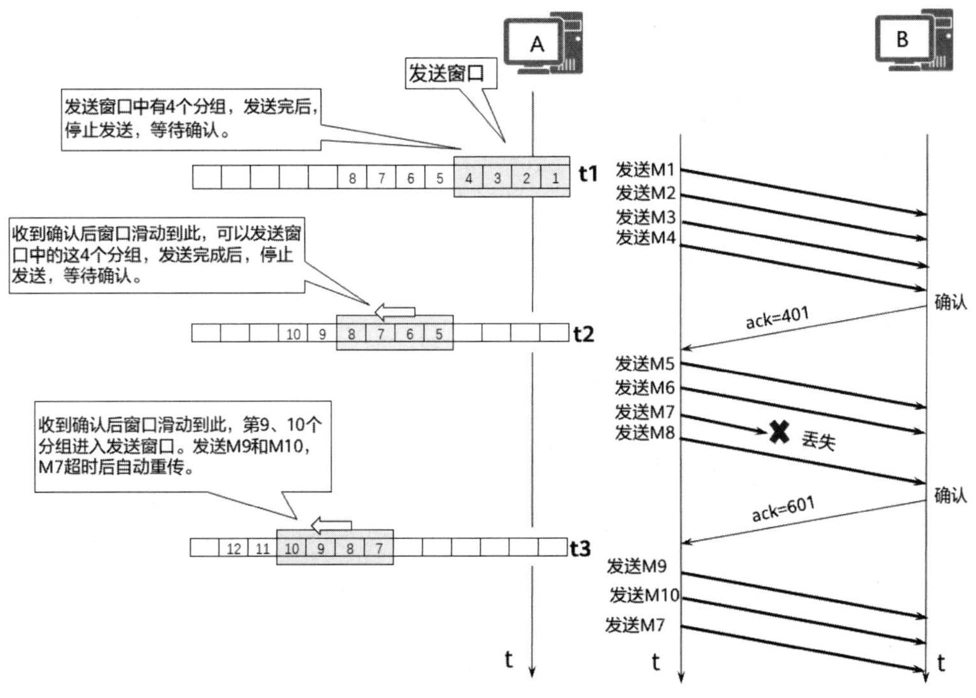

图 8-28　连续 ARQ 协议和滑动窗口协议实现可靠传输

8.4.3　以字节为单位的滑动窗口技术详解

滑动窗口是面向字节流的，为了方便大家记住每个分组的序号，下面就假设每一个分组是 100 个字节。为了方便画图，将分组编号进行了简化，如图 8-29 所示。不过要记住每一个分组的序号是多少。

下面就以 A 计算机给 B 计算机发送一个文件为例，详细讲解 TCP 面向字节流的可靠传输实现过程，整个过程如图 8-30 所示。

每个分组100个字节

序号 序号 序号 序号

1200 1101 | 1100 1001 | 1000 901 | 900 801 | 800 701 | 700 601 | 600 501 | 500 401 | 400 301 | 300 201 | 200 101 | 100 1

将上面分组进行编号简化表示 12 11 10 9 8 7 6 5 4 3 2 1

图 8-29 简化分组表示

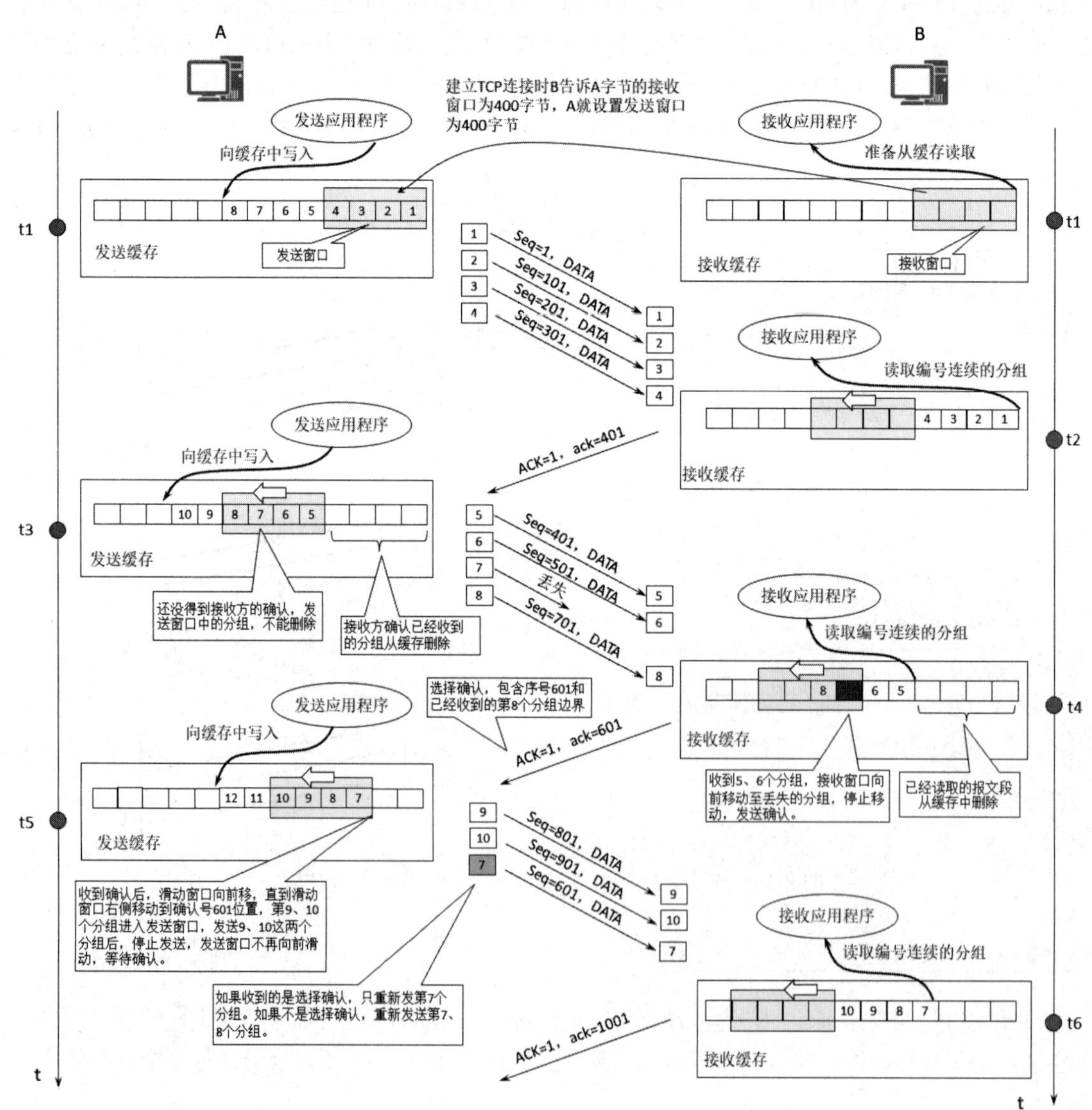

图 8-30 滑动窗口技术

（1）A 计算机和 B 计算机通信之前先建立 TCP 连接，B 计算机的接收窗口为 400 字节，在建立 TCP 连接时，B 计算机告诉 A 计算机自己的接收窗口为 400 字节，A 计算机为了匹配 B 计算机的接收速度，将发送窗口设置为 400 字节。

（2）在 t1 时刻，A 计算机把应用程序要传输的数据以字节流的形式写入发送缓存，发送窗口为 400 字节，每个分组 100 字节，第 1、2、3、4 个分组位于发送窗口内，这 4 个分组按顺序发送给 B 计算机。在发送窗口中的这 4 个分组，没有收到 B 的确认，就不能从发送窗口中删除，因为丢失或出现错误而重传时还要用到。

（3）在 t2 时刻，B 计算机将收到的 4 个分组放入缓存中的接收窗口，按 TCP 首部的序号排序分组，窗口中的分组编号连续，接收窗口向前移动，接收窗口就留出空余空间。接收应用程序按顺序读取接收窗口外连续的字节。

（4）B 计算机向 A 计算机发送一个确认，图中大写的 ACK=1，代表 TCP 首部 ACK 标记位为 1，小写的 ack=401，代表确认号是 401。

（5）t3 时刻，A 计算机收到 B 计算机的确认，确认号是 401，发送窗口向前移动，401 后面的字节（5、6、7、8 四个分组）就进入发送窗口并按顺序发出。从发送窗口移出的第 1、2、3、4 四个分组已经确认发送成功，就可以从缓存中删除，发送程序可以向腾出的空间存放后续字节。

（6）5、6、7、8 四个分组在发送过程中，第 7 个分组丢失或出现错误。

（7）在 t4 时刻，B 计算机收到了第 5、6、8 三个分组，接收窗口只能向前移 200 个字节，等待第 7 个分组，第 5、6 个分组移出接收窗口，接收应用程序就可以读取已经接收的字节并且删除，腾出的空间可以被重复使用。

（8）B 计算机向 A 计算机发送一个确认，确认号是 601，告诉 A 计算机已经成功接收到 600 以前的字节，可以从 601 个字节开始发送。

注意：TCP 在建立连接时，客户端就和服务器协商了是否支持选择确认（SACK），如果都支持选择确认，以后通信过程中发送的确认，除包含了确认号 601，同时还包含了已经收到的分组（第 8 个分组）的边界，这样发送方就不再重复发送第 8 个分组。

（9）A 计算机收到确认后，发送窗口向前移动 200 个字节，这样，第 9、10 个分组进入发送窗口，按顺序发送这两个分组，发送窗口中的分组全部发送，停止发送，等待确认。第 7 个分组超时后，重传第 7 个分组。

（10）B 计算机收到第 7 个分组后，接收窗口的分组序号就能连续，接收窗口前移，同时给 A 计算机发送确认，序号为 1001。

（11）A 计算机收到确认后，发送窗口向前移，按序发送窗口中的分组。以此类推，直至完成数据发送。

8.4.4 改进的确认——选择确认（SACK）

连续 ARQ 协议和滑动窗口协议都采用累积确认的方式。

TCP 通信时，如果发送序列中间的某个数据包丢失，TCP 会重传最后确认的分组后续的分组，这样原先已经正确传输的分组也可能重复发送，降低了 TCP 性能。为改善这种情况，发展出选择确认（Selective Acknowledgment，SACK）技术，使 TCP 只重新发送丢失的包，而不用发送后续所有的分组，并提供相应机制使接收方能告诉发送方哪些数据丢失，哪些数据已经收到等。当前的计算机通信默认是支持选择确认的。

图 8-31 是捕获的选择性确认数据包，该数据包只包含 TCP 首部而不含数据部分。首部中“选项”部分的“Kind：SACK（5）”占 1 字节，用来指明选择确认；Length 指明选项的长度，占 1 字节；left edge 和 right edge 指示已经收到的字节块起始字节和结束字节。注意右边界是 51454 而不是 51553。

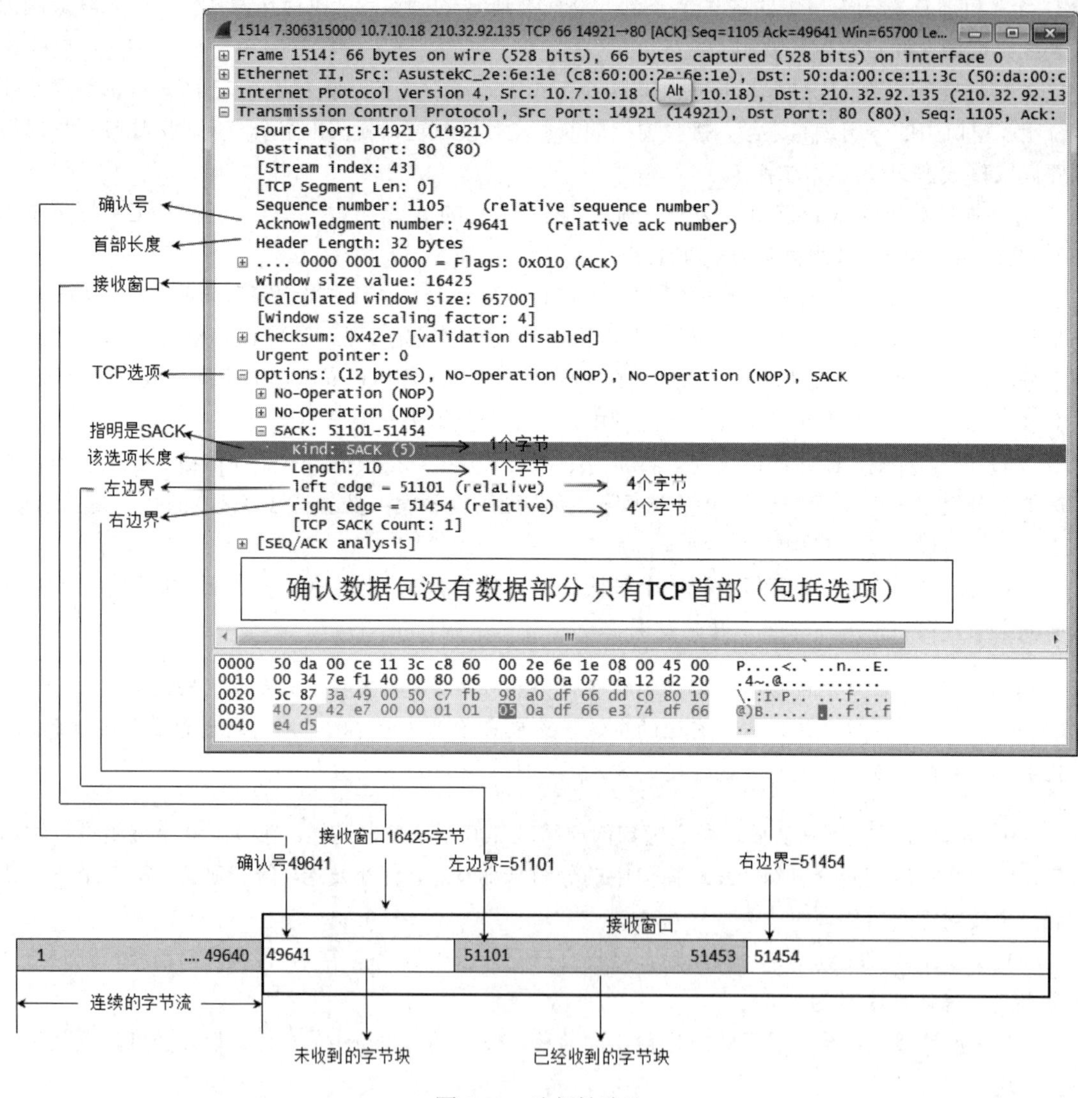

图 8-31 选择性确认

根据捕获的数据包，描述出了接收方接收窗口的位置和大小，以及接收窗口中已经接收到的字节块。接收方收到选择确认，就不再发送已经收到的字节块。

如图 8-32 所示，由于 TCP 首部的选项部分最长为 40 个字节，指明一个边界需要用掉 4 个字节（因为序号有 32 位，需要使用 4 个字节表示），因此在 TCP 选项中一次最多只能指明 4 个字节块的边界信息。这是因为 4 个字节块有 8 个边界，占用 32 个字节，另外还要用 1 个字节用来指明是 SACK 选项，以及 1 个字节用来指明 SACK 选项的长度。

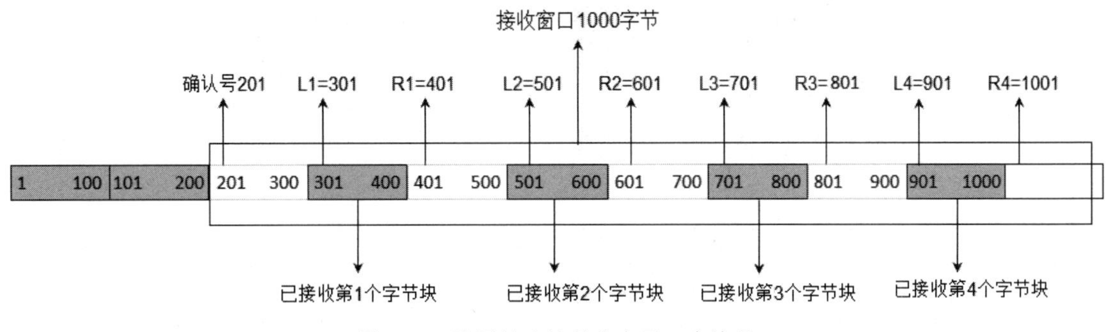

图 8-32 选择性确认最多表示 4 个边界

8.4.5 超时重传的时间调整

前面我们已经讲过，传输层的超时重传时间一般以适当大于 TCP 往返传输时间（RTT）为原则，RTT 的测量有两种方法。

（1）TCP Timestamp 选项。TCP 时间戳选项可以用来精确测量 RTT。发送方在发送报文段时把当前时钟的时间值放入时间戳字段，接收方在确认该报文段时把时间戳字段值复制到确认报文的时间戳字段。因此，发送方可以根据收到的确认报文准确地计算出 RTT。RTT=收到的确认报文的当前时间−该确认报文中携带的时间戳时间。

（2）重传队列中数据包的 TCP 控制块。在 TCP 发送窗口中保存着在发送而未被确认的数据包，这些数据包的 TCP 控制块中包含着一个变量 tcp_skb_cb->when，记录了该数据包的第一次发送时间，当收到该数据包确认，就可以计算 RTT，RTT=当前时间−when。这就意味着发送方收到一个确认，就能计算新的 RTT。

Wireshark 抓包工具也可以帮我们计算 RTT，如图 8-33 所示，第 5 个数据包是客户端发送的请求建立 TCP 连接的数据包，第 6 个数据包是服务器返回的建立 TCP 连接响应的数据包，RTT=收到 TCP 连接响应的时间−发送请求建立 TCP 连接数据包的时间。第 5 个数据包捕获时间是 0.068758000s，第 6 个数据包捕获时间是 0.101120000s，则往返时间 RTT=0.101120000−0.068758000=0.032362s。

RTT 是随着网络状态动态变化的，TCP 保留了 RTT 的一个加权平均往返时间 RTTs（又称为平滑的往返时间，s 表示 Smoothed。因为进行的是加权平均，因此这个值更加稳定）。RTTs 的初始值为第一次测量到 RTT 样本值，以后每测量到一个新的 RTT 样本，就按下式重新计算 RTTs：

$$\text{新的 RTTs}=(1-\alpha)\times(\text{旧 RTTs})+\alpha\times(\text{新 RTT 样本})$$

在上式中，$0\leqslant\alpha<1$。若 α 很接近于 0，表示新的 RTTs 值和旧的 RTTs 值相比变化不大；若 α 接近于 1，则表示新的 RTTs 值接近于新的 RTT 样本。RFC2988 推荐的 α 值为 1/8，即 0.125。

超时计时器设置的超时重传时间（RetransmissionTime-Out，RTO）应略大于 RTTs。RFC2988 建议使用下式计算 RTO：

$$RTO=RTTs+4\times RTT_D$$

式中 RTT_D 是 RTT 偏差的加权平均值，它和 RTTs 与新 RTT 样本值之差有关。RFC2988 建议的 RTT_D 计算方法为：当第一次测量时，RTT_D 值取测量到的 RTT 样本值的一半；在以后的测量中，则使用公式计算加权平均的 RTT_D：新 $RTT_D=(1-\beta)\times(\text{旧 }RTT_D)+\beta\times|RTTs-\text{新 RTT 样本}|$。其中，β 是个小于 1 的系数，它的推荐值是 0.25。

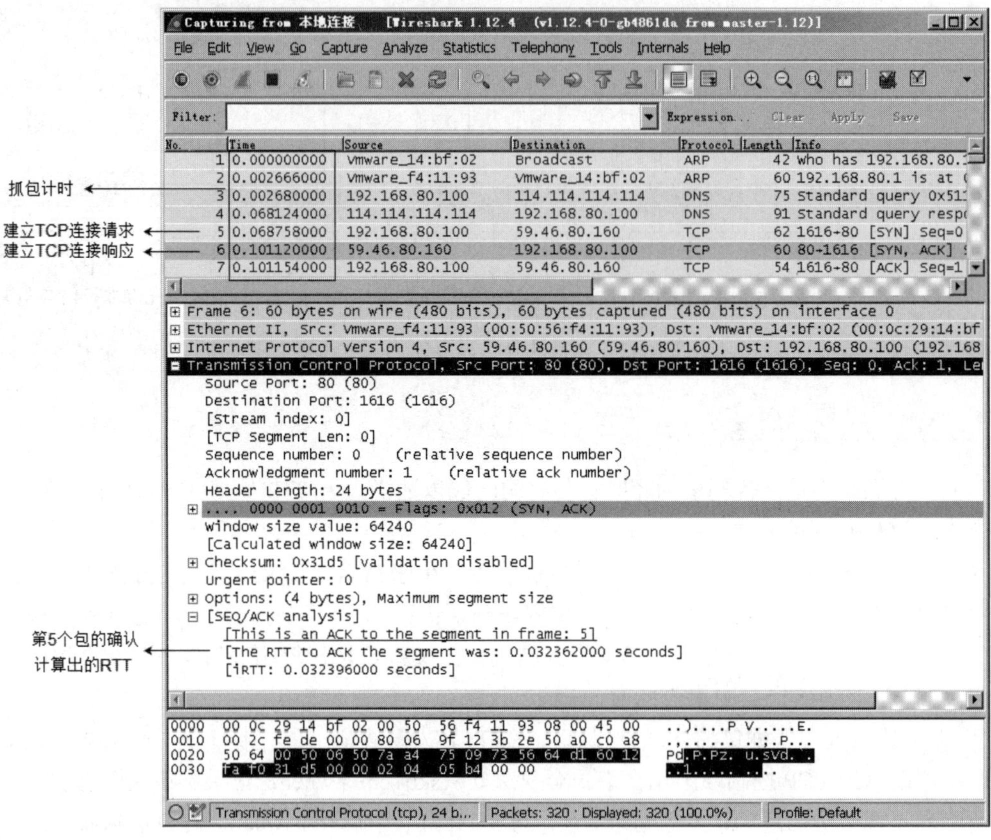

图 8-33　建立 TCP 连接时计算的 RTT

上面所说的往返时间的测量，实现起来相当复杂，下面来看一个例子。

如图 8-34 所示，发送出的一个报文段在设定的重传时间内没有收到确认，于是重传报文段。经过了一段时间后，收到了确认报文段。现在的问题是：如何判定此确认报文段是对先发送的报文段的确认还是对重传的报文段的确认？

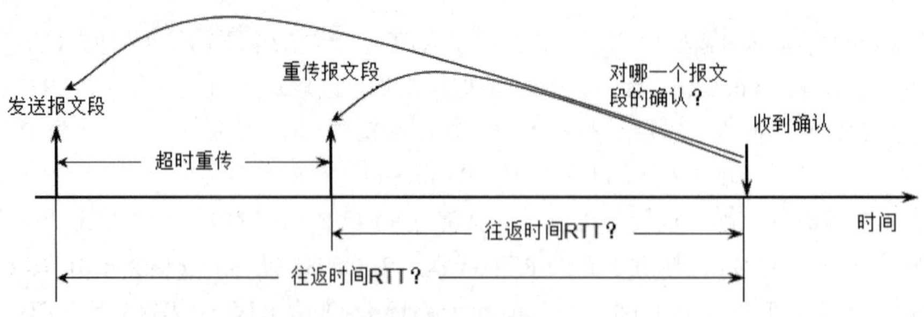

图 8-34　收到的确认报文是对哪一个报文的确认

Karn 提出了一个算法：在计算加权平均 RTTs 时，只要报文段重传了，就不采用其往返时间样本。但这又引起新的问题——RTO 无法更新。

因此要对 Karn 算法进行修正，方法是：报文段每重传一次，就把 RTO 增大一些。典型的做法是取新重传时间为旧重传时间的 2 倍，当不再发生重传时，才根据上面给出的公式计算超时重传时间。实践证明，这种策略较为合理。

8.5 流量控制

一般说来，我们总是希望数据传输得更快一些。但如果发送方把数据发送得过快，接收方就可能来不及接收，就会造成数据的丢失。所谓流量控制（Flow Control）就是让发送方的发送速率不要太快，要让接收方来得及接收。

在客户端向服务器发送 TCP 连接请求时，TCP 首部会包含客户端的接收窗口大小，服务器就会根据客户端接收窗口的大小调整发送窗口。图 8-35 所示是在访问 www.91xueit.com 网站的计算机上捕获的数据包，第 3 个数据包是建立 TCP 连接时客户端告诉网站自己的接收窗口为 64240，后面是打开网页的流量产生的数据包，你会发现下载网页的数据包中包含由客户端间隔发送的确认数据包，Ack 是确认号，Win 是接收窗口大小，仔细观察会发现第 24 个和第 28 个确认包的窗口大小进行了调整，网站会根据这个值调整发送窗口。

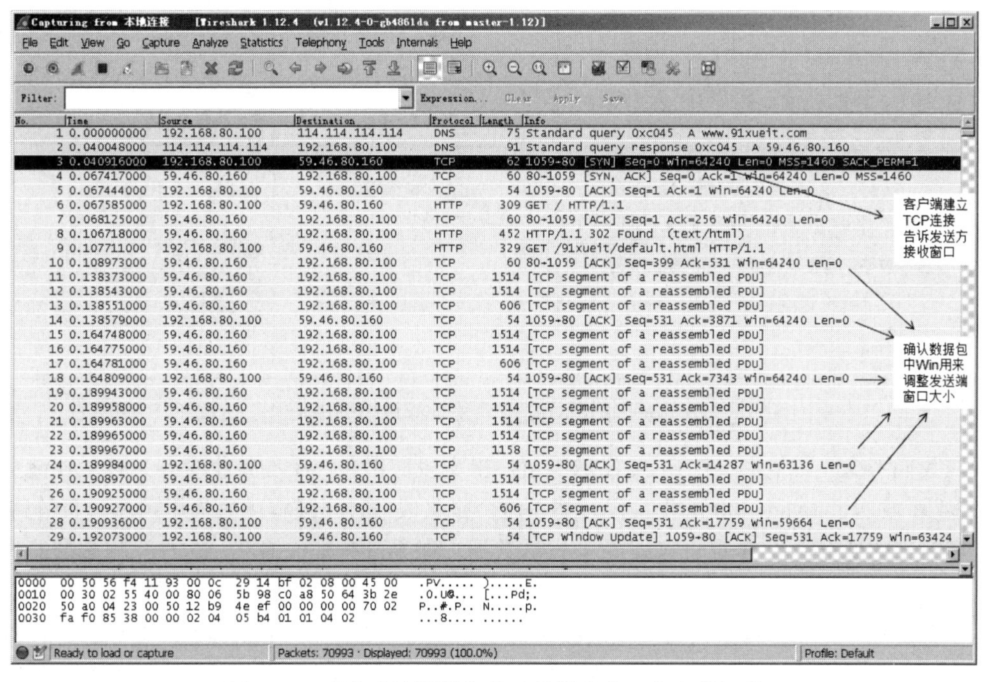

图 8-35 观察确认数据包的确认号和窗口大小的调整

流量控制的过程如图 8-36 所示，为了讲解方便，假设 A 向 B 发送数据。

在连接建立时，B 告诉 A：“我的接收窗口 rwnd=400”（rwnd：receiver window）。因此，发送方的发送窗口不能超过接收方给出的接收窗口值，注意 TCP 的窗口值单位是字节。再假设每一个分组大小 100 个字节，用编号 1、2、3 表示，数据报文段序号的初始值设为 1（图中的注释可帮助我们理解整个过程）。图中箭头上面大写的 ACK 表示首部中的确认位，小写的 ack 表示确认字段的值。

我们应注意到，接收方的主机 B 进行了 3 次流量控制。第一次把窗口减小到 rwnd=300，第二次又减到 rwnd=100，最后减到 rwnd=0，即不允许发送方再发送数据了。这种使发送方暂停发送的状态将持续到主机 B 重新发出一个新的窗口值为止。我们还应注意到，B 向 A 发送的 3 个报文段都设置了 ACK=1，只有在 ACK=1 时确认号字段才有意义。

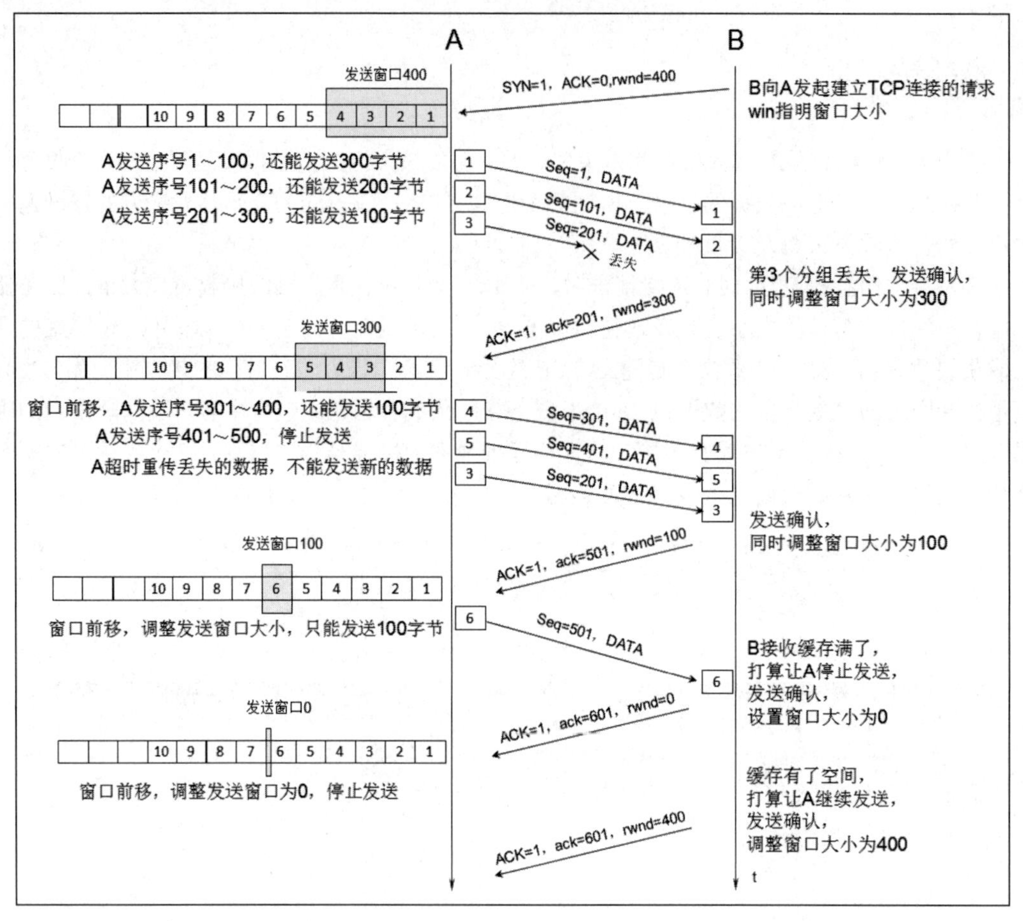

图 8-36　利用可变窗口进行流量控制举例

现在我们考虑一种情形：B 向 A 发送零窗口报文段后不久，B 的接收缓存又有了存储空间，于是 B 向 A 发送了 rwnd=400 的报文段，然而这个报文段在传送过程中丢失了，A 一直等待 B 发送的非零窗口的通知，而 B 也一直等待 A 发送数据。如果没有其他措施，这种互相等待的死锁局面将一直延续下去。

为了解决这个问题，TCP 为每一个连接设置了一个持续计时器（Persistence Timer）。只要 TCP 连接的一方收到对方的零窗口通知，就启动持续计时器。若持续计时器设置的时间到期，就发送一个零窗口探测报文段（仅携带 1 字节的数据），而对方就在确认这个探测报文段时会再次给出现在的窗口值，如果窗口值不是零，那么死锁的僵局就打破了，如果窗口值仍然是零，那么收到这个报文段的一方就重新设置持续计时器。

8.6　拥塞控制

8.6.1　拥塞控制的原理

城市中上下班时，众多车辆会在一个时间段集中驶入道路，造成交通拥堵。如果出现交通拥堵而不进行控制，继续有更多的车辆驶入道路，还可能会造成交通堵塞。如果在发现交通拥堵时就开始减少驶入道路的车辆，交通拥堵将会逐渐变成交通畅通。计算机网络也是一样，如果发往网络中的数据流量过高，超过链路传输能力或路由器处理能力，也会出现网络拥塞。

如图 8-37 所示，路由器 R3 和 R4 之间的链路带宽 1000M，理想情况下，路由器 R1 和 R2 向 R3 提供的负载如果不超过 1000Mb/s，都能从 R3 发送到 R4，当提供的负载超过 1000Mb/s 后，链路吞吐量最多为 1000Mb/s，这种情况下多余的数据包将被丢弃。

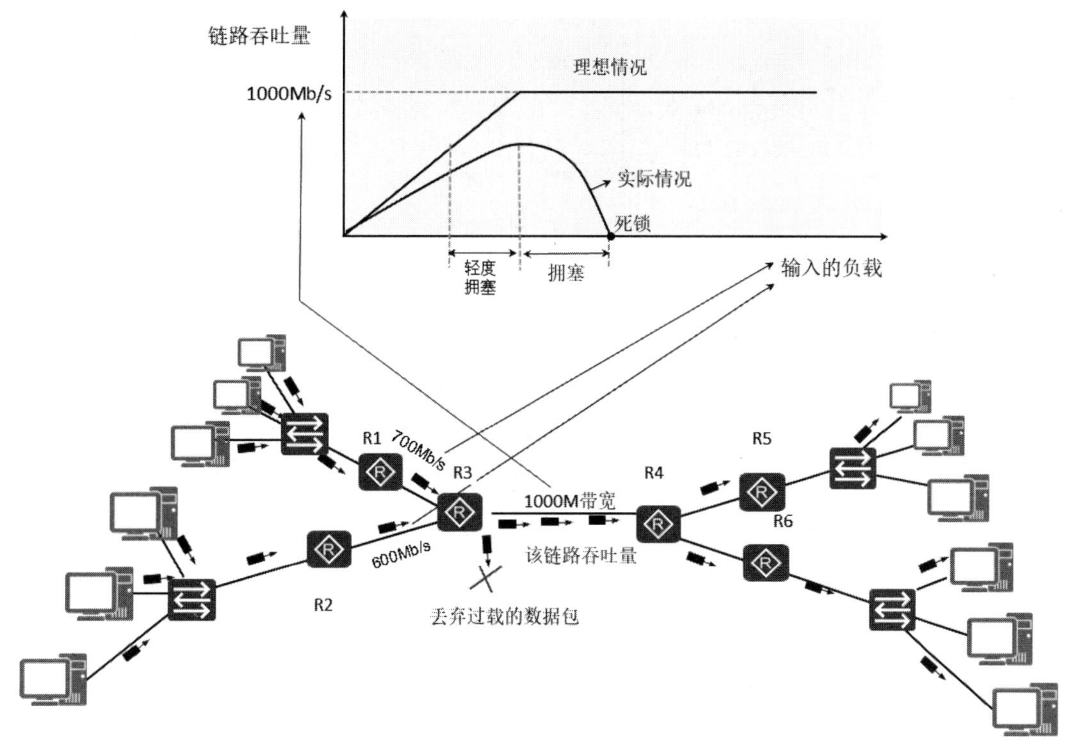

图 8-37　网络拥塞

从图中可看出，随着提供的负载的增大，网络吞吐量的增长速率逐渐减小。也就是说，在网络吞吐量还未达到饱和时，就已经有一部分输入分组被丢弃了。当网络的吞吐量明显地小于理想吞吐量时，网络就进入了轻度拥塞状态。更值得注意的是，当提供的负载达到某一数值时，网络的吞吐量反而随提供的负载的增大而下降，这时网络就进入了拥塞状态。当提供的负载继续增大到某一数值时，网络的吞吐量就下降到零，网络已无法工作。这就是所谓的死锁（Deadlock）。

拥塞本质上是一个动态问题，我们没有办法用一个静态方案去解决。从这个意义上来说，拥塞是不可避免的，下面探讨拥塞控制的方法。

8.6.2　拥塞控制方法——慢开始和拥塞避免

因特网建议标准 RFC2581 定义了进行拥塞控制的 4 种算法，即慢开始（Slow-start）、拥塞避免（Congestion Avoidance）、快重传（Fast Restransmit）和快回复（Fast Recovery）。为了方便对上述算法的理解，我们讲解时假定：

- 数据单方向传送，另外一个方向只传送确认。
- 接收方总是有足够大的缓存空间，因而发送窗口的大小由网络的拥塞程度来决定。

1. 慢开始

我们以一个示例来学习A计算机给B计算机发送数据时是如何使用慢开始控制算法的。如图8-38所示，B计算机和A计算机建立TCP连接时，通知A计算机其支持的最大报文段长度是100字节（MSS=100），其接收窗口为3000字节（rwnd=3000）。

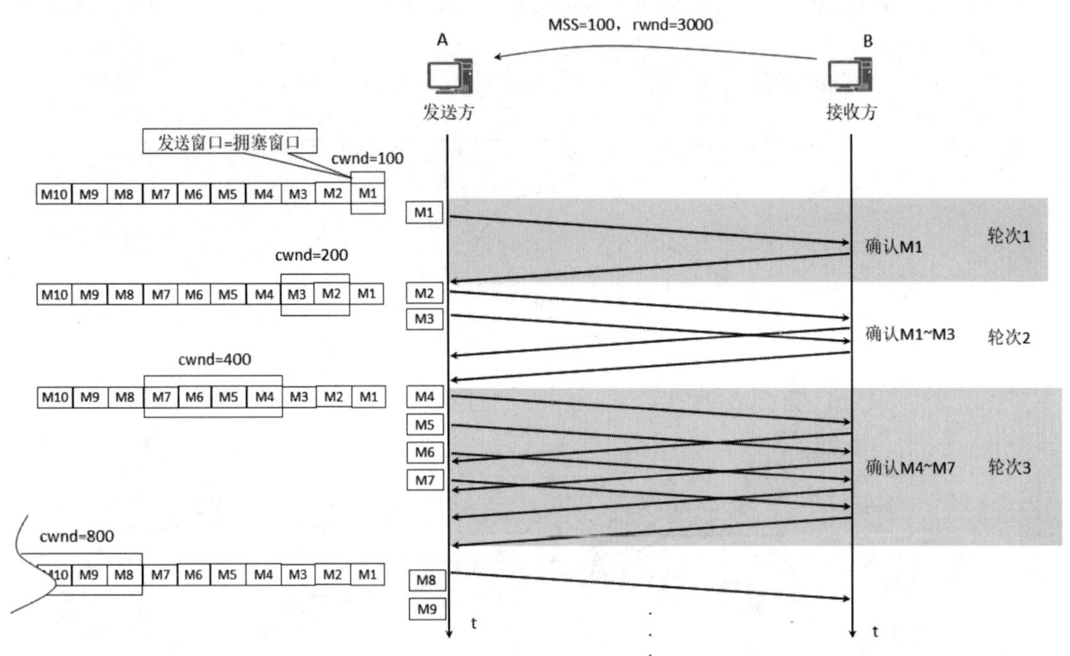

图8-38 每经过一个传输轮次拥塞窗口cwnd加倍

假定B计算机发送的每个分组都是100字节。如果A计算机不考虑网络是否拥堵，将发送窗口大小按照接收窗口大小设置成3000字节，就可以连续发送30个分组，然后等待确认。这种情况下，如果网络现在拥堵，就会出现大量丢包引发重传，从而浪费大量带宽。如果能在发送数据的开始阶段可以先感知一下网络状态，并根据网络状态调整发送速度，就可以避免这种情况。

使用慢开始的方法，就会先发送一个分组测试一下网络是否拥堵（即感知网络状态），如果收到确认，也就是表示没有丢包，则进一步提高发送速度；在出现丢包现象时，放慢增速，这就是拥塞避免。

注意：发送方维持一个叫作拥塞窗口（Congestion Window）的状态变量cwnd。拥塞窗口的大小取决于网络的拥塞程度，并且动态地变化。发送方让自己的发送窗口等于拥塞窗口（如果考虑接收方的接收能力，那么发送窗口也可能小于拥塞窗口）。

发送方控制拥塞窗口的原则是：只要网络没有出现拥塞，拥塞窗口就再增大一些，以便把更多的分组发送出去，只要网络出现拥塞，拥塞窗口就减小一些，以减少注入到网络中的分组数，只要发送方没有按时收到应当到达的确认报文，就可以猜想网络可能出现了拥塞。

本例中慢开始的具体过程如下。

根据建立TCP连接时客户端通知的MSS（Max Segment Size）值，发送方把拥塞窗口初始值设置为100字节（cwnd=100），然后先发送一个分组M1，如果收到M1的确认，就把cwnd从100

增大到 200，于是发送方接着发送 M2 和 M3 两个分组，发送方每收到一个对新报文段的确认（重传的不算在内）就把发送方的拥塞窗口调整为原来的 2 倍。即每经过一个传输轮次，拥塞窗口 cwnd 就加倍。

一个传输轮次所经历的时间其实就是往返时间 RTT，但“传输轮次”更加强调：把拥塞窗口 cwnd 所允许发送的分组都连续发送出去，并收到了对已发送的最后一个字节的确认。例如，拥塞窗口 cwnd 的大小是 400 字节，那么这时的往返时间 RTT 就是连续发送 4 个分组并收到这 4 个分组确认的总时间。

2. 拥塞避免

为了防止拥塞窗口 cwnd 增长过大而引起网络拥塞，还需要设置一个慢开始门限状态变量 ssthresh（slow start threshold，如何设置后面会讲）来避免拥塞，ssthresh 的用法如下：

- 当 cwnd<ssthresh 时，使用上述的慢开始算法。
- 当 cwnd>ssthresh 时，停止使用慢开始算法而改用拥塞避免算法。
- 当 cwnd=ssthresh 时，既可使用慢开始算法，也可使用拥塞避免算法。

拥塞避免算法的思路是让拥塞窗口 cwnd 缓慢地增大，即每经过一个 RTT 就把发送方的拥塞窗口 cwnd 加 1 个 MSS 而不是像慢开始算法中的加倍增加。

图 8-39 用具体数值说明了上述拥塞控制的过程，图中假设当前的发送窗口和拥塞窗口一样大。

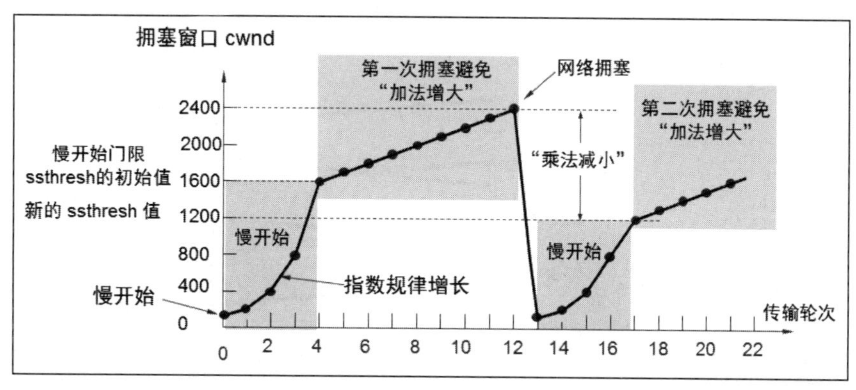

图 8-39　慢开始和拥塞避免算法的实现举例

（1）当 TCP 连接进行初始化时，把拥塞窗口 cwnd 置为 100 字节。慢开始门限的初始值设置为 1600 字节，即 ssthresh=1600。

（2）在执行慢开始算法时，拥塞窗口 cwnd 的初始值为 100。以后发送方每收到一个对新报文段的确认 ACK，就把拥塞窗口值加倍，然后开始下一轮的传输（请注意，图的横坐标是传输轮次），拥塞窗口 cwnd 开始时随着传输轮次呈指数级增长。当增长到 cwnd=1600 时，就改为执行拥塞避免算法，拥塞窗口开始按线性规律增长。

（3）假定拥塞窗口的数值增长到 2400 时，网络出现超时（这很可能就是网络发生拥塞了），则 ssthresh 值就变为 1200（即变为出现超时时的拥塞窗口数值 2400 的一半），拥塞窗口再重新设置为 100，并重新开始执行慢开始算法，当 cwnd=ssthresh=1200 时又开始执行拥塞避免算法。

在 TCP 拥塞控制的文献中经常可看到“乘法减小”（Multiplicative Decrease）和“加法增大”（Additive Increase）的提法。“乘法减小”是指不论在慢开始阶段还是拥塞避免阶段，只要出现超时（即很可能出现了网络拥塞），就把慢开始门限值 ssthresh 减半，即设置为当前的拥塞窗口的一半（与此同时，执行慢开始算法）。当网络频繁出现拥塞时，ssthresh 值就下降得很快，以大大减少注入到网络中的分组数。而“加法增大”是指执行拥塞避免算法后，使拥塞窗口缓慢增大，以防止网络过早出现拥塞。上面两种算法常合起来称为 AIMD（加法增大乘法减小）算法。对这种算法进行适当修改后，又出现了其他一些改进的算法。但使用最广泛的还是 AIMD 算法。

这里要再强调一下，“拥塞避免”并非指完全能够避免拥塞。利用以上的措施要完全避免网络拥塞还是不可能的。“拥塞避免”是说在拥塞避免阶段将拥塞窗口控制为按线性规律增长，使网络比较不容易出现拥塞。

8.6.3 拥塞控制方法——快重传和快恢复

上面讲的慢开始和拥塞避免算法是 1988 年提出的 TCP 拥塞控制算法。1990 年又增加了两个新的拥塞控制算法——快重传和快恢复。

快重传算法首先要求接收方每收到一个失序的分组后，就立即发出一个对失序序号前紧邻分组的重复确认，以使发送方尽早知道有分组没有到达。在图 8-40 所示的例子中，接收方收到 M1 和 M2 后都分别发出了确认，现假定接收方没有收到 M3 但收到了 M4，按照快重传算法的规定，此时不能发送 M4 的确认，而是要立刻发送对 M2 的重复确认，从而使发送方能及早知道分组 M3 没有到达。

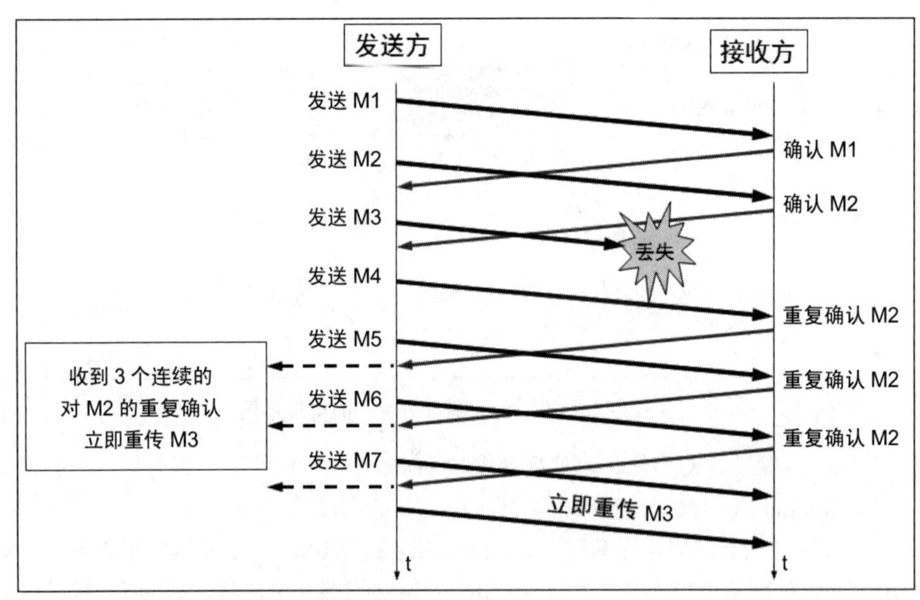

图 8-40　快重传的示意图

发送方接着发送 M5 和 M6，接收方收到 M5 或 M6 后，如果没有收到 M3，则还是要继续发出对 M2 的重复确认。这样，发送方可能共收到了接收方的 4 个对 M2 的确认，其中后三个都是重复确认。快重传算法规定，发送方只要一连收到 3 个重复确认就应当立即重传对方尚未收到的报文段 M3，而不必继续等待为 M3 设置的重传计时器到期。采用快重传后可以使整个网络的吞吐量提高约 20%。

与快重传配合使用的还有快恢复算法，快恢复算法过程如下：

（1）当发送方连续收到 3 个重复确认时，就执行“乘法减小”算法，把慢开始门限 ssthresh

减半。这是为了预防网络发生拥塞。

（2）发送方现在认为网络应该还没有发生拥塞，否则就不会有连续几个报文段能送达接收方，因此接下来发送方并不执行慢开始算法，即此时并不会把 cwnd 重置为 100 而是重置为 ssthresh 值的一半，然后开始执行拥塞避免算法（“加法增大”），使拥塞窗口缓慢地线性增大。

图 8-41 给出了快重传和快恢复的示意图，并标明了“TCP Reno 版本”，这是目前使用很广泛的版本。图中还画出了已经废弃不用的虚线部分（TCP Tahoe 版本）。请注意它们的区别：新的 TCP Reno 版本在快重传之后采用快恢复算法而不是慢开始算法。

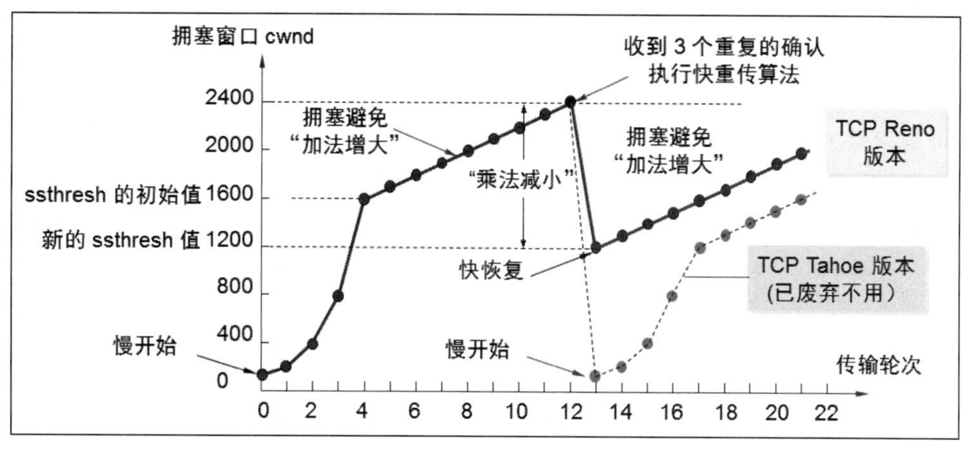

图 8-41　连续收到 3 个重复确认后转入拥塞避免

请注意，有的快重传实现是把 cwnd 值再增大多个分组的长度而不一定是 1 个。这样做的理由是：既然发送方收到 3 个重复的确认，就表明有 3 个分组已经离开了网络，这 3 个分组不再消耗网络的资源而是停留在接收方的缓存中（接收方发送出 3 个重复的确认就证明了这个事实），由此而断定当前网络中并不是堆积了分组而是减少了 3 个分组，因此可以适当把拥塞窗口扩大。

在采用快恢复算法时，慢开始算法只是在 TCP 连接建立时和网络出现超时时才使用。采用这样的拥塞控制方法使得 TCP 的性能有明显的改进。

8.6.4　发送窗口的上限

在本节的开始，我们假定的是接收方总是有足够大的缓存空间，因而发送窗口的大小由网络的拥塞程度来决定。但实际上接收方的缓存空间也是有限的，接收方会根据自己的接收能力设定接收窗口 rwnd，并把这个窗口值写入 TCP 首部中的窗口字段传送给发送方。因此，接收窗口又称为通知窗口（Advertised Window）。从接收方对发送方的流量控制的角度考虑，发送方的发送窗口一定不能超过对方给出的接收窗口值 rwnd。

如果把本节所讨论的拥塞控制和接收方对发送方的流量控制一起考虑，那么很显然，发送方的窗口的上限值应当取接收方窗口 rwnd 和拥塞窗口 cwnd 这两个变量中较小的一个，也就是说：

发送方窗口的上限值 = Min [rwnd,cwnd]

当 rwnd<cwnd 时，是接收方的接收能力限制发送方窗口的最大值，反之则是网络的拥塞限制发送方窗口的最大值。也就是说，发送方发送数据的速率取决于 rwnd 和 cwnd 中较小的一个。

8.7 TCP 连接管理

TCP 协议是可靠传输协议，使用 TCP 通信的计算机在正式通信之前需要先确保对方是否存在，然后协商通信的参数，比如接收端的接收窗口大小、支持的最大报文段长度（MSS）、是否允许选择确认（SACK）、是否支持时间戳等。建立连接后就可以进行双向通信了，通信结束后释放连接。

TCP 连接的建立采用客户/服务器方式。主动发起连接建立的应用进程叫作客户端（Client），而被动等待连接建立的应用进程叫作服务器（Server）。

8.7.1 TCP 的连接建立

在讲 TCP 建立连接的过程之前，我们先看看所访问 www.91xueit.com 网站时抓取的 TCP 连接建立数据包，如图 8-42 所示。第 3 个数据包是客户端向服务器发出的请求建立 TCP 连接的数据包，第 4 个数据包是服务器返回的确认数据包，第 5 个数据包是客户端给服务器返回的确认数据包。

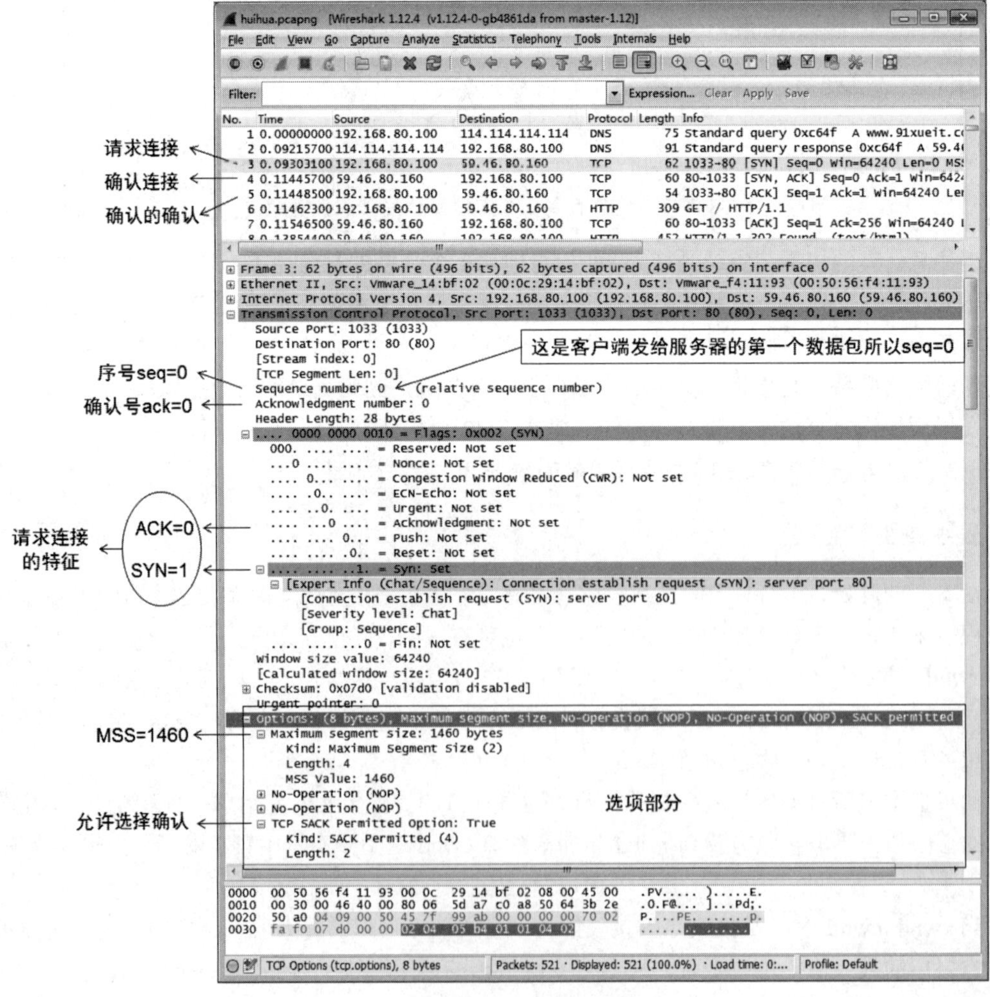

图 8-42　请求建立 TCP 连接的数据包

图 8-42 中选中的是第 3 个数据包，也就是客户端向服务器发送的第 1 个数据包。从这个数据包中可以看到：SYN（同步）标记位为 1；ACK（确认）标记位为 0（说明确认号 ack 无效，即 ack 也为 0）；序号为 0（seq=0），表示这是客户端向服务器发送的第 1 个数据包；TCP 首部的选项部分中的 MSS 为 1460，表示客户端支持的最大报文段长度为 1460 字节；SACK Permitted 选项为 True，表示允许选择确认；该请求连接数据包没有数据部分。

一旦 A 计算机和 B 计算机建立了 TCP 连接，B 计算机也可以使用该连接给 A 计算机发送数据，这一来一往的数据包中都有确认号和序号。图 8-42 中的第 4 个数据包就是服务器发送给客户端的 TCP 确认连接数据包，选中该数据包后，可以看到该数据包的相关信息，如图 8-43 所示。

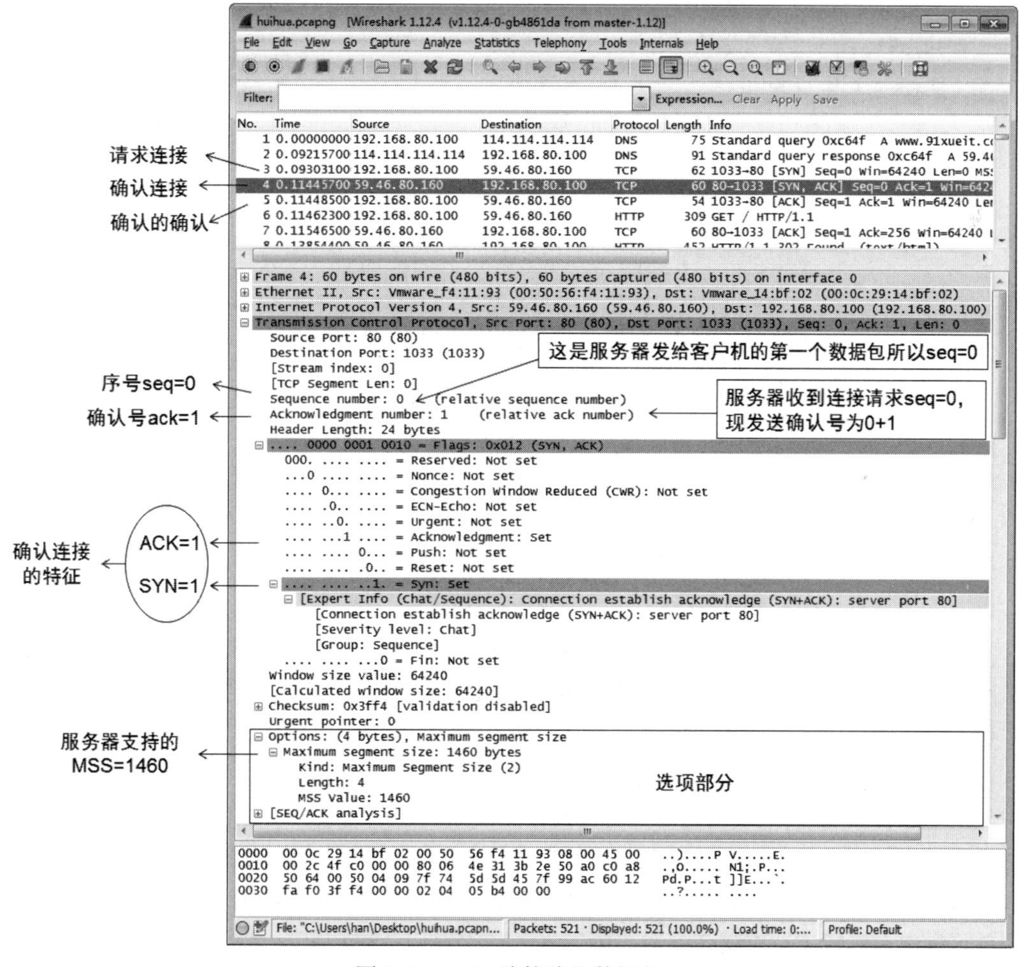

图 8-43　TCP 连接确认数据包

由图 8-43 可以看到：SYN（同步）标记位为 1；ACK（确认）标记位为 1；seq=0，表示这是服务器向客户端发送的第 1 个数据包；服务器收到了客户端的 seq 为 0 的请求，应向客户端确认已经收到的数据包，因此会向客户端发送确认号 ack=0+1=1，意思是说，我已收到了你的序号为 0 的数据包；选项部分的 MSS=1460，指明服务器支持的最大报文段长度为 1460 字节。

客户端收到服务器的确认后，还需再向服务器发送一个确认，我们称之为确认的确认，如图 8-44 所示。这个确认数据包和以后通信的数据包，ACK 标记位为 1，SYN 标记位为 0。

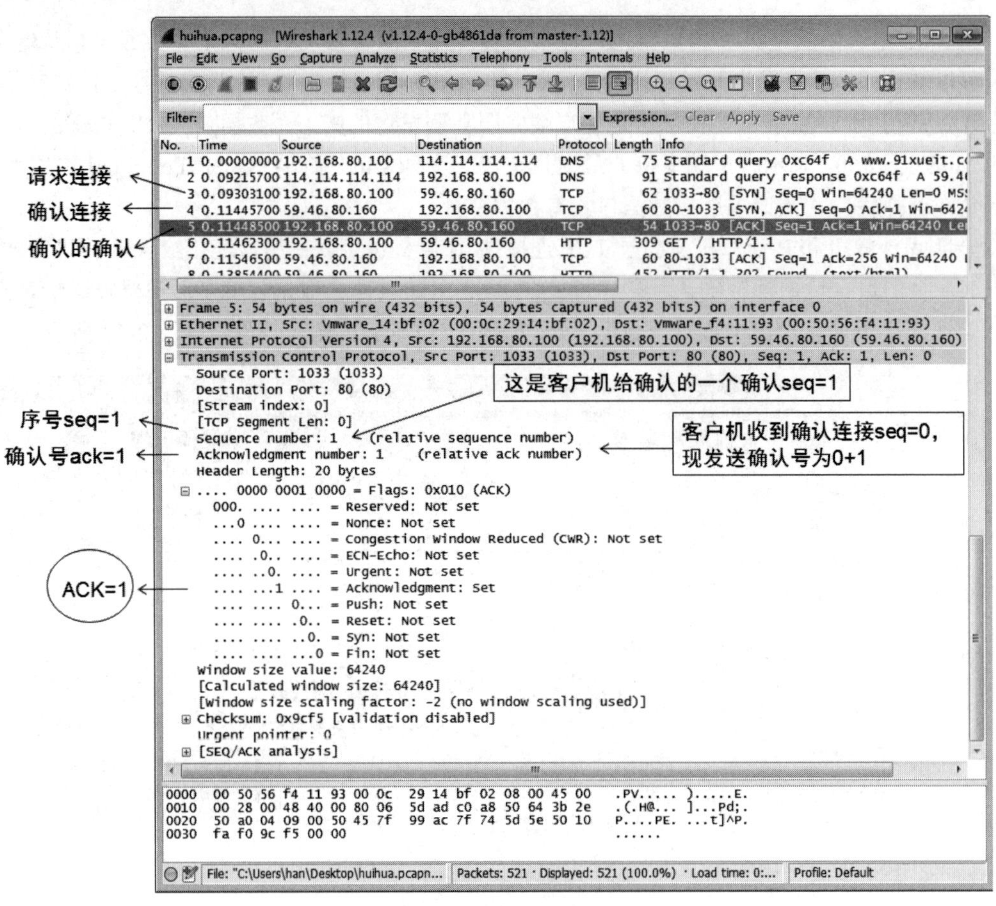

图 8-44　确认的确认

以上这 3 个数据包，就是 TCP 协议建立连接的数据包，整个过程称为三次握手。

为什么客户端还要发送一次确认呢？这主要是为了防止已失效的连接请求报文段突然又传送到了服务器，从而引发错误。“已失效的连接请求报文段”是怎样产生的呢？

假如客户端发出了连接请求但并未及时收到确认，客户端就会再次重发连接请求，在收到一个确认（此时第一个连接请求本应失效了）后如果马上建立链接，那么若服务器又收到了那个本应“已经失效了的连接”，就会误认为是客户端又发出一次新的连接请求，于是就向客户端发出确认报文段并在发出确认后认为连接已经建立，但由于客户端并没有发出新的建立连接的请求，因此不会理睬服务器的确认，也不会向服务器发送数据，服务器就会一直等待客户端发来数据，服务器的许多资源就这样白白浪费了。这就是要对“确认”进行“确认”的原因。

客户端的 TCP 模块与服务端的 TCP 模块之间将通过“三次握手（Three-way Handshaking）”来建立 TCP 会话，三次握手过程中客户端与服务器的状态变化如图 8-45 所示。

服务端启动服务，就会使用 TCP 的某个端口侦听客户端的请求，等待客户的连接，状态由 CLOSED 变为 LISTEN 状态。

（1）客户端的应用程序发送 TCP 连接请求报文，把自己的状态告诉对方，这个报文的 TCP 首部 SYN 标记位是 1，ACK 标记位为 0，序号（seq）为 x，这个 x 被称为客户端的初始序列号，其值通常为 0。发送出连接请求报文后，客户端就处于 SYN_SENT 状态。

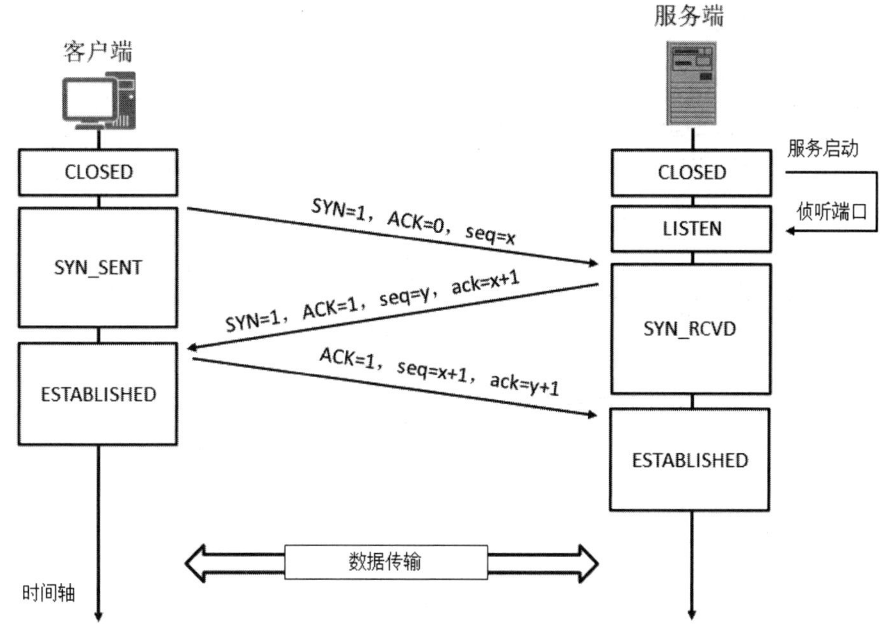

图 8-45　用三次握手建立 TCP 连接

（2）服务端收到客户端的 TCP 连接请求后，发送确认连接报文，将自己的状态告诉给客户端，这个报文的 TCP 首部 SYN 标记位是 1，ACK 标记位为 1，确认号（ack）为 x+1，序号（seq）为 y，y 为服务端的初始序列号。服务器端就处于 SYN_RCVD 状态。

（3）客户端收到连接请求确认报文后，状态就变为 ESTABLISHED，再次发送给服务器一个确认报文，用于确认会话的建立。该报文 SYN 标记位为 0，ACK 标记位为 1，确认号（ack）为 y+1。服务器端收到确认报文，状态变为 ESTABLISHED。

需要特别注意的是，经过三次握手之后，A、B 之间其实是建立起了两个 TCP 会话，一个是从客户端指向服务端的 TCP 会话，另一个是从服务端指向客户端的 TCP 会话。因为 A 是发起通信的一方，说明客户端有信息要传递给服务端，于是客户端首先发送了一个 SYN 段，请求建立一个从客户端指向服务端的 TCP 会话，这个会话的目的是要控制信息能够正确而可靠地从客户端传递给服务端。服务端在收到 SYN 段后，会发送一个 SYN 段和一个 ACK 段作为回应。ACK 段用来表示服务端同意了客户端的请求，SYN 段用来请求建立一个从服务端指向客户端的 TCP 会话，这个会话的目的是要控制信息能够正确而可靠地从服务端传递给客户端。客户端收到 SYN 段和 ACK 段后，回应一个 ACK 段，表示同意服务端的请求。

8.7.2　TCP 的连接释放

TCP 协议通信结束后，需要释放连接。TCP 连接释放过程比较复杂，我们仍结合双方状态的改变来阐明连接释放的过程。数据传输结束后，通信的双方都可释放连接。如图 8-46 所示，现在 A 和 B 都处于 ESTABLISHED 状态，A 的应用进程先向其 TCP 发出连接释放报文段，并停止发送数据，主动关闭 TCP 连接。A 把连接释放报文段首部的 FIN 置 1，其序号 seq=u，它等于前面已传送过的数据的最后一个字节的序号加 1。这时 A 进入 FIN-WAIT-1（终止等待 1）状态，等待 B 的确认。

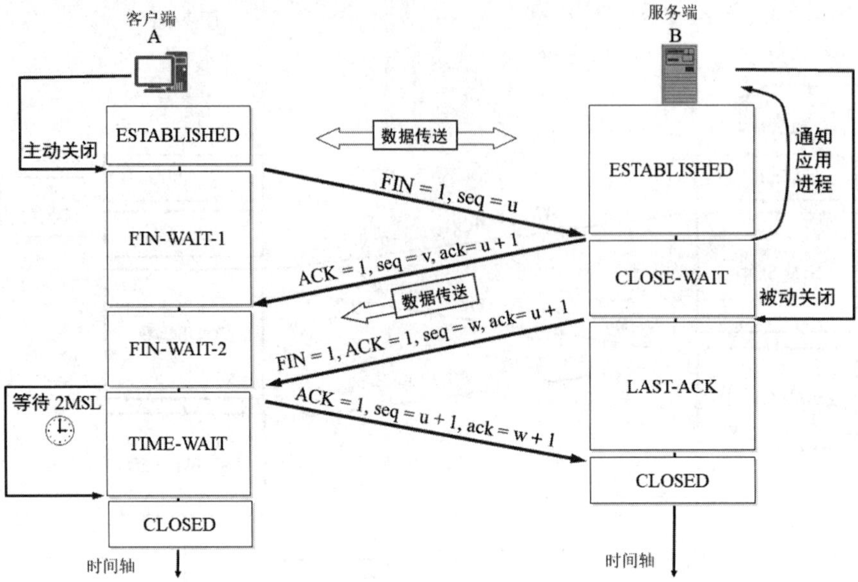

图 8-46　TCP 连接释放的过程

注意：TCP 规定，FIN 报文段即使不携带数据，也消耗掉一个序号。

B 收到连接释放报文段后即发出确认，确认号 ack=u+1，而这个报文段自己的序号是 v，等于 B 前面已传送过的数据的最后一个字节的序号加 1。然后 B 就进入 CLOSE-WAIT（关闭等待）状态。TCP 服务器进程这时应通知高层应用进程，因而从 A 到 B 这个方向的连接就释放了，这时的 TCP 连接处于半关闭（half-close）状态，即 A 已经没有数据要发送了，但若 B 发送数据，A 仍要接收。也就是说，从 B 到 A 这个方向的连接并未关闭。这个状态可能会持续一些时间。

A 收到来自 B 的确认后，就进入 FIN-WAIT-2（终止等待 2）状态，等待 B 发出连接释放报文段。若 B 已经没有要向 A 发送的数据，其应用进程就通知 TCP 释放连接，这时 B 发出的连接释放报文段必须是 FIN=1，且必须重复发送上次已发送过的确认号 ack=u+1 以及 B 的序号 w（在半关闭状态 B 可能又发送了一些数据）。然后 B 就进入 LAST-ACK（最后确认）状态，等待 A 的确认。

A 在收到 B 的连接释放报文段后，必须对此发出确认。在确认报文段中把 ACK 置 1，确认号 ack=w+1，而自己的序号是 seq=u+1（根据 TCP 标准，前面发送过的 FIN 报文段要消耗一个序号）。然后进入到 TIME-WAIT（时间等待）状态。请注意，现在 TCP 连接还没有释放掉。必须经过时间等待计时器（TIME-WAIT timer）设置的时间 2MSL 后，A 才进入到 CLOSED 状态。时间 MSL 叫作最长报文段寿命（Maximum Segment Lifetime），RFC793 建议设为 2min，因此，从 A 进入到 TIME-WAIT 状态后，要经过 4min 才能进入到 CLOSED 状态，才能开始建立下一个新的连接。但这完全是从工程上来考虑的，对于现在的网络，MSL=2min 可能太长了，因此 TCP 允许不同的实现可根据具体情况使用更小的 MSL 值。

A 在 TIME-WAIT 状态必须等待 2MSL 的时间有两个原因。

（1）为了保证 A 发送的最后一个 ACK 报文段能够到达 B。这个 ACK 报文段有可能丢失，因而使处在 LAST-ACK 状态的 B 收不到对已发送的 FIN+ACK 报文段的确认。B 会超时重传这个 FIN+ACK 报文段，而 A 就能在 2MSL 时间内收到这个重传的 FIN+ACK 报文段。接着 A 重传一次确认，重新启动 2MSL 计时器。最后，A 和 B 都正常进入到 CLOSED 状态。如果 A 在 TIME-WAIT 状态不等待一段时间，而是在发送完 ACK 报文段后立即释放连接，那么就无法收到 B 重传的 FIN+ACK 报文段，因而也不会再发送一次确认报文段。这样，B 就无法按照正常步骤进入 CLOSED 状态。

（2）防止前面提到的“已失效的连接请求报文段”出现在本连接中。A 在发送完最后一个 ACK 报文段后，再经过时间 2MSL，就可以使本连接持续的时间内所产生的所有报文段都从网络中消失。这样就可以使下一个新的连接中不会出现这种旧的连接请求报文段。

上述的 TCP 连接释放过程是四次握手，但也可以看成是两个二次握手。除时间等待计时器外，TCP 还设有一个保活计时器（keepalive timer）。设想有这样的情况：客户已主动与服务器建立了 TCP 连接，但后来客户端的主机突然出故障。显然，服务器以后就不能再收到客户发来的数据。因此，应当有措施使服务器不要再白白等待下去。这就要使用保活计时器。服务器每收到一次客户的数据，就重新设置保活计时器，时间的设置通常是两小时。若两小时没有收到客户的数据，服务器就发送一个探测报文段，以后则每隔 75 分钟发送一次。若一连发送 10 个探测报文段后仍无客户的响应，服务器就认为客户端出了故障，接着就关闭这个连接。

8.7.3　实战：查看 TCP 释放连接的数据包

运行抓包工具开始抓包，访问一个 FTP 服务器，下载一个文件，下载完毕，过一会儿，就可以看到捕获的释放连接的数据包。如图 8-47 所示，FTP 服务器地址 192.168.80.111，客户机地址 192.168.80.100。可以看到第 8354 个数据包是客户端发送的释放连接报文段，第 8355 个数据包是服务器发送的释放连接确认报文段，第 8356 个数据包是服务器发送的释放连接的报文段，第 8357 个数据包是客户端发送的释放连接确认报文段。

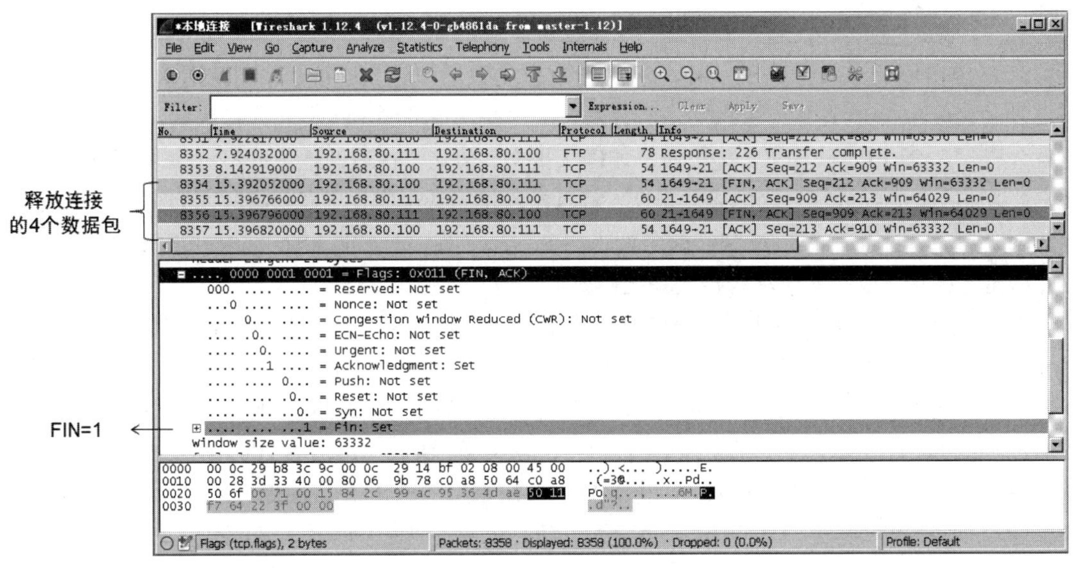

图 8-47　释放连接的数据包

通过观察这 4 个数据包的 TCP 首部 FIN 标记位，就知道哪个数据包是连接释放报文，观察序号和确认号，就知道哪个包是哪个包的确认。

如图 8-48 所示，在 Windows 计算机上打开一些网页，在命令提示符下输入“netstat -n”可以看到建立的 TCP 活动的连接以及状态。

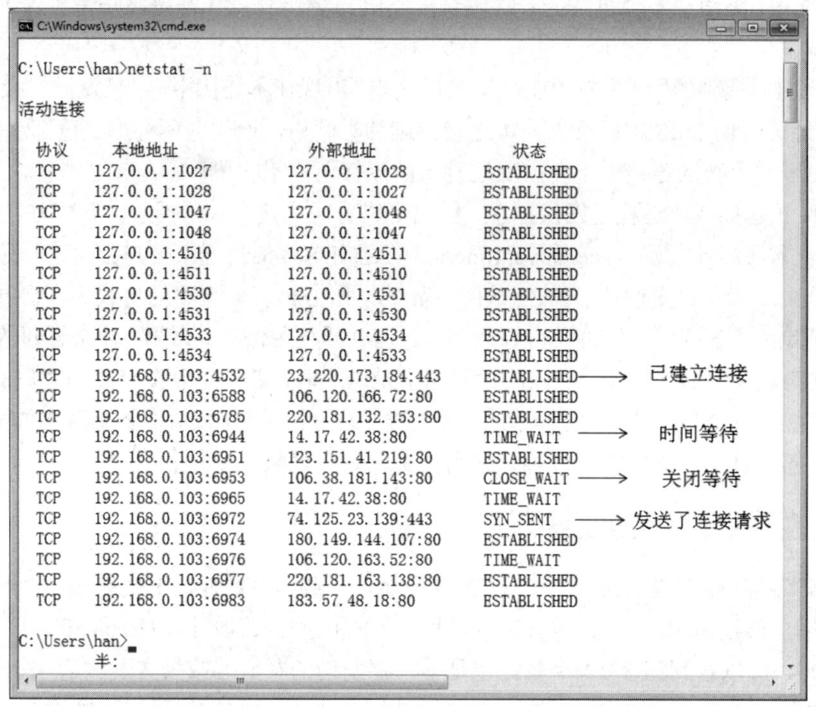

图 8-48　查看 TCP 连接的状态

8.7.4　实战：SYN 攻击

SYN 攻击属于 DoS 攻击的一种，它利用 TCP 协议通信建立连接，使用伪造的源 IP 地址给服务器发送大量的 TCP 连接请求报文，服务器会给这些伪造的源地址发送连接确认报文，这时服务器就会进入 SYN-RCVD 状态，等待客户端确认报文。但这些伪造的地址并不会给服务器返回确认报文。当服务器未收到客户端的确认报文，就重发连接确认报文，一直到超时才会将此条目从未连接队列删除。这些伪造的 SYN 包将长时间占用未连接队列，正常的 SYN 请求则被丢弃，目标系统运行缓慢，严重者引起网络堵塞甚至系统瘫痪。

SYN 攻击除了能影响主机外，还能危害路由器、防火墙等网络系统，事实上 SYN 攻击并不管目标是什么系统，只要这些系统上的服务侦听 TCP 的某个端口就行。

下面就使用两个虚拟机给大家演示 SYN 攻击。在 Windows 2003 Web 服务上运行抓包工具进行抓包。如图 8-49 所示，在计算机 B 上运行 SYN 攻击器，输入 Windows 2003 Web 服务的 IP 地址，端口输入 445（TCP 的 445 端口是访问共享资源使用端口，通常供 Windows 系统运行 Windows 共享服务），如果 Windows 2003 Web 服务运行了 Web 服务，你也可以输入 80 端口，单击“Start”开始攻击。

大家可以感觉到，在攻击过程中 Windows 2003 Web 服务器响应缓慢，停止攻击后，可以看到抓包工具捕获的 TCP 连接请求数据包，这时数据包的源地址（Source）是伪造的公网地址，如图 8-50 所示。

图 8-49 SYN 攻击

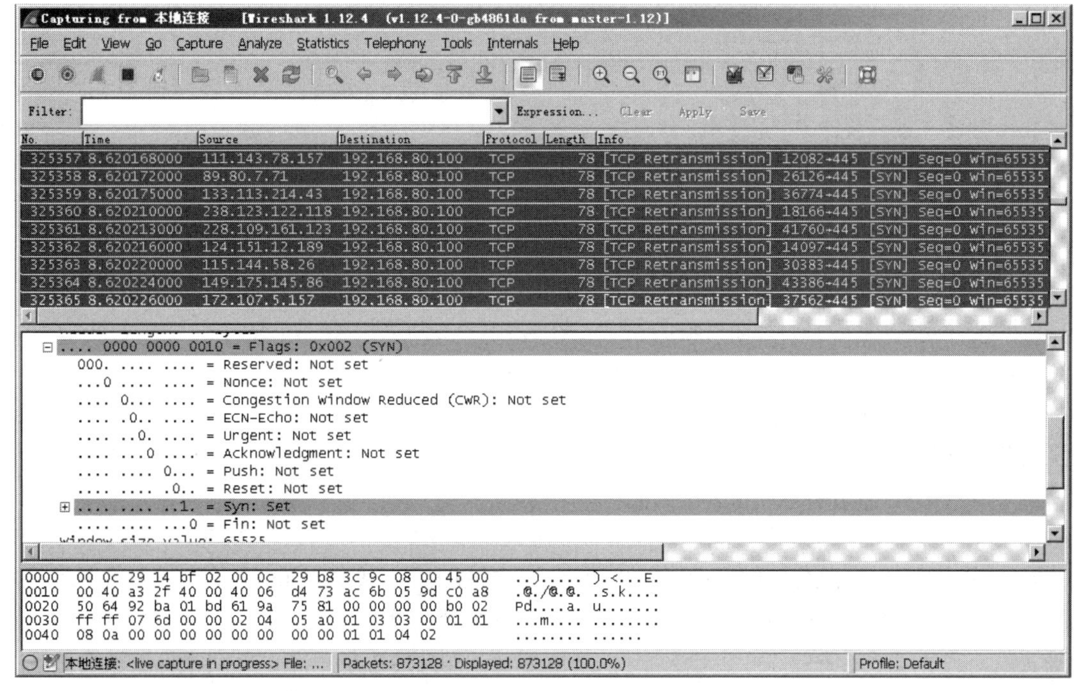

图 8-50 捕获的 SYN 攻击包

习题 8

1．图 8-51 是接收方的接收缓存，接收窗口大小是 600 字节，图 8-52 是接收端发送的确认报文，根据图 8-51 中标注的接收窗口中收到的字节块，在图 8-52 的括号中填写适当数值。

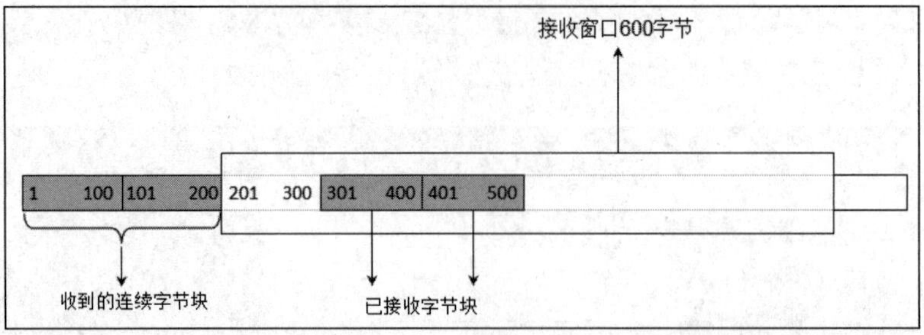

接收窗口600字节

1 100 101 200 201 300 301 400 401 500

收到的连续字节块

已接收字节块

图 8-51　收到的字节块

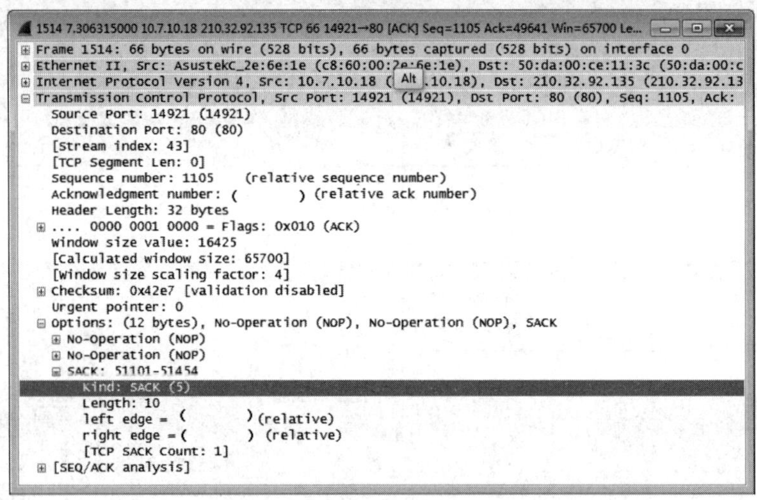

图 8-52　选择性确认数据包

2．OSI 标准中能实现端到端传输的是（　　）。

A．数据链路层　　B．传输层　　C．会话层　　D．应用层

3．主机甲和主机乙之间已建立一个 TCP 连接，主机甲向主机乙发送了两个连续的 TCP 段，分别包含 300 字节和 500 字节的有效载荷，第一个段的序列号为 200，主机乙正确接收到两个报文段后，发送给主机甲的确认序列号是（　　）。

A．500　　B．700　　C．800　　D．1000

4．主机甲和主机乙之间建立一个 TCP 连接，TCP 最大段长度为 1000 字节，若主机甲的当前拥塞窗口为 4000 字节，在主机甲向主机乙连续发送两个最大段后，成功收到主机乙发送的第一段的确认段，确认段中通告的接收窗口大小为 2000 字节，则此时主机甲还可以向主机乙发送的最大字节数是（　　）。

A．1000　　B．2000　　C．3000　　D．4000

5．主机甲向主机乙发送一个 SYN = 1，seq = 11220 的 TCP 段，期望与主机乙建立 TCP 连接，若主机乙接受该连接请求，则主机乙向主机甲发送的正确的 TCP 段可能是（　　）。

A．SYN = 0, ACK = 0, seq = 11221, ack =11221

B．SYN =1, ACK = 1, seq = 11220, ack = 11220

C．SYN =1, ACK = 1, seq = 11221, ack = 11221

D．SYN =0, ACK = 0, seq = 11220, ack = 11220

6．主机甲与主机乙之间已建立一个 TCP 连接，主机甲向主机乙发送了 3 个连续的 TCP 段，分别包含 300 字节、400 字节和 500 字节的有效载荷，第 3 个段的序号为 900。若主机乙仅正确接收到第 1 和第 3 个段，则主机乙发送给主机甲的确认序号是（　　）。

A．300　　B．500　　C．1200　　D．1400

7．试说明传输层在协议栈中的地位和作用。传输层的通信和网络层的通信有什么主要区别？为什么传输层是必不可少的？

8. 当应用程序使用面向连接的 TCP 和无连接的 IP 时，这种传输是面向连接的还是无连接的？

9．试用画图的方法解释传输层的复用。

10．试举例说明为什么有些应用程序愿意采用不可靠的 UDP 而不愿意采用可靠的 TCP；若接收方收到有差错的 UDP 用户数据报应如何处理？

11．如果应用程序愿意使用 UDP 完成可靠传输，这可能吗？请说明理由。为什么说 UDP 是面向报文的而 TCP 是面向字节流的？

12．端口的作用是什么？为什么端口号要划分为 3 种？

13．某个应用进程使用传输层的用户数据报 UDP，然后继续向下交给 IP 层后，又封装成 IP 数据报。既然都是数据报，是否可以跳过 UDP 而直接交给 IP 层？有哪些功能 UDP 提供了但 IP 没有提供？

14．一个应用程序使用 UDP，到了 IP 层把数据报再划分为 4 个数据报片发送出去，结果前两个数据报片丢失，后两个到达目的站；过了一段时间应用程序重传 UDP，而 IP 层仍然划分为 4 个数据报片来传送，结果这次前两个到达目的站而后两个丢失。假定目的站第一次收到的后两个数据报片仍然保存在目的站的缓存中，那么在目的站能否将这两次传输的 4 个数据报片组装成为完整的数据报？

15．一个 UDP 用户数据报的数据字段为 8192 字节。在链路层要使用以太网来传送，应当划分为几个 IP 数据报片？说明每一个 IP 数据报片的数据字段长度和片偏移字段的值。

16．一个 UDP 用户数据报的首部的十六进制表示是 06 32 00 45 00 1C E2 17。试求源端口、目的端口、用户数据报的总长度、数据部分长度。这个用户数据报是从客户端发送给服务器端还是从服务器端发送给客户端？使用 UDP 的这个服务器程序是什么？

17. 使用 TCP 对实时语音数据的传输有没有什么问题？使用 UDP 在传送数据文件时会有什么问题？

18．在停止等待协议中如果不使用编号是否可行？为什么？

19. 在停止等待协议中，如果收到重复的报文段时不予理睬（即悄悄地丢弃它而其他什么也不做）是否可行？试举出具体例子说明理由。

20．主机 A 向主机 B 发送一个很长的文件，其长度为 L 字节。假定 TCP 使用的 MSS 为 1460 字节。

（1）在 TCP 的序号不重复使用的条件下，L 的最大值是多少？

（2）假定使用上面计算出的文件长度，而传输层、网络层和数据链路层所用的首部开销共 66 字节，链路的数据率为 10Mb/s，试求这个文件所需的最短发送时间。

21．主机 A 向主机 B 连续发送了两个 TCP 报文段，其序号分别是 70 和 100，试问：

（1）第一个报文段携带了多少字节的数据？

（2）主机 B 收到第一个报文段后发回的确认中的确认号应当是多少？

（3）如果 B 收到第二个报文段后发回的确认中的确认号是 180，试问 A 发送的第二个报文段中的数据有多少字节？

（4）如果 A 发送的第一个报文段丢失了，但第二个报文段到达了 B。B 在第二个报文段到达后向 A 发送确认。试问这个确认号应为多少？

22．为什么在 TCP 首部中要把 TCP 的端口号放入最开始的 4 个字节？

23．为什么在 TCP 首部中有一个首部长度字段，而 UDP 的首部中就没有这个字段？

24．一个 TCP 报文段的数据部分最多为多少字节？为什么？如果用户要传送的数据的字节长度超过 TCP 报文段中的序号字段可能编出的最大序号，问还能否用 TCP 来传送？

25．主机 A 向主机 B 发送 TCP 报文段，首部中的源端口是 m 而目的端口是 n。当 B 向 A 发送回信时，其 TCP 报文段的首部中的源端口和目的端口分别是什么？

26．在使用 TCP 传送数据时，如果有一个确认报文段丢失了，也不一定会引起与该确认报文段对应的数据的重传。试说明理由。

27. 试用具体例子说明为什么传输层连接建立时要使用三次握手，如不这样做可能会出现什么情况？

28．在 TCP 中，发送方的窗口大小取决于（　　）。

A．仅接收方允许的窗口　　B．接收方允许的窗口和发送方允许的窗口

C．接收方允许的窗口和拥塞窗口　　D．发送方允许的窗口和拥塞窗口

29．A 和 B 建立了 TCP 连接，当 A 收到确认号为 100 的确认报文段时，表示（　　）。

A．报文段 99 已收到　　B．报文段 100 已收到

C．末字节序号为 99 的报文段已收到　　D．末字节序号为 100 的报文段已收到

30．在采用 TCP 连接的数据传输阶段，如果发送端的发送窗口值由 1000 变为 2000，那么发送端在收到一个确认之前可以发送（　　）。

A．2000 个 TCP 报文段　　B．2000B

C．1000B　　D．1000 个 TCP 报文段

31．为保证数据传输的可靠性，TCP 采用了对（　　）确认的机制。

A．报文段　　B．分组　　C．字节　　D．比特

32．滑动窗口的作用是（　　）。

A．流量控制　　B．拥塞控制　　C．路由控制　　D．差错控制

33．TCP“三次握手”过程中，第二次“握手”时，发送的报文段中（　　）标志位被置为 1。

A．SYN　　B．ACK

C．ACK 和 RST　　D．SYN 和 ACK

34．A 和 B 之间建立了 TCP 连接，A 向 B 发送了一个报文段，其中序号字段 seq=200，确认号字段 ACK=201，数据部分有 2 个字节，那么在 B 对该报文的确认报文段中（　　）。

A．seq=202，ACK=200　　B．seq=201，ACK=201

C．seq=201，ACK=202　　D．seq=202，ACK=201

35．一个 TCP 连接的数据传输阶段，如果发送端的发送窗口值由 2000 变为 3000，意味着发送端（　　）。

A．在收到一个确认之前可以发送 3000 个 TCP 报文段

B．在收到一个确认之前可以发送 1000B

C．在收到一个确认之前可以发送 3000B

D．在收到一个确认之前可以发送 2000 个 TCP 报文段

36．以下关于 TCP 工作原理与过程的描述中，错误的是（　　）。

A．TCP 连接建立过程需要经过“三次握手”的过程

B．当 TCP 传输连接建立之后，客户端与服务器端的应用进程进行全双工的字节流传输

C．TCP 传输连接的释放过程很复杂，只有客户端可以主动提出释放连接的请求

D．TCP 连接的释放需要经过“四次握手”的过程

37．以下关于 TCP 窗口与拥塞控制概念的描述中，错误的是（　　）。

A．接收方窗口（rwnd）通过 TCP 首部中的窗口字段通知数据的发送方

B．发送窗口确定的依据是：发送窗口=Min[接收端窗口，拥塞窗口]

C．拥塞窗口是接收端根据网络拥塞情况确定的窗口值

D．拥塞窗口大小在开始时可以按指数规律增长

38．UDP 数据报首部不包含（　　）。

A．UDP 源端口号　　B．UDP 校验和

C．UDP 目的端口号　　D．UDP 数据报首部长度

39．在（　　）范围内的端口号被称为“熟知端口号”并限制使用，意味着这些端口号是为常用的应用层协议如 FTP、HTTP 等保留的。

A．0～127　　B．0～255　　C．0～511　　D．0～1023

40．一个 UDP 用户数据报的数据字段为 8192B，使用以太网来传送并假定 IP 数据报无选项。应当划分为几个 IP 数据报片？说明每一个 IP 数据报片的数据字段长度和片偏移字段的值。

第9章 应用层

- 域名系统 DNS
- 动态主机配置协议 DHCP
- 超文本传输协议 HTTP
- 文件传输协议 FTP
- Telnet 协议
- 发送电子邮件的协议 SMTP
- 接收电子邮件的协议 POP3 和 IMAP

计算机通信实质上是计算机上的应用程序之间进行通信，通常由客户端程序向服务端程序发起通信请求，服务端程序向客户端程序返回响应，实现应用程序的功能。

互联网中有很多应用，如访问网站、域名解析、发送电子邮件、接收电子邮件、文件传输等。每一种应用都需要规定好客户端程序能够向服务端发送哪些请求、服务端程序能够向客户端返回哪些响应、客户端向服务端发送请求（命令）的顺序、出现意外后如何处理、发送请求报文和响应报文有哪些字段、每个字段的长度、取值及其含义等。这些规定就是应用程序通信所使用的协议的主要内容，这些应用程序通信使用的协议被称为应用层协议。

不同的应用实现的功能不一样，比如访问网站和收发电子邮件的应用实现的功能就不一样，因此就需要有不同的应用层协议。

具体来说，应用层协议应当定义：

- 应用进程所交换的报文类型，如请求报文和响应报文。
- 各种报文类型的语法，如报文中的各个字段及其详细描述。
- 字段的语义，即包含在字段中的信息的含义。
- 进程何时、如何发送报文，以及对报文进行响应的规则。

因特网公共领域标准应用的应用层协议是由 RFC 文档定义的，大家都可以使用。例如，RFC2616 定义了万维网的应用层协议 HTTP（超文本传输协议）。如果浏览器开发者遵守 RFC2616

标准，所开发出来的浏览器就能够访问任何遵守该标准的万维网服务器并获取相应的万维网页面。在因特网中，还有很多应用的应用层协议不是公开的，而是专用的，例如，现有的很多 P2P 文件共享系统使用的就是专用应用层协议。

本章讲解互联网中常见的几种应用层协议，并通过抓包来分析其报文格式以及客户端和服务端应用程序的交互过程。

9.1 域名系统 DNS

本节讲解什么是域名（Domain Name），如何申请域名，以及域名解析的过程，最后展示如何安装 DNS 服务器，以实现为企业内网中的计算机提供域名解析服务。

9.1.1 什么是域名

尽管 IP 地址可以唯一确定网络上的计算机，但数字形式的 IP 地址实在是难以记住，人们更加习惯于使用有一定意义的名称来访问某个服务器，比如人们使用地址www.taobao.com 来访问淘宝网，那么这个地址中的 taobao.com 就是淘宝网的域名。可见，域名是符合一定规划的、由点分隔的字符串，它可以标识Internet上某一台或一组计算机的名称。

Internet 中的域名由域名管理认证机构进行统一管理，管理认证机构要确保每一个域名的注册都是独一无二、不可重复的。域名的注册遵循先申请先注册的原则，比如我现在想申请 taobao.com 这个域名，管理认证机构肯定不能通过，因为该域名已经被注册了。互联网上有很多网站提供域名注册服务，“万网”就是其中一个。比如你想为你的公司申请一个域名 91xueit.com，则先要查一下该域名是否已经被注册。打开网站 https://wanwang.aliyun.com/，在页面中输入 91xueit，然后再单击“查域名”，如图 9-1 所示。

图 9-1 申请域名

从查询结果可以看到 91xueit.com 已注册。下面列出了一些相似但未注册的域名，或者已注册但可出租的域名，如图 9-2 所示。已注册的域名有时也是可以购买的。

图 9-2　查询域名是否被注册

企业或个人申请域名，通常要考虑以下两个要素：

（1）域名应该简明易记，便于输入。这是判断域名好坏最重要的因素。一个好的域名应该短而顺口，便于记忆，最好让人看一眼就能记住，而且读起来发音清晰，不会导致拼写错误。此外，域名选取还要避免同音异义词。

（2）域名要有一定的内涵和意义。用有一定意义和内涵的词或词组作域名，不但可记忆性好，而且有助于实现企业的营销目标。例如企业的名称、产品名称、商标名、品牌名等都是不错的选择。

9.1.2　域名的结构

一个域名下可以有多个主机，域名全球唯一，“主机名+域名”肯定也是全球唯一的，“主机名+域名”称为完全限定域名（FQDN）。

> **注释：**FQDN 是 Fully Qualified Domain Name 的缩写，其含义是“完整的域名”。例如，一台机器主机名（hostname）是 www，域名后缀（domain）是 51cto.com，那么该主机的 FQDN 应该是 www.51cto.com。

北京无忧创想技术有限公司，申请了一个域名 51cto.com，该公司有网站、博客、论坛、51CTO 学院以及邮件服务器。为了方便记忆，分别使用约定俗成的主机名进行表示，网站主机名为 www、博客主机名为 blog、论坛主机名为 bbs、发邮件的服务器主机名为 smtp、收邮件的服务器主机名为 pop。当然你也可以不使用这些约定俗成的名字，比如网站的主机名称可以用 web、51CTO 学院的主机名为 edu。这些“主机名+域名”就构成了完全限定域名。如图 9-3 所示，我们通常所说的网站的域名，严格来说是完全限定域名。

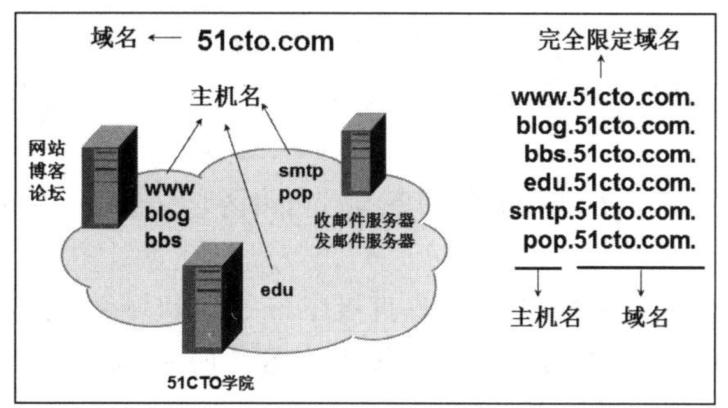

图 9-3　域名和主机名

从图 9-3 可以看到，主机名和物理服务器并没有一一对应关系，网站、博客、论坛 3 个网站在同一个服务器上，SMTP 服务和 POP 服务在同一个服务器上，51CTO 学院在一个独立的服务器上。现在大家要明白，这里的一个主机名更多的是代表一个服务或一个应用。

域名是分层的，如图 9-4 所示，所有级别的域名都是以半角的“.”开始，是域名的根，根下面是顶级域名，顶级域名共有两种形式：国家代码顶级域名（简称国家顶级域名）和通用顶级域名。国家代码顶级域名由各个国家的互联网络信息中心（NIC）管理，通用顶级域名则由位于美国的全球域名最高管理机构 ICANN 负责管理。

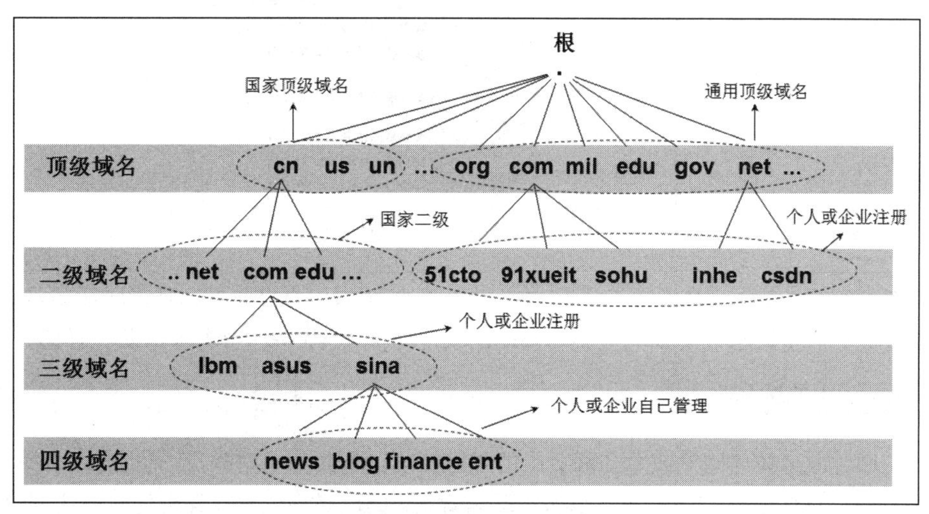

图 9-4　域名的层次结构

国家顶级域名，又称国家代码顶级域名，指示国家区域，如.cn 代表中国，.us 代表美国，.fr 代表法国，.uk 代表英国等。

通用顶级域名，指示注册者的域名使用领域，它不带有国家特性。到 2006 年 12 月为止，通用顶级域名的总数已经达到 18 个。最常见的通用顶级域名有 7 个，即：com（公司企业）、net（网络服务机构）、org（非营利性的组织）、int（国际组织）、edu（教育机构）、gov（政府部门）、mil（军事部门）。

在国家顶级域名下注册的二级域名均由该国家自行确定。例如，顶级域名为 jp 的日本，将其教育和企业机构的二级域名定为 ac 和 co，而不用 edu 和 com。

我国把二级域名划分为“类别域名”和“行政区域名”两大类。

“类别域名”共 7 个，分别为：ac（科研机构）、com（工、商、金融等企业）、edu（中国的教育机构）、gov（中国的政府机构）、mil（中国的国防机构）、net（提供互联网络服务的机构）、org（非营利性的组织）。

“行政区域名”共 34 个，适用于我国的各省、自治区、直辖市。例如：bj（北京市）、js（江苏省）等。

值得注意的是，我国修订的域名体系允许直接在 cn 的顶级域名下注册二级域名，这给我国的因特网用户提供了很大的方便。例如，某公司 abe 以前要注册为 abe.com.cn，这显然是个三级域名。但现在可以注册为 abe.cn，变成了二级域名。

企业或个人申请了域名后，可以在该域名下添加多个主机名，也可以根据需要创建子域名，子域名下面亦可以有多个主机名，如图 9-5 所示。企业或个人自己管理，不需要再注册。比如新浪网注册了域名 sina.com.cn，该域名下有三个主机名 www、smtp、pop，新浪新闻需要有单独的域名，于是在 sina.com.cn 域名下设置子域名 news.sina.com.cn，新闻又分为军事新闻、航空新闻、新浪天气等模块，分别使用 mil、sky 和 weather 作为栏目的主机名。

图 9-5　域名下的主机名和子域名

现在大家知道了域名的结构。所有域名都是以“.”结束，不过我们在使用时域名最后的“.”经常被省去，在命令提示符下 ping www.91xueit.com.和 ping www.91xueit.com 是一样的。

9.1.3　Internet 中的域名服务器

当我们通过域名访问网站或单击网页中的超链接跳转到其他网站时，计算机需要将域名解析成 IP 地址才能访问这些网站。DNS 服务器负责域名解析，因此必须配置计算机使用哪些 DNS 服务器进行域名解析。如图 9-6 所示，计算机就配置了两个 DNS 服务器：一个首选的 DNS 服务器、一个备用的 DNS 服务器，配置两个 DNS 服务器可以实现容错。大家最好记住几个 Internet 上的 DNS 服务器的地址，下面这 3 个 DNS 服务器的地址都非常好记：222.222.222.222 是石家庄电信的 DNS 服务器，114.114.114.114 是江苏省南京市电信的 DNS 服务器，还有一个也挺好记，8.8.8.8 是美国谷歌公司的 DNS 服务器。

至 2019 年 6 月底，全球互联网注册域名数量约为 3.547 亿个，假设全球只有一个 DNS 服务器负责这些域名的解析，而整个 Internet 内每时每刻都有无数网民在请求域名解析，试想这个 DNS 服务器需要多高的配置？该服务器的带宽需要多高？关键是如果只有一个 DNS 服务器的话，该服务器一旦坏掉，全球的计算机将全部无法访问互联网。因此域名解析需要一个健壮的、可扩展的架构来实现。下面就介绍一下 Internet 上 DNS 服务器部署的架构和域名解析过程。

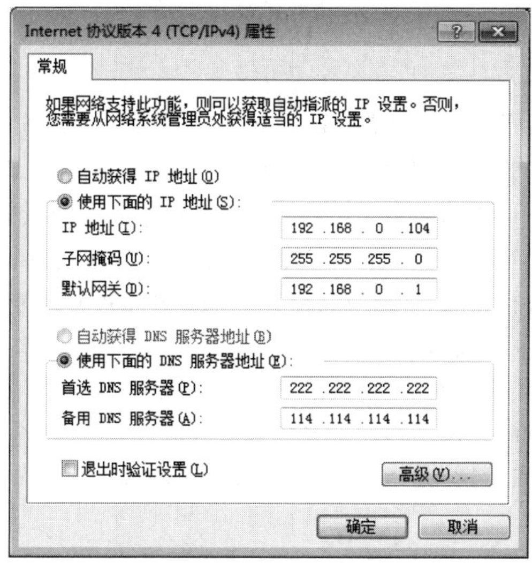

图 9-6　设置多个 DNS 服务器

要想在 Internet 中搭建一个健壮的、可扩展的域名解析架构，就要把域名解析的任务分摊到多个 DNS 服务器上。如图 9-7 所示，B 服务器负责 cn 域名解析、C 服务器负责 com 域名解析、D 服务器负责 org 域名解析。B、C、D 这一级别的 DNS 服务器称为顶级域名服务器。

根域名服务器

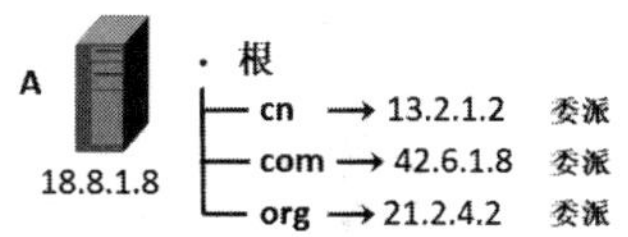

顶级域名服务器

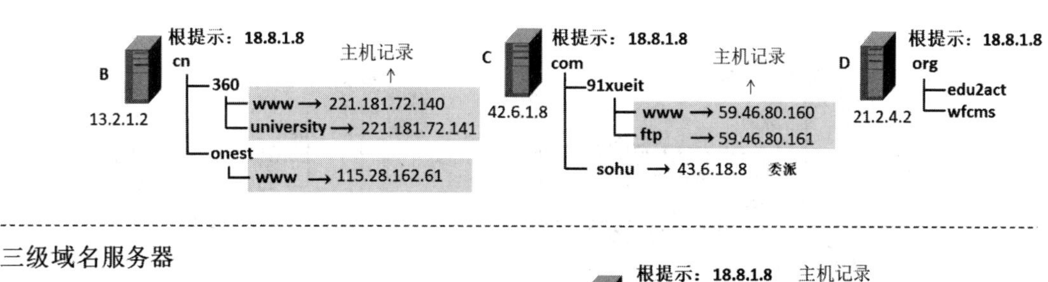

三级域名服务器

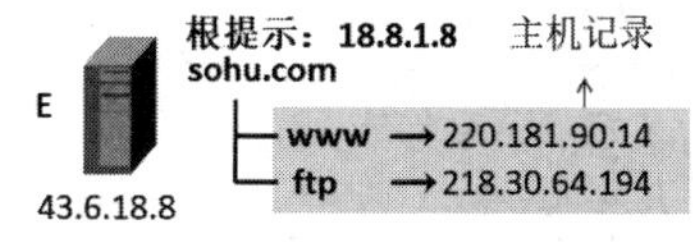

图 9-7　DNS 服务器的层次

A 服务器是根域名服务器，不负责具体的域名解析，但根 DNS 服务器知道 B 服务器负责 net 域名解析、C 服务器负责 com 域名解析、D 服务器负责 org 域名解析。具体来说根 DNS 服务器上就一个根区域，然后创建委派，每个顶级域名指向一个负责的 DNS 服务器的 IP 地址。每一个 DNS 服务器都知道根 DNS 服务器的 IP 地址。

C 服务器负责 com 域名解析，图中 91xueit.com 子域名下有主机记录，即“主机名→IP 地址”的对应关系列表，C 服务器就可以查询主机记录解析 91xueit.com 全部域名。当然 C 服务器也可以将 com 下的某个子域名的解析委派给另一个 DNS 服务器。图中就将 sohu.com 名称解析委派给了 E 服务器。

E 服务器属于三级域名服务器，负责 sohu.com 域名解析，该服务器记录有 sohu.com 域名下的主机记录，E 服务器也知道根 DNS 服务器的 IP 地址，但它不知道 C 服务器的地址。

当然三级域名服务器也可以将某个子域名的名称解析委派给四级 DNS 服务器。

根 DNS 知道顶级的 DNS 服务器，上级 DNS 委派下级 DNS，全部的 DNS 都知道根 DNS 服务器。基于这样的一种架构设计，客户端使用任何一个 DNS 服务器都能够解析出全球的域名。

为了讲解方便，图 9-7 中只画出了一个根 DNS 服务器，其实全球共有 13 台逻辑根域名服务器。这 13 台逻辑根域名服务器中名字分别为“A”至“M”，13 台根域名服务器并不等于 13 台物理服务器，目前，全球一共有 996 台服务器实例（物理服务器），分布于全球各大洲。每一个域名都有多个 DNS 服务器来负责解析，这样就能够实现负载均衡和容错。

9.1.4 域名解析过程

知道了 Internet 中 DNS 服务器的组织架构，下面就来讲解计算机域名解析的过程。如图 9-8 所示，Client 计算机的 DNS 指向了 13.2.1.2，也就是指向了 B 服务器，现在 Client 向 DNS 发送一个域名解析请求数据包，要求解析 www.360.cn 的 IP 地址，由于 B 服务器正巧负责 cn 域名解析，因此，B 查询本地记录后直接返回给 Client 查询结果 221.181.72.140。DNS 服务器直接返回查询结果就是权威应答，这是一种情况。

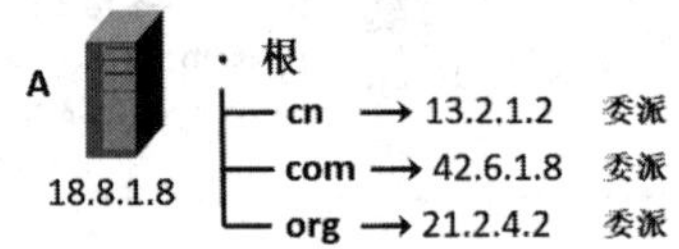

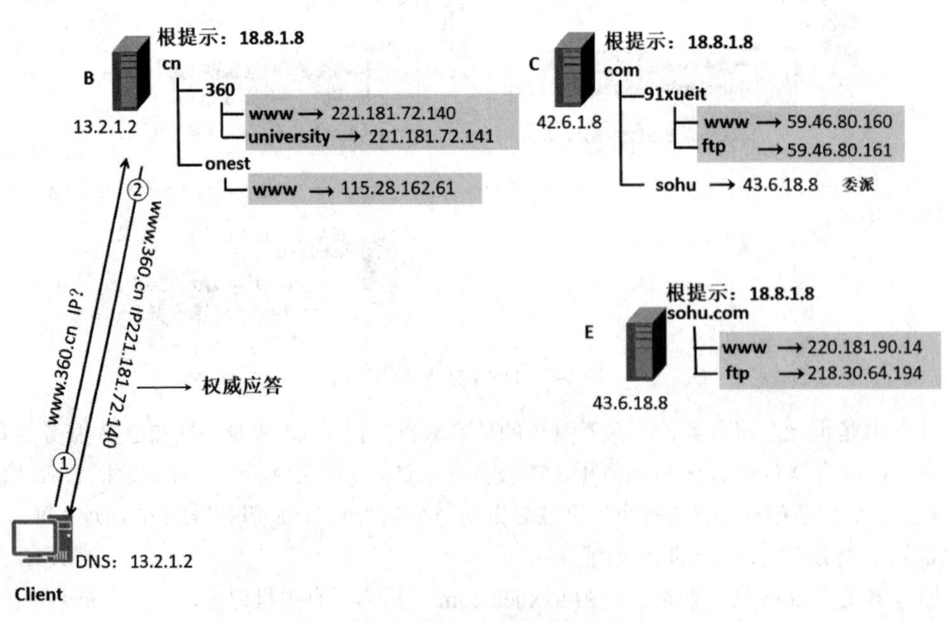

图 9-8 域名解析的过程 1

另一种情况，如图 9-9 所示，假设 Client 向 B 服务器发送请求解析 www.sohu.com 域名的 IP 地址，其解析过程如下。

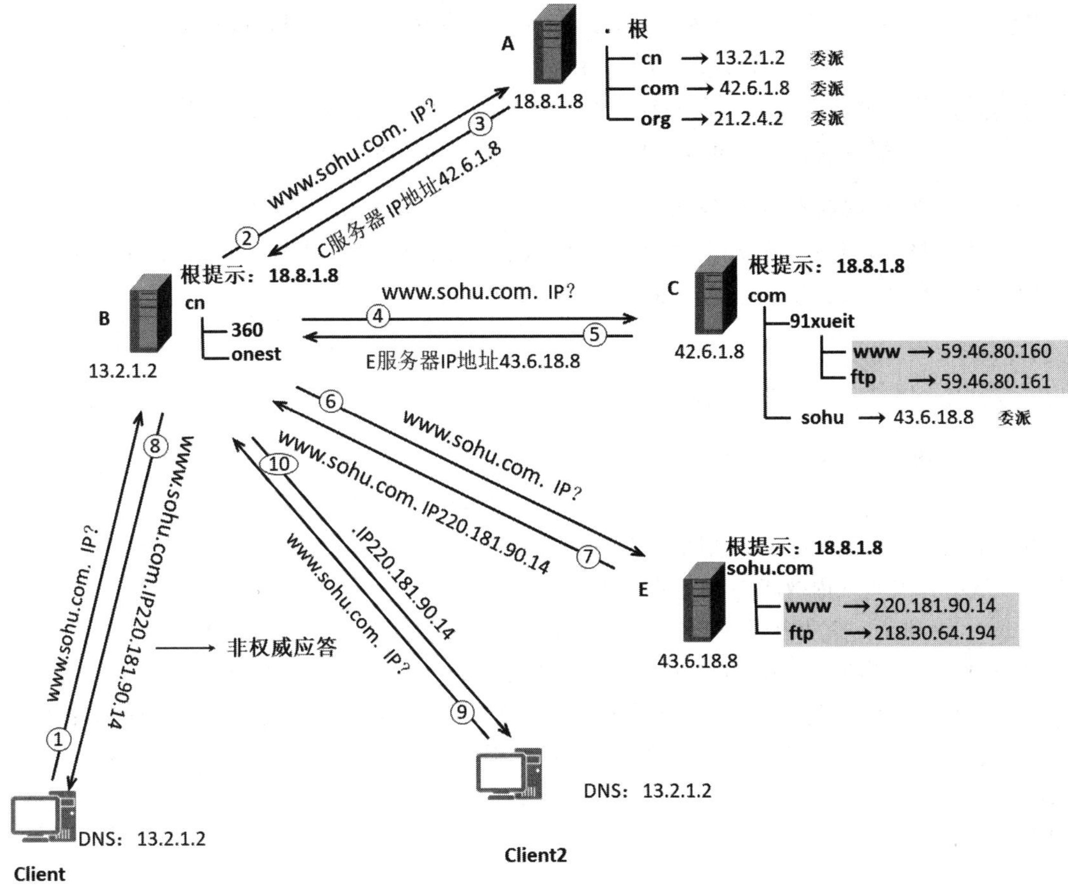

图 9-9　域名解析的过程 2

Step 1 Client 向 DNS 服务器 13.2.1.2 发送域名解析请求。

Step 2 B 服务器只负责 net 域名解析，并不知道哪个 DNS 服务器负责 com 域名解析，但它知道根 DNS 服务器，于是将域名解析的请求转发给根 DNS 服务器。

Step 3 根 DNS 服务器返回查询结果，告诉 B 服务器去查询 C 服务器。

Step 4 B 服务器将域名解析请求转发到 C 服务器。

Step 5 C 服务器虽然负责 com 名称解析，但 sohu.com 名称解析委派给了 E 服务器，C 服务器返回查询结果，告诉 B 服务器去查询 E 服务器。

Step 6 B 服务器将域名解析请求转发到 E 服务器。

Step 7 E 服务器上有 www.sohu.com 域名下的主机记录，将 www.sohu.com 的 IP 地址 220.181.90.14 返回给 B 服务器。

Step 8 B 服务器将费尽周折查找到的结果缓存一份到本地，将解析到的 www.sohu.com 的 IP 地址 220.181.90.14 返回给 Client。这个查询结果是 B 服务器查询得到的，因此是非授权应答。Client 缓存解析的结果。

> **注释**：Client 得到解析的最终结果，它并不知道 B 服务器所经历的曲折的查找过程。对于 Client 来说，它可以使用 B 服务器解析全球的域名。

Step 9 Client2 的 DNS 也指向了 13.2.1.2，现在 Client2 也需要解析 www.sohu.com 的地址，将域名解析请求发送给 B 服务器。

Step 10 B 服务器刚刚缓存了 www.sohu.com 的查询结果，因此 B 直接将从缓存中得到的解析结果，即 www.sohu.com 的 IP 地址返回给 Client2。

> **注释**：可见，DNS 服务器的缓存功能能够减少向根 DNS 服务器转发的查询次数、减少 Internet 上 DNS 查询报文的数量，通常缓存结果的有效期为 1 天，如果没有时间限制，当 www.sohu.com 的 IP 地址发生变化后，Client2 就不能查询到新的 IP 地址了。

9.1.5 实战 1：搭建企业内网的 DNS 服务

前面讲了什么是域名、域名的结构、Internet 上的 DNS 部署以及域名解析过程。下面演示如何搭建企业内网使用的 DNS 服务器，在 DNS 服务器上抓包，以及跟踪域名解析的过程。

Internet 的 DNS 能够把全球的域名解析出来，为什么还要在企业内网部署 DNS 服务器呢？下面就给大家介绍几种在内网部署 DNS 服务器的场景。

如图 9-10 所示，企业内网有个 Web 服务器，该 Web 服务器部署了公司内部的办公网站，打算让内网计算机使用域名 www.abc.com 访问该网站。abc.com 这个域名没有在 Internet 上注册，也许在 Internet 上该域名已经被其他公司注册。这种情况下，必须在内网部署一个 DNS 服务器，让其负责内网 abc.com 域名解析。该 DNS 服务器有根提示，解析 Internet 中的其他域名会转发到根 DNS 服务器进行查询，也就是说只要你的 DNS 服务器能够访问 Internet 就能够把全球的域名解析出来。

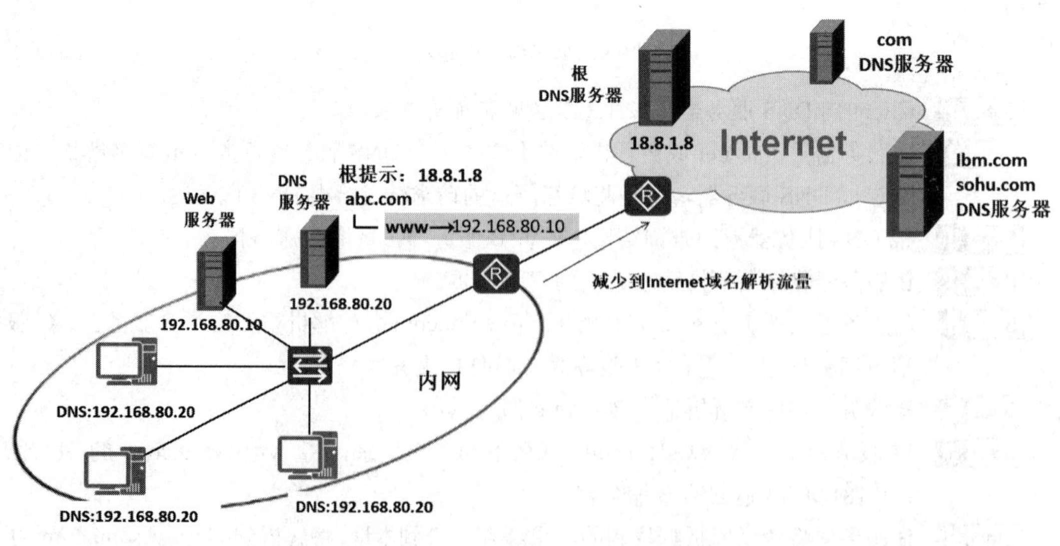

图 9-10　配置内网 DNS 的情景

在内网部署一个 DNS 服务器，DNS 服务器的缓存功能还可以降低到 Internet 域名解析的流量。

下面使用 Windows Server 2016 虚拟机做内网 DNS 服务器，安装 DNS 服务，创建 abc.com 区域，在该区域下添加主机记录。使用 Windows 10 虚拟机作为内网的计算机，配置其使用内网的 DNS 服务器进行域名解析。一定要确保 DNS 服务器能够访问 Internet。

扫描下面的二维码，观看在 Windows Server 2016 上安装 DNS 服务的过程。

打开服务器管理器，单击“添加角色和功能向导”。如图 9-11 所示，选中“DNS 服务器”，单击“下一步”，完成 DNS 服务的安装。

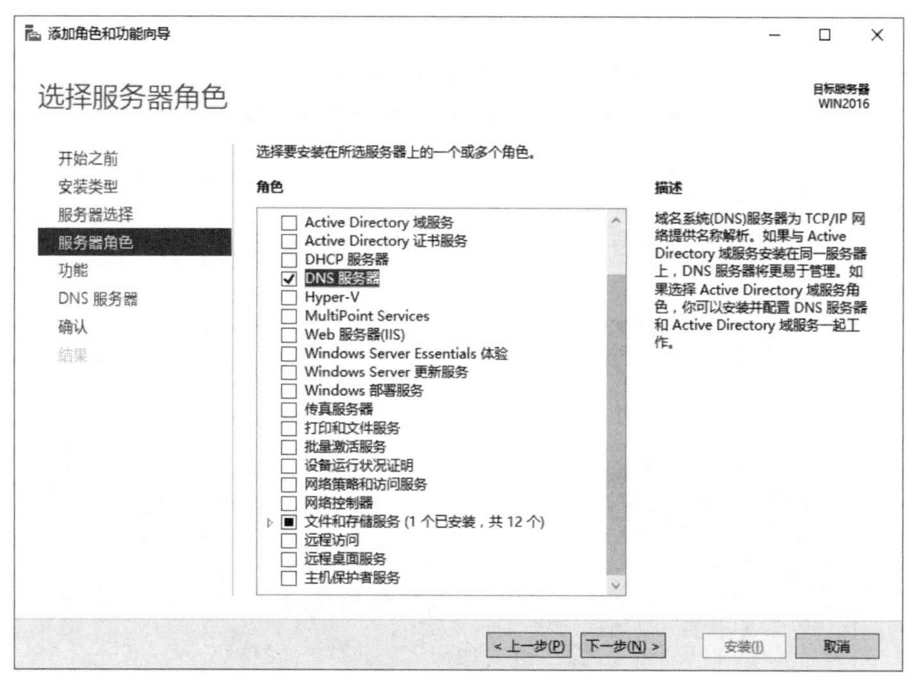

图 9-11　安装 DNS 服务

打开 DNS 管理工具，在正向查找区，创建 abc.com 区域，在该区域下添加主机记录 www 地址为 192.168.80.10，如图 9-12 所示。

右击 DNS 服务器，单击“属性”，在出现的图 9-13 所示服务器属性界面，单击“根提示”标签，可以看到 Internet 上的根 DNS 服务器。

> **注释**：域名解析的记录类型有：A 记录、CNAME（别名）、MX 记录（邮件交换记录）、NS 记录（名称服务器）等，本章只讲解 A 记录。

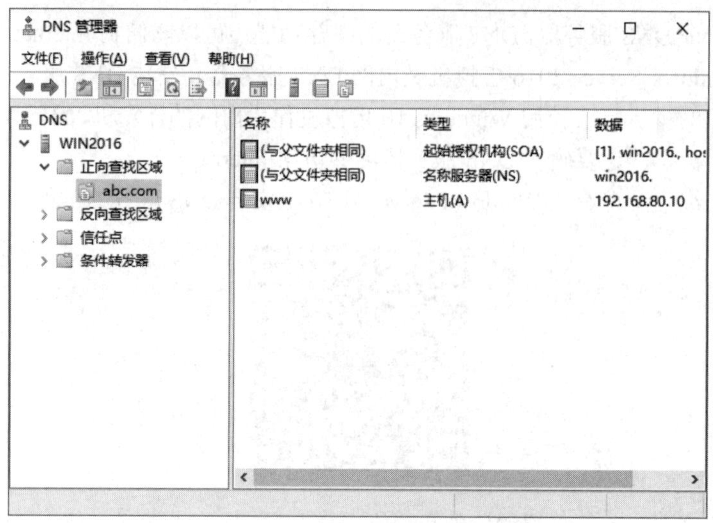

图 9-12 创建正向区域添加主机记录

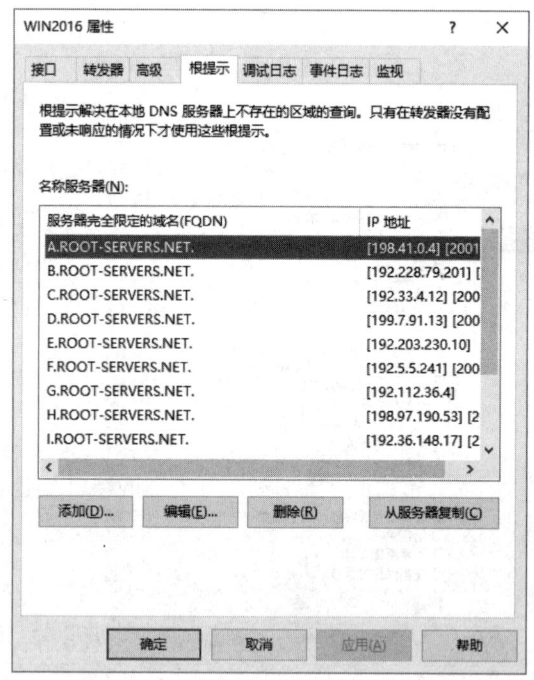

图 9-13 根提示

9.1.6 实战 2：测试域名解析

下面演示配置 Windows10 使用内网的 DNS 服务器域名解析，使用 ipconfig /displaydns 显示本地缓存的域名解析结果，使用 ipconfig /flushdns 清空缓存的结果，使用 nslookup 命令测试域名解析，在 DNS 服务器查看缓存的结果。

如图 9-14 所示，在 Windows10 上，更改本地连接的 IP 地址、子网掩码，这里一定要更改首选 DNS 为 Windows Server 2016 DNS 服务器的 IP 地址。

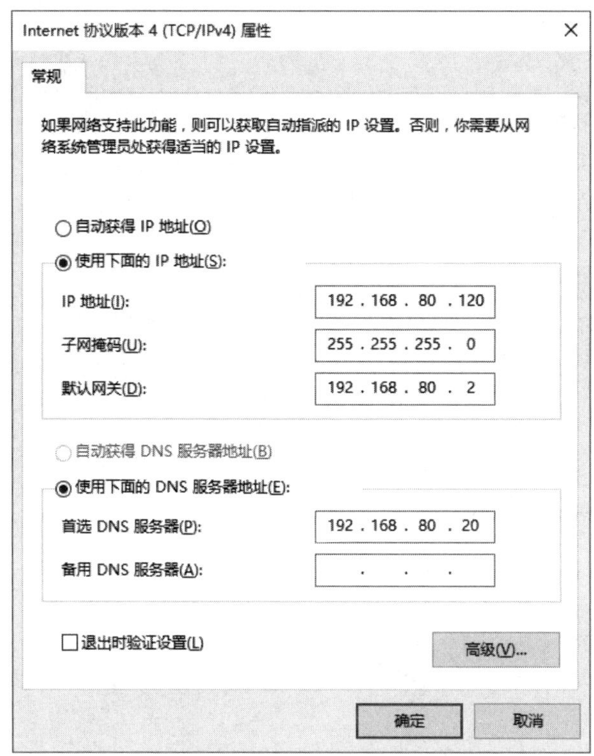

图 9-14　设置 Windows 10 使用 DNS 服务器

在命令提示符下输入：ping www.abc.com，可以看到解析出 IP 地址为 192.168.80.10。

ping www.baidu.com 用于测试是否能够解析 Internet 上的域名，可以看到能够解析出 IP 地址，说明 Windows 2016 DNS 服务器能够解析 Internet 上的域名。

```
C:\Users\han>ping www.abc.com

正在 ping www.abc.com [192.168.80.10] 具有 32 字节的数据:
来自 192.168.80.10 的回复: 字节=32 时间<1ms TTL=128
来自 192.168.80.10 的回复: 字节=32 时间<1ms TTL=128
来自 192.168.80.10 的回复: 字节=32 时间<1ms TTL=128
来自 192.168.80.10 的回复: 字节=32 时间<1ms TTL=128

192.168.80.10 的 ping 统计信息:
    数据包: 已发送 = 4，已接收 = 4，丢失 = 0 (0% 丢失),
往返行程的估计时间(以毫秒为单位):
最短 = 0ms，最长 = 0ms，平均 = 0ms


C:\Users\han>ping www.baidu.com

正在 ping www.a.shifen.com [39.156.66.18] 具有 32 字节的数据:
来自 39.156.66.18 的回复: 字节=32 时间=10ms TTL=128
来自 39.156.66.18 的回复: 字节=32 时间=9ms TTL=128
来自 39.156.66.18 的回复: 字节=32 时间=9ms TTL=128
来自 39.156.66.18 的回复: 字节=32 时间=9ms TTL=128
```

```
39.156.66.18 的 ping 统计信息:
    数据包: 已发送 = 4，已接收 = 4，丢失 = 0 (0% 丢失)，
往返行程的估计时间(以毫秒为单位):
    最短 = 9ms，最长 = 10ms，平均 = 9ms
```

在命令提示符下输入：ipconfig /displaydns，可以看到缓存的域名解析结果。要想清除缓存输入：ipconfig /flushdns。

```
C:\Users\han>ipconfig /displaydns

Windows IP 配置


    www.baidu.com
    ----------------------------------------
    记录名称. . . . . . . : www.baidu.com
    记录类型. . . . . . . : 5
    生存时间. . . . . . . : 276
    数据长度. . . . . . . : 8
    部分. . . . . . . . . : 答案
    CNAME 记录   . . . . . : www.a.shifen.com


    记录名称. . . . . . . : www.a.shifen.com
    记录类型. . . . . . . : 1
    生存时间. . . . . . . : 276
    数据长度. . . . . . . : 4
    部分. . . . . . . . . : 答案
    A (主机)记录   . . . . : 39.156.66.18


    记录名称. . . . . . . : www.a.shifen.com
    记录类型. . . . . . . : 1
    生存时间. . . . . . . : 276
    数据长度. . . . . . . : 4
    部分. . . . . . . . . : 答案
    A (主机)记录   . . . . : 39.156.66.14



C:\Users\han>ipconfig /flushdns

Windows IP 配置

已成功刷新 DNS 解析缓存。
C:\Users\han>ipconfig /flushdns

Windows IP 配置

已成功刷新 DNS 解析缓存。
```

在命令提示符下输入：nslookup，进入交互模式，输入：www.abc.com，可以查看域名解析的结果以及提供域名解析的服务器，输入：www.baidu.com，也能够解析成功。非权威应答是指 DNS 服务通过查询其他 DNS 服务器得到的结果。

```
C:\Users\han>nslookup
DNS request timed out.
    timeout was 2 seconds.
默认服务器:  UnKnown
Address:  192.168.80.20
> www.abc.com
服务器:  UnKnown
Address:  192.168.80.20

名称:    www.abc.com
Address:  192.168.80.

> www.baidu.com
服务器:  UnKnown
Address:  192.168.80.20

非权威应答:
名称:    www.a.shifen.com
Addresses:  39.156.66.14
          39.156.66.18
Aliases:  www.baidu.com

> quit
```

nslookup 也可以不进入交互模式，在命令提示符下直接输入：nslookup www.baidu.com，进行域名解析测试。

```
C:\Users\han>nslookup www.baidu.com
DNS request timed out.
    timeout was 2 seconds.
服务器:  UnKnown
Address:  192.168.80.20

非权威应答:
名称:    www.a.shifen.com
Addresses:  39.156.66.14
          39.156.66.18
Aliases:  www.baidu.com
```

在 Windows 2016 DNS 服务器上打开 DNS 管理工具，选中 WIN2016，单击“查看”→“高级”。如图 9-15 所示，在 DNS 管理工具中出现“缓存的查找”，就是 DNS 服务器缓存的 Internet 域名解析结果，可以看到刚才解析 www.baidu.com 的缓存记录。当然，也可以清除 DNS 服务器上的缓存，右击“缓存的查找”，就会出现“清除缓存”。

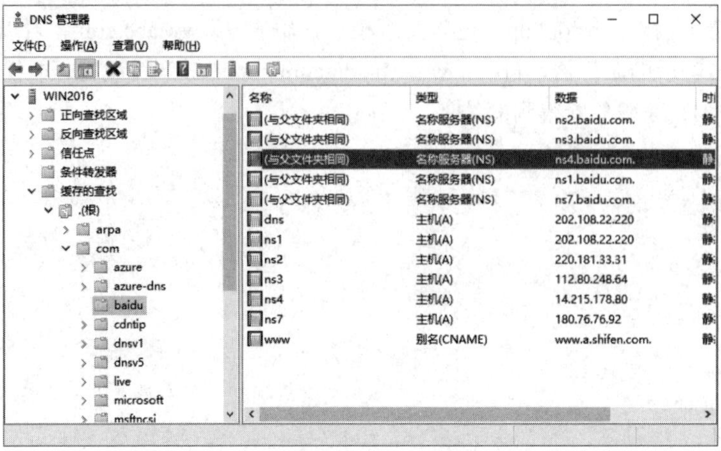

图 9-15　查看 DNS 服务器的缓存

9.1.7　实战 3：抓包分析域名解析的过程

下面在 DNS 服务器上运行抓包工具，捕获 Windows 10 解析域名 www.51cto.com 发送和接收的域名解析数据包，进一步了解域名解析的过程。

在 Windows 10 中 ping www.51cto.com。在 DNS 服务器上就能捕获域名解析的数据包，如图 9-16 所示。

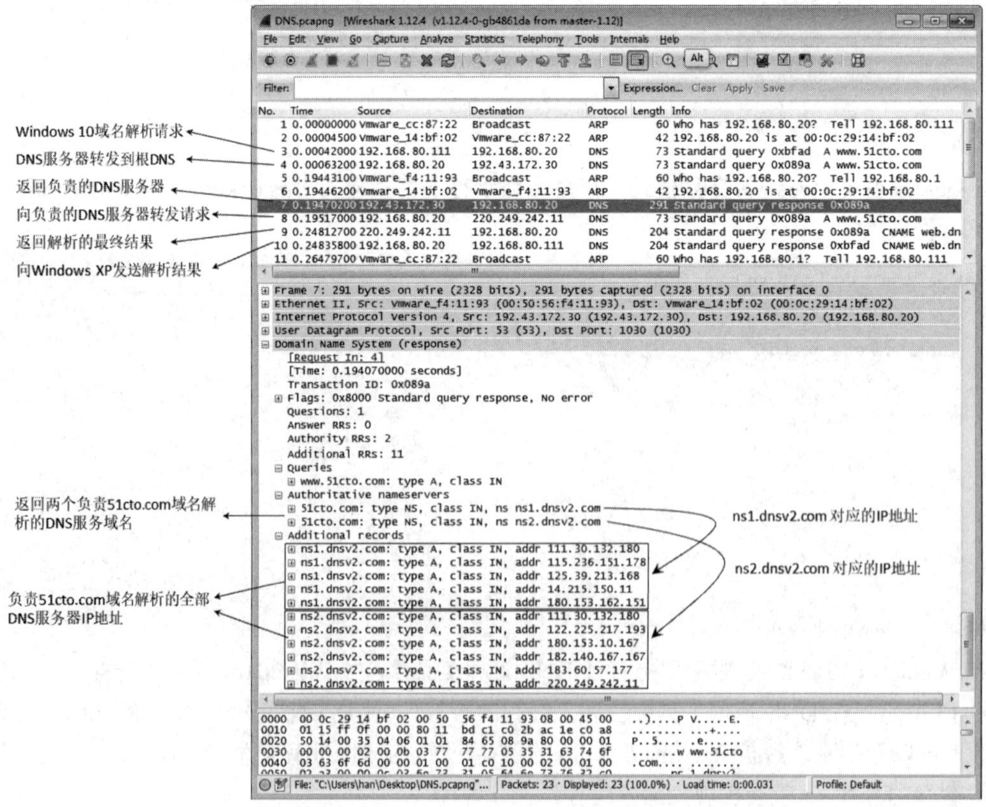

图 9-16　Internet 上 DNS 返回的结果

在图 9-16 中，第 3 个数据包是 Windows10 发给 DNS 服务器域名解析请求的数据包。第 4 个数据包是 DNS 服务器将 www.51cto.com 域名解析转发到 Internet 上根 DNS 服务器的数据包。第 7 个数据包是根 DNS 服务器返回的负责 51cto.com 域名的 DNS 服务器，从图中可以看到返回的结果有两个 DNS 服务器：ns1.dnsv2.com 和 ns2.dnsv2.com；同时下面 Additional records 列出了这两个域名对应的 IP 地址，可以看到一个域名对应多个 IP 地址。总共有 11 个 DNS 服务器负责 51cto.com 域名解析。DNS 服务器会从中选取一个进行查询。第 8 个数据包是 DNS 服务器向负责 51cto.com 域名解析的其中一个 DNS 服务器（IP 地址是 220.249.242.11，从第 9 个数据包可以看出来）发出的域名解析请求。第 9 个数据包是返回的最终查询结果。第 10 个数据包是 DNS 服务器将查询结果发送给 Windows 10。

图 9-17 是第 10 个数据包，是 DNS 服务器向 Windows 10 返回解析结果的数据包，框中就是应用层协议 DNS 应答报文的格式，也就是 DNS 协议格式。

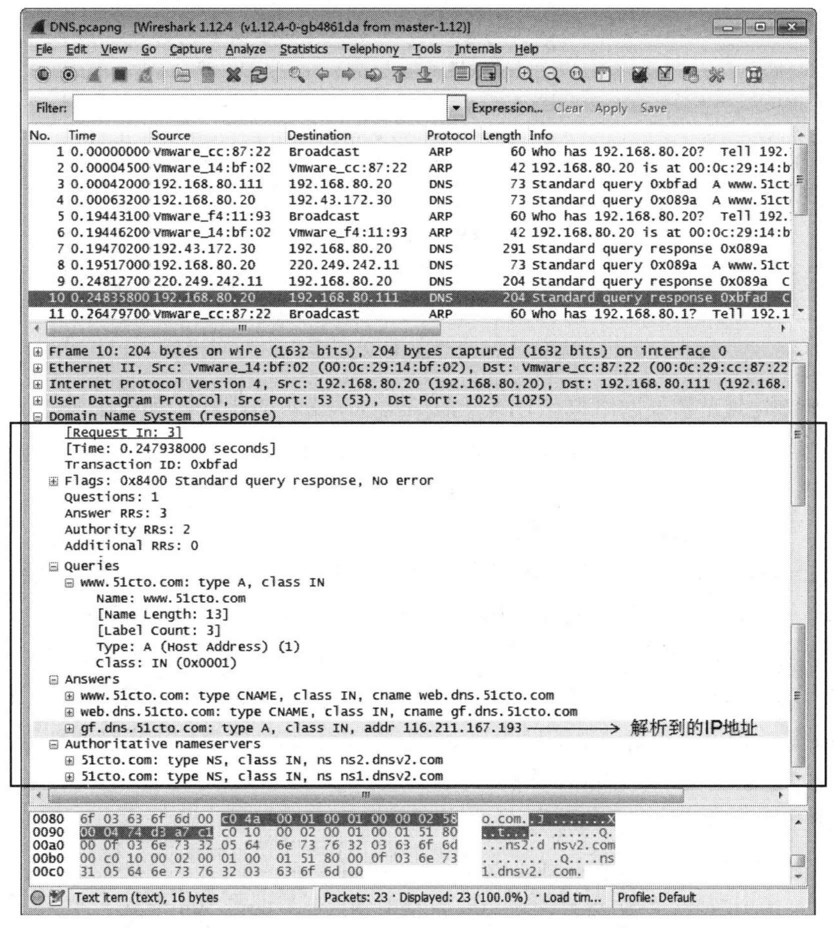

图 9-17 返回给客户端的域名解析最终结果

9.2 动态主机配置协议 DHCP

网络中计算机的 IP 地址、子网掩码、网关和 DNS 等设置可以人工指定，也可以设置成“自动获得”。设置成“自动获得”就需要使用 DHCP 协议从 DHCP 服务器请求 IP 地址。本节为大家讲解 DHCP 协议工作过程和 DHCP 协议的 4 种类型数据包。

9.2.1 静态地址和动态地址应用场景

如图 9-18 所示，配置计算机 IP 地址有两种方式：自动获得 IP 地址（动态地址）和使用下面的 IP 地址（静态地址）。当我们选择“自动获得 IP 地址”时，DNS 可以人工指定，也可以自动获得。

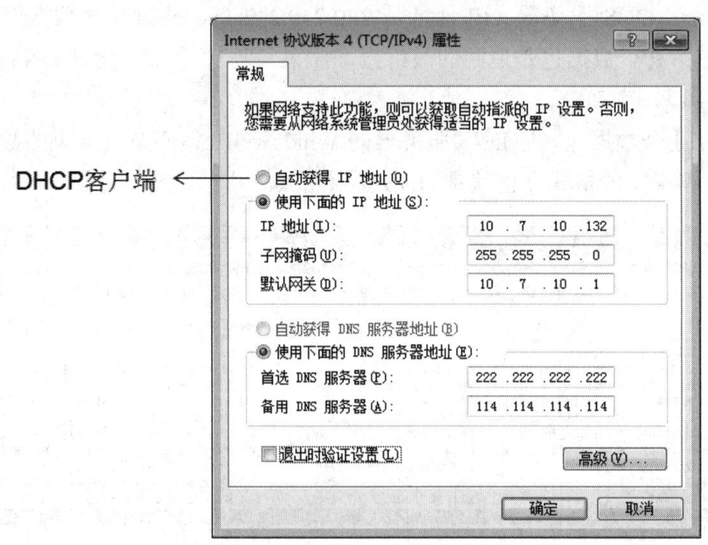

图 9-18 静态地址和动态地址

自动获得 IP 地址就需要网络中有 DHCP 服务器为网络中的计算机分配 IP 地址、子网掩码、网关和 DNS 服务器。那些设置成自动获得 IP 地址的计算机就是 DHCP 客户端。DHCP 服务器为 DHCP 客户端分配 IP 地址使用的协议就是 DHCP 协议。

那么什么情况下使用静态地址，什么情况下使用动态地址呢？

使用静态地址的情况为：IP 地址不经常更改的设备就使用静态地址。比如企业中服务器会单独在一个网段，很少更改 IP 地址或移动到其他网段，这些服务器通常使用静态地址，使用静态地址还可以方便企业员工使用地址访问这些服务器。比如学校机房都是台式机，很少移动，这些计算机最好也使用静态地址，按计算机的位置设置 IP 地址，比如第 1 排第 1 台电脑地址设置为 192.168.0.11，第 2 排第 3 台电脑地址设置为 192.168.0.23，这样规律地指定静态地址，既方便老师管理，也方便学生访问某个位置的计算机。

使用动态地址的情况如下：

（1）网络中的计算机不固定，就应该使用动态地址。比如软件学院的学生，每人一个笔记本电脑，每个教室一个网段。学生这节课在 204 教室上课，下节课去 306 教室上课，如果让学生自己指定地址，就太有可能发生地址冲突了。这种情况下，将计算机设置成自动获得，由 DHCP 服务器统一分配 IP 地址，就不会冲突了，学生也省去了更换教室就更改 IP 地址的麻烦。

（2）无线设备最好也使用动态地址。比如家里部署了无线路由器，笔记本电脑、iPAD、智能手机接入无线，默认也是自动获得的地址，可以简化无线设备联网的设置。再比如你去饭店吃饭，想用其无线上网，你只需问一下连接无线的密码即可，连接无线的同时会自动获得 IP 地址、网关和 DNS 等配置。

（3）ADSL 拨号上网通常也是使用自动获得 IP 地址。网通、电信、移动这些运营商为拨号上网的用户自动分配上网使用的公网 IP 地址、网关和 DNS 等设置，网民不知道这些运营商使用哪些网段的地址、也不知道哪些地址没有被其他用户使用。

9.2.2 DHCP 地址租约

大家看这种情况，假如外单位组织员工到你公司开会，他们的笔记本临时接到你公司网络，DHCP 服务器给他们的笔记本分配了 IP 地址，会记录下这些地址已经被分配，就不能再分配给其他计算机使用了。这些人开完会，直接拔掉网线，关机，他们的笔记本没来得及告诉 DHCP 服务器他们不再使用这些分配的地址了，DHCP 服务器会一直认为这些地址已被分配，不会分配给其他计算机使用。

为了解决这个问题，DHCP 服务器就以租约的形式向 DHCP 客户端分配地址。如图 9-19 所示，租约有时间限制，如果到期不续约，DHCP 服务器就认为该计算机已不在网络中，租约就会被 DHCP 服务器单方面废除，分配的地址就被收回，这就要求 DHCP 客户端在租约未到期前更新租约。

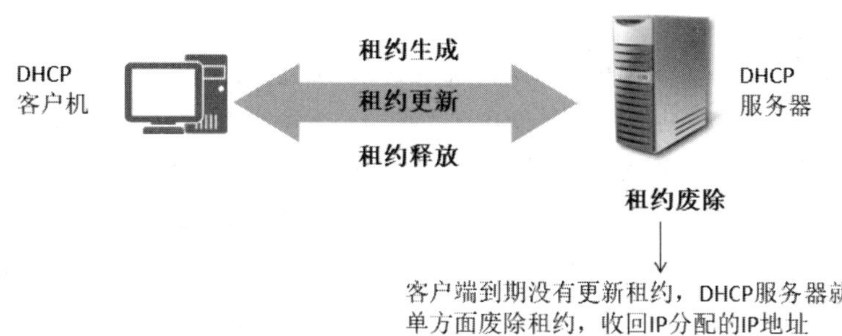

图 9-19 地址以租约的形式提供给客户端

如果计算机要离开网络，就应该正常关机。正常关机就会向 DHCP 服务器发送释放租约的请求，DHCP 服务器就会收回分配的地址。如果不关机离开网络，最好使用命令 ipconfig /release 释放租约。

9.2.3 DHCP 租约生成过程

DHCP 客户端会在以下列举的几种情况，从 DHCP 服务器获取一个新的 IP 地址。

- 该客户端计算机是第一次从 DHCP 服务器获取 IP 地址。
- 该客户端计算机原先所租用的 IP 地址已经被 DHCP 服务器收回，而且已经又租给其他计算机了，因此该客户端需要重新从 DHCP 服务器租用一个新的 IP 地址。
- 该客户端自己释放原先所租用的 IP 地址，并要求租用一个新的 IP 地址。
- 客户端计算机更换了网卡。
- 客户端计算机转移到另一个网段。

以上几种情况下，DHCP 客户端与 DHCP 服务器之间会通过以下 4 个包来相互通信，其过程如图 9-20 所示。这也说明 DHCP 协议定义了 4 种类型的数据包。

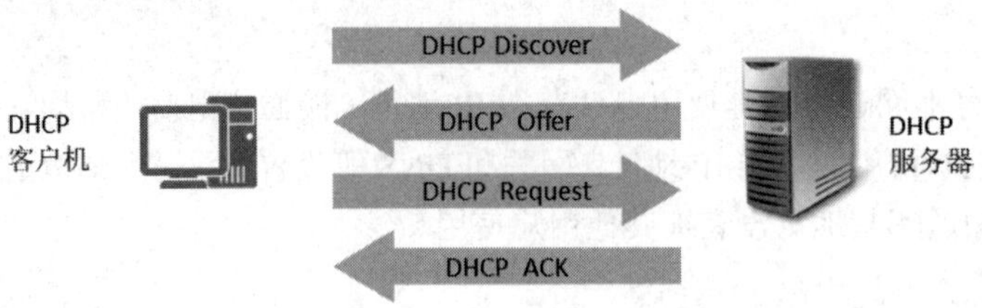

图 9-20 DHCP 客户端请求地址过程

（1）DHCP Discover。DHCP 客户端会先送出 DHCP Discover 的广播信息到网络，以便寻找一台能够提供 IP 地址的 DHCP 服务器。

（2）DHCP Offer。当网络中的 DHCP 服务器收到 DHCP 客户端的 DHCP Discover 信息后，就会从 IP 地址池中挑选一个尚未出租的 IP 地址，然后利用广播的方式传送给 DHCP 客户端。之所以使用广播方式，是因为此时 DHCP 客户端还没有 IP 地址。在尚未与 DHCP 客户端完成租用 IP 地址的程序之前，这个 IP 地址会被暂时保留起来，以避免再分配给其他的 DHCP 客户端。

如果网络中有多台 DHCP 服务器收到 DHCP 客户端的 DHCP Discover 信息，并且也都响应给 DHCP 客户端（表示它们都可以提供 IP 地址给此客户端），则 DHCP 客户端会从中挑选第一个收到的 DHCP Offer 信息。

（3）DHCP Request。当 DHCP 客户端挑选好第一个收到的 DHCP Offer 信息后，就利用广播的方式，响应一个 DHCP Request 信息给 DHCP 服务器。之所以利用广播方式，是因为它不但要通知所挑选的 DHCP 服务器，还必须通知没有被选上的其他 DHCP 服务器，以便这些 DHCP 服务器能够将其原本欲分配给此 DHCP 客户端的 IP 地址收回，供其他 DHCP 客户端使用。

（4）DHCP ACK。DHCP 服务器收到 DHCP 客户端要求 IP 地址的 DHCP Request 信息后，就会利用广播的方式送出 DHCP ACK 确认信息给 DHCP 客户端。之所以利用广播的方式，是因为此时 DHCP 客户端还没有 IP 地址，此信息包含着 DHCP 客户端所需要的 TCP/IP 配置信息，例如子网掩码、默认网关、DNS 服务器等。

DHCP 客户端在收到 DHCP ACK 信息后，就完成了获取 IP 地址的步骤，也就可以开始利用这个 IP 地址与网络中的其他计算机通信。

9.2.4 DHCP 地址租约更新

在租约过期之前，DHCP 客户端需要向服务器续租指派给它的地址租约。DHCP 客户端按照设定好的时间，周期性地续租其租约以保证其使用的是最新的配置信息。当租约期满而客户端依然没有更新其地址租约，则 DHCP 客户端将失去这个地址租约并开始一个 DHCP 租约产生过程。DHCP 租约更新过程步骤如下：

（1）当租约时间过去一半时，客户机向 DHCP 服务器发送一个请求，请求更新和延长当前租约。客户机直接向 DHCP 服务器发请求，最多可重发三次，分别在 4s、8s 和 16s 时。

注意：如果找到 DHCP 服务器，服务器就会向客户机发送一个 DHCP 应答消息，这就更新了租约。

如果客户机未能与原 DHCP 服务器通信，就等到租约时间过去 87.5 %。然后，客户机进入重绑定状态，向任何可用 DHCP 服务器广播（最多可重试三次，分别在 4s、8s、16s 时）一个 DHCP Discover 消息，用来更新当前 IP 地址的租约。

（2）如果某台服务器应答一个 DHCP Offer 消息，以更新客户机的当前租约，客户机就用服务器提供的信息更新租约并继续工作。

（3）如果租约终止而且没有连接到服务器，客户机必须立即停止使用其租约 IP 地址。然后，客户机执行与它初始启动期间相同的过程来获得新的 IP 地址租约。

租约更新有两种方法：

（1）自动更新。

DHCP 服务自动进行租约的更新，也就是前面描述的租约更新的过程，当租约期达到租约期限 50%时，DHCP 客户端将自动开始尝试续租该租约。每次 DHCP 客户端重新启动的时候也将尝试续租该租约。为了续租其租约，DHCP 客户端向为它提供租约的 DHCP 服务器发出一个 DHCP Request 请求数据包。如果该 DHCP 服务器可用，它将续租该租约并向 DHCP 客户端提供一个包含新的租约期和任何需要更新的配置参数值的 DHCP ACK 数据包。当客户端收到该确认数据包后更新自己的配置。如果 DHCP 服务器不可用，客户端将继续使用现有的配置。

如果 DHCP 客户端首次更新租约没有成功，则当租约期到达租约期限 87.5%的时候，DHCP 客户端就将发出一个 DHCP Discover 数据包。这时 DHCP 客户端将接受任何 DHCP 服务器为其分配的租约。

注释：如果 DHCP 客户端请求的是一个无效的或存在冲突的 IP 地址，则 DHCP 服务器可以向其响应一个 DHCP 拒绝消息（DHCPNAK），该消息强迫客户端释放其 IP 地址并获得一个新的、有效的地址。

如果 DHCP 客户端重新启动而网络上没有 DHCP 服务器响应其 DHCP Request 请求，则它将尝试连接默认的网关（ping）。如果连接到默认网关的尝试也宣告失败，则 DHCP 客户端将中止使用现有的地址租约，并会认为自己已不在以前的网段，需要获得新的 IP 地址了。

如果 DHCP 服务器向 DHCP 客户端响应一个用于更新客户端现有租约的 DHCP Offer 数据包，客户端将根据服务器端提供的数据包对租约进行续租。

如果租约过期，客户端必须立即终止使用现有的 IP 地址并开始 DHCP 租约产生过程，以尝试得到一个新的 IP 地址租约。如果 DHCP 客户端无法得到一个新的 IP 地址，DHCP 客户端会自己产生 169.254.0.0/16 网段中的一个地址作为临时地址。

（2）手动更新。

如果需要立即更新 DHCP 配置信息，可以手工对 IP 地址租约进行续租操作，例如：如果我们希望 DHCP 客户端立即从 DHCP 服务器上得到一台新安装的路由器的地址，只需简单地在客户端做续租操作就可以了。

直接在客户机的命令提示符下执行命令：ipconfig /renew。

9.2.5 实战 1：安装和配置 DHCP 服务

现在演示在单网段环境下安装 DHCP 服务器，网络环境如图 9-21 所示，配置 DHCP 服务器给本网段计算机分配 IP 地址。将演示如何配置 DHCP 作用域，查看 DHCP 客户端记录的租约和 DHCP 服务器记录的租约，以及在 DHCP 服务器上使用抓包工具捕获生成租约、更新租约、释放租约的数据包。

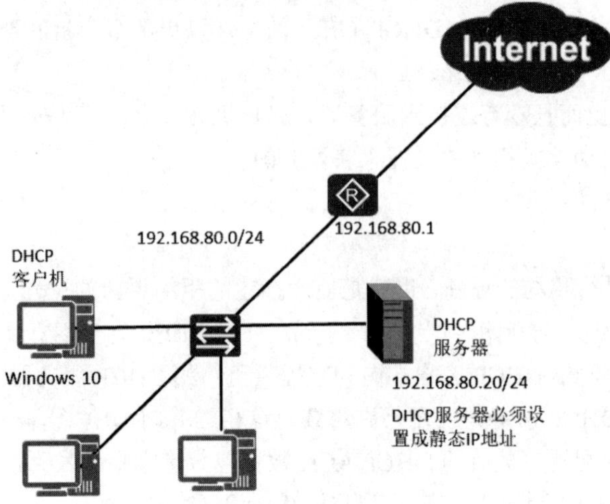

图 9-21　DHCP 服务器给本网段分配 IP 地址

扫描下方二维码，可观看在 Windows Server 2016 上安装 DHCP 服务和创建作用域的过程。DHCP 服务器的 IP 地址必须设置成静态地址。

打开服务器管理器，单击“添加角色和功能向导”，如图 9-22 所示，在出现的“选择服务器角色”界面，选中“DHCP 服务器”，单击“下一步”，完成 DHCP 服务的安装。

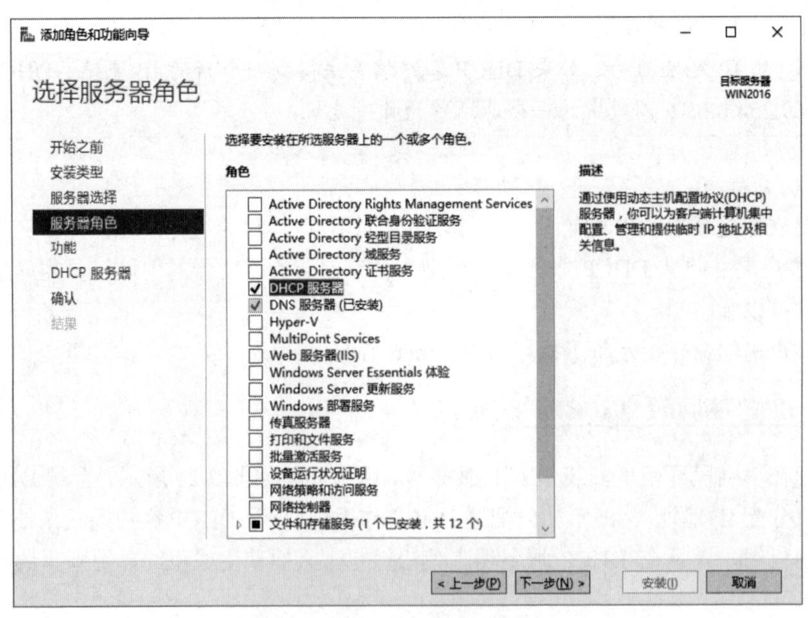

图 9-22　安装 DHCP 服务

打开 DHCP 管理工具，创建作用域“LocalNet”，配置作用域选项，“003 路由器”就是指定该网段的网关，“006 DNS 服务器”就是指定 DNS 服务器，最后激活该作用域，如图 9-23 所示。

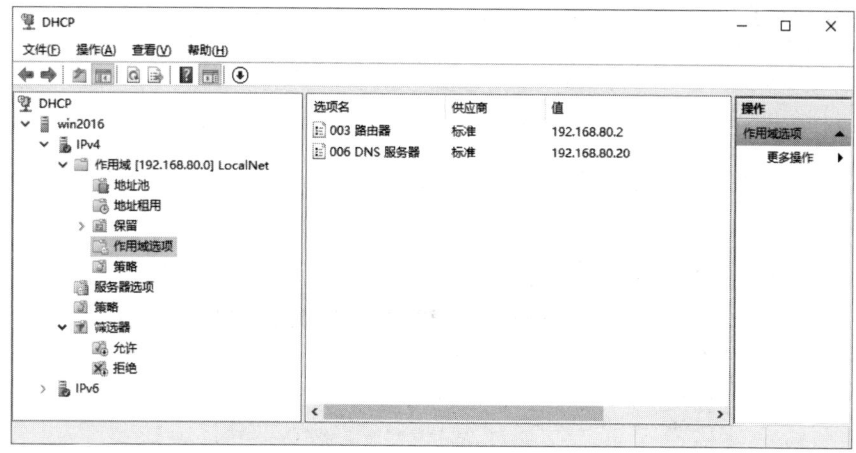

图 9-23　创建作用域

9.2.6　实战 2：查看、刷新、释放租约

下面在 DHCP 服务器上使用抓包工具捕获 DHCP 客户端请求地址产生的数据包，观察 DHCP 协议 4 种数据包：DHCP Discover、DHCP Offer、DHCP Request、DHCP ACK。

以管理员身份登录 Windows10，打开本地连接，将 IP 地址和 DNS 设置成自动获得。在命令提示符下输入：ipconfig /all，可以看到获得了 IP 地址，子网掩码、网关和 DNS 服务器，也能够看到 DHCP 服务器的地址，租约开始时间和过期时间。

```
C:\Users\han>ipconfig /all

Windows IP 配置

   主机名  . . . . . . . . . . . . . : Windows10
   主 DNS 后缀 . . . . . . . . . . . :
   节点类型  . . . . . . . . . . . . : 混合
   IP 路由已启用 . . . . . . . . . . : 否
   WINS 代理已启用 . . . . . . . . . : 否

以太网适配器 Ethernet0:

   连接特定的 DNS 后缀 . . . . . . . :
   描述. . . . . . . . . . . . . . . : Intel(R) 82574L Gigabit Network Connection
   物理地址. . . . . . . . . . . . . : 00-0C-29-E9-E0-EE
   DHCP 已启用 . . . . . . . . . . . : 是
   自动配置已启用. . . . . . . . . . : 是
   本地链接 IPv6 地址. . . . . . . . : fe80::5cab:738f:277:2b27%4(首选)
   IPv4 地址 . . . . . . . . . . . . : 192.168.80.10(首选)
   子网掩码  . . . . . . . . . . . . : 255.255.255.0
   获得租约的时间  . . . . . . . . . : 2020 年 3 月 26 日  16:09:54
   租约过期的时间  . . . . . . . . . : 2020 年 4 月 3 日  16:09:54
```

```
默认网关. . . . . . . . . . . . . : 192.168.80.2
DHCP 服务器 . . . . . . . . . . . : 192.168.80.20
DHCPv6 IAID . . . . . . . . . . . : 50334761
DHCPv6 客户端 DUID  . . . . . . . : 00-01-00-01-26-06-2E-30-00-0C-29-E9-E0-EE
DNS 服务器  . . . . . . . . . . . : 192.168.80.20
TCPIP 上的 NetBIOS  . . . . . . . : 已启用
```

如图 9-24 所示，在 DHCP 服务器上右击“地址租约”，单击“刷新”，就可以看到给 Windows10 提供的租约，同样记录了租约到期时间。

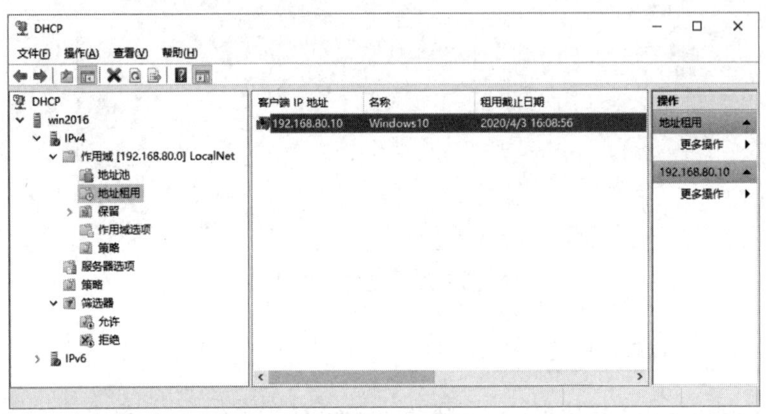

图 9-24　查看 DHCP 服务器上的租约

在 DHCP 服务器上停止抓包，如图 9-25 所示，在显示筛选器输入 ip.addr == 255.255.255.255，回车，过滤出 IP 地址有广播地址的数据包。可以看到 DHCP 服务器为 DHCP 客户端分配 IP 地址的 4 个数据包：DHCP Discover、DHCP Offer、DHCP Request、DHCP ACK，即 DHCP 发现、DHCP 提供、DHCP 选择和 DHCP 确认。

这期间 Windows 10 没有 IP 地址，大家看到的源地址是 0.0.0.0。DHCP Discover 是 Windows 10 发送的 DHCP 发现数据包，目标 MAC 地址是广播地址，也就是 ff-ff-ff-ff-ff-ff，目标 IP 地址也是广播地址 255.255.255.255。本网段的计算机都能收到该数据包，DHCP 服务器会做出响应。

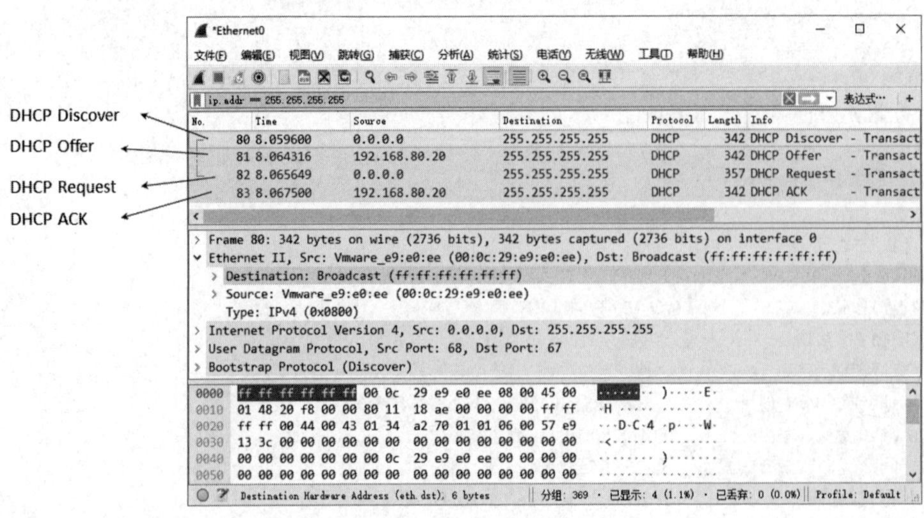

图 9-25　DHCP 工作过程

在 Windows 10 上，在命令提示符下输入：ipconfig /renew，更新租约。

再次输入：ipconfig /all，可以看到租约时间更新了。

在命令提示符下输入：ipconfig /release，能够释放租约，计算机的 IP 地址和子网掩码都成了 0.0.0.0。

9.2.7 实战 3：跨网段分配 IP 地址

前面展示了 DHCP 服务器和 DHCP 客户端在同一个网段时 DHCP 服务器的配置。企业的网络规划通常会把服务器单独部署到一个网段。如图 9-26 所示，DHCP 服务器在 VMNet1 网段，地址是 192.168.10.20，子网掩码是 255.255.255.0，网关是 192.168.10.1。那么 DHCP 服务器如何为 VMNet8 和 VMNet6 网段的计算机分配 IP 地址呢？

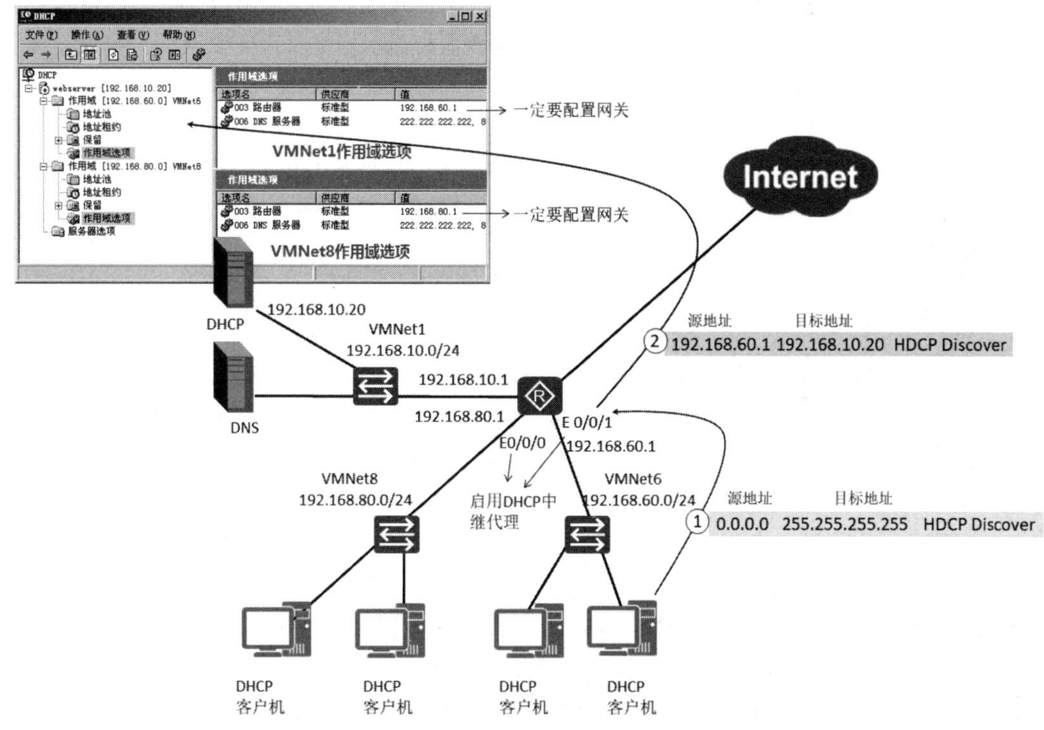

图 9-26 DHCP 跨网分配 IP 地址需要 DHCP 中继

这就要求在 DHCP 服务器上创建两个作用域：VMNet8 和 VMNet6，并配置路由器选项（也就是 VMNet8 的网关和 VMNet6 的网关），该选项一定要配置，注意，这两个作用域的网关不一样。

还需要在路由器上为 VMNet8 和 VMNet6 启用 DHCP 中继代理，命令如下：

```
[R1]dhcp enable                                      --启用 DHCP 功能
[R1]interface Ethernet 0/0/0
[R1-Ethernet0/0/0]dhcp relay server-ip 192.168.10.20 --指定 DHCP 服务器地址
[R1-Ethernet0/0/0]dhcp select relay                  --通过中继提供地址
[R1-Ethernet0/0/0]quit
[R1]interface Ethernet 0/0/1
[R1-Ethernet0/0/1] dhcp relay server-ip 192.168.10.20 --指定 DHCP 服务器地址
[R1-Ethernet0/0/1]dhcp select relay                  --通过中继提供地址
```

在接口模式下输入：dhcp relay server-ip 192.168.10.20，就是告诉路由器该接口如果收到 DHCP Discover 广播，就由该接口产生一个 DHCP 请求包，目标地址是 192.168.10.20，源地址是收到该广播包的接口地址。DHCP 服务器收到这样一个 DHCP Discover，就知道这是来自哪个网段的请求，就会从相应的作用域选择一个地址提供。

9.3 Telnet 协议

Telnet 是一个简单的远程终端协议，也是因特网的正式标准。用户使用 Telnet 客户端就可以连接到远程运行 Telnet 服务的设备（可以是网络设备，比如路由器、交换机，也可以是操作系统，比如 Windows 或 Linux），进行远程管理。

Telnet 能将用户的键盘指令传到远程主机，同时也能将远程主机的输出通过 TCP 连接返回到用户屏幕。这种服务是透明的，因为用户感觉到好像键盘和显示器是直接连在远程主机上。因此，Telnet 又称为终端仿真协议。

Telnet 并不复杂，以前应用很多。现在由于操作系统（Windows 和 Linux）功能越来越强，用户已较少使用 Telnet 了。不过配置 Linux 服务器和网络设备还是需要 Telnet 来实现远程管理和配置。而 Windows Server、Windows XP 或 Windows 7 这样的操作系统更多地是使用远程桌面进行管理，后面会讲到如何使用远程桌面管理 Windows 系统。

9.3.1 Telnet 协议工作方式

Telnet 也使用客户端－服务器端方式。在本地系统运行 Telnet 客户进程，而在远程主机运行 Telnet 服务器进程。服务器中的主进程等待新的请求，并产生从属进程来处理每一个连接。

Telnet 能够适应许多计算机和操作系统的差异。例如，对于文本中一行的结束，有的系统使用 ASCII 码的回车（CR），有的系统使用换行（LF），还有的系统使用两个字符——回车－换行（CR-LF）。又如，在中断一个程序时，许多系统使用 Control+C，但也有系统使用 ESC。为了适应这种差异，Telnet 定义了数据和命令应怎样通过网络。这些定义就是所谓的网络虚拟终端（Network Virtual Terminal，NVT）。图 9-27 说明了 NVT 的意义。客户端软件把用户的键盘输入和命令转换成 NVT 格式，并送交服务器。服务器软件把收到的数据和命令，从 NVT 格式转换成本地系统所需的格式。向用户返回数据时，服务器把服务器系统的格式转换为 NVT 格式，Telnet 客户端再从 NVT 格式转换到本地系统所需的格式。

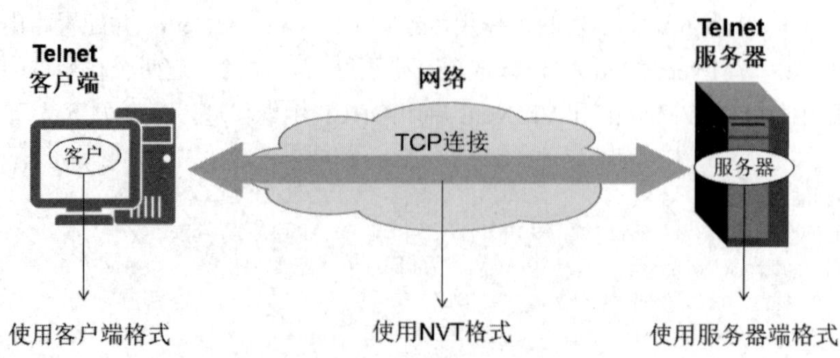

图 9-27 Telnet 使用网络虚拟终端 NVT 格式

NVT 的格式定义很简单。所有的通信都使用 8 位即一个字节。在运转时，NVT 使用 7 位 ASCII 码传送数据，当高位置 1 时用作控制命令。ASCII 码共有 95 个可打印字符（如字母、数字、标点符号）和 33 个控制字符。所有可打印字符在 NVT 中的意义和在 ASCII 码中一样。但 NVT 只使用了 ASCII 码的控制字符中的几个。此外，NVT 还定义了两字符的 CR-LF 作为标准的行结束控制符。当用户在 Telnet 客户端键入回车时，Telnet 的客户端就把它转换为 CR-LF 再进行传输，而 Telnet 服务器要把 CR-LF 转换为 Telnet 服务端的行结束字符。

Telnet 的选项协商（Option Negotiation）使 Telnet 客户端和 Telnet 服务器可商定使用更多的终端功能，协商的双方是平等的。

9.3.2 实战：Telnet 管理网络设备和 Windows 系统

华为交换机和路由这样的网络设备，如果网络畅通，均可以使用 Telnet 进行远程管理。参见本书 3.4.3 节所讲，配置华为路由器允许 Telnet，并设置 Telnet 用户权限级别。

Windows 2003 和 Windows XP 系统安装后就有 Telnet 服务，默认是禁用状态，启用 Telnet 服务后，也可以进行远程管理。Windows 10 和 Windows Server 2016 中没有不提供 Telnet 服务的安装。扫描下面二维码，观看使用 telnet 远程管理华为路由器和 Windows Server 2003 的视频。

Windows10 系统默认没有安装 Telnet 客户端，需要安装。打开控制面板，单击“程序”，单击“启用或关闭 Windows 功能”。如图 9-28 所示，勾选“Telnet 客户端”，完成 Telnet 客户端的安装。

图 9-28 安装 Telnet 客户端

9.4 超文本传输协议 HTTP

本节讲解在互联网上应用最为广泛的应用层协议——HTTP（Hyper Text Transfer Protocol，超文本传输协议）。HTTP 是客户端浏览器与 Web 服务器之间的应用层通信协议，如图 9-29 所示。在 Internet 的 Web 服务器上存放的都是超文本信息，客户机需要通过 HTTP 协议传输所要访问的超文本信息。HTTP 协议定义了客户端访问 Web 服务器的方法，Web 服务器响应浏览器的数据包有哪些状态，以及 HTTP 协议报文的格式。本节通过抓包分析 HTTP，查看客户端（浏览器）向 Web 服务发送的请求（命令），查看 Web 服务向客户端返回的响应（状态代码），以及请求报文和响应报文的格式。

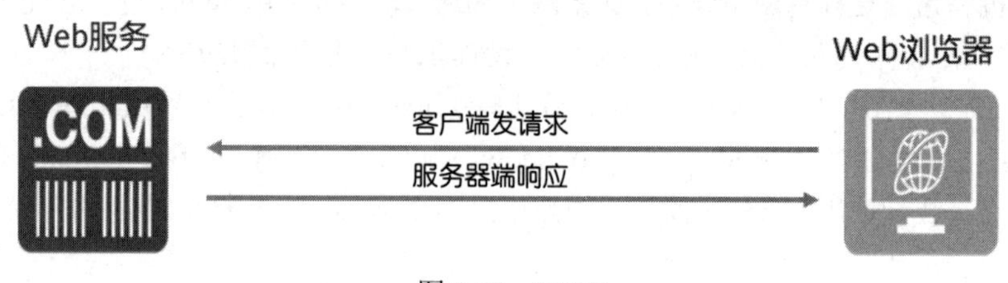

图 9-29　HTTP

9.4.1 网页

HTTP 是超文本传输协议，一个网站通常由一组网页组成，其中有一个网页是首页，通过首页的超链接可以访问到该网站的其他网页，超链接也可以链接到其他网站。设计网页不是本书的重点，下面使用记事本编写 3 个 html 文件，来了解一下网页的基本构成，以及超链接如何实现。

后面会讲解如何将 Windows Server 2016 配置成 Web 服务器，创建 Web 站点。在 Windows Server 2016 的 C 盘根目录下，创建一个文件夹 91xueit，在该文件夹中创建 3 个记事本文件，重命名为 index.html、network.html 和 windows.html，其中 index.html 作为网站的首页。

index.html 文件内容如图 9-30 所示。

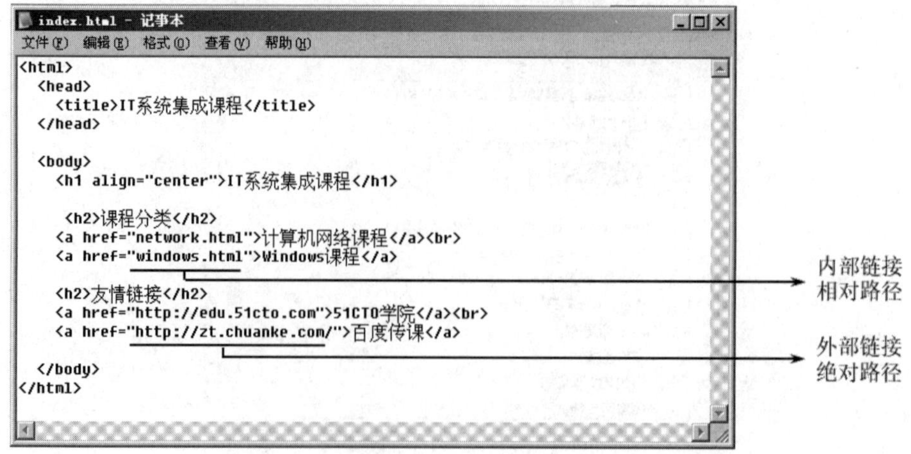


```
<html>
  <head>
    <title>IT系统集成课程</title>
  </head>

  <body>
    <h1 align="center">IT系统集成课程</h1>

     <h2>课程分类</h2>
    <a href="network.html">计算机网络课程</a><br>
    <a href="windows.html">Windows课程</a>

    <h2>友情链接</h2>
    <a href="http://edu.51cto.com">51CTO学院</a><br>
    <a href="http://zt.chuanke.com/">百度传课</a>

  </body>
</html>
```

图 9-30　HTML 文件结构

HTML 文件结构：

HTML 文件均以<html>标记开始，以</html>标记结束。

<head>…</head>标记之间的内容用于描述页面的头部信息，如页面的标题、作者、摘要、关键词、版权、自动刷新等信息。

<body>…</body>标记之间的内容为页面的主体内容。

HTML 文件的整体结构及其对应的预览效果如图 9-31 所示。

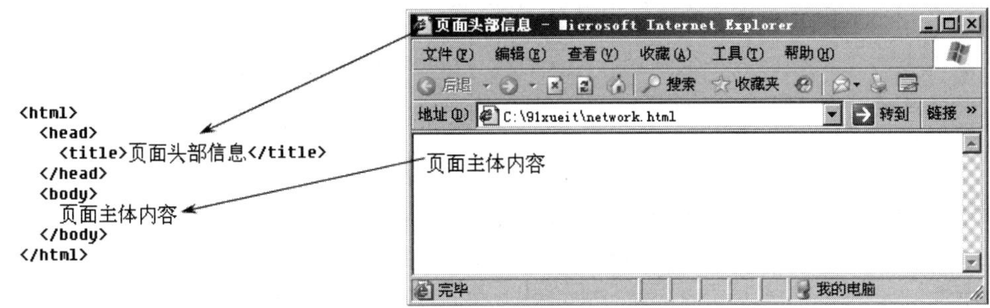

图 9-31　HTML 文件头部和主体

网页中的标签<h1></h1>用来定义标签内的内容是一级标题，<h2></h2>用来定义标签内的内容是二级标题。

<a href="network.html">计算机网络</a> 定义“计算机网络”的超链接为 network.html，是相对路径。

<a href="http://edu.51cto.com">51CTO 学院</a> 定义“51CTO 学院”的超链接为 http://edu.51cto.com，是绝对路径。

补充知识：大家都习惯使用 WWW 标识网站，比如百度网站 www.baidu.com，搜狐的网站 www.sohu.com。WWW 是 World Wide Web（万维网）的缩写。互联网上的网站共同组成万维网。

9.4.2　统一资源定位符 URL

统一资源定位符（Uniform Resoure Locator，URL）是用来表示从因特网上得到的资源位置和访问这些资源的方法。URL 给资源的位置提供一种抽象的识别方法，并用这种方法来给资源定位。只要能够对资源定位，系统就可以对资源进行各种操作，如存取、更新、替换和查找其属性。

这里所说的“资源”是指在因特网上可以被访问的任何对象，包括文件目录、文件、文档、图像、声音等，以及与因特网相连的任何形式的数据。URL 相当于一个文件名在网络范围的扩展。因此，URL 是与因特网相连的机器上的任何可访问对象的一个指针。由于访问不同对象所使用的协议不同，所以 URL 还指出读取某个对象时所使用的协议。URL 的一般形式由以下 4 个部分组成：

<协议>://<主机>:<端口>/<路径>

URL 的第一部分是最左边的<协议>。这里的<协议>就是指出使用什么协议来获取该万维网文档。现在最常用的协议就是 http（超文本传输协议 HTTP），其次是 ftp（文件传输协议 FTP）。

在<协议>后面是规定必须写上的“://”，不能省略。它的右边是第二部分<主机>，指出这个万维网文档是在哪一个主机上。这里的<主机>就是指该主机在因特网上的域名或 IP 地址。再后面是第三和第四部分<端口>和<路径>，端口和路径有时候可以省略。

下面简单介绍使用最多的两种 URL。

（1）HTTP 的 URL 的一般格式。

http://<主机>:<端口>/<路径>

如果 HTTP 使用的是默认端口号 80，通常可省略。若再省略文件的<路径>项，则 URL 就指到该网站的根目录下的主页（homepage）。

> **注意**：主页是一个很重要的概念，它可以是以下几种情况之一：
>
> （1）一个 www 服务器的最高级别的页面。
>
> （2）某组织或部门的一个定制的页面或目录。从这样的页面可链接到因特网上与本组织或部门有关的其他站点。
>
> （3）就一个页面的网站。

例如：访问 51CTO 网站只要输入 http://www.51cto.com，就能打开该网站的主页，不用输入端口和路径。通过主页，可以访问到该网站的全部内容，比如下载、博客、51CTO 学院。

更复杂一点的 URL 是指向网站第二级或第三级目录的网页，如 http://edu.51cto.com/member/id-2_1.html。

（2）FTP 的 URL 的一般格式。

ftp:// <主机>:<端口>/<路径>

比如北京邮电大学 FTP 服务器：ftp://ftp.bupt.edu.cn。FTP 的 URL 中还可以包括登录 FTP 服务器的账户和密码，比如 ftp://stargate:sg1@61.155.39.141:9921，其中登录名为 stargate，密码为 sg1，FTP 服务器 IP 地址为 61.155.39.141，端口为 9921。

9.4.3 绝对路径和相对路径

在 Internet 上访问资源时要使用 URL，网页中的超链接指向其他网站的资源时也需要使用 URL，网页中的超链接如果指向同一个网站下的其他网页，就可以使用相对路径或根路径。在网页中添加超链接需要弄明白是使用绝对路径、相对路径还是根路径，即需要确定当前文档同站点根目录之间的相对路径关系。链接可以分为以下 3 种：

绝对路径——如 http://www.webjx.com。

相对路径——如 news/default.htm。

根路径——如/website/news/default.htm。

在了解这 3 种地址形式前先要理解另外两个概念：内部链接和外部链接。

内部和外部都是相对于站点文件夹而言，如果链接指向的是站点文件夹之内的文件，就是内部链接；如果链接指向站点文件夹之外的文件，就是外部链接。在添加外部链接的时候，将用到下面所讲的绝对地址；而添加内部链接的时候，将用到下面所讲的根目录相对地址和文件相对地址。

下面分别介绍这 3 种链接。

（1）绝对路径（URL）。绝对路径为文件提供完全的路径，包括使用的协议，如 http、ftp、rtsp 等。一般常见的有：

http://www.sohu.com

ftp://202.136.254.1

当链接到其他网站的资源时，必须使用绝对路径。

（2）相对路径。相对路径最适合网站的内部链接。只要是同一网站之下的，即使不在同一个目录下，相对路径也非常合适。只要是处于站点文件夹之内，相对地址就可以自由地在文件之间构建链接。这种地址形式利用的是构建链接的两个文件之间的相对关系，不受站点文件夹所处服务器位置的影响。因此这种书写形式省略了绝对地址中的相同部分。这样做的优点是：站点文件夹所在的服务器地址发生改变时，文件夹的所有内部链接都不会出问题。

相对链接的使用方法为：

- 如果链接到同一目录下，则只需输入要链接文档的名称。
- 要链接到下一级目录中的文件，只需先输入目录名，然后加“/”再输入文件名。
- 如链接到上一级目录中的文件，则先输入“../”，再输入目录名、文件名。

（3）根路径。根路径同样适用于创建内部链接，但大多数情况下，不建议使用此种地址形式。它在下列情况下使用：

- 当站点的规模非常大，部署于几个服务器上时。
- 当一个服务器上同时放置几个站点时。

根路径的书写形式也很简单，首先以一个斜杠开头，代表根目录，然后书写文件夹名，最后书写文件名。根路径以“/”开始，然后是根目录下的目录名。

9.4.4 HTTP的主要内容

为了让HTTP更好理解，下面的HTTP就以租房协议的格式展示。注意，下面是HTTP主要内容，不是全部内容。

HTTP

甲方：　　　Web服务

乙方：　　　浏览器_

HTTP是用于从万维网（World Wide Web，WWW）服务器传输超文本到本地浏览器的传送协议。HTTP是一个基于TCP/IP通信协议来传递数据（HTML文件，图片文件，查询结果等）的应用层协议。

HTTP工作于客户端－服务器端架构之上。浏览器作为HTTP客户端通过URL向HTTP服务端即Web服务器发送所有请求。Web服务器根据接收到的请求，向客户端发送响应信息。

协议条款：

一、HTTP请求、响应的步骤

1. 客户端连接到Web服务器

一个HTTP客户端，通常是浏览器，与Web服务器的HTTP端口（默认使用TCP的80端口）建立一个TCP套接字连接。

2. 发送HTTP请求

通过TCP套接字，客户端向Web服务器发送一个文本的请求报文，一个请求报文由请求行、请求头部、空行和请求数据4部分组成。

3. 服务器接受请求并返回HTTP响应

Web服务器解析请求，定位请求资源。服务器将资源副本写到TCP套接字，由客户端读取。一个响应由状态行、响应头部、空行和响应数据4部分组成。

4. 释放连接 TCP 连接

若 connection 模式为 close，则服务器主动关闭 TCP 连接，客户端被动关闭连接，释放 TCP 连接；若 connection 模式为 keepalive，则该连接会保持一段时间，在该时间内可以继续接收请求。

5. 客户端浏览器解析 HTML 内容

客户端浏览器首先解析状态行，查看表明请求是否成功的状态代码。然后解析每一个响应头，响应头告知以下为若干字节的 HTML 文档和文档的字符集。客户端浏览器读取响应数据 HTML，根据 HTML 的语法对其进行格式化，并在浏览器窗口中显示。

二、请求报文格式

由于 HTTP 是面向文本的，因此在报文中的每一个字段都是一些 ASCII 码串，因而各个字段的长度都是不确定的。如图 9-32 所示，HTTP 请求报文由 3 个部分组成。

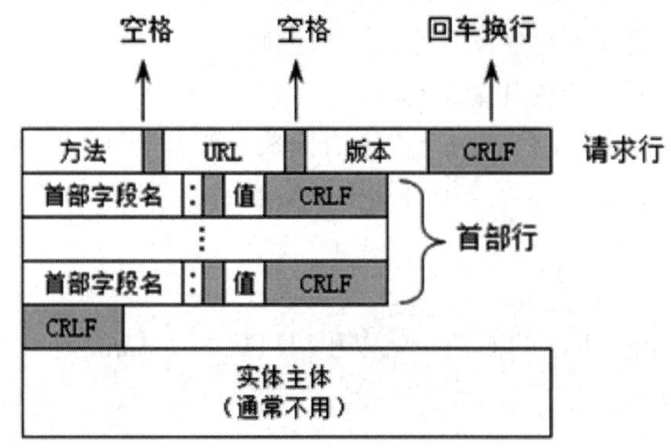

图 9-32 请求报文格式

1. 开始行

开始行用于区分是请求报文还是响应报文。在请求报文中的开始行叫作请求行，而在响应报文中的开始行叫作状态行。在开始行的 3 个字段之间都以空格分隔开，最后的“CR”和“LF”分别代表“回车”和“换行”。

2. 首部行

首部行用来说明浏览器、服务器或报文主体的一些信息。首部可以有好几行，但也可以不使用。在每一个首部行中都有首部字段名和它的值，每一行在结束的地方都要有“回车”和“换行”。整个首部行结束时，还有一空行将首部行和后面的实体主体分开。

3. 实体主体

在请求报文中一般都不用这个字段，而在响应报文中也可能没有这个字段。

三、HTTP 请求报文中的方法

浏览器能够向 Web 服务器发送以下 8 种方法（有时也叫“动作”或“命令”）来表明 Request-URL 指定的资源的不同操作方式。

- GET：请求获取 Request-URL 所标识的资源。在浏览器的地址栏中输入网址的方式访问网页时，浏览器采用 GET 方法向服务器请求网页。
- POST：在 Request-URL 所标识的资源后附加新的数据。要求被请求服务器接受附在请求后面的数据，常用于提交表单。比如向服务器提交信息、发帖、登录。
- HEAD：请求获取由 Request-URL 所标识的资源的响应消息报头。

- PUT：请求服务器存储一个资源，并用 Request-URL 作为其标识。
- DELETE：请求服务器删除 Request-URL 所标识的资源。
- TRACE：请求服务器回送收到的请求信息，主要用于测试或诊断。
- CONNECT：用于代理服务器。
- OPTIONS：请求查询服务器的性能，或者查询与资源相关的选项和需求。

方法名称是区分大小写的。当某个请求所针对的资源不支持对应的请求方法的时候，服务器应当返回状态码 405（Method Not Allowed）；当服务器不认识或者不支持对应的请求方法的时候，应当返回状态码 501（Not Implemented）。

四、响应报文格式

每一个请求报文发出后，都能收到一个响应报文。响应报文的第一行就是状态行。如图 9-33 所示，状态行包括 3 项内容，即 HTTP 的版本，状态码，以及解释状态码的简单短语。

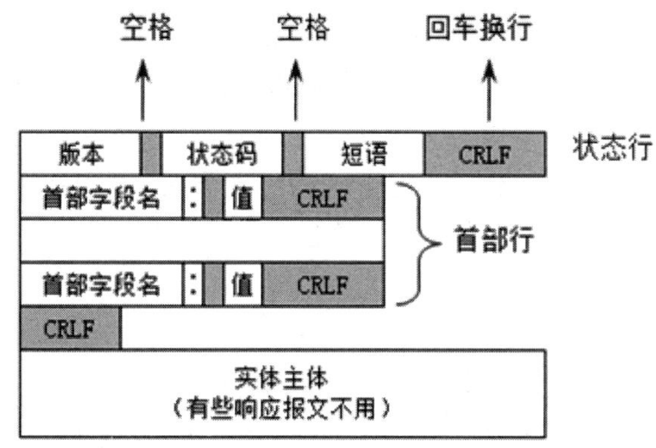

图 9-33　响应报文格式

五、HTTP 响应报文状态码

每一个请求报文发出后，都能收到一个响应报文。响应报文的第一行就是状态行。状态行包括 3 项内容，即 HTTP 的版本，状态码，以及解释状态码的简单短语。

状态码（Status-Code）都是 3 位数字的，分为 5 大类共 33 种，例如：

lxx 表示通知信息的，如请求收到了或正在进行处理。

2xx 表示成功，如接受或知道了。

3xx 表示重定向，如要完成请求还必须采取进一步的行动。

4xx 表示客户端错误，如请求中有错误的语法或不能完成。

5xx 表示服务器的差错，如服务器失效无法完成请求。

下面几种状态行在响应报文中是经常见到的。

HTTP/1.1　202　Accepted　（接受）

HTTP/1.1　400　Bad Request　（错误的请求）

HTTP/1.1　404　Not Found　（找不到）

可以看到 HTTP 定义了浏览器访问 Web 服务的步骤，能够向 Web 服务器发送哪些请求（方法），HTTP 请求报文格式（有哪些字段，分别代表什么意思），也定义了 Web 服务器能够向浏览器发送哪些响应（状态码），HTTP 响应报文格式（有哪些字段，分别代表什么意思）。

其他的应用层协议也需要定义以下内容：

- 客户端能够向服务器发送哪些请求（方法或命令）。
- 客户端和服务器命令交互顺序，比如 POP3 协议，需要先验证用户身份才能收邮件。
- 服务器有哪些响应（状态代码），每种状态代码代表什么意思。
- 定义协议中每种报文的格式：有哪些字段，字段是定长还是变长，如果是变长，字段分割符是什么，都要在协议中定义。一个协议有可能需要定义多种报文格式，比如 ICMP，定义了 ICMP 请求报文格式、ICMP 响应报文格式、ICMP 差错报告报文格式。

9.4.5 抓包分析 HTTP

在计算机中安装抓包工具可以捕获网卡发出和接收到的数据包，当然也能捕获应用程序通信的数据包。这样就可以直观地看到客户端和服务器端的交互过程，客户端发送了哪些请求，服务器返回了哪些响应，这就是应用层协议的工作过程。

如图 9-34 所示，在显示筛选器输入 http and ip.addr == 202.206.100.34，单击，应用显示筛选器，只显示访问师大网站的人 HTTP 请求和响应的数据包。点中第 1396 个数据包，可以看到该数据包中 HTTP 请求报文，可以参照上一小节 HTTP 请求报文的格式进行对照，请求方法是 GET。

第 1440 个数据包是 Web 服务响应数据包，状态代码为 404。状态代码 404 代表 Not Found（找不到）。

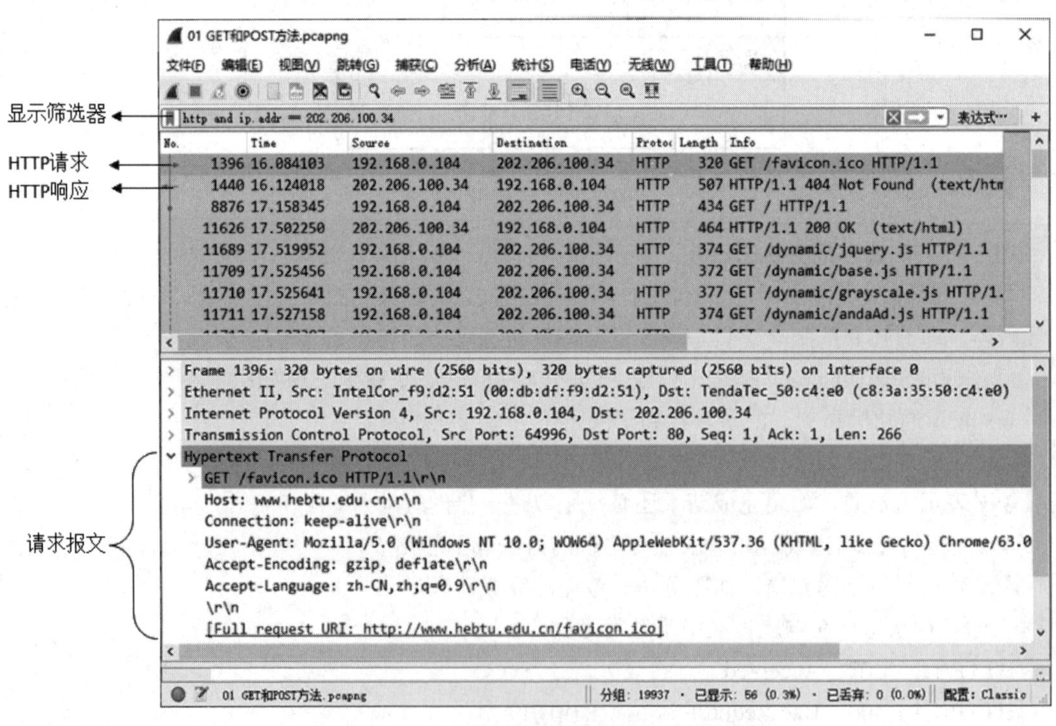

图 9-34 HTTP 请求报文 GET 方法

如图 9-35 所示，第 11626 个数据包是 HTTP 响应报文，状态代码为 200，表示成功处理了请求，一般情况下都是返回此状态码。可以看到响应报文的格式，可以参照上一小节 HTTP 响应报文的格式进行对照。

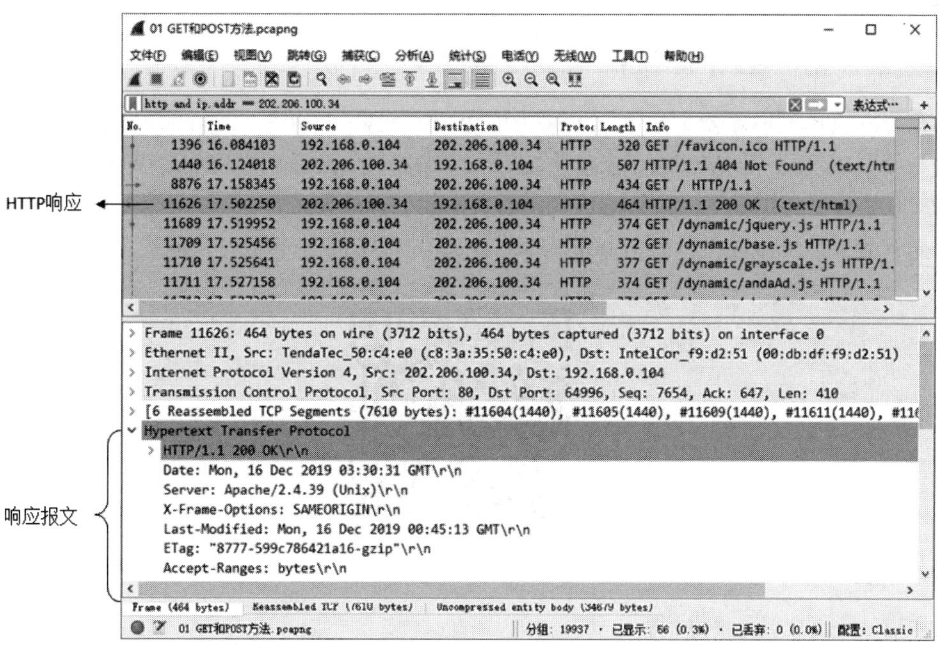

图 9-35　HTTP 响应报文

HTTP 除了定义了客户端使用 GET 方法请求网页，还定义了其他很多方法，比如浏览器向服务器提交内容，比如登录网站，搜索网站就需要使用 POST 方法。刚才搜索网站输入的内容，在显示筛选器处输入 http.request.method == POST，单击 ，应用显示筛选器。如图 9-36 所示，可以看到第 19390 个数据包，客户端使用 POST 方法将搜索的内容提交给 Web 服务。

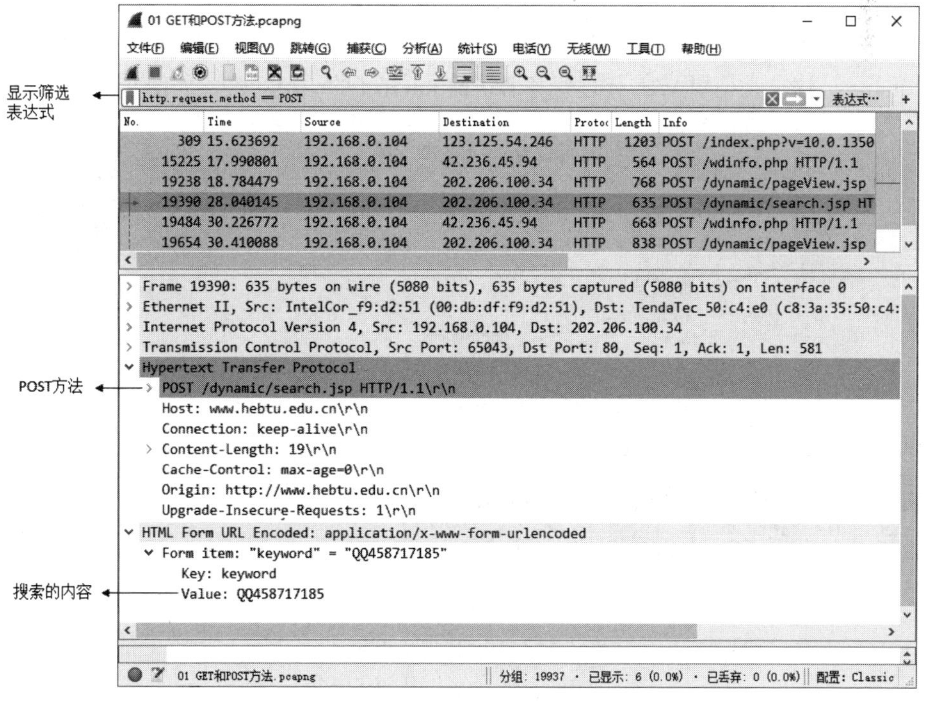

图 9-36　HTTP 中 POST 方法

9.4.6 实战：使用 Windows 2016 创建 Web 站点

只有将网页通过网站发布出去，网络中的用户才能访问。IIS、Apache、Tomcat 都可以搭建 Web 服务器。IIS 服务是 Windows 操作系统的一个组件，安装后就可以创建 Web 站点，Web 服务就是 HTTP 协议服务端程序，能够响应浏览器发来的 HTTP 请求。

扫描下面二维码，可观看在 Windows Server 2016 中安装 Web 服务，创建 Web 站点的过程。

9.4.7 通过代理服务器访问网站

代理服务器英文全称是 Proxy Server，其功能就是代理网络用户去取得网络信息。我们可以配置计算机通过 Web 代理服务器访问 Web 站点，而不直接访问网站。

先介绍使用代理服务器的真实场景。石家庄某单位为了企业信息安全，在路由器上设置了网络层防火墙，不允许研发部门的计算机访问 Internet，允许市场部门的计算机访问 Internet，但研发部门的计算机能够访问市场部门的计算机。

有一天，该企业的网络管理员发现研发部门的员工也能浏览网页、访问 Internet。经询问得知，有人在市场部门的计算机 D 上安装了 Web 代理软件，研发部门员工的计算机设置浏览器使用该代理访问 Internet，这就是使用 Web 代理服务器访问 Internet 的一个场景，如图 9-37 所示。

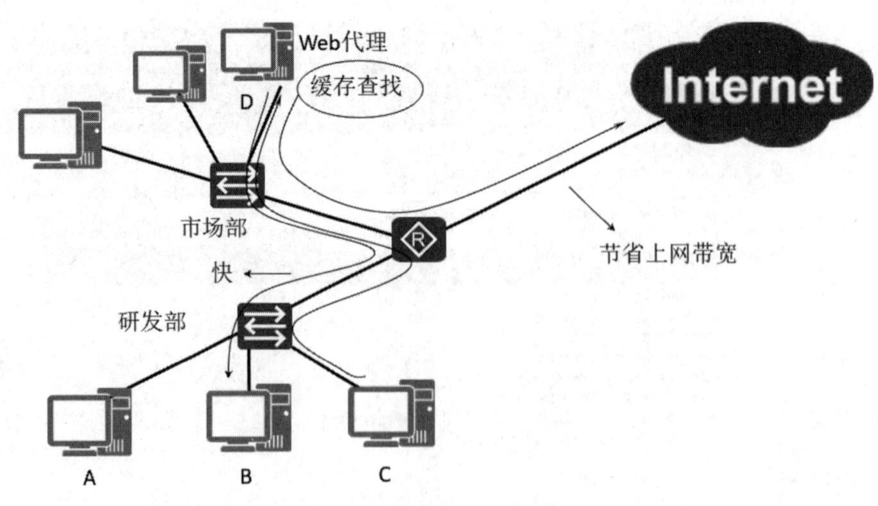

图 9-37 内网使用代理服务器

先来看看什么是 Web 代理服务器，如何设置浏览器使用 Web 代理访问网站。

扫描下面二维码，观看使用 Web 代理访问网站的演示。

使用代理服务器的场景如下：

（1）使用代理服务器，绕过防火墙封锁。国内不允许网民访问国外的非法网站，在我国的防火墙上设置了拦截到这些网站的流量。但是国外有很多 Web 代理服务器，国内用户可以设置浏览器使用国外的代理服务器，然后再访问非法网站，就能成功。如图 9-38 所示，国内的防火墙没有拦截到国外代理服务器的流量，国外的代理服务器访问非法网站再返回国内浏览器。现在有很多"翻墙"软件，其实质就是使用国外代理服务器绕过国内封锁，故称为"翻墙"。

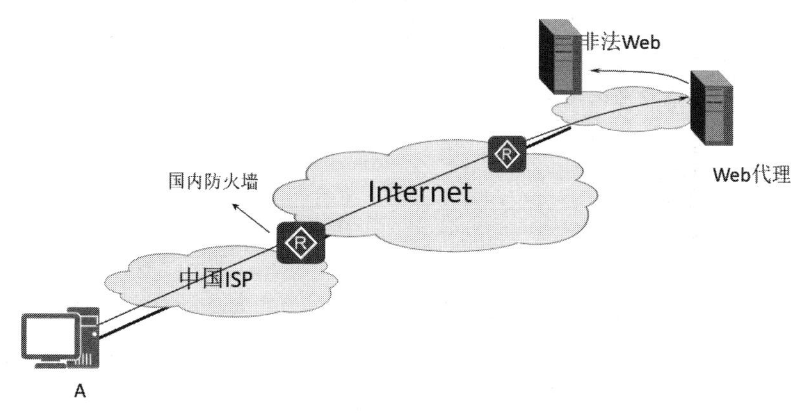

图 9-38　使用代理绕过防火墙

（2）提高访问速度。通常代理服务器可以缓存用户访问过的内容，当其他用户再访问相同的 URL 时，由代理服务器直接从缓存中找到要访问的信息，传给用户，以提高访问速度。如图 9-37 所示，在企业内网部署一个 Web 代理服务器，能节省上网带宽。

（3）隐藏真实 IP。上网者也可以通过这种方法隐藏自己的 IP。有些网站的论坛会记录发帖人的 IP 地址。如果你不打算让论坛记录你真实的 IP 地址，就可以使用代理服务器访问该网站，发帖，这样只会记录下代理的地址，从而隐藏自己的 IP 地址。

因特网上有很多免费的代理服务器，可以百度搜索"免费 Web 代理"。

9.5　文件传输协议 FTP

FTP 是 File Transfer Protocol（文件传输协议）的英文简称，用于 Internet 上的控制文件的双向传输。基于不同的操作系统有不同的 FTP 应用程序，而所有这些应用程序都遵守同一种协议以传输文件。在 FTP 的使用当中，用户经常遇到两个概念："下载"（Download）和"上传"（Upload）。"下载"

文件就是从远程主机拷贝文件至自己的计算机上；“上传”文件就是将文件从自己的计算机中拷贝至远程主机上。用 Internet 语言来说，用户可通过客户机程序向（从）远程主机上传（下载）文件。

简单地说，支持 FTP 协议的服务器就是 FTP 服务器。

与大多数 Internet 服务一样，FTP 也是一个客户机/服务器系统。用户通过一个支持 FTP 协议的客户机程序，连接到在远程主机上的 FTP 服务器程序。用户通过客户机程序向服务器程序发出命令，服务器程序执行用户发出的命令，并将执行的结果返回给客户机。比如说，用户发出一条命令，要求服务器向用户传送某一个文件的一份拷贝，服务器会响应这条命令，并将指定文件送至用户的机器上。客户机程序代表用户接收这个文件，将其存放在用户目录中。

9.5.1　FTP 主动模式和被动模式

FTP 协议和其他协议不一样的地方就是客户端访问 FTP 服务器需要建立两个 TCP 连接，一个用来传输 FTP 命令，一个用来传输数据。在 FTP 服务器上需要开放两个端口，一个命令端口（或称为控制端口）和一个数据端口。通常 21 端口是命令端口，20 端口是数据端口。但当混入主动/被动模式的概念时，数据端口就有可能不是 20 了。

FTP 建立传输数据的 TCP 连接的模式分为主动模式和被动模式。

（1）主动模式 FTP。如图 9-39 所示，主动模式下，FTP 客户端从任意的非特殊的端口 1026（N>1023）连入到 FTP 服务器的命令端口——21 端口。然后客户端在 1027（N+1）端口监听。

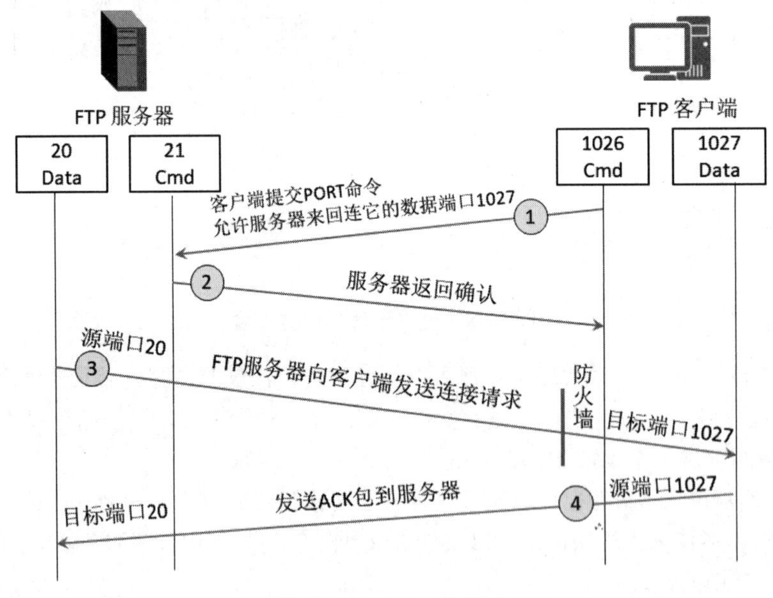

图 9-39　FTP 主动模式

在第①步中，FTP 客户端提交 PORT 命令并允许服务器来回连它的数据端口（1027 端口）。

在第②步中，服务器返回确认。

在第③步中，FTP 服务器向客户端发送 TCP 连接请求，目标端口为 1027，源端口为 20。为传输数据发起建立连接的请求。

在第④步中，FTP 客户端发送确认数据报文，目标端口 20，源端口 1027，建立起传输数据的连接。

主动模式下 FTP 服务器防火墙只需要打开 TCP 的 21 端口和 20 端口，FTP 客户端防火墙要将 TCP 协议端口号大于 1023 的端口全部打开。

主动模式下 FTP 的主要问题实际上在于客户端。因为客户端并没有实际建立一个到服务器数据端口的连接，它只是简单地告诉服务器自己监听的端口号，服务器再回连客户端这个指定的端口。对于客户端的防火墙来说，这是从外部系统建立的到内部客户端的连接，这通常是会被阻塞的，除非关闭客户端防火墙。

（2）被动模式 FTP。为了解决服务器发起到客户端的连接问题，人们开发了一种不同的 FTP 连接方式。这就是所谓的被动方式，或者叫作 PASV，当客户端通知服务器它处于被动模式时才启用。

如图 9-40 所示，在被动模式 FTP 中，命令连接和数据连接都由客户端发起，这样就可以解决从服务器到客户端建立数据传输连接请求被客户端防火墙过滤掉的问题。当开启一个 FTP 连接时，客户端打开两个任意的非特权本地端口（N>1024 和 N+1）。第一个端口连接服务器的 21 端口，但与主动方式的 FTP 不同，客户端不会提交 PORT 命令并允许服务器来回连它的数据端口，而是提交 PASV 命令。这样做的结果是服务器会开启一个任意的非特权端口（P>1024），并发送 PORT P 命令给客户端。然后客户端发起从本地端口 N+1 到服务器的端口 P 的连接用来传送数据。

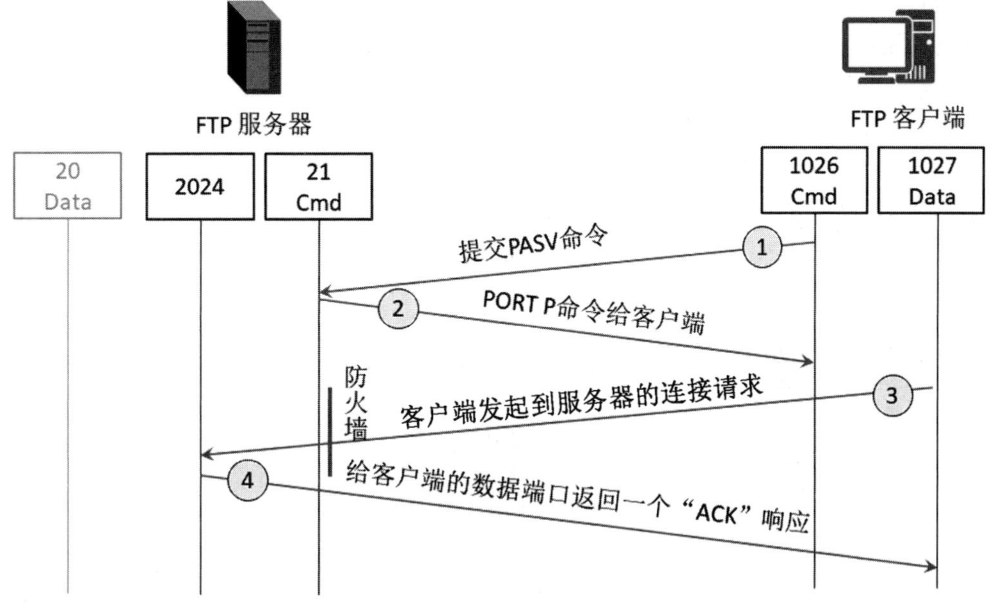

图 9-40　FTP 被动模式

对于服务器端的防火墙来说，需要打开 TCP 的 21 端口和大于 1023 的端口。

在第①步中，客户端的命令端口与服务器的命令端口建立连接，并发送命令“PASV”。

在第②步中，服务器返回命令“PORT 2024”告诉客户端：服务器用哪个端口侦听数据连接。

在第③步中，客户端初始化一个从自己的数据端口到服务器端指定的数据端口的数据连接。

在第④步中，服务器给客户端的数据端口返回一个“ACK”响应。

被动模式的 FTP 解决了客户端的许多问题，但同时也给服务器端带来了更多的问题。最大的问题就是需要允许从任意远程终端到服务器高位端口的连接。幸运的是，许多 FTP 守护程序允许管理员指定 FTP 服务器使用的端口范围。

9.5.2 实战：安装 FTP 服务和创建 FTP 站点

在 Windows Server 2016 上安装 FTP 服务，在客户端通过抓包工具分析 FTP 客户端访问 FTP 的服务器的数据包，观察 FTP 客户端访问 FTP 服务器的交互过程，可以看到客户端向服务器发送的请求，服务器向客户端返回的响应。在 FTP 服务器上设置禁止 FTP 的某些方法，来实现 FTP 服务器的安全访问，比如禁止删除 FTP 服务器上的文件。

扫描下面的二维码观看安装 FTP 服务的过程。

在 FTP 服务器上开始抓包，在 FTP 客户端上传一个 test.txt 文件，重命名为 abc.txt，最后删除 FTP 上的 abc.txt 文件，抓包工具捕获了 FTP 客户端发送的全部命令以及 FTP 服务器返回的全部响应。

如图 9-41 所示，右击其中的一个 FTP 数据包，单击“追踪流”→“TCP 流”。会出现如图 9-42 所示的窗口，将 FTP 客户端访问 FTP 服务器所有的交互过程产生的数据整理到一起，可以看到 FTP 中的方法，“STOR”方法上传 test.txt，“CWD”方法改变工作目录，“RNFR”方法重命名 test.txt，“DELE”方法删除 abc.txt 文件。如果想看到 FTP 的其他方法，可以使用 FTP 客户端在 FTP 服务器上创建文件夹、删除文件夹、下载文件等操作，这些操作对应的方法使用抓包工具都能看到。

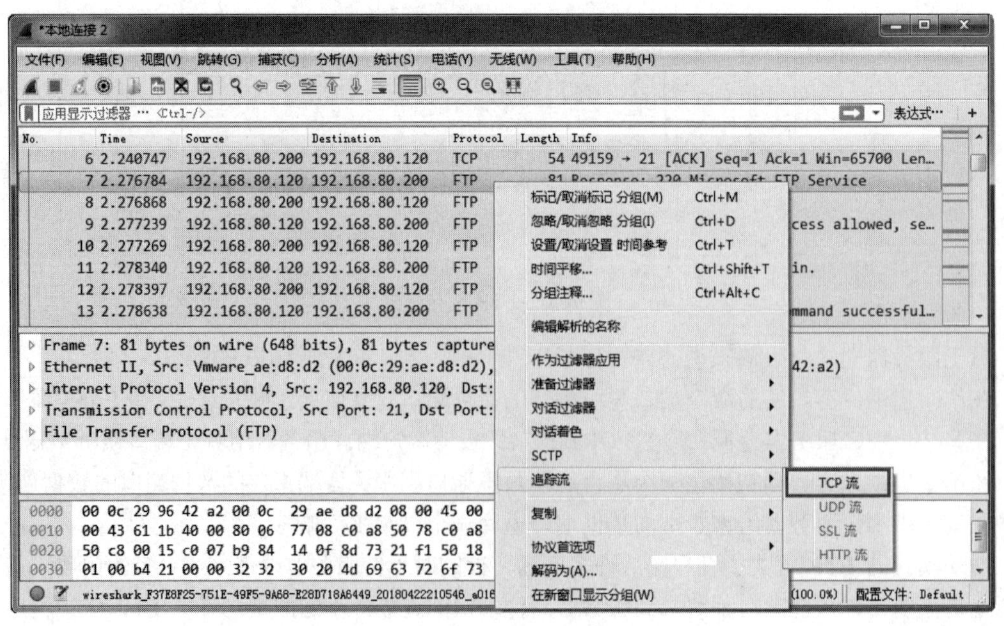

图 9-41 跟踪 TCP 流

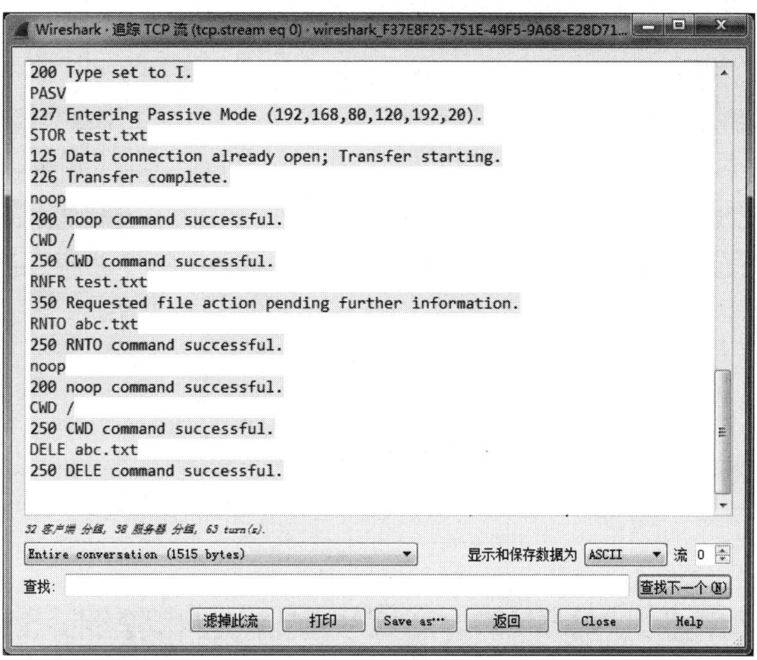

图 9-42　FTP 客户端访问 FTP 服务器的交互过程

为了防止客户端进行某些特定操作，可以配置 FTP 服务器禁止 FTP 中的一些方法。比如禁止 FTP 客户端删除 FTP 服务器上的文件，可以配置 FTP 服务请求筛选，禁止 DELE 方法。如图 9-43 所示，单击“FTP 请求筛选”。

图 9-43　管理 FTP 请求筛选

如图 9-44 所示，在出现的“FTP 请求筛选”界面，单击“命令”标签，单击“拒绝命令”，在弹出的“拒绝命令”对话框，输入“DELE”，单击“确定”。

在 Windows 10 上再次删除 FTP 服务器上的文件，就会出现提示“500 Command not allowed”，如图 9-45 所示，译为命令不被允许。

图 9-44　禁用 DELE 方法

图 9-45　命令不被允许

9.6　电子邮件

现在互联网上的即时通信软件很多，比如 QQ，但有些场合还是使用电子邮件的方式显得正式一些，也便于查阅和归档。比如公司通过电子邮件给员工发通知，员工发电子邮件写请假条，公司之间使用电子邮件发送合同、协议等。

本节就来讲解 Internet 上发送电子邮件的过程和使用的协议，同时也演示如何安装邮件服务器给 Internet 上的邮箱发送电子邮件。

9.6.1　电子邮件发送和接收过程

一个电子邮件系统应具备图 9-46 所示的 3 个主要组成构件，这就是用户代理、邮件服务器，以及邮件发送协议（如 SMTP）和邮件读取协议（如 POP3）。POP3 是邮局协议（Post Office Protocol）的版本 3。

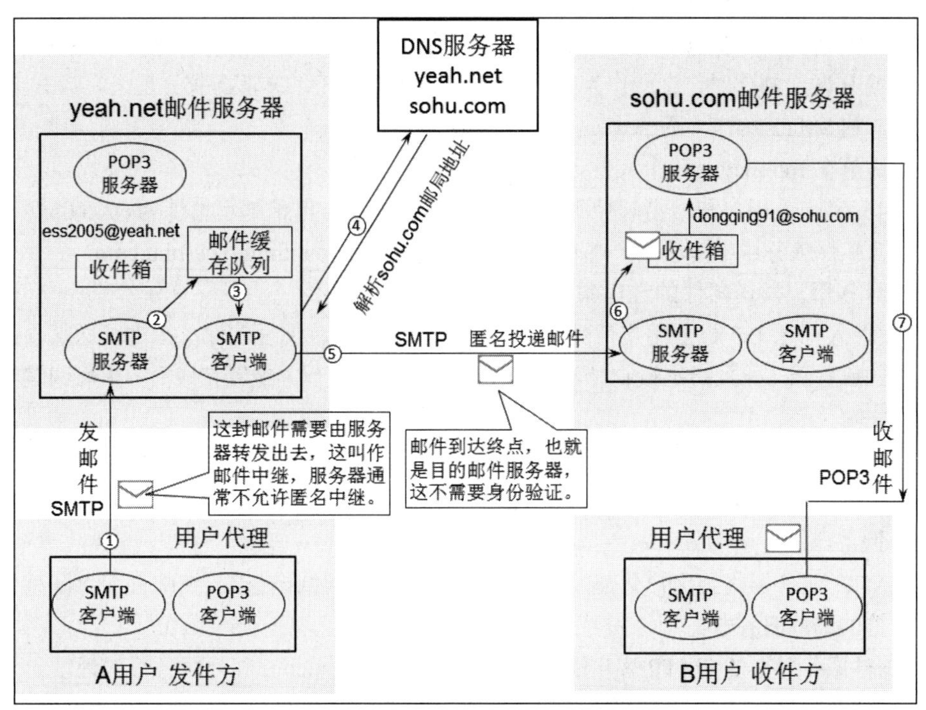

图 9-46 Internet 发送邮件的过程

用户代理（User Agent，UA）就是用户与电子邮件系统的接口，在大多数情况下它就是运行在用户 PC 机中的一个程序。因此用户代理又称为电子邮件客户端软件。用户代理向用户提供一个很友好的接口（目前主要是用窗口界面）来发送和接收邮件。现在可供大家选择的用户代理有很多种。例如，微软公司的 Outlook Express 和我国的 Foxmail，都是很受欢迎的电子邮件用户代理。

用户代理至少应当具有以下 4 个功能：

（1）撰写。给用户提供编辑信件的环境。例如，应让用户能创建便于使用的通讯录（有常用的人名和地址）。回信时不仅能很方便地从来信中提取出对方地址，并自动地将此地址写入到邮件中合适的位置，而且还能方便地对来信提出的问题进行答复（系统自动将来信复制一份在用户撰写回信的窗口中，因而用户不需要再输入来信中的问题）。

（2）显示。能方便地在计算机屏幕上显示出来信（包括来信附上的声音和图像）。

（3）处理。处理包括发送邮件和接收邮件。收件人应能根据情况按不同方式对来信进行处理。例如，阅读后删除、存盘、打印、转发等，以及自建目录对来信进行分类保存。有时还可在读取信件之前先查看一下邮件的发件人和长度等，对于不愿收的信件可直接在邮箱中删除。

（4）通信。发信人在撰写完邮件后，要利用邮件发送协议发送到用户所使用的邮件服务器。收件人在接收邮件时，要使用邮件读取协议从本地邮件服务器接收邮件。

因特网上有许多的邮件服务器可供用户选用（有些要收取少量的邮箱费用）。邮件服务器 24 小时不间断地工作，并且具有很大容量的邮件信箱。邮件服务器的功能是发送和接收邮件，同时还要向发件人报告邮件传送的结果（已交付、被拒绝、丢失等）。邮件服务器按照客户/服务器方式工作，需要使用两种不同的协议。一种协议用于用户代理向邮件服务器发送邮件或在邮件服务器之间发送邮件，如 SMTP 协议，而另一种协议用于用户代理从邮件服务器读取邮件，如邮局协议 POP3。

这里应当注意，邮件服务器必须能够同时充当客户和服务器。例如，当邮件服务器 A 向另一个邮件服务器 B 发送邮件时，A 就作为 SMTP 客户，而 B 是 SMTP 服务器；反之，当 B 向 A 发送邮件时，B 就是 SMTP 客户，而 A 就是 SMTP 服务器。

下面就讲解在 Internet 上两个人发送邮件的过程。

如图 9-46 所示，A 用户在网易邮件服务器申请了电子邮箱，电子邮箱地址为 ess2005@ yeah.net，B 用户在搜狐邮件服务器申请了电子邮箱，电子邮箱地址为 dongqing91@sohu.com。

A 用户给 B 用户发送邮件的过程如下：

（1）发件人打开 PC 机上用户代理软件，需要先配置用户代理软件，指定发送邮件的服务器和接收邮件的服务器，并且指定接收邮件的电子邮箱地址和密码，配置完成后，撰写和编辑要发送的邮件。

（2）编辑完成后，单击“发送邮件”按钮，把发送邮件的工作交给用户代理来完成。用户代理把邮件用 SMTP 协议发给发送方邮件服务器，用户代理充当 SMTP 客户，而发送方邮件服务器充当 SMTP 服务器。

（3）SMTP 服务器收到用户代理发来的邮件后，就把邮件临时存放在邮件缓存队列中，等待发送到接收方的邮件服务器。

（4）邮件服务器上的 SMTP 客户端通过 DNS 解析出 sohu.com 邮件服务器的地址。

（5）发送方邮件服务器的 SMTP 客户与接收方邮件服务器的 SMTP 服务器建立 TCP 连接，然后把邮件缓存队列中的邮件依次发送出去。如果有多封电子邮件需要发送到 sohu.com 邮件服务器，那么可以在原来已建立的 TCP 连接上重复发送。如果 SMTP 客户无法和 SMTP 服务器建立 TCP 连接（例如，接收方服务器过负荷或出了故障），那么要发送的邮件就会继续保存在发送方的邮件服务器中，并在稍后一段时间再进行新的尝试。如果 SMTP 客户超过了规定的时间还不能把邮件发送出去，那么发送邮件服务器就把这种情况通知用户代理。

（6）运行在接收方邮件服务器中的 SMTP 服务器进程收到邮件后，把邮件放入收件人的用户邮箱中，等待收件人读取。

（7）收件人在打算收信时，就运行 PC 机中的用户代理，使用 POP3（或 IMAP）协议读取发送给自己的邮件。请注意，在图 9-143 中，POP3 服务器和 POP3 客户之间的箭头表示的是邮件传送的方向，但它们之间的通信是由 POP3 客户发起的。

请注意这里有两种不同的通信方式。一种是“推”（Push），即 SMTP 客户把邮件“推”给 SMTP 服务器；另一种是“拉”（Pull），即 POP3 客户把邮件从 POP3 服务器“拉”过来。

电子邮件由信封（Envelope）和内容（Content）两部分组成。电子邮件的传输程序根据邮件信封上的信息来传送邮件，这与邮局按照信封上的信息投递信件是相似的。

在邮件的信封上，最重要的信息就是收件人的地址。TCP/IP 体系的电子邮件系统规定电子邮件地址（E-mail address）的格式如下：

收件人邮箱名@邮箱所在主机的域名

符号“@”读作“at”，表示“在”的意思。收件人邮箱名又简称为用户名（user name），是收件人自己定义的字符串标识符。但应注意，标识收件人邮箱名的字符串在邮箱所在邮件服务器的计算机中必须是唯一的，这样就保证了这个电子邮件地址在世界范围内是唯一的，这对保证电子邮件能够在整个因特网范围内准确交付是十分重要的。电子邮件的用户名一般采用容易记忆的字符串。

9.6.2　电子邮件信息格式

一封电子邮件分为信封和内容两大部分，如图 9-47 所示，在 RFC2822 文档中只规定了邮件内容中的首部（Header）格式，而对邮件的主体（Body）部分则让用户自由撰写。用户写好首部后，邮件系统自动地将信封所需的信息提取出来并写在信封上，所以用户不需要填写电子邮件信封上的信息。

图 9-47　电子邮件格式

邮件内容首部包括一些关键字，后面加上冒号。最重要的关键字是 From、To 和 Subject。

"From:" 后是发件人的电子邮件地址。

"To:" 后面填入一个或多个收件人的电子邮件地址。多个收件人可以写成多行，比如

To:<dongqing91@sohu.com>

To:<dongqing081@sohu.com>

也可以写成一行，比如：

To:<dongqing91@sohu.com><dongqing081@sohu.com>

在电子邮件软件中，用户把经常通信的对象姓名和电子邮件地址写到地址簿（Address Book）中。当撰写邮件时，只需打开地址簿，单击收件人名字，收件人的电子邮件地址就会自动地填入到合适的位置上。

"Subject:" 是邮件的主题，它反映了邮件的主要内容。主题类似于文件系统的文件名，便于用户查找邮件。

邮件首部还有一项是抄送 "Cc:"，这两个字符来自 "Carbon copy"，意思是留下一个 "复写副本"。这是借用旧的名词，表示应给某人发送一个邮件副本。比如你给主管领导写一封电子邮件申请差旅费，抄送给财务人员。你的主管领导收到后，答复时可以选择 "全部答复"，这样你和财务人员都能收到，你就可以去财务人员那里领差旅费了。

有些邮件系统允许用户使用关键字 Bcc（Blind carbon copy）来实现秘密抄送。这是使发件人能将邮件的副本抄送给某人，但不希望此事为收件人知道。Bcc 又称为暗送。

首部关键字还有“From”和“Date”，表示发件人的电子邮件地址和发信日期。这两项一般都由邮件系统自动填入。另一个关键字是“Reply-to”，即对方回信所用的地址。这个地址可以与发件人发信时所用的地址不同。例如有时到外地借用他人的邮箱给自己的朋友发送邮件，但仍希望对方将回信发送到自己的邮箱。这一项可以事先设置好，不需要在每次写信时进行设置。

9.6.3 SMTP 协议

SMTP 协议规定了在两个相互通信的 SMTP 进程之间应如何交换信息。由于 SMTP 使用客户/服务器方式，因此负责发送邮件的 SMTP 进程（就是 SMTP 客户），而负责接收邮件的 SMTP 进程就是 SMTP 服务器。至于邮件内部的格式、邮件如何存储，以及邮件系统应以多快的速度来发送邮件，SMTP 未做规定。

SMTP 规定了 14 条命令和 21 种应答信息。每条命令由 4 个字母组成，而每一种应答信息一般只有一行信息，由一个 3 位数字的代码开始，后面附上（也可不附上）很简单的文字说明。

下面就使用 Telnet 向搜狐邮件服务器发送 SMTP 协议规定的命令，写一封电子邮件，发送给 dongqing91@sohu.com，抄送给 dongqing081@sohu.com。如图 9-48 所示，这个过程不需要账户和密码，可直接投递。下面的操作能够用到 SMTP 协议规定的方法，也能够看到邮件服务器返回的响应。

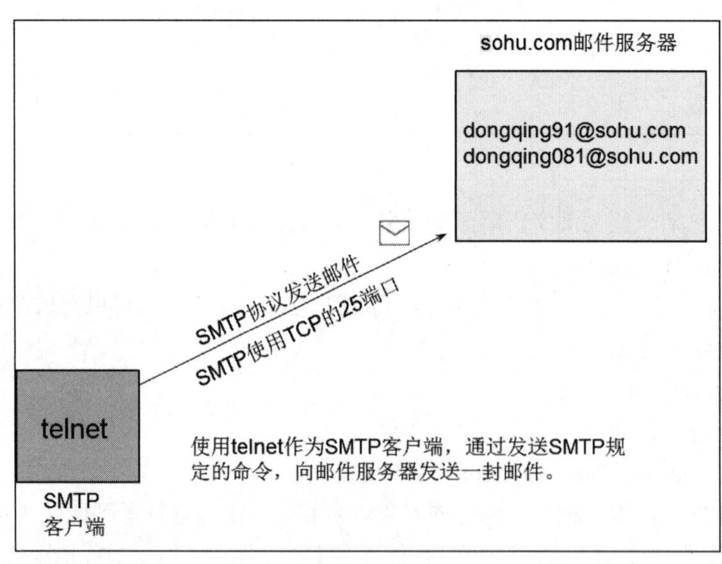

图 9-48 使用 Telnet 发送电子邮件

先通过 DNS 服务器解析到 sohu.com 邮件服务器的地址。在互联网上要想让 DNS 服务器解析到某个域名的邮件服务器，需要在相应正向查找区域添加 MX 记录。

注释： MX 记录是邮件交换记录，它指向一个邮件服务器，用于电子邮件系统发邮件时根据收信人的地址后缀（比如，dongqing91@sohu.com 邮箱的地址后缀是 sohu.com）来查找到该区域的邮件服务器。

要确保你的计算机能够访问 Internet，执行以下命令。如图 9-49 所示，在命令提示符下输入 nslookup 命令，回车。

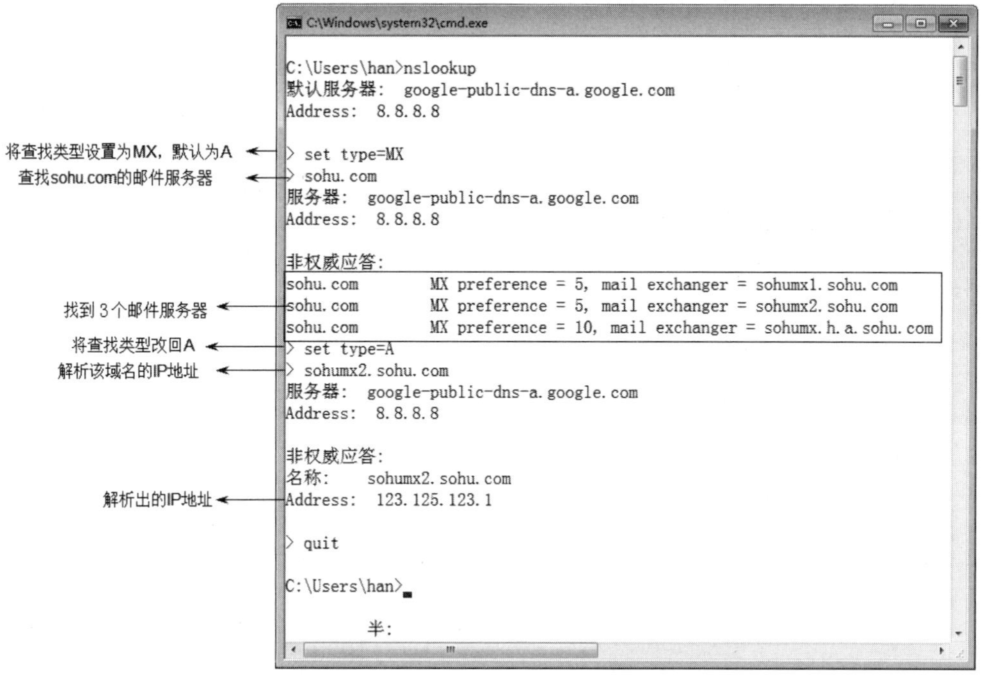

图 9-49 查找接收邮件的服务器

最终解析到 sohu.com 的一个 SMTP 服务器的地址 123.125.123.1。通过 nslookup 命令，你可以查找任意域名下的 SMTP 服务器。

邮件的发送主要是通过 SMTP 协议来实现的。SMTP 协议最早在 RFC821（1982 年）中定义，因为 SMTP 协议早期比较简单，后期经过扩展，增加了一些新的指令，最后的更新是在 RFC5321（2008 年）中，更新中包含了扩展 SMTP（ESMTP）。为了保证新、旧客户端都能正确使用，在建立连接时，新客户端可以发送 EHLO 指令，这样服务器就知道此客户端能够理解和支持扩展 SMTP，并会告诉客户端它有哪些扩展功能。

图 9-50 是使用 telnet 命令给 dongqing91@sohu.com 发送电子邮件，同时抄送给 dongqing081@sohu.com，图中每输入一个 SMTP 命令，从 SMTP 服务器就会返回响应的状态代码。

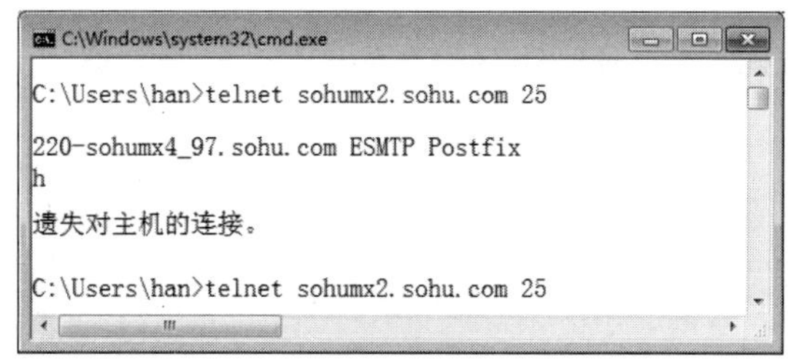

图 9-50 telnet SMTP 服务器 25 端口

如果你输入 telnet sohumx2.sohu.com 25，还没来得及输入其他命令，就提示“遗失对主机的连接”，多试几次，就能成功。

图 9-51 是 telnet 成功后输入 SMTP 协议定义的命令和 SMTP 服务器交互的过程，图中代码是服务器返回的状态代码。收件人中故意写了一个不存在的邮箱和一个格式错误的电子邮箱地址，分别返回了不同的状态代码，允许我们再次输入正确的命令。

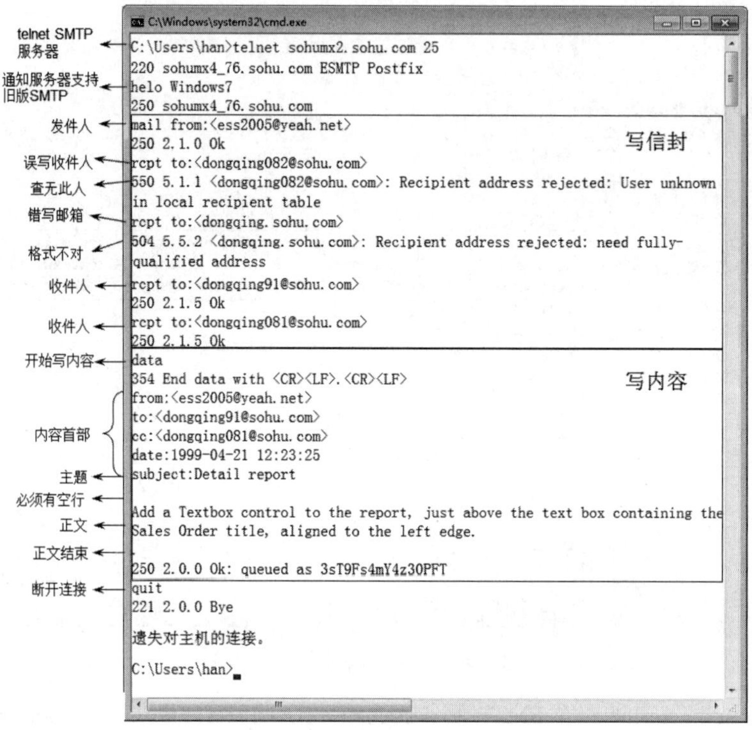

图 9-51　使用 telnet 发送邮件

> **注意**：这里要重点强调，整个过程如果出现输入错误，没有办法删除错误的输入，看似修改对了，按回车键提交了命令，依然会提示命令错误，你可以重新输入，但一定要准确无误地输入整行命令。
>
> 下面的演示中，电子邮件内容不支持中文，并且在写邮件主题和正文的内容时，一定不要随意按几个字符，否则搜狐的反垃圾邮件系统会认为是垃圾邮件，将拒绝接收。

SMTP 服务器返回的状态码说明：

220：服务就绪。

250：请求邮件动作正确完成（HELO，MAIL FROM，RCPT TO，QUIT 指令执行成功会返回此信息）。

235：认证通过。

221：正在处理。

354：开始发送数据，以“.”结束（DATA 指令执行成功会返回此信息）。

500：语法错误，命令不能识别。

550：命令不能执行，邮箱无效。

552：中断处理：用户超出文件空间。

telnet 发送邮件结束后，登录搜狐邮箱检查是否收到了邮件。

9.6.4 POP3 协议和 IMAP 协议

SMTP 协议用来发送邮件，而从邮件服务器接收邮件到本地电脑，还需要有接收邮件的协议。现在常用的邮件接收协议有两个，即邮局协议第 3 个版本 POP3 和网际报文存取协议（Internet Message Access Protocol，IMAP），现分别讨论如下。

邮局协议 POP 是一个非常简单、功能有限的邮件读取协议。最初公布于 1984 年[RFC918]。经过几次更新，现在使用的是 1996 年的版本 POP3[RFC1939]，它已成为因特网的正式标准，POP3 可简称为 POP。大多数的 ISP 都支持 POP。

POP 也使用客户/服务器的工作方式。在接收邮件的用户 PC 机中的用户代理必须运行 POP 客户程序，而在收件人所连接的邮件服务器中则运行 POP 服务器程序。当然，这个邮件服务器还必须运行 SMTP 服务器程序，以便接收发送方邮件服务器的 SMTP 客户程序发来的邮件。POP 服务器只有在用户输入鉴别信息（用户名和口令）后，才允许对邮箱进行读取。

POP3 协议的一个特点就是只要用户从 POP 服务器读取了邮件，POP 服务器就把该邮件删除，这在某些情况下就不够方便。例如，某用户在办公室的台式计算机上接收了一些邮件，还来不及写回信，就马上携带笔记本电脑出差。当他打开笔记本电脑写回信时，却无法再看到原先在办公室收到的邮件（除非他事先将这些邮件复制到笔记本电脑中）。为了解决这一问题，POP3 进行了一些功能扩充，其中包括让用户能够事先设置邮件读取后仍然在 POP 服务器中存放的时间[RFC2449]。目前 RFC2449 还只是因特网建议标准。

另一个读取邮件的协议是网际报文存取协议 IMAP，它比 POP3 复杂得多。IMAP 和 POP 都按客户/服务器方式工作，但它们有很大的差别。现在较新的版本是 2003 年 3 月修订的版本 4，即 IMAP4[RFC3501]，它目前还只是因特网建议标准。

在使用 IMAP 时，在用户的 PC 机上运行 IMAP 客户程序，然后与接收方的邮件服务器上的 IMAP 服务器程序建立 TCP 连接。用户在自己的 PC 机上就可以操纵邮件服务器的邮箱，就像在本地操纵一样，因此 IMAP 是一个联机协议。当用户 PC 机上的 IMAP 客户程序打开 IMAP 服务器的邮箱时，用户就可看到邮件的首部。若用户需要打开某个邮件，则该邮件才传到用户的计算机上。用户可以根据需要为自己的邮箱创建便于分类管理的层次式的邮箱文件夹，并且能够将存放的邮件从某一个文件夹中移动到另一个文件夹中。用户也可按某种条件对邮件进行查找。在用户未发出删除邮件的命令之前，IMAP 服务器邮箱中的邮件一直保存着。

IMAP 最大的好处就是用户可以在不同的地方使用不同的计算机（例如，使用办公室的计算机、或家中的计算机，或在外地使用笔记本电脑）随时上网阅读和处理自己的邮件。IMAP 还允许收件人只读取邮件中的某一个部分。例如，收到了一个带有视频附件（此文件可能很大）的邮件，而用户使用的是无线上网，信道的传输速率很低。为了节省时间，可以先下载邮件的正文部分，待以后有时间再读取或下载这个很大的附件。

IMAP 的缺点是如果用户没有将邮件复制到自己的 PC 机上，则邮件一直存放在 IMAP 服务器上。因此，用户需要经常与 IMAP 服务器建立连接（因为许多用户要考虑所花费的上网费）。

9.6.5 部署企业内部邮件服务器

Windows Server 2003 可以安装 SMTP 服务和 POP3 服务，在企业内网可以部署一个 Windows Server 2003 作为邮件服务器，为企业员工创建邮箱账户，实现员工之间相互发送邮件。如果邮件服务器能够访问 Internet，还可以配置邮件服务器向 Internet 发送电子邮件。如果企业在 Internet 上申请了域名，在公司的域名下添加 MX 记录，就能够解析到公司的公网 IP 地址，在具有公网地址的路由器上做端口映射，将 TCP 的 25 端口映射到内网的 SMTP 服务器，内网的邮件服务器还能够收到来自 Internet 的邮件。

第一种情况：在内网部署一个邮件服务器，实现内网员工之间相互发送、接收邮件，向 Internet 发送电子邮件，不需要接收来自 Internet 的邮件。

这种情况下，内网的邮箱后缀可以随便指定，不用考虑和 Internet 上的域名是否冲突的问题。企业在内网部署了一个邮件服务器，邮箱后缀为 abc.com，内网的计算机使用域名 mail.abc.com 访问内网邮件服务器，因此在内网部署一个 DNS 服务器，创建 abc.com 正向查找区域，添加主机记录 mail，添加邮件交换记录 MX，指向 mail.abc.com。

第二种情况：如图 9-52 所示，在内网部署一个能够向 Internet 发送邮件，也能够接收来自 Internet 的邮件的服务器。

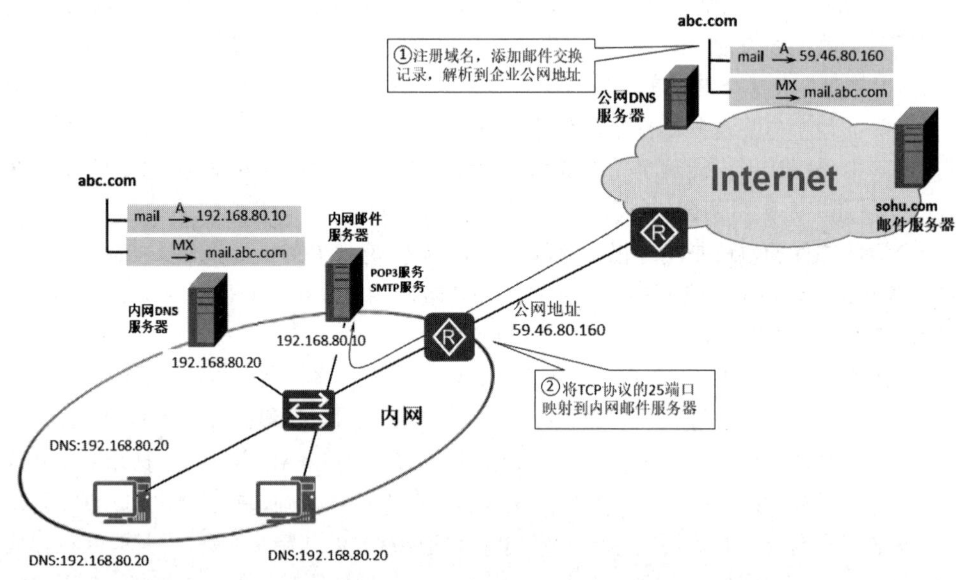

图 9-52　内网邮件服务器接收 Internet 邮件

要想让内网的邮件服务器收到来自 Internet 的邮件，需要满足两个条件：

（1）需要企业在 Internet 上注册一个域名（比如是 abc.com），添加邮件交换记录（MX 记录），指向企业的公网地址。

（2）在企业具有公网地址的网络设备上做端口映射，将 TCP 的 25 端口映射到内网的 SMTP 服务器。这样发给企业公网地址的邮件便能到达内网 SMTP 服务器。

这种情况，内网的邮箱后缀名称也要是 abc.com。内网的计算机使用内网的 DNS 服务器解析到内网邮件服务器的内网地址 192.168.80.10。

9.7　实战：在内网部署邮件服务器向 Internet 发送邮件

本实战案例使用两个虚拟机演示在内网部署邮件服务器向 Internet 发送电子邮件的过程。网络环境如图 9-53 所示，虚拟机 Windows Server 2003 作为内网邮件服务器和 DNS 服务器，Windows XP 作为内网计算机配置 Outlook Express 收发电子邮件。

在本节将演示如何在 Windows Server 2003 上安装 POP3 服务和 SMTP 服务，如何创建电子邮箱，如何配置 Outlook Express 连接邮件服务器收发电子邮件，如何配置 SMTP 服务允许向 Internet 发送电子邮件。在邮件服务器上使用抓包软件，捕获收发电子邮件的数据包，观察使用邮件客户端发送电子邮件的命令执行情况。

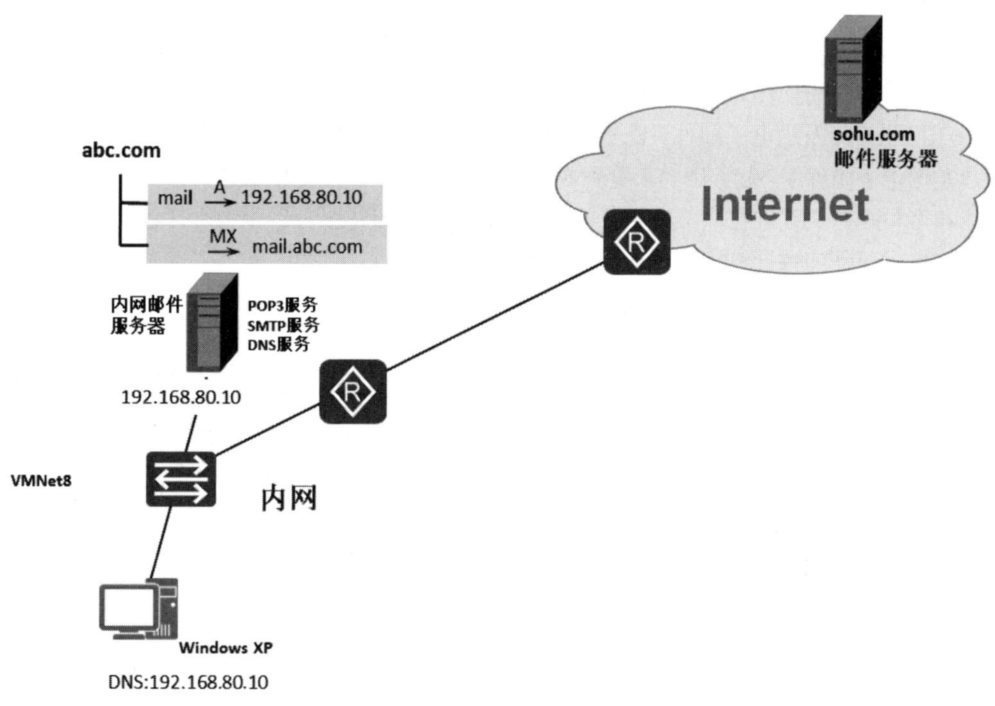

图 9-53　内网邮件服务器向 Internet 发送邮件

9.7.1　安装邮件服务器向 Internet 发送电子邮件

扫描下面的二维码观看安装过程。

视频完成以下操作：

（1）在 Windows Server 2003 上安装 POP3 服务、SMTP 服务和 DNS 服务。

（2）在 DNS 服务器上添加 MX 记录。要想让内网中的计算机通过 DNS 服务器能够解析到 abc.com 邮件服务器，需要在 DNS 服务器上的 abc.com 区域添加邮件交换记录（MX 记录）。这个实验虽然不需要让其他的邮件服务器给这个邮件服务器发送电子邮件，还是想让大家知道如何创建邮件交换记录。

（3）为用户创建邮箱。安装了 POP3 服务，就可以为内网用户创建邮箱了。

（4）配置 SMTP 服务允许向 Internet 发送电子邮件。在 Windows Server 2003 上安装的 SMTP 服务，默认情况下，是不允许向 Internet 发送电子邮件的，需要配置 SMTP 服务器，指定可以向哪些远程域名转发电子邮件。下面的操作将会设置 SMTP 服务器允许将邮箱后缀中以 com 结尾的电子邮件转发到 Internet。

（5）配置邮件客户端连接邮件服务器。在 Windows XP 和 Windows Server 2003 系统中默认就安装了邮件服务客户端软件 Outlook Express。下面就配置 Outlook Express 连接邮件服务器。

（6）向 Internet 发送电子邮件。配置了 Outlook Express 邮件账户，就可以写邮件，向 Internet 上的用户发送电子邮件了，为了让大家看到 SMTP 协议和 POP3 协议发送电子邮件和接收电子邮件时服务器和客户端的交互过程，在收发电子邮件之前，先在邮件服务器上运行抓包工具，捕获邮件客户端发送电子邮件的数据包和接收电子邮件的数据包。

9.7.2 抓包分析 SMTP 和 POP3 协议的工作过程

在邮件服务器上停止抓包，查看捕获的数据包，如图 9-54 所示，可以看到第 18～20 个数据包是 Outlook Express 和 SMTP 服务器建立 TCP 连接的数据包（三次握手），第 21 个数据包和后面的数据包就是 SMTP 协议，从这些数据包就能看到 SMTP 服务器和 Outlook Express 的交互过程。在方框中，S 是 SMTP 服务器显示给客户端的状态，C 是 Outlook Express 发送给 SMTP 服务器的命令和参数。这和前面使用 telnet 发送电子邮件所执行的命令一样。

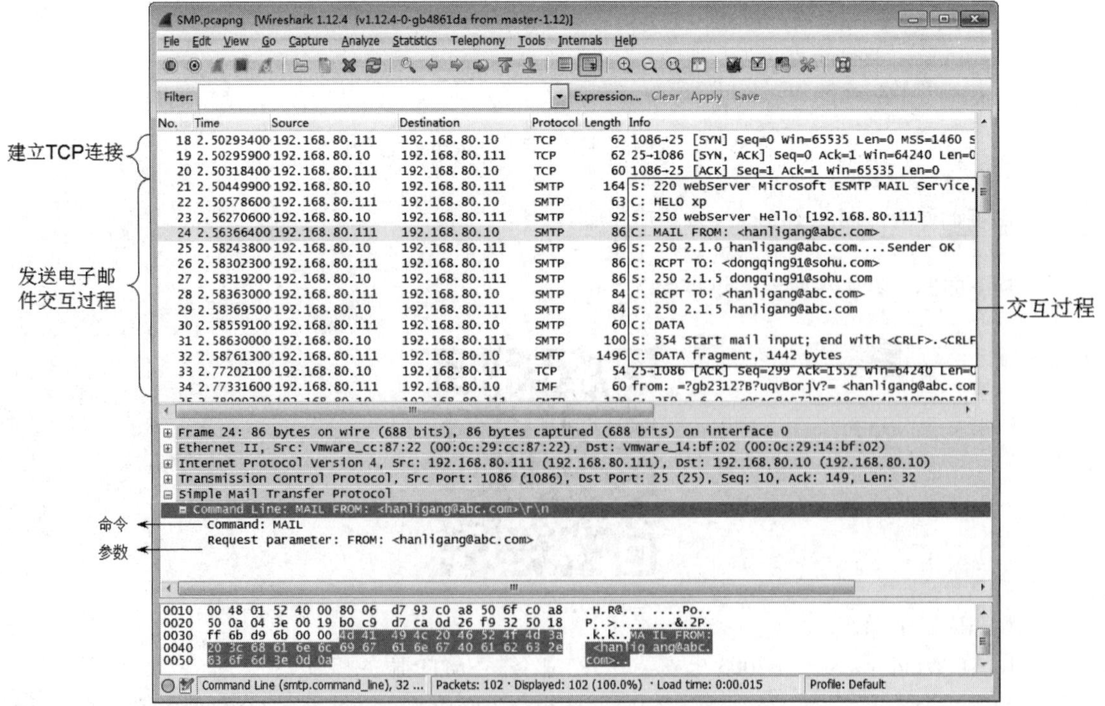

图 9-54 SMTP 发邮件的交互过程

在捕获的数据包中继续往后找，如图 9-55 所示，第 82 个数据包和以后的数据包都是 POP 协议，就是 Outlook Express 接收邮件产生的数据包，可以看到第 79、80、81 三个数据包是收邮件之前建立 TCP 连接的三个数据包。后面的数据包就是 Outlook Express 和 POP3 服务器之间收邮件的交互数据包，可以看到第 83 个数据包是客户端提交给服务器的用户名，第 85 个数据包是客户端提交给服务器的密码。可见在网络中传输明文账户和密码是很不安全的。

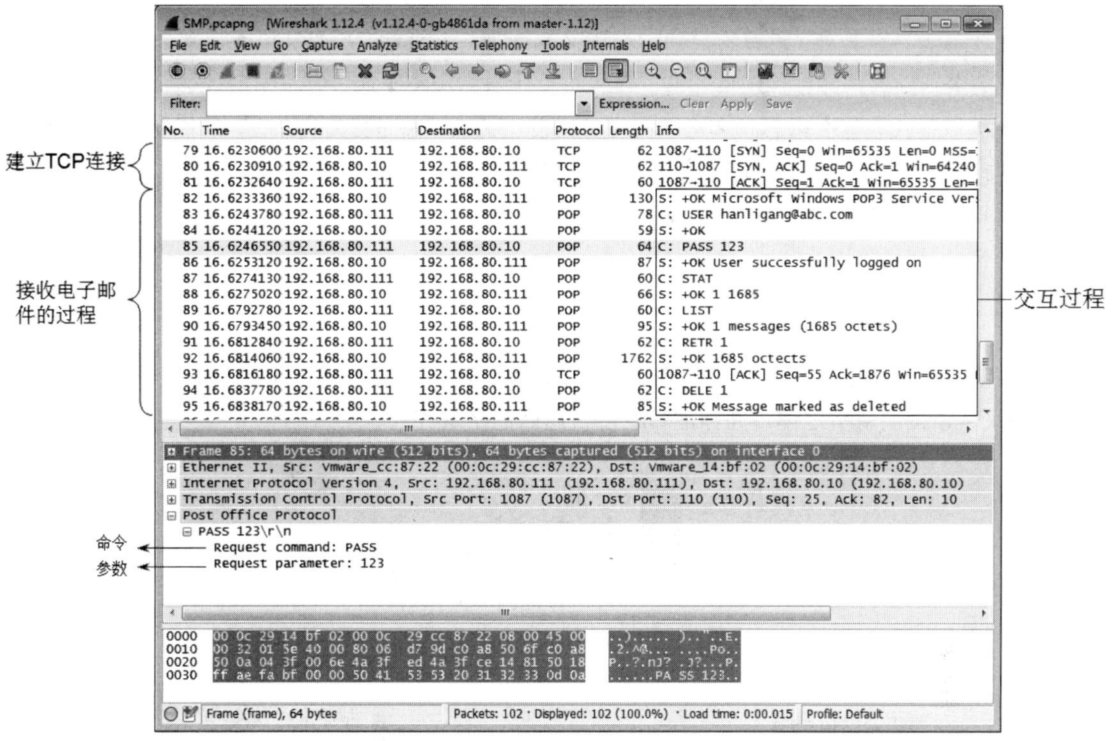

图 9-55 POP3 收邮件的过程

9.8 总结

本章给大家介绍了几个常见的应用层协议，每个应用层协议都是为了解决特定问题、实现特定功能。比如 HTTP 协议为了让浏览器请求网页、Web 服务器给客户端返回网页，DNS 协议为了实现域名解析，FTP 协议为了实现文件上传下载，SMTP 协议为了实现发送电子邮件，POP3 协议为了实现让电子邮件客户端从服务器下载电子邮件，DHCP 协议为了 DHCP 服务器给计算机分配 IP 地址。

应用层协议就是为了让客户端和服务器端能够交换信息提前定义好的一些规范。比如客户端需要向服务器发送哪些操作请求（比如 HTTP 协议定义的访问网站的 GET、POST 等方法，SMTP 协议定义的发送邮件的命令 HELO、RCPT TO 等），服务器向客户端发送哪些响应（比如网站响应状态代码，SMTP 服务器给 SMTP 客户端返回的状态代码，客户端要能够明白代码的意思）。客户端向服务器发送的请求报文格式、服务器向客户端响应的报文格式也都要定义好，并且还要定义好客户端和服务器交互命令的执行顺序，比如 SMTP 客户端向 SMTP 服务器发送电子邮件，先要执行

HELO 或 EHLO，告诉邮件服务器其支持哪个版本的 SMTP 协议，再发送邮件。再比如使用 POP 协议收邮件，需要先向邮件服务器出示用户名和密码，身份验证通过后才能接收邮件。

在第 1 章曾讲到协议三要素：语法、语义和同步。那时可能不好理解这是什么意思，学完本章再来理解下协议三要素：请求报文和响应报文格式就是协议的语法；报文中每个字段不同的值所代表的意义就是协议的语义；客户端和服务器的交互顺序（比如命令执行的顺序）就是协议的同步。

如果你开发一款软件，需要客户端访问服务器实现一个功能，你要列出客户端向服务器发送哪些命令，服务器向客户端发送哪些响应。每种报文中有多少个字段，每个字段代表什么含义，每个字段的不同取值代表什么意思？客户端向服务器发送请求，先提交哪些命令，后提交哪些命令。这些都考虑清楚了，你其实就是定义了一个应用层协议。

可见，应用层协议是程序开发人员定义和设计的。

习题 9

1．图 9-56 中 Client 计算机配置的 DNS 服务器是 43.6.18.8，现在需要解析 www.91xueit.com 的 IP 地址，请画出解析过程，并标注每次解析返回的结果。

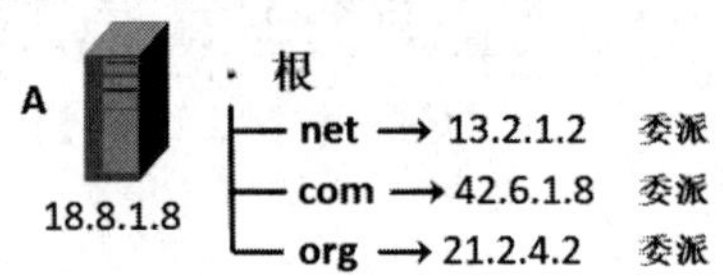

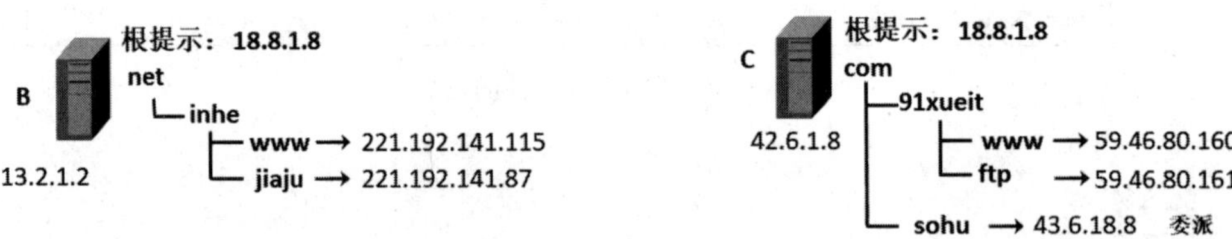

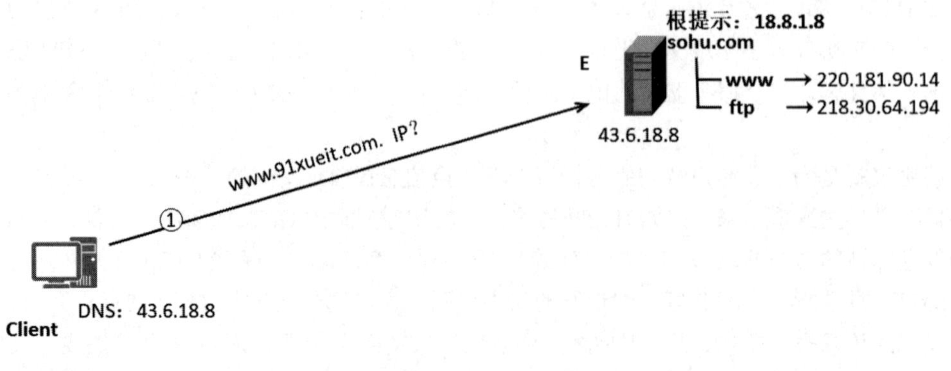

图 9-56　域名解析过程

2．FTP 客户和服务器间传递 FTP 命令时，使用的连接是（　　）。

A．建立在 TCP 之上的控制连接　　B．建立在 TCP 之上的数据连接

C．建立在 UDP 之上的控制连接　　D．建立在 UDP 之上的数据连接

3．若用户 1 与用户 2 之间发送和接收电子邮件的过程如图 9-57 所示，则图中 A、B、C 阶段分别使用的应用层协议可以是（　　）。

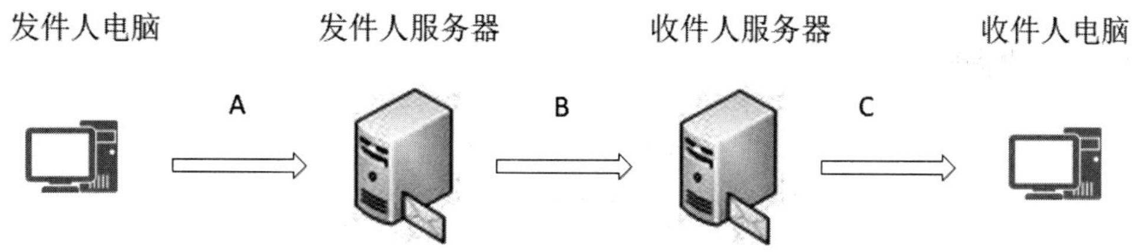

发件人电脑　发件人服务器　收件人服务器　收件人电脑

A　B　C

图 9-57　发送和接收电子邮件过程

A．SMTP、SMTP、SMTP　　B．POP3、SMTP、POP3

C．POP3、SMTP、SMTP　　D．SMTP、SMTP、POP3

4．因特网的域名结构是怎样的？

5．域名系统的主要功能是什么？域名系统中的本地域名服务器、根域名服务器、顶级域名服务器以及权限域名服务器有何区别？

6．举例说明域名解析的过程。域名服务器中的高速缓存的作用是什么？

7．试述电子邮件最主要的组成部件。用户代理 UA 的作用是什么？没有 UA 行不行？

8．电子邮件的信封和内容在邮件传送过程中起什么作用？和用户的关系如何？

9．电子邮件的地址格式是怎样的？请说明各部分的意思。

10．试简述 SMTP 通信的 3 个阶段的过程。

11．以下（　　）命令可以查找到 inhe.net 的邮箱。

A．nslookup
  > set type=mx
  > inhe.net

B．nslookup
  > set type=a
  > inhe.net

C．nslookup
  > set type=ns
  > inhe.net

D．nslookup
  > inhe.net

12．以下（　　）命令用来清空 Windows 系统缓存的域名解析结果。

A．ipconfig /all　　B．ipconfig /displaydns

C．ipconfig /flushdns　　D．ipconfig /renew

13．以下（　　）命令可以手动刷新 DHCP 租约。

A．ipconfig /all　　B．ipconfig /release

C．ipconfig /renew　　D．ipconfig /displaydns

14．DHCP 客户机请求 IP 地址租约时首先发送的信息是（　　）。

A．DHCP Discover　　B．DHCP Offer

C．DHCP Request　　D．DHCP Positive

15．在 www.tsinghua.edu.cn 这个完整名称（FQDN）里，（　　）是主机名。

A．edu.cn　　B．tsinghua

C．tsinghua.edu.cn　　D．www

16．下列四项中表示电子邮件地址的是（　　）。

A．ks@183.net　　B．192.168.0.1

C．www.gov.cn　　D．www.cctv.com

17．下列说法错误的是（　　）。

A．Internet 上提供客户访问的主机一定要有域名

B．一个域名可以指向多个 IP 地址

C．多个域名可以指向同一个主机 IP 地址

D．IP 子网中主机可以由不同的域名服务器来维护其映射

18．FTP 客户和服务器间传递 FTP 命令时，使用的连接是（　　）。

A．建立在 TCP 之上的控制连接　　B．建立在 TCP 之上的数据连接

C．建立在 UDP 之上的控制连接　　D．建立在 UDP 之上的数据连接

19．一个 FTP 用户发送了一个 LIST 命令来获取服务器的文件列表，这时服务器应该通过（　　）端口来传输该列表。

A．21　　B．20　　C．22　　D．19

20．下列关于 FTP 连接的叙述，正确的是（　　）。

A．控制连接先于数据连接被建立，并先于数据连接被释放

B．数据连接先于控制连接被建立，并先于控制连接被释放

C．控制连接先于数据连接被建立，并晚于数据连接被释放

D．数据连接先于控制连接被建立，并晚于控制连接被释放

21．FTP Client 发起对 FTP Server 连接的第一阶段是建立（　　）。

A．传输连接　　B．数据连接　　C．会话连接　　D．控制连接

22．当电子邮件用户代理向邮件服务器发送邮件时，使用的是（　　）协议；当用户想从邮件服务器读取邮件时，可以使用（　　）协议。

A．PPP　　B．POP3　　C．P2P　　D．SMTP

23．用户代理只能发送不能接收电子邮件，则可能是（　　）地址错误。

A．POP3　　B．SMTP　　C．HTTP　　D．Mail

24．SMTP 是基于传输层的（　　）协议，POP3 是基于传输层的（　　）协议。

A．TCP，TCP　　B．TCP，UDP

C．UDP，UDP　　D．UDP，UDP

25．从协议分析的角度，WWW 服务的第一步操作是浏览器对服务器的（　　）。

A．身份验证　　B．传输连接建立

C．请求域名解析　　D．会话连接建立

26．以下关于非持续连接 HTTP 特点的描述中，错误的是（　　）。

A．HTTP 支持非持续连接与持续连接

B．HTTP 1.0 版使用非持续连接，而 HTTP 1.1 的默认模式为持续连接

C．非持续连接中对每一次请求/响应都要建立一次 TCP 连接

D. 非持续连接中读取一个包含 100 个图片对象的 Web 页面，需要打开和关闭 10 次 TCP 连接

27. 当使用鼠标单击一个万维网文档时，若该文档除了有文本外，还有 3 个 gif 图像。HTTP 1.0 中需要建立（ ）次 UDP 连接和（ ）次 TCP 连接。

A. 0，4　　B. 1，3　　C. 0，2　　D. 1，2

28. TCP 和 UDP 的一些端口保留给一些特定的应用使用。为 HTTP 协议保留的端口号为（ ）。

A. TCP 的 80 端口　　B. UDP 的 80 端口
C. TCP 的 25 端口　　D. UDP 的 25 端口

29. 当仅需 Web 服务器对 HTTP 报文进行响应而不需要返回请求对象时，HTTP 请求报文应该使用的方法是（ ）。

A. GET　　B. PUT　　C. POST　　D. HEAD

30. HTTP 是一个无状态协议，然而 Web 站点经常希望能够识别用户，这时需要用到（ ）。

A. Web 缓存　　B. Cookie
C. 条件 GET　　D. 持久连接

31. 下列关于 Cookie 的说法中，错误的是（ ）。

A. Cookie 存储在服务器端　　B. Cookie 是服务器产生的
C. Cookie 会威胁客户的隐私　　D. Cookie 的作用是跟踪用户的访问和状态

32. 万维网上每个页面都有一个唯一的地址，这些地址统称为（ ）。

A. IP 地址　　B. 域名地址
C. 统一资源定位符　　D. WWW 地址

33. 要从某个已知的 URL 获得一个万维网文档，若该万维网服务器的 IP 地址开始时并不知道，需要用到的应用层协议有（ ）。

A. FTP 和 HTTP　　B. DNS 协议和 FTP
C. DNS 协议和 HTTP　　D. Telnet 协议和 HTTP

34. 下面（ ）协议中，客户机与服务器之间采用面向无连接的协议进行通信。

A. FTP　　B. SMTP　　C. DNS　　D. HTTP

至此，本书就讲完了计算机网络课程的基本内容。“网络安全”和“IPv6”的相关内容，有兴趣的读者可以通过 http://www.wsbookshow.com/ bookshow/kjlts/jsj/wgzj/13330.html 下载免费版的电子文件，或者也可以通过加入韩立刚老师的技术支持 QQ 群（301678170）、韩老师的 QQ（458717185）进行索取。

当然，如果您在学习过程中有任何的疑问、遇到任何的困难、需要任何的技术支持，也可以向韩老师“求援”。

尤其是，如果您在授课或学习过程中，发现本书中的任何错误，或者有更好的授课方法、学习思路，也都欢迎您向韩老师或者向中国水利水电出版社有限公司提出反馈（周春元，QQ172559140，手机 13601036312）。您所反馈的错误一经证实，您将可以在 www.wsbookshow.com 网站中任选 1 本计算机类图书并免费获得。

部分习题答案

第 1 章　习题答案

第 2 题

（1）发送时延为 100s，传播时延为 5ms；（2）发送时延为 1μs，传播时延为 5ms。

若数据长度大而发送速率低，则在总的时延中，发送时延往往大于传播时延。但若数据长度短而发送速率高，则传播时延就可能是总时延中的主要成分。

第 3 题

媒体长度	传播时延	媒体中的比特数	
		数据率=1Mb/s	数据率=10Gb/s
10cm	4.35×10^{-10}s	4.35×10^{-4}	4.35
100m	4.35×10^{-7}s	0.435	4.35×10^{3}
100km	4.35×10^{-4}s	4.35×10^{2}	4.35×10^{6}
5000km	0.0217s	2.17×10^{4}	2.17×10^{8}

第 4 题　数据长度为 100 字节时，数据传输效率为 63.3%；数据长度为 1000 字节时，传愉效率为 94.5%。

第 9 题　B

第 10 题　C

第 11 题　D

第 12 题　B

第 14 题　B

第 2 章　习题答案

第 1 题　A

第 2 题　C

第 4 题　500

第 9 题　80000b/s

第 10 题　S/N=64.2dB，说明是个信噪比很高的信道。

第 11 题　信噪比应增大到约 100 倍。如果在此基础上将信噪比 S/N 再增大 10 倍，最大信息速率只能再增加 18.5%左右。

第 12 题　A 和 D 收到数据 1，B 收到 0，而 C 没有收到数据。

第 13 题　靠先进的编码，使得每秒传送一个码元就相当于每秒传送多个比特。

第 14 题　D

第 15 题　B

第 16 题　C

第 17 题　B

第 18 题　C

第 19 题

（1）根据奈氏准则：理想低通信道，B=2W=2×3000=6000(Baud)

（2）1 个码元携带 4bit 的信息量，R=4B=4×6000=24(kb/s)

第 4 章　习题答案

第 1 题　A

第 2 题　二

第 3 题　D

第 4 题　B

第 5 题　A

第 6 题　01101 11110**0**1 11111**0**1 00

第 7 题　CRC 校验值为 001，发送序列为 101001**001**

第 8 题　CRC 校验值为 111

第 9 题　2000bit 或 250Byte

第 10 题　D

第 11 题　B

第 21 题　20M 码元/秒

第 5 章　习题答案

第 1 题

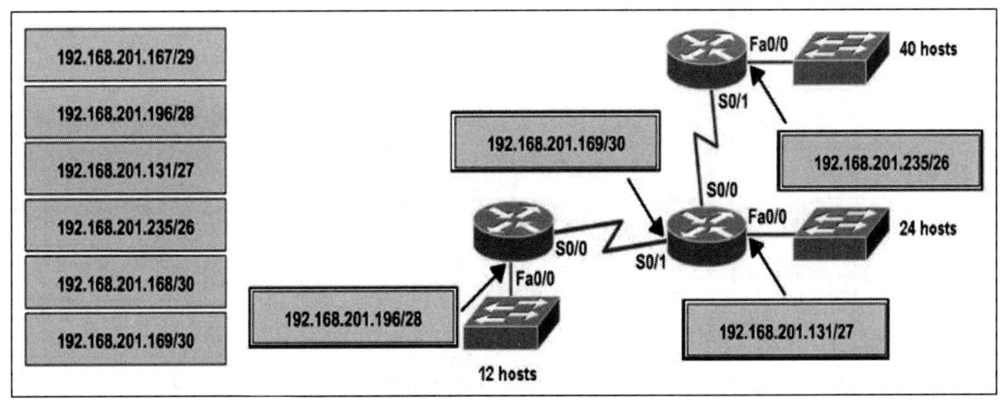

第 2 题　BCD

第 3 题　DE

第 4 题　BD

第 5 题　ACD

第 6 题　BD

第 7 题　D

第 8 题　D

第 9 题　C

第 10 题　B

第 11 题　C

第 12 题　C

第 13 题　D

第 14 题　D

第 15 题　B

第 16 题　答案不唯一，但子网掩码有要求，下面是其中的一个答案。

	第一个可用地址	最后一个可用地址	子网掩码
A 网段	192.168.10.129	192.168.10.254	255.255.255.128
B 网段	192.168.10.65	192.168.10.126	255.255.255.192
C 网段	192.168.10.33	192.168.10.62	255.255.255.224

第 17 题

第一个子网可用的地址范围 192.168.1.1～192.168.1.30，子网掩码 255.255.255.224。

第 18 题

（1）128.36.199.3 是 B 类地址

（2）21.12.240.17 是 A 类地址

（3）183.194.76.253 是 B 类地址

（4）192.12.69.248 是 C 类地址

（5）89.3.0.1 是 A 类地址

（6）200.3.6.2 是 C 类地址

第 22 题　6 个主机

第 23 题　4094 个主机

第 24 题　不是有效的子网掩码

第 25 题　194.46.20.129，C 类地址

第 26 题

将 129.250.0.0/16 分成 16 个子网，子网掩码最少往后移 4 位，子网掩码/20。若按每个网段 400 台机器来算，子网掩码可以是/23。因此子网掩码在 20～23 之间均可。

第 27 题

212.56.132.0/22

第 28 题　有叠加。202.128.0.0/11 网段包含了 202.130.28.0～202.130.31.255 的所有 IP 地址。

第 29 题　86.35.224.123

第 30 题　152.0.0.0/11

第 31 题

最小可用地址 140.120.80.1，最大可用地址 140.120.95.254，子网掩码 255.255.240.0，地址块中有 4094 个可用地址，相当于 16 个 C 类地址。

第 32 题

最小可用地址 190.87.140.201，最大可用地址 190.87.140.206，子网掩码 255.255.248.0，地址块中有 6 个可用地址。

第 33 题

（1）每个子网的子网掩码 255.255.255.240

（2）每个子网中有 14 个可用地址

（3）下面是 4 个子网的地址块

136.23.12.64/28

136.23.12.80/28

136.23.12.96/28

136.23.12.112/28

第 6 章　习题答案

第 1 题　A

第 2 题　A

第 3 题　C

第 4 题　B

第 5 题　A

第 6 题　D

第 7 题　B

第 8 题　A

第 9 题

```
[RouterA]ip route-static    192.168.2.0    255.255.255.0    10.0.0.2
[RouterB]ip route-static    192.168.0.0    255.255.255.0    10.0.0.1
```

第 10 题

```
[R1]ip route-static    192.168.2.0    24    12.8.1.2
[R2]ip route-static    192.168.2.0    24    12.8.2.1
[R3]ip route-static    192.168.1.0    24    12.8.4.2
[R4]ip route-static    192.168.1.0    24    12.8.3.1
```

第 11 题

10.1.1.10

10.1.0.14

10.2.1.3

10.1.4.6

10.1.0.123

10.6.8.4

下一跳 192.168.1.1
- 10.2.1.3
- 10.6.8.4

下一跳 192.168.2.2
- 10.1.0.14
- 10.1.0.123

下一跳 192.168.3.3
- 10.1.1.10
- 10.1.4.6

第 12 题　C

第 13 题　C

第 14 题　A

第 15 题　A

第 16 题　A

第 17 题　C

第 18 题　C

第 19 题　D

第 20 题　C

第 21 题

[RA]ip route-static　0.0.0.0　0.0.0.0　11.2.0.1

[RA]ip route-static　192.168.20.0　255.255.255　10.1.0.2

[RB]ip route-static　0.0.0.0　0.0.0.0　12.2.0.1

[RB]ip route-static　192.168.10.0　255.255.255.0　10.1.0.1

第 22 题

R2 上的配置：

[R2]ip route-static　0.0.0.0　0.0.0.0　12.1.2.6

[R2]ip route-static　192.168.196.0　22　192.168.10.2

R3 上的配置：

[R3]ip route-static　0.0.0.0　0.0.0.0　192.168.10.1

第 23 题 A

第 24 题 A

第 25 题 B

第 26 题 C

第 27 题 B

第 28 题 C

第 29 题 AC

第 30 题 B

第 31 题 A

第 32 题 D

第 33 题 BCD

第 34 题 B

第 35 题 B

第 36 题 D

第 37 题 B

第 38 题 ABD

第 7 章 习题答案

第 1 题 R1 路由器到达 192.168.8.0/24 网段的路由错误。

第 2 题 C

第 3 题 两个以太网需要用 ARP 协议解析 MAC 地址。

第 10 题 从 ARP 的源 IP 地址可以看到 IP 地址为 192.200.100.104 的计算机在发 ARP 广播包。

第 11 题 查找后续数据包，所有网络层首部的 identification 字段值为 17659 的分片就是和该分片属于同一个数据包的分片。

第 12 题 能通，A 计算机和 B 计算机通信，判断 IP 地址不在一个网段，就发送 ARP 广播请求，解析网关的 MAC 地址，能解析出计算机 B 的 MAC 地址。同样计算机 B 和计算机 A 通信，判断 IP 地址不在一个网段，解析网关的 MAC 地址，能够解析出计算机 A 的 MAC 地址。

第 8 章 习题答案

第 1 题

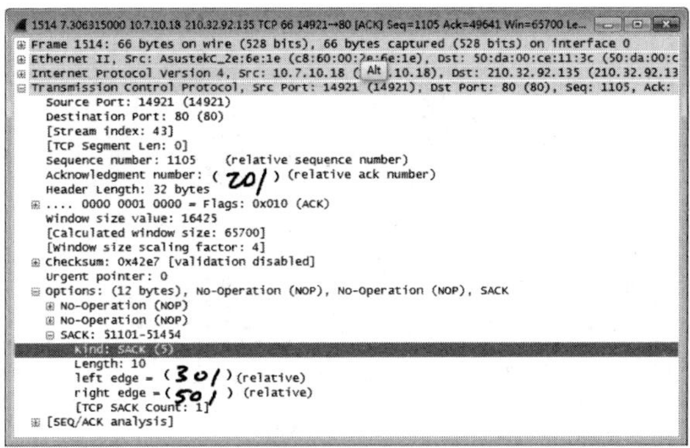

第 2 题 B

第 3 题 D

第 4 题 A 成功收到乙发送的第一个段的确认，接收窗口调整到 2000，因此还可以再发送 1000 个字节。

第 5 题 C

第 6 题 B

第 20 题

（1）L 的最大值是 4GB，$1GB=2^{30}B$。

（2）发送的总字节数是 4489123390 字节。

发送 4489123390 字节需时间为：3591.3 秒，即 59.85 分，约 1 小时。

第 21 题

（1）第一个报文段的数据序号是 70～99，共 30 字节的数据。

（2）确认号应为 100。

（3）80 字节。

（4）70。

第 28 题　C

第 29 题　C

第 30 题　B

第 31 题　C

第 32 题　A

第 33 题　D

第 34 题　C

第 35 题　C

第 36 题　C

第 37 题　C

第 38 题　D

第 39 题　D

第 9 章　习题答案

第 1 题

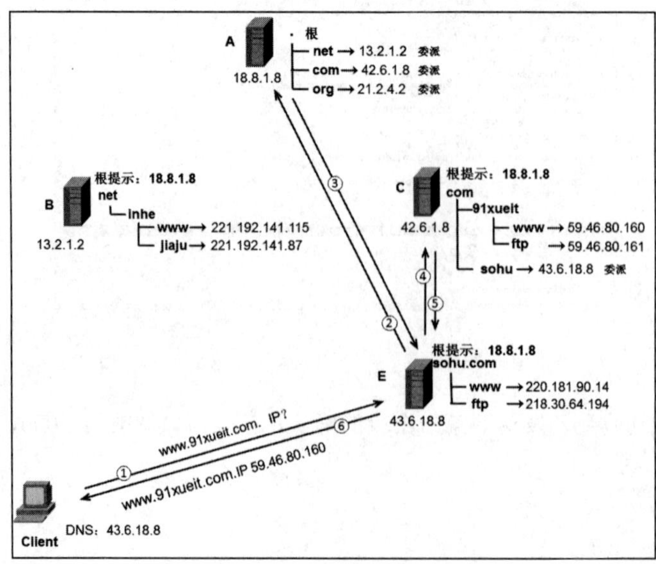

第 2 题　A
第 3 题　D
第 11 题　A
第 12 题　C
第 13 题　C
第 14 题　A
第 15 题　D
第 16 题　A
第 17 题　A
第 18 题　A
第 19 题　A
第 20 题　C
第 21 题　D
第 22 题　D B
第 23 题　A
第 24 题　A
第 25 题　C
第 26 题　D
第 27 题　A
第 28 题　A
第 29 题　D
第 30 题　B
第 31 题　A
第 32 题　C
第 33 题　C
第 34 题　C

参考文献

谢希仁．计算机网络[M]．6 版．北京：电子工业出版社，2013．